国家"十二五"规划重点图书

中国地质调查局
青藏高原1:25万区域地质调查成果系列

中华人民共和国
区域地质调查报告

比例尺 1:250 000

丁青县幅

(H46C001004)

项目名称：1:25万丁青县幅区域地质调查

项目编号：200313000022

项目负责：胡敬仁

图幅负责：胡敬仁

报告编写：胡敬仁 柯东昂 崔永泉 高体钢
　　　　　　陈国结 孙洪波 胡福根

编写单位：西藏自治区地质调查院

单位负责：苑举斌（院长）
　　　　　　杜光伟（总工程师）

内 容 提 要

本书属青藏高原空白区1:25万区域地质调查优秀成果。工作区位于藏北羌塘高原腹地,横跨羌塘-三江、班公错-怒江、冈底斯-念青唐古拉等构造单元。调查成果主要包括建立并完善测区地层系统,新发现一批重要化石点,大大提高了区内生物地层的研究程度;研究了班公错-怒江结合带蛇绿岩的形成环境及其演化过程;调查测区岩浆活动规律,并探讨了不同构造岩浆带的大地构造环境及其与造山带地质构造演化的成生联系;通过对测区盆地、夷平面和断裂构造带的研究,反映构造隆升的特点。

全书成果突出,调查资料翔实,可供从事地质科学研究的科技人员、大专院校的师生及相关生产人员参考使用。

图书在版编目(CIP)数据

中华人民共和国区域地质调查报告·丁青县幅(H46C001004):比例尺1:250 000/胡敬仁等著.—武汉:中国地质大学出版社,2014.8

ISBN 978-7-5625-3450-1

Ⅰ.①中…

Ⅱ.①胡…

Ⅲ.①区域地质调查-调查报告-中国②区域地质调查-调查报告-丁青县

Ⅳ.①P562

中国版本图书馆CIP数据核字(2014)第120268号

中华人民共和国区域地质调查报告	胡敬仁 柯东昂 崔永泉 等著
丁青县幅(H46C001004) 比例尺1:250 000	

责任编辑:王 荣 刘桂涛	责任校对:戴 莹

出版发行:中国地质大学出版社(武汉市洪山区鲁磨路388号)	邮政编码:430074
电 话:(027)67883511 传 真:67883580	E-mail:cbb@cug.edu.cn
经 销:全国新华书店	http://www.cugp.cug.edu.cn

开本:880毫米×1 230毫米 1/16	字数:760千字	印张:22.5	图版:11	插页:3	附图:1
版次:2014年8月第1版	印次:2014年8月第1次印刷				
印刷:武汉市籍缘印刷厂	印数:1—1 500册				

ISBN 978-7-5625-3450-1	定价:480.00元

如有印装质量问题请与印刷厂联系调换

前　言

青藏高原包括西藏自治区、青海省及新疆维吾尔自治区南部、甘肃省南部、四川省西部和云南省西北部，面积达 260 万 km^2，是我国藏民族聚居地区，平均海拔 4500m 以上，被誉为"地球第三极"。青藏高原是全球最年轻的高原，记录着地球演化最新历史，是研究岩石圈形成演化过程和动力学的理想区域，是"打开地球动力学大门的金钥匙"。

青藏高原蕴藏着丰富的矿产资源，是我国重要的资源后备基地。青藏高原是地球表面的一道天然屏障，影响着中国乃至全球的气候变化。青藏高原也是我国主要大江大河和一些重要国际河流的发源地，孕育着中华民族的繁生和发展。开展青藏高原地质调查与研究，对于推动地球科学研究、保障我国资源战略储备、促进边疆经济发展、维护民族团结、巩固国防建设具有非常重要的现实意义和深远的历史意义。

1999 年国家启动了"新一轮国土资源大调查"专项，按照温家宝总理"新一轮国土资源大调查要围绕填补和更新一批基础地质图件"的指示精神。中国地质调查局组织开展了青藏高原空白区 1:25 万区域地质调查攻坚战，历时 6 年多，投入 3 亿多元，调集 25 个来自全国省（自治区）地质调查院、研究所、大专院校等单位组成的精干区域地质调查队伍。每年近千名地质工作者，奋战在世界屋脊，徒步遍及雪域高原，完成了全部空白区 158 万 km^2 共 112 个图幅的区域地质调查工作，实现了我国陆域中比例尺区域地质调查的全面覆盖，在中国地质工作历史上树立了新的丰碑。

西藏 1:25 万 H46C001004（丁青县幅）区域地质调查项目，由西藏自治区地质调查院承担，工作区位于藏北羌塘高原腹地。该区横跨羌塘-三江、班公错-怒江、冈底斯-念青唐古拉等构造单元，出露有比较多的基性、超基性岩。要求按照《1:25 万区域地质调查技术要求（暂行）》和《青藏高原艰险地区 1:25 万区域地质调查要求（暂行）》及其他相关的规范、指南，参照造山带填图的新方法，应用遥感等新技术手段，以区域构造调查与研究为先导，合理划分测区的构造单元，对测区不同地质单元、复合造山带不同的构造-地层单位采用不同的填图方法进行全面的区域地质调查，通过对沉积建造、变质变形、岩浆作用的综合分析，构造样式及构造系列配置，复合造山带性质研究、各造山带物质组成等调查，建立测区构造模式，反演区域地质演化史，本着图幅带专题的原则，进行蛇绿岩带的构造组成、演化及岩浆作用等重大地质问题专题研究，为探讨青藏高原构造演化及区域地质找矿提供新的基础地质资料；开展生态环境地质调查，编制相关图件和矿产图。

H46C001004（丁青县幅）地质调查工作时间为 2003—2005 年，填图总面积为 15 964km^2，其中修测区面积为 10 812km^2（1810km^2 为重点区修测），实测地区面积为 5406km^2，实测地层剖面 55.75km，实测岩体剖面 47.49km，地质构造剖面 309.76km，地质路线 810km，采集种类样品 1190 件，多数超额完成了设计工作量，部分工作量进行调整。主要成果有：①查明班公错-怒江结合带的空间展布和结构，在班公错-怒江结合带内马耳朋、巴格、八达、折级拉、色扎等地新发现蛇绿岩及组合，时代为早侏罗世。通过对蛇绿岩及组合的岩石学、岩石化学与地球化学等研究，为班公错-怒江结合带蛇绿岩的形成环境及其演化过程提供了新资料。②对嘉黎-易贡藏布断裂带的空间展布、断层结构和活动规律取得重要认识,嘉黎-易贡藏布断裂是区域性大断裂狮泉河-申扎-嘉黎断裂带的一个分支,另一个主要分支断裂为嘉黎区-向阳日断裂。嘉黎-易贡藏布断裂带经历了多期活动,晚新生代以来其右行平移活动距离可能达200km以上。③对分布于嘉黎断裂带南侧娘蒲乡至错高乡一带的原蒙拉组地层进行了解体,经野外调研和室内综合研究可划分为4套地层:中新元古代念青唐古拉岩群a岩组、中新元古代念青唐古拉岩群b岩组、前奥陶纪雷龙库岩组、前奥陶纪岔萨岗岩组。并在雷龙库岩组中发现了变玄武岩。反映了测区沉积盖层中最早期的板内岩浆活动。④在索县荣布镇北西方向前石炭系吉塘岩群片岩中获得锆石U-Pb法同位素年龄为713～1272Ma,确证南羌塘地层区存在中新元古代古老基底,对研究唐古拉板块大地构造属性具有重要的意义。⑤对分布于波密县倾多—普拿一带的石炭纪—二叠纪地层中的火山岩进行了岩石地球化学研究。其形成于活动陆缘岛弧环境。提供了冈瓦纳大陆北部在早石炭世已开始转化为活动大陆边缘的信息。⑥在从蒙拉组解体后的4套地层中发现变质侵入体10多个,经U-Pb法年龄测定,侵位时代分别属于早泥盆世、早二叠世和早侏罗世。岩石地球化学特征显示具正常大陆弧特征。此外测区内多条韧性剪切带内U-Pb同位素年龄也为海西期—印支期,众多岩体侵入和铅重置年龄的出现,说明测区海西期—印支期发生了较重要的岩浆活动、构造变形和构造热事件。测区进入到岩浆弧发育阶段,提供了特提斯洋海西期—印支期俯冲碰撞的岩浆记录。⑦生物地层研究方面取得了新进展,通过本次工作,新发现一批重要化石点,在丁青县色扎硅质岩中新采获早侏罗世皮狄隆菊石化石,在折级拉蛇绿岩质砂岩中新发现中侏罗世双壳类、珊瑚类化石,在边坝县边坝组、拉孜北函木曲东岸多尼组以及嘉黎县来姑组、洛巴堆组,丁青县雀莫错组、布曲组中新采获了大量古生物化石,初步建立了相应的化石组合(带),大大提高了区内生物地层的研究程度。⑧从北向南分别划分了他念他翁、唐古拉、冈底斯-念青唐古拉3个一级复式岩浆带和冈底斯-念青唐古拉复式岩浆带内的3个二级岩浆岩带(鲁公拉、扎西则、洛庆拉-阿扎贡拉),新获得岩体同位素年龄数据40多个,较系统地研究了侵入岩的岩石类型、矿物学、岩石化学和地球化学特征。在此基础上,讨论了岩浆活动规律及其成因类型,进一步探讨了不同构造岩浆带的大地构造环境及其与造山带地质构造演化的成生联系。⑨在夏曲镇东上新世布隆组碎屑岩中新发现其中夹有泥质灰岩及油页岩。⑩根据光释光测试结果确定了测区河流阶地的时代,其中T3年龄为20.3±1.7ka,T4年龄为29.4±2.5ka、T5年龄为30.8±2.5ka、T6年龄为59.5±4.9ka,均为晚更新世。在波密县倾多原划为中更新世冰碛物中获得OSL年龄80.2±6.5ka,为晚更新世。在边坝县拉孜北分水岭上(海拔4560m)冰碛物中获得ESR年龄705ka,相当于青藏高原倒数第三期冰期时间,为测区最早冰川记录,该分水岭高出现代河床(海拔4250m)300m,反映了中更新世以来测区的强烈隆升和河流强烈下蚀作用。⑪在索县发现中更新世古湖,并命名为索县古湖。湖积特征明显,层序结构清楚,发育水平层理、交错层理等各种沉积构造,其中并采有羊类化石。其沉积顶面(4100m)与现代河面高差近100m,在泥沙中获ESR年龄为478ka和666ka。⑫根据地面高程和山顶面高程统计结果分析,建立了四级层状地貌结构,即山顶面、主夷平面、盆地面和局部侵蚀面。嘉黎区-向阳日断裂带两侧的主夷平面高程和盆地面高程差异不明显,反映嘉黎区-向阳日断裂带在高原隆升过程中差异升降较小,但嘉黎-易贡藏布断裂带以南地区的主夷平面高程和盆地面高程略高,且跨度较大,说明嘉黎-易贡藏布断裂带南北两侧有明显差异升降现象。南盘总体隆升高100~150m。盆地面的发现,说明雅鲁藏布大峡谷地区在峡谷形成以前经历了较长时期的内陆盆地发育阶段。⑬对嘉黎-易贡藏布断裂带两侧不同高度的花岗岩中磷灰石进行了裂变径迹测量,其中断裂带北侧的磷灰石裂变径迹年龄较大,反映其抬升作用较慢,而断裂带南侧的磷灰石裂变径迹年龄明显较小,6个样品中有5个样品的磷灰石裂变径迹年龄在4.0~5.9Ma之间,断裂带南侧6个样品中有5个样品的磷灰石裂变径迹年龄在4.0~5.9Ma之间,反映研究区在上新世有较强烈的抬升作用,冈底斯带高原隆升的特点。

2006年4月,中国地质调查局组织专家对项目进行最终成果验收,评审认为,该项目成果内容丰富,资料翔实,立论有据,文图并茂,系统全面真实地反映了区调地质成果,在地层、岩浆岩、变质岩、构造、矿产资源和环境等方面取得了重要进展,一致建议该项目报告通过评审,丁青县幅为优秀级(91.4分)。

参加报告编写的主要有胡敬仁、柯东昂、胡福根、崔永泉、陈国结、高体钢、孙洪波,由胡敬仁编纂定稿。

先后参加野外工作的还有巴桑次仁、孙中良、罗建军、王琪斌、杨飞、刘宏飞、尼玛、八珠、扎西。项目在实施过程中得到了中国地质调查局、成都地质矿产研究所、西南项目办、西藏自治区地质调查院及一分院各级领导的高度重视和亲切关怀。西藏自治区地质调查院苑举斌院长、刘鸿飞副院长、杜光伟总工程师自始至终极力支持并给予了明确指导,且多次莅临实地现场指导。同时也得到西藏自治区一分院夏抱本队长兼总工程师、次仁书记的大力支持和热情帮助。得到[中国地质大学(北京)]王根厚教授、梁定益教授、李尚林教授级高级工程师、贾建成高级工程师等在生活上的关心和业务上的帮助,另外得到成都地质矿产研究所丁俊所长、潘桂棠研究员、王立全研究员、郑海翔研究员、王大可研究员、罗建宁研究员等的关心和帮助。尤其得到西藏自治区地质矿产勘查开发局质检专家夏代祥教授级高级工程师、西藏自治区地质调查院周详教授级高级工程师,吉林大学李才教授等的细心指导,同时更得到任纪舜院士、肖序常院士、李廷栋院士的关心、鼓励,并进行了有意义的交流和探讨。该项目在野外作业和实施过程中,同时也得到了社会各界的大力支持和密切配合,他们在许多方面提供了方便。尤其得到那曲地委、行署、地区矿管局,比如县、索县、巴青县以及边坝县等县、乡、村各级政府的热情支持和协助。报告编写过程中得到湖北省地质调查院、中国地质大学(北京)、中国地质大学(武汉)等的帮助,报告排版工作由毛国政完成,在此一并致谢。

为了充分发挥青藏高原1:25万区域地质调查成果的作用,全面向社会提供使用,中国地质调查局组织开展了青藏高原1:25万地质图的公开出版工作,由中国地质调查局成都地调中心与项目完成单位共同组织实施。出版编辑工作得到了国家测绘局孔金辉、翟义青及陈克强、王保良等一批专家的指导和帮助,在此表示诚挚的谢意。

鉴于本次区调成果出版工作时间紧、参加单位较多、项目组织协调任务重以及工作经验和水平所限,成果出版中可能存在不足与疏漏之处,敬请读者批评指正。

"青藏高原1:25万区调成果总结"项目组
2010年9月

目　录

第一章　绪　言 …………………………………………………………………………………… (1)
　　第一节　交通、位置及自然地理 …………………………………………………………… (1)
　　　　一、交通、位置 …………………………………………………………………………… (1)
　　　　二、自然地理 ……………………………………………………………………………… (1)
　　第二节　工作条件及任务要求 ……………………………………………………………… (2)
　　　　一、工作条件 ……………………………………………………………………………… (2)
　　　　二、任务要求 ……………………………………………………………………………… (2)
　　第三节　研究程度概况 ……………………………………………………………………… (3)
　　　　一、地质调查研究历史 …………………………………………………………………… (3)
　　　　二、调查研究程度及主要成果 …………………………………………………………… (5)
　　第四节　完成任务情况及人员分工 ………………………………………………………… (5)
　　　　一、完成任务情况 ………………………………………………………………………… (5)
　　　　二、项目人员分工 ………………………………………………………………………… (7)

第二章　地层及沉积岩 …………………………………………………………………………… (8)
　　第一节　羌北-昌都地层区 ………………………………………………………………… (10)
　　　　一、石炭系 ……………………………………………………………………………… (10)
　　　　二、侏罗系 ……………………………………………………………………………… (15)
　　　　三、古近系 ……………………………………………………………………………… (17)
　　第二节　澜沧江地层区 ……………………………………………………………………… (19)
　　　　一、石炭系 ……………………………………………………………………………… (20)
　　　　二、三叠系 ……………………………………………………………………………… (23)
　　　　三、古近系 ……………………………………………………………………………… (24)
　　第三节　羌南-保山地层区 ………………………………………………………………… (24)
　　　　一、新元古界(南华系) ………………………………………………………………… (25)
　　　　二、前石炭系 …………………………………………………………………………… (26)
　　　　三、三叠系 ……………………………………………………………………………… (29)
　　　　四、侏罗系 ……………………………………………………………………………… (37)
　　第四节　班公错-怒江地层区 ……………………………………………………………… (47)
　　　　一、三叠系 ……………………………………………………………………………… (49)
　　　　二、侏罗系 ……………………………………………………………………………… (50)
　　　　三、古近系 ……………………………………………………………………………… (57)
　　第五节　冈底斯-腾冲地层区 ……………………………………………………………… (58)
　　　　一、前石炭系 …………………………………………………………………………… (58)

二、石炭系—二叠系 …………………………………………………………… (60)
　　三、三叠系 ……………………………………………………………………… (63)
　　四、侏罗系 ……………………………………………………………………… (69)
　　五、白垩系 ……………………………………………………………………… (76)
第六节　第四系 ……………………………………………………………………… (81)
　　一、第四纪地层 ………………………………………………………………… (81)
　　二、第四纪冰川 ………………………………………………………………… (85)
第七节　沉积盆地分析 ……………………………………………………………… (87)
　　一、沉积盆地分析综述 ………………………………………………………… (87)
　　二、沉积盆地类型及特点 ……………………………………………………… (88)
　　三、沉积盆地演化及模式 ……………………………………………………… (112)

第三章　岩浆岩 ……………………………………………………………………… (115)
第一节　基性—超基性侵入岩 ……………………………………………………… (115)
　　一、地质概况 …………………………………………………………………… (115)
　　二、石炭纪—二叠纪多伦蛇绿岩块组合带 …………………………………… (116)
　　三、晚三叠世丁青蛇绿岩片组合带 …………………………………………… (123)
　　四、早侏罗世宗白蛇绿混杂岩 ………………………………………………… (154)
　　五、早侏罗世荣布蛇绿岩块组合带 …………………………………………… (158)
　　六、蛇绿岩的综合对比 ………………………………………………………… (164)
　　七、形成时代与侵位时代 ……………………………………………………… (166)
　　八、蛇绿岩成因与形成环境 …………………………………………………… (166)
　　九、蛇绿岩的形成与演化 ……………………………………………………… (168)
第二节　中酸性侵入岩 ……………………………………………………………… (169)
　　一、概述 ………………………………………………………………………… (169)
　　二、他念他翁构造侵入岩带 …………………………………………………… (172)
　　三、唐古拉构造侵入岩带 ……………………………………………………… (183)
　　四、冈底斯-念青唐古拉构造侵入岩带 ………………………………………… (190)
　　五、花岗岩类的演化特征 ……………………………………………………… (203)
　　六、花岗岩类成因类型、形成环境及就位机制探讨 ………………………… (206)
　　七、岩浆物源分析与成岩温度及压力 ………………………………………… (208)
　　八、脉岩 ………………………………………………………………………… (209)
第三节　火山岩 ……………………………………………………………………… (214)
　　一、概况 ………………………………………………………………………… (214)
　　二、澜沧江构造-火山岩（活动）带 …………………………………………… (215)
　　三、唐古拉构造-火山活动（岩）带 …………………………………………… (225)
　　四、冈底斯-念青唐古拉构造-火山岩（活动）带 ……………………………… (233)
　　五、火山岩小结 ………………………………………………………………… (244)

第四章　变质岩 ……………………………………………………………………… (246)
第一节　概　述 ……………………………………………………………………… (246)

  一、变质地质单元划分 ··· (246)
  二、变质岩石类型划分 ··· (247)
  三、变质作用类型划分 ··· (247)
  四、变质相带、相系划分 ··· (248)
 第二节 区域动力热流变质作用与变质岩 ·· (249)
  一、代陇夏日-比冲弄变质地带 ··· (249)
  二、绒母拉-日抗卡变质地带 ··· (261)
  三、亚药-熊的奴变质地带 ··· (271)
 第三节 区域低温动力变质作用与变质岩 ·· (275)
  一、铁乃烈-果日改变质地带 ··· (275)
  二、苏如卡-打拢变质地带 ··· (278)
  三、沙丁-桑多变质地带 ··· (280)
 第四节 区域埋深变质作用与变质岩 ·· (281)
  一、概述 ··· (281)
  二、区域低压埋深变质作用与变质岩 ··· (281)
  三、区域中高压埋深变质作用与变质岩 ··· (282)
 第五节 双变质带变质作用与变质岩 ·· (283)
  一、澜沧江双变质带 ··· (283)
  二、丁青双变质带 ··· (284)
 第六节 接触变质作用与变质岩 ·· (284)
  一、概述 ··· (284)
  二、接触变质作用及变质岩 ··· (284)
  三、接触交代变质作用及变质岩 ··· (286)
 第七节 气液变质作用与变质岩 ·· (286)
  一、蛇纹石化岩石 ··· (286)
  二、青磐岩化岩石 ··· (286)
  三、云英岩化岩石 ··· (287)
 第八节 动力变质作用与变质岩 ·· (287)
  一、韧性动力变质作用及变质岩 ··· (287)
  二、脆性动力变质作用及变质岩 ··· (288)
 第九节 变质作用期次及特征 ·· (289)
  一、晚元古期变质作用 ··· (289)
  二、华力西期变质作用 ··· (290)
  三、印支期变质作用 ··· (290)
  四、燕山期变质作用 ··· (290)
  五、喜马拉雅期变质作用 ··· (291)

第五章 地质构造及构造演化史 ·· (292)
 第一节 概 述 ·· (292)
  一、测区大地构造位置 ··· (292)

  二、测区构造单元划分 ……………………………………………………………………（293）

 第二节 各构造单元构造建造特征 ………………………………………………………（294）

  一、昌都板片（Ⅰ）…………………………………………………………………………（294）

  二、澜沧江结合带（Ⅱ）……………………………………………………………………（295）

  三、唐古拉板片（Ⅲ）………………………………………………………………………（295）

  四、班公错-丁青-怒江结合带（Ⅳ）………………………………………………………（296）

  五、冈底斯-念青唐古拉板片（Ⅴ）………………………………………………………（300）

 第三节 构造单元边界和区域断裂特征 …………………………………………………（301）

  一、铁乃烈-当不及断裂（F_7）……………………………………………………………（301）

  二、军达-日钦马断裂（F_5）………………………………………………………………（302）

  三、阿保-肖均达断裂（F_8）………………………………………………………………（302）

  四、落青寨-日钦马北韧性剪切带（F_{8-2}）………………………………………………（303）

  五、嘎布拉-日拉卡断裂（F_3）……………………………………………………………（303）

  六、昌不格-干岩-布托错青韧性断层（F_{17}）……………………………………………（304）

  七、秋宗马-雪拉山-抓进扎断裂（F_{30}）…………………………………………………（305）

  八、八忍达-折级拉-确哈拉-苏如卡断裂（F_{40}）………………………………………（306）

  九、格来色-扎龙舍-孟达断裂（F_{29}）……………………………………………………（307）

  十、沙丁-噶木-希湖断裂（F_{63}）…………………………………………………………（307）

 第四节 各构造单元的构造变形特征 ………………………………………………………（308）

  一、昌都板片 ………………………………………………………………………………（308）

  二、唐古拉板片 ……………………………………………………………………………（310）

  三、班公错-索县-丁青-怒江结合带构造变形特征 ……………………………………（318）

  四、冈底斯-念青唐古拉板片 ……………………………………………………………（324）

 第五节 构造变形相和变形序列 ………………………………………………………………（331）

  一、构造变形相 ……………………………………………………………………………（331）

  二、构造变形序列 …………………………………………………………………………（336）

 第六节 区域地质发展演化史 …………………………………………………………………（337）

  一、陆壳基底形成阶段（Pt—S）…………………………………………………………（337）

  二、古特提斯阶段（C—T_2）……………………………………………………………（339）

  三、新特提斯阶段（T_3—K_2）…………………………………………………………（339）

  四、碰撞造山阶段（K_2—N_2）…………………………………………………………（340）

  五、高原隆升阶段（Q）……………………………………………………………………（341）

第六章 结束语 ……………………………………………………………………………………（342）

  一、主要成果和重要进展 …………………………………………………………………（342）

  二、存在的主要问题 ………………………………………………………………………（343）

主要参考文献 …………………………………………………………………………………………（344）

图版说明及图版 ………………………………………………………………………………………（346）

附图 1∶25万丁青县幅（H46C001004）地质图及说明书

第一章 绪 言

第一节 交通、位置及自然地理

一、交通、位置

测区位处青藏高原中东部,地理位置上处于西藏自治区东北部,地理坐标为东经94°30′—96°00′,北纬31°00′—32°00′,行政区划上隶属昌都地区丁青县;北东部跨入青海省玉树藏族自治州囊谦县。东部跨入类乌齐县,南跨洛隆县、边坝县;西部及西北部跨索县、巴青县。丁青县政府驻地位于区内中部(图1-1)。

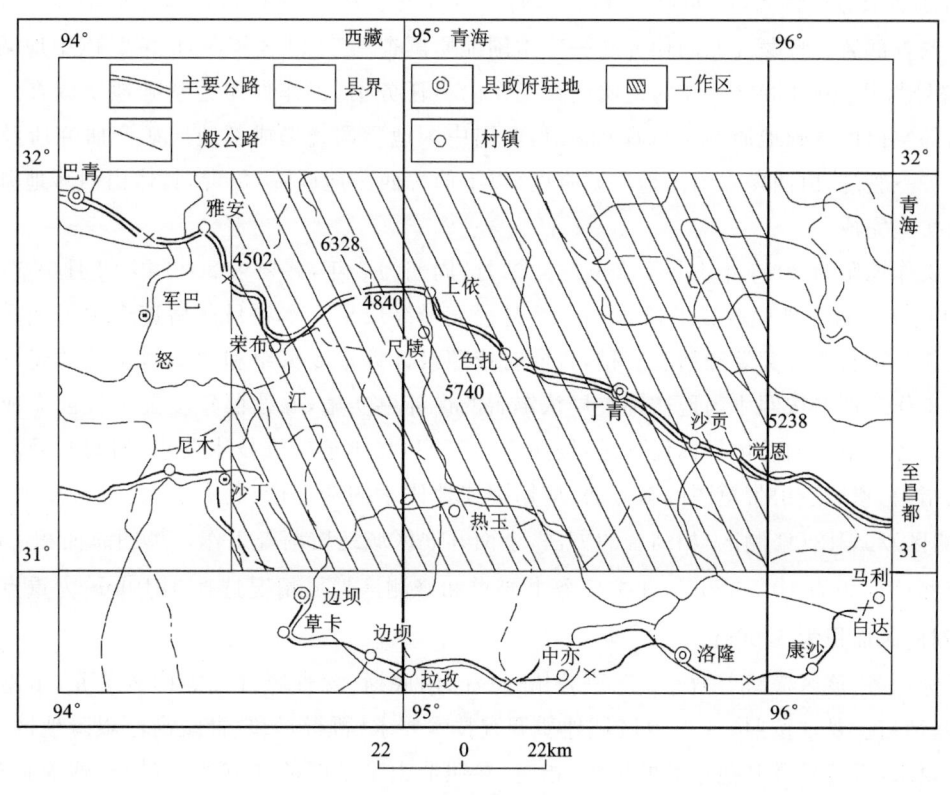

图1-1 交通位置图

二、自然地理

测区整体位于青藏高原腹地三江流域西北部的高山峡谷区,地形呈近东西向,唐古拉山脉的东延——他念他翁山脉横亘测区东北部,南临念青唐古拉山脉的北麓。测区地势特点是西高东低,西陡东缓,南北高耸,中部低矮。测区西北部嘎塔一带以高山丘陵为主,间有高山峡谷,地势为西高东低,由西向东逐渐倾斜;测区黑昌公路以南北属高山峡谷区,群山巍峨,沟壑纵横。

测区内海拔 5000m 以上的山峰比比皆是,最高峰是测区中北部荣布乡之北的布加岗日(俗称雪拉山)(6328m),最低处位于丁青县觉恩乡东之绒通(3400m)。测区北部海拔多在 5000m 以上,相对高差为 1500m±,南部怒江河谷一带相对高差在 1000m 以上。

第二节　工作条件及任务要求

一、工作条件

测区自然环境恶劣、地理条件艰险、外部环境极差,各地交通状况和其他条件均不一,加之资金缺口较大及自然灾害的频发,部分地段工作难以开展。

二、任务要求

1:25 万丁青县幅(H46C001004)区域地质调查(项目编号 200313000022)是中国地质调查局新一轮国土资源大调查部署在青藏高原的任务之一。中国地质调查局于 2003 年 3 月 26 日以中地调函[2003]77 号下达编号为基[2003]002-20 的地质调查工作内容任务书,工作性质为基础地质调查。本项目为青藏高原南部空白区基础地质调查与研究项目,归属中国地质调查局成都地质矿产研究所及西南地区项目管理办公室管理,由西藏自治区地质调查院(以下简称西藏地调院)负责,具体由西藏地调院一分院组织承担和实施完成。

该项目工作期限为 2003 年 1 月至 2005 年 12 月,周期为 3 年,并要求 2003 年 12 月提交项目设计,2005 年 7 月提交项目野外验收成果,2005 年 12 月提交最终成果。本项目严格遵守中国地质调查局各年度的项目任务进行合理部署和精心安排,且同时依照设计评审专家组和西藏地调院的建议及其他具体情况进行工作。严格按照中国地质调查局认定后的设计书实施,并按照年度要求提前完成整个项目工作任务。任务书下达的总体目标任务是:按照《1:25 万区域地质调查技术要求(暂行)》及其他相关的规范、要求、指南,参照造山带填图的新方法,应用现代地质学的新理论、新方法,充分应用遥感技术,采用填图(实测区)和编图(修测区)相结合的方法,全面开展区域地质调查工作。填图总面积 15 964km²,其中东部修测区面积为 10 562km²,并按任务书要求和修测区地质情况选择 1810km² 为重点区修测内容,西部实测地区面积为 5406km²。

总体目标任务:该区横跨羌塘-三江、班公错-怒江、冈底斯-念青唐古拉等构造单元,出露有比较多的基性、超基性岩。要求按照《1:25 万区域地质调查技术要求(暂行)》和《青藏高原艰险地区 1:25 万区域地质调查要求(暂行)》及其他相关的规范、指南,参照造山带填图的新方法,应用遥感等新技术手段,以区域构造调查与研究为先导,合理划分测区的构造单元,对测区不同地质单元、复合造山带不同的构造-地层单位采用不同的填图方法进行全面的区域地质调查,通过对沉积建造、变质变形、岩浆作用的综合分析,构造样式及构造系列配置,复合造山带性质研究、各造山带物质组成等调查,建立测区构造模式,反演区域地质演化史,本着图幅带专题的原则,进行蛇绿岩带的构造组成、演化及岩浆作用等重大地质问题专题研究,为探讨青藏高原构造演化及区域地质找矿提供新的基础地质资料;开展生态环境地质调查,编制相关图件和矿产图。

根据任务书要求,2003 年完成资料收集、野外踏勘、剖面测制、遥感初译和试填图面积 4000km²,2003 年 12 月提交项目设计书,2005 年 7 月野外验收,2005 年 12 月提交最终成果。

第三节 研究程度概况

一、地质调查研究历史

总体上测区前人工作程度和研究程度较低,系统全面的基础地质调查工作薄弱(图1-2,表1-1)。

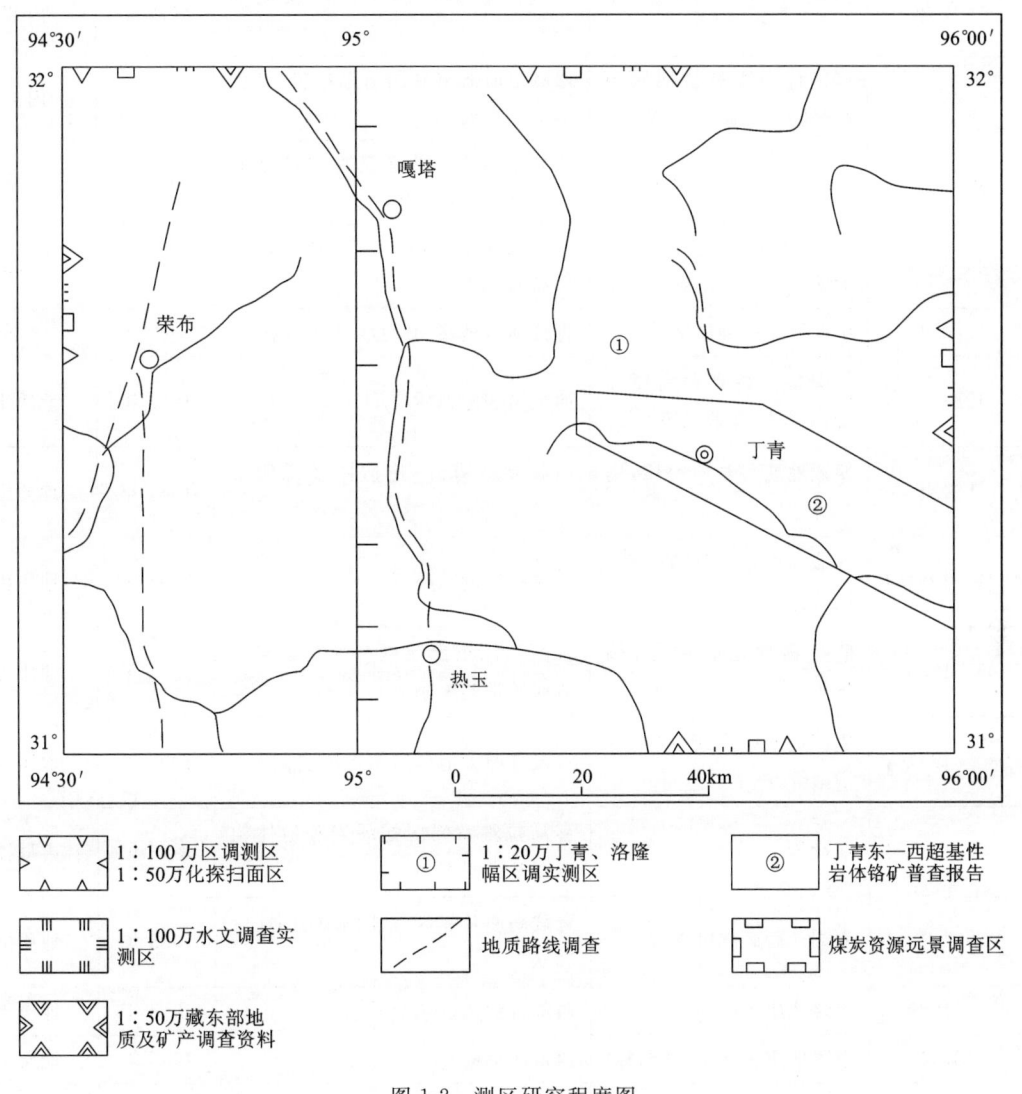

图1-2 测区研究程度图

表 1-1 测区地质调查历史简表

序号	调查时间	作者或单位	成果名称	编报或出版时间	
1	1951—1954 年	李璞等	西藏东部地质及矿产调查资料（1:50 万）	1954 年	内部资料
2	1957 年	青海、西藏石油普查大队	西藏高原东部石油地质普查报告（1:100 万）	1957 年	内部资料
3	1961 年	西藏拉萨地质队	拉萨地区路线找煤地质报告（1:100 万）	1962 年	内部资料
4	1971 年	西藏第二地质大队	西藏航磁异常检查及工作总结	1971 年	内部资料
5	1972 年	西藏地质局第四地质大队	青藏高原基本地质情况及成油前景	1972 年	内部资料
6	1972 年	国家计划委员会地质局航磁物探大队 902 队	西藏地质航空磁测结果报告（试验生产）（1:50 万）	1972 年	内部资料
7	1972 年	四川地质局 108 地质队	西藏丁青东—西超基性岩体铬矿普查报告（1:10 万）	1972 年	内部资料
8	1974—1979 年	西藏地质局综合普查大队	拉萨幅区域地质（矿产）调查报告（1:100 万）	1979 年	内部资料
9	1980 年	中国科学院高原地质所	青藏高原地质图（1:50 万）	1980 年	内部资料
10	1983 年	中国科学院青藏高原综合科考队,李炳元等	西藏第四纪地质	1983 年	地质出版社
11	1984 年	西藏地质科学研究所,周详等	西藏板块构造-建造图及说明书（1:150 万）	1987 年	地质出版社
12	1981—1984 年	青藏高原地质调查大队,饶荣标等	青藏高原的三叠纪	1987 年	地质出版社
13	1985—1986 年	航空物探遥感中心,杨华等	青藏高原东部航磁特征及其与构造成矿带的关系	1991 年	地质出版社
14	1980—1987 年	成都地质矿产研究所,刘增谦等	青藏高原大地构造与形成演化	1990 年	地质出版社
15	1985—1988 年	夏斌等	喜马拉雅及邻区蛇绿岩和地体构造图及说明书	1993 年	甘肃科技出版社
16	1986 年	成都地质矿产研究所	青藏高原及邻区地质图说明书（1:50 万）	1988 年	地质出版社
17	1986—1989 年	西藏地质矿产局	西藏自治区区域地质志	1993 年	地质出版社
18	1987 年	中国地质科学院,韩同林	西藏活动构造	1987 年	地质出版社
19	1989—1994 年	河南区调队	丁青县幅、洛隆县幅区域地质调查报告（1:20 万）	1994 年	内部资料
20	1990 年	潘桂棠	青藏高原新生代构造演化	1990 年	地质出版社
21	1990—1995 年	肖序常等	青藏高原岩石圈结构、构造演化及隆升	1995 年	地质出版社
22	1992—1997 年	西藏地质矿产局区域地质调查大队	西藏自治区岩石地层	1997 年	中国地质大学出版社

续表 1-1

序号	调查时间	作者或单位	成果名称	编报或出版时间	
23	1995 年	中国地质科学院、中美高原综合地质考察队	第二期喜马拉雅和青藏高原深剖面及综合研究	1995 年	科学出版社
24	1998—2000 年	中国国土资源航空物探遥感中心	青藏高原中西部航磁调查	2001 年	地质出版社
25	2000 年	张旗、周国庆	中国蛇绿岩	2001 年	科学出版社

二、调查研究程度及主要成果

以下仅对与本次区调有关的和影响范围大的,且较为系统的填图工作进行评估。

1951—1954 年李璞等在测区沙丁、荣布、尺牍及丁青一带调查时,指出该区岩石变质较深、褶曲复杂、断层众多、化石稀少。是位于晚侏罗世至早白垩世化石层位之下的长约 270km、宽约 80km 的一套黑色板岩、千枚岩、变质砂岩,夹少量火山岩的复理石沉积,命名为"沙丁板岩系",时代为中生代(Mz)。此后,该岩系虽经许多单位工作,但其层序和时代却长期存有争议,众说纷纭,从而给构造分析带来诸多不同的认识。

1980—1984 年饶荣标等对测区沙丁、尺牍、希湖、确哈拉等地进行了调查,订正怒江上游"沙丁板岩系"为三叠系,并测制了希湖群($J_{1-2}Xh$)、确哈拉群(T_3Qh)剖面,研究认为其分属陆缘—滨浅海沉积和深水浊流复理石沉积,同时并指出沙丁至板登之间其现代构造形态是东高、西低的巨大复式背斜,在沙丁北之东巴向西倾没,上侏罗统—下白垩统海相地层围绕其呈环状出露,同时并证明"沙丁板岩系"沉积厚度达 8366m。

随后其他专项找矿和科研项目均为专属性工作,大多为在本次区调之修测区内,针对性地采有比较多的化学分析样品和古生物化石。

前人在测区内的地质调查除 1:100 万拉萨幅为面积型,较为系统外,其他地质工作多为专业性、课题性调研项目,仅部分地区做过路线地质调查或矿产、矿点检查,因受工作程度、工作重点和工作范围的限制,资料各有侧重,其填图资料及图件的统一性、连续性较差。

第四节 完成任务情况及人员分工

一、完成任务情况

1:25 万丁青县幅区域地质调查项目自始至终得到西藏地调院和一分院各级领导的高度重视,从人、财、物等诸方面给予了优先保障。近三年来,项目组成员克服气候恶劣、高寒缺氧、地势陡峻、地形复杂、自然条件艰苦、地质灾害频发等重重困难,顺利地完成了任务书所下达的各项调查任务,实际完成实物工作量见表 1-2。

表 1-2 完成实物工作量表

序号	项目名称	单位	修测区		实测区	
			原完成	本次完成	完成量	设计量
1	填图面积	km²	10 812	1810	5406	5406
2	路线长度	km	2355	150	1115.8	660

续表 1-2

序号	项目名称	单位	修测区		实测区	
			原完成	本次完成	完成量	设计量
3	地质观测点数	个	1135	74	607	313
4	实测地层剖面	km	127.05		55.75	49.5
5	实测岩体剖面	km	67.05	21.28	26.21	25
6	地质构造剖面	km	321.02	157	152.76	120
7	陈列样品	件	1683	160	285	230
8	岩矿薄片	件	1583	50	278	
9	矿石光片	件	69		5	5
10	硅酸盐样	件	149	29	32	30
11	碳酸盐样	件	2	5	6	5
12	定量光谱	件	547	69	121	30
13	稀土分析	件	94	29	108	10
14	微量分析	件	79		7	7
15	试金分析	件	15		22	12
16	化学简项	件	264	8	23	
17	成分分析	件	80		6	
18	铀量分析	件	12			
19	煤质分析	件	11			
20	粒度分析	件	56		51	25
21	定向薄片	件	48	7	10	15
22	电子探针	件	34	35	16	40
23	包体测温	件			10	20
24	热释光样	件			6	3
25	ESR 样	件			9	5
26	^{14}C 测年样	件			6	10
27	同位素年龄样	件	21	2	6	
28	同位素组成样	件	10	1	4	
29	白云母 bo 值	件	27			
30	大化石	件	2337	23	58	40
31	微体化石	件	307	12	16	10
32	孢粉样	件			18	6
33	古地磁	件	14			
34	对比人工重砂	件	13			
35	找矿人工重砂	件			7	5
36	溪流人工重砂	件	3594		21	
37	阶地人工重砂	件	173		58	

续表 1-2

序号	项目名称	单位	修测区		实测区	
			原完成	本次完成	完成量	设计量
38	重砂异常检查	处	10			
39	土壤分析	件		2	5	
40	水样分析	件			6	
41	矿(化)点检查	处	53		3	
42	小体重样	件	8			
43	探槽剥土	m³	163			
44	地质照片	张		280	638	
45	数码照片	张		470	1158	
46	录像资料	分钟		80	170	

二、项目人员分工

参加项目野外工作的技术人员有胡敬仁(担任丁青县幅项目负责、技术负责)、高体钢、孙洪波、巴桑次仁、柯东昂、崔永泉、陈国结(2003年担任子项目副技术负责)、胡福根、孙中良。后勤人员有罗建军、王琪斌、杨飞、刘宏飞、尼玛、八珠。

报告编写人员为胡敬仁、柯东昂、胡福根、崔永泉、陈国结、高体钢、孙洪波。报告最终由胡敬仁修改、统纂、定稿。地质图及相关图件由胡敬仁、高体钢、孙洪波等编制。最终报告排版由毛国政完成。

本项目得到了各级领导的高度重视和亲切关注,也得到了所有参加人员的鼎力相助和同心合作,同时也得到各测试单位的帮助和合作。因此,该地质成果是一份共同努力、集体智慧的结晶。

项目在实施过程中得到了中国地质调查局、成都地质矿产所、西南项目办、西藏地调院及一分院各级领导的高度重视和亲切关怀。尤其得到质检专家夏代祥教授级高级工程师、周详教授级高级工程师,李才教授等的细心指导,同时更得到任纪舜院士、肖序常院士的关心、鼓励,并进行探讨和交流。

该项目在野外作业和实施过程中,同时也得到了社会各界的大力支持和密切配合,在许多方面提供了方便。

谨此,对以上给予本项目各方面关心、支持、帮助、指导的各位领导和各位专家表示由衷的感谢,对参加本次调研工作人员和鼎力支持本项目工作的其他科室人员致以诚挚的谢意。

第二章 地层及沉积岩

测区地层分布广泛，各时代地层发育较为齐全，其中中生代地层分布最为广泛，其次为古生代地层，元古宙地层仅在测区东部少量出露，新生界古近系较少。第四系一般分布在河谷内或湖泊周围。除第四系外，各时代地层沿主构造线方向分布。根据大地构造位置的差异，以澜沧江缝合带，班公错-怒江结合带（以下可简称班-怒结合带）为界，将测区划分为5个地层区。澜沧江缝合带以北属羌北-昌都地层区（以下简称昌都地层区），隶属华南地层大区，其余4个区为滇藏地层大区，自北向南依次为澜沧江地层区、羌南-保山地层区（简称羌-保地层区）、班公错-怒江地层区（简称班-怒地层区）、冈底斯-腾冲地层区（简称冈-腾地层区）（图2-1）。

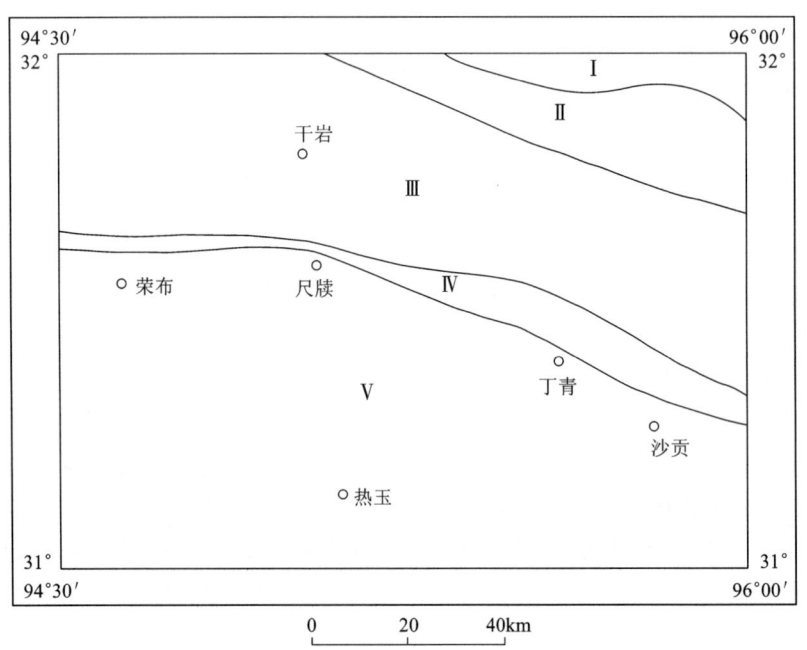

图 2-1 测区地层区划图
Ⅰ:羌北-昌都地层区；Ⅱ:澜沧江地层区；Ⅲ:羌南-保山地层区；
Ⅳ:班公错-怒江地层区；Ⅴ:冈底斯-腾冲地层区

昌都地层区发育稳定型石炭系和侏罗系、古近系红层；澜沧江地层区以发育活动型石炭系、三叠系为特征；羌-保地层区出露有元古宇、前石炭系变质岩及次稳定型晚三叠世和中晚侏罗世地层；班-怒地层区主要为三叠纪蛇绿岩、早侏罗世混杂岩及中晚侏罗世盖层；冈-腾地层区以发育大面积暗色地层为特征，包括晚三叠世、早中侏罗世复理石沉积和早白垩世含煤细碎屑沉积。

对沉积地层进行了以岩石地层、层序地层、生物地层、年代地层等为主的多重地层划分。对变质地层按构造-地（岩）层-事件法、构造-岩石-事件法工作，并进行单位划分。依据地层的岩性、岩相特征、古生物面貌、变质程度等对区内岩石地层单位进行了全面清理，最终确定组级地层单位43个，段级岩石地层单位8个，进一步完善了测区地层系统（表2-1）。

表 2-1 综合地层划分表

地质年代			地层区	冈底斯-腾冲地层区 / 班戈-八宿地层分区		班公错-怒江地层区	羌南-保山地层区 / 唐古拉地层分区		澜沧江地层区	羌北-昌都地层区 / 昌都-察雅地层分区	
新生代	第四纪	全新世				Qh^{al} Qh^{pl} Qh^l Qh^f Qh^{dl} Qh^{gl} Qh^{ch}					
		更新世	晚			Qp_3^{al} Qp_3^l Qp_3^f Qp_3^{gl} Qp_3^{ch}					
			中			Qp_2^{al} Qp_2^{pl} Qp_2^{gl}					
			早			Qp_1^{al} Qp_1^{gl} Qp_1^l					
	新近纪										
	古近纪	始新世—古新世				宗白组 $E_2 z$			贡觉组 $E_{1-2} g$	二段 $E_{1-2} g^2$	
										一段 $E_{1-2} g^1$	
中生代	白垩纪	晚白垩世		八达组 $K_2 b$							
				竞柱山组 $K_2 j$							
		早白垩世		多尼组 $K_1 d$	二段 $K_1 d^2$						
					一段 $K_1 d^1$						
	侏罗纪	晚侏罗世		拉贡塘组 $J_{2-3} l$		机末组 $J_3 j$	雁石坪群	索瓦组 $J_2 s$		察雅群 JC	小索卡组 $J_3 x$
		中侏罗世		希湖组 $J_2 xh$	上段 $J_2 xh^3$	德吉弄组 $J_2 dj$		夏里组 $J_2 x$			东大桥组 $J_2 dd$
					中段 $J_2 xh^2$	德极国组 $J_2 d$		布曲组 $J_2 b$			土拖组 $J_2 t$
					下段 $J_2 xh^1$	木嘎岗日群 JM / 亚宗混杂岩 $J_1 yz$		雀莫错组 $J_2 q$			
	三叠纪	晚三叠世		确哈拉群 $T_3 Q$	二组 $T_3 Q^2$	孟阿雄群 $T_3 M$	丁青蛇绿岩 $T_3 Om$	深海沉积	巴贡组 $T_3 bg$	竹卡群 $T_3 z$	结玛弄组 $T_3 jm$
									波里拉组 $T_3 b$	二段 $T_3 b^2$	
								结扎群 $T_3 J$		一段 $T_3 b^1$	
					一组 $T_3 Q^1$				甲丕拉组 $T_3 j$		巴钦组 $T_3 bq$
									东达村组 $T_3 d$		
古生代	二叠纪	早二叠世—晚石炭世		苏如卡岩组 CPs						玛均弄组 $C_1 m$	上段 $C_1 m^2$
											下段 $C_1 m^1$
	石炭纪	早石炭世							卡贡群 $C_1 K$	日阿则弄组 $C_1 r$	东风岭组 $C_1 d$
										哎保那组 $C_1 a$	珊瑚河组 $C_1 s$
	前石炭纪			嘉玉桥岩群 AnCJy.	二岩组 $AnCJy^2$.		吉塘岩群 AnCJt.	三岩组 $AnCJt^3$.			
					一岩组 $AnCJy^1$.			二岩组 $AnCJt^2$.			
								一岩组 $AnCJt^1$.			
新元古代	南华纪					觉拉片麻岩组 $Pt_3 jl$.					
						比冲弄岩组 $Pt_3 bc$.					

第一节 羌北-昌都地层区

隶属华南地层大区之羌北-昌都地层区的昌都-察雅分区,发育早石炭世珊瑚河组、东风岭组、中晚侏罗世察雅群(土拖组、东大桥组、小索卡组)、古—始新世贡觉组,除古近系为一套陆相红层外,其余为稳定型海相沉积。

一、石炭系

分布于铁乃烈-当不及断裂之北,主要出露在尕翁、达拉贡一带。主要发育下石炭统,由下部含煤细碎屑岩和上部灰岩组成,属稳定型沉积。向东延入类乌齐马查拉地区,向北延入青藏交界自家浦地区。西藏地质一队(1967、1971)在自家浦创名自家浦群,在马查拉地区创立马查拉群,并分为珊瑚河组和东风岭组。本书采用《1∶20万丁青县幅、洛隆县幅区域地质调查报告》中所用西藏地质一队在类乌齐马查拉地区的划分方案,沉积厚度 2061.8m。

(一) 剖面描述

1. 青海省囊谦县尕羊乡尕翁下石炭统珊瑚河组剖面

剖面(图 2-2)位于尕羊乡南部。据《1∶20 万丁青县幅、洛隆县幅区域地质调查报告》予以描述。

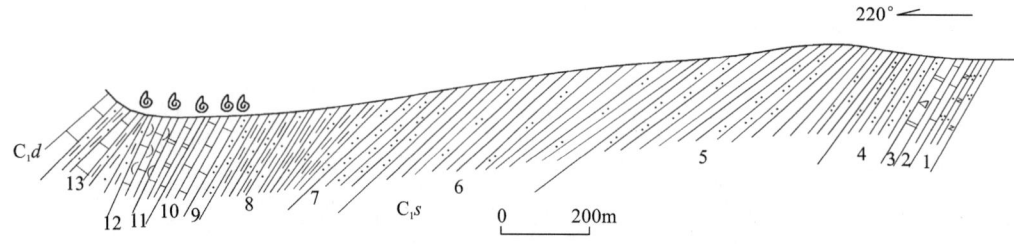

图 2-2 囊谦县尕羊乡尕翁下石炭统珊瑚河组剖面图

上覆地层:下石炭统东风岭组(C_1d) 灰色厚层泥晶灰岩
————————— 整合 —————————

下石炭统珊瑚河组(C_1s) 厚度>1128.6 m

13. 黑色炭质粉砂质页岩夹灰色薄层珊瑚灰岩、生物碎屑灰岩 194.07m
    珊瑚:*Siphonodendron yaolingense* Chu
        S. irregulare var. *jingtungense* Yu
    腕足类:*Stenoscisma mazhalacum* Ching et Shi
        Brachyris zadoensis Ching et Ye
        Phricodothyris cf. *ovata*(Chao)
        Overtonia biseriata(Hall)
12. 灰色厚层粉晶生屑灰岩 50.25 m
    珊瑚:*Kueichouphyllum heishihkuanense* Yu
        Mutithecopora sp.
    苔藓虫、海百合化石
11. 灰色厚层白云质灰岩 48.00m
    珊瑚:*Kueichouphyllum heishihkuanense* Yu

Mutithecopora huanglungensis Lee et Chu
　　　　Siphonodron yaolingense Chu
　苔藓虫、海百合化石
10. 灰褐色薄板状微晶生屑灰岩,发育水平虫管　　　　　　　　　　　　　　　　　　　　50.80m
　腕足类:*Punctospirifer maleukensis* Sar
　　　　Antiquatonia cf. *antiquatonia*(Sowerby)
9. 灰褐色薄层细粒长石石英砂岩夹黑色含炭粉砂质页岩　　　　　　　　　　　　　　　33.21m
8. 黑色含炭粉砂质泥岩夹黑色炭粉砂岩,泥岩含黄铁矿晶粒　　　　　　　　　　　　　217.79m
7. 灰褐色薄层细粒长石石英砂岩夹黑色炭质页岩、粉砂岩　　　　　　　　　　　　　　102.50m
6. 黑色炭质页岩夹黑色含炭粉砂岩,粉砂岩含生物碎屑　　　　　　　　　　　　　　　146.00m
5. 灰色薄层粉砂岩与黑色炭质页岩成段互层,粉砂岩含炭屑,页岩发育水平虫管　　　　179.03m
4. 灰色薄层粉砂岩、粉砂质泥岩,富含炭屑,发育水平层理　　　　　　　　　　　　　106.97m
3. 灰黄色角砾状细晶白云岩,偶见海百合碎片　　　　　　　　　　　　　　　　　　　12.32m
2. 灰绿色、灰紫色泥岩夹灰色薄层含生屑微晶灰岩　　　　　　　　　　　　　　　　　14.03m
1. 灰色薄层细粒长石石英砂岩,含炭屑,发育平行层理　　　　　　　　　　　　　　　＞14.96m
　　　　　　　　　　　　　　　　　　（未见底）

2. 青海省囊谦县尕羊乡南尕翁下石炭统东风岭组剖面

剖面(图 2-3)位于尕羊乡南尕翁小河谷南段,起点在尕翁转弯处,向西可与尕翁剖面相接。

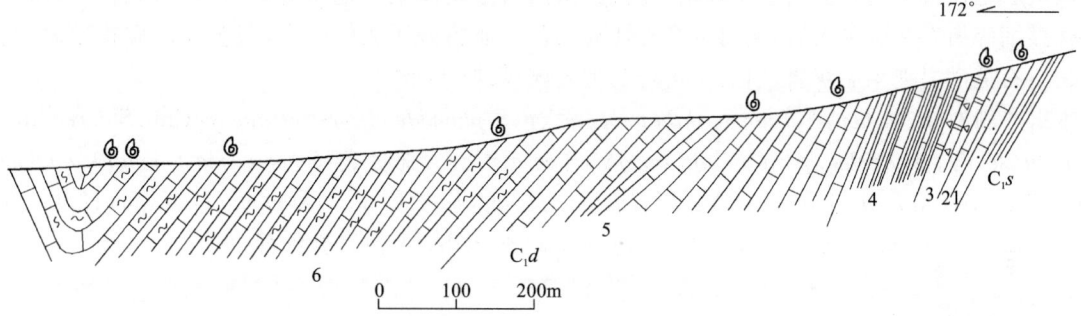

图 2-3　囊谦县尕羊乡南尕翁下石炭统东风岭组剖面图

下石炭统东风岭组(C_1d)　　　　　　　　（未见顶）　　　　　　　　　　　厚度＞**933.2m**
6. 灰色厚层微晶灰岩,含浅红色泥质条纹或斑块,顶部见厚 0.2m 赤铁矿　　　　　　＞342.02m
　珊瑚:*Diphyphyllum* cf. *hochangpingense* Yu
　　　　Siphondendron sp.
　　　　Palaeosmilia cf. *ephippia*(Yu)
　腕足类:*Eomarginifera xizangensis*(Yang et Fan)
　　　　Linoproductus sp.
　　　　Buxtonia sp.
　　　　Cacrinella sp.
　　　　Ovatia cf. *nitens* Ching et Liao
　海百合化石
5. 灰色厚层微晶灰岩,局部夹肉红色海百合灰岩,灰色珊瑚灰岩　　　　　　　　　　319.88m
　珊瑚:*Siphonodendron* sp.
　腕足类:*Neospirifer orientalis*(Chao)
　　　　N. sp.
　　　　Chaoiella cf. *gruenewaldti*(Krotov)
　　　　Schuchertella? sp.

双壳类：*Aviculopecten chouniukouensis* Yin
　　　　　Streblochondria sp.
　　　　　Palaeoneilo sp.
　　　　　Astaertella sp.
4. 黑色页岩夹黑色薄板状泥晶灰岩，发育水平虫迹　　　　　　　　　　　　　　　　108.52m
3. 灰色厚层角砾状微晶白云岩　　　　　　　　　　　　　　　　　　　　　　　　54.60m
2. 灰色厚层含燧石团块微晶灰岩，含炭质薄膜　　　　　　　　　　　　　　　　　25.16m
　　珊瑚：*Siphonodendron yaolingense*（Chu）
　　　　 S. irregulare var. *jungtungense* Yu
　　　　 Multithecopora huanglungensis Lee et Chu
1. 灰褐色薄板状含炭砂质灰岩，局部为钙质砂岩，层面发育水平及斜交层面的虫管　　7.40m
　　苔藓虫：*Fenestella* sp.
　　腕足类、海百合化石

――――――――― 整合 ―――――――――

下伏地层：下石炭统珊瑚河组（C_1s）　黑色炭质粉砂质板岩

（二）岩石地层特征

1. 珊瑚河组（C_1s）

该组层型位处类乌齐县马查拉珊瑚河附近，系西藏地质局第一地质大队（1971）创名。该组为一套暗色含煤细碎屑岩夹少量灰岩，区内主要岩性为黑色炭质粉砂质泥（页）岩，灰色含炭质粉砂岩、灰褐色细粒长石石英砂岩夹生屑灰岩、白云质灰岩及劣质煤线，厚1128.6m。

本组产珊瑚：*Kueichouphyllum heishihkuanense* Yu, *Siphonodendron yaolingense* Chu, *S. irregulare* var. *jungtungense* Yu, *Multithecopora huanglungensis* Lee et Chu；腕足类：*Stenoscisma mazhalacum* Ching et Shi, *Brachythyris zadoensis* Ching et Ye, *Phricodothyris* cf. *ovata*（Chao）, *Overtonia biseriata*（Hall）, *Punctospirifer maleukensis* Sar, *Antiquatonia* cf. *antiquatonia*（Sowerby）及海百合化石。

2. 东风岭组（C_1d）

该组系西藏地质局第一地质大队（1971）创名，层型位处类乌齐县马查拉东风岭，其以厚层灰岩为特征。主要岩性为灰色厚层状微晶灰岩、生屑灰岩、含燧石团块灰岩，下部夹薄层灰岩、黑色页岩及白云岩，底部以灰黑色含炭砂质灰岩为标志。灰岩单层厚度向上变厚，碎屑岩夹层向上减少。其与下伏珊瑚河组整合接触，未见顶。厚933.2m。

在尕翁剖面上产四射珊瑚：*Diphyphyllum* cf. *hochangpingense* Yu, *Siphonodendron iregulare* var. *jungtungense* Yu, *S. yaolingense*（Chu）, *S.* sp., *Palaeosmilia* cf. *ephippia*（Yu）；异珊瑚：*Hexaphyllia mirabilis*（Duncan）；腕足类：*Eomarginifera xizangensis*（Yang et Fan）, *Linoproductus* sp., *Buxtonia* sp., *Cacrinella* sp., *Ovatia* cf. *nitens* Ching et Liao, *Neospirifer orientalis*（Chao）, *N.* sp., *Chaoiella* cf. *gruenewaldti*（Krotov）, *Schuchertella*? sp., *Productus concinus*（Martin）；双壳类：*Aviculopecten chounikouensis* Yin, *Streblochondria* sp., *Palaeoneilo* sp., *Astartella* sp. 及苔藓虫、海百合化石。在江姜能产珊瑚：*Siphonodendron petalaxoidae*（Yü）, *S. pauciradiale*（M'Coy）。在尕拉产四射珊瑚：*Siphonodendron irregulare jungtungense* Yu, *S.* sp.；异珊瑚：*Hexaphyllia mirabilis*（Duncan）。在达拉贡产异珊瑚：*Hexaphyllia mirabilis*（Duncan）, *H. transversa* Yu et al, *H. floriformis* Wang et Ye；四射珊瑚：*Yuanophyllum kansuense* Yu；有孔虫：*Palaeotextularia consobrina* var. *intermedia* Lipina, *Archaediscus moelleri* Raus, *Mstinia* sp., *Janischewskina* cf. *inflata* Wang, *Endothyra* sp.。在买曲东岸产四射珊瑚：*Lithostrotionella zaduoensis* Li et Liao, *L.* cf. *kueichouensis* Yu, *Siphonodendron irregulare jungtungense* Yu, *S. pauciradiale*（M'Coy）, *Arachnolasma irregulare* Yu,

Kueichouphyllum sp.；床板珊瑚：*Syringopora* sp.，*Multithecopora huanglungensis* Lee et Chu；异珊瑚：*Hexaphyllia mirabilis*(Duncan)；有孔虫：*Palaeotextularia* sp.；蜓：*Eostaffella mosquensis* Vissarionova；苔藓虫：*Fenestlla* sp.。在买曲东岸，本组顶部发现 *Pseudostaffella antiqua* Dutkvich，有孔虫 *Bradyina* sp.。

（三）基本层序特征

1. 珊瑚河组

该组为一套滨海平原沉积组合。下部主要为河口湾细碎屑岩沉积，可见3种基本层序（图2-4），其以不同的叠置形式组成不同的基本层序组。如尕翁剖面第4层由基本层序Ⅰ组成，第5、6、8层由基本层序Ⅱ、Ⅲ组成；上部属泻湖沉积，由两种基本层序Ⅳ、Ⅴ组成。

（1）基本层序Ⅰ：从上至下由含炭含黄铁矿晶粒泥页岩（a）—粉砂质泥岩（b）—沙纹交错层粉砂岩（c）组成向上变浅的基本层序。

（2）基本层序Ⅱ：底部含泥砾炭屑，局部具交错层的细粒砂岩（a）—沙纹交错层、脉状层理、波状层理粉砂岩（b）—含炭泥页岩（c），反映向上水体加深、粒度变细的特点。

（3）基本层序Ⅲ：由细粒砂岩、粉砂岩、泥岩呈薄层交互，发育沙纹交错层理、波状层理、水平层理、生物扰动构造，说明海水震荡频繁。

（4）基本层序Ⅳ：由灰色厚层状微晶灰岩或生屑灰岩组成单一岩性的基本层序，多见于高水位体系域，反映水体相对较深的环境。

（5）基本层序Ⅴ：由黑色炭质粉砂质泥岩（a）—灰色薄层珊瑚灰岩、生屑微晶灰岩（b）组成，反映水体逐渐加深的沉积环境，基本层序厚8～12m。

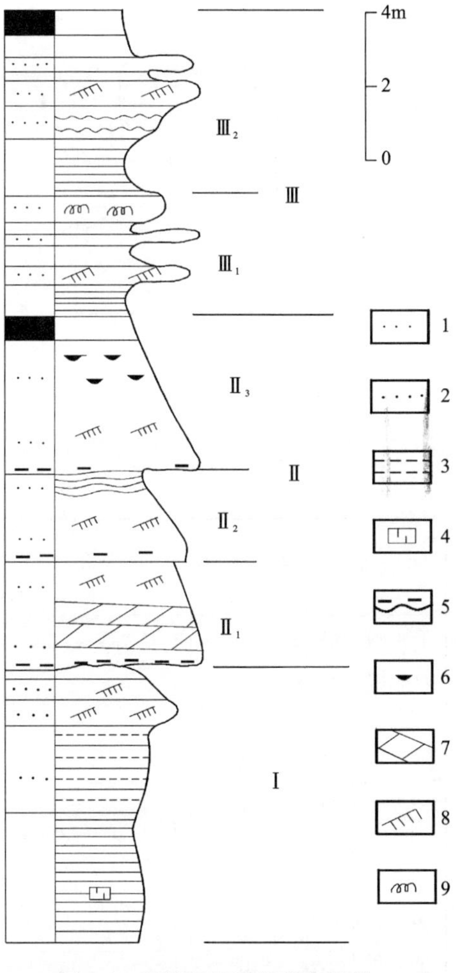

2. 东风岭组

本组为一套碳酸盐岩台地沉积，基本层序可分为3种类型（图2-5）。

图2-4 珊瑚河组下部基本层序
1.细砂岩；2.粉砂岩；3.泥岩；4.黄铁矿；5.冲刷面及泥砾、炭屑；6.脉状层理；7.交错层理；8.砂纹层理；9.扰动构造

（1）基本层序Ⅰ：下部为棱角状大角砾白云岩（a），中部为表面被磨蚀的小角砾白云岩（b），上部为无角砾白云岩，厚一般5m±（c），反映为风暴成因的沉积环境，此类型基本层序见于剖面第3层。

（2）基本层序Ⅱ：下部（a）为深灰色薄层状泥晶灰岩，上部（b）为黑色页岩，具饥饿段沉积特征，基本层序厚约3m，见于剖面第4层。

（3）基本层序Ⅲ：下部（a）为深灰色厚层状含黄铁矿结核、含腹足化石的微晶灰岩，上部（b）则为浅灰色、肉红色中厚层状含珊瑚、海百合、双壳类、腕足类化石的微晶灰岩。基本层序厚3m±，为静水灰泥—生物丘产物，多见于剖面第5、6层。

（四）生物地层划分及年代地层对比

测区下石炭统含有丰富的有孔虫、蜓、四射珊瑚、异珊瑚、床板珊瑚、双壳类、腹足类、菊石、苔藓虫、海百合化石。其中有孔虫、蜓、珊瑚、双壳类、腕足类化石占主体，可用于划分和对比地层（表2-2）。

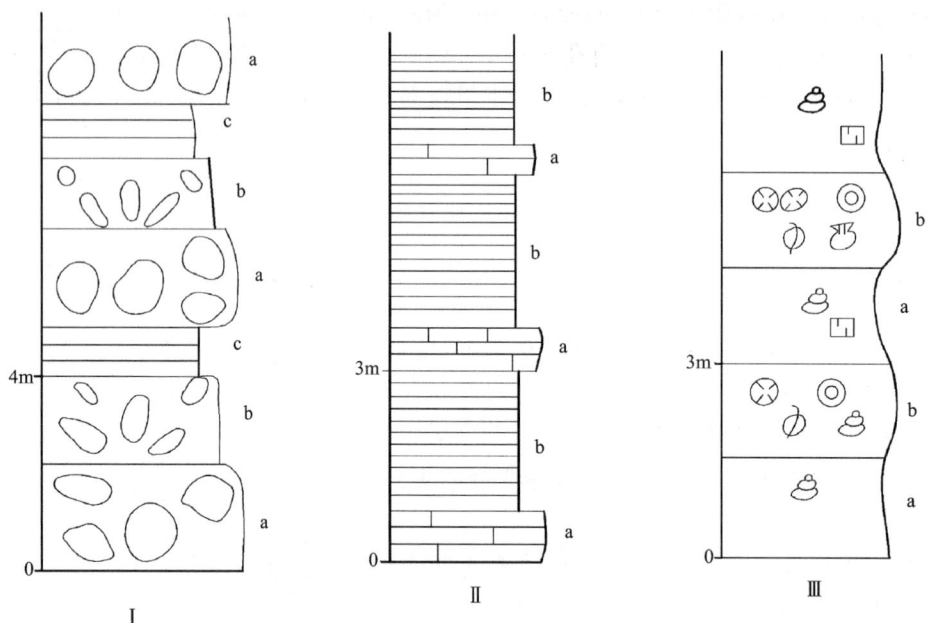

图 2-5 东风岭组基本层序

表 2-2 昌都地层区早石炭世生物地层序列表

年代地层		岩石地层	生物地层		
			有孔虫、䗴	珊瑚	腕足类
上石炭统	纳缪尔阶	滑石板阶	*Pseudostaffella antiqua* 带		
下石炭统	韦宪阶	东风岭组			
		德坞阶	*Eostaffella mosquensis* 带或 *Palaeotextularia consobrina* var. *intermedia* - *Mstinia* 组合带	*Yuanophyllum* - *Siphonodendron* - *Hexaphyllia* 组合带	*Eomarginifera xizangensis* - *Neospirifer orientulis* 组合带
					Stenoscisma mazhalacum - *Brachythyris zadoensis* 组合带
		大塘阶	珊瑚河组		*Antiquatonia antiquatonia* - *Punctospirifer malevkensis* 组合带

1. 有孔虫、䗴

东风岭组所产有孔虫化石可称为 *Palaeotextularia consobrina* var. *intermedia* - *Mstinia* 组合，主要属种有 *Palaeotextularia consobrina* var. *intermedia*，*Archaediscus moelleri*，*Mstinia* sp.，*Janischewskina* cf. *inflata*，*Endothyra* sp.。多数是早石炭世韦宪期分布较广的分子。其中 *Mstinia*，*Janischewskina* 目前仅见于早石炭世韦宪期，而且 *P. consobrina* var. *intermedia*，*A. moelleri* 也是莫斯科盆地、俄罗斯地台该期的重要分子，在我国见于贵州威宁下石炭统赵家山组。

东风岭组所产䗴类化石以 *Eostaffella mosquensis* 为主，是我国下石炭统德坞阶 *Eostaffella* 带和欧洲下石炭统韦宪阶的"标准分子"。其顶部所产 *Pseudostaffella antiqua* 仅见于晚石炭世早期，此化石层位可与华南地区上石炭统下部 *Pseudostaffella* 带对比。

2. 珊瑚类

该类化石主要分布在珊瑚河组上部和东风岭组中，分带性不明显，以 *Yuanophyllum*, *Siphonodendron*, *Hexaphyllia* 大量繁殖为特征，可称为 *Yuanophyllum - Siphonodendron - Hexaphyllia* 组合。主要分子有 *Yuanophyllum kansuense*, *S. yaolingense*, *S. petaxoidae*, *S. pauciradiale*, *Hexaphylia mirabilis*, *H. transversa*, *H. floriformis*, *Diphyphyllum* cf. *hochangpingense*, *Lithostrotionella zaduoensis*, *L.* cf. *kueichouensis*, *Arachnolasma irregulare*, *Kueichouphyllum heishihkuanensis*, *Multithecopora hanglungensis*, *Syringopora* sp. 等。其中单体珊瑚 *Yuanophyllum*, *Kueichouphyllum*, *Arachnolasma* 是华南早石炭世大塘期的重要分子，*Palaeosmilia* 是大塘晚期至德坞期的特征分子；丛状群体珊瑚 *Siphonodendron* 的各"种"均在国内外下石炭统上部常见，异珊瑚 *Hexaphyllia* 仅见于欧洲韦宪阶和国内大塘阶。因此，该组合的时代可确定为早石炭世大塘期。

3. 腕足类

腕足类产出层位较多，分带性较好，自下而上可分为 3 个带。

1) *Antiquatinia antiquatonia - Punctocpirifer malevkensis* 组合带

该组合带出现在珊瑚河组中部，特征分子 *Antoquatinia antiqua*, *Punctospirifer malevkensis* 出现在华南地区大塘阶旧司段。该组合带与马查拉地区珊瑚河组的同名带可以对比。

2) *Stenoscisma mazhalacum - Brachythyris zadoensis* 组合带

该组合带出现在珊瑚河组上部，特征分子有 *Stenoscisma mazhalacum*, *Brachythyris zadoensis*, *Phricodothyris* cf. *ovata*, *Overtonia biseriata*，前两个优势种为地方性分子，仅见于马查拉珊瑚河组及青海南部相同层位。后两种在下石炭统常见，但时间隔较长，该组合带与马查拉地区的腕足类组合带（金玉轩等，1985）尚难对比，可能高于 *Antiquatonia antiquatonia - Punctospirifer malevkensis* 组合带，而低于 *Giganitoproductus modorata* 组合带。

3) *Eomarginifera xizangensis - Neospirirer orientalis* 组合带

该组合带出现在东风岭组上部，特征分子有 *Eomarginifera xizangensis*, *Linoproductrs* sp., *Buxtonia* sp., *Cacrinella* sp., *Ovatia* cf. *nitens*, *Neospirifer orientalis*, *Chaoiella* cf. *gruenewaldti*, *Schuchertella* sp., *Productus concinus* 等。其中 *E. xizangensis* 原产于申扎地区大塘阶上部永珠段 *Chonetipustula - Balakhonia* 组合（杨式溥，范影年，1983）。该种在本区的发现对研究区域地层对比和生物地理分区有着重要的意义。*N. orientalis* 是华南德坞阶（相当于纳缪尔阶 A 段或前苏联谢普霍夫阶）的重要分子，见于黔东南摆佐组。*P. concinus* 是华南大塘阶上司段的常见分子，因此，该组合带对比为大塘阶上部至德坞阶。

因此，据上可将珊瑚河组年代地层位置对比为下石炭统大塘阶中下部，东风岭组对比为大塘阶上部和德坞阶。顶界穿时，进入上石炭统底部。

二、侏罗系

侏罗系仅在测区东北隅麦彩改，智曲、切龙色、姜江能等地零星出露，总面积不足 70km^2，为一套红色碎屑岩系。最初由四川省三区测队于 1974 年创名察雅群，分为上、下两组。1:20 万结多幅（青海省第二区调队，1987）将其划归为雁石坪群，1:20 万昌都幅（四川省区调队，1990）、1:20 万类乌齐幅（四川省区调队，1993）又将其自下而上划分为查郎嘎组（J_1）、土拖组（J_2）、东大桥组（J_2）、小索卡组（J_3）。1:20 万丁青县幅、洛隆县幅（河南区调队，1994）亦采用了这一划分方案，本书亦沿用之。地层厚度大于 1727.87m。

（一）剖面描述

青海省囊谦县吉曲乡麦彩改侏罗系中—上统察雅群剖面如图 2-6 所示。剖面位于吉曲乡麦彩改，露头较好,构造简单,地层连续,虽未见顶底,但层序最齐全。

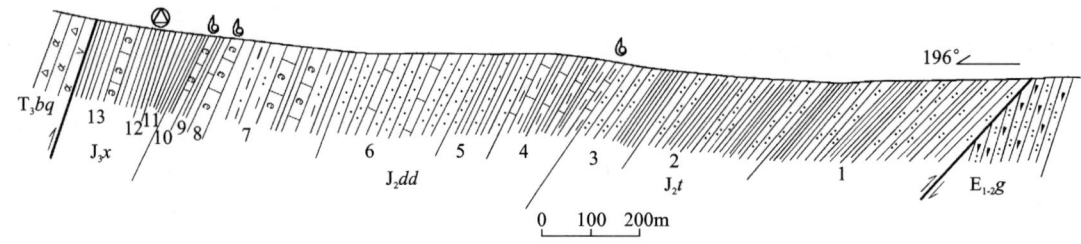

图 2-6　囊谦县吉曲乡麦彩改中—上侏罗统察雅群剖面图

上侏罗统小索卡组(J_3x)　　　　　　　（未见顶）　　　　　　　　　　　　　　　　　厚度＞194.65m
13. 灰黑色泥岩夹灰色中层状生物碎屑灰岩　　　　　　　　　　　　　　　　　　　　　　　＞126.69m
　　　孢粉：*Classopollis annulatus*(Verbitskaja)
　　　　　　C. muralis Bai
　　　　　　C. sp.
　　　　　　Granlatisporites sp.
　　　　　　Biretisporites sp.
　　　　　　Cycadopites sp.
12. 砖红色泥岩、粉砂质泥岩,偶夹灰黄色薄层泥灰岩　　　　　　　　　　　　　　　　　　　14.56m
　　　孢粉：*Classopollis* sp.
11. 紫红色含钙泥岩夹灰黑色含炭泥岩、灰色薄层含生屑泥晶灰岩　　　　　　　　　　　　　53.40m
　　　　　　　　　　　　　　———————— 整合 ————————

中侏罗统东大桥组(J_2dd)　　　　　　　　　　　　　　　　　　　　　　　　　　　　厚度 671.94m
10. 灰绿色钙质泥岩夹灰色薄层生物碎屑灰岩　　　　　　　　　　　　　　　　　　　　　　29.58m
　　　双壳类：*Liostrea birmanica*（Reed）
　　　　　　　Lopha sp.
　　　　　　　Astarte sp.
9. 灰色中厚层状生屑灰岩夹少量灰黑色泥岩　　　　　　　　　　　　　　　　　　　　　　　6.96m
8. 灰色中厚层状生屑灰岩,含大量双壳类碎片　　　　　　　　　　　　　　　　　　　　　　5.60m
7. 灰色、黄绿色粉砂质泥岩夹灰黄色粉砂岩、生屑灰岩　　　　　　　　　　　　　　　　　254.40m
6. 灰色钙质粉砂岩、粉砂质泥岩夹灰色薄层泥灰岩　　　　　　　　　　　　　　　　　　　216.98m
5. 灰色薄层粉砂岩与紫红色泥岩互层　　　　　　　　　　　　　　　　　　　　　　　　　66.56m
4. 灰黄色薄层泥灰岩与紫红色钙质泥岩互层　　　　　　　　　　　　　　　　　　　　　　92.16m
　　　　　　　　　　　　　　———————— 整合 ————————

中侏罗统土拖组(J_2t)　　　　　　　　　　　　　　　　　　　　　　　　　　　　　厚度＞861.28m
3. 紫红色泥质粉砂岩与灰色薄层细粒石英砂岩互层　　　　　　　　　　　　　　　　　　　142.86m
2. 紫红色薄层细粒长石石英砂岩与紫红色泥岩互层　　　　　　　　　　　　　　　　　　　318.42m
1. 紫红色粉砂质泥岩夹灰绿色薄层细粒长石石英砂岩　　　　　　　　　　　　　　　　　　＞400m
　　　　　　　　　　　　　　　　　　（未见底）

（二）岩石地层特征

1. 土拖组(J_2t)

该组系1：20万昌都幅创建,层型剖面在昌都县大野乡达布卡。区内主要分布在智曲河谷两侧,剖面控制厚度861.28m。该组下部为紫红色薄层粉砂质泥岩夹灰绿色薄层细粒长石石英砂岩。在智曲西段,其下部夹紫红色厚层砾岩,砾石成分主要为英安岩、生屑灰岩、微晶灰岩,推断该组不整合于石炭系和上三叠统之上；中部紫红色薄层细粒长石石英砂岩与紫红色泥岩互层；上部紫红色泥质粉砂岩与灰色薄层细粒石英砂岩互层。从下向上紫红色粉砂质泥岩逐渐减少、长石石英砂岩向上增多；总体上泥质向上减少、砂质成分增多。总体呈现为紫红色调并夹互(长石)石英砂岩而与上覆两个地层单位区别。

2. 东大桥组(J_2dd)

层型同土拖组。本组在区内仅见于姜弄、麦彩改等地，主要岩性为灰色、灰绿色粉砂质泥岩、钙质泥岩、钙质粉砂岩夹多层生屑灰岩、泥灰岩，下部多见紫红色泥岩及钙质泥岩。与下伏土拖组整合接触，厚度671.94m。本组以灰—灰绿色调及夹多层海相生屑灰岩而区别于上、下两组。

3. 小索卡组(J_3x)

创名单位同土拖组，层型剖面在昌都县加卡乡小索卡。区内本组仅见于麦彩改附近。主要岩性为下部紫红、砖红色(含钙质)泥岩、粉砂质泥岩夹黑色炭质泥岩、含生屑泥晶灰岩、泥灰岩；中、上部灰黑色泥岩夹灰色中层生屑灰岩。与下伏地层整合接触，未见顶，厚度大于194.65m。

(三) 生物地层特征及地质年代讨论

1. 土拖组(J_2t)

本组在区内未获得化石。据1∶20万类乌齐幅于昌都县都兰多采获淡水介形虫 *Darwinula changinensis* Ye, *D. saryrirmenensis sharapora*, *Metacypris trapazoidea* Geng 等，时代为中侏罗世。

2. 东大桥组(J_2dd)

本组产双壳类 *Liostrea birmanica*(Reed), *Lopha* sp.。其中 *L. birmanica* 是中侏罗世的常见分子，如古地中海地区中侏罗统、羌-保地层区雁石坪群、藏南拉弄拉组、云南柳湾组等均丰产此类化石。另外，邻区1∶20万类乌齐幅产双壳类 *Protocardia stricklandi*(Morris et Lycett), *Amiodon* cf. *yuunanus* Guo, *Pleuromya fengdengensis* Chen；腕足类 *Burmihynchia namyauensis* Buckman, *Holcothyris olivaeformis* 等化石，时代定为中侏罗世无疑。

3. 小索卡组(J_3x)

该组含孢粉 *Classopollis annulatus*, *C. muralis*, *C.* spp., *Granlatisporites* sp., *Biretisporites* sp., *Cycadopites* sp.。属 *Classopollis* 组合，与云南晚侏罗世红层中的孢粉组合相同。据此，小索卡组时代应为晚侏罗世。

本区察雅群总体以陆相沉积为主，夹海相层沉积，且海相夹层多分布于东大桥组内，岩性多为生屑灰岩，并产巴通阶常见化石分子；土拖组、小索卡组多产淡水介形虫和孢粉。区域上察雅群呈北西-南东向延伸，岩性、厚度变化较大，西部产海相化石，东部尚未发现海相化石，在昌都县产爬行类脊椎动物化石，沉积厚度在昌都—察雅一带亦最厚，达2700~3000m，总体呈现坳陷盆地沉积特征。

三、古近系

古近系主要分布于图幅东北隅显刀、加木姜弄一带，青藏交界之塞宗涌少量出露，为一套陆相红色碎屑岩系。最早由李璞(1955)创名为"贡觉红层"，四川第三区测队(1967)称贡觉群，何书元(1973)改为贡觉组，层型剖面在贡觉县油札。青海第二区调队(1988)将其划归新近系，并进一步分为下部砾岩夹砂岩组，中部碳酸盐岩夹砂岩组，上部砂岩组。四川区调队(1993)将这套红层划归古近系，并划分为东日尕组、然木组。河南区调队(1994)沿用这一名称。本书经综合考虑仍按《西藏自治区岩石地层》划分方案称贡觉组，归古近系。地层总厚大于786.48m。

(一)剖面描述

青海省囊谦县吉曲乡姜弄古新统—始新统贡觉组剖面如图2-7所示。剖面位于智曲北侧加木姜弄,露头良好,构造简单,底界清楚。

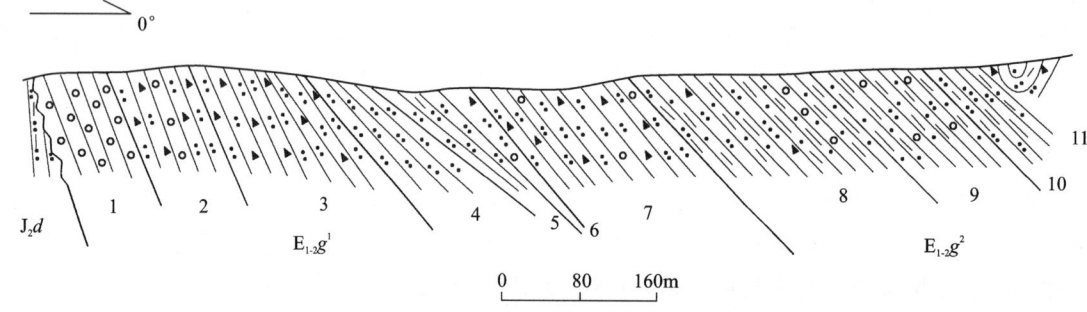

图2-7 囊谦县吉曲乡姜弄古近系古新统—始新统贡觉组剖面图

| 贡觉组($E_{1-2}g$) | (未见顶) | 总厚度＞786.48m |

二段($E_{1-2}g^2$)　　　　　　　　　　　　　　　　　　　　　　　　　厚度＞320.19m

11. 砖红色粉砂质泥岩夹紫红色薄层细粒岩屑石英砂岩　　　　　　　＞54.6m
10. 砖红色粉砂质泥岩　　　　　　　　　　　　　　　　　　　　　38.64m
9. 砖红色粉砂质泥岩夹条带状含砾粉砂岩　　　　　　　　　　　　　83.49m
8. 砖红色粉砂质泥岩夹紫红色薄层细粒岩屑石英砂岩,局部夹条带状砾岩　143.46m

一段($E_{1-2}g^1$)　　　　　　　　　　　　　　　　　　　　　　　　　厚度 466.29m

7. 紫红色薄层细粒岩屑石英砂岩夹紫色薄—中层含砾中粒岩屑石英砂岩　111.09m
6. 紫色厚层石英杂砂岩　　　　　　　　　　　　　　　　　　　　　35.02m
5. 灰色(风化面黄色)石英粉砂岩夹泥质条纹　　　　　　　　　　　　33.04m
4. 灰色中厚层细粒石英砂岩　　　　　　　　　　　　　　　　　　　38.54m
3. 紫色薄层—中层含砾岩屑石英砂岩夹紫红色薄层细粒石英砂岩　　　101.98m
2. 紫色薄层含砾中粒岩屑石英砂岩夹条带状砾岩　　　　　　　　　　93.50m
1. 紫红色厚层巨砾岩　　　　　　　　　　　　　　　　　　　　　　53.12m

～～～～～～～～～角度不整合～～～～～～～～～

下伏地层:中侏罗统东大桥组(J_2dd)　紫红色粉砂质泥岩

(二)岩石地层特征

1. 贡觉组一段($E_{1-2}g^1$)

本段底部为紫红色厚层块状巨砾岩,不整合于东大桥组或卡贡群之上。下部为紫色薄—中层状含砾岩屑石英砂岩夹条带状砾岩及薄层岩屑石英砂岩;中部为灰色、少量紫色细粒石英(粉)砂岩、石英杂砂岩;上部为紫红色薄层细粒岩屑石英砂岩夹含砾岩屑石英砂岩,垂向上,自下而上岩石粒度渐小,砂岩成熟度逐渐提高。沉积厚度466.3m。

2. 贡觉组二段($E_{1-2}g^2$)

本段主要为砖红色粉砂质泥岩夹条带状含砾粉砂岩、条带状砾岩、薄层细粒岩屑石英砂岩。在约海格、玛底扎等地夹厚层硬石膏、透明石膏层,并形成石膏矿床、矿点若干处。

(三)基本层序特征

本组为冲积扇、曲流河和盐湖相沉积,基本层序主要有3种类型(图2-8)。

(1) 基本层序Ⅰ：由下部（a）冲积扇砾岩和上部（b）水道砂体组成，砾岩底面具冲刷面，砾石向上有减小之势，砾砂比约5:1，单个基本层厚约20m，总体显示冲积扇沉积体系。一段下部此类基本层序较为常见。

(2) 基本层序Ⅱ：下部（a）为具槽状、板状交错层理细粒石英砂岩夹泥质条纹，上部（b）为具沙纹交错层理细粒石英砂岩夹薄层泥岩、粉砂质泥岩。基本层序底界具冲刷面，单个基本层序厚12m±，总体反映曲流河沉积特点。多发育于一段上部层位。

(3) 基本层序Ⅲ：由下部（a）砖红色粉砂质泥岩与上部（b）石膏层组成。单个基本层序厚大于2m，石膏层厚一般几十厘米，最厚可达140~150m，如玛底扎、约海格矿区。本类基本层序代表了膏盐盆地沉积的特征，为二段的典型基本层序类型，反映为敞流湖高水位体系域的沉积体系特点。

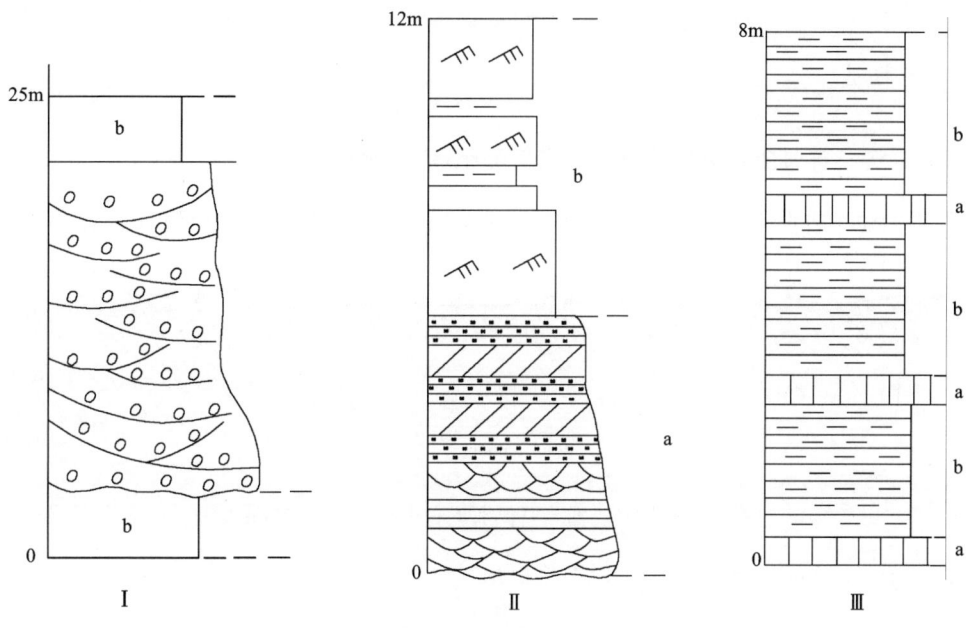

图2-8 贡觉组基本层序图

Ⅰ:贡觉组下段下部基本层序，智雅涌北岸苏优达，冲积扇沉积；
Ⅱ:贡觉组下段上部基本层序，姜弄剖面，曲流河沉积；
Ⅲ:贡觉组上段基本层序，乃忍拉、落弱卡石膏矿点，干盐湖沉积

（四）古生物特征及地质时代

在乃忍拉本组二段产孢粉，1:20万丁青县幅将其定为始新世。1:20万类乌齐幅在与本组层位相当的然木组中采有晚始新世孢粉，并发现有腹足类 *Pingiella dengqenensis* Yu，该种始见于丁青宗白组。据《西藏自治区岩石地层》，本组在贡觉县、江达县所采孢粉组合主要为始新世面貌。植物棕榈 *Sabalites* 亦是古近纪重要化石，火山岩锆石 U-Pb 一致曲线年龄15~39Ma，但上述成果均采自较高层位，化石层位之下还有上千米厚的地层，极有可能包括了古新世沉积，但也不排除有渐新世甚至中新世沉积的可能。本书结合本区具体情况，即一段底部发育冲积扇砾岩，其代表盆地发育的最早阶段，故将其形成的地质时代确定为古新世—始新世。

第二节 澜沧江地层区

本地层区分布于铁乃烈-当不及断裂与军达-日钦马断裂之间，其北为羌北-昌都地层区，之南为羌

南-保山地层区,分布面积约800km²,发育早石炭世卡贡群、晚三叠世竹卡群,古近系贡觉组亦有少量分布。卡贡群、竹卡群为活动型海相沉积。

一、石炭系

测区石炭系为一套浅变质地层,沿北西西向顺主构造线方向呈长透镜状狭长分布,向西变窄,中部加宽。前人曾称之为变质下石炭统。西藏第一地质大队(1979)在察雅县卡贡铁矿外围创建卡贡群。1:20万类乌齐幅将该群划分为日阿则弄组和玛均弄组。前者标准地点在类乌齐县岗孜乡日阿则弄,后者在类乌齐镇钟弄。1:20万丁青县幅(1994)又在该群下部分出哎保那组。卡贡群总厚大于5102.86m。

(一)剖面描述

1. 青海省囊谦县吉曲乡哎保那下石炭统哎保那组(C_1a)剖面

剖面(图2-9)位于吉曲乡觉涌,起点在哎保那,终点在囊谦弄沟口,底部因河谷掩盖未见底。

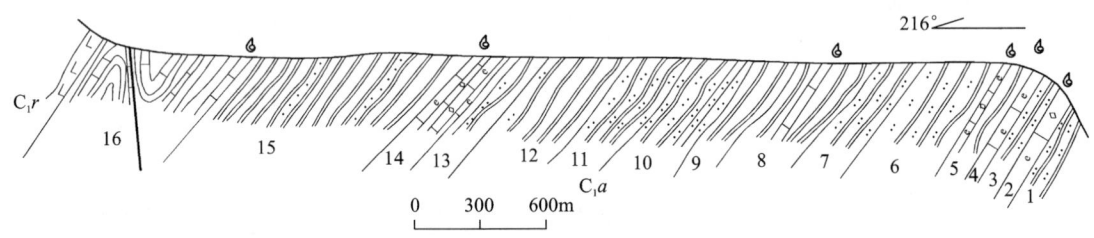

图2-9 囊谦县吉曲乡哎保那下石炭统哎保那组剖面图

上覆地层:下石炭统日阿则弄组(C_1r)　灰绿色玄武岩
——————————————— 整合 ———————————————

下石炭统哎保那组(C_1a)	厚度>2818.68m
16. 灰黑色粉砂质板岩,偶夹灰白色薄层海百合灰岩	306.50m
海百合:*Pentangonocyclicus* sp.	
15. 灰黑色板岩夹少量灰色薄层变质石英砂岩	496.00m
14. 灰白色片理化含海百合结晶灰岩	55.75m
海百合:*Cyclocyclicus*? sp.	
13. 灰黑色千枚状板岩夹灰色粉砂质板岩	292.75m
12. 灰黑色绢云板岩、绢云千枚岩	374.26m
11. 灰黑色粉砂质板岩,发育复杂的水平足迹	286.60m
10. 灰黑色粉砂质板岩夹灰褐色薄层变石英砂岩	244.72m
9. 灰黑色绢云板岩	66.80m
8. 灰黑色绢云板岩夹灰色薄层海百合结晶灰岩、珊瑚灰岩	184.82m
珊瑚:*Siphonodendron* cf. *pingtangense* (H. D. Wang)	
7. 灰黑色粉砂质板岩夹灰色薄层变质石英砂岩	133.20m
6. 灰色粉砂质板岩,层面见大量复杂的水平虫迹	252.65m
5. 灰黑色板岩夹灰色薄层生物碎屑灰岩	89.10m
海百合 *Cyclocyclicus* sp.	
苔藓虫、腕足类化石	
4. 灰色薄层含生物碎屑微晶灰岩	4.32m
珊瑚:*Siphonodendron yaolingense* Chu	
S. irregulare var. *jungtungense* Yu	
S. sp.	

海百合:*Pentagonocyclicus* sp.
3. 灰黑色粉砂质板岩,含遗迹化石　　　　　　　　　　　　　　　　　　　　　12.11m
2. 灰色薄层含生物碎屑灰岩　　　　　　　　　　　　　　　　　　　　　　　　2.40m
　　珊瑚:*Siphonodendron petalaxicoidae* Yu
　　　　Caninidae gen. et sp. indet
　　海百合:*Cyclocyclicus*? sp.
1. 灰黑色粉砂质板岩　　　　　　　　　　　　　　　　　　　　　　　　　　>16.70m

　　　　　　　　　　　　　　　　（未见底）

2. 青海省囊谦县吉曲乡觉拉弄下石炭统日阿则弄组—玛均弄组剖面

剖面(图 2-10)位于吉曲乡觉拉弄,起点与哎保那剖面相接,终点在觉拉山口北 20m 处。

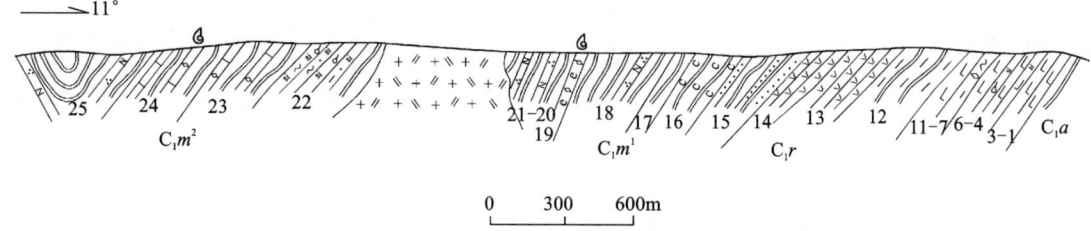

图 2-10　囊谦县吉曲乡觉拉弄下石炭统日阿则弄组—玛均弄组实测剖面图

下石炭统玛均弄组(C_1m)　　　　　　　　　　　　（未见顶）
上段(C_1m^2)　　　　　　　　　　　　　　　　　　　　　　　　　　厚度>1160.18m
25. 黑色含炭绢云板岩夹灰色中薄层状中粒长石石英砂岩　　　　　　　　　　>142.70m
24. 灰黑色薄层微晶灰岩夹灰黑色绢云板岩。产海百合碎片　　　　　　　　　184.80m
23. 灰黑色含炭泥质板岩夹灰黑色薄板状微晶灰岩　　　　　　　　　　　　　197.75m
22. 灰黑色硅化条带状泥质粉砂岩,下部夹黑色含炭绢云板岩　　　　　　　　307.27m
21. 灰色(风化面灰白色、灰黄色)中厚层状中粒长石石英砂岩夹灰黑色泥质板岩　234.43m
20. 黑色炭质板岩夹灰色中厚层中粒长石杂砂岩　　　　　　　　　　　　　　64.61m
19. 灰色厚层状碎裂含生屑微晶灰岩　　　　　　　　　　　　　　　　　　　28.62m
　　海百合:*Pentagocyclicus* sp.
　　孢子:*Cyclogranisporites* sp.
　　　　Leiotriletes sp.
下段(C_1m^1)　　　　　　　　　　　　　　　　　　　　　　　　　　厚度 755.71m
18. 黑色板岩夹灰白色中厚层中粒长石石英砂岩　　　　　　　　　　　　　　382.57m
17. 灰绿色绢云板岩,发育变余水平纹理　　　　　　　　　　　　　　　　　69.54m
16. 黑色含炭绢云板岩,中部夹厚 1.2m 灰色细粒岩屑石英砂岩　　　　　　　125.40m
15. 灰绿色硅质板岩夹灰白色厚层状细粒岩屑石英砂岩　　　　　　　　　　　178.20m
　　　　　　　　　　　　　　———— 整合 ————
下石炭统日阿则弄组(C_1r)　　　　　　　　　　　　　　　　　　　　厚度 893.60m
14. 灰白色蚀变流纹岩　　　　　　　　　　　　　　　　　　　　　　　　　104.20m
13. 灰白色(风化面肉红色)流纹岩　　　　　　　　　　　　　　　　　　　　177.00m
12. 黑色绢云板岩,含黄铁矿晶粒　　　　　　　　　　　　　　　　　　　　254.10m
11. 灰黑色条纹状微晶灰岩夹少量黑色绢云板岩　　　　　　　　　　　　　　34.30m
10. 灰绿色片理化玄武岩　　　　　　　　　　　　　　　　　　　　　　　　79.30m
9. 黑色炭质板岩夹条带状、透镜状细粒石英砂岩　　　　　　　　　　　　　　21.40m
8. 浅褐色、灰紫色白云质硅质岩,下部夹黑色炭质板岩　　　　　　　　　　　13.20m
7. 灰绿色片理化玄武岩　　　　　　　　　　　　　　　　　　　　　　　　　20.90m
6. 黑色含炭绢云板岩夹薄板状、透镜状硅质岩　　　　　　　　　　　　　　　31.70m

5. 灰绿色碎裂玄武岩	63.00m
4. 灰色板状、透镜状硅质岩	20.70m
3. 灰绿色蚀变玄武岩	23.70m
2. 暗绿色片理化玄武岩	25.00m
1. 灰绿色片理化蚀变玄武岩	25.10m

———————— 整合 ————————

下伏地层：下石炭统哎保那组（C_1a）　黑色粉砂质板岩

（二）岩石地层特征

卡贡群总体上为一套变质较浅、变形较强的暗色细碎屑岩夹灰岩、火山岩等的组合。根据岩性及其组合特征等可将其划分为三个组。

1. 哎保那组（C_1a）

该组未见底，上与日阿则弄组整合接触。岩性以灰黑色粉砂质板岩、绢云板岩、绢云千枚岩和千枚状板岩为主，夹灰色薄层生屑灰岩、海百合灰岩、灰褐色薄层变质石英砂岩。厚大于2818.68m。

本组在区域上尚难对比，大致相当于类乌齐、察雅等地卡贡群的一部分。本组在测区广泛分布于铁乃烈、曲干达、别桑、登陇弄一带，岩性变化不大。

2. 日阿则弄组（C_1r）

该组突出特征是发育大量基性和酸性火山岩。岩石组合特征为下部以灰绿、暗绿色片理化玄武岩、蚀变玄武岩为主夹黑色炭质板岩、含炭绢云板岩和少量硅质岩、细粒石英砂岩；中部为黑色绢云板岩夹少量灰黑色条纹状微晶灰岩，板岩中含黄铁矿晶粒；上部为灰白色流纹岩、蚀变流纹岩。其与下伏、上覆地层均为整合接触，厚893.6m。

在别弄、登陇弄一带本组岩性与剖面处相同；在买曲附近，主要岩性为黑色玄武岩，灰绿色、灰色硅质岩、黑色含炭绢云板岩，灰色薄层变质石英砂岩；顶部断失，厚度大于1124m。

测区该组岩性特征与命名地基本一致，与察雅县卡贡铁矿附近沿澜沧江出露的变质下石炭统在岩性组合上亦可对比。

3. 玛均弄组（C_1m）

测区玛均弄组分布于铁乃烈、曲真多、别弄、觉拉弄、龙让、比冲弄一带，呈北西-南东向带状分布，厚度巨大，岩性简单，可进一步划分为两段。下段（C_1m^1）为灰绿色硅质板岩、绢云板岩与黑色含炭绢云板岩、粉砂质板岩大套互层，夹灰色中厚层状细粒岩屑石英砂岩，板岩中发育水平纹理，厚755.71m；上段（C_1m^2）由灰色中厚层状中粒长石石英砂岩、灰—灰黑色含炭绢云板岩、灰—灰黑色薄—厚层状生屑微晶灰岩组成高级别沉积旋回，厚度大于1160.18m。

（三）年代地层讨论

系统准确地划分本区下石炭统年代地层尚缺乏足够的古生物化石、同位素测年依据等，但仍可根据现有资料作一概论。卡贡群下部哎保那组中发现有大量珊瑚化石，在剖面上产珊瑚 *Siphonodendron petalaxicoidae* Yu，*S. yaolingense* Chu，*S. irregulare* var. *jungtungense* Yu，*S.* cf. *pingtangense*（H. D. Wang），*Caninidae* gen. et sp. indet；海百合 *Cyclocyclicus* spp.，*Pentagonocyclicus* spp.。在别弄产珊瑚 *Siphonodendron petalaxicoidae* Yu，在歪俄拉产珊瑚 *Siphonodendron yaolingense* Chu。其中 *Siphonodendron* 是国内、外下石炭统常见属，*S. pingtangense*，*S. petalaxicoidae* 见于华南下石炭统上司组，*S. yaolingense*，*S. irregulare* var. *jungtungense* 是我国早石炭世大塘期的重要分子，分布于贵州

下石炭统上部,在昌都地层区出现于东风岭组和珊瑚河组上部。据此将哎保那组的年代地层位置置于下石炭统大塘阶是适宜的。玛均弄组二段中产海百合 *Pentagonocyclicus* sp.,孢子 *Cyclogranisporites* sp.,*Leiotriletes* sp.,属种单一,不能确切指示地层时代。

区域上,西藏第一地质大队曾在卡贡铁矿附近卡贡群内采获植物化石 *Cardiopteridium spetsifergense* Nathorst,时代为早石炭世韦宪期。雍永源等(1988)在荣喜兵站附近卡贡群采有石炭纪有孔虫、几丁虫。1:20 万类乌齐幅在玛均弄组采有双壳类化石 *Libea* sp.,时代为石炭纪—二叠纪;1:20 万丁青县幅在日阿则弄组蚀变基性火山岩中获年龄值 268.2±93.9Ma(K-Ar法)。

综合上述,哎保那组属下石炭统依据可靠,日阿则弄组和玛均弄组年代地层划分的确切依据不足,化石时代跨度大,测年资料可信度较低。本书认为卡贡群总体形成的地质时代为早石炭世,但也不排除晚石炭世至早二叠世的可能。

二、三叠系

测区内为一套活动型三叠系,不整合在活动型石炭系之上,亦呈北西-南东向带状分布。区域上这套地层沿澜沧江结合带断续分布,1:20 万芒康县幅称之为竹卡组,置于中三叠统;1:20 万类乌齐幅改称为竹卡群,置于上三叠统,并分为俄让组、巴钦组;1:20 万丁青县幅、洛隆县幅在巴钦组之上又发现一套杂色碎屑岩夹灰岩并建立结玛弄组。区内缺失俄让组,巴钦组喷发不整合于石炭系之上,地层总厚度大于 972.23m。

(一) 剖面描述

青海省囊谦县尕羊乡结玛弄上三叠统巴钦组、结玛弄组剖面如图 2-11 所示。剖面位于买曲东侧,剖面露头良好,构造简单,层序清楚,是结玛弄组的层型剖面。

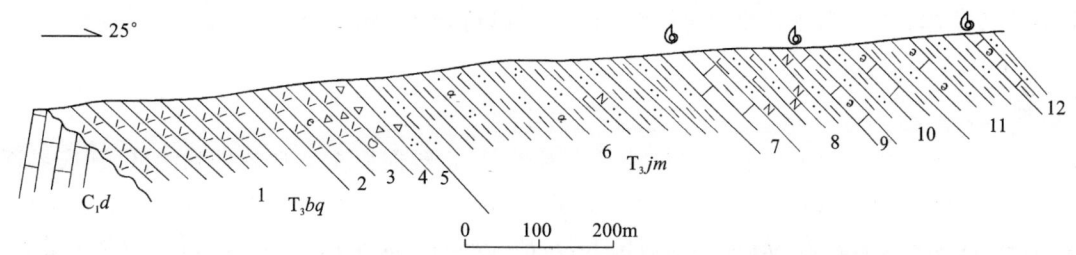

图 2-11 囊谦县尕羊乡结玛弄上三叠统巴钦组、结玛弄组剖面图

上三叠统结玛弄组($T_3 jm$)	（未见顶）	厚度>669.43m
12. 灰色粉砂质泥岩夹灰色条带状、薄层状生屑泥晶灰岩。泥岩中含植物屑;灰岩产双壳类及腹足类化石		>35.62m
双壳类:*Unionites? ellipticus* J. Chen		
U. aff. lutrariaeformis (Beottger)		
Bakevella cf. *shanoirrum* (Healey)		
11. 砖红色粉砂岩、钙质泥岩,偶夹紫红色薄层细粒长石砂岩及灰绿色含生物碎屑粉砂岩透镜体		120.02m
10. 灰黑色粉砂质泥岩夹灰色薄层状、条带状生屑灰岩		88.62m
双壳类:*Palaeonucula strigiata* (Godfuss)		
9. 灰色(风化面土黄色)厚层状含生屑泥晶灰岩		21.93m
8. 砖红色含钙细粒长石砂岩,发育微型沙纹交错层理		85.24m
7. 灰色(风化面土黄色)含生屑泥晶灰岩与生屑灰岩条带状互层,发育波状、透镜状、脉状层理。含腹足类化石		37.50m
6. 砖红色粉砂岩、粉砂质泥岩,夹少量紫灰色薄层细粒长石砂岩		280.50m

——————— 整合

上三叠统巴钦组（T_3bq）	厚度 302.8m
5. 紫红色岩屑凝灰岩夹透镜状、条带状火山角砾岩	17.14m
4. 紫红色岩屑凝灰岩夹含火山角砾岩,下部为火山角砾岩	25.32m
3. 灰紫色英安质熔结火山角砾岩,下部火山角砾较多	34.51m
2. 浅紫灰色熔结凝灰岩	28.47m
1. 紫灰色块状英安岩	197.36m

~~~~~~~~~~~ 角度不整合 ~~~~~~~~~~~

下伏地层：下石炭统哎保那组（C_1a）　灰色厚层状含生屑微晶灰岩

（二）岩石地层特征

1∶20万类乌齐幅在创名时指出,竹卡群代表一套碰撞型火山弧沉积。测区竹卡群明显分为两部分。从东向西下部变薄,上部变厚。

1. 巴钦组（T_3bq）

层型在囊谦县吉曲乡俄让。区内岩性为紫灰色块状英安岩、浅紫灰色熔结凝灰岩、英安质熔结火山角砾岩,紫红色含火山角砾岩、岩屑凝灰岩,夹沉火山角砾岩、凝灰质长石岩屑砂岩；喷发不整合于石炭系不同层位之上。东部厚度较大,龙让、当不及弄一带厚度大于4000m,西部结玛弄附近厚仅302.8m。

2. 结玛弄组（T_3jm）

层型在囊谦县尕羊乡结玛弄。特征是杂色细碎屑岩夹灰岩,红层中常含有大小不等的灰绿色、蓝灰色斑块,可作为本组的识别特征之一。主要岩性为砖红色、灰色、灰黑色粉砂岩、粉砂质泥岩、钙质泥岩,夹多层灰色薄层含生屑灰岩,厚层状含生屑泥晶灰岩,紫红、砖红色薄层细粒长石砂岩和灰绿色含生物碎屑粉砂岩透镜体。与下覆巴钦组整合接触,未见顶,厚约669.4m。

（三）年代地层讨论

区域对比分析,竹卡群的顶、底界线可能具穿时性,从察雅向西至类乌齐再到测区,顶底界逐渐抬高。结玛弄组为竹卡群的最高层位,产咸水双壳类 *Unionites? ellipticus* J. Chen, *U.* aff. *lutrariaeformis* (Beottger), *Bakevellia* cf. *shanoirum* (Healey), *Palaeonucula strigilata* (Goldfussi)及腹足类化石。所产大部分双壳类化石均是晚三叠世晚期的重要分子,见于云南诺利晚期 *Unionites? emeiensis - Yunnanophoyus gracilis* 组合、川西藏东地区 *Yunnanophoyus boulei - Triqonodus keuperinus* 组合。因此,结玛弄组可对比为上诺利阶—瑞替阶。1∶20万类乌齐幅巴钦组之下的俄让组产双壳类 *Indopecten himalayensis* Wen et Lan 等,属诺利阶无疑。

三、古近系

该地层区内仅在北图边处见贡觉组一段（$E_{1-2}g^1$）有限出露,面积十余平方千米,其不整合于石炭系之上,岩石特征及岩性组合与昌都地层区一致,故略。

第三节　羌南-保山地层区

该地层区仅划出唐古拉地层分区,其位于澜沧江结合带和班-怒结合带之间,北以军达-日钦马断裂为界与澜沧江地层区毗邻,南至班-怒结合带北界断裂,出露面积约 4800km²。主要发育新元古代中深变质岩系(比冲弄岩组、觉拉片麻岩组),以及吉塘岩群、结扎群和雁石坪群,以后三者比较发育,分布范围较广,新元古代中深变质岩分布局限或零星。

一、新元古界(南华系)

新元古界分布于测区东部敦日给—比冲弄一带和西部雪拉山、普查玛一带。东部地区为一套角闪岩相中深变质岩系,出露面积约 140km²。并可分为比冲弄岩组和觉拉片麻岩组。西部地区亦为一套角闪岩相变质岩,经对比暂归比冲弄岩组,出露零星,面积不足 10km²。

(一)剖面描述

类乌齐县长毛岭乡比冲弄-日拉卡新元古界路线地质剖面如图 2-12 所示。剖面位于类乌齐县长毛岭乡比冲弄,北侧被落青寨-日钦马北韧性剪切带断失,未见底;南侧被二叠纪二长花岗岩岩体侵入,未见顶,是测区比冲弄岩组、觉拉片麻岩组的命名剖面。

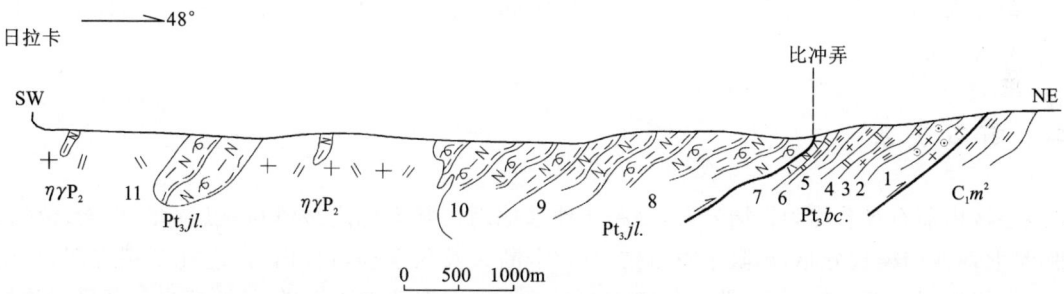

图 2-12 类乌齐县比冲弄-日拉卡新元古界比冲弄片岩、觉拉片麻岩路线剖面图

觉拉片麻岩组($Pt_3 jl.$)	(未见顶)	厚度>2755m
11. 灰色眼球状含矽线黑云斜长片麻岩		>481m
10. 灰色、灰白色眼球状黑云斜长片麻岩		890m
9. 灰色黑云斜长片麻岩		435m
8. 灰色、灰白色眼球状黑云斜长片麻岩		949m

========== 韧性剪切 ==========

比冲弄岩组($Pt_3 bc.$)		厚度>593m
7. 灰绿色斜长角闪岩		19m
6. 白色含透闪大理岩		40m
5. 灰色含十字变斑二云石英片岩		79m
4. 白色大理岩		9m
3. 灰色含十字变斑二云石英片岩		104m
2. 灰色含十字白云石英片岩		91m
1. 灰色含石榴十字片岩		>251m

(未见底)

(二)构造-岩层(石)单位特征

1. 比冲弄岩组($Pt_3 bc.$)

测区该岩组命名地主要岩性为含十字变斑二(白)云石英片岩、含石榴十字片岩夹大理岩、透闪大理岩、斜长角闪岩。恢复原岩为石英砂岩、杂砂岩、泥质岩石及少量碳酸盐岩、基性火山岩等。测区西部普

查玛一带为一套黑云石英片岩夹多层白云钾长片麻岩及大理岩和少量黑云变粒岩,未见火山岩夹层。

该岩组经受了多期变质、变形作用的改造,原岩结构构造消失殆尽,现存片理为新元古代晚期区域变质作用的产物,后又叠加了华力西期韧性变形变质作用,无法恢复其原始层序。本岩组东延邻幅称钢群弄组,二者可以对比,区内以片理面测量的假厚度为>358~>593m。

2. 觉拉片麻岩组($Pt_3 jl.$)

该单位组成岩石岩性单一,为黑云斜长片麻岩。部分具眼球状构造,并含矽线石。原岩结构构造已无保留,但镜下偶见残留半自形板柱状斜长石。恢复原岩为花岗闪长岩类岩石,属于变质侵入岩。区内出露面积约140km²,以片麻理测量的假厚度大于2755m,东延邻幅称赔机组。

(三)时代讨论

1:20万丁青县幅、洛隆县幅建立比冲弄岩组和觉拉片麻岩组两个构造-岩层(石)单位,并在比冲弄岩组中获得全岩Rb-Sr等时线年龄679±27Ma,在侵入觉拉片麻岩的巴将弄岩体中获Rb-Sr等时线年龄269±18Ma、438.2±3.6Ma,据此将比冲弄岩组和觉拉片麻岩组的时代置于元古宙。本次工作在索县荣布镇北西吉塘岩群片岩中新获锆石U-Pb法同位素年龄为713~1272Ma,本书同意上述意见,并据此将其置于新元古代。

二、前石炭系

本地层区内前石炭系均为吉塘岩群,分布于他念他翁山脉南侧之绒母拉、巴达北、干岩、汝塔、布托错一带,呈北西西向楔状分布,局限于嘎布拉-日拉卡断裂及秋宗马雪拉山-抓进扎断裂之间,且受后期盖层超覆及岩体侵入而出露不全,总面积约1800km²。本书吉塘岩群相当于《西藏自治区区域地质志》、《西藏自治区岩石地层》所划吉塘群上部片岩(酉西组)层位,亦可与1:20万昌都幅吉塘群对比。

(一)剖面描述

1. 丁青县干岩乡干岩村-上衣乡-百会洞吉塘岩群实测剖面

该剖面为本次区调实测剖面(图2-13),北起干岩乡北东,南至尺牍镇百会洞。露头较好,地层出露较连续,为吉塘岩群主干剖面。

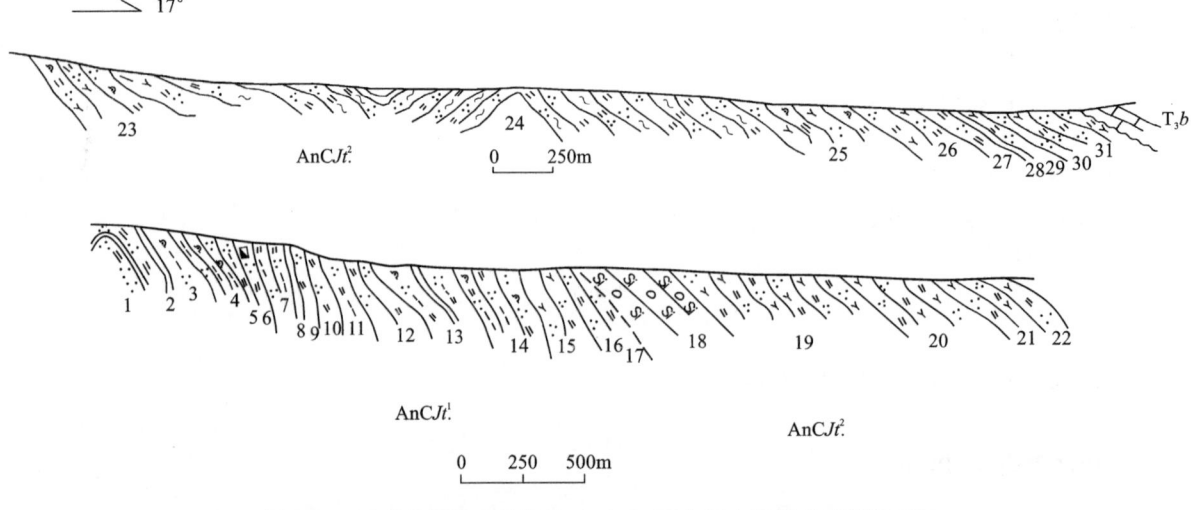

图2-13 丁青县干岩乡干岩村-上衣乡-百会洞吉塘岩群实测剖面图

上覆地层：上三叠统波里拉组一段（T_3b^1）　灰色中厚层细晶灰岩

～～～～～～～　角度不整合　～～～～～～～

吉塘岩群（AnCJt.）	**厚度＞3935.21m**
二岩组（AnCJt².）	**厚度2309.16m**
31. 灰色含矽线石白云石英片岩	95.95m
30. 灰色块层状变质细粒石英砂岩夹含矽线白云石英片岩	7.29m
29. 灰色含矽线白云石英片岩	7.05m
28. 灰色块层状变质细粒石英砂岩与含矽线白云石英片岩互层	15.78m
27. 灰色含矽线白云石英片岩	6.37m
26. 灰褐—黄褐色含矽线白云石英片岩	61.25m
25. 灰绿色矽线堇青白云石英片岩	212.01m
24. 暗绿色绿泥白云石英片岩	378.26m
23. 灰绿色矽线堇青白云石英片岩	260.16m
22. 灰—暗灰色矽线白云石英片岩	280.48m
21. 灰色白云矽线石英片岩	304.42m
20. 暗绿色白云矽线石英片岩	128.55m
19. 灰色矽线白云石英片岩	319.3m
18. 褐黄色厚层硅质砾岩、灰黄色片理化变质含砾砂岩、变质石英砂岩组成的韵律层	147.73m
17. 浅褐色块层状变质硅质细砾岩	84.56m

------- 平行不整合 -------

一岩组（AnCJt¹.）	**厚度＞1626.05m**
16. 灰色片理化白云石英岩	95.81m
15. 暗绿色矽线白云石英片岩	154.94m
14. 暗绿色堇青二云石英片岩	289.56m
13. 灰绿—暗绿色堇青二云石英片岩夹白色绢云石英岩	412.85m
12. 灰褐色轻微褐铁矿化绢云石英岩夹堇青二云石英片岩	43.08m
11. 灰褐色二云石英片岩	90.07m
10. 浅灰黄色白云石英片岩	66.15m
9. 浅褐黄色白云母石英岩	44.65m
8. 深灰色黑云长英变粒岩	28.11m
7. 褐黄色二云石英片岩	65.11m
6. 灰褐黄色褐铁矿化含白云石英岩	33.53m
5. 棕褐色二云石英片岩	31.05m
4. 灰绿色—暗绿色含堇青黑云石英片岩	105.96m
3. 暗绿色斜长角闪岩	19.6m
2. 褐黄色变质含砾石英砂岩	73.65m
1. 土黄褐色含白云石英岩	＞71.93m

（未见底）

2. 丁青县干岩乡切昂能-额曲前石炭纪吉塘岩群路线剖面

剖面（图2-14）位于丁青县干岩乡，北端被嘎布拉-日拉卡断裂错失，南侧被上三叠统甲丕拉组不整合超覆，为吉塘岩群辅助剖面。

吉塘岩群（AnCJt.）	（未见顶）
三岩组（AnCJt³.）	**厚度＞1249.93m**
14. 灰绿色变基性火山岩	＞408.65m
13. 白色大理岩	88.94m

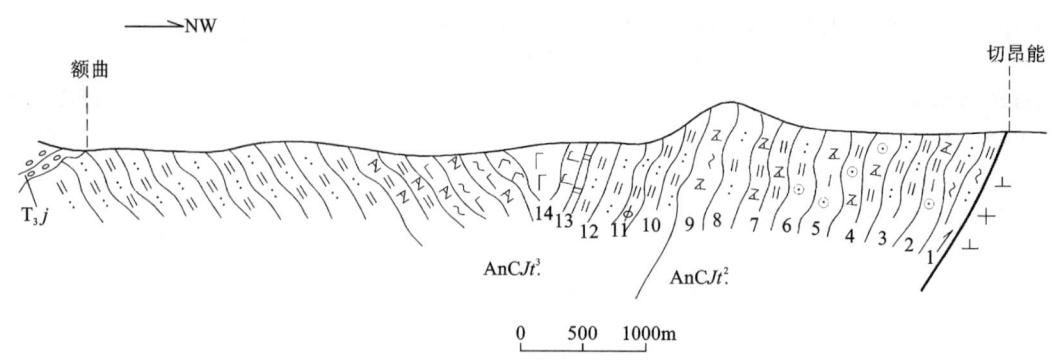

图 2-14　丁青县干岩乡切昂能-额曲前石炭纪吉塘岩群剖面图

12. 灰白色白云石英片岩　　　　　　　　　　　　　　　　　　　　　　　　　　267.05m
11. 深灰色白云绿帘石英片岩　　　　　　　　　　　　　　　　　　　　　　　　167.90m
10. 灰色白云石英片岩　　　　　　　　　　　　　　　　　　　　　　　　　　3170.39m

—————————— 整合 ——————————

二岩组（AnCJt.²）　　　　　　　　　　　　　　　　　　　　　　　　　　厚度＞1341.22m
9. 浅灰绿色变斑状绿泥钠长片岩　　　　　　　　　　　　　　　　　　　　　228.80m
8. 灰色白云石英片岩　　　　　　　　　　　　　　　　　　　　　　　　　　143.56m
7. 深灰色变斑状白云钠长片岩　　　　　　　　　　　　　　　　　　　　　　134.43m
6. 灰色含石榴变斑状黑云钠长片岩　　　　　　　　　　　　　　　　　　　　127.53m
5. 浅灰黑色含石榴变斑状黑云钠长片岩　　　　　　　　　　　　　　　　　　127.53m
4. 灰色含石榴变斑状白云钠长片岩　　　　　　　　　　　　　　　　　　　　154.11m
3. 浅灰色白云石英片岩　　　　　　　　　　　　　　　　　　　　　　　　　138.37m
2. 灰白色含石榴二云钠长片岩　　　　　　　　　　　　　　　　　　　　　　202.28m
1. 浅灰绿色绿泥白云石英片岩　　　　　　　　　　　　　　　　　　　　　＞127.66m

（未见底）

（二）构造-地（岩）层单位特征

严格意义上吉塘岩群为构造-岩层（石）单位。但考虑到其所夹石英砂岩、砾岩、大理岩和基性火山岩等仍可显示沉积地层的某些特征，用于地层层序的建立和厚度计算，即地层学的方法仍部分地适用该套地层，具有总体有序、内部无序的地质特征，本书按构造-地层单位对待之。

1. 一岩组（AnCJt.¹）

本岩组主要由灰白、灰黄、黄褐、灰绿色白云石英片岩、（堇青）二云石英片岩组成，夹白（二）云石英岩、黑云（绿泥、角闪）石英片岩、石榴黑云石英片岩，偶夹黑云长英变粒岩、斜长角闪岩等。总体上以浅色岩石为主、石英岩层数量较多为特征。恢复原岩为（长石）石英砂岩，夹杂砂岩、泥质岩及少量基性火山岩。本岩组只在上衣村、窄里弄一带分布，假厚度大于 1626.05m。

2. 二岩组（AnCJt.²）

岩性组合以灰、灰绿色砂线白云石英片岩，白（二）云钠长片岩，绿泥钠长片岩，绿泥白云钠长石英片岩为主，夹砂线堇青白云石英片岩、白云砂线石英片岩、绿泥（绿帘）石英片岩、白云斜长片岩等，颜色以浅灰—浅灰绿色为主，并以多含矽线石、堇青石、斜长石为特征，恢复原岩为中酸性火山岩、石英砂岩、杂砂岩、泥质岩。本组底部砾岩与下伏一岩组间为一沉积间断，可定为平行不整合接触，主要分布于干岩、各马通、德翁格、切昂能等地。假厚度大于 2309.16m。

3. 三岩组（AnCJt.³）

该岩组以灰白色白云石英片岩为主，夹(绿泥)白云钠长片岩、绿泥白云石英片岩、白云浅粒岩、变质玄武岩、大理岩、绿帘斜长角闪片岩等。颜色以灰白色为主，少量绿色。变质玄武岩残留有气孔-杏仁构造。恢复原岩为(长石)石英砂岩夹杂砂岩、泥质岩石、玄武岩及少量灰岩、中酸性火山岩等。该岩组与二岩组在热龙打、纳则卡及额曲等地重复出现三次，最大假厚度在额曲大于1999.54m。

吉塘岩群经受了多期强烈变质变形作用的改造，原始面理 S_0 已难以寻觅，局部露头发育极复杂的构造变形形迹，可见层内紧闭褶皱、不等厚相似褶皱、尖棱状、钩状、肠状及不规则褶皱等，部分岩石中石英颗粒呈拉长状，长宽比为 2:1～5:1，亚颗粒发育，显示了强烈的塑性流变构造岩特征。

(三) 时代讨论

该岩群之上被有化石依据的上三叠统结扎群角度不整合超覆。其北以断裂与他念他翁复式深成岩体接触，局部见岩体侵入于吉塘岩群，其同位素年龄在 269～342Ma 之间。在一岩组石英片岩中全岩 Rb-Sr 等时线年龄为 340±2Ma。雍永源（1987）在察雅县公多雄沟酉西片岩中获全岩 Rb-Sr 等时线年龄 371±50Ma。说明原岩变质时代应为华力西早期，而原岩时代应早于石炭纪。

吉塘岩群和其北侧的觉拉片麻岩组、比冲弄片岩组相比，构造位置不同，变质程度不同，区域上两者之间被断裂或岩体相隔；Rb-Sr 同位素年龄相差甚大，据此认为两者非同变质期的产物。

综上所述，吉塘岩群时代早于石炭纪，而且可能晚于新元古代，本书将其置于前石炭纪。

三、三叠系

三叠系分布于军达-日钦马断裂以南，秋宗马-雪拉山-抓进扎断裂之北，在嘎塔、干岩、上衣、汝塔、布托错一带广泛出露，面积约 $1200km^2$。该套地层不整合于吉塘岩群之上，又被雁石坪群不整合覆盖，向西延至土门格拉一带，向东可至昌都地区。前人对其划分意见很不统一。本书沿用《西藏自治区岩石地层》划分方法，只是在甲丕拉组下部恢复东达村组，将波里拉组、巴贡组进一步划分两段。

(一) 剖面描述

1. 巴青县江棉乡坡布陇上三叠统东达村组（T_3d）剖面

区内东达村组分布于嘎塔一带，剖面(图 2-15)位于北临巴青县江棉乡坡布隆一带，据 1:25 万仓来拉幅剖面，描述如下。

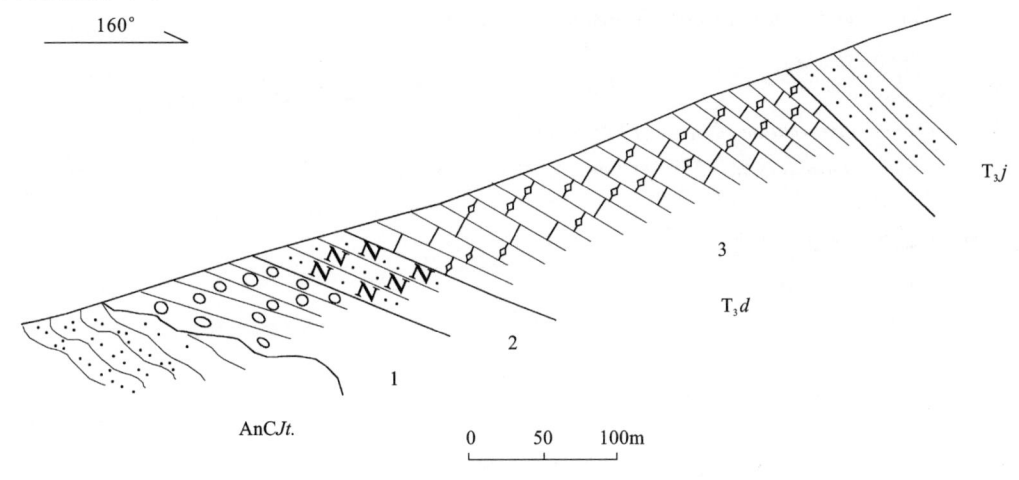

图 2-15　巴青县江锦乡坡布陇上三叠统东过村组剖面图

上覆地层:甲丕拉组(T_3j)　灰色中粒砂岩
———————————— 整合 ————————————

东达村组(T_3d)　　　　　　　　　　　　　　　　　　　　　　　　　　　　　厚度 311.1m

3. 暗灰色粉晶灰岩,含菊石、腕足类和双壳类等化石碎片,发育鸡笼网格构造,干缩角砾状构
   造、块状层理、角砾状构造、网络状及鸟眼构造,发育米级旋回　　　　　　　　　　233.6m
2. 褐灰色中细粒长石石英砂岩,发育平行层理和低角度冲洗层理　　　　　　　　　　30.0m
1. 褐灰色砾岩,具杂色砾岩,具杂基支撑结构,块状构造　　　　　　　　　　　　　　47.5m

～～～～～～～～ 角度不整合 ～～～～～～～～

下伏地层:吉塘岩群(AnCJt.)　浅灰色白云石英片岩

2. 丁青县干岩乡热龙打上三叠统甲丕拉组(T_3j)、波里拉组一段(T_3b^1)剖面

剖面(图 2-16)位于干岩乡政府北东 3km 处,露头良好,构造简单、层序清楚、化石丰富,为甲丕拉组、波里拉组一段的代表性剖面。

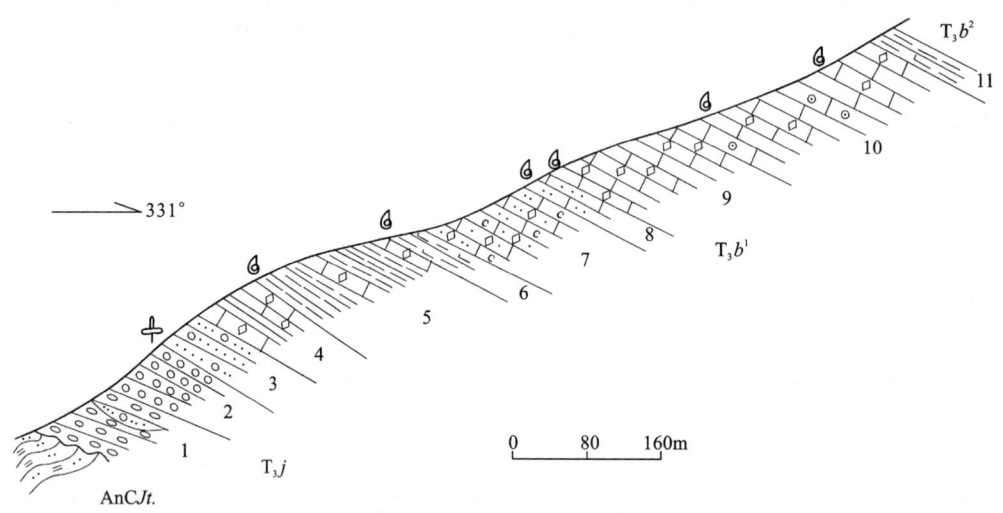

图 2-16　丁青县干岩乡热龙打上三叠统甲丕拉组、波里拉组一段剖面图

上覆地层:上三叠统波里拉组二段(T_3b^2)　红色厚层钙质泥岩
———————————— 整合 ————————————

上三叠统波里拉组一段(T_3b^1)　　　　　　　　　　　　　　　　　　　　　厚度 379.39m

10. 灰色厚层—巨厚层状微晶灰岩,局部夹微晶鲕粒灰岩。产双壳类及石珊瑚化石　　157.13m
    双壳类:*Chlamys* (*Praechlamys*) *mysica* (Bittner)
    　　　　Shafhaeutlia astartiformis (Munster)
    　　　　Indopecten sp.

9. 灰色中厚层状微晶灰岩　　　　　　　　　　　　　　　　　　　　　　　　　　　105.05m
   双壳类:*Chlamys* (*Praechlamys*) *mysica* (Bittner)
   　　　　Indopecten himalayensis Wen et Lan
   　　　　Mytilus sp.

8. 灰色中厚层状含砂屑泥晶灰岩　　　　　　　　　　　　　　　　　　　　　　　　23.44m
   双壳类:*Indopecten* cf. *glabra* Douglas
   　　　　I. himalayensis variocastatrs Wen et Lap
   　　　　I. sp.
   　　　　Chlamys (*Praechlamys*) sp.
   　　　　Modiolus sp.

7. 灰色中薄层状含炭微晶砂屑灰岩夹深灰色薄层含炭砂屑灰岩　　　　　　　　　　　93.77m

———————————— 整合 ————————————

上三叠统甲丕拉组（T_3j）	厚度 313.49m
6. 灰色钙质泥岩夹少量泥晶灰岩团块或条带	30.83m

   双壳类：*Palaeocardita singularis*（Healey）

      P. pichleri Bittner

5. 灰色泥岩夹薄层状—透镜状微晶灰岩	110.95m

   双壳类：*Halobia superbescens* Kttl

      H. fallox Mojsisovics

      H. sp.

4. 灰黑色中薄层状微晶灰岩夹少量灰黑色页岩，层面发育细弱水平虫管	45.39m
3. 灰白色中厚层状含砾不等粒石英砂岩，发育平行层理，上部含大量炭化植物碎片	32.14m

   Neocalamites sp.

2. 紫红色厚层状砾岩，砾石成分以石英为主	37.99m
1. 紫红色巨厚层状巨砾岩，上部夹透镜状紫红色细粒岩屑石英砂岩；砾石成分以片岩为主	56.19m

~~~~~~~~~~~~~~~~ 角度不整合 ~~~~~~~~~~~~~~~~

下伏地层：前石炭系吉塘岩群（AnCJt^3） 灰白色白云石英片岩

3. 丁青县嘎塔乡各雍上三叠统波里拉组二段（T_3b^2）剖面

剖面（图2-17）位于嘎塔乡东北4km处各雍。露头良好、构造简单。在干岩、嘎塔一带，红层分布广泛。

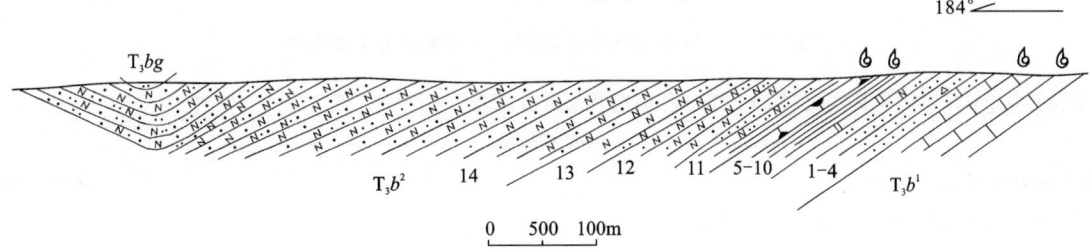

图2-17 丁青县嘎塔乡上三叠统波里拉组二段剖面图

上覆地层：上三叠统巴贡组（T_3bg） 灰黑色粉砂岩

——————————— 整合 ———————————

上三叠统波里拉组二段（T_3b^2）	厚度 296.5m
14. 肉红色巨厚层状含砾不等粒长石砂岩，偶夹紫红色细粒岩屑长石砂岩，发育模糊的低角度楔状交错层理	158.30m
13. 灰白色厚层状不等粒长石砂岩夹少量薄层状细粒长石杂砂岩	16.00m
12. 肉红色厚层状中粗粒长石砂岩与紫红色细粒长石砂岩不等厚互层	24.50m
11. 紫红色厚层状细粒长石砂岩与紫红色厚层粉砂岩成段互层，砂岩发育板状交错层理，粉砂岩发育小型沙纹交错层理	18.00m
10. 紫红色泥岩，下部含紫灰色泥晶灰岩团块	9.80m
9. 灰白色厚层状含燧石团块泥晶白云质灰岩	0.97m
8. 紫红色粉砂岩，含团块状、条带状斑块，中部夹17cm厚含生物碎屑微晶灰岩	11.70m
7. 下部为浅灰色厚层状含生物碎屑微晶灰岩，上部为深灰色厚层微晶灰岩	3.00m

   双壳类：*Cardium* (*Tulongocardium*) *martin* Boeuger

      C. (*T.*) *cloacinum* Quenstedt

      C. (*T.*) *nequam* Healy

      C. (*T.*) sp.

      Myophoria (*Elegantinia*)? sp.

6. 杂色泥岩，含粉砂泥岩夹一层厚30cm含生物碎屑泥晶白云岩。泥岩以紫红色为主，含条带状、团块状灰绿色斑块	7.80m

5. 灰色薄层状粉砂质微晶白云岩,发育波状层理	12.30m
4. 灰黑色薄板状炭质粉砂岩夹少量黑色炭质泥岩,发育波状层理、脉状层理	6.35m
3. 灰色厚层状细粒长石杂砂岩	1.60m
2. 紫红色厚层状粉砂岩夹紫色薄层细粒长石杂砂岩	16.20m
1. 紫红色、砖红色粉砂岩,发育水平层理、微型沙纹交错层理	10.00m

——————— 整合 ———————

下伏地层:上三叠统波里拉组一段(T_3b^1)　灰色厚层状亮晶生物碎屑灰岩

4. 丁青县尺牍镇贡姐纳上三叠统巴贡组(T_3bg)剖面

剖面(图2-18)位于上衣西5km贡姐纳,黑昌公路北侧。剖面露头良好、构造简单、化石丰富,为巴贡组代表性剖面,未见底。

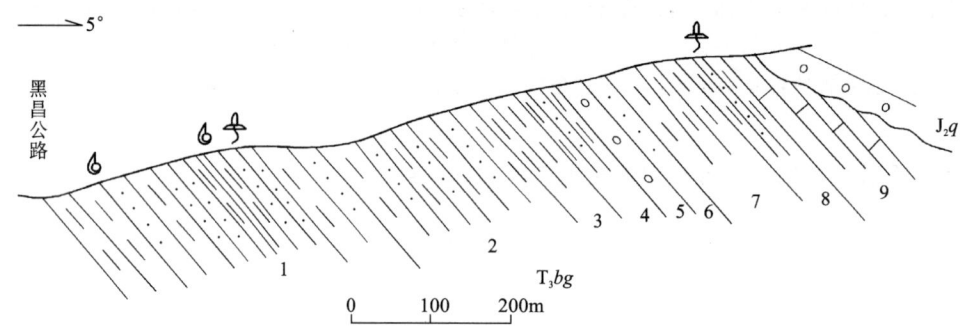

图2-18　丁青县尺牍镇贡姐纳上三叠统巴贡组剖面图

上覆地层:中侏罗统雀莫错组(J_2q)　紫红色厚层状复成分砾岩

～～～～～～～　角度不整合　～～～～～～～

上三叠统巴贡组(T_3bg)　　　　　　　　　　　　　　　　　　　　　**厚度>481.7m**

9. 灰色厚层状含生屑微晶灰岩,含双壳碎片	23.26m
8. 灰黑色含炭泥岩夹灰色薄板状细粒含炭石英砂岩,偶夹劣质煤线,含大量炭化植物碎片	25.10m
7. 砖红色泥岩夹砖红色厚层泥质粉砂岩,偶含细砾石,发育斜交层面的虫管	51.17m
6. 灰白色中厚层状含钙细粒石英砂岩,发育小型槽状交错层理	7.44m
5. 灰白色厚层状硅质细砾岩	4.87m
4. 灰色泥岩夹灰色中薄层状细粒岩屑石英砂岩,含炭化植物碎片	24.78m
3. 灰黑色薄板状泥质粉砂岩,含植物碎片 *Neocalamites* sp.	19.66m
2. 灰黑色泥岩与灰色中薄层状细粒石英砂岩互层。泥岩中含双壳类及腹足类、植物化石	175.92m

　　双壳类:*Unionites*? *rhomboidalis* Zhang

　　　　U.? *damdunensis* (Vukhuc)

　　　　U.? *emeiensis* Chen et Zhang

　　　　U.? *griesbachi* (Bitther)

　　　　Unio huangbogouensis Hua

　　　　Palaeocardita sp.

1. 灰色钙质泥岩与灰色中薄层细粒石英砂岩不等厚互层,泥岩中夹团块状、条带状泥晶灰岩。富含双壳类化石	>149.50m

　　双壳类:*Unionites*? *manmuensis* (Reed)

　　　　U.? *rhomboidalis* Chen et Zhang

　　　　U.? *griesbachi* (Bitther)

　　　　Cardium (*Tulongocardium*) sp.

(未见底)

（二）岩石地层特征

1. 东达村组（T_3d）

本组由三套岩性组成。底部为灰褐色复成分中粗砾岩，砾石大小悬殊，巨大漂砾粒径 1~2m，一般大于 16mm，呈棱角状，分选差，成分复杂。具杂基支撑结构，块状构造，充填物为细砾石和砂泥质，为冲积扇泥石流沉积，伏于甲丕拉组之下，侧向不稳定，时而缺失，角度不整合于下伏吉塘岩群之上；下部为中细粒长石石英砂岩，发育平行层理和低角度冲洗层理，为滨岸沉积；中上部为暗灰色粉晶灰岩，发育显示暴露标志的各种沉积构造，沉积旋回组合为退积型碳酸盐岩台地潮坪相沉积。厚 311.1m。

2. 甲丕拉组（T_3j）

本组在干岩一带不整合于吉塘岩群之上，在呷塔一带覆于东达村组之上。岩性主要为下部紫红色巨厚层状、厚层状巨砾岩，灰白色中厚层状含砾石英砂岩，上部灰黑色泥（页）岩，钙质泥岩夹薄层微—泥晶灰岩。本组厚 313.39m。

本组岩性、厚度横向变化显著（图 2-19），总体上北厚南薄。在嘎塔-干岩复向斜北翼玛布机龙、嘎布拉一带及汝塔以北日曲附近，厚度大于 1000m。主要岩性为紫红色砾岩、灰褐色岩屑石英砂岩、灰黑色粉砂岩、黑色板岩。向东至布托卡、俄隆弄一带主要为褐黑色砾岩、灰白色含砾石英砂岩、灰黑色板岩，厚 120.1~369.6m。在干岩、额巴一带，岩性与热龙打剖面一致。

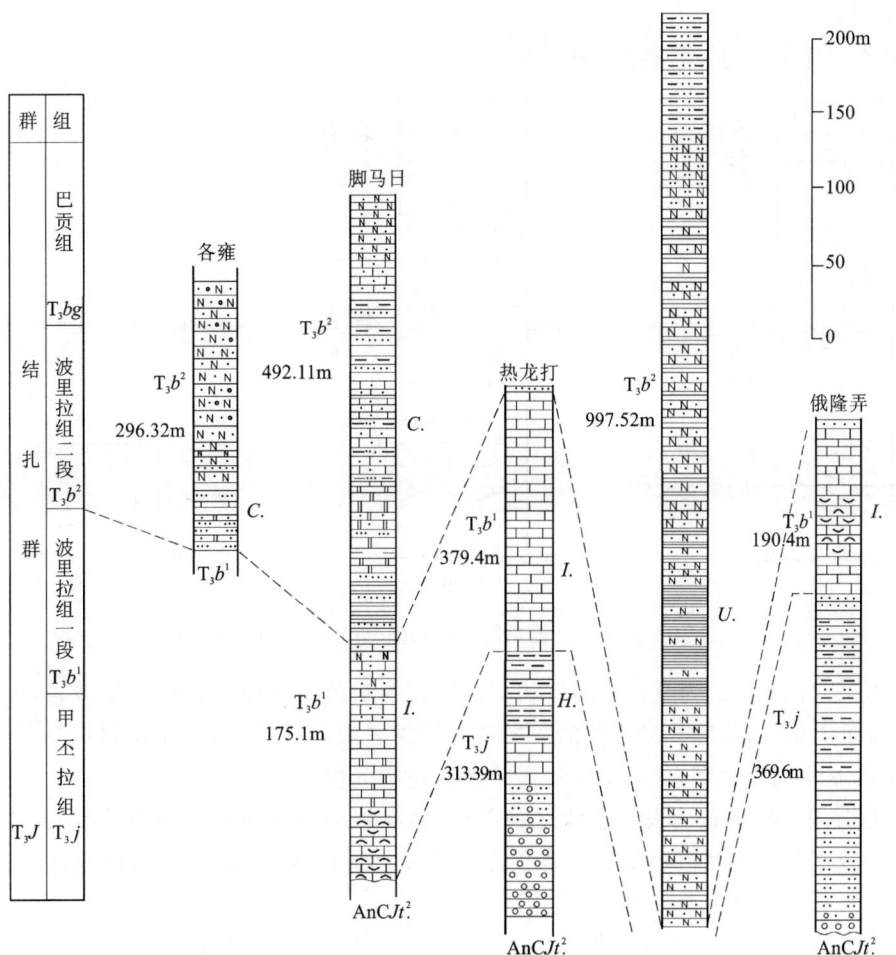

图 2-19 上三叠统柱状对比图

3. 波里拉组(T_3b)

1）一段

分布在嘎塔、干岩一带，以碳酸盐岩为主，主要岩性为灰色厚层状微晶灰岩、生屑灰岩、鲕粒灰岩、砂屑灰岩等，下与甲丕拉组整合接触或直接超覆于吉塘岩群之上，厚175.1～379.4m。在野根弄、布托卡、俄隆弄、日拉卡等地，岩性仍以灰色厚层微晶灰岩、生屑灰岩为主，夹少量灰黑色泥（页）岩或板岩，厚190.4～478.6m。本段相当于1∶20万丁青县幅、洛隆县幅所划乱泥巴组。

2）二段

在各雍、松天多等地分布较广泛，在日阿冲卡、泽乃通、热龙打东南等地也有零星出露。其岩性组合下部为紫红色粉砂岩、泥岩、紫红色薄—厚层状细粒长石杂砂岩，夹灰黑色泥岩、粉砂岩及灰色微晶灰岩、微晶白云岩；上部为肉红色、灰白色厚层状不等粒长石砂岩夹紫红色细粒岩屑长石砂岩。厚296.32m。本段相当于1∶20万丁青县幅、洛隆县幅建立的各雍组。

4. 巴贡组(T_3bg)

该组在区内分布不广，零星出露于上衣村贡姐纳、卡业贡至色扎乡热拉拉及嘎塔乡各雍等地。据其特征划分为两段，一段主要岩性为灰色、深灰色粉砂岩、泥质粉砂岩、泥（页）岩，夹灰色中薄层状细粒岩屑石英砂岩及含砾砂岩透镜体及灰色厚层微晶灰岩。二段为灰色中薄层状细粒岩屑石英砂岩、粉砂岩偶夹劣质煤线，顶部夹少量紫红色粉砂岩。与下伏波里拉组二段整合接触，与上覆中侏罗统雁石坪群不整合接触。厚度大于482m。

巴贡组基本层序主要有三种类型（图2-20）。

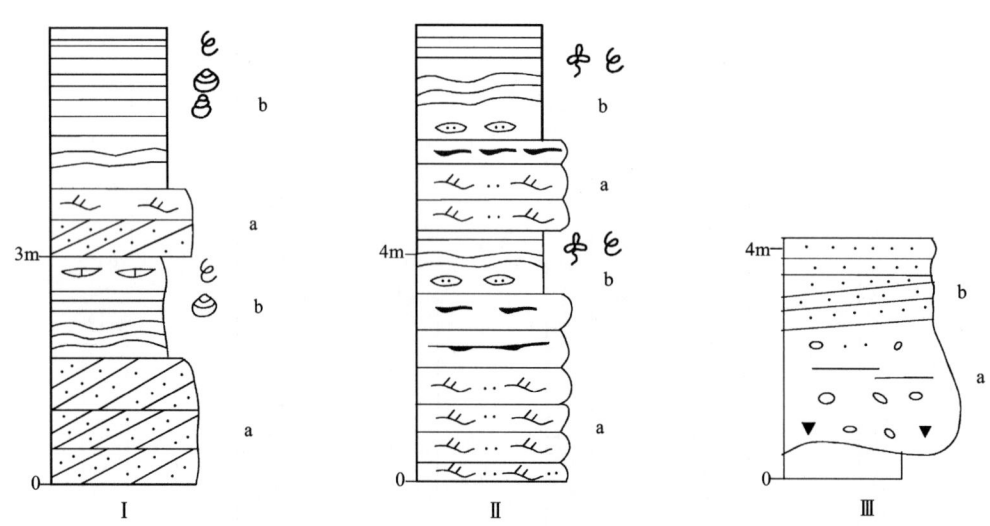

图2-20 巴贡组基本层序（贡姐纳剖面）

（1）基本层序Ⅰ：下部(a)为具板状或波状交错层理的灰色中薄层状细粒石英砂岩，上部(b)为含半咸水双壳类、腹足类化石、生物扰动强烈的灰黑色钙质泥岩或夹有条带状、团块状泥晶灰岩的泥岩。为巴贡组最主要的基本层序类型，代表潮汐水道—间湾环境沉积。

（2）基本层序Ⅱ：下部(a)为发育波状交错层理、脉状层理的中薄层细粒石英砂岩，生物扰动较强；上部(b)为含半咸水双壳类及植物化石的含炭泥岩或粉砂质泥岩，下部含砂岩透镜体，波状、水平层理常见，是该组主要基本层序类型。代表湾边潮坪沉积。

（3）基本层序Ⅲ：下部单元(a)为含泥砾、炭屑的细砾岩，底部具冲刷面，上部单元(b)为具槽状、板状交错层理的中厚层状砂岩，为次要基本层序，代表水下分流河道沉积。

（三）生物地层特征

结扎群各组均含有大量双壳类化石，可建立 4 个双壳类化石带（图 2-21）。

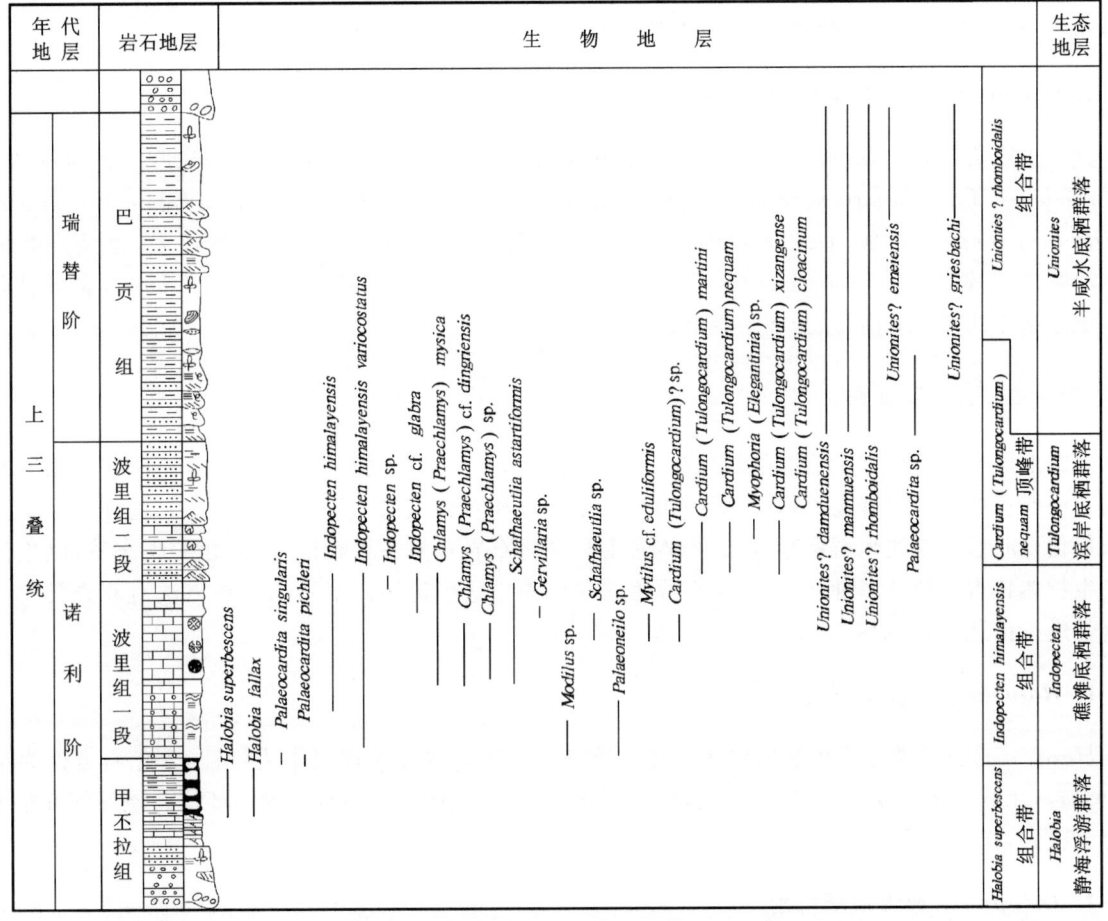

图 2-21　测区晚三叠世多重地层划分对比图

1. *Halobia superbescens* 组合带

分布于甲丕拉组上部，以 *Halobia* 大量发育为特征，主要分子为 *H. superbescens*，*H. fallax*，*Palaeocardita singularis*，*P. pichleri*。其中 *H. superbescens*，*H. fallax* 广布于北美、阿尔卑斯、印度尼西亚、越南、老挝等地诺利阶。它们在云南产于祥云组中下部、白基组中下部、松桂组下部；在四川见于须家河组；在贵州见于火把冲组；在藏南产于土隆群上组上部；在青海产于上巴颜喀拉群上部和结扎群上部。陈金华（1986）将我国晚三叠世 *Halobia* 动物群分为 4 个组合，本组合带可与其诺利早期 *H. superbescens - H. subrugosa* 组合相比较。

2. *Indopecten himalayensis* 组合带

分布于波里拉组一段，特征分子有 *Indopecten himalayensis*，*I. himalayensis variocostatus*，*I.* cf. *glabra*，*Chlamys*（*Praechlamys*）*mysica*，*C.*（*P.*）cf. *dingriensis*，*Schafhaeutlia astartiformis*，*Mytilus* cf. *eduliformis* 等。该带以 *Indopecten* 大量发育为特征，其见于印度尼西亚、苏门答腊、布鲁岛等地的 Padang 层和 Dogi 层；亦见于藏南土隆群上组、曲龙共巴组、德日荣组和藏东波里拉组。*I. himalayensis* 及 *I. himalayensis variocostatus* 在藏东、青南地区被作为诺利阶带化石（饶荣标等，1987）。其他分子均为波里拉组常见分子。

3. *Cardium*(*Tulongocardium*) *nequam* 顶峰带

分布于波里拉组二段中下部,以 *Cardium*(*Tulongocardium*) *nequam* 极大繁盛为特征,同时出现 *C.*(*T.*) *martini*、*C.*(*T.*) *cloacinum*、*C.*(*T.*) *xizangense*、*Myophoria*(*Elegantinia*) sp. 等。*C.*(*T.*) *nequam* 是缅甸那贲动物群的常见分子,在藏东和藏北地区广布于诺利期地层中。

4. *Unionites*? *rhomboidalis* 组合带

分布于巴贡组,以 *Unionites*? 多个种群同时繁盛为特征。主要分子有 *Unionites*? *rhomboidalis*、*U.*? *emeiensis*、*U.*? *damduenensis*、*U.*? *manmuenesis*、*U.*? *griesbachi*、*Unio huangbogouensis*、*Palaeocardita langnongensis* 等。*U.*? *rhomboidalis* 是四川须家河组川主庙段的典型代表,也是饶荣标等(1987)所建瑞替期 *U.*? *rhomboidalis* - *Yunnanophorus boulei* 组合的特征分子。*Unionites* 的其他各种均广泛分布于四川须家河组、云南一平浪组。

(四) 生态地层讨论

生态地层学是运用古生物群落划分和对比地层的学科。生态地层方法就是"运用所有生物的特征以及它们所存在的围岩特征、两者之间的相互关系划分和对比地层"(陈源仁,1984)。这种地层学方法是采集化石时系统描述化石保存状态、个体密度和含化石岩石的各种特征,鉴别化石生态特征(生活方式和生物体特点),统计属种分异度,建立群落并在填图中适当追溯。本书用此种方法对双壳类的 4 个群落带进行描述(图 2-21)。

1. *Halobia* 静海浮游群落

Halobia 是营浮游方式生活的扇状双壳。该群落以浮游双壳单调聚集为特征,含化石岩性为黑色泥(页)岩,化石壳体密度小,分异度较高,代表了水体较深,底域环境不良的静海环境。该群落分布于甲丕拉组上部,指示了饥饿段位置。

2. *Indopecten* 礁滩底栖群落

以大量海扇类与石珊瑚伴生为特征。含化石岩性为生屑灰岩、鲕粒灰岩、石珊瑚灰岩。壳体密度高,搬运后保存、分异度较高。主要成员中 *Indopecten*、*Chlamys*(*Praechlamys*) 为厚壳海扇,营底栖表生、足丝固着生活。内生及半内生双壳类 *Schafhaeutlia*、*Palaeoneilo*、*Modiolus* 掘穴而居。底栖表生类增多、造礁珊瑚出现以及腹足类、腕足类、海百合、藻类等喜礁生物的繁盛,可以指示浅海礁滩环境。该群落分布于波里拉组一段,为高水位体系域的重要标志。

3. *Cardium*(*Tulongocardium*) 群落

以小个体掘穴双壳类 *Cardium*(*Tulongocardium*) 繁盛为特征,含化石岩性为粉砂质灰岩,化石保存于层面上,未经搬运,壳体密度大,属种分异度较低。壳体小、高密度、低分异度、掘穴生活指示高能滨岸环境。该群落分布于波里拉组二段层位。

4. *Unionites* 半咸水群落

由蚌形双壳类及少量腹足类组成,含化石岩性为灰黑色粉砂岩、泥岩,化石层常见大量植物茎叶化石。*Unionites* 广泛分布于湖相、滨岸沼泽相地层中,生活在淡水或淡化海水(半咸水)泥质底域,掘穴半内生。该群落个体密度、分异度均较高,原地埋藏,壳体大小悬殊,这种半咸水群落指示低水位期的河口湾环境。分布于巴贡组之中。

（五）年代地层对比

结扎群发育齐全，顶底界线清楚，且各组均含大量化石，为准确划分、横向对比地层提供了依据（图2-21，表2-3）。东达村组、甲丕拉组和波里拉组相当于诺利阶，而巴贡组则相当于瑞替阶。

表2-3 测区与邻区及相关地区三叠系对比

年代地层			测区			北喜马拉雅地区	藏东地区		川西义敦地区	滇西兰坪地区	青海西南部
			澜沧江区	羌-保区	丁青区	冈-腾区					
三叠系	上统	瑞替阶	结玛弄组	巴贡组			德日荣组	巴贡群	夺盖拉组	喇嘛亚组	麦初箐组	结扎群
		诺利阶	竹卡群 巴钦组	结扎群 波里拉组 二段/一段 甲丕拉组 东达村组	丁青蛇绿岩	确哈拉群 孟阿雄群	曲龙达巴组		阿堵拉组 拉纳山组 波里拉组 图姆沟组			
		卡尼阶					达沙隆组 扎木热组		甲丕拉组	曲嘎寺组	三合洞组 歪古村组	
	中统	拉丁阶 安尼阶	拉丁阶 安尼阶				赖布西组 上段/下段	丛拉组 瓦拉寺组		洁地组	上兰组	结隆群

四、侏罗系

侏罗系分布于嘎布拉-日拉卡断裂以南，秋宗马-雪拉山-抓进扎断裂（班-怒结合带北边界断裂）以北地区，面积约1600km²。测区内为雁石坪群，底部角度不整合于三叠系不同层位之上，从下至上可划分出4个岩性组合，虽各学者划分方案不尽相同，但各单位仍可大致对比。

（一）剖面描述

1. 类乌齐县岗孜乡查松达中侏罗统雀莫错组、布曲组剖面

剖面（图2-22）位于类乌齐县岗孜乡查松达至查松羊卡，为雀莫错组、布曲组主干剖面。露头良好、构造简单、层序清楚、化石丰富。

上覆地层：中侏罗统雁石坪群夏里组（J_2x） 灰色中厚层中粒长石石英砂岩
—————————— 整合 ——————————

中侏罗统布曲组（J_2b）   厚度 311.39m

27. 灰色厚层状亮晶含砾屑鲕粒灰岩   116.53m

  珊瑚：*Stylosmilia* sp.

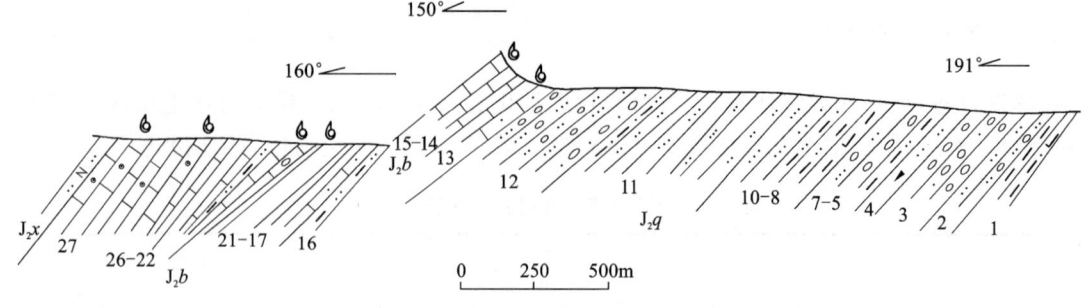

图 2-22 类乌齐县岗孜乡查松达中侏罗统雀莫错组、布曲组剖面图

  腕足类：*Burmirhynchia quinquiplicata* Ching, Sun et Ye
    B. sp.
  双壳类：*Camptonectes*（*C.*）*laminatus*（Sowerby）
    Modiolus cf. *imbricatus*（Sowerby）
    Liostrea birmanica（Reed）
    Cercomya pancttata（Stanton）
    Chlamys（*Radulopecten*）sp.
  腹足类化石

26. 黑色页岩夹灰色粉砂岩	3.18m
25. 灰色厚层状微晶灰岩与灰色厚层状亮晶鲕粒灰岩互层	14.06m

  腕足类：*Epithyris oxonica* Arkell
    Burmirhynchia sp.
    Camptonectes（*C.*）cf. *laminatus*（Sowerby）
    Protocardia sp.
    Camptonectes（*Camptochlamys*）*subrigidus* Lu

24. 灰黑色钙质页岩夹少量灰色薄板状钙质粉砂岩，发育水平层理及水平虫迹	3.56m
23. 灰色厚层状含泥质团块亮晶砂屑鲕粒灰岩	8.19m
22. 灰色厚层状粉砂质泥晶灰岩，底部为 30cm 厚灰紫色泥晶含生物碎屑核形石灰岩	21.86m
21. 灰色薄层泥晶介壳灰岩夹灰绿色、灰黑色页岩	14.60m

  腕足类：*Burmirhynchia flabilis* Ching, Sun et Ye
    B. lobata Ching, Sun et Ye
    B. sp.

20. 土黄色钙质粉砂岩与黄绿色、紫红色泥岩互层	11.33m

  双壳类：*Camptonectes*（*C.*）*auritus*（Schlotheim）
    Modiolus cf. *imbricatus*（Sowerby）
    M. sp.
    Lopha cf. *castata*（Sowerby）
    L. sp.
    Mactromya sp.

19. 土黄色条带状含鲕粒粉砂质灰岩、鲕粒灰岩、生物碎屑灰岩互层	21.11m

  双壳类：*Camptonectes*（*C.*）*auritus*（Schlotheim）
    Camptonectes（*Annulinectes*）sp.
    Lopha sp.

18. 黄绿色页岩夹灰色薄板—薄层鲕粒灰岩、生物碎屑灰岩、介壳灰岩	12.42m

  双壳类：*Pteroperna decorata* Reed
    Camptonectes（*C.*）*auritus*（Schlotheim）
    Matromya cf. *gibbosa*（Morris et Lycett）
    Myopholus sp.

　　　　　Eopecten cf. *jason* (d'Orbigny)

　　　　　Pholadomya sp.

　　　　　Lopha sp.

17. 土黄色中薄层含鲕粒生物碎屑粉砂质灰岩，发育小型双向交错层理　　　　　　　　　　4.71m

　　　双壳碎片：*Lopha* sp.

　　　　　　　　Ostrea sp.

16. 紫灰色泥岩夹灰色中厚层状细粒石英砂岩　　　　　　　　　　　　　　　　　　　　　8.41m
15. 灰色厚层状含生物屑泥晶灰岩，含大量细弱虫管及个体微小的腹足类化石　　　　　　13.43m
14. 灰黄色厚层状泥晶球粒灰岩　　　　　　　　　　　　　　　　　　　　　　　　　　28.00m
13. 灰色中厚层状微晶灰岩，含腹足类化石　　　　　　　　　　　　　　　　　　　　　30.00m

　　　　　　　　　　　　———————— 整合 ————————

中侏罗统雀莫错组（J_2q）　　　　　　　　　　　　　　　　　　　　　　　　**厚度＞658.64m**

12. 紫红色含砾中粗粒石英砂岩夹条带状硅质砾岩，底部为 0.5m 厚紫红色硅质砾岩　　 102.16m
11. 灰黄色厚层状中细粒石英砂岩与紫红色泥岩不等厚互层　　　　　　　　　　　　　302.82m
10. 灰绿色粉砂岩与紫红色粉砂质泥岩不等厚互层　　　　　　　　　　　　　　　　　 25.29m
9. 深灰色泥质粉砂岩，发育生物扰动构造，偶含植物碎片　　　　　　　　　　　　　　 17.87m
8. 紫红色钙质泥岩，发育大量简单粗大水平虫管　　　　　　　　　　　　　　　　　　 14.72m
7. 灰白色厚层状中粗粒石英砂岩，底部含砾　　　　　　　　　　　　　　　　　　　　　9.72m
6. 灰白色厚层状硅质砾岩　　　　　　　　　　　　　　　　　　　　　　　　　　　　 23.67m
5. 紫红色厚层状粉砂质泥岩，层面保存大量水平虫管　　　　　　　　　　　　　　　　 20.93m
4. 灰绿色厚层状细粒岩屑石英砂岩　　　　　　　　　　　　　　　　　　　　　　　　 19.04m
3. 灰色、灰白色厚层状硅质砾岩　　　　　　　　　　　　　　　　　　　　　　　　　 80.55m
2. 灰白色中细粒石英砂岩，底部含砾，发育水平层理　　　　　　　　　　　　　　　　 29.87m
1. 紫红色钙质泥岩　　　　　　　　　　　　　　　　　　　　　　　　　　　　　　　＞12.0m

　　　　　　　　　　　　　　　　　（未见底）

2. 类乌齐县岗孜乡加热拉中侏罗统夏里组剖面

剖面（图 2-23）位于加热拉山口南坡，露头良好，为夏里组主干剖面。

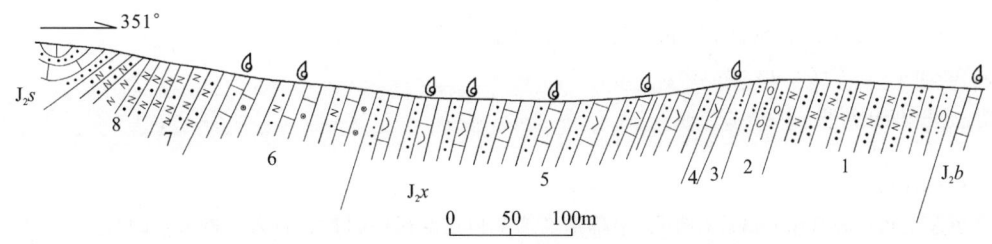

图 2-23　类乌齐县岗孜乡加热拉中侏罗统夏里组剖面图

上覆地层：上侏罗统索瓦组（J_2s）　紫红色厚层状粉砂岩与蓝灰色厚层状泥晶灰岩互层

　　　　　　　　　　　———————— 整合 ————————

中侏罗统夏里组 J_2x　　　　　　　　　　　　　　　　　　　　　　　　　　**厚度 432.65m**

8. 紫红色中厚层状细粒长石砂岩，发育楔状交错层理　　　　　　　　　　　　　　　　39.29m
7. 灰色厚层状中细粒长石砂岩，底部为 20cm 厚含砾不等粒长石石英砂岩，发育楔状交错层理　26.84m
6. 灰白色中薄层状细粒长石砂岩、灰黑色泥岩、灰褐色中厚层状亮晶含生物碎屑鲕粒灰岩旋
　　回型互层　　　　　　　　　　　　　　　　　　　　　　　　　　　　　　　　　　99.31m

　　　双壳类：*Melaegrinella* sp.

　　　　　　Ceratomya cf. *concentrica* Sowerby

　　　　　　Modiolus sp.

5. 灰绿色中薄层状粉砂岩、杂色泥岩、灰色介壳灰岩旋回型互层　　　　　　　　　　　　　　　　　179.05m

　　双壳类：*Melaegrinella jangmaiensis* Wen

　　　　　M. braamburiensis (Phillips)

　　　　　M. cf. *ovalis* (Phillips)

　　　　　Camptonectes (*Annulinectes*) *obscurus* (Sowerby)

　　　　　Liostrea birmanica (Reed)

　　　　　L. cf. *blanfordi* Cox

　　　　　Plearomy subelongata (d'Orbigny)

　　　　　Opis? arcrata Chen et Wen

　　　　　Modiolus imbriatus (Sowerby)

　　　　　Isognomon (*Mytiloperna*) *bathonicus* (Morris et Lycett)

　　　　　Tancredia triangularis Chen et Wen

　　腕足类：*Holcothyris golmudensis* Ching, Sun et Ye

　　　　　Kallirhynchia parva Buckman

　　　　　Burmirhychia lobata Ching, Sun et Ye

　　　　　B. shanensis Buckman

　　　　　B. quinquiplicata Ching, Sun et Ye

　　　　　Avonothyris distorta Ching, Sun et Ye

　　　　　Kuthchithyris pygmae Ching, Sun et Ye

　　腹足类化石

4. 灰色薄板状泥晶介壳灰岩与灰黑色泥岩互层　　　　　　　　　　　　　　　　　　　　　　　　21.90m

　　双壳类：*Camptonectes* (*Annulinectes*) *obscurus* (Sowerby)

　　　　　Chlamys (*Radulopecten*) *tipperi* Cox

　　　　　Tancredia triangularis Chen et Wen

　　　　　Melaegrinella sp.

　　腕足类：*Burmirhychia lobata* Ching, Sun et Ye

　　　　　B. cuneata Ching, Sun et Ye

　　　　　B. flabilis Ching, Sun et Ye

　　　　　B. shanensis (Buckman)

　　　　　Kallirhynchia parva Buckman

3. 灰色薄板状钙质粉砂岩，发育条带状层理、小型双向交错层理　　　　　　　　　　　　　　　　8.44m

　　双壳类：*Astarte* cf. *elegans* Sowerby

　　　　　Entolium sp.

　　　　　Modiolus? sp.

　　　　　Myopholus sp.

2. 紫红色厚层状含砾粗粒岩屑长石砂岩，上部渐变为灰白色厚层中粗粒长石石英砂岩，发育
　　平行层理和低角度楔状交错层理　　　　　　　　　　　　　　　　　　　　　　　　　　　　　10.51m

1. 灰白色中厚层状中粒岩屑长石石英砂岩，底部含石英砾石和泥砾，发育平行层理和低角度
　　楔状交错层理　　　　　　　　　　　　　　　　　　　　　　　　　　　　　　　　　　　　　47.31m

―――――――― 整合 ――――――――

下伏地层：布曲组（J_2b）　灰色厚层状含生物碎屑微晶鲕粒灰岩

3. 丁青县色扎乡国洛卡中侏罗统雁石坪群剖面

剖面（图2-24）位于色扎乡国洛卡村给马弄一带，为雁石坪群的主干剖面。底界清楚，层序齐全。

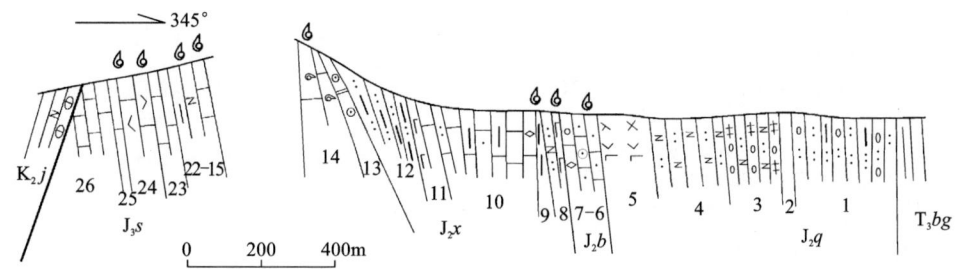

图 2-24　丁青县色扎乡国洛卡中—上侏罗统雁石坪群剖面图

上覆地层：上白垩统竞柱山组（K_2j）　紫红色厚层状长石砂岩

～～～～～～～角度不整合～～～～～～～

中侏罗统雁石坪群索瓦组（J_2s）　　　　　　　　　　　　　　　　　　　　　　　　　　　　　**厚度 351.10m**

26. 深灰色中厚层状微晶灰岩　　　　　　　　　　　　　　　　　　　　　　　　　　　　　　　　76.98m
25. 深灰色中厚层状泥晶生物碎屑灰岩夹灰黑色钙质页岩　　　　　　　　　　　　　　　　　　　　26.34m

　　双壳类：*Pholadomya socialis qinghaiensis* Wen

　　　　　　Goniomya sulcata Agassiz

　　　　　　Camptonectes (Camptonectes) laminatus (Sowerby)

　　　　　　Chlamys (Radulopecten) tipperi Cox

　　　　　　Inoperna sowerbyana (d'Orbigny)

　　　　　　I. sp.

　　　　　　Pinna cf. *chanaensis* Wen

　　　　　　Lopha cf. *rastellaris* (Munster)

　　　　　　Liostrea cf. *blanfordi* Cox

　　　　　　Pholadomya sp.

　　腹足类：*Tulotomoides* sp.

　　腕足类：*Avonothris distorta* Ching, Sun et Ye

　　　　　　Burmirhynchia shanensis Buckman

24. 深灰色厚层状泥晶生物碎屑灰岩　　　　　　　　　　　　　　　　　　　　　　　　　　　　　76.21m

　　双壳类：*Chlamys (Radulopecten) vagans* (Sowerby)

　　　　　　Camptonectes (Camptochlamys) cf. *subrigidus* Lu

　　　　　　Plagiostoma cf. *biniensis* Cox

　　　　　　Pinna cf. *chanaensis* Wen

　　　　　　Liostrea cf. *blanfordi* Cox

　　　　　　Meleagrinella sp.

　　腕足类：*Burmirhynchia shanensis* Buckman

　　　　　　B. trilobata Ching, Sun et Ye

　　腹足类化石

23. 黑色薄板状微晶灰岩与深灰色中—厚层生物碎屑灰岩互层　　　　　　　　　　　　　　　　　　49.03m

　　双壳类：*Meleagrinella* cf. *braamburiensis* (Phillips)

　　　　　　Liostrea sp.

　　　　　　Modiolus sp.

22. 黑色页岩夹灰白色薄层细粒钙质长石石英砂岩，含植物碎片　　　　　　　　　　　　　　　　　10.12m
21. 黑色页岩与深灰色含生物碎屑灰岩互层　　　　　　　　　　　　　　　　　　　　　　　　　　24.44m
20. 深灰色厚层状含生物碎屑微晶灰岩　　　　　　　　　　　　　　　　　　　　　　　　　　　　4.17m

　　双壳类：*Camptonectes (C.) laminatus* (Sowerby)

　　　　　　C. (C.) rugosus Wen

　　　　　　Liostrea eduliformis (Schlotheim)

　　　　　　L. birmanica (Reed)

　　　　腕足类：*Burmirhynchia lobata* Ching,Sun et Ye
　　　　　　　B. quinquiplicata Ching,Sun et Ye
　　　　　　　B. luchiangensis Reed
　　　　　　　B. cuneata Ching,Sun et Ye
　　　　　　Holcothyris tangulaica Ching,Sun et Ye
19. 灰黄色粉砂质泥岩夹灰白色薄层细粒长石石英砂岩,灰色薄层核形石灰岩　　　　17.44m
　　　双壳类：*Myophlas* sp.
　　　　　　 Gervillella sp.
18. 深灰色厚层状生物碎屑灰岩　　　　　　　　　　　　　　　　　　　　　　　19.91m
17. 灰黑色钙质泥岩夹灰黄色中厚层细粒含钙长石石英砂岩　　　　　　　　　　　9.95m
　　　双壳类：*Myophlas* sp.
　　　　　　 Liostrea sp.
16. 深灰色厚层状含粉砂质生物碎屑微晶灰岩夹黄绿色钙质页岩　　　　　　　　　9.95m
15. 灰白色钙质石英粉砂岩夹灰色粉砂质泥岩　　　　　　　　　　　　　　　　　4.91m
14. 深灰色厚层状微晶灰岩夹生物碎屑灰岩、核形石灰岩　　　　　　　　　　　　15.00m
13. 灰黄色厚层状钙质含鲕粒粉砂质粉晶白云岩　　　　　　　　　　　　　　　　6.65m
　　　　　　　　　　　　　———————— 整合 ————————

中侏罗统夏里组(J_2x)　　　　　　　　　　　　　　　　　　　　　　　　　**厚度 559.57m**
12. 紫红色粉砂质泥岩　　　　　　　　　　　　　　　　　　　　　　　　　　　140.68m
11. 灰色薄板状泥晶灰岩夹黑色钙质页岩　　　　　　　　　　　　　　　　　　　78.27m
10. 深灰色薄层含砂屑微晶灰岩夹灰黑色含炭质微晶灰岩　　　　　　　　　　　　274.73m
 9. 深灰色薄板状泥晶灰岩夹灰黑色泥岩　　　　　　　　　　　　　　　　　　　17.05m
　　　腕足类：*Burmirhynchia flabilis* Ching,Sun et Ye
　　　　　　　B. cuneata Ching,Sun et Ye
　　　　　　　B. sp.
 8. 灰色薄层细粒长石石英砂岩夹黑色钙质粉砂质泥岩　　　　　　　　　　　　　48.84m
　　　腕足类：*Burmirhynchia luchiangensis* Reed
　　　　　　　B. cuneata Ching,Sun et Ye
　　　　　　　B. flabilis Ching,Sun et Ye
　　　　　　　B. nyainrongensis Ching,Sun et Ye
　　　　　　　Kallirhynchia parva Buckman
　　　　　　　Kutchithyris pygmae Ching,Sun et Ye
　　　植物：*Equisetites* sp.
　　　　　　　　　　　　　———————— 假整合 ————————

中侏罗统雁石坪群布曲组(J_2b)　　　　　　　　　　　　　　　　　　　　　**厚度 158.52m**
 7. 灰色厚层状含生物碎屑鲕粒灰岩　　　　　　　　　　　　　　　　　　　　　98.72m
　　　双壳类：*Camptonectes*（*C.*）*laminatus*（Sowerby）
　　　　　　　Chlamys（*Radulopecten*）sp.
　　　　　　　Modiolus cf. *imbricatus*（Sowerby）
 6. 深灰色厚层状微晶砂屑灰岩　　　　　　　　　　　　　　　　　　　　　　　59.80m
　　　　　　　　　　　　　———————— 整合 ————————

中侏罗统雁石坪群雀莫错组(J_2q)　　　　　　　　　　　　　　　　　　　　**厚度 847.86m**
 5. 黑色、暗紫色蚀变玄武岩,发育气孔、杏仁构造　　　　　　　　　　　　　　　183.16m
 4. 紫红色中厚层状细粒长石石英砂岩与紫红色粉砂岩、粉砂质泥岩互层　　　　　173.06m

3. 紫红色复成分砾岩与紫红色厚层状中细粒长石石英砂岩互层　　　　　　　　　　　186.92m

2. 灰色钙质泥岩　　　　　　　　　　　　　　　　　　　　　　　　　　　　　　　30.95m

1. 紫红色复成分砾岩与紫红色粉砂质泥岩互层　　　　　　　　　　　　　　　　　273.77m

～～～～～～　　　　角度不整合　　　～～～～～～

下伏地层：上三叠统巴贡组（T_3bg）　灰色钙质泥岩

（二）岩石地层特征

雁石坪群在多家研究和划分中普遍趋向于划分四个岩石地层单位，但各单位的界线不尽一致。如杨遵仪(1988)、白生海(1989)、刘训(1992)、河南区调队(1994)等划分为紫红色砂岩段、下杂色砂岩段、灰岩段、上杂色碎屑岩段；《青海省地层表》(1980)、《西藏自治区岩石地层》(1997)则划分下砂岩段、下灰岩段、上砂岩段和上灰岩段。此方案更符合岩石地层单位的划分原则，即岩性、岩相、变质程度的一致性，也符合本区雁石坪群岩石地层序列。本书亦采用此种划分方案，与河南区调队划分的区别在于：①将1∶20万丁青县幅所划的玛托组解体，其下部的碎屑岩层并入雀莫错组，上部碳酸盐岩层归入布曲组；②原沱沱河组改称布曲组；③解体原夏里组，其下部碎屑岩类保留夏里组内，而上部碳酸盐类岩层改称索瓦组，仍置于中侏罗统。

1. 雀莫错组（J_2q）

层型剖面在唐古拉山雀莫错湖东雀莫错，下部紫红色粗碎屑岩，上部杂色细碎屑岩。在测区内出露范围狭长，面积较小，自西向东断续分布于热都、上衣、色扎乡、国洛卡，东至岗孜乡、查松达。主要岩性为下部紫红色复成分砾岩与含砾不等粒长石石英砂岩或粉砂质泥岩互层夹灰色钙质泥岩；上部紫红色长石石英砂岩、粉砂岩、粉砂质泥岩，顶部为黑色、暗紫色杏仁状蚀变玄武岩。在尺牍镇西雪拉山口剖面上，显示了更为复杂的地层层序和结构特点：下部为灰黄色中薄层状变质中粒岩屑石英砂岩与灰黑、灰黄色变质岩屑泥质粉砂岩、粉砂质页岩不等厚互层，夹中薄层状泥晶灰岩、生屑灰岩、生屑钙质细砂岩、偶夹粗玄岩；中下部为暗紫、灰紫色杏仁状蚀变安山岩夹紫红、灰黑色变质泥岩粉砂岩、含砾岩屑石英砂岩、安山质角砾岩；中部和中上部为灰黄色、灰白色、褐黄色薄—厚层状变质中—细粒岩屑石英砂岩、黄褐色、灰黑色变质薄层泥质粉砂岩夹多层暗红褐色变质细粒岩屑石英砂岩、紫红色泥岩、复成分砾岩、黑色泥质粉砂质页岩；上部为灰黄、紫红色变质细粒岩屑石英砂岩，暗紫、紫红色变质钙质细砂岩、粉砂质细砂岩、细粉砂岩夹含砾粗砂岩透镜体和紫红色中粗砾岩屑。

角度不整合于上三叠统巴贡组之上，从西向东厚度逐渐递减（图 2-25）。

2. 布曲组（J_2b）

该组在图幅东部相对发育，厚度稍大，向西变薄。主要岩性为灰色厚层状亮晶含砾岩屑鲕粒灰岩、生屑灰岩、微晶灰岩、泥晶灰岩等，夹少量石英砂岩、杂色泥（页）岩、粉砂岩，与下伏雀莫错组和上覆夏里组均整合接触，厚158.52～339.4～311.39m。

除在剖面上采获化石外，在协雄乡波坡产腕足类 *Epithyris oxonica* Arkell，*Avonothyris distiorta* Ching，Sun et Ye；在色扎乡野曲产双壳类 *Camptonectes*（*C.*）*laminatus*（Sowerby），*C.*（*Camptochlamys*）sp.；在阿弄北产双壳类 *Anisocardia*（*Anisocardia*）*triangularis*（Bean），*Pseudotrapezium* cf. *cardiforme* Des.，*Modiolus* sp.，*Nucala* sp.。在阿拢杠嘎产双壳类 *Pseudotrapezium* cf. *cardiforme* Des.，*Anisocardia*（*Anisocardia*）*triangularis*（Bean），*Protocardia qinghaiensis*（Wen），*Plagiostoma* sp.，*Modious* sp.，*Nucula* sp.；腕足类 *Burmirhynchia flabilis* Ching，Sun et Ye，*Holcothyris tenuis* Ching，Sun et Ye。

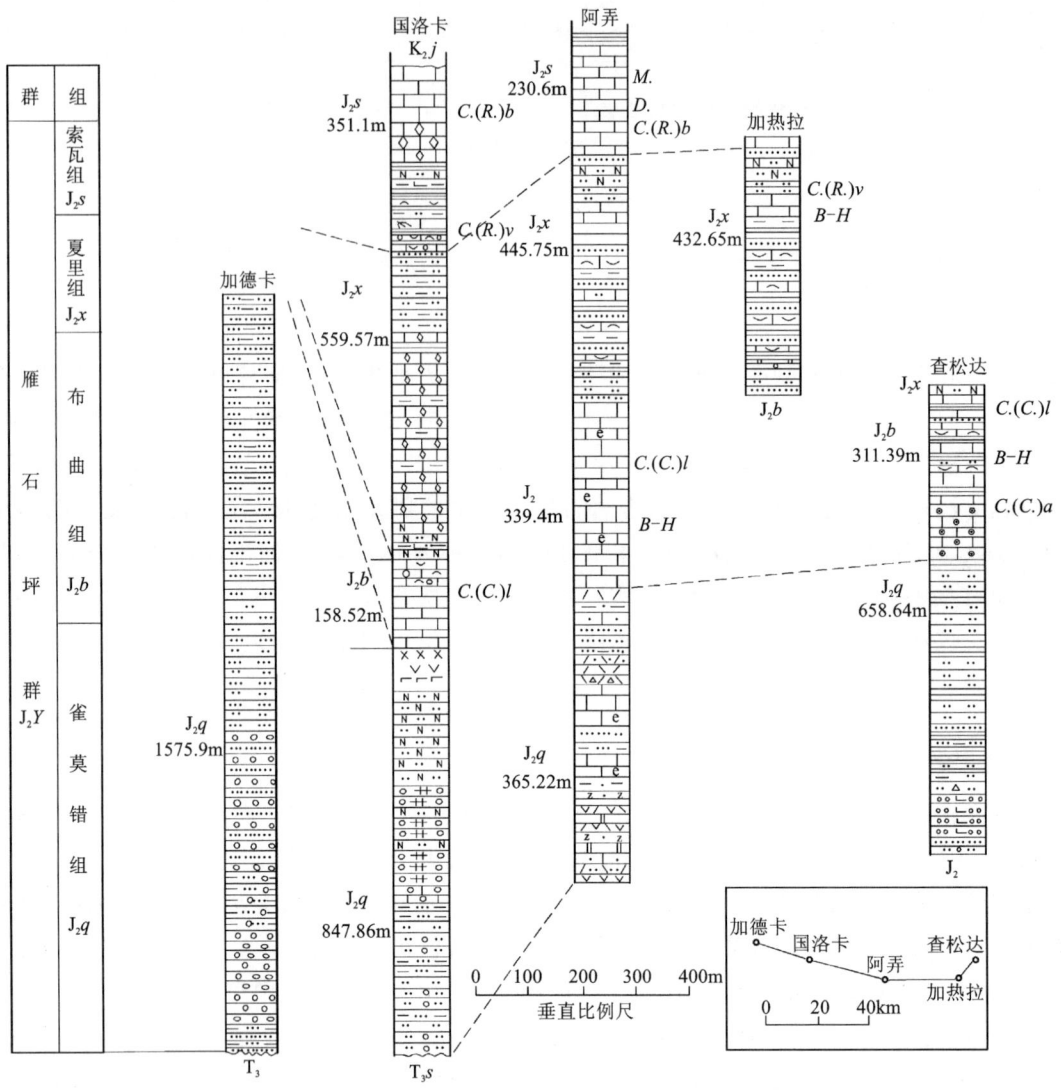

图 2-25 雁石坪群柱状对比图

3. 夏里组（J_2x）

本组使用 1:20 万丁青县幅、洛隆县幅单位名称，但含义相当于其下部层位，亦即通称的上砂岩段。区内出露较广泛，层位稳定。下部为灰白色、紫红色中厚层状中粗粒长石石英砂岩，中部为深灰色薄层含砂屑微晶灰岩夹黑色含炭质微晶灰岩、灰黑色钙质页岩，或与灰绿色粉砂岩、杂色泥岩、灰色介壳灰岩互层；上部为紫红色厚层状粉砂质泥岩、中细粒长石砂岩、灰黑色泥岩、生屑灰岩。厚度由西向东逐渐递减，厚 559.57m、445.75m、432.65m。本组盛产双壳类化石。

4. 索瓦组（J_2s）

本组为雁石坪群上灰岩段，主要岩性为深灰色中厚层状微晶灰岩，厚层状泥晶生屑灰岩，夹黑色（钙质）页岩、长石石英砂岩、石英粉砂岩、灰黑色钙质泥岩等。主要分布于国洛卡、阿弄等地，厚 230.6m、351.1m。与下伏夏里组整合接触。

（三）基本层序特征

1. 雀莫错组（J_2q）

本组为一套冲积扇、辫状河及三角洲红色粗碎屑沉积，总体向上变细，基本层序类型有 5 种。

(1) 基本层序Ⅰ：紫红色块状巨砾岩—粗砾岩，出现在本组底部。

(2) 基本层序Ⅱ：由紫红色砾岩、含砾砂岩、粉砂岩组成不等厚旋回型基本层序，厚5~6m。

(3) 基本层序Ⅲ：紫红色中薄层状细粒长石石英砂岩与紫红色、灰色粉砂岩或粉砂质泥岩、泥岩成段互层，厚10~12m。

(4) 基本层序Ⅳ：下部灰白色硅质砾岩(a)，中部含砾中粗粒石英砂岩(b)，发育平行层理、冲洗交错层理，上部紫红色、灰绿色粉砂岩、泥岩(c)，厚9m。

(5) 基本层序Ⅴ：下部灰黄、灰色中薄—中层状变质细粒岩屑石英砂岩(a)与上部暗灰—灰黑色薄层变质粉砂岩或粉砂质页岩(b)组成基本层序。砂岩中发育平行层理，粉砂岩中发育水平层理，厚8~20m。

2. 布曲组（J_2b）

布曲组主体为碳酸盐岩台地沉积，下部有时为潮坪-泻湖沉积，主要基本层序类型有4种。

(1) 基本层序Ⅰ：下部单元为亮晶颗粒灰岩（鲕粒、碎屑、砾屑、粒屑石灰岩）(a)。上部单元为含珊瑚泥(微)晶灰岩(b)。基本层序厚6~12m，为本组最主要基本层序类型，分布于本组上部层位，为碳酸盐岩台地沉积。

(2) 基本层序Ⅱ：泥晶球粒灰岩与含小个体腹足泥晶灰岩韵律互层。每个韵律层厚约3m，为碳酸盐岩台地沉积。

(3) 基本层序Ⅲ：灰色泥岩与薄层鲕粒灰岩、生物碎屑灰岩、介壳灰岩组成韵律层，单个韵律层厚2~3m，为碳酸盐岩台地-潮坪相沉积。

(4) 基本层序Ⅳ：强生物扰动灰黑色泥岩、深灰色薄层泥晶灰岩组成韵律层。厚约1m，碳酸盐岩台地-潮坪相沉积。

3. 夏里组（J_2x）

(1) 基本层序Ⅰ：由灰白色薄层状细粒长石砂岩(a)、灰黑色泥岩(b)、灰褐色中厚层状亮晶生物碎屑鲕粒灰岩(c)组成旋回性基本层序，发育于本组上部，为潮坪-碳酸盐岩台地沉积。

(2) 基本层序Ⅱ：灰绿色中薄层状粉砂岩(a)、杂色泥岩(b)、介壳灰岩(c)组成旋回性基本层序，多发育于本组中部，为潮坪相沉积。

(3) 基本层序Ⅲ：紫红色厚层状含砾粗粒岩屑长石砂岩，发育平行层理、低角度楔状交错层理(a)，灰白色厚层状中粗粒长石石英砂岩，发育平行层理、低角度楔状交错层理(b)，厚约10m，为扇三角洲沉积环境。

(4) 基本层序Ⅳ：灰白色中厚层状中粒岩屑长石石英砂岩，底部含砾或泥砾，发育于本组底部层位或上部层位，为扇三角洲沉积环境。

4. 索瓦组（J_2s）

(1) 基本层序Ⅰ：由深灰色厚层状微晶灰岩组成单一岩性基本层序，反映碳酸盐岩台地高水位体系域沉积。

(2) 基本层序Ⅱ：由深灰色厚层状泥晶生物碎屑灰岩组成单一岩性基本层序，亦为碳酸盐岩台地相沉积。

(3) 基本层序Ⅲ：由深灰色厚层状泥晶生物碎屑灰岩(a)与黑色钙质页岩(b)组成基本层序，厚小于10m。a>b或a=b（厚度），为潮坪-碳酸盐岩台地相沉积。

(4) 基本层序Ⅳ：灰色薄板状微晶灰岩与深灰色中—厚层状生物碎屑灰岩互层，反映碳酸盐岩台地海侵体系域沉积。

（四）生物地层特征及年代地层对比

本区侏罗系含有丰富的古生物化石，为生物地层划分提供了充分依据（表 2-4）。根据双壳类、菊石类、腕足类化石，建立的组合带特征如下所示。

表 2-4 羌南-保山地层区雁石坪群多重地层划分对比表

年代地层		岩石地层	生物地层		
			双壳类	菊石类	腕足类
中侏罗统	卡洛阶	索瓦组	*Chlamys (Radulopecten) baimaensis* 组合带	*Macrocephalites - Dolikephalites* 组合	
	巴通阶	夏里组	*Camptonectes (C.) laminatus* 组合带	*Chlamys (Radulopecten) vagans - Inoperna sowerbyana* 组合带	*Burmirhynchia - Holcothyris* 组合
		布曲组		*Camptonectes (Annulinectes) obscurus - Isognomon (Mytiloperna) bathonicus* 组合带	
	巴柔阶	雀莫错组	*Camptonectes auritus* 组合带		

1. 双壳类

1) *Camptonectes auritus* 组合带

分布于布曲组中下部，特征分子有 *Camptonectes*（*C.*）*auritus*，*Pteroperna decorata*，*Maclromya* cf. *gibbosa*，*Eopecten* cf. *jason*，*Lopha* cf. *costata*，*Modiolus* cf. *imbricatus*，*Camptonectes*（*Annulinectes*）sp.，*Pholadomya* sp.，*Ostrea* sp.，等。其中 *Camptonectes*（*C.*）*auritus* 大量繁盛于西欧、亚洲巴柔期地层中，阴家润（1987）对该种进行过专门讨论，将它作为我国海相侏罗纪双壳类巴柔期的组合分子。杨遵仪等（1988）在唐古拉地区将玛托组下部的海相双壳类建立 *C.*（*C.*）*auritus* 组合，代表巴柔晚期的组合。*Eopecten jason* 常见于欧、亚、非三大洲巴柔期地层中。其他成员时限较长，且在巴通期较为常见。考虑到本期组合之上出现巴通组腕足类动物群（B-H 动物群），将本组合带的年代地层位置对比为上巴柔阶段较为合理。

2) *Camptonectes* (*C.*) *laminatus* 组合带

分布于布曲组中上部、夏里组下部，以 *Camptonectes*（*C.*）*laminatus* 及其伴生的巴通期双壳类大量出现为特征。该种的地层时代分布由 Johnson（1984）、阴家润（1987）总结为：在巴通阶常见，很少见于其他各阶。

该组合进一步分为两个亚带：*Camptonectes*（*Annulinectes*）*obscurus - Isognomon*（*Mytiloperna*）*bathonicus* 组合带分布于布曲组中上部、夏里组下部。其成员分子有 *Camptonectes*（*Annulinectes*）*obscurus*，*Camptonectes*（*C.*）*laminatus*，*Isognomon*（*Mytiloperna*）*bathonicus*，*Chlamys* cf. *levis*，*Modiolus imbricatus*，*Meleagrinella jiangmaiensis*，*M. braamburiensis*，*M.* cf. *ovalis*，*Liostrea birmanica*，*L.* cf. *blanfordi*，*Plearomy subelongata*，*Opis* ? *arcuata*，*Tancredia triangularis* 等。其中 *Camptonectes*（*Annulinectes*）*obscurus*，*Isognomon*（*Mytiloperna*）*bathonicus* 这两个优势种在唐古拉地区繁盛于早巴通期的 *Eomiodon angulatus - Isognomon*（*Mytiloperna*）*bathomcus* 组合（杨遵仪等，1988），它们也是英国大鲕灰岩（Great Oolite）中的巴通期典型分子。因此本组合的时代无疑属于巴通期，可能为巴通早期。

3) *Chlamys* (*Radulopecten*) *vagans* - *Inoperna sowerbyana* 组合带

分布于夏里组中上部,成员分子有 *Camptonectes* (*C.*) *laminatus*, *Chlamys* (*Radulopecten*) *vagans*, *C.* (*R.*) *tipperi*, *Inoperna sowerbyana*, *Pinna* cf. *chanaensis*, *Pholadomya socialis qinghaiensis*, *Goniomya sulcata*, *Lopha* cf. *rastellaris*, *Liostrea* cf. *blanfordi* 等,这些分子均是巴通期典型分子, *C.* (*R.*) *vagans* 在唐古拉地区晚巴通期的 *Radulopecten vagans* - *Anisocardia beaumonti* 组合中十分丰富。

4) *Chlamys* (*Radulopecten*) *baimaensis* 组合带

在索瓦组灰岩(阿弄以西)中产有少量双壳类化石,主要分子为 *Chlamys* (*Radulopecten*) *baimaensis*, *C.* (*R.*) *shuanghuensis*, *Entolium* sp., *Ptesopesma* sp., *Anisocardia* sp., *Lopha* sp., *Astarte* sp., 其中 *C.* (*R.*) *baimaensis*, *C.* (*R.*) *shuanghuensis* 是西藏地区的地方性分子,前者分布于藏北双湖地区中侏罗统雁石坪群、藏东洛隆、八宿地区中侏罗统柳弯组,后者始见于双湖地区那底岗雁石坪群。童金南(1987)曾在洛隆县马里剖面柳湾组建立 *Chlamys* (*Radulopecten*) *baimaensis* - *Lopha qamdoensis* - *Pseudotrapezium cordiforme* 组合,年代地层对比为上巴柔阶至卡洛阶,考虑到夏里组的 *C.* (*R.*) *baimaensis* 出现层位较高,应对比为卡洛阶。

2. 菊石类

雁石坪群的菊石类仅见于夏里组顶部,主要分子为 *Macrocephalites macrocephalus*, *M.* sp., *Homoephanulites* sp., *Gnossouvris* sp., *Dolikephalites* sp.。暂建 *Macrocephalites* - *Dolikephalites* 组合带以代表这一层位。*Macrocephalites* 是早卡洛期的重要分子,见于印度库齐、斯匹提地区 *Macrocephalies* Beds(层),喜马拉雅地区 *Macrocephalites* - *Indocephalites* 层,层位均为下卡洛阶。*Dolikephalites* 常见于中卡洛阶,如喜马拉雅地区 *Reineckeia* 层、巴基斯坦的 *Dolikephalites* - *Indospinctes* - *Macrocephalites* 组合。因此,本组合带的年代地层位置应为下—中卡洛阶。

3. 腕足类

雁石坪群盛产腕足类,集中于布曲组、夏里组,总体属于 *Burmirhynchia* - *Holcothyris* 动物群(即B-H 动物群),成员有 *Burmirhynchia* 的种群 *shanensis*, *trilobata*, *lobata*, *quinquiplicata*, *cuneata*, *flabilis*, *luchiangensis*, *nyainrongensis*; *Holcothyris* 的种群 *tangulaica*, *golmudensis*, *tenuis* 及 *Avonothyris distorta*, *Kallirhynchia parva*, *Kuitchithyris pygmae*, *Epithyris oxonica* 等。这些属种除青藏地区地方性分子以外均为西欧、缅甸中侏罗统巴通阶至卡洛阶重要分子。特别是布曲组所产 *Epithyris oxonica* 被 Ager(1979)作为英国上巴通阶 *Aspidoides* 带的亚带化石,夏里组所产 *Kutchithyris* 主要见于卡洛阶(史晓颖,1987)。

应当指出,雁石坪群的腕足类有进一步划分组合带的可能性和必要性,但尚需深入研究。在上述生物地层对比基础上,可将羌-保地层区的侏罗系进行较为精确的年代地层划分与对比(表2-5)。需要说明的是其界线均具有穿时性,与唐古拉地区相比,本区各组底界偏低。

第四节 班公错-怒江地层区

班公错-怒江地层区以班公错怒江结合带南、北边界断裂为界,呈狭长带状北西西向横贯测区,面积约 900km²。带内发育与结合带密切相关的丁青蛇绿岩套和其后沉积的海相、陆相地层。尺牍以西分布侏罗系木嘎岗日群浅变质岩系,以东则为下侏罗统亚宗混杂岩、中侏罗统德极国组、德吉弄组和上侏罗统机末组。在其上分布着上白垩统竞柱山组、八达组和古近系宗白组陆相盖层。

表 2-5 唐古拉地层区与邻区及相关地区侏罗系对比表

地层系统		地区	云南		西藏		青海南部		测区			
			保山	兰坪思茅	藏南	藏北			羌南-保山地层区	羌北-昌都地层区	班公错-怒江地层区	冈底斯-腾冲地层区
J₃	Tithonian				门卡墩组		扎窝茸组	唐古拉群		小素卡组	机末组	拉贡塘组
	Kimmeridgian / Oxfordian		芒坎组	坝注路组		莎巧木组	索瓦组		索瓦组			
	Callovian		龙海组		聂聂雄拉组		夏里组		夏里组	东大桥组	德吉弄组	
J₂	Bathonian		柳湾组	和平乡组			沱沱河组	雁石坪群	布曲组			
									雁石坪群		土托组		
	Bajocian		勐嘎组			色哇组（篓瓦组）	玛托组		雀莫错组		德极国组	
							雀莫错组		东达村组			
J₁				?						?		

一、三叠系

三叠系丁青蛇绿岩套由变质橄榄岩、堆晶岩、镁铁杂岩、枕状熔岩、深海沉积(放射虫硅质)岩5个单元组成。此处只介绍深海沉积部分。

(一)剖面描述

丁青县协雄乡德极国三叠系剖面。

上覆地层:中侏罗统德极国组(J_2d)　灰黄色厚层状砾岩

～～～～～～～～～　角度不整合　～～～～～～～

丁青蛇绿岩深海沉积

2. 紫红色薄板状含铁质放射虫硅质岩,产放射虫两层　　　　　　　　　　　　　　　　　8.44m

W1359/8-3(距底5m):*Palaeosaturnalis triassicus*(Kozur et Mostler)

　　　　　　　　Veghicyclia cf. *austriaca* Kozur et Mostler

　　　　　　　　V. sp. A.

　　　　　　　　Triassocampe sp. A.

　　　　　　　　T. deweveri (Nakaseko et Nishimura)

　　　　　　　　T. cf. *sulovensis* Kozur et Mock

　　　　　　　　cf. *Praeorbiculi formella vulgaris* Kozur et Mostler

　　　　　　　　Capnuchosphaera sp.

　　　　　　　　C. theloides De Wever

　　　　　　　　C. triassica De Wever

　　　　　　　　Pseudostylosphaera sp.

　　　　　　　　Paronaella spp. A.

　　　　　　　　P. sp. B.

　　　　　　　　cf. *Spongostylus toltlis* Kozur et Mostler

　　　　　　　　cf. *S. carnicus* Kozur et Mostler

　　　　　　　　Poulpus sp. A.

　　　　　　　　P. cf. *piabyx* De Wever

　　　　　　　　Eptingium sp. A.

　　　　　　　　E. sp. B.

　　　　　　　　Canoptum sp. A.

　　　　　　　　Pseudoheliodiscus latus(Kozur et Mostler)

W1359/8-1(距底0.5m):*Pseudostylosphaera* spp.

　　　　　　　　Poulpus cf. *piabyx* De Wever

　　　　　　　　Corum dengqenensis Wang

1. 灰白色薄板状硅质岩　　　　　　　　　　　　　　　　　　　　　　　　　　　　　　0.40m

══════════　断层　══════════

蓝灰色硅化白云岩化蛇纹岩

(二)岩石地层特征及年代讨论

蛇绿岩套之深海沉积部分主要岩性为紫红色、灰白色硅质岩、含泥质硅质岩,多呈薄板状,部分不显层理,富含放射虫化石,除剖面外,在协雄乡勒寿弄也产放射虫 *Palaeosaturnalis triassicus*(Kozur et Mostler),*Veghicyclia* cf. *austriata* Kozur et Mostler,*Triassocampe deweveri* (Nakaseko et Nishimura),*T.* cf. *sulovensis* Kozur et Mock,cf. *Praeorbicul formella vulgaris* Kozur et Mostler,*Capnuchosphaera theliodes* De Wever,*C. triassica* De Wever,*Pseudostylosphaera* spp. ,*Paronaella* sp. ,cf. *Spon-*

gostylus toltilis Kozur et Mostler, cf. *S. carnicus* Kozur et Mostler, *Poulpus piabyx* De Wever, *Eptingium* sp., *Canoptum* sp., *Pseudoheliodiscus latus* (Kozur et Mostler), *Corum dengqenensis* Wang, ? *Capnodoce* cf. *sarisa* De Wever, *Pseudostylosphaera longisinosa* Kozur et Mostler, *Triassocampe* cf. *deweveri* (Nakaseko et Nishimura) 等及牙形石 *Metapolygnathus* sp.。其中主要种（包括相似种）在欧洲、日本等地都见于 Canic 晚期至 Noric 期。牙形石的时代与放射虫一致。

二、侏罗系

尺牍以东的侏罗系为一套暗色地层，1:100 万拉萨幅将其归入上侏罗统拉贡塘组，并测制了丁青县机末-宗白剖面。之后许多单位和学者对这套地层进行了专门研究，刘茂修、王卫东（1983），郑一义（1983）将其定为中三叠统；潘桂棠等（1983）认为它是一套混杂岩，包括了许多不同时代的岩块，基质部分仍归上侏罗统拉贡塘组；中英联合考察时将其分为 T—J(?)混杂岩和上覆地层下白垩统（李红生，1988）。1:20 万丁青县幅（1994）经综合研究将结合带内侏罗系分出并建立了下侏罗统亚宗混杂岩，中侏罗统德极国组、德吉弄组（岩楔）和上侏罗统机末组。

（一）剖面描述

1. 丁青县协雄乡德极国中侏罗统德极国组剖面

剖面（图 2-26）位于协雄乡东北 3km 德极国村附近，为建组剖面。其底界清楚，化石丰富、露头良好，惜未见顶。

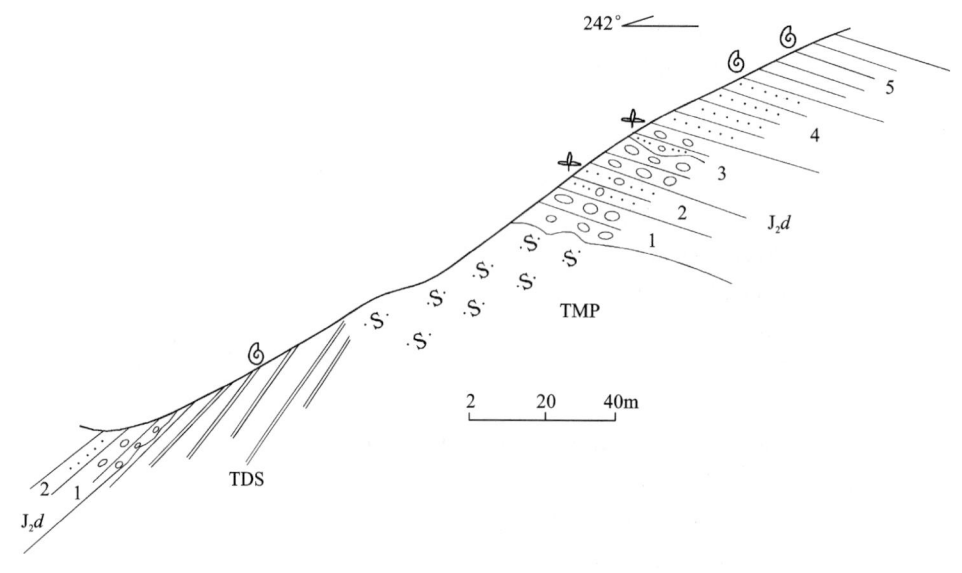

图 2-26 丁青县协雄乡德极国中侏罗统德极国组剖面图

中侏罗统德极国组（J_2d） （未见顶） 厚度＞**46.12m**

　5. 灰色厚层状含粉砂质泥岩　　　　　　　　　　　　　　　　　　　　　　＞16.10m

　　双壳类：*Protocardia stricklandi* (Morris et Lycett)

　　　　　P. lycetti (Rollier)

　　　　　Astarte maliensis Tong

　　　　　A. sp.

　　腹足类化石

　4. 灰白色（风化面黄褐色）厚层状含铁细粒石英砂岩　　　　　　　　　　　　2.40m

　　剖面东 300m 处产双壳类：*Protocardia stricklandi* (Morris et Lycett)

Ceratomyopsis nudulata（Morris et Lycett）
Sphaeriola oolithica（Rollier）
Palaeonucula cf. *cuneiformis*（Sowerby）
Certcomya punctata（Stanton）
Cucullaea sp.
Astartec cf. *elengans* Sowerby

向西 100m 处产双壳类：*Protocardia stricklandi*（Morris et Lycett）
P. lycetti（Rollier）
Myophorella signata（Agassiz）
M. maliensis Tong

海百合、植物化石

3. 灰黄色厚层状砾岩夹灰色透镜状含砾不等粒岩屑石英砂岩	13.70m
2. 灰紫色厚层状含砾粉砂岩。含大量植物碎片 *Equisetites* sp.	5.86m
1. 黄褐色厚层状复成分砾岩，砾岩成分以蛇纹岩、硅质岩为主	8.06m

~~~~~~~~~~~~~~~~ 异岩不整合 ~~~~~~~~~~~~~~~~

下伏岩层：三叠纪蛇绿岩套变质橄榄岩部分（TMP） 蓝灰色硅化白云岩化蛇纹岩

2. 丁青县色扎乡德吉弄中侏罗统德极国组、德吉弄组剖面

剖面（图 2-27）位于色扎乡德吉村德吉弄山谷里。露头良好，构造简单，是德吉弄组的标准剖面。其下部的德极国组虽未见底，但经追溯对比，层序基本齐全，也可作为标准剖面。

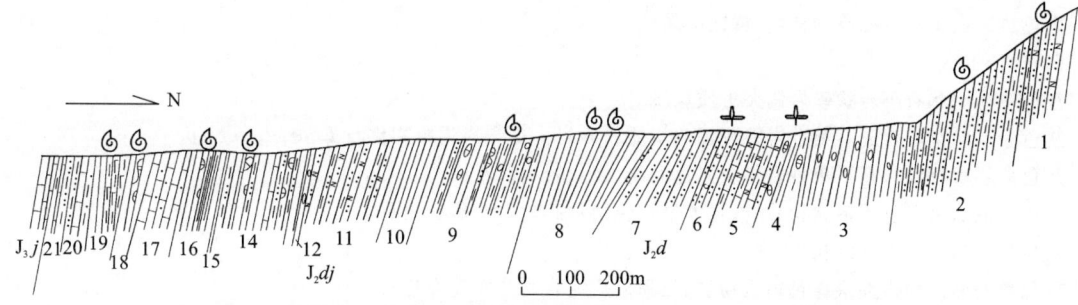

图 2-27 丁青县色扎乡德吉弄中侏罗统德极国组、德吉弄组剖面图

上覆地层：上侏罗统机末组（J_3j） 灰黑色薄层状泥晶灰岩

──────────── 整合 ────────────

中侏罗统德吉弄组（J_2dj） **厚度 968.75m**

21. 灰色粉砂质泥岩夹灰黄色薄板状、透镜状粉砂质微晶灰岩	19.56m
20. 灰黄色薄板状粉砂质泥岩夹灰色薄层微晶灰岩，发育水平虫	46.95m
19. 灰色（风化面灰紫色）钙质泥岩，中部夹 80cm 厚灰色含砾屑砂屑微晶灰岩	70.29m

石珊瑚：*Thecosmilis* cf. *costata* Fromentel
Montlivaltia sp.
Stylosmilia catenula Liao et Li
Trocharea sp.

刺毛螅：*Chaetetes*（*Pseudoseptifer*）sp.

18. 灰色（风化面黄绿色）钙质泥岩夹灰色薄板状、透镜状生物灰岩、砂屑灰岩、微晶灰岩	74.39m

石珊瑚：*Stylosmilia* sp.
Thecosmilia sp.

刺毛螅：*Chaetetes*（*Pseudoseptifer*）sp.

17. 灰色厚层状含生物碎屑亮晶砂屑灰岩	62.51m
16. 灰色钙质泥岩夹灰色薄板状、条带状生物碎屑灰岩	60.13m

石珊瑚：*Isastrea* sp.
　　　　 Thamnasteria sp.
　　　　 Epistreptophyllum cylindratum Milaschevitsch

15. 灰色厚层状含生物碎屑亮晶砂屑灰岩　　　　　　　　　　　　　　　　　　　　　　　　4.70m
14. 灰色钙质泥岩夹灰色薄板状、条带状生物碎屑灰岩　　　　　　　　　　　　　　　　　153.02m
　　石珊瑚：*Isastrea* sp.
　　　　 Thamnasteria sp.
　　　　 Epistreptophyllum cylindratum Milaschevitsch
　　刺毛螅：*Chaetetes*（*Pseudoseptifer*）*gangbaensis*（Yang et Wu）
　　层孔虫、海百合化石
13. 灰黑色粉砂质泥岩，发育水平层理及水平虫管　　　　　　　　　　　　　　　　　　　14.67m
12. 灰黑色复成分砾岩　　　　　　　　　　　　　　　　　　　　　　　　　　　　　　　1.83m
11. 灰色泥岩、粉砂质泥岩夹灰褐色薄板状细粒长石石英砂岩　　　　　　　　　　　　　187.83m
10. 灰色泥岩、粉砂质泥岩，发育水平层理及水平虫管　　　　　　　　　　　　　　　　64.63m
9. 灰色钙质泥岩、灰黑色含炭粉砂质泥岩夹灰色薄板状、透镜状生物碎屑灰岩　　　　　208.24m
　　石珊瑚：*Stylina* sp.
　　　　 Actinastrea sp.
　　刺毛螅：*Chaetetes*（*Pseudoseptifer*）sp.
　　层孔虫、海百合化石

　　　　　　　　　　　　　　　　　─────── 整合 ───────

中侏罗统德极国组（J_2d）　　　　　　　　　　　　　　　　　　　　　　　　**厚度 987.62m**
8. 黑色页岩夹少量炭泥质结核，含黄铁矿晶粒　　　　　　　　　　　　　　　　　　　　175.50m
　　菊石：*Cyclicoceras*？sp.
7. 灰色中薄层状石英岩状砂岩偶夹劣质煤线　　　　　　　　　　　　　　　　　　　　137.89m
6. 灰色中层状细粒岩屑石英砂岩夹灰黑色炭质粉砂岩。富含炭化植物化石 *Equisetites*？sp.　46.23m
5. 灰色薄层状细粒长石石英砂岩与灰黑色泥岩、泥灰岩成段互层　　　　　　　　　　　　83.21m
4. 灰黑色泥岩夹灰色透镜状粉砂岩，含大量炭化植物碎片。产孢粉化石　　　　　　　　　61.77m
3. 灰黑色页岩夹钙泥质结核　　　　　　　　　　　　　　　　　　　　　　　　　　　186.24m
2. 灰黑色粉砂质泥岩夹灰绿色钙质粉砂岩、粉砂质泥岩。产双壳类化石　　　　　　　　217.00m
1. 灰黑色含钙粉砂质泥岩、钙质粉砂岩灰色薄层细粒长石石英砂岩　　　　　　　　　　>79.78m
　　双壳类：*Protocardia stricklandi*（Morris et Lycett）
　　　　　 P. sp.
　　　　　 Astarte sp.

　　　　　　　　　　　　　　　　　　　（未见底）

3. 丁青县布托机末上侏罗统机末组剖面

剖面（图 2-28）位于丁青县城北 9km 布托村东北贡曲东岸。1∶100 万拉萨幅曾在此测制剖面。1∶20 万丁青县幅又对其重测，并选定为层型剖面。

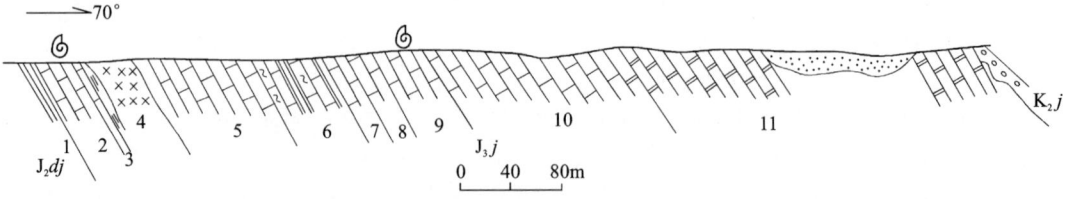

图 2-28　丁青县布托机末上侏罗统机末组剖面图

上覆地层：上白垩统竞柱山组（K_2j）　紫红色厚层状砾岩

~~~~~~~~~~~~~~~~ 角度不整合 ~~~~~~~~~~~~~~~~

上侏罗统机末组（J₃j） **厚度 592.09m**

11. 灰黄色页片状泥质泥晶白云岩 211.88m
10. 浅黄褐色厚层状含粉砂微晶白云岩 142.11m
9. 灰色中厚层状含生物碎屑微晶灰岩。此层在贡曲西岸产石珊瑚、千孔虫和双壳类化石 49.55m

  石珊瑚：*Isastrea goldfussi*（Kody）
      Thamnasteria confluens Quenstedt
  千孔虫：*Subaxopora xizangensis* Deng
  双壳类：*Caetegeruillia*? sp.

8. 灰色中层状含核形石砂质灰岩与灰黄色中层亮晶砂屑灰岩互层 15.16m
7. 灰色中层状亮晶含生物碎屑鲕粒灰岩 18.39m
6. 灰黄色中厚层状含白云质泥质条带粉晶灰岩夹灰色钙质页岩 46.81m
5. 深灰色厚层状网纹状微晶灰岩 67.74m
4. 紫红色绢云板岩、灰白色大理岩，有辉绿玢岩脉侵入 1.77m
3. 灰色中厚层状微晶灰岩 4.73m
2. 灰色中薄层状泥晶生物碎屑灰岩 20.92m

  石珊瑚：*Isastrea goldfussi*（Kody）
      Montlivaltia sp.
      Actinastrea crassoramosa（Michelin）

1. 深灰色薄板状泥晶灰岩夹少量钙质页岩 12.58m

———————— 整合 ————————

下伏地层：中侏罗统德吉弄组（J₂dj）　灰色泥岩夹灰岩透镜体

4. 索县荣布镇侏罗系木嘎岗日群（JM）实测剖面

剖面（图 2-29）位于荣布镇北八格村，层序连续，露头较好，为本区该群骨干剖面，惜顶底不全，与上下地层均为断层接触。

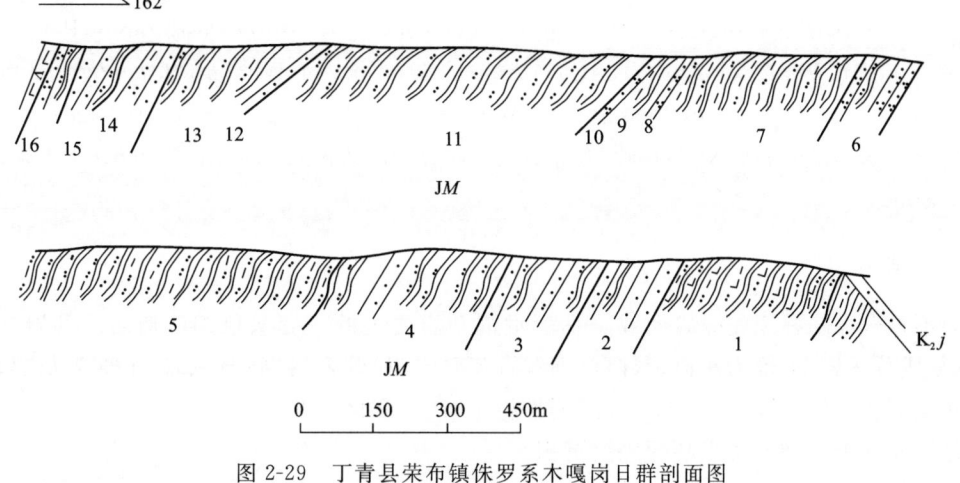

图 2-29　丁青县荣布镇侏罗系木嘎岗日群剖面图

八格蛇绿岩硅质岩、玄武岩、辉榄岩

========= 断层 =========

木嘎岗日群（JM） **厚度 3544.91m**

16. 灰黄色中层状变质细粒石英砂岩与黑色泥质粉砂质板岩组成韵律层 >245.92m
15. 黑色泥质粉砂质板岩，偶夹中薄层状变质细粒石英砂岩 279.94m
14. 灰色中—厚层状变质细粒石英砂岩夹黑色泥质粉砂质板岩，砂泥比约4:1，砂岩厚2~3m，
  板岩厚小于1m 9.62m
13. 黑色泥质粉砂质板岩夹灰色中层变质细粒石英砂岩 86.60m

12. 黑色纹层状粉砂质板岩、粉砂质泥质板岩,下部夹灰色中层状变质细粒石英砂岩,砂岩单层厚25m	742.53m
11. 灰黑—黑色块状、纹层状粉砂质泥质板岩	45.50m
10. 灰—浅褐灰色中—厚层状变质中细粒石英砂岩与黑色粉砂质板岩组成韵律层,砂岩厚0.5～1m,板岩厚小于10cm	14.17m
9. 黑色粉砂质泥质板岩偶夹变质细粒石英砂岩	403.63m
8. 灰—深灰色中层状变质细粒石英砂岩与黑色粉砂质板岩组成韵律层,砂泥比约3:1	145.90m
7. 灰—深灰色薄—微薄层状含泥细—粉砂质板岩、粉砂质板岩,偶夹变质细粒长石石英砂岩	512.13m
6. 黑色含泥质粉砂质板岩,偶夹中层状变质细粒石英砂岩	236.02m
5. 黑色粉砂质板岩夹深灰色中层状变质细粒石英砂岩	141.88m
4. 灰—深灰色中层状变质细粒石英砂岩夹黑色粉砂质板岩	103.47m
3. 黑色含泥钙粉砂质板岩夹灰黑色中层变质细粒石英砂岩	332.48m
2. 灰色中层状变质细粒石英砂岩夹深灰色含泥钙质粉砂质板岩	35.31m
1. 深灰—黑色含泥钙质粉砂质板岩	>209.81m

============ 断层 ============

上白垩统竞柱山组(K_2j)　灰红色薄—中层状粉砂岩

(二) 岩石地层特征

1. 亚宗混杂岩(J_1yz)

亚宗混杂岩分布于丁青县城北4km的亚宗村西山,出露局限约3km²。由基质、原地岩块、外来岩块三部分组成。外来岩块主要是蛇绿岩的肢解残片;原地岩块以火山岩、火山碎屑岩、块状硅质岩为主;基质部分主要岩性为黑色板岩、灰色薄层状变质岩屑长石石英砂岩夹灰色、灰白色、褐色、紫红色薄板状硅质岩或硅质板岩。

基质部分的硅质岩中含放射虫 *Cenellipsis zongbaiensis* Li, *Pantanellium* cf. *browni* Pessagno, *P.* aff. *inornatum* Pessagno et Poisson, *Praeconocaryomma media* Pessagno et Poisson, *P.* aff. *magnimamma* (Rust), *Canoptum anulatum* Pessagno et Poisson, *C. rugosum* Pessagno et Poisson, *Canutus izeensis* Pessagno et Whalen, *Bagotum* aff. *erraticum* Pessagno et Whalen, *B. modestum* Pessagno et Whalen, *Droltus* (?) aff. *probosus* Pessagno et Whalen, *Pseudopoulpus* sp., *Katroma dengqensis* Li, *Dicolocapsa* aff. *verbeeki* Tan Xin Hok, *Hemicryptocephalis dengqensis* Li, *Natoba* aff. *minuta* Pessagno et Poisson。

2. 德极国组(J_2d)

该组为不整合在三叠纪蛇绿岩套或早侏罗世混杂岩之上的一套灰色细碎屑岩。其岩性底部为灰色、灰褐色复成分砾岩;下部为灰色、灰白色细粒石英砂岩、粉砂岩、粉砂质泥岩;上部为灰黑色、黑色泥页岩夹饼状炭泥质结核。厚987.6m。本组岩性稳定,横向变化不大(图2-30)。

本组是一套向上变细的滨岸陆源碎屑沉积。

本组在协雄乡德极国、破郎国、宗桑国等地产双壳类 *Protocardia stricklandi* (Morris et Lycett), *P. lycetti* (Rollier), *Astarte maliensis* Tong, *A.* cf. *elegans* Sowerby, *A.* sp., *Ceratomyopsis nudulata* (Morris et Lycett), *Sphaeriola oolithica* (Rollier), *Palaeo nucula* cf. *cuneiformis* (Sowerby), *Certcomya punctata* (Stanton), *Cucullaea* sp. 及腹足类、海百合化石。

3. 德吉弄组(J_2dj)

该组为整合于德极国组之上、机末组之下的一套灰色细碎屑岩夹薄层状、条带状、团块状、透镜状灰岩的地层体,富含石珊瑚、刺毛螅、层孔虫、海百合化石。主要岩性为灰色泥岩、粉砂质泥岩、粉砂岩、灰

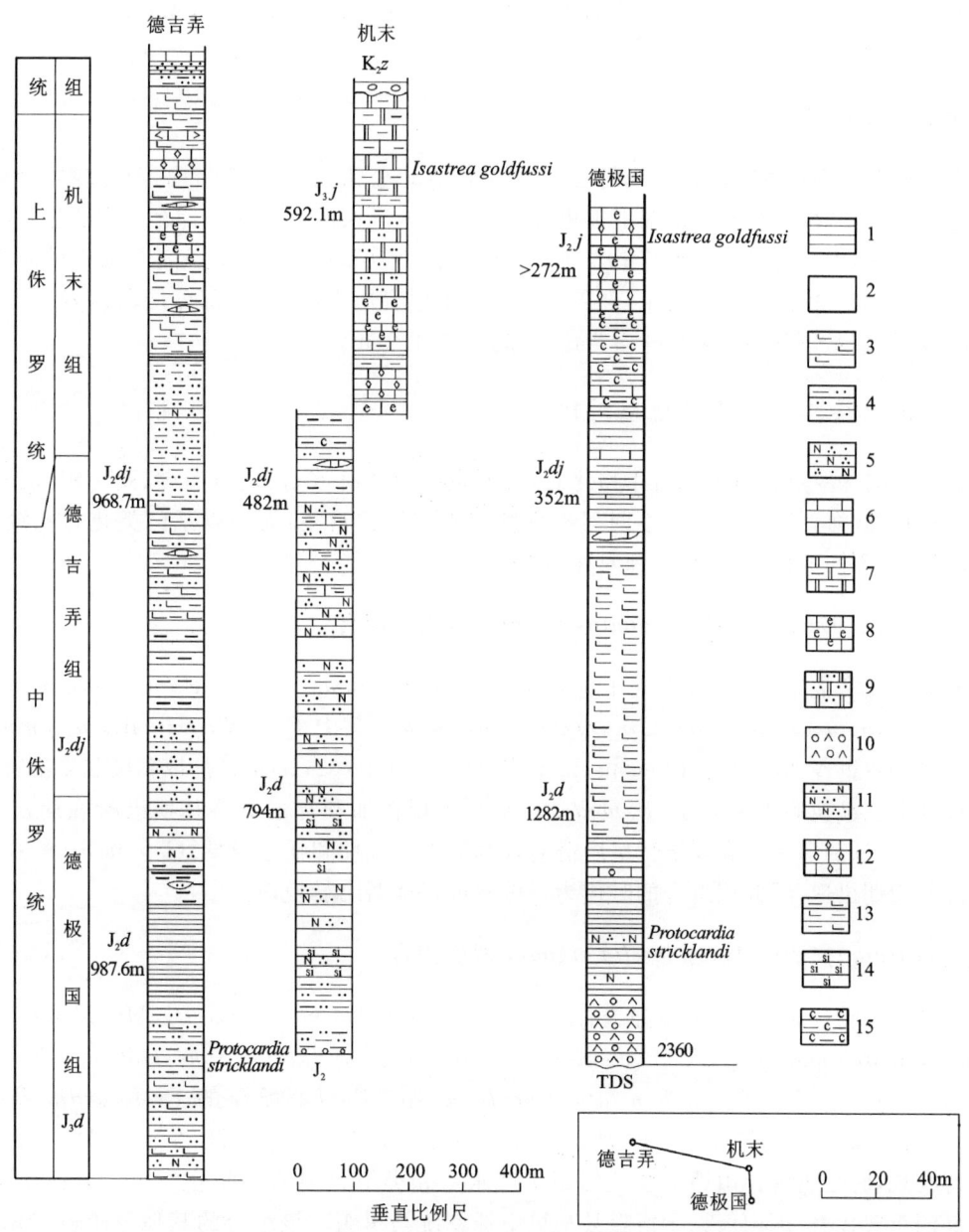

图 2-30 班公错-怒江地层区丁青一带中上侏罗统柱状对比图

1. 页岩；2. 泥岩；3. 钙质粉砂岩；4. 泥质粉砂岩；5. 长石石英砂岩；6. 灰岩；7. 泥质白云岩；8. 生物碎屑灰岩；9. 砂质白云岩；10. 超基性岩砾岩；11. 岩屑长石石英砂岩；12. 结晶灰岩；13. 钙质泥岩；14. 硅质岩；15. 炭质泥岩

色薄层细粒长石石英砂岩及灰色薄层状、条带状、团块状、透镜状微晶灰岩、生物灰岩、生物碎屑灰岩及礁灰岩大滑块。厚 968.75m。横向变化不大(图 2-30)。

本组为一套浅海陆棚至陆棚边缘碳酸盐岩、陆源碎屑沉积。

4. 机末组(J_3j)

为整合在德吉弄组之上的一套灰岩、白云岩。下部岩性为深灰色薄层状—厚层状泥(微)晶灰岩、生屑灰岩、核形石灰岩、亮晶砂屑灰岩夹少量灰色泥(页)岩；上部岩性为灰黄色厚层含粉砂微晶白云岩、页片状泥质泥晶白云岩。厚 592.1m。

本组在机末剖面产石珊瑚 *Isastrea goldfussi* (Kody), *Thamnasteria confluens* Quenstedt, *Montlivaltia* sp., *Actinastrea crassoramosa* (Michelin)；千孔虫 *Subaxopora xizangensis* Deng；双壳类

Caetegeruillia? sp.。在协雄乡勒寿弄产石珊瑚 *Isastrea goldfussi*（Kody），*Actinastrea crassoramosa*（Michelin）及层孔虫化石。

5. 木嘎岗日群（JM）

该群正层型在改则县木嘎岗日主峰附近，主要分布在班公错-怒江结合带内，与蛇绿岩套紧密共生，为一套复理石建造，区域上东西向延绵上千里（1里=500米），横向上岩性组合有一定变化，本区木嘎岗日群为其东延末端，为一套浅变质细碎屑岩系。主要岩性为以深灰—灰黑色含泥钙质粉砂质板岩、粉砂质泥质板岩、含泥细—粉砂质板岩为主，夹灰—灰黑色中层变质石英砂岩，部分层段砂岩增多形成砂岩与板岩互层或局部砂岩夹板岩，未见化石产出。厚约3544.91m。

（三）生物地层划分及年代地层对比

丁青地层区的侏罗系含有大量古生物化石，主要生物门类有放射虫、石珊瑚、刺毛螅、层孔虫、千孔虫、双壳类、腹足类、海百合等。由于不同门类分别在不同层位富集，无法以某门类化石系统划分生物带，这里暂建4个不同的化石组合，以便对比、讨论。

1. *Praeconocaryomma media* -*Canutus izeensis* 放射虫组合

该组合见于亚宗混杂岩中，主要分子包括 *Praeconocaryomma media*，*P.* aff. *magnimamma*，*Canutus izeensis*，*Bagotum modesttum*，*Canuptum rugosum* 等。其中 *P. media*，*P.* aff. *magnimamma* 是加利福尼亚早侏罗世普林斯巴赫（Pliensbachian）期的主要分子，*C. izeensis* 是俄勒岗和夏洛特皇后群岛早侏罗世普林斯巴赫期的主要分子，*B. modesttum* 只出现在加利福尼亚普林斯巴赫晚期，*C. rugosum* 曾出现于土耳其、加利福尼亚和夏洛特皇后群岛普林斯巴赫晚期和托尔早期，*C. anulatum* 在加利福尼亚普林斯巴赫晚期出现，因此该组合的时代为早侏罗世普林斯巴赫晚期。

2. *Protocardia lycetti* -*Myophorella signata* 双壳组合

该组合分布于德极国组中，主要分子有 *Protocardia stricklandi*，*P. lycetti*，*Myophorella signata*，*M. maliensis*，*Astarte maliensis*，*A.* cf. *elegans*，*Ceratomyopsis nudulata*，*Sphaeriola oolithica*，*Palaeonucula* cf. *cuneifomis*，*Certcomya punctata*，*Cucullaea* sp. 等，以心蛤科的 *Protocardia* 及三角蛤科 *Myophorella* 的大量繁育为特征。其中 *P. lycetti* 不仅在欧洲广泛分布，而且在雁石坪群下部和云南和平乡组也有发现，它是唐古拉山地区雀莫错组半咸水双壳类组合中的重要分子；*M. signata* 是欧洲中侏罗统下部的重要代表，国内仅见于洛隆县马里中侏罗统马里组。该组合的其他分子也多见于西欧巴柔阶—巴通阶和洛隆的马里组。因此，本组合与洛隆马里的马里组 *Protocardia stricklandi* -*Myophorella signata* 组合（史晓颖、童金南，1985）层位一致，大致为中、下巴柔阶。

3. *Epistreptophyllum* cf. *duncani* 石珊瑚组合

该组合分布于德吉弄组中，主要成员有 *Epistreptophyllum* cf. *duncani*，*Trocharea* sp.，*Montlivaltia* sp.，*Thecosmilia* cf. *costata*，*T.* cf. *virgulina*，*Stylosmilia catenula*，*Thamnasteria* sp.，*Actinastrea* sp. 等，其中 *E.* cf. *duncani* 与索县南中侏罗统所产标本（廖卫华，1982）相同，并与其巴通期腕足类 B-H 动物群共生。*Trocharea* sp. 及 *Thecosmilia* cf. *costata* 与班戈县色哇区中侏罗统莎巧木组所产标本相同，*Stylosmilia catenula* 原产于安多县中侏罗统雁石坪群。本组总体面貌与青藏地区中侏罗世石珊瑚动物群面貌一致。

4. *Isastrea goldfussi* 石珊瑚组合

该组合分布于机末组中，主要分子有 *Isastrea goldfussi*，*Thamnasteria confluens*，*Actinastrea crassoramasa*，*Montlivaltia* sp. 等。其中 *I. goldfussi* 是晚侏罗世的重要分子，见于欧、亚上侏罗统牛

津阶至提塘阶,在藏南聂拉木休莫组、定日西山上侏罗统也有产出。*A. crassoramasa* 欧洲出现于晚侏罗世提塘期,在藏南聂拉木产于上侏罗统休莫组。因此,本组合的时代应为晚侏罗世。

三、古近系

本区古近系发育欠佳,仅分布于丁青县周围一带,面积约 $10km^2$,为始新统宗白组,由 1:20 万丁青县幅、洛隆县幅命名。

(一)剖面描述

丁青县协雄乡宗桑国古近系始新统宗白组剖面如图 2-31 所示。剖面位于协雄乡东 2km 卸曲沟口,露头良好,底界清楚,化石丰富,为宗白组代表性剖面。

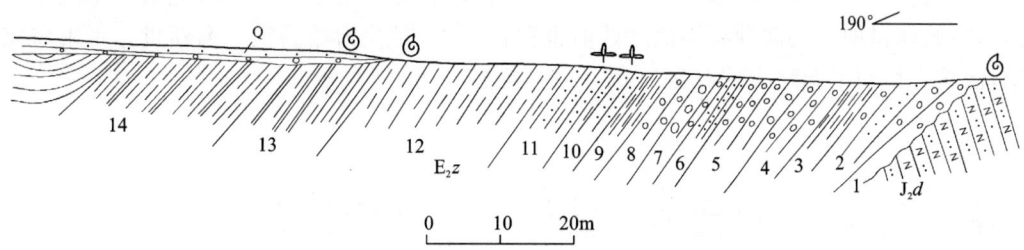

图 2-31 丁青县协雄乡宗桑国始新统宗白组剖面图

古近系宗白组（E_2z） （未见顶） 厚度＞**294.19m**

14. 灰黄色粉砂质泥岩夹黑色页岩、油页岩 　　　　　　　　　　　　　　　　＞60.87m
13. 黑色页岩 　　　　　　　　　　　　　　　　　　　　　　　　　　　　　　33.55m
　　腹足类：*Pingiella dengqenensis* Yu
　　　　　　Planorbarius sp.
　　　　　　Gyraulus sp.
　　孢粉化石
12. 黄色泥岩。含植物化石碎片及孢粉化石 　　　　　　　　　　　　　　　　　29.08m
11. 黄色厚层状中细粒长石石英砂岩夹灰色粉砂质泥岩 　　　　　　　　　　　　19.81m
　　植物：*Equiselum* sp.
　　　　　Salix sp.
10. 灰色粉砂质泥岩 　　　　　　　　　　　　　　　　　　　　　　　　　　　8.08m
　　植物：*Equiselum* sp.
9. 灰色粘土岩 　　　　　　　　　　　　　　　　　　　　　　　　　　　　　10.08m
8. 灰白色厚层状细砾岩 　　　　　　　　　　　　　　　　　　　　　　　　　14.42m
7. 黄褐色厚层状细砾岩 　　　　　　　　　　　　　　　　　　　　　　　　　10.68m
6. 灰色粉砂岩夹条带状含砾石英砂岩 　　　　　　　　　　　　　　　　　　　4.52m
5. 灰色、灰白色厚层状细砾岩 　　　　　　　　　　　　　　　　　　　　　　8.05m
4. 灰黄色厚层状细砾岩 　　　　　　　　　　　　　　　　　　　　　　　　　16.26m
3. 暗紫色铁质泥岩 　　　　　　　　　　　　　　　　　　　　　　　　　　　13.55m
2. 灰黄色中厚层状细砾岩夹灰白色细粒石英砂岩 　　　　　　　　　　　　　　36.06m
1. 姜黄色厚层状细粒长石砂岩,底部含砾 　　　　　　　　　　　　　　　　　　8.46m

～～～～～～～～～角度不整合～～～～～～～～～

下伏地层：中侏罗统德极国组（J_2d）　灰白色（风化面浅紫红色）细粒石英砂岩

(二)岩石地层特征及年代地层对比

宗白组（E_2z）是不整合于上白垩统、中侏罗统及丁青蛇绿岩套之上的一套灰色碎屑岩夹油页岩。

其下部为灰色、灰黄色、灰褐色厚层状细砾岩、石英砂岩、长石砂岩,上部为灰色粘土岩、泥岩、黑色页岩夹灰黄色中细粒长石石英砂岩、粉砂岩及油页岩,为一套向上变细的湖相沉积。厚度大于294.19m。

该组在觉恩乡八达不整合于上白垩统八达组之上,在丁青县城附近不整合于丁青蛇绿岩套、下侏罗统亚宗混杂岩、中侏罗统德极国组及上白垩统竞柱山组之上,岩性横向变化不明显。

该组除在剖面上所产腹足、植物、孢粉化石外,在热昌产腹足类 *Planorbarius subdiscus* Yu et Pan,*Pingiella dengqenensis* Yu,*Gyraulus* sp.,在觉恩、八达产植物 *Equiselum* sp.。此外,中国科学院青藏高原科考队(1976)曾在宗白附近采有腹足类 *Viviparus* sp.,*Lymnaea* sp.,*Pingiella dengqenensis* Pan,*Gyraulus* sp.,*Planorbarius* sp.,*Amnicola* sp.,*Pseudamnicola* sp.,*Physa* sp.;腹足类动物口盖 *Spiroconcentrictype* cf. *operculum*;介形虫 *Stenocypris* sp.,*Cyprois* sp.,*Eucypris* sp.;昆虫 *Erotylidae incertae* Sedis。

宗白组所产腹足类 *Planorbarius subdiscus*,原发现于河北涿县始新统。*Pingiella dengqenensis* 与河北涿县晚始新世所产 *Pingiella incerta* Yu et Pan 比较相似。余汶(1982)研究宗白组腹足类时认为它们虽然与晚始新世的一些属种有类似之处但也存在区别,时代为始新世—渐新世。本书将宗白组归于始新统,区域上可与牛堡组大致对比。

第五节　冈底斯-腾冲地层区

该地层区广布于班公错-怒江结合带以南,测区隶属于该地层区之班戈-八宿地层分区,面积8000余平方千米。分布有前石炭系嘉玉桥岩群,石炭系—二叠系苏如卡岩组,上三叠统确哈拉群、孟阿雄群,中侏罗统希湖组、拉贡塘组,白垩系多尼组、竞柱山组、八达组。

一、前石炭系

前石炭系分布于图幅东南隅洛隆县新荣乡主固意、孟达、宋洼一带,面积200km²±。该岩系北部和西部被希湖组不整合覆盖,西南侧被断层断失,向东、向南延出测区,内部由于苏如卡岩片及岩体侵入而出露不全。

(一)剖面描述

1. 洛隆县新荣乡孟达北-主固意前石炭系嘉玉桥岩群剖面

剖面(图2-32)位于洛隆县新荣乡,南侧与希湖组断层接触,北端终于主固意向形,未见顶底。为区内嘉玉桥岩群代表性剖面。

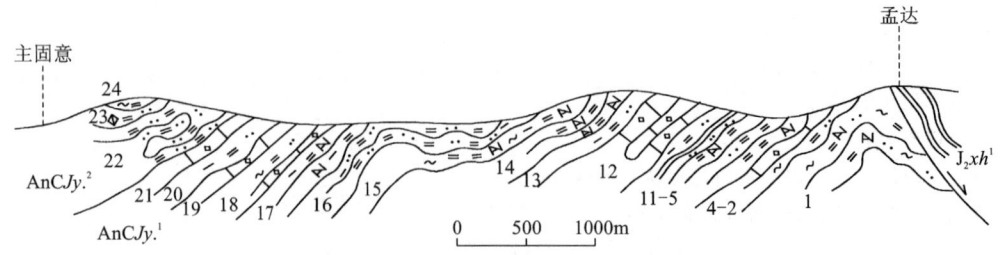

图2-32　洛隆县新荣乡孟达北-主固意前石炭系嘉玉桥岩群剖面图

嘉玉桥岩群(AnCJy)　　　　　　　　　　　　　　(未见顶)

二岩组(AnCJy²)　　　　　　　　　　　　　　　　　　　　　　　　厚度＞304.10m

24. 浅灰绿色绿泥白云石石英片岩　　　　　　　　　　　　　　　　　　＞10.85m

23. 灰白色白云石英白云质片岩	32.58m
22. 灰白色白云石英片岩夹黑云石英片岩	260.67m

———————— 整合 ————————

一岩组（AnCJy.¹） 厚度＞2297.87m

21. 白色中厚层状细晶灰岩	86.80m
20. 灰色黑云白云石英片岩	27.56m
19. 灰白色中厚层状细晶灰岩	12.95m
18. 浅灰绿色绿泥白云石英片岩夹灰色中薄层状细晶灰岩	224.21m
17. 灰白色二云钠长片岩	225.70m
16. 灰白色白云石英片岩	609.23m
15. 浅灰绿色绿泥二云钠长片岩	52.42m
14. 浅灰色白云钠长片岩	225.96m
13. 灰白色黑云白云石英片岩	56.30m
12. 灰色细晶灰岩	261.41m
11. 灰白色黑云白云石英片岩	27.94m
10. 灰色石英岩	5.50m
9. 灰白色黑云白云石英片岩	57.50m
8. 灰色黑云白云钠长片岩	51.20m
7. 灰白色黑云白云石英片岩	18.85m
6. 灰色黑云白云钠长片岩	52.07m
5. 灰白色黑云白云石英片岩	52.20m
4. 灰色细晶含白云质灰岩	6.00m
3. 灰色砂质细晶灰岩	35.84m
2. 浅灰绿色绿泥白云石英片岩	73.58m
1. 灰绿色绿泥白云钠长石英片岩夹薄层细晶灰岩	＞134.00m

（未见底）

2. 洛隆县新荣乡熊的奴嘉玉桥岩群路线剖面

该剖面（图2-33）位于洛隆县新荣乡熊的奴，只出露二岩组，表现为以片理为"层面"的单斜构造，西侧被断裂断失未见顶，东侧被岩体吞噬未见底，为嘉玉桥岩群辅助剖面。

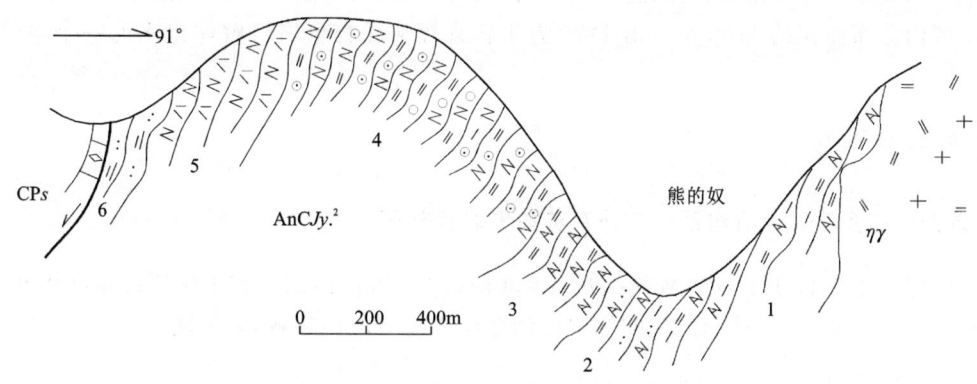

图2-33 洛隆县新荣乡格里卡-熊的奴前石炭系嘉玉桥岩群路线剖面图

嘉玉桥岩群二岩组（AnCJy.²） （未见顶） 厚度＞1898.00m

6. 灰色绢云石英片岩	＞160.20m
5. 灰绿色斜长角闪片岩	320.50m
4. 灰白色变斑状石榴白云钠长片岩	560.00m
3. 灰色白云钠长片岩（变晶糜棱岩）	227.30m

2. 深灰色含石英碎斑白云钠长石英片岩(变晶糜棱岩)	157.00m
1. 灰色含石英碎斑黑云白云斜长片岩(变晶糜棱岩)	>473.00m

(未见底)

(二)原岩建造及层序

一岩组以浅灰绿色绿泥白云石英片岩、灰色黑云白云钠长片岩、浅灰色黑云白云石英片岩、灰色细晶灰岩为主,夹砂质细晶灰岩、细晶白云质灰岩、石英岩等。原岩结构构造未见保留,原岩恢复为石英砂岩、杂砂岩、泥质岩石、灰岩及少量中酸性火山岩。该岩组与二岩组组成了复式向形构造,整合接触,一岩组为向形的两翼,最大厚度(参考)在新荣乡主固意大于2297.87m。

二岩组以浅灰色白云钠长片岩、含石英碎斑黑云白云斜长片岩、含石榴白云钠长片岩为主,夹绢云石英片岩、斜长角闪片岩、含石英碎斑白云钠长石英片岩、二云钠长片岩、白云石英片岩、变石英砂岩等。恢复原岩为石英砂岩、杂砂岩、泥质岩石、中酸性火山岩夹基性火山岩及花岗岩等。该岩组在空瓦构成向形的核心,最大参考厚度在熊的奴大于1989.00m。

嘉玉桥岩群经受了多期强烈变质、变形作用的改造,原始层理已无残留,由于动力变质作用的强烈改造,现存片理为多期构造作用置换的产物,地层已成为层状无序的构造-岩层单位。

(三)时代探讨

嘉玉桥岩群之上被有古生物依据的中侏罗统希湖组角度不整合超覆;虽未见到石炭系—二叠系苏如卡岩组直接角度不整合其上,但在该组含砾板岩中发现有细晶灰岩、片岩等嘉玉桥岩群的砾石。且两者变质程度、变质作用类型、岩石类型均有明显的差别。嘉玉桥岩群的时代应早于苏卡如岩组。

1:20万丁青县幅在嘉玉桥岩群二岩组片岩中获全岩Rb-Sr等时线年龄248±8Ma;据1:20万洛隆县幅在与嘉玉桥岩群相当的岩石中获得Rb-Sr全岩等时线年龄317±41Ma的数据。嘉玉桥岩群原岩的变质时代应为华力西中期,原岩时代则应早于石炭纪。

综上所述,本书把嘉玉桥岩群的时代置于前石炭纪,大致与吉塘岩群时代相当或稍晚。

二、石炭系—二叠系

石炭系—二叠系分布于洛隆县打龙乡卡龙—瓦夫弄、丁青县桑多苏如卡—崩迟卡、觉恩乡扎列—觉仲娃等地。区内分布面积约110km²。由1:20万丁青县幅从原吉塘岩群解体出来的一个单位,命名苏如卡岩组。

(一)剖面描述

1. 丁青县桑多乡苏如卡石炭系—二叠系苏如卡岩组剖面

剖面(图2-34)起点位于丁青县桑多乡苏如卡北西约2400m处,周围被中侏罗统希湖组和上白垩统竟柱山组角度不整合覆盖,中间与怒江蛇绿岩中的变质橄榄岩断层接触,未见底。

怒江蛇绿岩

═══════════ 断层 ═══════════

苏如卡岩组(CPs)	**厚度>1103.26m**
13. 黑色绢云母砂质板岩	36.40m
12. 灰色厚层状中晶灰岩夹黑色绢云母板岩。中晶灰岩中含孢粉化石	50.96m
孢粉:*Leiotriletes* sp.	
Punctatisporites sp.	

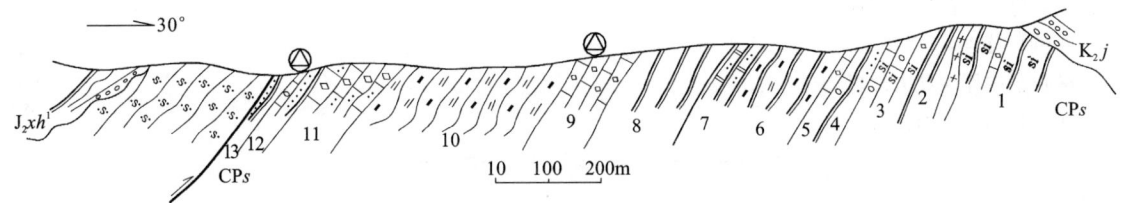

图 2-34　丁青县桑多乡苏如卡北西石炭系—二叠系苏如卡岩组剖面图

  Florinites sp.
  Leerigatosporites minutus(W. et C.)S. W. et B.
  Granulatisporites sp.

11. 灰色中厚层状含石英细晶灰岩	87.10m
10. 灰黑色含炭绢云千枚岩	234.85m
9. 灰—灰白色厚层状细晶灰岩	89.40m

 孢粉:*Calamospora* sp.
   Punctatisporites sp.
   Cyclogranisporites sp.
   Verrucosisporites sp.
   Apiculatisporites sp.
   Leiotriletes sp.

8. 灰黑色硅质板岩	143.28m
7. 灰—灰白色厚层状条带状含石英大理岩	47.60m
6. 灰黑色含炭质板岩	142.80m
5. 灰白色中厚层状中晶灰岩	32.75m
4. 灰黑色粉砂质板岩	44.05m
3. 灰色中层状含硅质中晶灰岩	79.60m
2. 灰色硅质岩夹黑色绢云母板岩	42.20m
1. 灰色含铁硅质板岩夹灰色中层中晶灰岩	>72.27m

(未见底)

2. 丁青县觉恩乡扎列石炭系—二叠系苏如卡岩组剖面

剖面(图 2-35)位于丁青县觉恩乡扎列。南、北两侧分别与上三叠统确哈拉群和上白垩统竞柱山组断层接触,剖面上部分地段分布有怒江蛇绿岩的成员(糜棱岩化辉长岩)。为该岩组的辅助剖面。

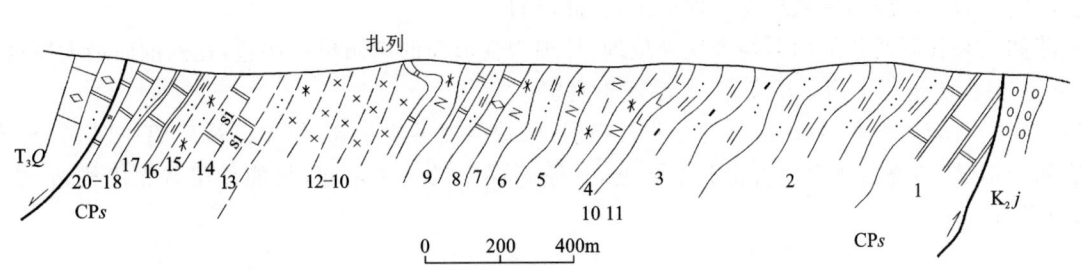

图 2-35　丁青县觉恩乡扎列石炭系—二叠系苏如卡岩组剖面图

上三叠统确哈拉群(T_3Q)

════════ 断层 ════════

苏如卡岩组(CPs)	**厚度>1546.3m**
20. 土黄色白云质硅质岩	45.50m

19. 深灰色中—薄层状大理岩	51.00m
18. 灰色石英岩	34.30m
17. 深灰色中厚层状大理岩	130.40m
16. 深灰色绢云母石英岩	8.70m

========== 断层 ==========

糜棱岩化辉长岩

========== 断层 ==========

15. 深灰绿色阳起石英片岩	14.10m
14. 灰色中薄层糜棱岩化白云质硅质岩夹灰色绢云石英片岩	131.20m

========== 断层 ==========

灰绿色糜棱岩化辉长岩

========== 断层 ==========

13. 灰色绢云石英片岩夹深灰色钙质石英岩	26.20m

========== 断层 ==========

灰绿色糜棱岩化辉长岩

========== 断层 ==========

12. 灰黑色薄板状石英大理岩	4.80m
11. 灰绿色斜长阳起片岩	18.40m
10. 灰绿色黑云斜长阳起片岩	58.40m
9. 灰色绢云石英片岩夹灰黑色薄层大理岩	84.80m
8. 灰色中薄层状粉砂质白云石大理岩	46.4m
7. 灰色黑云斜长阳起片岩	72.9m
6. 灰色绢云石英片岩夹灰色薄层大理岩	48.4m
5. 灰绿色黑云斜长阳起片岩	266.7m
4. 灰色变基性熔岩	8.0m
3. 灰黑色炭质绢云石英片岩	183.9m
2. 灰色绢云石英片岩	180.8m
1. 灰色中薄层状大理岩	>131.4m

========== 断层 ==========

上白垩统竞柱山组(K_2j)　紫红色砂砾岩

(二) 原岩建造及层序

扎列剖面岩石类型以绢云石英片岩、大理岩、黑云斜长阳起片岩为主,夹石英岩、硅质岩、白云大理岩等;苏如卡剖面以硅质板岩、炭质板岩、千枚岩、结晶灰岩为主夹大理岩。原岩残余结构构造明显,原岩为含砂泥质岩、石英砂岩、灰岩夹基性火山岩、硅质岩。

在苏如卡和扎列两条剖面上均表现为板理、片理为变形面的南倾单斜构造,扎列剖面最大厚度大于1546.3m。但由于地层中褶叠层发育,其厚度不真实。

该岩组岩石变质程度不深,但其变形非常强烈,原始层理虽能见到,但多已被后期片理 S_1、S_2 改造。由于层间小褶皱、褶叠层及糜棱岩化非常普遍,其原始层序已无法重建,只能作层状无序构造-岩层单位,称为岩组。

(三) 时代探讨

苏如卡岩组被中侏罗统希湖组角度不整合覆盖,同上三叠统确哈拉群呈断层接触,而其变质程度明显高于希湖组及确哈拉群。在变质作用类型及变质程度上该岩组与嘉玉桥岩群有明显区别,前者为区域低温动力变质,划为绢云母—黑云母变质带;后者为区域动热变质作用类型,属黑云母—铁铝榴石变质级。苏如卡岩组被老于早中侏罗世的花岗岩岩体侵入。苏如卡岩组含砾板岩中有嘉玉桥岩群结晶灰岩、片岩的砾石,说明其时代晚于嘉玉桥岩群而早于希湖组。

在苏如卡剖面细晶灰岩中发现有孢子,据中国地质科学院高联达鉴定为 *Leiotriletes* sp., *Punctatisporites* sp., *Florinites* sp., *Leevigatosporites minutus* (W. et C.) S. W. et B., *Granlatisporites* sp.,属早二叠世。

由于嘉玉桥岩群的时代已置于前石炭纪,故本书把苏如卡岩组的时代置于石炭纪—二叠纪。

三、三叠系

三叠系在该地层区内出露较为局限。大致可划分为两个带,呈北西西向狭长分布,北带为确哈拉群,分布于尺牍—色扎—丁青县城—觉恩一线以南,可分为上、下两个组;南带为孟阿雄群,分布于丁青洛河、觉吉两地。两带为同时异相产物,均产晚三叠世古生物化石。

(一)剖面描述

1. 确哈拉群(T_3Q)

1)丁青县协雄乡贡吹弄上三叠统确哈拉群剖面

剖面(图 2-36)位于协雄乡下拉村额弄,确哈拉群顶底均被断失,底部与中侏罗统希湖组断层接触,顶部与上白垩统竞柱山组断层接触。

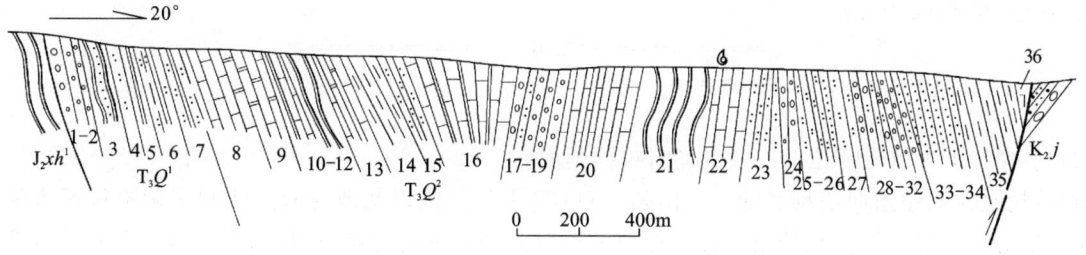

图 2-36 丁青县协雄乡贡吹弄上三叠统确哈拉群剖面图

上白垩统竞柱山组(K_2j)　　砾岩

============ 断层 ============

上三叠统确哈拉群二组(T_3Q^2)　　　　　　　　　　　　　　　　　　　　　　　　　　厚度 2542.2m

36. 灰绿色、灰黑色杏仁状玄武岩	27.8m
35. 灰黑色含钙质泥岩夹灰黑色透镜状微晶灰岩,含饼状炭泥质结核、黄铁矿晶粒。产孢粉化石	117.00m
34. 灰黑色粉砂岩与灰色薄层状细粒石英砂岩互层	134.55m
33. 灰白色中厚层状粗粒岩屑石英砂岩	90.10m
32. 灰白色硅质砾岩与灰白色含砾不等粒石英砂岩互层	4.51m
31. 深灰色粉砂岩、细粒岩屑石英砂岩,局部含细砾	9.82m
30. 灰白色复成分砾岩	1.93m
29. 灰白色厚层状含砾石英砂岩	12.50m
28. 灰白色中厚层状中粗粒石英砂岩	45.50m
27. 灰色石英粉砂岩夹薄层细粒石英砂岩	70.20m
26. 灰白色厚层状石英岩状砂岩	4.66m
25. 灰色变质石英粉砂岩	79.95m
24. 灰色厚层状硅质砂岩	23.60m
23. 灰白色薄层状细粒石英砂岩	113.80m
22. 深灰色厚层状微晶灰岩	119.00m
21. 黑色、灰绿色含炭质绢云板岩	246.20m
20. 灰色薄板状微晶灰岩夹黑色炭质绢云板岩	244.60m

19. 灰白色硅质砾岩	13.94m
18. 灰色石英粉砂岩夹黑色泥岩	59.30m
17. 灰黄色复成分砾岩	9.65m
16. 深灰色薄板状微晶灰岩与灰色硅质岩互层	415.90m
15. 灰色薄板状—薄层状长石粉砂岩	93.12m
14. 灰绿色钙质泥岩	128.30m
13. 深灰色硅质条带泥晶灰岩	73.54m
12. 黑色炭质绢云板岩	51.10m
11. 深灰色硅质条带泥晶灰岩	89.70m
10. 黑色含炭绢云板岩	4.54m
9. 深灰色厚层状泥晶白云质灰岩	88.90m
8. 深灰色薄层泥晶灰岩	171.45m

———————————— 整合 ————————————

上三叠统确哈拉群一组（T_3Q^1） **厚度 352.95m**

7. 灰白色薄层状细粒石英砂岩	61.50m
6. 灰色薄层状细粒石英砂岩夹灰白色硅质岩	70.65m
5. 灰色薄板状硅质岩	43.80m
4. 灰色石英粉砂岩	26.30m
3. 黑色含炭粉砂岩	89.80m
2. 灰白色硅质砾岩	56.10m
1. 灰色厚层状复成分砾岩	4.80m

———————————— 断层 ————————————

中侏罗统希湖组下段（J_2xh^1）　黑色含炭绢云板岩

2) 丁青县丁青镇确哈拉上三叠统确哈拉群剖面

确哈拉是丁青镇通向当堆乡的一个山隘。1∶100万拉萨幅以此地为起点测制了确哈拉至查隆村剖面，地层划分为上侏罗统拉贡塘组。饶荣标（1987）对此剖面进行过修改，作为上三叠统确哈拉群命名剖面（图2-37），1∶20万丁青县幅进行了修改和部分重测，该剖面之顶、底均被断失，顶部与竞柱山组断层接触，底部与希湖组断层接触。

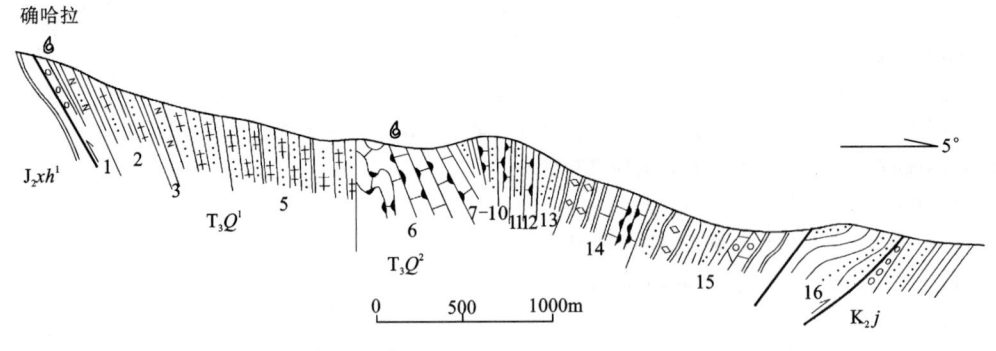

图 2-37　丁青县丁青镇确哈拉上三叠统确哈拉群剖面图

上白垩统竞柱山组（K_2j）　砾岩

———————————— 断层 ————————————

上三叠统确哈拉群二组（T_3Q^2） **厚度 2217.53m**

16. 灰黑色千枚状板岩与粉砂质板岩互层	603.78m
15. 深灰色薄板状微晶灰岩	83.05m
14. 黑色千枚状板岩与深灰色薄层状微晶灰岩互层	587.58m
13. 灰褐色薄层状细粒岩屑石英砂岩与灰色粉砂质板岩互层	147.53m
12. 深灰色中厚层状硅质条带灰岩	93.40m

11. 灰绿色蚀变玄武岩　　　　　　　　　　　　　　　　　　　　　　　　　　　　88.02m
10. 深灰色薄—中层状硅质条带或团块微晶灰岩，发育细密水平纹理　　　　　　　　58.80m
9. 灰紫色粉砂质板岩夹灰褐色薄层细粒石英砂岩　　　　　　　　　　　　　　　12.32m
8. 灰色中厚层状硅质条带或团块微晶灰岩　　　　　　　　　　　　　　　　　　21.12m
　　石珊瑚：*Thamnasteria* sp.
7. 灰色粉砂岩、灰黑色含炭质板岩　　　　　　　　　　　　　　　　　　　　　117.13m
6. 深灰色薄—中层状硅质条带灰岩　　　　　　　　　　　　　　　　　　　　　404.80m
　　石珊瑚：*Thamnasteria rectilamellosa* Winker
　　少量双壳类化石
　　　　　　　　　　　　　　　　　断层

上三叠统确哈拉群一组（T₃Q¹）　　　　　　　　　　　　　　　　　　　　　　　**厚度 1174.84m**
5. 灰黑色含炭质板岩、粉砂质板岩夹灰色薄层状细粒长石石英砂岩及灰色硅质条带灰岩透镜体　　799.29m
4. 黑色粉砂质板岩夹灰黑色中厚层状细粒长石石英砂岩　　　　　　　　　　　　40.86m
3. 灰色（风化面粉红色）钙质泥岩夹灰色薄层状硅质条带灰岩　　　　　　　　　44.36m
2. 灰色中厚层状细粒长石岩屑石英砂岩夹灰黑色粉砂质板岩　　　　　　　　　　272.37m
1. 灰色中厚层状细粒长石石英砂岩夹灰黑色板岩，底部为灰色含砾中粗粒岩屑长石石英砂岩　　17.69m
　　　　　　　　　　　　　　　　　断层

中侏罗统希湖组下段（J₂xh¹）　　黑色含炭绢云板岩

2. 孟阿雄群（T₃M）

1）洛隆县新荣乡怒江索桥上三叠统孟阿雄群剖面

剖面（图 2-38）位于新荣（通拉）乡怒江索桥附近，沿洛隆县城至新荣乡政府简易公路测制，为孟阿雄群南带的代表性剖面。底部被中侏罗统希湖组下段（J₂xh¹）不整合覆盖。

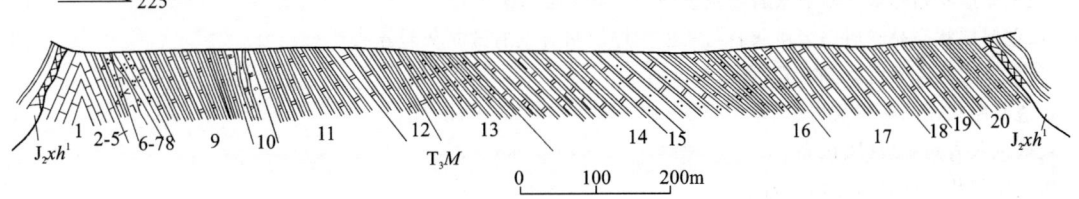

图 2-38　洛隆县新荣乡怒江索桥上三叠统孟阿雄群剖面图

上覆地层：中侏罗统希湖组下段（J₂xh¹）　　灰黑色板岩，底部为 5cm 厚褐铁矿层
　　　　　　　　　　　　　　　　　角度不整合

上三叠统孟阿雄群（T₃M）　　　　　　　　　　　　　　　　　　　　　　　　**厚度＞2607.10m**
20. 灰黑色条纹状大理岩　　　　　　　　　　　　　　　　　　　　　　　　　178.10m
19. 灰白色中厚层状白云石大理岩　　　　　　　　　　　　　　　　　　　　　61.40m
18. 灰黑色条纹状粉砂质大理岩　　　　　　　　　　　　　　　　　　　　　　71.10m
17. 灰色条纹状钙质白云石大理岩　　　　　　　　　　　　　　　　　　　　　195.00m
16. 灰白色条带状粉砂质大理岩　　　　　　　　　　　　　　　　　　　　　　278.40m
15. 灰白色透闪石大理岩　　　　　　　　　　　　　　　　　　　　　　　　　8.90m
14. 灰白色条纹状钙质白云石大理岩　　　　　　　　　　　　　　　　　　　　234.10m
13. 灰色条纹状含粉砂质大理岩　　　　　　　　　　　　　　　　　　　　　　133.80m
12. 白色中厚层状中粗晶大理岩　　　　　　　　　　　　　　　　　　　　　　166.40m
11. 灰黑色条纹状细晶大理岩　　　　　　　　　　　　　　　　　　　　　　　253.20m
10. 灰黑色变质炭质粉砂质硅质岩　　　　　　　　　　　　　　　　　　　　　60.70m
9. 灰白色含炭质条纹大理岩　　　　　　　　　　　　　　　　　　　　　　　264.80m
8. 灰色薄层状石英岩　　　　　　　　　　　　　　　　　　　　　　　　　　37.30m
7. 灰色变质粉砂岩　　　　　　　　　　　　　　　　　　　　　　　　　　　10.40m

6. 灰黑色玄武安山岩	3.30m
5. 灰色薄层状石英岩	35.00m
4. 灰黑色玄武安山岩	4.40m
3. 灰黑色黑云绢云石英片岩	7.80m
2. 灰白色中厚层状微晶灰岩	55.00m
1. 灰白色条纹状粉砂质微晶灰岩	>8.00m

（未见底）

2）丁青县觉恩乡学果拉上三叠统孟阿雄群剖面

剖面（图2-39）位于觉恩乡学果拉西1000m，为区内北带孟阿雄群的代表性剖面。

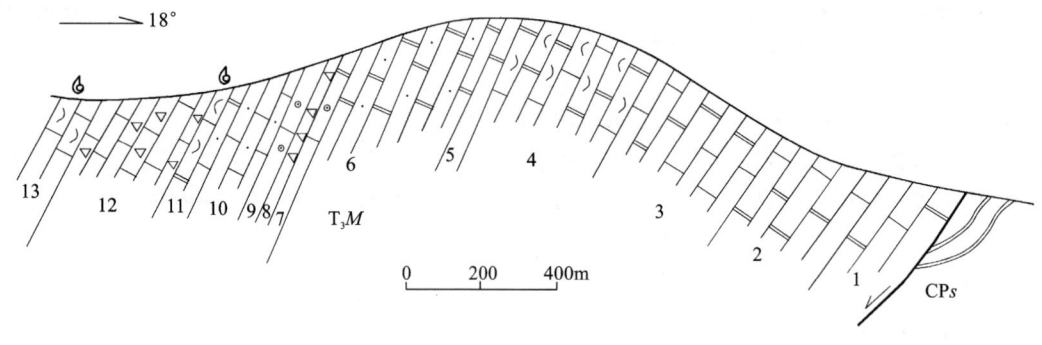

图2-39 丁青县觉恩乡学果拉上三叠统孟阿雄群剖面图

上三叠统孟阿雄群（T_3M） （未见顶） 厚度>1253.54m

13. 灰色厚层状含生屑微晶灰岩	>35.50m
石珊瑚：*Thecosmilia* sp.	
12. 灰色厚层状角砾状含砂屑灰岩与灰色中薄层状微晶灰岩互层	138.95m
11. 灰色厚层状亮晶砂屑白云质灰岩与灰色中厚层状含生屑微晶灰岩互层	83.10m
10. 灰色厚层状含砂屑微晶灰岩，含少量砂屑	70.95m
9. 灰色厚层状泥晶鲕粒灰岩	13.20m
8. 灰褐色灰岩角砾岩（风化壳）	25.60m
7. 灰色厚层状含砾屑粉晶白云岩	36.20m
6. 灰色厚层状亮晶砂屑白云岩与灰色中薄层、条纹状含粉屑微晶白云岩	173.30m
5. 灰色厚层状微晶白云岩	30.20m
4. 灰色厚层状含生屑细晶灰岩与灰黄色粉晶白云岩互层	197.22m
3. 灰色薄层状、条带状粉晶白云岩夹深灰色厚层状细晶白云岩	194.17m
2. 灰色厚层状含生物屑细晶白云岩夹灰黄色薄层状粉晶白云岩	143.55m
1. 灰色厚层状生屑白云质灰岩	111.60m

================ 断层 ================

石炭系—二叠系苏如卡岩组（CPs） 绢云石英片岩

（二）岩石地层特征

1. 确哈拉群（T_3Q）

饶荣标等（1987）以丁青镇确哈拉剖面为基础创建确哈拉群，《西藏自治区区域地质志》、《西藏自治区岩石地层》均沿用了此单位名称。本书将其分为两个组。

确哈拉群一组（T_3Q^1）：分布在拉庆拉、确哈拉、娃拉、贡吹弄一带，主要岩性为黑色含炭粉砂岩或粉砂质板岩、灰色板状硅质岩、灰色变质薄层状细粒岩屑长石石英砂岩，夹少量灰色硅质条带灰岩，下部常见灰色厚层状硅质砾岩、复成分砾岩，底部断失，与希湖组断层接触（图2-40），厚度为353～1175m。

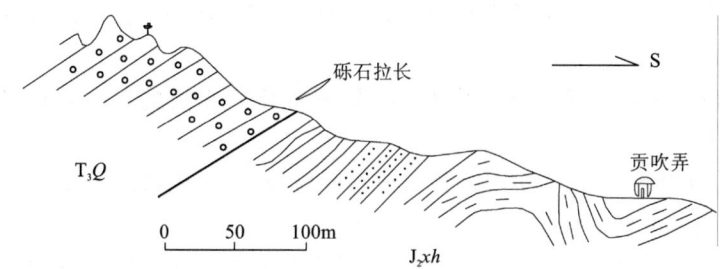

图 2-40 确哈拉群与希湖组断层接触关系

确哈拉群二组（T_3Q^2）：带状分布于昌黑公路两侧,色扎以西受断层切割尖灭,向东延入1:25万昌都县幅。下部以深灰色薄—中层状硅质条带灰岩为主,夹灰黑色含炭绢云板岩;上部为深灰色中厚层状硅质条带灰岩与灰色粉砂岩、薄层细—中粒岩屑石英砂岩、复成分砾岩交互出现,上部夹灰绿色、黑色玄武岩。总体特征是灰岩向上减少,碎屑岩向上增多并变厚、变粗。与一组整合过渡,顶部断失,厚度为2217.5~2545.2m。

二组除在确哈拉剖面产石珊瑚 *Thamnasteria rectilamellosa* Winker 以外,李璞等(1959)曾在娃拉附近采到双壳类 *Myophria elegans*(Dunker), *Moerakia burmensis*, *Nuculana* sp., 石珊瑚 *Stylosmilia tibetanus* Lee, *Isastraea* sp., *Thamnasteria rectilamellosa* Winkler。1:100万拉萨幅(1979)在沙贡乡加莫通南采获海燕蛤 Halobiidae 科双壳碎片。

2. 孟阿雄群（T_3M）

该群系1:20万洛隆县幅创名,命名剖面在八宿县郭庆乡孟阿雄。命名者认为它是"一套特殊类型的沉积"。该群在区内出露在南、北两条带里。北带为觉恩乡、桑多乡交界处的学果拉、多伦、觉吉等地,出露面积小于30km²,呈楔状断块。主要岩性为灰色厚层状砂屑白云岩、泥—细晶白云岩、微晶灰岩等,含石珊瑚 *Thecosmilia* sp.,厚度大于1253.5m。南带东起洛隆县打拢乡扎阿龙,经新荣乡,西至洛河乡,构成洛河-新荣背斜的核部,岩性以大理岩为主,可能是受隐伏岩体影响,西部变质程度较深,由细—粗晶大理岩、白云石大理岩、粉砂质大理岩、透闪石大理岩组成,夹变质粉砂岩、石英岩及玄武安山岩;扎阿龙以东渐变为灰岩、白云岩夹粉砂岩。1:20万洛隆县幅将该群分为下组红色层和上组灰色层,从岩性对比来看,测区只发育孟阿雄群上组。

（三）基本层序特征

1. 确哈拉群一组

确哈拉群一组主要由一套碎屑岩组成,其基本层序类型有4种。
(1) 基本层序Ⅰ:为灰白色硅质砾岩或厚层状复成分砾岩组成单一基本层序,发育于本组底部。
(2) 基本层序Ⅱ:由灰色薄层状细粒石英砂岩(a)与灰白色硅质岩(b)组成基本层序,石英砂岩和硅质岩亦可各自形成单一岩性的基本层序。
(3) 基本层序Ⅲ:灰色中厚层状细粒岩屑长石石英砂岩(a)与灰黑色粉砂质板岩(b)组成基本层序,一般下部单元(a)厚度大于上部单元(b)。
(4) 基本层序Ⅳ:灰黑色粉砂质板岩(a)与含炭质板岩(b)组成基本层序,有时下部见细粒岩屑砂岩,上部见硅质条带灰岩透镜体。

2. 确哈拉群二组

岩性较为复杂,总体上由碎屑岩类和碳酸盐类岩石组成。据沉积环境及水深不同可分为如下5种基本层序类型。

(1) 基本层序Ⅰ：灰白色厚层状复成分粗砾岩，受变形作用改造，砾石已被压扁拉长呈竹叶状。为滨岸沉积环境形成。

(2) 基本层序Ⅱ：灰、灰白色薄—厚层状细—粗粒石英砂岩组成的单一岩性基本层序，局部含砾。为临滨—后滨环境沉积。

(3) 基本层序Ⅲ：由炭质板岩、含炭绢云板岩或粉砂质板岩、千枚状板岩互层组成基本层序，代表细碎屑岩的基本层序类型。可能为泥坪环境。

(4) 基本层序Ⅳ：灰—深灰色薄—中层状硅质条带微晶灰岩，有的发育细密水平纹理。为碳酸盐岩潮坪相沉积。

(5) 基本层序Ⅴ：深灰色厚层状微晶灰岩或深灰色薄板状微晶灰岩或灰色硅质岩互层组成的基本层序。反映了碳酸盐岩台地加积—高水位体域沉积。

3. 孟阿雄群

根据学果拉剖面可将孟阿雄群划分为5种基本层序类型（图2-41）。

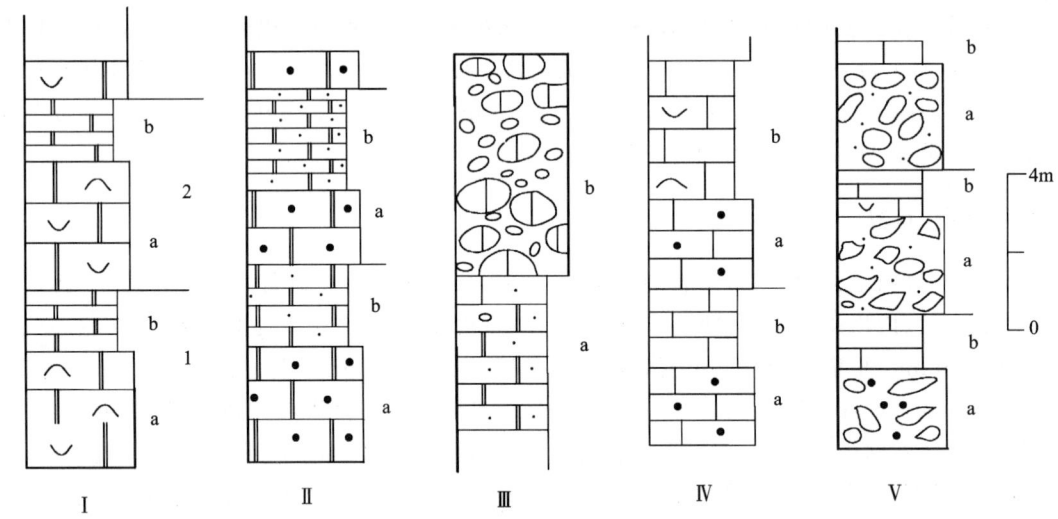

图2-41 孟阿雄群基本层序（学果拉剖面）

(1) 基本层序Ⅰ：由灰色厚层状含生屑细晶白云岩(a)与灰黄色薄层条带状粉晶白云岩(b)组成韵律层，基本层序厚4m，a:b为2:1～3:1。主要发育在该群下部，为碳酸盐岩台地—潮坪沉积。

(2) 基本层序Ⅱ：由灰色厚层状亮晶砂屑白云岩(a)和灰色薄层条带状粉屑泥晶白云岩(b)组成基本层序。前者向上变薄，后者向上增厚，基本层序厚约5m。在本群下部发育，为碳酸盐岩台地—潮坪相高水位体域沉积。

(3) 基本层序Ⅲ：由灰色薄层状含砾屑粉屑白云岩(a)和灰褐色铁质胶结灰岩底砾岩(b)组成基本层序，前者向上砾屑增多、增大，a与b砾石为内源砾石，代表暴露面岩溶堆积或风化壳。

(4) 基本层序Ⅳ：由灰色厚层状亮晶砂屑白云质灰岩(a)与灰色中薄层含生物碎屑微晶灰岩(b)组成基本层序，厚4～6m，并向上增厚。本群上部发育，为碳酸盐岩台地—斜坡沉积。

(5) 基本层序Ⅴ：灰色厚层状角砾状含砂屑灰岩(a)和灰色中薄层状微晶灰岩组成基本层序，厚大于4m。本群上部发育，具沉积间断暴露标志，为潮坪上部沉积。

（三）年代地层讨论

确哈拉群所含化石不多，但对确定地层年代有重要意义。*Thamnasteria rectillamellosa* 地理分布很广，层位也较稳定。在奥地利、伊朗、北美加利福尼亚等地的上三叠统诺利阶是十分常见的分子。在西藏定日、藏北双湖、云南剑川、兰坪、四川义敦拉纳山和龙门山南段的上三叠统诺利阶也颇为常见（饶荣标等,1987)。*Myophoria elegans* 是中上三叠统的常见分子。Halobiidae 科分子在世界各地只产于中上三叠统。据上将确哈拉群归属上三叠统。

孟阿雄群在区内只发现有 *Thecosmilia* sp.,对确定地层时代意义不大。沿走向东进1:20万洛隆县幅,曾发现有双壳类 *Palaeocardita singularis* cf. *brevis* Zhang,*Cardium*(*Tulongocardium*) cf. *submartini* J. Chen,珊瑚 *Distichophyllia* cf. *yunnanensis*,*Thecosmilia* sp. 及古藻化石,所指示时代为晚三叠世。因此,孟阿雄群属于或部分属于上三叠统。

确哈拉群与孟阿雄群在分布位置上紧邻,二者时代相同或部分相同,岩性特征却截然不同。究其原因是同期异相,还是上下层位有别尚不能定论,需在今后工作中进一步商榷或研究解决。

四、侏罗系

本地层区侏罗系极为发育,集中分布在班公错-怒江结合带以南、怒江以北的广大地区。出露面积约 4800km², 主要为希湖组、拉贡塘组地层,以其颜色黑暗、岩性单调、厚度巨大为主要特征,有"黑色海洋"之称。由李璞(1955)"沙丁板岩系"逐步演绎而来。对"沙丁板岩系"的地层划分和时代归属,各学者均有不同意见,但随着时间的推移,工作的深入,认识在不断完善和提高。1:20 万丁青县幅、洛隆县幅提出上三叠统确哈拉群、下中侏罗统希湖群、中上侏罗统拉贡塘组的新方案。本次区调对其划分方案进行了再认识,但鉴于原划希湖群横向变化较大,且与拉贡塘组整合接触,故将其划为中侏罗统。

(一)剖面描述

1. 希湖组(J_2xh)

丁青县巴登-尺牍中侏罗统希湖组剖面如图 2-42 所示,位于尺牍镇政府之南,沿嘎曲东岸小路测制。该剖面露头较好,构造较简单,层序较全。

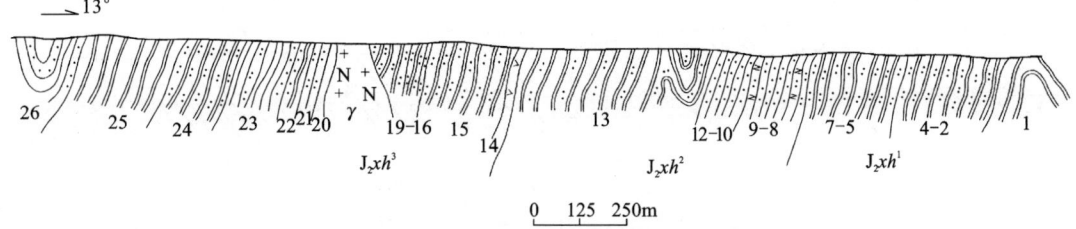

图 2-42 丁青县巴登-尺牍中侏罗统希湖组剖面图

中侏罗统希湖组(J_2xh)	(未见顶)	总厚度 4031.94m
希湖组三段(J_2xh^3)		**厚度 1806.76m**
26. 黑色炭质绢云板岩夹灰色条带状、透镜状变质含炭质细粒石英砂岩		68.19m
25. 黑色含炭绢云板岩,含黄铁矿晶粒及炭泥质结核		328.72m
24. 黑色含炭质粉砂质泥质板岩		188.16m
23. 黑色变质含炭质粉砂质板岩夹灰黑色薄层状变质细粒石英砂岩		203.50m
22. 黑色含炭质粉砂质泥质板岩夹黑色薄层泥质硅质岩		57.10m
21. 灰紫色薄层变质细粒石英砂岩夹灰色薄层变质粉砂岩		64.32m
20. 黑色红柱石绢云板岩		14.23m
19. 黑色含炭质粉砂质板岩		388.68m
18. 灰色厚层状变质细粒石英砂岩、含炭泥质团块		13.55m
17. 黑色含炭质绢云板岩,偶夹灰色透镜状变质细粒石英砂岩		66.49m
16. 灰色厚层状变质细粒石英砂岩夹少量脉状、条带状炭质粉砂岩		18.00m
15. 黑色含炭粉砂质板岩,含饼状铁泥质结核,黄铁矿晶粒,夹 15cm 厚灰色变质细粒石英砂岩		391.68m

14. 灰色黑云母安山岩	4.15m

——————— 整合 ———————

希湖组二段（J_2xh^2）   厚度 **1132.53m**

13. 黑色含炭粉砂质板岩，含黄铁矿晶粒	902.54m
12. 黑色含炭质粉砂质板岩，夹灰色薄层变质细粒石英砂岩	29.53m
11. 灰色厚层状细粒石英砂岩，含泥砾、炭屑	4.60m
10. 灰色薄层变质细粒长石石英砂岩夹黑色含炭粉砂质板岩	20.04m
9. 灰色薄层状细粒长石石英砂岩夹少量黑色含炭泥质板岩	36.97m
8. 灰色中薄层状细粒石英砂岩夹黑色含炭质泥质粉砂岩	138.85m

——————— 整合 ———————

希湖组一段（J_2xh^1）   厚度 **1092.64m**

7. 黑色含炭质粉砂质板岩，含少量饼状铁泥质结核，产双壳类碎片	112.77m
6. 灰黑色薄层状细粒石英砂岩夹少量黑色含炭质泥质板岩，含炭化植物碎片	70.99m
5. 灰紫色薄层状细粒石英砂岩与黑色含炭质泥质粉砂岩	185.98m
4. 黑色含炭质绢云板岩，含少量铁泥质结核	143.72m
3. 灰色薄层状细粒石英砂岩，含大量炭屑	30.92m
2. 灰黑色绢云板岩，含炭化植物碎片及双壳化石碎片	298.65m
1. 黑色含炭质粉砂质板岩	>249.61m

（未见底）

2. 拉贡塘组（$J_{2-3}l$）

1）丁青县协雄乡娃雄中—上侏罗统拉贡塘组剖面

剖面（图 2-43）位于协雄乡娃雄村西侧，李璞等（1955）首先发现并草测，刘茂修（1983）重测，高调队十分队也进行了研究（李玉文，1985）。1:20 万丁青县幅重新测制并系统采集了化石。

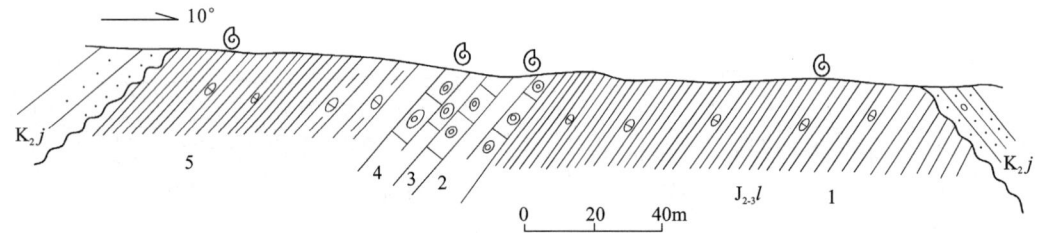

图 2-43   丁青县协雄乡娃雄中—上侏罗统拉贡塘组剖面图

上覆地层：竞柱山组（K_2j）   灰紫、灰绿、暗褐色泥质粉砂岩、泥岩夹中层砂岩

～～～～～～～～ 角度不整合 ～～～～～～～～

中—上侏罗统拉贡塘组（$J_{2-3}l$）   总厚度 **>377.09m**

5. 黑色页岩夹灰黑色薄层粉砂岩，页岩中含饼状钙质结核及黄铁矿晶粒	164.51m

有孔虫：*Cibicides proconcavus* Li

   Dentalina sp.

   Lenticulina ongkodes Espitalie et Sigal

   L. cf. *ongkodes* Espitalie et Sigal

   L. vistulae Bielecka et Pozaryski

   L. dilectaformis Subbotina et Srivastava

   L. praepolonica Kuznersova

   L. cf. *haesitans* Espitalie et Sigal

   L. dingqingensis Li

   Quinqueloculina sp.

   Saracenaria sp.

　　　　　Verneuilinoides cf. tryphera Loeblich et Tappan
　　　　　Vaginulina cf. barnardi Gordon
　　菊石：Euaspidoceras (Neasspidoceras) varians Spath
　　　　　Aspidoceras cf. babeanun Orbigny
　　　　　Kossmatia cf. dismidoptychia G. Ray
　　　　　K. tenuristriata G. Ray
　　　　　Hoplocardioceras decipiens Spath
　　　　　Paratixioceras sp.
　　　　　Ataxioceras guntheri Oppel
　　　　　A. sabernum Ammon
　　　　　Paracenia sp.
　　　　　Rasenia (Eurasenia) triurcata Oppel
　　　　　R. (Invcluticeras) crassicostata Oppel
　　　　　Eurasenia sp.
　　　　　Katroliceras sp.
　　　　　Lithaeotheras sp.
　　　　　Phylloceras sp.
　　　　　Holcophylloceras cf. polycum
　　鹦鹉螺：Paracenceras kumagunensis Waagen
　　双壳类：Myophorella maliensis Tong
　　介形虫：Centrocythere sp.
　　　　　Cytherella index Oertli
　　　　　C. paraexquisita Li
　　　　　C. cf. paraexquisita Li
　　　　　C. sp.
　　　　　Galliaecytheridea xizangensis Li
　　　　　Paracypris dingqingensis Li
　　　　　Protocythere sp.
　　　　　P. cf. verrucimoua Lyubiova
　　　　　P. ? attendens Lyubimova
4. 灰黄色厚层状亮晶豆粒灰岩夹团块状含豆粒泥晶灰岩　　　　　　　　　　　　　　　　　　19.68m
3. 灰黄色厚层状亮晶鲕粒灰岩　　　　　　　　　　　　　　　　　　　　　　　　　　　　9.69m
2. 黄色厚层状泥岩夹不规则团块状含鲕粒、豆粒生屑灰岩　　　　　　　　　　　　　　　　22.08m
　　双壳类：Chlamys (Radulopecten) baimaensis Wen
　　　　　Chlamys (Chlamys) sp.
　　　　　Homomys? prolematica Tong
　　　　　Homomya gibbsa (Sowerby)
　　海百合：Cycloyclicus dengqenensis Wu et Lin
　　石珊瑚、苔藓虫、腕足类、海参化石
1. 黑色页岩，灰黑色粉砂岩，页岩中含饼状钙质结核及黄铁矿晶粒　　　　　　　　　　　>161.13m
　　　　　　　　　　　　　　　　　（未见底）

　　该剖面拉贡塘组顶底均被上白垩统竞柱山组角度不整合覆盖。
　　西藏地质局综合队(1979)曾在此剖面相当第 5 层采获菊石 Glottoptychinites sp.，Virgatosphinctes sp.，Paraberriasella sp.，Kossmatia cf. tenuistriata Gray，Virgatoxioceras sp.，Thurmaniceras sp.，Subthurmannia sp.，Neocomites cf. sinilis Spath，N. aff. imdicus Uhlig，Aulacosphinctes sp.，Paraboliceras sp.；腹足类 Naticopsis sp.；双壳类 Nuculana sp.。

2）索县荣布镇八忍达中—上侏罗统拉贡塘组实测剖面

剖面（图 2-44）位于索县荣布镇八忍达一带，露头良好，层序连续，惜顶底不全。

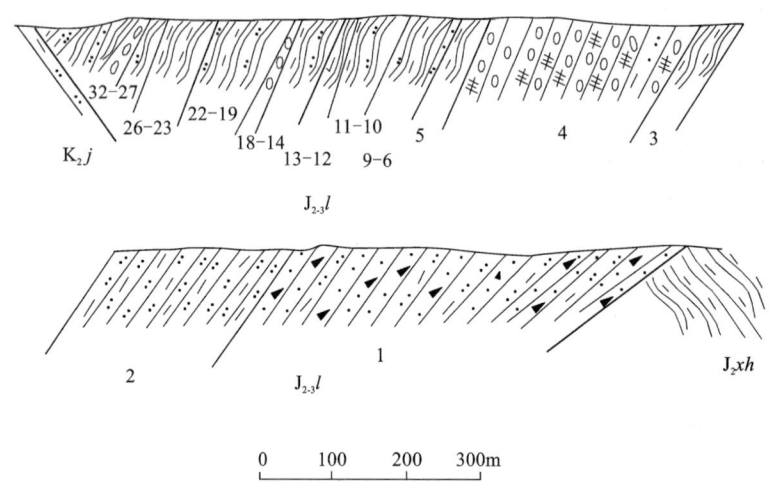

图 2-44 索县荣布镇八忍达中—上侏罗统拉贡塘组剖面图

竞柱山组（K_2j）　灰紫、灰绿、暗褐色泥质粉砂岩、泥岩夹中层砂岩

============ 断层 ============

拉贡塘组（$J_{2-3}l$） 总厚度＞1039.36m

32. 深灰—灰黑色中—厚层状变质中砾岩（a）与灰黑、灰黄色变质厚层状中—细粒岩屑砂岩（b）组成韵律层	14.91m
31. 深灰色中层状变质中细砾岩、含砾粗砂岩、细粒岩屑砂岩（下部单元 a）、变质细粒岩屑杂砂岩、泥质粉砂质板岩（中部单元 b）、灰色中层状生物碎屑泥晶灰岩（上部单元 c）组成沉积旋回，共三个旋回，砾岩不够稳定	25.94m
30. 深灰—灰黑色粉砂质板岩、泥质板岩夹灰色中层状细粒岩屑砂岩	36.96m
29. 深灰色中—厚层状变质中粗砾岩	3.37m
28. 下部黑色粉砂质板岩，上部灰—灰黑色粉砂质泥质板岩	11.74m
27. 灰—深灰色粉砂质板岩	8.41m
26. 灰黑色微薄层状泥质板岩	12.61m
25. 黄褐色薄层状变质细粉砂岩、粉砂质板岩组成小韵律层	7.57m
24. 黑色微薄层状泥质板岩	16.82m
23. 灰色中层状变质细粒岩屑砂岩（a）与灰黑色泥质板岩（b）组成韵律层	16.82m
22. 下部黑色粉砂质板岩、上部灰黑色泥质板岩	21.86m
21. 灰黄色薄层状泥质粉砂质板岩	27.13m
20. 深灰—灰黑色中薄层状变质细粒岩屑砂岩（a）与灰黑色粉砂质板岩（b）组成韵律层	36.17m
19. 灰黑色微薄层状粉砂质板岩和泥质板岩互层，发育不等厚纹层构造	27.13m
18. 紫灰色中层状变质复成分砾岩（a）与灰黑色粉砂质板岩（b）互层，a∶b 为 1∶1～1∶2，砾石呈透镜体状	11.08m
17. 褐灰色泥质板岩夹粉砂质泥质板岩和薄层状灰岩	24.94m
16. 灰黑色粉砂质板岩，含植物化石碎片	5.54m
15. 灰色中层状变质细粒岩屑砂岩（a）与灰黑色粉砂质板岩、泥质板岩（b）组成韵律层，砂岩向上逐渐减少	3.88m
14. 褐灰色薄—微薄层状泥质板岩夹一层流纹质晶屑凝灰岩	23.91m
13. 灰色微薄层状钙质板岩	6.50m
12. 灰色中薄层状微泥晶灰岩夹灰—灰黑色泥钙质板岩，灰岩向上变薄减少至无	7.43m

11. 深灰—灰色泥质粉砂质板岩(a)、泥质板岩(b)组成小韵律层,韵律层厚几厘米至几十厘米	65m
10. 灰黑—深灰色泥质粉砂质板岩(a)与泥质板岩(b)组成韵律层	3.78m
9. 深灰、灰黑色薄—微薄层状变质中细粒岩屑砂岩(a)与泥质粉砂岩、泥质板岩(b)组成韵律层,a:b 约 1:2,韵律层向上变厚,达 1~1.5m,含植物化石碎片	26.49m
8. 灰色微薄层状变质中细粒岩屑砂岩(a)、粉砂岩(b)、灰黑色泥质板岩(c)组成小韵律层,韵律层厚几厘米至 15cm,具正粒序层理	4.54m
7. 灰色泥质粉砂质板岩(a)与泥质板岩(b)组成韵律层	20.44m
6. 灰色薄层状变质细粒岩屑砂岩(a)与泥质细砂岩(b)组成小韵律层	4.41m
5. 灰色微薄层状泥质板岩,顶部夹泥质粉砂质板岩	27.64m
4. 褐色中—厚层状变质复成分中砾岩夹灰黄、深灰色中层状变质中细粒岩屑砂岩	166.99m
3. 灰黑色微薄层泥质板岩夹灰色泥质板岩	28.66m
2. 灰色夹深灰色薄—微薄层状变质泥质粉砂岩	108.71m
1. 土黄、灰黄色中层变质中细粒岩屑砂岩夹变质泥质粉砂岩	>231.98m

========== 断层 ==========

中侏罗统希湖组上段(J_2xh^3)　　灰褐色泥质板岩,发育黄铁矿结核,已褐铁矿化

(二)岩石地层特征

1. 希湖组(J_2xh)

该组系饶荣标(1987)创立,原称希湖群,层型剖面在洛隆县新荣乡希湖。该组由一套厚度巨大的黑色板岩、变质砂岩组成,岩性单调,可分性较差,岩石地层单位不易划分,根据所含石英砂岩相对集中发育层位将希湖组划分为三个段。

1) 一段(J_2xh^1)

主要岩性为黑色含炭绢云板岩、泥质板岩、粉砂质板岩夹灰黑色薄层状变质石英砂岩,板岩中含饼状炭泥质结核及黄铁矿晶粒。在尺牍剖面上厚 1092.6m。在东部桑多乡,底部为灰白色复成分砾岩、中部夹砾岩透镜体,与嘉玉桥群角度不整合接触,厚 1280m。在俄学里、瓦夫弄等地,底部为灰色厚层花岗质砾岩,下部夹灰黄色厚层结晶灰岩及透镜状砾岩,与苏如卡岩组不整合接触。在洛隆县殷登、新荣乡、俄西一带,主要岩性为黑色红柱石板岩、红柱石片岩,底部见褐铁矿层,与孟阿雄群不整合接触,厚约 1300m。

2) 二段(J_2xh^2)

主要岩性以灰、灰黄色薄—厚层状变质细粒—中细粒石英砂岩为主,夹深灰色粉砂质板岩、黑色含炭粉砂质板岩、含炭泥质粉砂岩、含炭泥质板岩。本组以出现大量石英砂岩且砂岩多于板岩为划分一组、二组的标志,以砂岩骤减、板岩为主时作为二组、三组的划分依据。本组在横向上不甚稳定,厚度变化较大,在荣布一带大于 631.51m,在尺牍一带 229.99m,向东有变薄之势。

3) 三段(J_2xh^3)

以砂、板岩互层为主,局部夹火山岩为特征。主要岩性为灰黑—黑色粉砂质板岩、泥质粉砂质板岩、含绢云板岩、灰—深灰色薄—厚层状变质细粒石英砂岩等组成不同组合的韵律层,普遍含黄铁矿晶粒,偶夹安山岩、玄武岩。厚 1379.15~2709.3m。

2. 拉贡塘组($J_{2-3}l$)

李璞(1955)始称拉贡塘层,顾知微(1962)改称拉贡塘群。1:100 万昌都幅(1972)修订为拉贡塘组,标准地点在洛隆地层小区。1:100 万拉萨幅(1979)、朱占祥(1987)、徐钰林(1991)均用其描述娃雄剖面的侏罗系。

拉贡塘组在测区内呈断续带状分布于班公错-怒江结合带边界断裂之南侧,东起协雄乡然恰、娃雄、九根,向西至色扎乡曲尼拉、尺牍乡金朱日卡,直至荣布镇八忍达、巴格一带。岩性特征在东部主要为黑

色页岩、粉砂岩,含饼状结核及黄铁矿晶粒,局部夹灰色细粒石英砂岩、透镜状灰岩,顶底断失,厚度大于277.1m。西部以灰—灰黑色变质泥质粉砂岩、粉砂质板岩、泥质板岩为主夹褐色中—厚层复成分砾岩、深灰色中细粒岩屑砂岩,偶夹中薄层微泥晶灰岩、流纹质凝灰岩等,厚大于1309.36m。

(三)基本层序特征

1. 希湖组

希湖组主要岩性为石英砂岩、粉砂质板岩、泥质粉砂质板岩等,但可有多种岩石组合,形成不同类型的基本层序,择主要叙述如下。

(1)基本层序Ⅰ:由浅灰—灰色中—厚层状有时薄层状变质中—细粒石英砂岩组成单一岩性基本层序,主要发育于中段中,三、二段内亦可见。

(2)基本层序Ⅱ:由灰色薄—厚层状变质岩屑细粒石英砂岩(a)与灰黑—黑色粉砂质板岩、泥质粉砂质板岩(b)组成韵律型基本层序。a:b为3:1~1:3不等,随着二者比例的变化亦可形成 a 夹 b(a:b>3:1~10:1)或 b 夹 a(a:b<1:3~1:10)。a、b 的单层厚度亦有不同变化,由 a、b 组成的韵律层薄者仅为厘米级,而厚者达30m±。本类型基本层序多发育于三段、一段内,中段内亦有见之。

(3)基本层序Ⅲ:由黑色泥质(粉砂质)板岩组成单一岩性基本层序,分布于三段中。

(4)基本层序Ⅳ:希湖组中发育有浊积岩,其基本层序由三个单元组成(图2-45)。下部单元(a)相当鲍马序列 a 段,为下粗上细的砂质层,底为中粗砂,含炭屑、泥砾,底界不平整,底层面上发育复理石印模。向上正粒序递变,渐变为块状构造细砂岩,含少量泥质脉体和炭屑。中部单元(b)是粉砂质为主的单元,相当鲍马序列 bcd 段,不易细分,发育水平层理、波状层理、脉状层理。上部单元(c)为泥质段,相当鲍马序列 e 段,以黑色泥质板岩为主,含炭质,发育微细水平层理,含古网迹 *Paleodictyon strozii* Meneghaini。基本层序发育于二、三段中。

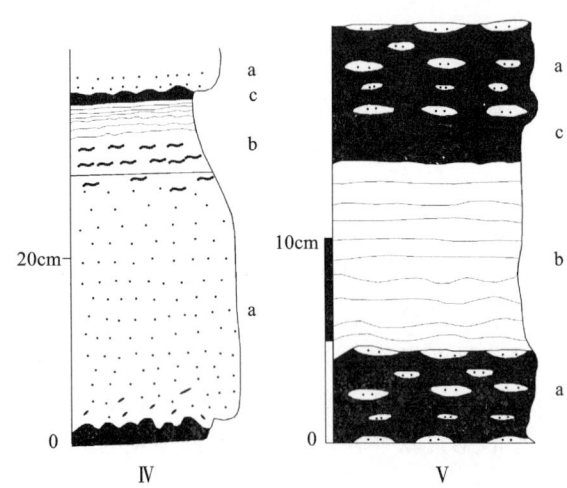

图2-45 希湖组浊积岩基本层序

(5)基本层序Ⅴ:泥质浊积岩基本层序亦由三个单元组成(图2-45)。下部单元(a)为含泥质粉砂、即粉砂质板岩,具透镜状纹层;中部单元(b)为含石英粉砂的泥、即含粉砂泥质板岩,发育不规则波状纹层及较平整的规则纹层;上部单元(c)为含炭泥质板岩,不显纹理,可见细弱水平虫迹。这三个单元分别相当于Stow(1980)泥质浊积岩标准层序 T_0、T_{1-5}、T_{6-8}。此种基本层序发育于一段、二段中。

2. 拉贡塘组

拉贡塘组主要岩性有砾岩、砂岩、粉砂质板岩、粉砂泥质板岩、泥质板岩,少量灰岩、钙质板岩。根据不同岩石组合,可划分出如下主要基本层序类型。

(1)基本层序Ⅰ:由深灰—灰黑色中—厚层状中细砾岩(a)、含砾粗砂岩(b)、灰黄色中—厚层状中—细粒岩屑砂岩(c)组成基本层序。基本层序厚5~15m或以上,a、c 类型亦较常见,多发育于本组顶部或上部,在下部亦有发育,为以(a)为主体的基本层序。

(2)基本层序Ⅱ:由灰—灰黑色微薄—中层状变质中细粒岩屑砂岩(a)与灰黑色粉砂质板岩或泥质板岩(b)组成基本层序,a:b 约1:2,一般为小韵律层,层厚几厘米至十几厘米,厚者可达1~1.5m以上。为本组较为常见的基本层序类型。

(3) 基本层序Ⅲ：灰黑色粉砂质板岩(a)与灰黑色泥质板岩或粉砂泥质板岩(b)组成基本层序，层厚8～10m，亦可形成小韵律层，韵律层厚几厘米至几十厘米。为本组较为发育的基本层序类型。

(4) 基本层序Ⅳ：由灰黑色粉砂质板岩、泥质板岩组成单一岩性基本层序，亦是本组较为发育的基本层序类型。

(5) 基本层序Ⅴ：由灰色中薄层状微泥晶灰岩夹灰—灰黑色泥钙质板岩组成，灰岩向上变薄，减少，为少见类型，仅分布于本组中部。

（四）古生物特征及地质年代讨论

1. 希湖组

该组在区内化石稀少，岩性单调，厚度巨大，只能根据有限的古生物化石和地质依据确定其大致地质年代。

(1) 该组于洛隆县般登、新荣、俄西一带不整合于上三叠统孟阿雄群之上，而又被燕山期花岗岩(同位素年龄157.1Ma)侵入，限定该组形成时代应在早侏罗世—中侏罗世早中期。

(2) 在丁青县桑多乡瓦拉希湖组一段距底不足300m处采获菊石、孢粉化石。经中国科学院南京地质古生物研究所鉴定菊石为Perishinctidae科，时代为中晚侏罗世；经西南地质矿产研究所鉴定孢粉为 *Classopollis* 等，时代为早中侏罗世。

(3) 在1:20万洛隆区幅(1990)类乌齐鄂都，与希湖组相当(罗冬群第一组)的地层中产孢粉化石 *Tuberculatosporites* sp.，*Dictyopyllidites* sp.，*Cycadopites nitidus* (Balme)，*Ptyodporites* sp.，*Quadradraecullina anellaeformis* Maljawkina，*Classopollis* sp.，组合面貌显示了晚三叠世—早侏罗世，并以早侏罗世为主的特征。

(4) 1:20万八宿幅报告在八宿县同卡乡然多村相当希湖组的砂板岩中采到晚三叠世菊石 *Juvavites* sp.，双壳类 *Lima* sp. 和晚侏罗世菊石 *Virgatosphinctes* sp.。

综上所述，虽然希湖组中有晚三叠世和晚侏罗世的古生物信息，但总体上时限在早—中侏罗世，据本次调研认为置于中侏罗统是比较适宜的。

2. 拉贡塘组

拉贡塘组共有三个化石相对富集的层位，现分述之。

(1) 协雄乡九根一带生物碎屑微晶灰岩中产双壳类 *Camptonectes* (*C.*) *laminatus* (Sowerby)，*Modiolus imbricatus* (Sowerby)，*Amisocardia*(*Antiquicyprina*)*trapezoidalis* Wen。可建 *Camptonectes*(*C.*) *laminatus - Modiolus imbricatus* 组合，与羌南-保山地层区雁石坪群的 *Camptonectes* (*C.*) *laminatus* 组合层位一致，属中侏罗统巴通阶。

(2) 娃雄剖面鲕粒灰岩、豆粒状灰岩中产珊瑚、苔藓虫、腕足类、双壳类、海参化石，其中双壳类为 *Chlamys* (*Radulopecten*) *baimaensis*，*Comomya gibbosa*，*Homomys*？ *prolematica* 可建 *Chlamys* (*Radulopecten*)*baimaensis* 组合，与雁石坪群的同名带可以比较，属中侏罗统下卡洛阶，该组合中的 *H.*？ *prolematica*，*H. gibbosa* 在洛隆马里出现在柳湾组下部(童金南，1987)，层位似乎偏低(巴通阶)，可能是由于这两个种延续时间较长。

(3) 在色扎乡曲尼拉河南区调队采到菊石 *Euaspidoceras* (*Neaspidoceras*) *varians* Spath，*Hoplocardioceras decipens* Spath，*Atanioceras guntheri* Oppel；双壳类 *Myophorella maliensis* Tong。该层位所产菊石 *Euaspidoceras* (*Neaaspidoceras*) *varians* 是印度库奇上牛津阶的主要分子；*Rasenia* (*Eusasenia*) *triurcata*，*Rasenia* (*Involuticeras*) *carassiocostata*，*Ataxioceras guntheri*，*A. suberinum*，*Aspidoceras* cf. *babeanum*，*Pararasenia* sp.，*Paratixioceras* sp.，*Eurasenia* sp.，*Lithacoceras* sp.，*Phylloceras* sp. 等属种是欧洲下基末里阶下部 *Rasenia cymodoce - Rasenia mutabilis* 带的重要分子。*Kossmatia tenuristtriata* 在喜马拉雅聂拉木地区见于提塘阶；*Virgatosphinctes*，*Autascosphinctes* 普遍分

布世界各地,是提塘阶的重要分子,有孔虫中的 *Lenticulina dileetaformis* 曾发现于印度上侏罗统牛津阶;*L. ristulae* 发现于波兰上侏罗统基末里阶;*L. ongkodes*,*L. haesitans* 均命名于非洲马达加斯加上侏罗统—下白垩统。介形虫中的 *Protocythere attendens* 曾发现于伏尔加到乌拉尔地区的上侏罗统下伏尔加阶,*Cytherella index* 始见于瑞士上侏罗统牛津阶。综合分析,该层位可对比为上侏罗统牛津阶—提塘阶。

从上述三个化石层位的时代归属来看,拉贡塘组时限为中侏罗世巴通期至晚侏罗世提塘期。

五、白垩系

本区白垩系分布在两个带上,北带紧邻班公错-怒江结合带,出露上白垩统地层,面积约 400km²;南带位于图幅西南隅,发育下白垩统多尼组和少量上白垩统竞柱山组,面积约 1400km²。下白垩统为藏东著名的含煤地层,为一套含煤细碎屑岩。西藏地质局第一地质大队(1974)在洛隆、边坝地区开展 1:20万普查找煤时曾在区内做过大量工作,之后许多学者对这一成果进行了研究和总结(吴一民,1985;李佩娟,1982;朱占祥、潘云唐,1987;徐钰林等,1989),目前将这套地层划分为多尼组已无争议。上白垩统红层研究程度相对较低,划分意见亦不统一。1:100万拉萨幅中称宗给组,西藏地质局一大队(1971)在丁青县觉恩创名觉恩组、绒通组、八达组。《西藏自治区区域地质志》(1993),朱占祥、滕云(1993),《西藏自治区岩石地层》(1997)划分为竞柱山组,1:20 万丁青县幅(1994)在保留宗给组的基础上,新建八达组。本书在考虑到晚白垩世的气候条件、沉积环境、构造背景等将红层按《西藏自治区区域地质志》和《西藏自治区岩石地层》意见仍归竞柱山组,保留八达组。

(一)剖面描述

1. 边坝县拉孜下白垩统多尼组剖面

西藏地质局一大队(1977)测制,1:20 万丁青县幅、洛隆县幅(1994)修订。剖面位于南图廓外十余千米,作为本幅多尼组代用剖面,本幅仅出露其一段上部,二段下部,并形成复式褶皱。

上覆地层:上白垩统竞柱山组(K_2j)   紫红色含砾长石石英砂岩
~~~~~~~~~~~~~~~~ 角度不整合 ~~~~~~~~~~~~~~~~

下白垩统多尼组(K_1d)	**总厚度 2454m**
下白垩统多尼组二段(K_1d^2)	**厚度 1469m**
12. 灰黄色钙质页岩夹灰色钙质粉砂岩	33m
11. 黄灰色钙质页岩与粉砂岩互层,页岩中含腕足类、双壳类化石碎片,粉砂岩中含炭化植物化石	61m
10. 灰黑色页岩夹薄层粉砂岩	39m
9. 杂色页岩夹粉砂岩	77m
8. 灰黑色粉砂岩与粉砂质泥岩互层	30m
7. 黄绿色薄层粉砂岩夹黄绿色薄层细粒石英砂岩及黑色页岩,顶部夹一层透镜状炭质页岩	205m
6. 暗灰色薄层粉砂岩与灰黑色页岩互层	385m
5. 灰黑色页岩夹粉砂岩及灰绿色细粒石英砂岩	221m
4. 暗灰色粉砂岩与灰黑色页岩互层	174m
3. 灰色中厚层石英砂岩,具大型楔状交错层理,夹灰黑色粉砂岩和黑色页岩	244m

———————— 整合 ————————

多尼组一段(K_1d^1)	**厚度 985m**
2. 深灰色细粒长石石英砂岩、粉砂岩和黑色页岩互层	816m

植物化石:*Weichselia reticulata* (Stokes et Webb)

Zamiophyllum buchianum (Ett.)

Ptilophyllum? sp.

1. 灰黑色细粒长石石英砂岩夹页岩　　　　　　　　　　　　　　　　　　　　　　　　　　　169m

―――――――――――――　整合　―――――――――――――

下伏地层：中—上侏罗统拉贡塘组（$J_{2-3}l$）　灰黑色页岩

2. 丁青县色扎乡扎通卡上白垩统竞柱山组剖面

剖面（图 2-46）位于丁青县色扎乡扎通卡。

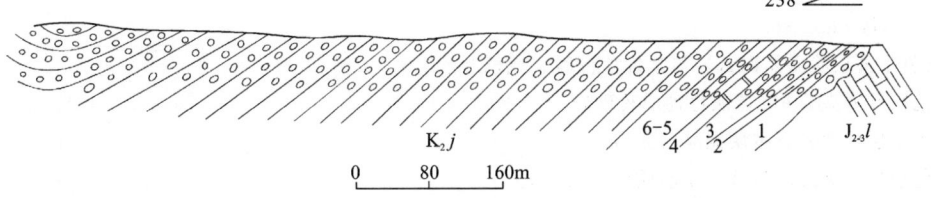

图 2-46　丁青县色扎乡扎通卡上白垩统竞柱山组剖面图

上白垩统竞柱山组（K_2j）　　　　　（未见顶）　　　　　　　　　　　　　　　厚度＞**372.77m**
7. 灰色厚层状复成分砾岩　　　　　　　　　　　　　　　　　　　　　　　　　　＞274.10m
6. 紫红色厚层状复成分砾岩　　　　　　　　　　　　　　　　　　　　　　　　　　43.80m
5. 灰绿色粉砂岩　　　　　　　　　　　　　　　　　　　　　　　　　　　　　　　1.35m
4. 紫红色粉砂质泥岩夹灰色薄板状粉砂质钙质白云岩　　　　　　　　　　　　　　　9.69m
3. 灰绿色含砾粉砂岩　　　　　　　　　　　　　　　　　　　　　　　　　　　　29.20m
2. 紫红色泥质粉砂岩　　　　　　　　　　　　　　　　　　　　　　　　　　　　　1.95m
1. 橘红色厚层状复成分砾岩　　　　　　　　　　　　　　　　　　　　　　　　　12.68m

～～～～～～～～～～～～～　角度不整合　～～～～～～～～～～～～～

下伏地层：中—上侏罗统拉贡塘组（$J_{2-3}l$）　黑色页岩

3. 丁青县觉恩乡八达上白垩统八达组剖面

剖面（图 2-47）位于觉恩乡北 3km，露头良好，构造简单，界线清楚，化石易采，可作八达组层型剖面。

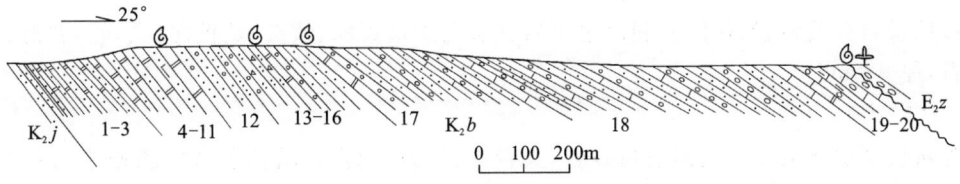

图 2-47　丁青县觉恩乡八达上白垩统八达组剖面图

上覆地层：古近系宗白组（E_2z）　灰色复成分砾岩，含植物化石碎片

～～～～～～～～～～～～～　角度不整合　～～～～～～～～～～～～～

上白垩统八达组（K_2b）　　　　　　　　　　　　　　　　　　　　　　　　　厚度 **1056m**
20. 浅灰色厚层状含燧石团块泥晶白云岩夹灰色薄板状泥质泥晶白云岩　　　　　　　　95.53m
19. 灰色厚层状微角砾状泥晶白云岩　　　　　　　　　　　　　　　　　　　　　　　1.67m
18. 砖红色粉砂岩、含砾粉砂岩、含砾不等粒岩屑石英砂岩夹姜黄色泥质泥晶灰岩，此层由30
　　个基本层序，90个自然层合并而成　　　　　　　　　　　　　　　　　　　　443.83m
17. 浅灰黄色厚层状泥晶灰岩，发育大量垂直层面的生物钻孔　　　　　　　　　　　20.67m
　　腹足类：*Physa shandongensis* Pan
　　　　　　Gyraulus sp.
16. 紫红色中薄层状粉砂岩，局部含砾，发育小型沙纹交错层理　　　　　　　　　　73.29m

15. 浅灰色厚层状泥晶灰岩,发育垂直层面的生物钻孔	8.42m
腹足类:*Physa* sp.	
Gyraulus sp.	
14. 紫红色中薄层状细粒白云质岩屑石英砂岩夹条带状细砾岩	50.54m
13. 肉红色厚层状硅质细砾岩	15.31m
12. 紫红色中薄层状含砾细粒岩屑石英砂岩,中部夹0.5m蓝灰色团块状钙质粉砂岩	89.23m
11. 浅灰色厚层状含生屑泥晶灰岩,含大量腹足类化石	9.00m
腹足类:*Physa shandongensis* Pan	
Gyraulus sp.	
10. 浅灰色中薄层状泥晶白云岩与紫红色粉砂岩成段互层	48.27m
9. 紫红色粉砂岩夹0.6m蓝灰色钙质粉砂岩	11.31m
8. 灰白色厚层状含燧石团块泥晶白云岩	6.96m
7. 紫红色粉砂岩夹浅灰色薄层粉砂质微晶白云岩	46.81m
6. 浅灰色厚层状角砾状泥晶白云岩	4.54m
5. 浅灰色厚层状泥晶白云岩,发育鸟眼构造	2.93m
4. 浅灰色厚层状含燧石团块泥晶白云岩	2.93m
3. 紫红色薄层状细粒岩屑石英砂岩与灰白色纹层状泥晶白云岩成段不等厚互层	114.09m
2. 灰白色纹层状泥晶白云岩夹少量黄绿色、黄色、灰色纹层状泥质泥晶白云岩	3.02m
1. 紫红色薄层状白云质粉砂岩	7.54m

————————整合————————

下伏地层:上白垩统竞柱山组(K_2j)　紫红色厚层状细粒岩屑砂岩

(二) 岩石地层特征

1. 多尼组(K_1d)

李璞等(1955)命名"多尼煤系",斯行健等(1962)改为多尼组,标准地点在洛隆县多尼。该组在区内为一套暗色细碎屑岩夹煤层,可进一步划分为上、下两段。

1) 一段(K_1d^1)

在拉孜剖面上,底部整合于中—上侏罗统拉贡塘组之上,下部为灰黑色细粒长石石英砂岩夹页岩,上部为深灰色长石石英砂岩、粉砂岩和黑色页岩互层夹少量黄绿、紫红、黄色泥(页)岩,普遍含植物碎屑或植物化石,厚985m。

2) 二段(K_1d^2)

底部为灰色厚层石英砂岩夹黑色粉砂岩、页岩,主要为一套灰、暗灰色薄层粉砂岩与灰黑色页岩互层夹薄层石英砂岩、杂色页岩、粉砂岩,顶部为灰黄色钙质页岩与粉砂岩互层,厚1469m。

2. 竞柱山组(K_2j)

竞柱山组为一套陆相沉积为主体的红色碎屑岩建造,在区内不整合于多尼组及其下侏罗系、三叠系地层之上,在不同的山间盆地中由于陆源差异,沉积部位的不同,岩性、岩相在横向上变化较为明显。在色扎—丁青一线,本组广泛不整合于上三叠统确哈拉群、中上侏罗统各组之上。岩性较简单,以紫红、灰色复成分砾岩为主,夹紫红色泥质粉砂岩、灰绿色含砾粉砂岩,粉砂岩厚度大于379m。在荣布八忍达一带为紫红色复成分砾岩、含砾砂岩、岩屑砂岩、泥质粉砂岩组成的旋回性沉积层序夹灰黄色细粒石英砂岩、泥晶灰岩、杂色粉砂质泥岩等,厚度大于458.07m。

3. 八达组(K_2b)

八达组为1:20万丁青县幅、洛隆县幅新建组,层型剖面指定为丁青县觉恩乡八达。含义为整合于宗给组(竞柱山组)之上,不整合在始新统宗白组之下的一套红色细碎屑岩夹灰岩、白云岩。主要岩性为紫红色粉砂岩、细粒岩屑石英砂岩夹灰色、姜黄色厚层状泥晶灰岩、泥晶白云岩,其岩性不等厚互层。以灰岩、白云岩夹层出现和粉砂岩中普遍含钙质与下伏竞柱山组分界,厚度1056m。

(三) 基本层序特征

1. 多尼组

多尼组为一套三角洲沉积,根据剖面研究和路线补充观察,可以识别出四种不同类型的基本层序(图2-48)。

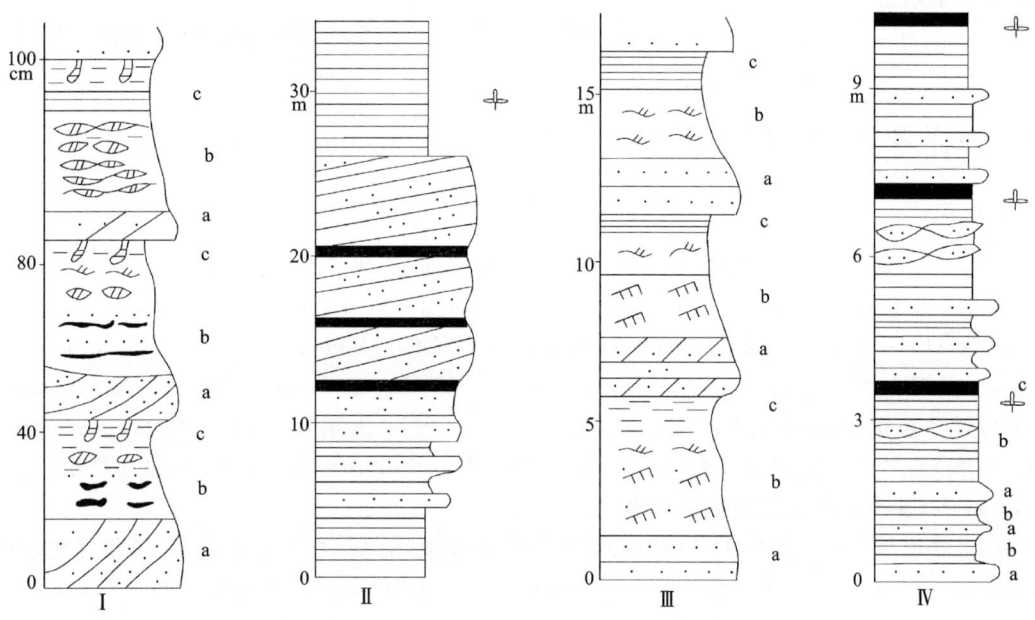

图 2-48 多尼组基本层序类型

(1) 基本层序Ⅰ:由灰色交错层理石英砂岩(a),脉状、波状、透镜状层理粉砂岩(b),水平层理,生物扰动泥岩(c)组成基本层序,代表三角洲前缘远沙坝沉积,分布于一段。

(2) 基本层序Ⅱ:由向上变粗、变厚的灰白色石英砂岩夹黑色炭质泥岩组成基本层序,发育低角度楔状交错层理,代表三角洲前缘—中缘河口沙坝沉积,发育于多尼组下部。

(3) 基本层序Ⅲ:由灰色交错层理砂岩(a),沙纹层理、羽状交错层理粉砂岩(b),水平层理泥岩(c)组成基本层序,为三角洲平原分流河道-间湾沉积,见于二段中。

(4) 基本层序Ⅳ:由薄层细砂岩(a)、灰色泥岩(b)互层与炭质泥岩或煤线(c)组成旋回性基本层序,为三角洲平原沼泽沉积,发育于二段中。

2. 竞柱山组

(1) 基本层序Ⅰ:由紫红色或灰色厚层状复成分砾岩组成单一岩性基本层序,砾石向上变细,基本层序厚几厘米至10m,为冲积扇沉积,多分布于本组底部和下部。

(2) 基本层序Ⅱ:由暗紫色中—厚层状复成分砾岩(a),暗紫、紫红色中层状中细粒岩屑砂岩(b),紫红色泥质粉砂岩组成旋回性基本层序沉积,单个基本层序6～10m,有时基本层序顶部还沉积有灰黄色钙质粉砂岩及泥晶灰岩,反映水体逐渐加深的退积型基本层序,即由水下三角洲—三角洲前缘—湖盆的沉积环境。其是本组较为常见的基本层序类型,沉积厚度亦较大。

(3) 基本层序Ⅲ:灰色中—厚层状细—中粒石英砂岩夹暗红、灰黑色泥(板)岩,总体反映为三角洲沙坝沉积产物,本类型发育较少。

3. 八达组

(1) 基本层序 I：砖红色含砾不等粒岩屑石英(a)、含砾粉砂岩(b)、粉砂岩(c)组成韵律层，顶部常夹姜黄色泥质泥晶灰岩，作旋回性沉积，分布于本组上部，厚度巨大。

(2) 基本层序 II：由紫红色薄层细粒岩屑石英砂岩组成单一成分基本层序，分布于本组中上部，发育较少。

(3) 基本层序 III：由紫红色薄层细粒岩屑石英砂岩(a)与灰白色纹层状泥晶白云岩(b)组成基本层序，呈成段不等厚互层状叠置，多分布于本组下部。

(4) 基本层序 IV：为紫红色粉砂岩(a)与浅灰色中薄层泥晶白云岩(b)组成基本层序，呈成段互层状叠置，多分布于本组中部。

(5) 基本层序 V：浅灰色厚层含燧石团块泥晶白云岩(a)与灰色薄板状泥质泥晶白云岩(b)组成基本层序，后者有时呈夹层状，分布于本组顶部。

(四) 生物特征及地质年代讨论

1. 多尼组

该组在 1∶25 万边坝幅洛隆县城附近格斗、贡拉卡产淡水双壳类 *Trigonioides* (*Diversitrigonoides*) *naquensis* Gu, *Cuneopsis sakaii* (Suzuki)；海生双壳类 *Weyla* (*Weyla*) sp.；海百合 *Cyclocyclicus lhorongensis* Mu et Lin；植物 *Zamiophllum buchianum* (Ett.), *Podozamites* sp., *Cladophlebis lhorongensis* Lee。在硕般多产植物 *Zamiophyllum reticulata* (Stokes et Webb), *Onychiopsis elongata* (Geyler)。在马五乡热曲产植物 *Onychiopsis elongata* (Geyler)。本组所产双壳类 *Trigonioides* (*Diversitrigonoides*) 属早白垩世中期 TPN (*Trigonioides - Plicatounio - Nippononaia*) 动物群的成员。*T.* (*D.*) *naquensis* 原产于藏北那曲地区的多尼组。

此外，西藏地质局第一地质大队(1974)曾在洛隆县城北山、硕般多、中亦松多、拉孜等地采获植物化石 *Klukia xizangensis* Lee, *K.* cf. *browniana* (Dunker), *Onychiopsis elongata* (Geyler), *Cladophlebis lhorongensis* Lee, *C. exiliformis* Oishi, *C.* (*Klukia*?) *koraiensis* Yabe, *Werchselina reticulata* (Stokos et Webb), *Gleichenites* cf. *giesekiana* Heer, cf. *Frenelopsis hoheneggeri* (Ett.), *Zamiophyllum buchianum* (Ett.), *Podozamites* sp., *Carpolithus* sp., *Ptilophyllum* cf. *borealis* (Heer), *Zamiostrobus*? sp., *Sphenopteris cretacea* Lee。

多尼组植物群以真蕨类、苏铁类占主要地位，缺乏银杏类，与西欧早白垩世韦尔登期植物群性质相同，*Weichselia reticulata* 是世界性早白垩世标准分子。*Zamiophyllum bchianum* 地理分布广泛，地层分布仅限于早白垩世，被视为早白垩世重要植物之一。李佩娟(1982)在研究该植物群时认为时代可进一步确定为早白垩世早期(尼欧克姆期)。

综上所述，多尼组归下白垩统。时代为早白垩世早中期。

2. 竟柱山组

竟柱山组时代归属长期存有争议，一般认为其时限为晚白垩世至始新世。李玉文(1985)曾在协雄乡下普竟柱山组上部发现有孔虫 *Nonion* cf. *sichuanensis* Li，介形虫 *Cyclocypris* sp., *Cyprois* sp., *Eucypris* sp., *Physocypria* spp.，时代为晚白垩世—始新世。本书根据其不整合于下白垩统多尼组之上，下伏于上白垩统八达组之下，将其置于上白垩统。

3. 八达组

八达组产有大量腹足类化石，但属种单调，*Physa shandongensis* Pan 原产于山东莱阳上白垩统王氏组上部(潘华璋，1983)，该种在八达组发现，对地层对比很有意义。此外 *Gyraulus* sp. 也与山东诸城王氏组所产 *Gyraulus* sp. 特征相同。再考虑到八达组被始新统宗白组不整合覆盖，将八达组置于上白垩统应无疑义。

第六节 第四系

测区地处藏东北唐古拉山、念青唐古拉山东端。怒江由西而东贯穿测区南部,两岸地形切割剧烈,相对高差达 2000m 以上。第四纪气候变化、冰川作用和新构造运动的影响,使区内第四纪沉积物具有复杂多样的特点。第四系分布总面积约 500km²。

一、第四纪地层

主要分布于江河沟谷、山间盆地、冰川谷地、山坡及温泉周围,面积约 350km²。主要类型为冲积、洪积,次为湖积、沼积、坡积、冰碛及泉华等多种成因及一些混合成因类型。

(一)河流阶地主要剖面描述

河流阶地主要沿怒江及其一、二级支流分布。主要见于热玉、丁青、尺牍、色扎、热都等地。

1. 边坝县热玉乡热玉村第四系剖面

该剖面(图 2-49)位于怒江南岸,由七级阶地组成,Ⅱ—Ⅵ级阶地为河流冲积物,Ⅶ级阶地为冰碛物。

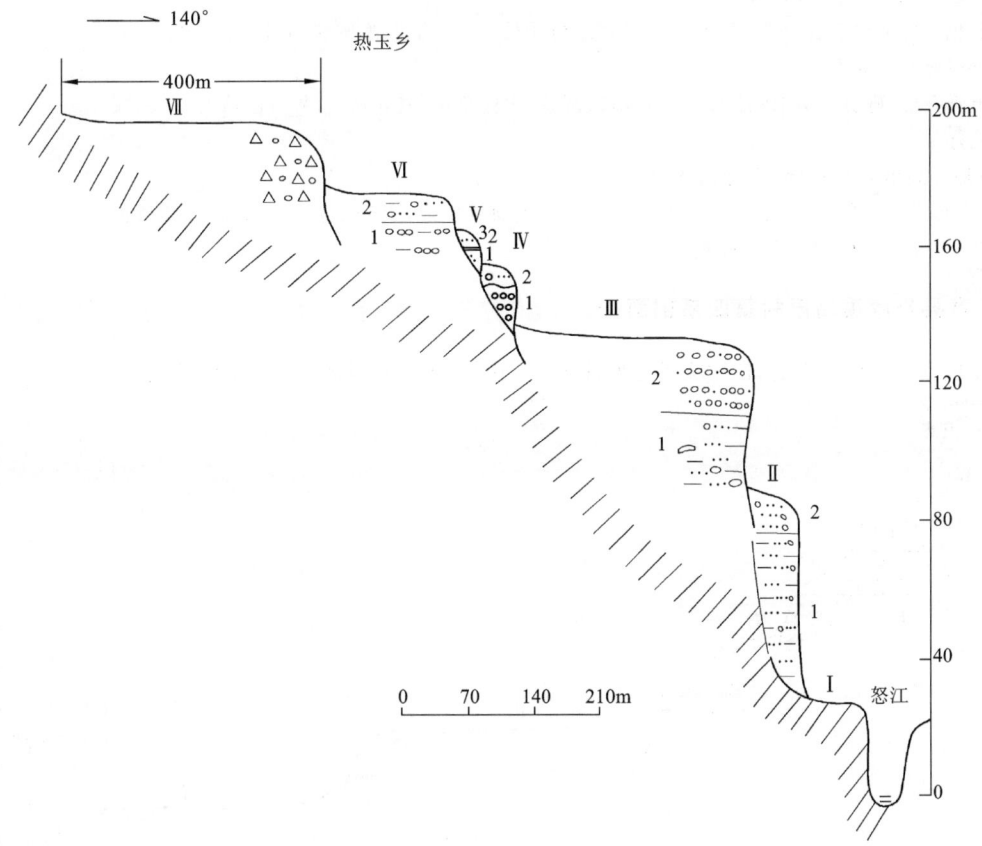

图 2-49 边坝县热玉乡第四系剖面图

全新统(Qh)

Ⅰ级基座阶地 基座侵蚀面高出河水面 26m。基座面宽 70m,其上只有少量砂砾石。在下游俄西乡一级阶地,基座面上冲积物厚十余米,中下部为砂砾层,顶部为厚 0.5m 的含砾亚砂土

上更新统（Qp_3）

Ⅱ级阶地　高出河面86m，阶面宽60m

2. 灰色含砾细砂层：砾石5%，磨圆好，大小0.3～3cm　　　　　　　　　　　　　　　　　　　　　　10m

1. 土黄色含砾亚砂土层：未胶结，粉砂80%，粘土12%，细砾8%。成分复杂，磨圆好，以圆状、次圆状为主，表面光滑，分选较差。砾径一般5～10cm。砾石杂乱，分布于砂土之上　　　　　　50m

中更新统（Qp_2）

Ⅲ级阶地　高出河面136m，宽25m

2. 灰色砂砾层：砾石约70%，大小3～15cm，球度和磨圆度好，表面光滑，成分复杂。中粗粒砂约30%，未胶结　　　　　　　　　　　　　　　　　　　　　　　　　　　　　　　　　　　　　22m

1. 土黄色含砾亚砂土层：粉砂、粘土70%，未胶结，砾石3%，大小20～30cm，多呈椭球状，定向分布。砾石定向产状320°∠2°～3°，成分复杂，个别呈漂砾，大于50cm　　　　　　　　　　28m

下更新统（Qp_1）

Ⅳ级阶地　高出河面151m，宽40m

2. 灰黄色含砾亚砂土层：粉砂及粘土90%，砾石10%。砾径2cm，无定向，成分复杂，胶结松散　　5m

1. 砂砾层：砾石90%，砾径5～35cm，圆状、次圆状，表面光滑，成分复杂，部分砾石略显定向排列，产状330°∠5°。中粗砂10%，未胶结。含少量巨大漂砾　　　　　　　　　　　　　　　10m

Ⅴ级阶地　阶面高出河面161m，宽25m

3. 含砾亚砂土层：粉砂80%、粘土15%、细砾5%，砾径0.2～0.7cm　　　　　　　　　　　　　　5m

2. 乳白色高岭土层：高岭土95%，细砾5%，砾径0.3～1cm，圆状、次圆状，表面已风化　　　0.01m

1. 砂砾层：砾石90%，砾径9～13cm，次棱角状、椭球状，成分复杂，个别砾石巨大，达50cm。中粗砂10%，粘土少量，胶结松散。巨大漂砾10%，大于50cm　　　　　　　　　　　　　　4.99m

Ⅵ级阶地　高出河面171m，宽150m

2. 土黄色含砾亚砂土层：粉砂80%、粘土15%、细砾石5%。圆状、次圆状，砾径0.2～0.8cm，成分以脉石英为主　　　　　　　　　　　　　　　　　　　　　　　　　　　　　　　　　　　7.5m

1. 粘土砾石层：砾石90%，砾径1.5～10cm，次圆状、次棱角状，成分复杂；灰白色粘土10%，胶结较好　　　　　　　　　　　　　　　　　　　　　　　　　　　　　　　　　　　　　　　2.5m

Ⅶ级阶地　高出河面191m，阶地面宽400m

含泥砂角砾层：角砾90%，大小10～70cm，棱角状，表面具擦痕，成分主要为石英砂岩及黑色板岩，砂、泥10%，土黄色，胶结疏松　　　　　　　　　　　　　　　　　　　　　　　　　　20m

2. 丁青县尺牍镇乌巴村第四系剖面

该剖面（图2-50）位于怒江一级支流嘎曲西岸，由四级阶地组成，均为基座阶地。

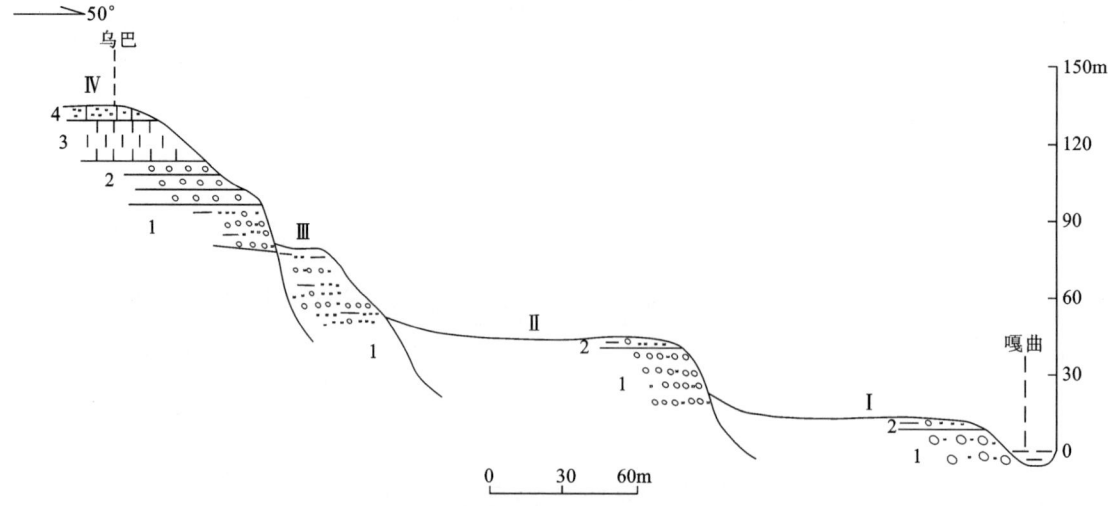

图2-50　丁青县尺牍镇乌巴村第四系剖面图

全新统（Qh）

Ⅰ级阶地　高出河面15m，阶面宽105m

2. 暗灰黄色含砾亚砂土层：粉砂70%，粘土20%，砾石10%，砾径0.3~5cm，磨圆好，成分复杂，无定向，胶结疏松　　　　　　　　　　　　　　　　　　　　　　　　　　　　　　　　　　　　1m

1. 灰色砂砾层：砾石40%~60%，次圆状，大小0.2~20cm，砂及粉砂35%~55%，粘土5%，未胶结　　15m

上更新统（Qp$_3$）

Ⅱ级阶地　高出河面50m，阶面宽95m

2. 灰黄色含砾亚砂土层：粉砂及粘土92%，砾石8%，磨圆好，大小2~3cm，未胶结　　　　1m

1. 灰色砾石层：砾石80%，大小0.2~20cm，个别达50cm，磨圆好，呈定向排列，成分复杂，砂及粘土20%，未胶结　　　　　　　　　　　　　　　　　　　　　　　　　　　　　　　　34m

中更新统（Qp$_2$）

Ⅲ级阶地　高出水面90m，阶面宽12m

土黄色含砾泥砂层：由下部砾石层、中部含砾泥砂层、上部砂土层组成，砾石层厚0.1~0.3m，砾石60%~80%，大小0.5~6cm，次圆状、次棱角状，砂和粘土20%~40%，胶结较好；含砾泥砂层厚0.3~0.7m，中—粗砂70%，粘土20%，砾石10%；砂土层厚0.05~0.25m，砂和粘土各占一半，胶结较好，发育斜层理　　　　　　　　　　　　　　　　　　　　　　　　　　　　45m

Ⅳ级阶地　高出河面148m，阶面宽550m

4. 灰黑色腐殖土层：含有机质的粘土70%，粉砂30%，属耕植层　　　　　　　　　　0.5m

3. 黄土层：粘土98%，单层厚0.2~0.3m，砾石2%，磨圆好，大小0.2~1cm，偶夹厚0.1~0.2m的细砾石层　　　　　　　　　　　　　　　　　　　　　　　　　　　　　　　　　　21.5m

2. 复成分钙质砾岩：砾石70%，成分为灰岩、粉砂岩和硅质岩。圆状、次圆状，分选较差，大小0.3~50cm。接触式胶结，胶结物30%，其中方解石24%，岩屑及砂6%　　　　　　　18m

1. 灰色含砂砾石层：砾石层和含砾砂土层互层。砾石层厚1.2~2.5m，砾石含量60%~80%，大小0.3~40cm，一般3~10cm，砾石多为次圆状，略显定向分布；含砾砂土层厚0.3~0.6m，中粗砂80%，粘土17%，砾石3%，大小0.3~30cm，磨圆好　　　　　　　　　　15m

（二）地层划分及成因类型

综合上述剖面及路线地质调研资料，第四系可以划分为下、中、上更新统和全新统四个地层单元及多种成因类型。

1. 下更新统（Qp$_1$）

1) 河流冲积（Qp$_1^{al}$）

组成怒江和嘎曲Ⅳ级及其以上阶地，区内见Ⅳ至Ⅵ级阶地，主要为冰水河流沉积，其特点是在泥砂层或砂砾层中含巨大漂砾。其他砾石成分复杂，大小悬殊，圆度好，略具定向。下更新统河流阶地高出河面148~151m。

2) 冰碛层（Qp$_1^{gl}$）

只在热玉乡怒江Ⅶ级阶地上见到，为区内第四系最老的层位，厚20m，为下更新统晚期冰碛物经受后期河流改造而成。特点为砾石均为角砾状，大小混杂，表面具划痕等。

2. 中更新统（Qp$_2$）

1) 河流冲积（Qp$_2^{al}$）

组成怒江、嘎曲及卸曲Ⅲ级阶地，Ⅲ级阶地上部为正常河流冲积物，形成砂砾交互层，砾石分选、磨圆均较好；Ⅲ级阶地下部为冰水河流沉积，砾石大小混杂，常有巨大漂砾，磨圆较差，具泥砾相特点。Ⅲ级阶地高出河面90~136m。

2) 洪积（Qp$_2^{pl}$）

在丁青县沙贡乡然业村南，卸曲北岸山坡上发育。洪积物呈扇状分布，顶面高出河水面百米左右。由于扇体滑动，下部已伸入卸曲之中。底部宽约2km，顶部宽0.5km，为古老洪积扇，由泥、砂、砾组成。砾石大小不一,分选、磨圆很差,成分以超基性岩为主。未滑动前之扇前缘高出河水面约60m。海拔为3600m。

3) 冰川堆积（Qp_2^{gl}）

分布于色扎乡索巴、干岩乡康翁卡、拉孜乡等地。保存于冰川谷口、山间盆地等处。由泥砾、漂砾及砂土组成。常呈高侧碛、终碛、冰碛平台等分布,砾石磨圆差,多呈棱角状,大小混杂。厚15～60m,在索巴见其底界高出河面约45m。海拔为4000m±。

3. 上更新统（Qp_3）

1) 河流冲积（Qp_3^{al}）

组成怒江及其支流嘎曲、卸曲的Ⅱ级阶地。Ⅱ级阶地中、下部为砾石层,含砾亚砂土层及砾岩层,砾石磨圆、分选均好,具定向性,为正常河流沉积。Ⅱ级阶地顶部为含砾砂土层及砂土层。泥砾混杂,含有漂砾及角砾,砾石大小混杂,可能为冰水沉积,Ⅱ级阶地高出河水面40～84m。

2) 湖泊沉积（Qp_3^l）

分布于布托错及湖缘地区。早期为冰水沉积环境,稍后为泥砂质沉积,海拔4600m。

3) 沼泽沉积（Qp_3^f）

分布于色扎乡曲里拉东侧,高出河水面50～80m,东西长约1km,南北宽800m,主要为富含植物根系的黑色泥炭,厚0.1～0.4m。海拔4400m。

4) 冰川堆积（Qp_3^{gl}）

主要有丁青县布托错周围的冰川侧碛及终碛,协雄乡通钦马冰窟沉积,干岩乡纳则卡等地的冰碛物。均为含漂砾、泥砾的砂土混合物,砾石磨圆、分选均差。冰碛物厚8～60m。分布面积达几平方千米至几十平方千米。海拔4400～4600m。

5) 泉华堆积（Qp_3^{ch}）

见于丁青县机末村南贡曲西岸,堆积于上侏罗统机末组灰岩之上。堆积物为泉华。其分布下缘、上缘分别高出河面8m和90m。表面呈中间隆起的弧形,宽300余米。内部呈层状构造,层厚0.01～0.03m。发育石钟乳、石葡萄等。局部夹含铁层而呈红色,具较高的放射性异常。温泉现已停止活动,泉华顶面海拔4100m。

4. 全新统（Qh）

为区内第四纪地层分布最广泛的部分,沿各级河流Ⅰ级阶地、河床、河漫滩、山坡、山谷分布。类型也较多,主要有河流冲积物、洪积物、湖积、沼泽堆积、坡积和泉华等各种类型。

1) 河流冲积（Qh^{al}）

沿河流Ⅰ级阶地及河漫滩分布,为松散砂砾层,顶部常有一层亚砂土,为耕植层。顶面高出河面7～26m。阶面宽300m。

2) 湖泊沉积（Qh^l）

分布于丁青县布托错等大小湖泊之中,主要为冰水沉积形成的泥、砾、砂质沉积。

3) 洪积（Qh^{pl}）

分布于怒江Ⅱ、Ⅲ级旁侧的支流沟口地带,形成洪积扇。扇的顶面高出河水面3～30m。由砾石、砂土组成。如丁青县堆玛、沙贡乡扎龙觉、尺牍乡德吉等地均有分布。

4) 沼泽沉积（Qh^f）

主要分布于丁青县布托错周围的布托、布仁纳格等地草甸周围,成分为灰黑色泥炭、草浆、植物根系。分布面积达5km²,厚0.2～1m。

5) 坡积（Qh^{dl}）

分布于5000m以上的山坡上呈倒石堆,它是物理风化作用的产物,或者沿坡面的径流把山坡上的风化物质搬运到坡底,堆积物呈坡积裙。

6）冰川堆积（Qh^{gl}）

分布于现代冰川末端及海拔高于4700m的U型谷、悬谷之中，呈底碛、侧碛、终碛等形态分布，砾石大小混杂，呈棱角状、尖棱角状，表面具擦痕，主要为冰川角砾，有少量泥砂质。

7）泉华堆积（Qh^{ch}）

分布于干岩乡额巴、纳卡、加德卡等地，多呈平台地貌，高出河水面2~10m，面积几十平方米，由泉华组成，成因与灰岩及断层有关。常具较高放射性异常值（200~300γ）。

二、第四纪冰川

测区第四纪冰川地貌很发育。现代冰川分布于海拔5200m以上的山峰地区，总面积达300km²，冰川遗迹在山谷、山间盆地、山坡等处也极为常见。

（一）冰期划分

河南区调队（1994）对本区冰川研究和冰期划分，做了大量工作（表2-6），本次区调未做专门工作，同意其划分意见，并叙述如下。

(1) 第一冰期：为区内最早的一次冰期。相当于早更新世晚期，该期冰川基本上覆盖了整个测区，以冰泛形式抵达当时的山麓地带，在怒江两岸形成了一系列冰蚀盘谷；冰缘-冰扇及冰蚀平台，怒江Ⅶ级阶地即为冰缘-冰水扇沉积。处在两岸海拔3600~3700m的平台，为该期冰川剥蚀而成。

(2) 第一间冰期：相当于早更新世末期。山区主要以侵蚀为主，盆地及河流主要接受冰水携带的物质进行堆积，该期主要沉积物为沿怒江Ⅳ、Ⅴ、Ⅵ三级阶地冰水冲积层。

(3) 第二冰期：相当于中更新世的早期，该期冰川覆盖范围较第一冰期已经退缩，雪线海拔4400m左右。这些冰川厚度较大，活动能力较强，测区沿江各支流上大多能见到该期冰水扇沉积。比较明显的地点有色扎乡政府所在地，冰川槽谷宽6~7m，为强大冰川剥蚀作用产物。冰川经过之处形成了一系列羊背石，槽谷前方索巴村附近形成了冰缘高侧碛，海拔4000m左右。另外，还有干岩乡康翁卡冰碛平台等。

(4) 第二间冰期：相当于中更新世晚期，为Ⅲ级阶地的冰水相沉积。如尺牍乌巴嘎曲Ⅲ级阶地的冰水相河流沉积，丁青县积萨国Ⅲ级阶地的冰水相沉积等。

(5) 第三冰期：相当于晚更新世早期。该期冰盖范围进一步退缩，雪线海拔在4800m左右，这时的冰川厚度仍较大，活动能力比较强，如丁青县布托错周围侧碛、终碛、底碛等。强大的冰川刨蚀作用形成了宽1~2km，长达14km的冰碛蚀谷及冰碛平台。色扎乡通钦马，由于冰窖作用，沉积面积达24km²的泥砾层。还有干岩乡纳则卡高侧碛，由于冰川刨蚀，形成了宽1km，长8km的冰蚀谷。

(6) 第三间冰期：时代相当于晚更新世晚期，该期沉积物分布广泛，特征地点在丁青县布托错冰碛湖及其周围冰川谷槽内的冰水沉积物，协雄乡积萨国Ⅲ级阶地冰水沉积物等。

(7) 冰后期：相当于全新世，有两个较强的小冰期，第一小冰期，在海拔4800m左右的高度上，发育一系列U型谷、悬谷及冰碛物，宽100~200m，长2~4km；第二小冰期，在海拔5000m的高度上，在4800m的U型谷两侧，又发育较小的U型谷及冰川，长1~1.5km，宽50~100m。谷内冰碛物发育。现代山岳冰川及其地貌发育于海拔5200m以上，典型地区有他念他翁山的德青玛棍冰川、色华冰川、热地冰川、马热各冰川及念青唐古拉山的打木泗冰川，总面积达300km²，其中布加岗日冰川面积达160km²，打木泗冰川仅区内面积就达20km²，马热各冰川面积也有13km²。现代冰川附近，由于冰川的刨蚀作用，角峰林立，刃脊纵横，并发育典型的U型谷和冰斗、冰寨、冰舌、冰碛湖及大量冰碛物。

（二）冰川地貌、雪线和冰川类型

1. 冰川地貌和雪线

测区内冰斗、角峰、刃脊、悬谷、U型谷等冰蚀地形很发育，冰斗及悬谷常成排分布于一定的高度之

表 2-6 第四纪地层及冰期划分沿革表

地层系统		念青唐古拉分区 钱方等（1982）	唐古拉分区 蒲庆余等（1982）	藏东地区 李炳元等（1983）	《西藏自治区区域地质志》（1989）	1:20万丁青县幅、洛隆县幅				
						地层阶地	冰期间冰期	标准地点	冰川堆积物分布高度
第四系	全新统			昌都澜沧江Ⅰ级阶地，巴青地砂和砂砾岩层	Ⅰ级阶地冲积层	Ⅰ级阶地冲积层	冰后期	边坝县拉孜东南恰青冰川之下的高侧碛垄及终碛（南邻区）	>4800m
	上更新统	躺兵错冰碛	巴斯错冰碛	昌都Ⅱ、Ⅲ级阶地冲积砂砾和土状堆积，雅安多Ⅱ级阶地上部冰水堆积	珠西冰碛	Ⅱ级阶地冲积砂砾、土层及砾岩层	第三间冰期	丁青县布托错冰碛湖	4550～4650m
		Ⅲ级阶地冲积物	Ⅱ级阶地冲积物		褐土		第三冰期	丁青县协雄乡通钦马冰窑沉积物	
		海龙冰碛	扎加藏布冰碛		白玉冰碛				
	中更新统	红色风化壳		昌都Ⅳ、Ⅴ级阶地冲积物，雅安多Ⅲ级阶地上部冰水堆积	高岭石风化壳	Ⅲ级阶地冲积物	第二间冰期	丁青县协雄乡积国Ⅲ级阶地冰水河流沉积	3900～4000m
		羊人井冰碛	布曲冰碛		八达卡冰碛		第二冰期	丁青县色扎乡素巴村高侧碛	
		曲登组			高岭石风化壳			边坝县拉孜乡冰碛物	
		当雄冰碛	拜多冰碛		米空冰碛				
	下更新统	念青唐古拉冰碛	唐古拉冰碛	昌都雅安多高阶地钙质砂岩夹砂岩	高岭石风化壳	Ⅳ级及以上阶地冲积物、冰碛物	第一间冰期	热玉乡怒江Ⅳ、Ⅴ级地之冰水沉积	3600～3700m
			曲果群 上段		德母拉冰碛		第一冰期	边坝县热玉乡怒江第Ⅶ级阶地冰碛平台	
		吉达果群	中段						
第三系	上新统		下段						

上，其底缘联线即为冰坎的下缘，是确定雪线的依据。本区可以判别的冰川雪线比较明显的有五级。第一级高程在 5200m，第二级在 5000m，第三级在 4800m，第四级在 4400～4600m，第五级在 4000m±。

这些冰川雪线的总趋势是雪线愈高，冰川遗迹愈新。在 5000m 以上的现代冰川地区角峰等冰川地貌十分发育。第四级 4400～4600m 冰川遗迹由于受后期地质作用的影响已不很新、完整，多发育植被或坡积。冰川谷槽保护较好，而冰斗、刃脊、角峰等都已被磨去棱角或被覆盖。而第五级雪线 4000m 左右的冰川遗迹仅沿怒江两岸分布，由于受河流的强烈改造，仅残存一些冰碛平台。

2. 冰川类型

区内冰川有山谷冰川、高原冰川及高原冰盖等类型。

1）山谷冰川

区内现代冰川均属山谷冰川，位于边坝县拉孜乡东南部的打木泗冰川是西藏最长的冰川-恰青冰川的一部分，在航空照片上，冰川地貌为尖锐的角峰、刃脊，其间的冰斗充满冰雪，冰川下部因缓慢流动产生的横向张裂隙清晰可见，由于冰水切割产生的冰塔林十分壮观。现代冰川前方，早期冰川遗留的冰蚀湖呈孤立和串珠状分布于古冰川 U 型槽谷中。

怒江南岸属念青唐古拉山系，现代冰川受海洋气候影响，降雨充沛，可能属海洋性冰川；而怒江北岸属唐古拉山系，由于受南侧念青唐古拉山系的阻挡，海洋气候影响较小，降水量偏小，其冰川为大陆冰川。

2）高原冰川

在海拔 4000m 左右，不论在野外观察，还是在航卫片及地形图上判读，可清晰地识别出有许多的开阔平底 U 型谷槽，长达数千米至几十千米，谷底残留大量的冰川地貌特征，如丁青至尺牍 317 国道谷地中的冰碛残山，色扎乡东侧的羊背石群，巨大冰川漂砾系。这些高原冰川地貌虽不如现代冰川醒目，但仍清晰可见。在晚更新世晚期，因雪线上升，冰川后退，河流开始发育，并改造这些地方的高原冰川地貌。其明显特征为在丁青、色扎、尺牍等盆地或开阔谷地形成许多地貌裂点，裂点上游地形开阔，冰川地貌保存较好；裂点下游河流深切，地形陡峻的 U 型谷中又形成了 V 型谷，谷地上部呈 U 型，谷地下部呈 V 型，而呈双层谷地。此现象在测区较为普遍。

典型的高原冰川地貌分布在他念他翁山西南侧，念青唐古拉山北麓及丁青与洛隆之间，占测区总面积的 60%。怒江两岸的支流，由于受后期河流的强烈改造，其河流地貌特征基本上完全抹去了冰蚀地貌特征，但在河谷上部，冰斗、冰湖、角峰、刃脊等仍依稀可辨。

3）高原冰盖

在高原冰川的山顶面上，常清晰地显示出一个平顶，如果把它们相连，就是一个开阔、波状起伏的准平原地貌。如丁青布扎错周围、青海省哎保那、丁青通钦马、德翁格及洛隆一带的山顶剥蚀面。

在准平原上，散状、串珠状、葡萄状冰川湖泊、盆地广泛分布，地表遍布着分选、磨圆均极差的冰碛物，这些冰碛物较现代山谷冰川之下的冰碛物更为细小而均匀，反映了它们因长期的冰雪融冻作用而不断分解的过程。

由测区向西北，古老冰川地貌逐渐明显、清晰；而从测区往东南，由于流水地貌逐渐加强，致使冰川地貌逐渐模糊以至消失。

第七节　沉积盆地分析

一、沉积盆地分析综述

沉积盆地是地球表面长时期相对沉降的区域，它是地球演化的档案库，它可以反映古气候、古海洋和古环境及构造方面的地质信息，同时各种构造事件也通过沉降间断、构造反转变形、热历史等的响应被盆地记录下来。本书从现代沉积学研究理论中引用了盆地分析方法，以期反演盆地的形成背景和时空之间相互配置的关系。

分类依据包括：盆地形成时大陆边缘的性质；盆地在板块边缘的位置；盆地基底地壳的性质；盆地的沉积建造性质。本书主要参考Dickinson(1974)、Klein(1990)及孟祥化(1982)的分类方案或盆地命名，将测区沉积盆地大致划分为九种类型，各类型将在后面分述。

本书所采用的碎屑分类为：Qm 单晶石英，Qp 多晶石英质岩屑，Q(Qm+Qp) 石英颗粒，P 斜长石，K 钾长石，F(P+K) 单晶长石总数；Lv 火山岩屑（火山岩、变火山岩、浅成岩），Ls 沉积岩和变质沉积岩的岩屑（燧石和硅化灰岩除外），L(R) 不稳定岩屑(Lv+Ls)，Lt 多晶质岩屑(L+Qp)。颗粒统计数为300～500粒。

关于沉积旋回划分，本书涉及第Ⅱ至第Ⅴ级旋回（表2-7）。

表2-7 测区沉积旋回级次划分表

旋回级别	期限	划分方案	实例
第Ⅱ级旋回	世	（超层序）盆地演化阶段	被动边缘盆地、上叠盆地等
第Ⅲ级旋回	期	层序	中侏罗世上叠盆地的层序Ⅰ、层序Ⅱ
第Ⅳ级旋回	时	（准层序）体系域、基本层序组合	高水位、低水位体系域
第Ⅴ级旋回		基本层序	各沉积地层的基本层序

二、沉积盆地类型及特点

（一）石炭纪沉积盆地

该盆地主要分布于昌都板片边部和澜沧江结合带附近。余光明、王成善(1990)在研究昌都板片古生代、中生代沉积盆地时认为其性质为陆表海沉积盆地。刘训等(1992)进一步指出：昌都板片在石炭纪发生一系列开裂事件，在陆壳基础上由于开裂而形成一系列相间出现的岛弧和岛间海（残余海盆）。由此可见这种稳定类型的石炭系沉积体系就是所说的岛间海沉积，其特征类似于陆表海的沉积。指示澜沧江结合带的活动型石炭系具有深海盆地沉积特征，初步认为它是发育在石炭纪昌都板片南缘被动大陆边缘斜坡上的深海盆地，因此称石炭纪沉积盆地为他念他翁深海盆地。

1. 昌都陆表海盆地

其范围与昌都地层区一致，发育早石炭世沉积物。

1) 沉积组合特征

(1) 珊瑚河组沉积组合：该组为单陆屑含煤建造，由炭质泥（页）岩、石英砂岩或粉砂岩、劣质煤层及少量灰岩组合而成。该组底部含黄铁矿晶粒，生物扰动构造发育，向上石英砂岩中发育交错层理，再向上过渡为粉砂岩，发育脉状层理及小型沙纹交错层理。该组中上部为砂泥互层沉积，发育透镜状层理、小型沙纹层理和水平层理，可见生物扰动构造，含植物屑。该组最顶部为泥岩、粉砂岩和深色粒泥灰岩及微晶灰岩，并发育少量薄层珊瑚灰岩。碎屑岩中发育砂泥互层层理、透镜状层理、小型沙纹层理和水平层理，含较多植物屑。碳酸盐岩沉积物中含有丰富的腕足类、苔藓虫、海百合化石。

(2) 东风岭组沉积组合：该组主要为灰色粒泥灰岩、灰泥灰岩及生物灰岩组合。该组产双壳类、腹足类、腕足类、苔藓虫、海百合及有孔虫、珊瑚等，大多保存完好，常构成生物层。

2) 沉积环境特征

据沉积特征可将珊瑚河组分为河口湾沉积和泻湖沉积。该组下部含煤细碎屑岩不具备三角洲沉积的层序特征,也与障壁海岸潮坪沉积有明显的区别,所以确定为河口湾沉积,其垂向沉积环境分别为间湾沉积→潮汐水道沉积→湾边潮坪沉积。而其上部的碳酸盐岩沉积属泻湖环境。

东风岭组为一套碳酸盐岩台地沉积物。沉积相以礁滩相和静水灰泥相沉积为主。

3）层序分析

从区域上看,昌都陆表海盆地连续发育完整的石炭纪沉积。但从出露的地层看,只能识别出一个完整的层序(sequence)(图2-51)。

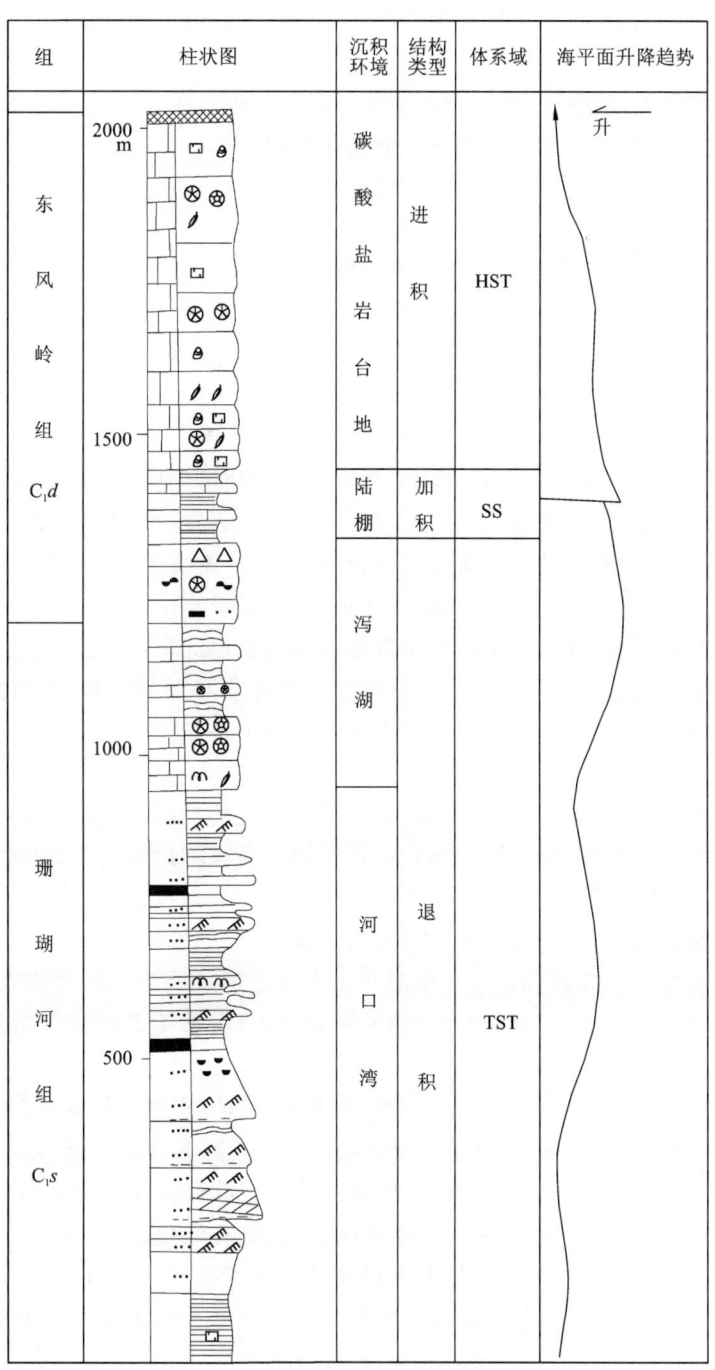

图2-51 昌都地层区早石炭世沉积层序柱状图

综上可见,珊瑚河组与东风岭组组成一个完整的沉积层序。首先珊瑚河组发育的含炭质砂质灰岩和微晶灰岩与东风岭组底部的含燧石质微晶灰岩、角砾状白云岩(风暴沉积)组成了一个海平面上升的海侵体系域(TST),具退积型的垂向序列。垂向上该相序由下向上为河口湾沉积→潮坪沉积(潮下)→

泻湖沉积。其中生物扰动强。

饥饿段(SS)又称作凝缩段(CS),出现在退积型旋回(TST)与进积型旋回(HST)之间的界面上。由于它是沉积速率极低的一段地层,且沉积物供应不足,所以其沉积物粒度相对较细。东风岭组下部黑色页岩夹灰黑色薄板状泥晶灰岩即反映了这种特征。生物扰动构造极为发育。

高水位体系域(HST),为向上变浅的进积型沉积,表现为灰岩单层向上变厚,颜色变浅,泥质条带增多,生物群中丛状、块状群体珊瑚主要出现在东风岭组下部。在东风岭组顶部出现 0.2m 厚铁矿,其位置恰好与区域石炭系鹜曲组、下石炭统东风岭组之间的假整合位置相一致,可能是一个不够典型的铁质风化壳。

上述层序所反映的海平面变化曲线与全球同期海平面变化曲线(Vail,1997)相似,这正是陆表海盆地的主要特征之一:盆内层序的形成受全球海平面变化控制。

2. 他念他翁深海盆地

该盆地规模与澜沧江结合带卡贡群分布范围一致。

1)沉积组合特征

哎保那组为一套碳酸盐岩与陆源混积的沉积组合,岩性为泥质板岩、绢云板岩、粉砂质板岩、变细粒石英砂岩。颜色深、灰黑色,含黄铁矿晶粒。碳酸盐岩沉积为灰色薄层—薄板状微晶灰岩、海百合灰岩、珊瑚灰岩。

日阿则弄组由滞流盆内沉积与双峰式火山岩构成。沉积物以泥质板岩为主,夹硅质岩,偶见细透镜体状的细砂岩。岩石一般呈黑色,含炭质,含大量黄铁矿晶粒;碳酸盐岩沉积夹层为灰黑色微晶灰岩,发育细密的水平纹理,与该沉积组合共生的火山岩为拉斑玄武岩-流纹岩组合,产生于裂谷拉张程度较高、地壳变薄条件下。深水沉积与海底火山岩构成一系列火山-沉积韵律层。

玛均弄组上段(底部灰岩除外),是卡贡群中真正的深海盆地沉积,也是该群的真正复理石部分。岩性由砂岩、粉砂岩(粉砂质板岩)、板岩组成。发育递变层理砂岩和粉砂质板岩—含炭泥质板岩递变层,槽模发育。几乎不含大化石和生物碎屑,可见到细弱的水平虫迹。

2)沉积环境分析

哎保那组的特征是不见任何深水沉积标志,色深、粒细、层薄,含一些能够适应深水区生活的珊瑚、海百合。刘宝珺等(1993)将哎保那组的沉积组合、特征同喜马拉雅地区同类沉积组合对比,发现哎保那组的陆源与碳酸盐比、沉积物类、沉积构造、生物扰动构造等同喜马拉雅察且拉组的特征较类似,所以分析哎保那组的沉积环境为深陆棚,为浅海向深海的过渡区。

日阿则弄组的碳酸盐岩沉积物和灰黑色微晶灰岩夹层特征反映出一种底流微弱的深海静水环境,而它的双峰式火山岩又反映出其亦具活动型盆地特征,故综合分析为日阿则弄组是一种边缘裂陷槽沉积,也就是被动边缘拉张盆地类型的沉积。

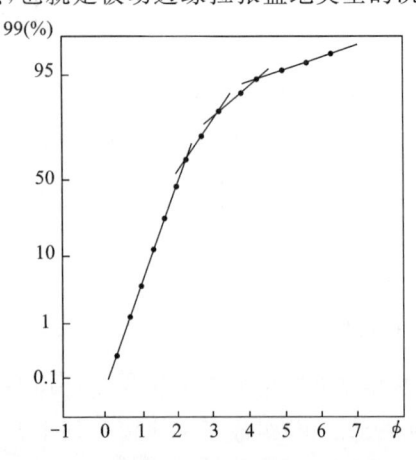

图 2-52 玛均弄组砂岩粒度曲线图

从玛均弄组上段的沉积组合特征及沉积构造特点中可以看出砂岩、粉砂岩、板岩发育典型的浊积岩构造递变层理砂岩和递变层对,且槽模发育。没有发现任何诸如浅水波痕、泥裂、潮汐层理等浅水标志,也没有红色、杂色夹层。砂岩成熟度低,矿物成分中不稳定成分较多。长石、岩屑、云母、泥质总含量大于 35%,常为 40%~50%。砂岩类型有长石杂砂岩、岩屑杂砂岩、长石砂岩、长石石英砂岩、长石岩屑砂岩。碎屑分选、磨圆度均差,镜下可以看到粒序层理。砂岩粒度分析结果显示概率累计曲线为具 3~4 个线凸起的弧状曲线(图 2-52),具粗偏特点。这种总体间交角小、曲线斜率低的特点具有浊积岩的粒度分布特征。综上分析玛均弄组上段是卡贡群中的深海盆地沉积部分,具复理石发育特征,其沉积环境为海底扇(浊积扇)沉积。

3) 层序分析

卡贡群构造变形强烈且以顺层剪切为主,其地层厚度已不代表原始沉积厚度,但总体层序未遭破坏。从哎保那组到玛均弄组相序表现为外陆棚—裂陷槽—深海浊积扇(图2-53)。反映出海平面不断上升,并与被动大陆边缘裂谷作用增强同化演化的特点。

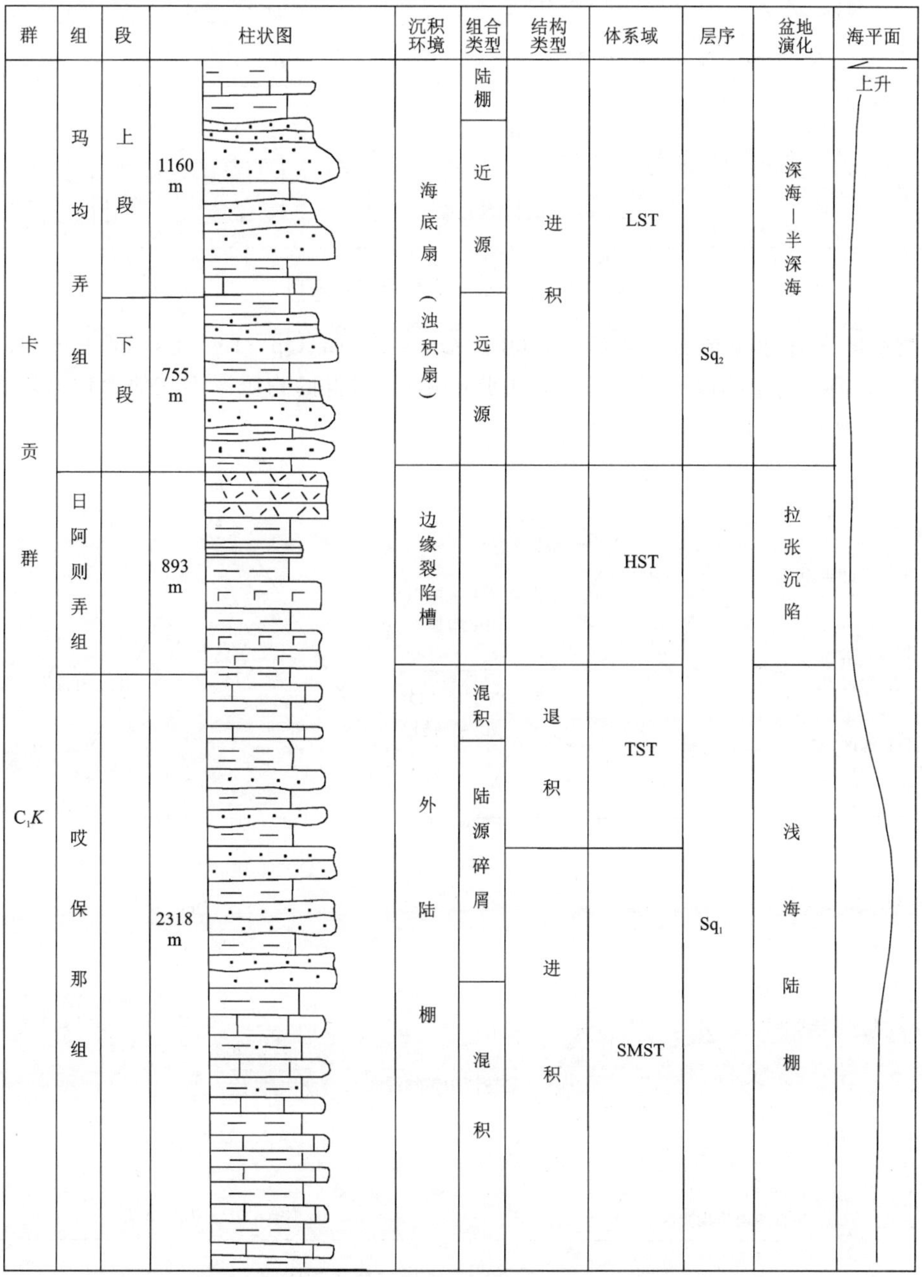

群	组	段	柱状图	沉积环境	组合类型	结构类型	体系域	层序	盆地演化	海平面
卡贡群	玛均弄组	上段 1160 m		海底扇(浊积扇)	陆棚		LST	Sq₂	深海—半深海	上升
		下段 755 m			近源	进积				
					远源					
	日阿则弄组	893 m		边缘裂陷槽			HST		拉张沉陷	
	哎保那组	2318 m		外陆棚	混积	退积	TST	Sq₁	浅海陆棚	
					陆源碎屑	进积				
					混积		SMST			

C₁K

图 2-53　早石炭世他念他翁海盆地沉积层序综合柱状图

哎保那组为陆棚边缘体系域(SMST)和海侵体系域(TST)的沉积产物,而日阿则弄组为高水位体系域(HST)下的沉积,玛均弄组则为低水位体系域(LST)下的沉积产物,哎保那组和日阿则弄组共同形成一个层序Ⅰ,玛均弄组则为层序Ⅱ。

4) 碎屑模型分析

卡贡群砂岩类型以石英砂岩、岩屑石英砂岩、长石石英砂岩、长石杂砂岩为主,碎屑成分主要是单晶石英($Qm=20\%\sim93\%$),多晶石英质岩屑($Qp=3\%\sim7\%$),长石($F=3\%\sim49\%$),沉积岩屑($Ls=2\%\sim17\%$),火山岩屑(Lv)少见,只在个别样品中出现。虽然碎屑成分含量变化较大,但基本碎屑组合为(QF)型。投影在维罗尼和梅纳德(1981)的QFL图中的点落入稳定浅海盆地区(CR)和裂谷、断陷盆地区(RF),说明盆地属于次稳定型,而且存在从稳定到次稳定的演化趋势(图 2-54)。

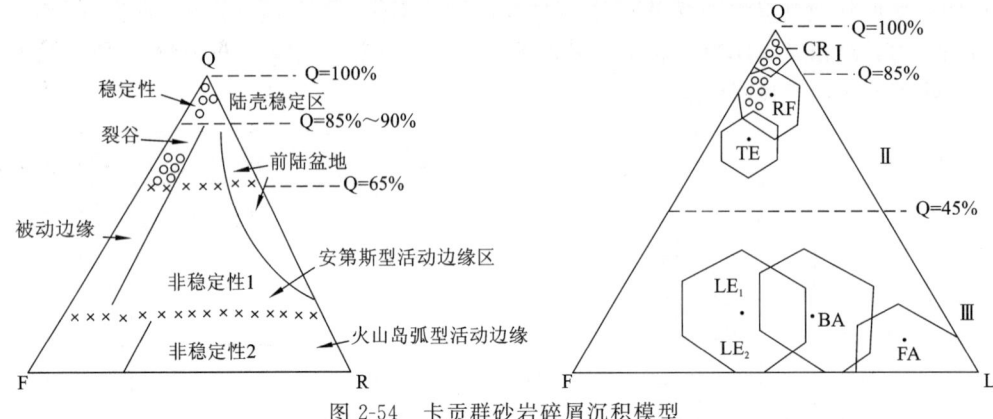

图 2-54　卡贡群砂岩碎屑沉积模型

在判断物源区方面,投影在迪金森(1979)QFL、Qm-F-Lt、Qp-Lv-Ls、Qm-P-K 图中的点落入陆块物源区、碰撞造山带物源区(图 2-55)。由此可见:卡贡群的物源区不在他念他翁岩石浆弧,而是在昌都陆块区,物源区的构造稳定性较高。

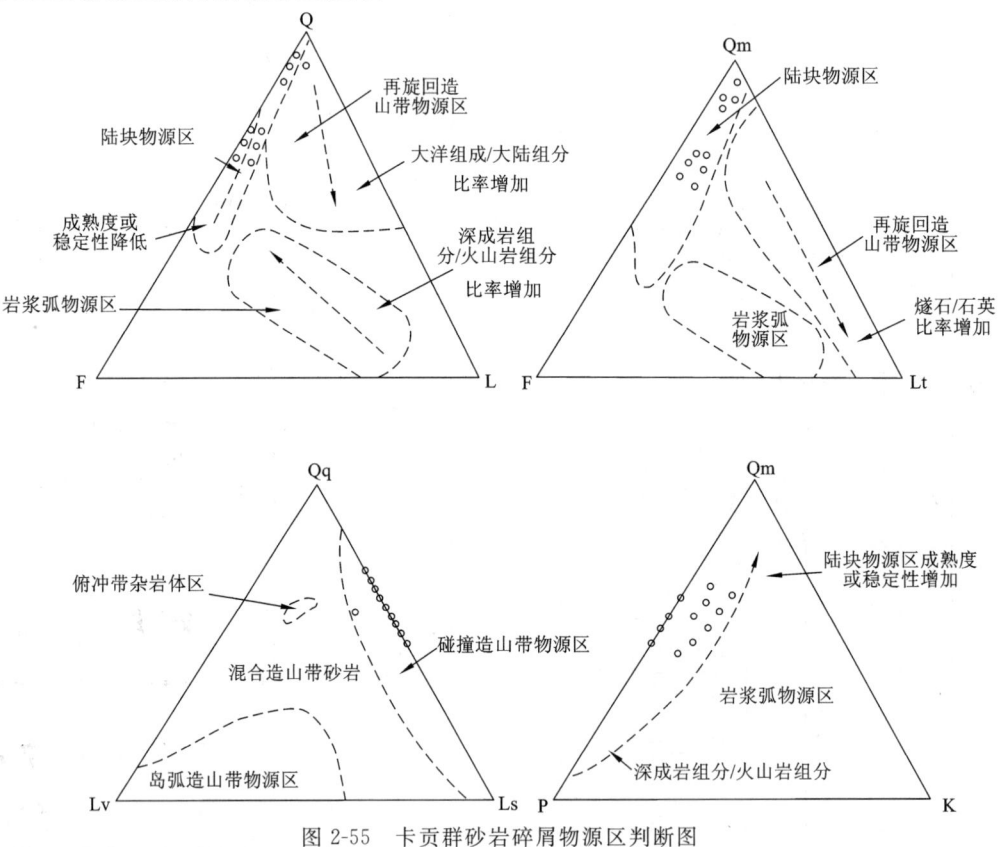

图 2-55　卡贡群砂岩碎屑物源区判断图

(二) 三叠纪沉积盆地

晚三叠世,测区的沉积盆地格局与石炭纪相比已完全不同。澜沧江结合带完成了俯冲、碰撞,正处于横向挤压阶段,生成活动型上叠盆地。班公错-怒江结合带的丁青"小洋盆"已经生成并开始洋内消减俯冲,因此,班-怒缝合带两侧均发育了相对被动的陆缘盆地。

1. 他念他翁上叠盆地

上叠盆地一名来自 Klein(1990)盆地分类方案,它是俯冲造山期后因两陆块的继续挤压碰撞而在板块缝合带附近生成的盆地。孟祥化(1985)称之为造山期后板块缝合线盆地。在凯皮(1981)的盆地分类中属内渊盆地。他念他翁上叠盆地与活动型三叠系竹卡群分布范围一致。

1) 沉积组合特征

竹卡群中的巴钦组以发育碰撞型高 SiO_2、Al_2O_3 的火山岩为特征,而该组之上的结玛弄组为杂色碎屑岩夹灰岩。结玛弄组从颜色上可分为两部分:一种为红层部分,以砖红色泥岩、粉砂岩泥岩为主,夹紫红色中薄层细砂岩、泥岩及粉砂质泥岩,以厚层者居多,不显层理,部分可见小型波状交错层理发育,亦可见水平层理;另一种为灰色部分,该部分下部为灰色、灰黄色中薄层生屑灰岩或介壳灰岩,生物碎屑以破碎或磨蚀的半咸水双壳类、腹足类为主,含少量海百合茎,充填物为泥晶方解石,上部为灰色粉砂质泥岩、泥岩,生物钻孔十分发育。

2) 层序分析

结玛弄组由三个旋回组成(图2-56),每个旋回均以"红层"开始,"灰层"结束。根据"红层"为河流沉积,属低水位期产物;"灰层"为河口湾沉积,属海侵产物;可以比较容易地将盆地充填层序划分为3个层序(Sq_1、Sq_2、Sq_3)、6个体系域(副层序组)。层系的形成受控于盆地相对海平面变化,而盆地相对海

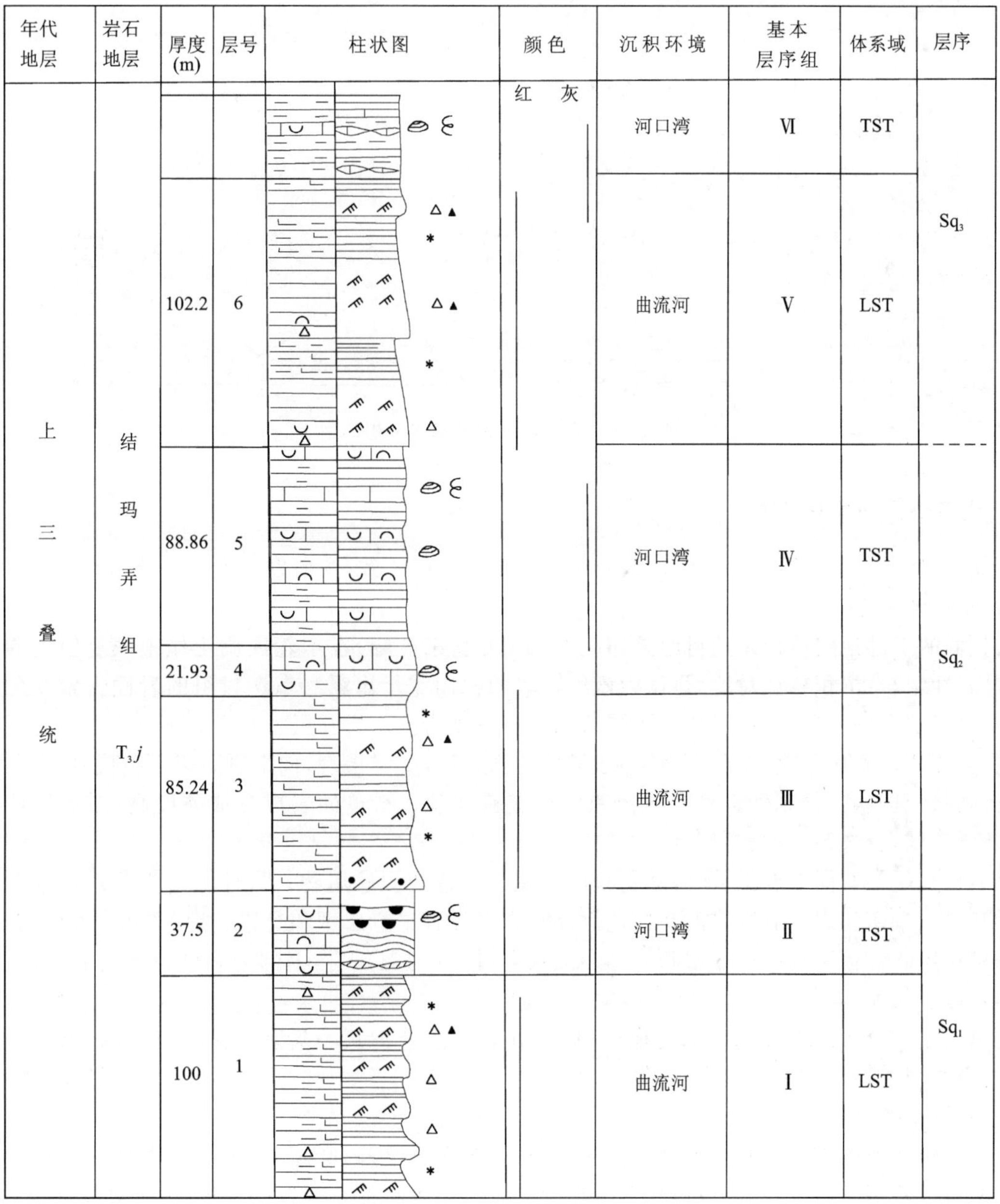

年代地层	岩石地层	厚度(m)	层号	柱状图	颜色	沉积环境	基本层序组	体系域	层序
上三叠统	结玛弄组 T_3j				红 灰	河口湾	VI	TST	Sq_3
		102.2	6			曲流河	V	LST	
		88.86	5			河口湾	IV	TST	Sq_2
		21.93	4						
		85.24	3			曲流河	III	LST	
		37.5	2			河口湾	II	TST	Sq_1
		100	1			曲流河	I	LST	

图2-56 结玛弄组层序地层综合柱状图

平面变化又是全球海平面变化和盆地基底升降综合作用的结果,他念他翁上叠盆地在短时期内充填了三个层序,经历了三次旋回,似乎可以说明盆地活动性较强。

3) 碎屑模型分析

结玛弄组砂岩为长石砂岩类,岩屑组合为QF,取6件砂岩统计结果,Q=24%～49%,F=25%～49%,R=0.6%～1.3%。在库克(1974)的QFR图解中,投影点均落入石英砂岩中等含量的安第斯型活动边缘区(图2-57),表明盆地活动性较强。

在判断物源区方面,投影到Dickinson(1979)QFL、Qm－F－Lt图解中主要落入岩浆弧物源区(图2-58),似乎可以指示该盆地的物源区为盆地南侧的他念他翁岩浆弧。

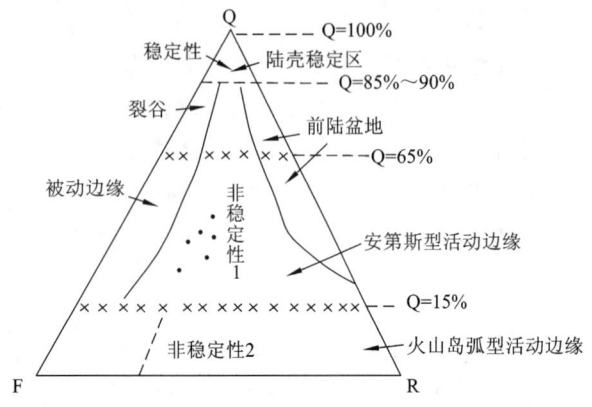

图2-57 结玛弄组砂岩碎屑沉积模型

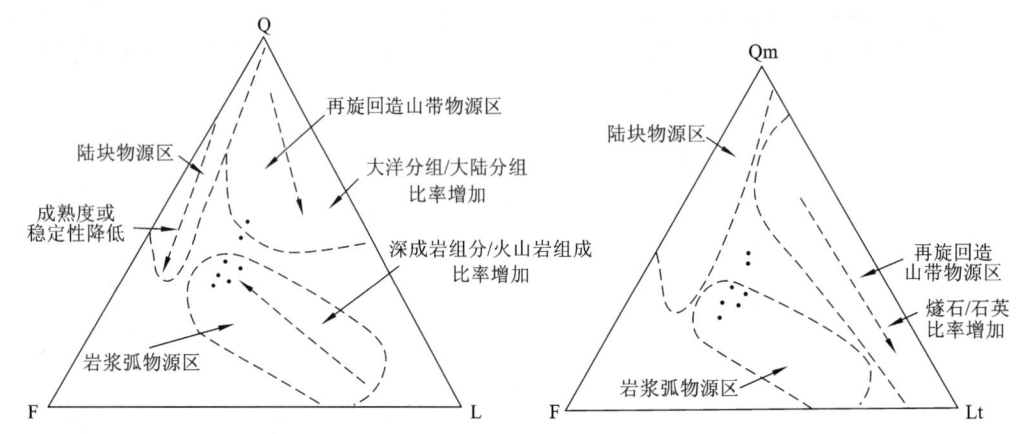

图2-58 结玛弄组砂岩碎屑沉积模型

2. 唐古拉被动陆源盆地

该盆地发育范围与羌南-保山地层区的唐古拉地层分区一致,主要发育上三叠统结扎群。

1) 沉积组合特征

结扎群的下部地层单位东达村组是邻区(1:25万仓来拉幅)在本轮区调工作中恢复使用的地层单位,通过岩性组合、沉积特征对比后,认为该组在本图幅内零星出露。东达村组的岩性为紫红色厚层状砾岩,中厚层状含砾粗砾石英砂岩,中厚层状细砾石英砂岩与灰岩互层。其中底部砾岩中砾石成分以片岩为主,石英质砾石成分次之,砾石磨圆差,呈棱角状,发育交错层理,向上砾石以石英质砾石为主,磨圆较好,次圆状—圆状。含砾砂岩发育平行和层理交错层理。石英砂岩成分成熟度高,石英质碎屑含量95%,硅质胶结,分选磨圆均较好。

甲丕拉组是一套向上变细、变薄的正粒序沉积的红色陆源碎屑物。岩性主要为紫红色细粒长石杂砂岩、粉砂岩、杂色泥岩夹有少量的灰白色泥晶灰岩。发育平行层理和交错层理,产双壳类化石。

波里拉组岩性为一套中—厚层状泥(微)晶灰岩,部分为泥灰岩,上部为紫红色碎屑岩。产双壳类、腕足类化石。

巴贡组是整合于波里拉组之上的地层单位,其岩性组合为灰—灰黑色板岩、长石石英砂岩夹粉砂岩、页岩及煤层。该组产植物、双壳类化石。

2) 沉积环境

东达村组底部的砾石从其沉积特征上可以看出其分选性差、磨圆差,不具定向性,颜色呈紫红色。该组上部具退积型海岸沉积,为海侵早期沉积物。主要表现特征是砾石成分较单一,多数是石英质的砾石,大小较均一,磨圆较好,发育平行层理,砾石之上的灰白色中厚层含砾粗砂岩和中厚层状石英细砂岩为海滩砂,粒度概率累计曲线由三个总体组成,其中跳跃总体占90%,分选好;悬浮和牵引总体含量低,斜率低,分选差。曲线特征与海滩砂类似。所以东达村组为泥石流和片泛沉积—海岸沉积环境。

甲丕拉组的岩屑长石石英砂岩,发育低角度楔伏交错层理。成分成熟度低,可能与物源区较近有关,结构成熟度中等,磨圆较差,但分选较好。粒度曲线主要为跳跃总体(图2-59),斜率在60°以上,具有滨海浅滩分选较好的特点,所以甲丕拉组为退积型海岸沉积环境。

波里拉组以碳酸盐岩沉积为主,产双壳类化石,总体显示一种能量较低的浅海陆棚环境,但该组为上部碎屑岩又具有滨岸环境的特征,所以该组环境应为浅海陆棚—滨岸。

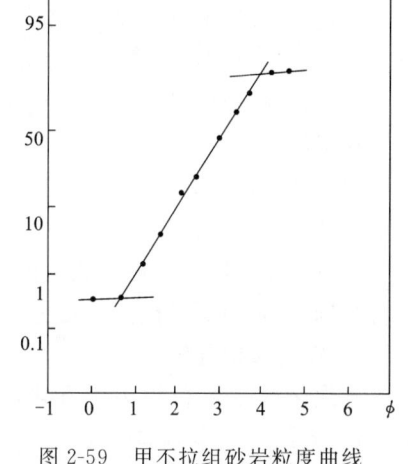

图 2-59 甲丕拉组砂岩粒度曲线

巴贡组的岩性为暗色细碎屑岩,产双壳类和植物化石夹煤层,且波痕较发育,可见脉状层理和透镜状层理,这些特征表明巴贡组应为河口湾沉积环境。

3)层序分析

以结扎群为代表的被动陆源盆地发育了两个层序。层序Ⅰ(Sq_1)的底界(东达村组底部)为区域性的角度不整合,属Ⅰ型层序,由三个体系域构成(图2-60)。

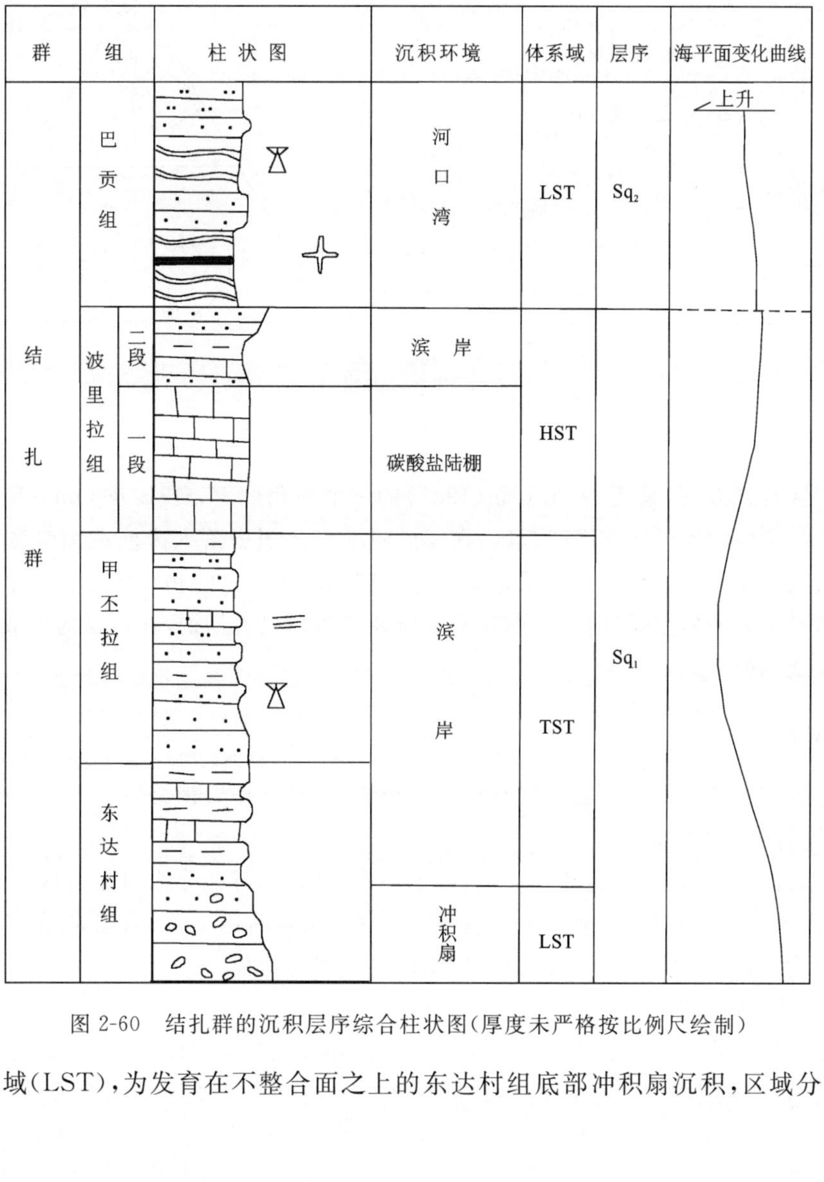

群	组	柱状图	沉积环境	体系域	层序	海平面变化曲线
结扎群	巴贡组		河口湾	LST	Sq_2	
	波里拉组 二段		滨岸	HST	Sq_1	
	波里拉组 一段		碳酸盐陆棚			
	甲丕拉组		滨岸	TST		
	东达村组		滨岸			
			冲积扇	LST		

图 2-60 结扎群的沉积层序综合柱状图(厚度未严格按比例尺绘制)

低水位体系域(LST),为发育在不整合面之上的东达村组底部冲积扇沉积,区域分布不稳定,在靠近测区北侧的他念他翁古剥蚀区地带厚度较大而延入测区后厚度渐薄,分布面积渐小。

海侵体系域(TST),显著的退积型层序,从东达村组砾岩向上,包括连续沉积的甲丕拉组,总体上显示出陆源碎屑沉积向上变细、变薄。沉积相序为陆上冲积扇→海岸沉积→陆棚沉积。

高水位体系域(HST),明显的进积型层序,表现为波里拉组灰岩单层向上变厚的特征,为陆棚边缘碳酸盐岩沉积。

层序Ⅱ(Sq_2)的沉积表现在巴贡组河口湾沉积组合的产物,代表低水位期河流向盆地延伸。而波里拉组上部滨岸沉积的碎屑岩也具有低水位体系域的特征。

唐古拉被动陆源盆地与典型被动陆源盆地相比,沉降期短,没有出现外陆棚至大陆斜坡沉积,而这正与全球性海平面下降有关,更主要的是受丁青小洋盆消减、关闭的影响。

4) 碎屑模型分析

本次区调结合1:20万丁青县幅、洛隆县幅的砂岩样品分析结果显示,砂岩骨架颗粒成分呈明显的规律性,其组合基本为QF型。

在判断盆地性质方面众多样品在QFL图解中,与维罗尼和梅纳德(1981)的被动边缘型(TE)碎屑沉积模型非常接近,在QFL和QFR图解中绝大多数投点落入被动边缘(TE)和稳定克拉通内浅海盆地(CR)(图2-61),大部分样品集中于TE区,而少量的样品集中在CR区,演化方向为CR→TE,反映了沉积盆地从稳定到次稳定(被动陆源拉张活化)的演化过程。

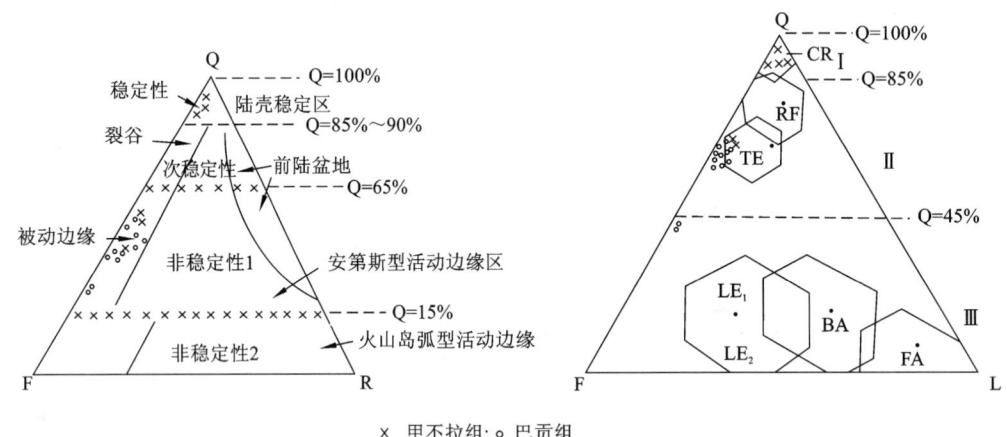

× 甲丕拉组;○ 巴贡组

图2-61 结扎群砂岩骨架颗粒图

在判断物源区类型方面,采用Dickinson(1985)的三个三角图解,QFL及Qm-F-Lt图中投点多落入稳定性较低的陆块物源区或基底隆起区,在Qp-Lv-Ls图中落入碰撞造山带区。这个结果较好地证明了丁青县嘎塔乡和千岩乡一带的结扎群发育的被动陆源盆地的物源区为他念他翁前石炭系变质基底隆起和已遭受剥蚀的岩浆弧(他念他翁复式深成杂岩体),也就是说,在该盆地生成时澜沧江结合带已碰撞造山并遭受剥蚀。

3. 丁青洋底盆地

在丁青小洋盆的三叠纪蛇绿岩套中发育洋底沉积物,其有三种岩相类型。

1) 紫红色放射虫硅质岩相

洋底沉积组合的主要岩相,在色扎乡贡桑、协雄乡德极国、勒寿弄等地均见出露。岩性为硅质泥岩、含泥质硅质岩,厚层状,不显纹理。放射虫含量30%左右,最高的达70%,保存较完好,不显示定向性。该岩相以紫红色为主,部分为灰白色、青灰色,但均以厚层状为特征。

2) 纹层状放射虫硅质岩相

具有颜色条纹的硅质岩,紫色、青灰色、灰黑色条带相间出现,单层厚2~3cm,少数较厚者可达5~10cm。经切片后镜下观察均含放射虫残骸,红色者含放射虫较多,灰色者含放射虫少,且含少量陆源粉砂。此类硅质岩仅在色扎乡贡桑发育,其特点类似于雅鲁藏布江白垩纪洋底盆地的纹层状硅质岩相,只是单层厚度较之薄得多。

3) 燧石岩相

该岩相与蛇绿岩共生,层状产出,在协雄乡破朗国厚 0.5m,棕褐色、青灰色、暗灰绿色,成分主要为玉髓和自生石英,岩石致密坚硬,敲击之声清脆,贝壳状断口。

燧石相可以是化学沉淀的,也可以是次生交代的或与火山作用有关,在现代大洋硅质沉积中常见,层状燧石在洋中脊背景下出现。该相在班公错-怒江结合带中出露较少。燧石的硅酸盐分析结果为:SiO_2 含量为 91.04%,Al_2O_3 为 0.99%,CaO 为 0.04%,MgO 为 0.98%,FeO 为 0.20%,MnO 为 0.02%,K_2O 为 0.15%,Na_2O 为 0.10%,投影到硅质岩成因氧化物散点图中落入化学成因区,表明该燧石相为化学沉淀的。

余光明(1991)总结郑一义(1984)、郑海翔(1984)对丁青硅质岩的研究成果表明:与雅鲁藏布江地区相比,沉积厚度不大,很少逾 100m,现代沉积研究表明放射虫硅质岩沉积速率约 0.1cm/ka,反映了盆地存在时间短,可能为 10~20Ma。岩石颜色以紫红色为主且多含放射虫化石,故绿色者较少,表明火山作用对于硅质岩的形成没有什么影响。

4. 确哈拉被动陆源盆地

发育在丁青洋底盆地南侧、冈-念板片北缘,与确哈拉群、孟阿雄群分布范围一致。因上三叠统确哈拉群为盆地主要沉积,且其又在盆地范围内,故称之为确哈拉被动陆缘盆地。

1) 沉积组合特征

孟阿雄群的岩石类型可分为上、下两部分,其下部为浅灰色厚层亮晶砂屑白云岩、亮晶粉屑白云岩、含生屑细晶白云岩及薄层粉晶、泥晶白云岩。其上部由深灰色厚层亮晶砂屑灰岩、含砂屑微晶灰岩、含生屑微晶灰岩组成,产珊瑚化石。在丁青县桑多乡学果拉孟阿雄群上部中发现因碳酸盐岩块体滑移和重力滑塌作用形成的大规模再沉积碳酸盐堆积组合体。块体滑移表现为一套灰色厚层结晶灰岩。重力滑塌作用表现为一套厚 70m 深灰色微晶灰岩夹角砾灰岩。厚层角砾灰岩与中薄层微晶灰岩构成粒序层,角砾灰岩显示出正粒序,但不够明显,角砾大小 0.5~4cm,含量 60%,泥晶填隙,具有重力流沉积特点。

确哈拉群中下部的岩性主要为深灰色、灰黑色粉砂岩、粉砂质泥岩夹灰褐色薄层细粒岩屑长石石英砂岩、薄板状硅质岩。砂岩分选、磨圆度较差,含海绿石矿物。其中部还发育深灰色泥晶灰岩、灰色硅质岩及灰黑色粉砂岩、泥(页)岩,其中灰岩多呈薄板状、中薄层状,相互平行的平坦接触面,内部具有呈毫米级的微晶纹层,与所夹硅质岩构成独具特色的韵律层。很少见化石出露,偶见海百合茎及双壳类。该群上部的灰色砂砾岩呈向上变薄、变细的特点,可以划分出几个小的岩段,a 粗粒岩段,b 正粒序块状砾岩段,c 层状含砾石粗砂岩段,d 正粒序砂岩段,e 未见粒序变化的砂岩段。各段特征是:a 段灰色块状粗砾岩,层厚 23m,最厚 4.7m。砾石大小不等,形态各异,略有磨圆。其成分主要是硅质岩、黑色板岩,粒径多为 6~8cm,大者 30cm,无定向排列,不显粒序。砾石含量一般大于 70%,颗粒支撑。b 段块状砾岩,层厚大于 2m。砾石成分、含量、分选、磨圆与 a 段相同。粒径在 0.5~6cm 之间,下粗上细,顶部与 c 段过渡。c 段厚层含砾粗砂岩,层厚 1~2m。混有大小不等磨圆很差的砾石。砂岩碎屑成分以石英为主,并有较多硅质岩、泥质、灰岩岩屑及云母,分选磨圆均差,杂质含量较高(8%~10%)。d 段粒序层理砂岩,粗粒砂组成厘米级正粒序层,野外露头及薄片观察均可看到,其他特征与 c 段相同。e 段没有粒序变化特征,其他特征与 d 段相同。此段厚层砾岩和砂岩往上为中到粗粒浊积岩,韵律性明显。韵律层可分为厚层细粒岩—中粒砂岩、厚层含砾中粗粒砂岩—细粒砂岩、中粒砂岩—细粒砂岩,粒度较细,单层厚度较小,一般 0.2~0.4m。韵律层向上发育层面不平整、层理不明显的细粒砂岩和具平行纹理的深灰色粉砂岩,还有一段为黑色泥质板岩,再向上主要为深灰色粉砂岩及薄层细粒石英砂岩,横向延伸稳定,且有含饼状炭泥质结核和黄铁矿晶粒的黑色泥(页)岩出露。

2) 沉积环境分析

孟阿雄群下部的白云岩中含未被白云岩化的腹足类碎片等生物碎屑,可以看出其应为潮间带沉积,而泥晶白云岩应表现出潮上蒸发的产物,含砂屑或粉屑的亮晶白云岩则为高能浅滩的产物。孟阿雄群上部发育的具滑塌构造的结晶灰岩和角砾灰岩为碳酸盐岩台地边缘在拉张背景下发生显著的沉陷及裂解时,因碳酸盐岩超块体滑移和重力滑塌作用形成的再堆积组合体,所以这样的沉积物应为碳酸盐岩台地斜坡的产物。

确哈拉群中、下部的深色碎屑岩中见有与薄板状灰岩构成韵律层的硅质岩,且该段化石较少,但在其正层型剖面中发现过珊瑚化石。这些沉积特征和生物标志均指示深水陆棚环境。而确哈拉群上部的灰岩砂砾岩代表着一种向上变薄变细的后退型浊积扇,即自下向上可分为外陆棚→内扇→中扇→外扇→盆地平原沉积,具鲍马序列和复理石特征,是海底浊积扇和深海平原的沉积。

3) 层序分析

测区确哈拉群、孟阿雄群呈断块产出,顶底不全,年代地层对比精度不高,无法确切划分沉积层序。在剖面分析和路线观察基础上对沉积层序进行浅析(图 2-62)。

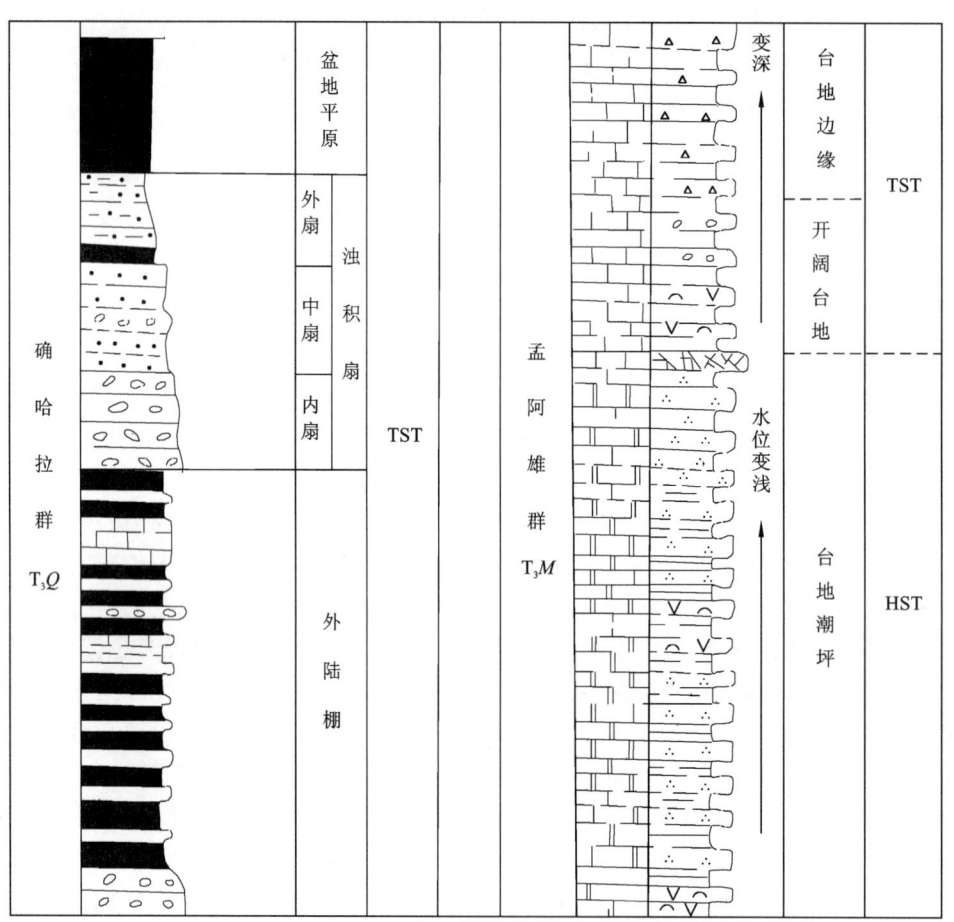

图 2-62 确哈拉群、孟阿雄群沉积层序柱状图

孟阿雄群下部为一套厚度很大的白云岩,主要是潮间、潮上带沉积,由一系列向上变浅的基本层序组成,具高水位晚期的沉积特点。中部有一发育不为完善的钙质风化壳,表现为褐色钙质角砾岩,厚0.5m。角砾成分为微晶灰岩、砂屑灰岩,与下伏岩层和岩性一致。角砾大小不一,0.5~5cm,次棱角状,方解石胶结物普遍被铁质浸染。此风化壳指示不整合面存在,是很好的层序分界面的指示。孟阿雄群上部的退积型碳酸盐岩沉积属于海侵体系域,沉积环境为开阔台地至台地边缘,反映海平面上升过程。

确哈拉群的环境为浅海陆棚→海底扇→深海平原,显示出快速退积的特点,应属海侵体系域。

4) 碎屑模型分析

确哈拉被动陆源盆地的砂质沉积仅分布在确哈拉群中。砂岩类型以岩屑石英砂岩为主,部分为石英砂岩。碎屑成分主要是单晶石英(Q_m)、硅质岩屑(Q_p)及灰岩、泥岩、粉砂岩等沉积岩岩屑(L_s),长石

(F)很少,不含火山岩屑(Lv)。基本组合为 QL 型。在 Dickinson(1979)QFL、Qm-F-Lt 图解中,其碎屑全部落入再旋回造山带物源区(图 2-63)。

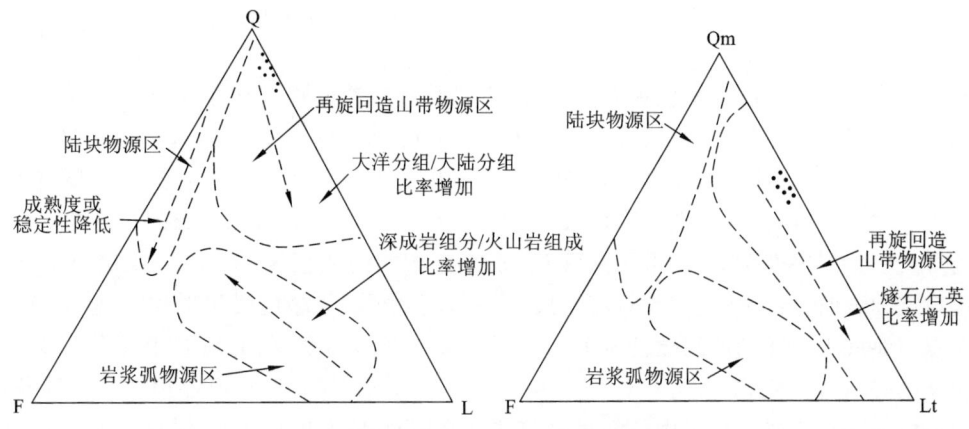

图 2-63　确哈拉群砂岩碎屑沉积模型

迪金森等(1986)将对物源区解释最具意义的砂岩总结为五种主要岩相,上述砂岩属于其中的石英岩屑砂岩相,这表明其物源应来自隆起-逆冲断层带,或者称作褶皱-逆掩带。另外将部分砂岩的硅酸盐分析结果,投影到贝第亚(Bhatia)1983 年提出的砂岩与构造背景关系的判别图中,几乎全部落入 D 区,即被动大陆边缘区。砂岩样品中不含火山岩屑(Lv),这说明物源区缺少岩浆剥蚀区(图 2-64)。

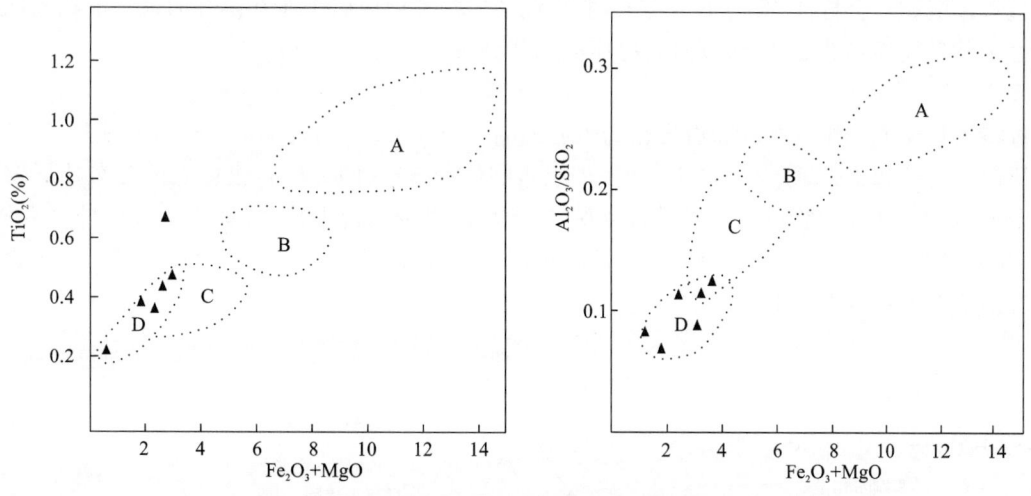

图 2-64　确哈拉群砂岩化学成分构造环境判别图
A:大洋岛弧;B:大陆岛弧;C:安第斯型大陆边缘;D:被动大陆边缘

(三)侏罗纪沉积盆地

侏罗纪是测区内分布最为广泛的地史期,"三区两带"内均发育了侏罗纪沉积物,因此关于侏罗纪的盆地成因各异,时空格架不尽相同,致使其演化也别具特色。在澜沧江山弧的北侧,昌都板片南缘继续发育了具红层性质的上叠盆地。丁青小洋盆在早侏罗世进入残余阶段,并在早侏罗世的末期消亡。同时,冈底斯-念青唐古拉板片北缘生成前陆盆地,称为希湖前陆盆地。"结合带"在短暂的上升剥蚀后,中侏罗世接受海侵形成上叠盆地,由于中晚侏罗世构造运动相对平静,上叠盆地没有划分出显著的前渊带、内渊带、后渊带,而是跨覆结合带形成统一的缓坡盆地,盆地中心继承早期的前陆盆地位置,两侧为台区沉积。

1. 丁青残余洋盆

该盆地分布范围与狭隘的丁青板块缝合带一致,也就是秋宗马-雪拉山-抓进扎断裂以南、八忍达-

折级拉-确哈拉-苏如卡断裂以北,盆地的遗迹为"亚宗混杂岩(J_1yz)"。该混杂岩受到众多地学工作者的关注,黄汲清(1990)曾将其作为国内最典型的构造混杂岩。此处仅讨论其基质、原地岩块的沉积特征。

1) 沉积组合特征

构成混杂基质的主要岩性为黑色板岩,夹有硅质岩及灰岩透镜体。发育水平层理,含大量晶形完好的黄铁矿,星散状和结核状聚集。黑色板岩应属于浅变质的黑色页岩相,它是Benoulli(1974)划分的五种重要洋底沉积之一,其岩性还包括含放射虫的硅质岩相和细粒浊积岩相。含放射虫的硅质岩相与晚三叠世的岩相不完全一致,首先表现为颜色较杂,单层较薄,通常呈灰绿色、灰褐色、灰色、暗红色,形态为薄板状、透镜状,单层厚度10cm。常见灰绿色、暗红色相间的颜色纹层。单一纹层厚5～10mm。通过镜下切片观察,暗红色层主要是细粒石英组成,含放射虫残骸;灰绿色层为凝灰质、粘土质。这种颜色纹层的形成应与海底火山活动的间歇性有关。据郑一义(1979)的观察,硅质岩中还夹有少量紫红色泥质粉砂岩和火山碎屑岩透镜体,火山碎屑岩成为中基性,有玻屑晶屑型,也有晶屑、岩屑、玻屑三种态型,而细粒浊积岩应属于沉积建造分类中的复理石建造。在野外露头上观察到:深灰色薄板状细粒岩屑石英砂岩与灰黑色粉砂质泥(板)岩呈韵律式互层或灰黑色粉砂质板岩与泥质板岩互层,前者因原始层序保存不好,所以其细粒浊积岩的层序不是十分清晰,但在小韵律层(1～2cm)里可看到正粒序性的粒序层理,这些细粒浊积岩中发育大量遗迹虫石,主要属种有 *Chondrites furcatus*, *Circulichaus montonus* Valov, *Megegrapton* sp.,它们都是常见的复理石相遗迹。

2) 沉积环境分析

通过上述沉积组合特征,我们不难看出,亚宗混杂岩的基质应属于非补偿性的远洋沉积和细粒浊积环境。由于其呈无根式的混杂,所以对其层序亦无从分析。

3) 碎屑模型分析

通过将采集于残余洋盆类复理石岩相的砂岩样品投影在 QFL 图及 Qm-F-Lt 图上,其点落在过渡区岩屑质再旋回造山带,Qp-Lv-Ls 图上的点落在俯冲带区(图2-65),投影点的分布特征较好地反映了残余洋盆构造环境的复杂性。根据迪金森(1985)对"再旋回造山带"解释为上升俯冲复合体、碰撞结合带、弧后褶皱逆冲带等,目前的样品落入"再旋回造山带"区反映了丁青残余洋盆在闭合过程中存在相对抬升而成为俯冲带的物源区。

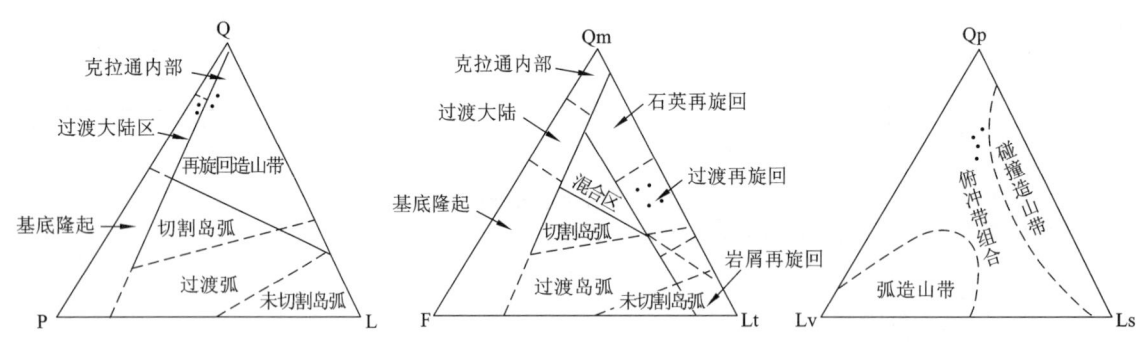

图2-65 早侏罗世残余洋盆复理石砂岩碎屑沉积模型

2. 希湖前陆盆地

前陆盆地一词,使用较为混乱。简而言之前陆盆地也就是指在碰撞造山带的边缘地区和造山带内部断陷盆地区(山间凹陷)形成的新的沉积区。与碰撞有关的前陆盆地类型主要有两种,即周缘前陆盆地和弧后前陆盆地,本书的前陆盆地也是指周缘前陆盆地,它形成于大陆壳表面向下拖曳与碰撞造山结合带相接之处,蛇绿岩缝合线带较岩浆岩和火山岩更靠近盆地。希湖前陆盆地的分布范围与中侏罗统希湖组范围大体一致,该盆地是丁青残余盆地发生洋内俯冲消减时,冈-念板片北缘大陆壳前缘表面发生下陷而形成的。

1) 沉积组合特征

据《西藏自治区岩石地层》和1:20万丁青县幅、洛隆县幅区调成果,加之本次调研发现中侏罗统希湖组属阿尔卑斯型陆源复理石建造,主要由泥板岩、粉砂质板岩、石英砂岩等浊流沉积物组成。沉积厚度巨大,在区域上分布面积较广,而且岩性单调,空间上平行于班公错-怒江结合带展布。

在希湖组的韵律层中大体可划分出三个单元。单元Ⅰ主要为细粒石英砂岩,其厚度不一,总体上呈向上变厚的趋势。单元Ⅱ主要为粉砂质板岩(粉砂岩),发育水平层理、脉状层理。单元Ⅲ主要为黑色泥质(板岩),局部地段可见含炭质的板岩,发育微细水平层理。三个单元组成了一个浊积层序。总体上希湖组为一套细碎屑沉积物,以粉砂质(板)岩和泥质(板)岩占优势。

2) 沉积环境分析

通过前面沉积充填物的分析,可以看出希湖组是一套复理石沉积地层体,具浊积岩的特征。由于在早、中侏罗世时,班-怒缝合带还存在构造活动,而在冈-念板片北缘与丁青残余海盆的中间区域,还有一系列的活动地带,诸如活动海槽这样的地带在接受沉积,它们往往会形成复理石沉积,也可以说希湖组就是在丁青残余海盆边缘的海槽型沉积地层体。关于局部地段可见波痕发育,在这里我们只能说明前陆盆地的特殊地理位置,决定其受构造沉降机制的影响颇大,所以沉积物有时会上升至浪基面以上形成波痕或为深部底流的作用结果。

3) 层序分析

前陆盆地的盆内层序受全球海平面变化和构造沉降双重影响,形成机制比较复杂,所以在这里只能对希湖组沉积层序作些粗浅分析。

因本次区调工作范围的限制,所以对希湖组三个岩组未能完全控制。致使在层序分析方面只能结合已有的相关资料简单描述一下。在希湖组与下伏地层的不整合面之上,没有发现浅水沉积标志,而是靠希湖组底部的一套含小泥砾的板岩或透镜状砾岩直接覆盖于嘉玉桥群的风化壳之上,这表明前陆盆地早期快速沉降的特点。希湖组一段的下部发现很多透镜状砾岩或含泥砾板岩,砾石大小混杂(5～20cm为主),成分以灰岩、片岩为主,分布杂乱,基质多为粉砂质,成层不规则,夹于泥质板岩中,这种岩性多形成于具有坡度的海下谷内。一段上部为远源相泥质浊积岩。二段以中粒浊积岩为主,出现单层的砂岩经常合并成厚的岩层,显然应属于近源相的。三组出现以中粒浊积岩为主,但有泥质浊积岩与之交互,总体乃以近源相为主。

前陆盆地的海平面变化受多种因素制约,其中最主要的就是全球海平面变化与构造沉降速度的影响。希湖组下段有退积型的沉积特征,向上粒度变细,而且从近源浊积岩到远源浊积岩,这一过程反映了海平面相对上升的海侵过程。二段、三段的近源浊积岩是相对海平面上升到最大之后的"海退旋回",即高水位期的产物。

4) 碎屑模型分析

希湖组砂岩以石英砂岩、岩屑石英砂岩为主,骨架颗粒成分主要是单晶石英(Qm为70%～90%)、多晶石英质岩屑($Qp=15\%～25\%$)、沉积岩和变质沉积岩的岩屑($Ls=10\%～20\%$)、长石(F)很少,一般不含火山岩屑(Lv),基本组合为QL型。在QFR体系图解中(库克,1974),投点均落入前陆盆地,在QFL、$Qm-F-Lt$、$Qp-Lv-Ls$体系图中(迪金森,1985),投点落入石英再旋回、再旋回造山带、碰撞缝合线及褶皱-逆掩带物源,很好地说明了前陆盆地特有的物源区(图2-66)。

3. 昌都上叠盆地

昌都上叠盆地指分布在铁乃烈-当不及断裂以北中侏罗统的沉积地层体。区域上该盆地分布面积很大,西藏昌都地区和青海南部的侏罗系红层即为代表。

1) 沉积组合特征

土拖组岩性主要为紫红色薄层细粒长石石英砂岩、粉砂岩、粉砂质泥岩夹少量灰绿色薄层细粒长石砂岩。在智曲西段该组下部发育紫红色厚层砾岩,砾石成分主要为紫灰色英安岩、灰色含生屑灰岩、微晶灰岩。

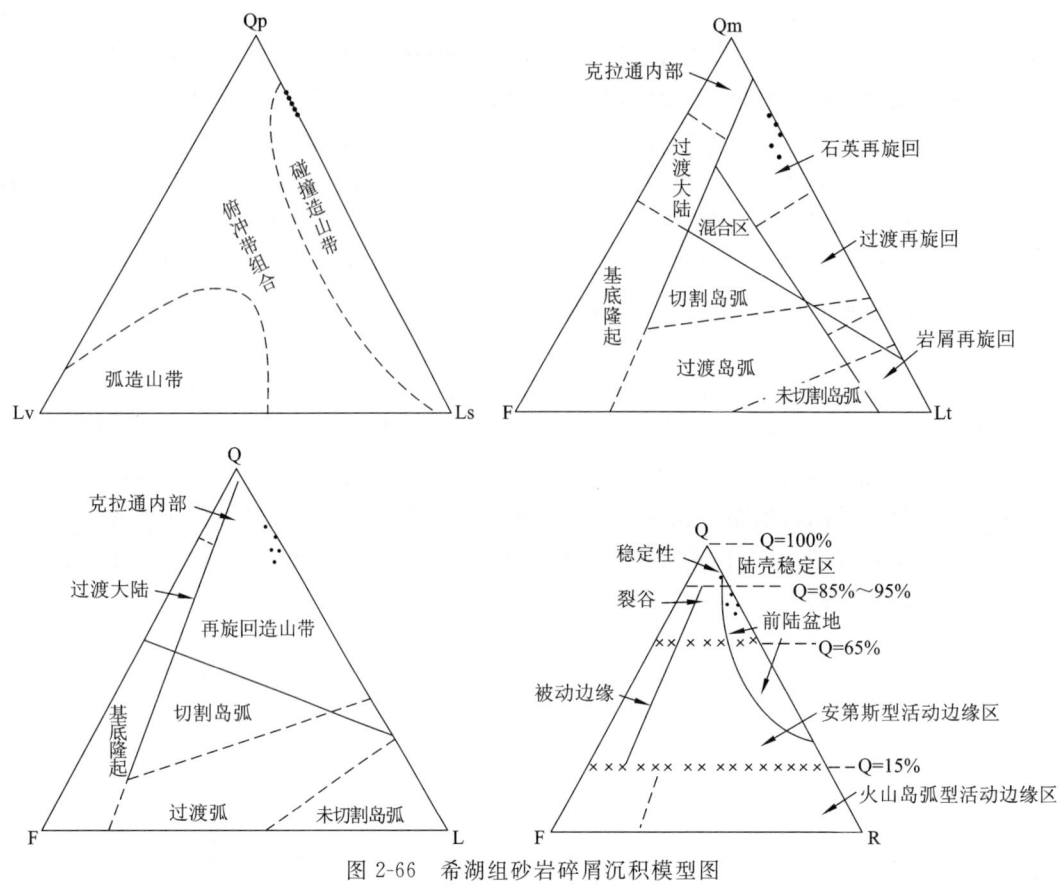

图 2-66 希湖组砂岩碎屑沉积模型图

东大桥组岩性为灰色、灰绿色、黄绿色泥岩、粉砂质泥岩、粉砂岩夹灰色中厚层状生屑灰岩、泥灰岩及少量紫红色泥岩。产双壳类化石。

小索卡组岩性主要为紫红色、砖红色(粉砂质)泥岩、灰黑色泥岩夹灰色中薄层含生屑泥岩。

2) 沉积环境分析

土拖组的岩性特征和含淡水生物化石的特点,指示其应为曲流河沉积环境。东大桥组为近海湖泊沉积环境。小索卡组也应为曲流河沉积。

3) 层序分析

据上可知,从土拖组至东大桥组表明为一个海进过程,而小索卡组又是曲流河沉积,显然是一个海退的过程,由此构成一个不完整的海进—海退过程(图 2-67)。土拖组和小索卡组应为低水位体系域,东大桥组应属海侵最大时的产物,属海侵体系域,可能是受同期全球海平面升高影响所致。

4. 丁青上叠盆地

测区分布面积较大,涉及地层单位较多,包括羌-保地层区、班-怒地层区和冈-腾地层区。

1) 沉积组合特征

雀莫错组岩性组合为紫红色砾岩、中厚层状粗粒砂岩、细粒含碎屑石英砂岩、粉砂岩等。上部夹薄层(泥)砂岩,砾岩多出现在该组下部,砾石成分较为复杂,砾石层呈块状、厚层状、透镜状产出,砾石大小不一,直径 2mm~6cm,分选极差。

砾石多为石英质、硅质岩、灰岩类。该组发育波状层理、水平层理,局部地段含有"砂球",且含植物化石、腹足类、腕足类等化石。雀莫错组具有向上呈正粒序变化的特点,纵向上的叠置在其下部表现出明显的旋回型特点。其砂岩的粒度分布特征在概率图上有三个总体(图 2-68),其中牵引总体和悬浮总体发育,而跳跃总体只占很少的百分比,斜度小,分选差。

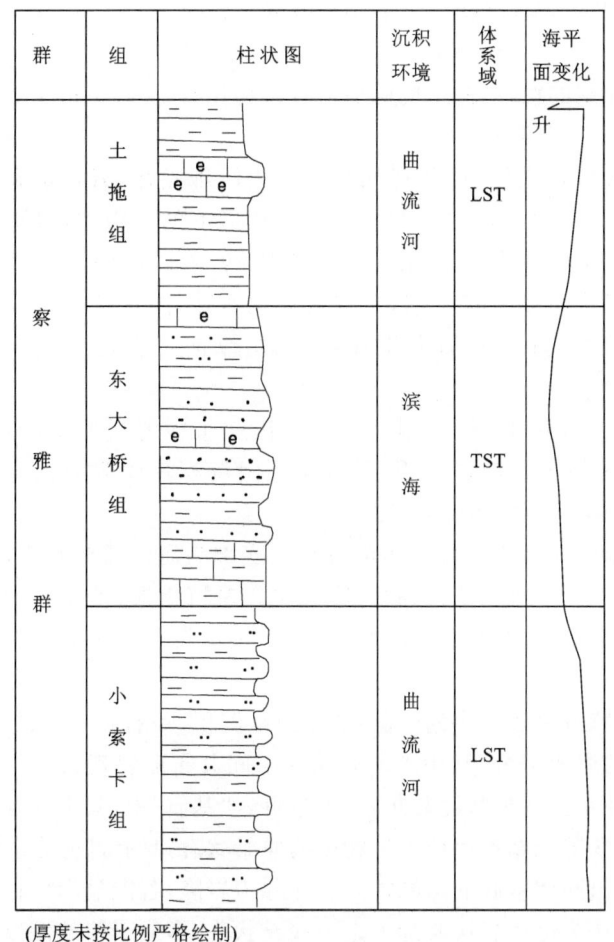

(厚度未按比例严格绘制)

图 2-67 察雅群沉积层序

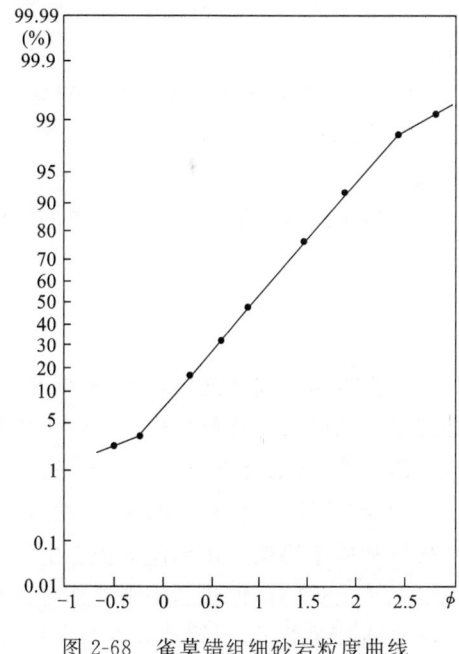

图 2-68 雀莫错组细砂岩粒度曲线

布曲组主要为一套碳酸盐岩组合,岩性为灰色厚层状亮晶含砾屑鲕粒灰岩、微晶灰岩、生屑灰岩,夹少量黑色页岩、粉砂岩,含浅海相双壳类、腕足类化石。

夏里组以杂色碎屑岩为主,夹薄层泥灰岩。岩性主要为杂色页岩、粉砂质页岩、灰色、灰绿色薄至中厚层状中细粒长石石英砂岩,夹杂色薄层泥晶灰岩。产腹足类、腕足类化石。

索瓦组岩性以深灰色中厚层状微晶灰岩、泥晶生屑灰岩、含生屑微晶灰岩为主,上部可见杂色砂岩与粉砂岩、页岩组成厚度不等的互层,该组产双壳类化石。

德极国组底部为灰色、灰褐色复成分砾岩,下部为灰色、灰白色细粒石英砂岩、粉砂岩、粉砂质泥岩,上部为灰黑色、黑色泥页岩夹饼状泥质结核。具有向上变细的粒序特征。产双壳类、腹足类、海百合化石。

德吉弄组为一套灰色细碎屑岩夹薄层状、条带状、团块状、透镜状灰岩。富含石珊瑚、刺毛螅、层孔虫、海百合化石。

机末组下部岩性为深灰色薄层—厚层状泥(微)晶灰岩、生屑灰岩夹少量灰色泥(页)岩;上部岩性为灰黄色厚层状含粉砂微晶白云岩,页片状泥质泥晶白云岩,产石珊瑚、有孔虫、双壳类化石,白云岩中发育鸟眼、雪花构造。

拉贡塘组主要岩性为灰黑色板岩、粉砂质(板)岩,夹有中厚层状细粒石英砂岩,局部地段还夹有薄层状微晶灰岩。该组发育水平层理,斜层理、波痕等沉积构造。更具特征的是多处发现在灰黑色页岩或泥质板岩中赋存饼状或近圆状、椭圆状的结核,结核中含有黄铁矿晶粒,结核大小悬殊,大者 15cm×20cm,小者 3cm×20cm。该组含双壳类、腕足类、菊石类化石。

分布于班-怒结合带内的木嘎岗日群为一套浅变质的复理石沉积,其岩性主要为深灰色、灰黑色泥质板岩、粉砂质板岩夹灰岩透镜体。灰岩呈无根状的块体产出。灰岩中产双壳类化石。

2) 沉积环境分析

雀莫错组底部的复成分砾岩表现出陆上冲积扇的特征,向上的碎屑岩含植物化石,这种特征又表现出三角洲的性质。所以该组为冲积扇—三角洲的沉积环境。

布曲组为一套碳酸盐岩沉积体,含丰富的浅海相化石,这些特征与水位较浅透光好,氧含量和营养充分的碳酸盐岩台地环境相吻合。所以布曲组应为开阔的碳酸盐岩台地环境下的沉积物,夏里组以杂色碎屑岩为主,发育平行层理及交错层理,层面保存有较完好的浪成波痕,砂岩结构成熟度较高,磨圆、分选较好。成分成熟度较低,该组上部发育条带状层理,含双壳类化石残片,这些特征表明夏里组为海滩—潮坪环境的沉积产物,也可以称作陆源碎屑海岸环境,该组纵向上表现为退积型沉积。

索瓦组的沉积岩性表现为碳酸盐岩与碎屑岩互层的特点,因此可以得出一个很清晰的结论:索瓦组既有陆源碎屑的注入,同时也发育有陆棚区的碳酸盐岩沉积,所以索瓦组沉积环境应为浅海陆棚沉积。

德极国组为具后滨—前滨性质的陆源碎屑滨海岸沉积环境。后滨沉积的底部为海侵滞留砾岩,其成分主要是蛇绿岩套岩性的砾石,具有近源堆积特点。后滨沉积的主体是含大量植物根、茎化石的砂岩、粉砂岩,且粉砂岩、泥岩中含有大量能适应淡化水域的双壳类动物化石等。前滨沉积以中厚层石英砂岩为主。

德吉弄组为陆棚沉积环境,根据其沉积组合特点可进一步划分出:陆棚边缘沉积、外陆棚沉积、内陆棚沉积。陆棚边缘沉积是构成丁青沉积混杂岩的组成部分,其中礁灰岩块在空间分布上表现为大小不等的透镜体,多数几十厘米至几米,这些岩块夹在灰色薄板状泥晶灰岩、黑色页岩"基质"中,其不仅含有大量的与"基质"时代相同的化石,而且多数岩块保留或基本保留了生物礁的原始状态,只有部分岩块的产状与基质不协调。在现代沉积学中,地形上高出同期基底的碳酸盐岩岩体称为岩隆,若能显示出在波浪带保持生长的证据和趋势则可称之为礁,据此认为这些岩块实际上是一些丘状礁,形成于浪基面以下较深水陆棚缓坡上,当然部分具有滑塌、位移现象。除部分丘礁有滑塌移位现象外,滑坡沉积还有灰质角砾岩等。

机末组是一套碳酸盐岩台地沉积物,且水面具向上变浅的特点。该组下部的泥晶灰岩组和亮晶砂屑灰岩、亮晶鲕粒灰岩,表现出其环境为开阔台地;该组上部为白云岩,发育鸟眼、雪花构造,这表明其环境应为潮坪环境,其环境可概括理解为开阔台地—潮坪沉积。

拉贡塘组根据其黑色板岩、石英砂岩,且在黑色(板)页岩中含饼状、圆形结核,结核内部有菊石化石或黄铁矿晶体特征,推断其形成环境具有还原条件下的较深水沉积和潮下带环境,总体上是从浅海到滨海潮坪环境下的沉积地层体。

木嘎岗日群则应为次深海环境到陆棚边缘环境,根据木嘎岗日群中的无根状灰岩岩块,说明这些岩块为外来滑落体,而这种特征多发生在具有一定坡度的陆棚边缘;而黑色复理石沉积可能为次深海环境的产物,略具近源沉积岩的特征,发育槽模、沟模等沉积构造。

3) 层序分析

中晚侏罗世是全球性海平面变化频繁时期,反映在沉积物上就是多个层序叠置,丁青上叠盆地的中晚侏罗世沉积可分为三个层序。

(1) 层序 I (Sq_1):主要在"唐古拉台地区"和"丁青斜坡带"发育,属 I 型层序(图 2-69)。

低水位体系域(LST),由"唐古拉台地区"的雀莫错组构成,沉积物发育在陆—海岸附近,为沉积物大量供给的河流及冲积扇侵蚀充填堆积,沉积相序为陆上冲积扇→河控三角洲沉积。

海侵体系域(TST),在"唐古拉台地区"和"丁青斜坡带"由布曲组、德极国组的一系列具后退型的副层序(基本层序)所组成。布曲组为陆棚→碳酸盐岩台地沉积的相序;德极国组的沉积相序则为海侵滞留沉积→后滨沉积→前滨沉积→陆棚沉积,碎屑物具有向上变薄、变细的特征。

饥饿段(CS),加积型结构,在"丁青斜坡带"出现于德极国组顶部,由黑色含饼状结核的黑色页岩组

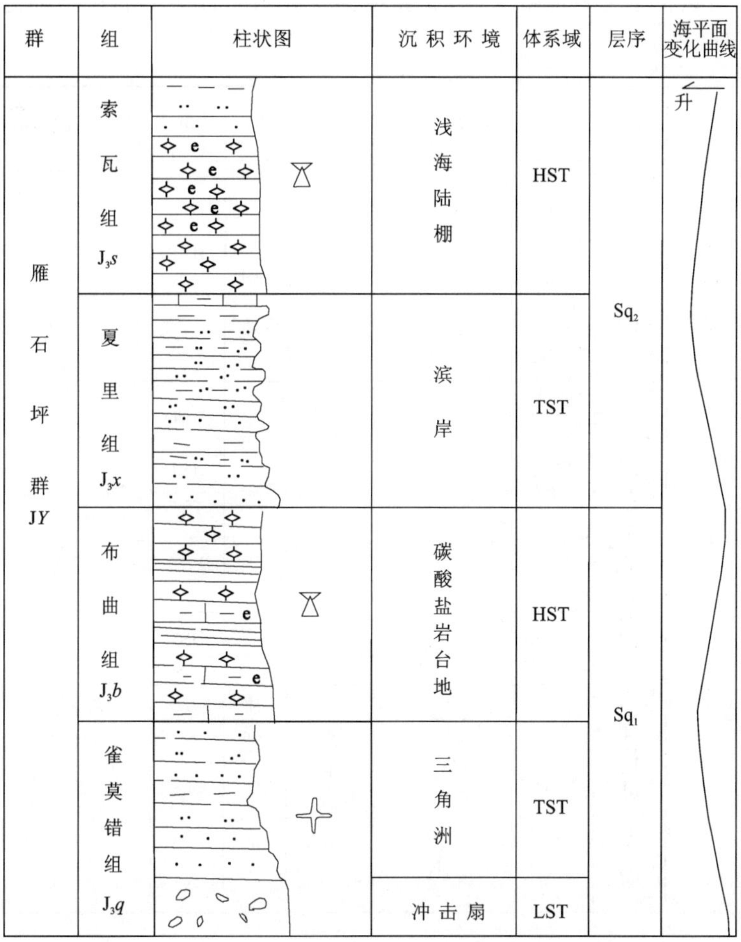

群	组	柱状图	沉积环境	体系域	层序	海平面变化曲线
雁石坪群 JY	索瓦组 J_3s		浅海陆棚	HST	Sq₂	升
	夏里组 J_3x		滨岸	TST		
	布曲组 J_3b		碳酸盐岩台地	HST	Sq₁	
	雀莫错组 J_3q		三角洲	TST		
			冲击扇	LST		

图 2-69 雁石坪群沉积层序柱状图

成,含炭质、黄铁矿晶粒、浮游菊石。表明了饥饿段的深水低速加积性质。

高水位体系域(HST),由布曲组碳酸盐岩台地沉积和德吉弄组下部陆棚边缘角砾岩楔构成。高水位期沉积的显著特征之一就是发育广泛的碳酸盐岩台地,其垂向层序为:加积型堆积的灰泥灰岩(泥晶灰岩,微晶灰岩)→丘状加积和倾斜进积的颗粒灰岩,分别代表高水位早期、晚期沉积。

(2)层序Ⅱ(Sq_2):发育在"唐古拉台地区"和"丁青斜坡带",由三个体系域构成。

低水位体系域(LST),发育在"丁青斜坡带"德吉弄组上部,为外陆棚上的低水位楔,沉积物以加积型陆源碎屑—碳酸盐混积为主,表现为深灰色薄层状、条带状泥晶灰岩与黑色泥页岩、粉砂岩的单调韵律层,混有少量碎屑流成因的角砾岩,总体显示低水位体系域的特征。

海侵体系域(STS),以夏里组中下部岩性为代表,由一系列退积型副层序构成,在纵向剖面结构上具明显的退积型特征,碎屑物向上呈现变细变薄特点。其沉积相序可划分潮坪→陆棚沉积。

饥饿段(CS),出现在夏里组上部,具有加积型特征,深红色薄层含炭泥晶灰岩与黑色页岩韵律式互层,灰岩中含浮游菊石,层面发育大量细弱而密集的虫迹;页岩中含黄铁矿晶粒。

高水位体系域(HST),主要由"唐古拉台地区"雁石坪群上部的索瓦组(开阔碳酸盐岩台地)和"丁青斜坡带"上的德吉弄组陆棚边缘角砾岩楔构成,拉贡塘组也表现为具高水位体系域的沉积特征。索瓦组具加积—进积结构,下部为深灰色中薄层泥(微)晶灰岩夹黑色页岩,向上变为厚层生屑灰岩,鲕粒灰岩,沉积相序表现为静水灰泥相→台地边缘浅滩相。德吉弄组陆棚边缘角砾岩楔以礁灰岩角砾岩为主,为台地向盆地进积的高水位期沉积。拉贡塘组也表现为由次深海沉积→陆棚边缘(潮坪)沉积相序,岩性由灰黑色的板岩到石英砂岩,且局部含微晶灰岩相,具有从加积—进积的结构特征。

（3）层序Ⅲ（Sq_3）：只在丁青斜坡带保存，底界在德吉弄组上部角砾岩楔顶面之上，属Ⅱ型层序，仅由两个体系域构成（图2-70）。

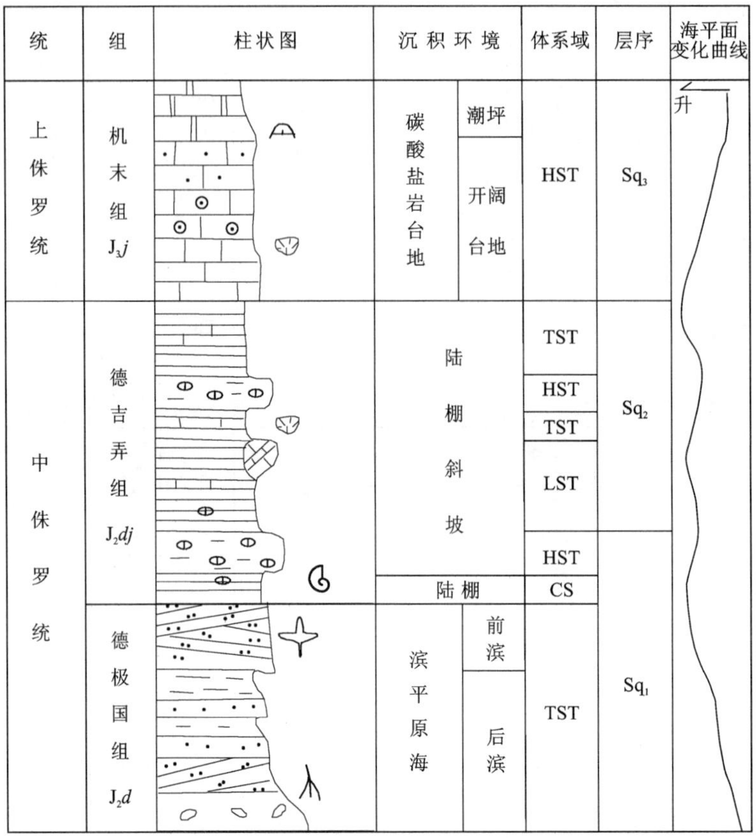

图2-70 丁青斜坡带中晚侏罗世地层层序综合柱状图

低水位体系域（LST），发育在德吉弄组上部，为外陆棚上的低水位楔，沉积物为加积型的碳酸盐—陆棚碎屑沉积。表现为深灰色薄层状、条带状泥晶灰岩与黑色泥页岩、粉砂岩的韵律层，混有少量碎屑流成因的角砾岩，总体上以加积型陆源碎屑—碳酸盐混积为主，显示出低地低水位楔的特征。

高水位体系域（HST），以机末组为代表，具进积型结构的碳酸盐岩台地沉积。垂向相序为静水灰泥相→滩相，并在顶部出现潮间带的鸟眼构造白云岩和潮上暴露带的页片状泥质泥晶白云岩（准同生白云岩）。

4）碎屑模型分析

由于该类盆地分布广泛，构成的地层单位较多，砂岩层较发育。对本次区调并借鉴1:20万丁青县幅、洛隆县幅大量碎屑进行统计处理，求其平均指数的变化结果显示，每个组的砂岩骨架颗粒成分都有一个较为接近的组合指数（表2-8）。

表2-8 中侏罗统砂岩骨架颗粒成分特征表

地层单位	样品数	Q	F	L	Qm	Qp	P	K	Lv	Ls	基本碎屑组合
雀莫错组	10	94.57	4.35	1.08	90.22	4.35	2.17	2.17	0	1.08	QF
夏里组	15	60.38	34.18	5.44	59.66	0.72	31.18	3.00	1.84	3.60	FL
德极国组	11	86.10	11.84	2.06	79.97	6.13	8.88	2.96	0	2.06	QF
德吉弄组	3	84.00	13.33	2.67	84.00	0	13.33	0	0	2.67	QF
拉贡塘组	20	91.33	2.05	6.62	87.80	3.53	2.00	0.05	0	6.62	QF

在QFL图解中(孟祥化,1984),除夏里组外,其余投点均落入稳定克拉通浅海盆地区(CR)(图2-71),表明该盆地构造背景总体是稳定的。雁石坪群的雀莫错组至夏里组,显示Q趋减、F趋增的特征,夏里组落入了被动边缘(TE)区,较好地显示了稳定盆地活化过程,这一现象可能与班-怒结合带的进一步活动有关。

在QFL图和Qm-F-Lt图上(迪金森,1985),投点均落入过渡区及石英质再旋回造山带,在Qp-Lv-Ls图上主要为碰撞造山带组合,明显反映物源区的陆壳性质及次稳定盆地特征,碰撞造山带组合受丁青小洋盆关闭造山的影响(图2-72)。

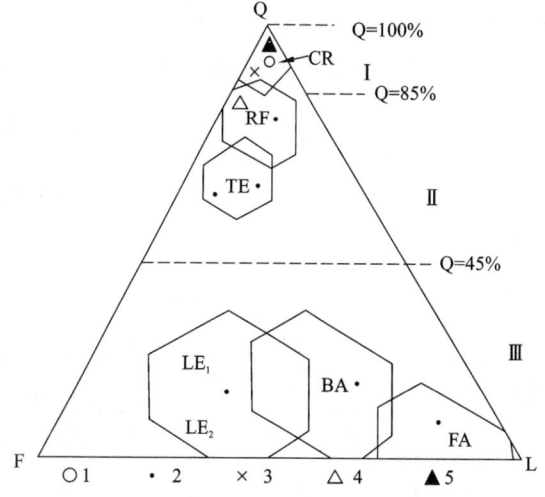

图2-71 丁青上叠盆地中地层单元砂岩碎屑模型图
1.雀莫错组;2.夏里组;3.德极国组;4.德吉弄组;5.拉贡塘组

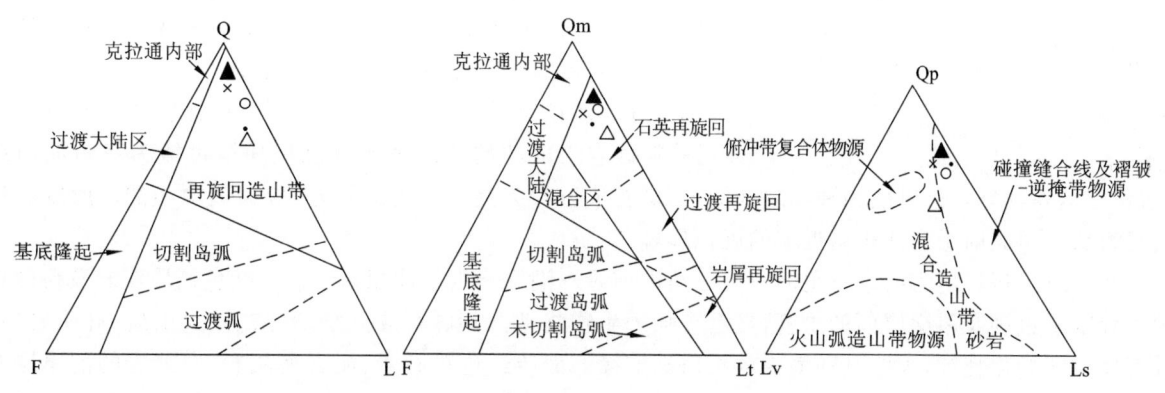

○雀莫错组 ·夏里组 ×德极国组 △德吉弄组 ▲拉贡塘组

图2-72 丁青上叠盆地中地层单元的砂岩物源碎屑模型图

(四) 白垩纪沉积盆地

测区侏罗纪盆地虽分布广泛,但到白垩纪时由于海水及构造运动的变化,盆地面积大为缩小,在区内仅发育于班-怒结合带内及其以南地区。从区域情况来看,西藏白垩纪盆地自南而北为喜马拉雅被动陆源盆地、低分水岭深海—洋底盆地、雅鲁藏布江洋底盆地、冈底斯南缘弧前盆地、冈底斯-念青唐古拉弧内盆地、冈底斯北缘弧背盆地(余光明、王成善,1990),测区应为冈底斯北缘弧背盆地的一部分。弧背盆地又称后前陆盆地,是前陆盆地的一种类型,该盆地多在仰冲板块上邻近褶冲带地段发展起来,形成于大陆壳表面向岛弧造山带的后侧方向下拖曳处,相邻造山带遥远地倒向这类前陆盆地,蛇绿岩消减杂岩体和火山岩带远离这类盆地。但本区内其赋存位置既与冈底斯弧有关,又和班-怒缝合带的造山运动有关。

1. 沉积组合特征

多尼组下段主要为灰黑色泥(页)岩、粉砂岩夹灰色薄层细粒长石石英砂岩,局部夹透镜状灰岩。普遍含植物屑或植物化石,粉砂中发育脉状层理、波状层理、透镜状层理。上段岩性下部为灰色厚层中粒石英砂岩,上部为灰色、黄绿色、紫红色泥(页)岩、粉砂岩夹灰色薄层细粒长石石英砂岩及煤线,发育交错层理。多尼组隶属含煤陆屑建造,其在南部地区化石丰富,而在本区只发现了多处煤线和植物化石碎片。

竞柱山组岩性主要为红色、灰紫色砾岩、砂岩、粉砂岩、泥岩,局部夹灰岩、泥灰岩。下部为紫红色砾岩、含砾不等粒岩屑石英砂岩、含砾粉砂岩,夹有火山岩。区域上产双壳类、圆笠虫等化石。发育斜层理、波痕等沉积构造,并且在含砾砂岩中可见明显的冲刷面构造。

八达组主要为紫红色粉砂岩、细粒岩屑石英砂岩夹灰色、姜黄色厚层状泥晶灰岩、泥晶白云岩。

2. 沉积环境分析

多尼组在区域上沉积环境表现得不尽一致,并且横向上变化较大但在本区较为稳定。从其沉积组合上分析,多尼组主要为河控三角洲沉积环境。三角洲的前积层(三角洲前缘)由于其处于三角洲向海前进的前坡位置,总体位于水面以下,可达浪基面附近,所以常由砂岩、粉砂岩组成,且发育水平层理,这些正好与多尼组上部的特征吻合,其中细粒岩屑石英砂岩应属于河口砂坝沉积物。通过其粒度分析显示,砂岩成分成熟度高,石英成分为主,结构成熟度比较高,概率图上发育两到三个总体,其中以跳跃总体为主,分选好(图2-73)。整个前积层显示向上变粗层序。多尼组下部可能为三角洲平原(顶积层)沉积,其岩性特征多以灰黑色粉砂质(板)岩为主,夹有细粉岩,且含有植物化石碎片和煤线。这些特征表现为分支河道的砂质沉积和泛滥平原沉积。

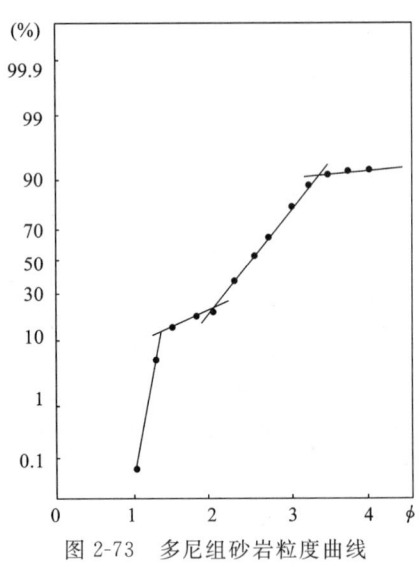

图 2-73　多尼组砂岩粒度曲线

竞柱山组的暗红色、灰红色细粉砂岩与灰红色薄层石英砂岩或泥质粉砂岩组成的韵律层表明其沉积环境可能为三角洲前缘(前积层),而其砾岩层可能为冲积扇环境,其砾石成分较为复杂且磨圆较好,应为远源相的。所以竞柱山组为从三角洲前缘到冲积扇近端的沉积环境。

八达组沉积环境为前扇三角洲→扇三角洲前缘→潮坪→水下冲积扇。该组杂色钙质泥岩及粉砂岩中发育水平虫迹及斜交层面的虫管,显示较强的生物扰动。其砾石成分复杂(灰岩、火山岩、硅质岩)且具有反粒序变化特征,表明其环境为扇三角洲前缘。而砖红色粉砂岩、泥岩夹灰岩、白云岩的韵律层有两种组合形式,一种是砖红色沙纹交错层理粉砂岩→砖红色水平层理泥岩→灰白色纹层状泥晶白云岩。白云岩发育小型多角状干裂,这类环境为潮间水道→潮上坪沉积。第二类为灰色泥岩→黄绿色泥岩→灰色透镜状或中层状泥晶灰岩,灰岩风化面呈浅灰色或姜黄色,发育大量生物钻孔,含淡水腹足类化石,这种类型可能为淡化潟湖沉积。该组上部变化为一套向上变粗的反粒序沉积物,主要为不等粒石英砂岩→含砾不等粒石英砂岩→块状砾岩,这些特征可表现出该段具有水下冲积扇的特点。

3. 层序分析

多尼组层序可分为三个基本层序组合(图2-74)。海侵体系域(TST)主要表现在三角洲平原沉积区,岩性多为砂岩类,含植物化石碎片。饥饿段(CS)在纵向表现欠发育,在多尼组中部、泥岩相对发育地段,可视其为海侵达到最大范围后相对低能下的产物,表现出陆源物质供应相对减少,海水相对较深。高水位体系域(HST)主要由三角洲前缘的粉砂质(板)岩构成,夹有砂坝沉积物。

竞柱山组和八达组形成于晚白垩世残余海盆地晚期。因盆地活动性强,所以盆内层序受海平面升降、构造运动(沉降机制)以及沉积物供给速率和气候等多种因素的控制,每一个层序可分为低水位体系域(LST)和海侵体系域(TST)两个部分,低水位体系域为陆上或水下冲积扇红色砂砾岩,扇体从南、北边缘向盆地中心推进;海侵体系域由一系列退积型基本层序叠置形成,沉积物为潮坪相红色陆源碎屑岩和白云岩(图2-75)。

4. 碎屑模型分析

白垩纪砂岩碎屑组合可明显分为两大类:一类是多尼组砂岩,Q=63%～95%,F平均值为1.2%,L平均值为1.1%,基本碎屑岩组合为QF型;第二类为竞柱山组、八达组砂岩,Q=60%～80%,F变化范围较大,L偏高,Lv为主及Ls为主者均有,多数样品Lv>Ls,基本碎屑组合为QL型。

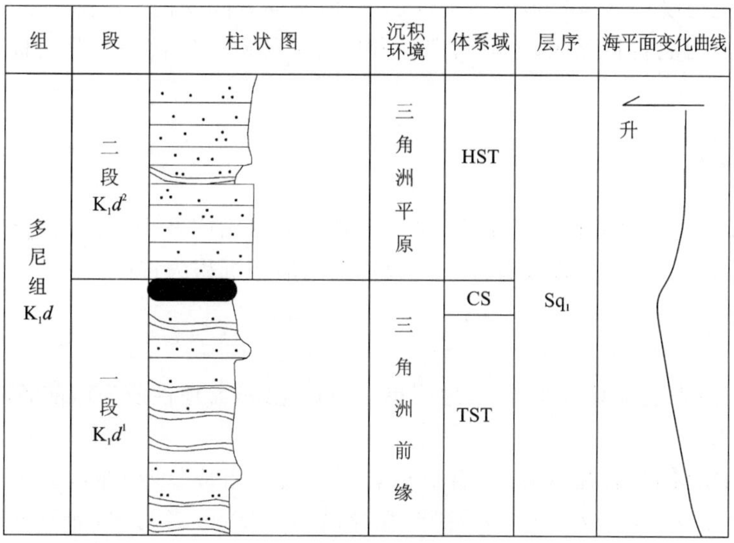

图 2-74　多尼组沉积层序柱状图

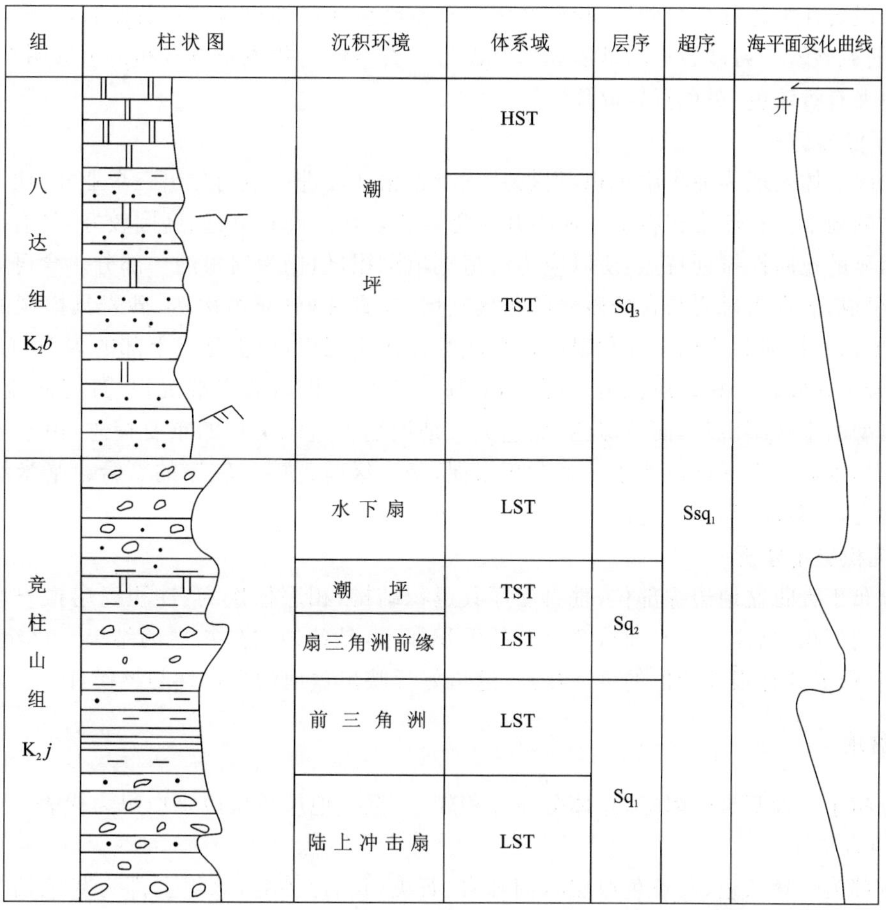

图 2-75　晚白垩世沉积层序综合柱状图（未按严格比例尺）

将取自多尼组的部分砂岩样品投影到判别盆地性质的 QFR、QFL 图解中，投点落入稳定性盆地区和安第斯型活动边缘区，在 QFL 等图解中全部落入石英质再旋回造山带物源区，而根据迪金森对该物源的三种解释，再旋回造山带分为三种类型：上升俯冲复合体、碰撞缝合带、弧后褶皱逆冲带，初步可判断多尼组的物源与班-怒缝合带和冈底斯岩浆弧关系密切。

竞柱山组和八达组砂岩样品在各类判别图中均无集中区域，投影点散布在次稳定和非稳定盆地区，物源区较为复杂,这正与晚白垩世盆地的活动性加强、海平面升降受构造沉降机制作用的影响较大相吻合,表明了盆地物源区为混合物源区,也可以理解为其物源与班-怒结合带、羌塘板片和冈-念板片的关系密切。

(五) 第三纪盆地

晚白垩世海水基本上已从测区全部退出,第三纪转变为以山间及山前断陷盆地为沉积特征的陆相盆地,盆地零星分散,面积均较小,以发育冲积扇、河流、湖泊相沉积为特征。

1. 吉曲盆地

该盆地取名自青海省囊谦县吉曲乡,其地层单位为贡觉组,盆地性质为山前断陷盆地。

1) 沉积组合特征

贡觉组一段由块状砾岩、叠瓦状砾岩、含砾砂岩三个岩相组成,堆积厚度大于100m。块状砾岩厚40～80m,无层理,分选极差,粒级大小相差悬殊,粒径以10～20cm者为主,部分可达50cm以上的大漂砾,粒间充填砂、粉砂、泥。砾石成分复杂,有英安岩、生屑灰岩、珊瑚灰岩、粉砂岩。砾石多呈棱角状至半棱角状。砾石排列总体无定向,部分板条状砾岩直立定向。块状砾岩中可见大型斜层理。

贡觉组二段岩性为砖红色粉砂岩、粉砂质泥岩夹紫红色薄层细粒岩屑石英砂岩,碎屑岩具有向上变细的特征:由细粒砂岩—粉砂岩—粉砂质泥岩—泥岩。石膏层由灰色硬石膏和白色透明石膏组成,局部发现石膏层中夹有黄绿色、黑色页岩碎片。

2) 沉积环境分析

贡觉组二段总体表现为冲积扇沉积,根据其三个岩相又可进一步划分出三个亚相:块状砾岩相具有能量快速释放的扇根泥石流堆积特征。而叠瓦状砾岩相表现为砾石分选、磨圆较好,具有砾石滞留在河床底部并呈明显的定向性排列特点,所以应为河道充填沉积,但仍为扇根的一部分。含砾状砾岩相由砾岩、含砾砂岩组成,表现为砾岩与含砾砂岩的频繁互层,发育冲刷-充填构造,砂岩具模糊的平行层理和交错层理,根据这些特征其应属于冲积扇中端环境的片泛流沉积,而贡觉组上部的多个向上变细的沉积组合:细粉砂岩—粉砂岩—粉砂质泥岩—泥岩,其属于广义冲积扇的扇端沉积,具有曲流河沉积特征。石膏层则为典型的干盐湖沉积,而黄绿色、黑色页岩是识别干盐湖沉积的重要标志,由于干盐湖水体很浅,周期性枯竭,因此一次暴雨可产生一个沉积层偶;毫米级暗色层与较厚的石膏。毫米级暗色层在后期成岩过程中变形、破碎,形成上述碎片。

3) 盆地沉积层序分析

贡觉组分布于吉曲盆地边缘部位,垂直层序具退积结构,相序依次为:冲积扇扇根→冲积扇中部→曲流河→干盐湖沉积,总体上属水面持续上升的沉积体系,是盆地向外扩展的结果。该组内的石膏层,规模较大,并且形成具有很大价值的可采矿点,这恰好反映出盆地的含矿性与控矿性。

2. 宗白盆地

该盆地分布于丁青断裂带附近,总体分布面积较小,沉积地层单位以宗白组为代表。

1) 沉积组合特征

宗白组下部为一套灰色、灰黄色厚层状细砾岩、石英(长石)砂岩,该组上部为灰色粘土岩、泥岩、黑色页岩夹灰黄色中细粒长石石英砂岩、粉砂岩及油页岩,产腹足类、植物、孢粉化石。

2) 沉积环境分析

宗白组的黄褐色、灰白色中厚层状细砾岩、含砾砂岩夹灰色粘土质泥岩为一套滨湖环境下的沉积产物,在粘土质泥岩中含大量植物茎、叶化石碎片,说明其距陆源供给地较近,而且根据其砾岩可以指示出其地处湖边位置。该组灰色粉砂岩、粉砂质泥岩、粉砂岩段发育砂泥互层层理、水平层理和生物扰动构造,富含腹足类、介形虫类化石,这些可以说明沉积环境为湖水较前面加深,水动力也逐渐变弱,应为浅湖沉积。而灰黑色粘土质泥岩,夹粉砂质泥岩、油页岩段,发育块状层理和水平层理,这些反映出一种水动力较弱,湖水最深,平静而缺氧的还原环境,沉积环境应为深湖区。宗白组沉积环境垂向上为滨湖沉积→浅湖沉积→深湖沉积,反映了湖面上升过程形成的湖侵体系过程(图2-76)。

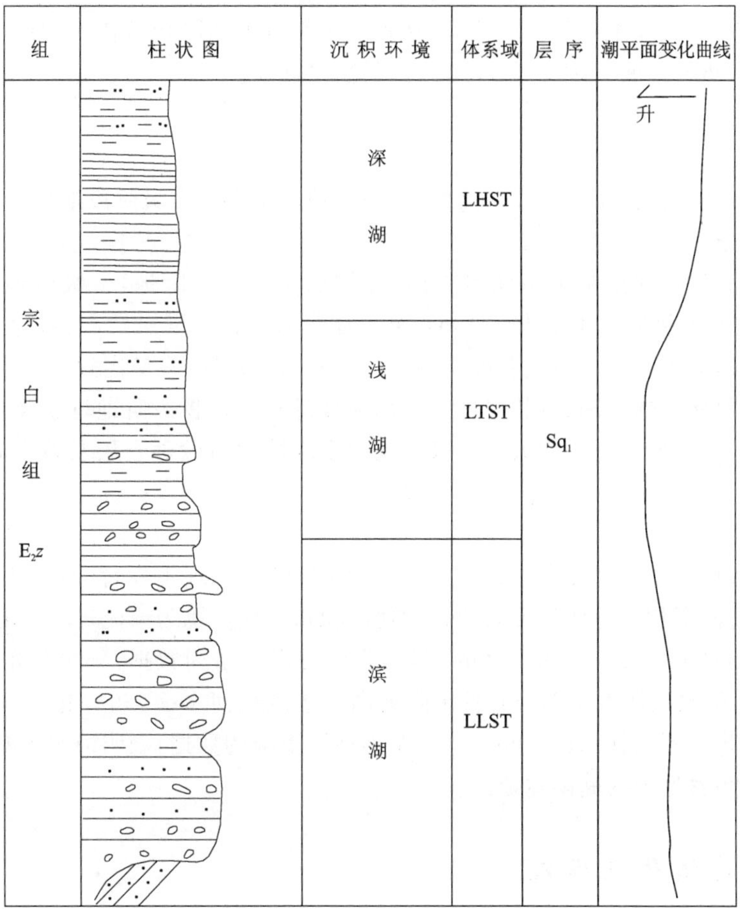

组	柱状图	沉积环境	体系域	层序	潮平面变化曲线
宗白组 E_2z		深湖	LHST	Sq_1	升
		浅湖	LTST		
		滨湖	LLST		

图 2-76 宗白组沉积层序柱状图

(六) 第四纪沉积盆地

众所周知,青藏高原在第四纪时还处在剧烈的抬升和地壳上隆的运动中。而测区作为青藏高原的一部分,其第四系沉积物也就独具特色,而第四系沉积盆地也就纷繁多样。

关于盆地划分的标准和原则较多,但随着人们对第四纪盆地的不断认识,众多因素中动力学机制成为盆地划分的主要依据。按照这一标准可将盆地分为张性环境的、压性环境的、扭性环境的等,相应的也就是压陷盆地、断陷盆地、拉分盆地等,在本测区内有班-怒缝合带通过,往往在缝合带附近形成断陷和拉分盆地,而尤以断陷盆地为主。

1. 丁青盆地

丁青附近卸曲(怒江支流)发育Ⅳ级、Ⅱ级和Ⅰ级阶地。Ⅳ级阶地高出现代河床68m以上,主要由砾石层、含砾砂层构成,砾石层有灰色(上部)、灰褐色(中部)、灰黄色(下部)三种颜色,上部砾石层砾石砾径大小不一,砾石大者40cm,总体为10～15cm,砾石成分多为灰岩、砂岩等,砾石层单层厚50～100m。灰褐色砾石层则成半胶结结构,砾石砾径普遍在3～10cm之间,次棱角—次圆状磨圆,具钙质胶结性质。灰黄色砾石层砾径小于5cm。呈次棱角状,砾石成分多为灰岩砂岩等。该阶地的含砾砂层所含砾石自上而下依次渐小,且该层发育水平层理或平行层理。Ⅱ级阶地主要由砾石层和含砾砂层构成。Ⅰ级阶地主要由砾石层和黄色的粉砂亚粘土构成,该阶地砾石层粒径分选差,大者可达50cm,主体为

10～30cm,中等磨圆,砾石成分为砂板岩、灰岩、石英砂岩等。

该盆地形成主要为河流环境,包括河道沉积、洪泛沉积。在丁青县城东南发育相当厚度细粒的砂层,可能为洪泛沉积,总之该盆地具有曲流河的沉积环境。

从阶地上可以看出,该盆地下降速度惊人,从Ⅳ—Ⅰ级阶地的时代应依次归属 Qp_1、Qp_2、Qp_3、Qh,Ⅲ级阶地对岸发育。该盆地属于班-怒结合带附近的断陷盆地。

2. 沙丁盆地

该盆主体发育在边坝县沙丁乡怒江河流两侧,现代地貌景观呈多级阶段地状。

1)沉积组合特征

本次调研在沙丁乡周围控制了怒江河谷南、北侧的Ⅰ—Ⅴ级阶地,Ⅴ级阶地高出现代怒江水面130m,其堆积物厚度在Ⅴ级阶地中最大(720m),可大体分为上、中、下三层,上部为砂砾石层,砾石成分以花岗岩为主,粒径多为10cm±,最大者可达40cm±,磨圆度较好,多呈次圆状。中部层位由灰黄色粗砂层构成,发育小型槽状交错层理、波状层理。下部为砂砾石层。Ⅳ级阶地堆积物保留较少,但可见到砾石层。Ⅲ级阶地全部由砂砾石层构成。Ⅱ级阶地和Ⅰ级阶地由砂砾石层及黄土状含砾亚砂土组成。5个阶地的时代可分别对应为 Qp_1、Qp_2、Qp_{2-3}、Qp_3、Qh。

2)沉积环境分析

砾石层和含砾砂层大多应属冲积和洪积环境下的沉积物,层理不发育,含有大漂砾。Ⅴ级阶地中部的粗砂层可能为边滩沉积。总体特征表明该盆地沉积物形成环境为河流环境下的产物。

通过对各阶地相对于现代河水面高度的测量,我们得出一系列数据,Ⅴ级阶地高出于现代河水面130m,Ⅳ级阶地高出于现代河水面100m,Ⅲ级阶地高出于现代河水面70m,Ⅱ级阶地高出于现代河水面20m,Ⅰ级阶地高出于现代河水面10m。这一系列逐渐下降的数据,表明河水不断下降或盆地位置相对上升的结果,所以该盆地应为断陷盆地。

三、沉积盆地演化及模式

测区位于青藏高原中东部,班公错-怒江结合带和澜沧江结合带均从测区内通过,致使区内构造活动强烈而且复杂,盆地类型相应地也独具特色:分布类型多、分布范围广,形成机制复杂。从古生代到第四纪均有不同类型的盆地发育,下面对测区盆地演化作简要描述(图 2-77)。

在早古生代测区基本处于稳定陆壳形成阶段,这与全球在古生代的历史是联合古大陆形成阶段相符合的。这时他念他翁的陆缘岩浆弧已存在。

石炭纪时,测区北部处于陆表海盆阶段,并接受沉积,并且此时发生了一系列开裂事件,即具有活动性,所以沉积了珊瑚河组、东风岭组这种在陆表海盆环境下的产物,而卡贡群又与前两者稍有不同,因其发育具活动性(裂谷拉张)特征的火山岩组合,所以卡贡群才是真正的深海盆地沉积的产物。他念他翁岩浆弧南侧在石炭纪—中三叠世这一时期,大部分地区可能处于陆隆状态,造成区内南部大面积缺失这一时期的沉积物,只在班-怒缝合带靠近丁青县城的东南位置上,沉积了具深海性质的复理石碎屑物,其代表为苏如卡岩组,这说明在石炭纪时班-怒缝合带的局部地段已经开始了拉张,并且初步形成了小洋盆接受了沉积。

晚三叠纪时,测区沉积盆地格局与石炭纪相比完全不同。澜沧江结合带已完成了俯冲、碰撞,正处于横向挤压阶段,生成活动型的三叠盆地,其代表为竹卡群的沉积。此时班-怒缝合带的丁青部分地段"小洋盆"已经生成并开始洋内消减俯冲,所以两侧均发育了被动陆缘盆,其北侧以结扎群为代表,南侧以孟阿雄群和确哈拉群为代表。而在班-怒缝合带靠近丁青县城位置上发育具洋底盆地性质的硅质岩和燧石相的沉积。

侏罗纪沉积盆地的时空演化独具特色。在澜沧江山弧的北侧,昌都板片南缘继续发育了以察雅群为代表的上叠盆地。丁青小洋盆在早侏罗世进入残余阶段,只发育了以亚宗混杂岩为代表的残余洋

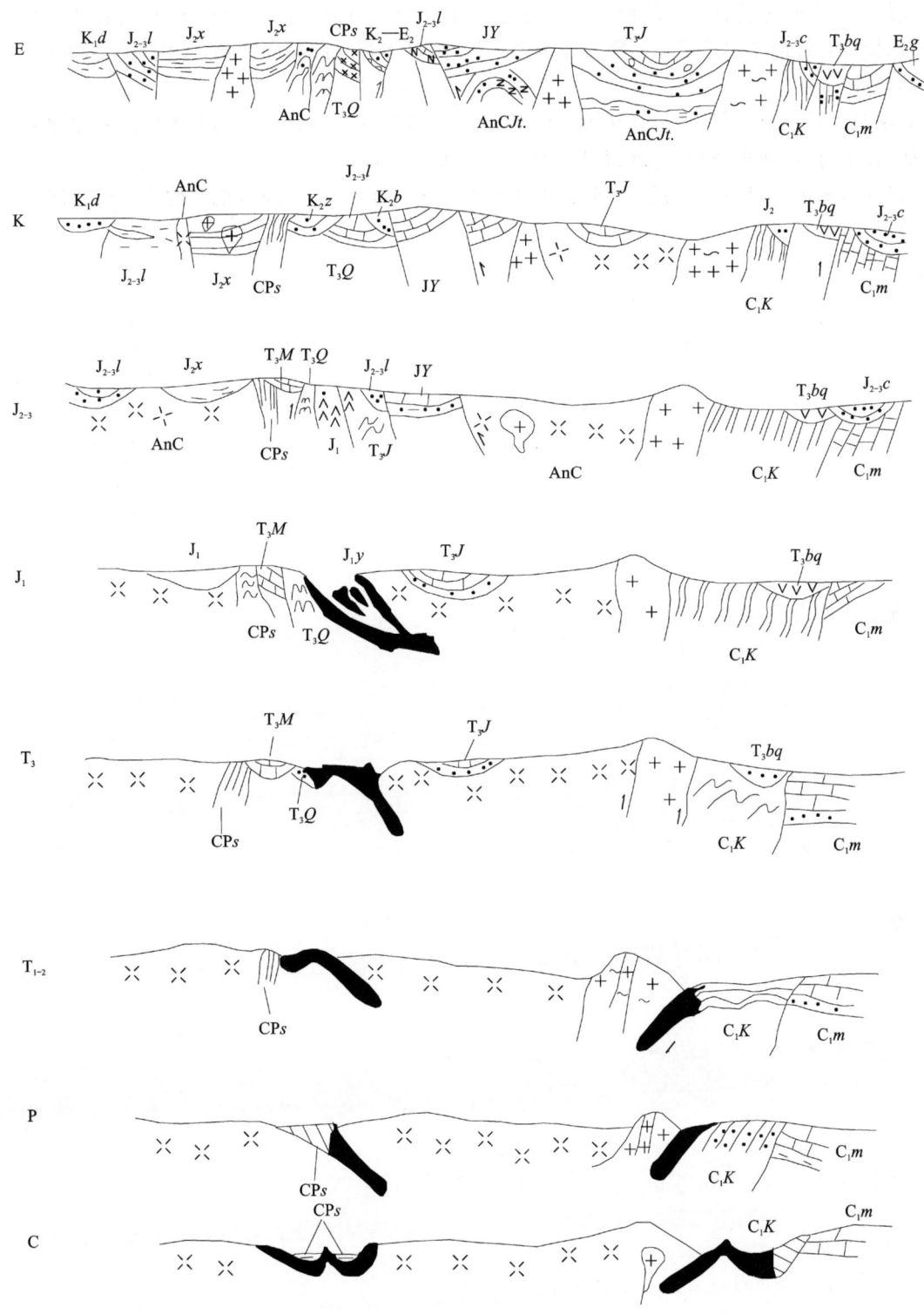

图 2-77 测区沉积盆地演化模式图

盆沉积物。同时在冈-念板片北缘生成前陆盆地，其沉积物以希湖组为代表，而班-怒缝合带在短暂的上升剥蚀后于中侏罗世接受海侵形成的上叠盆地，但此时由于中晚侏罗世构造运动强度剧减，上叠盆地形成跨覆缝合带形成统一的缓坡盆地，盆地中心继承早期的前陆盆地位置，北侧为台地区接受沉积。总之该盆地分布面积很大，沉积类型较多，其沉积的地层单元以拉贡塘组、德极国组、德吉弄组、机末组、雁石坪群为代表。

与侏罗纪盆地相比，白垩纪盆地面积大为缩小。到白垩纪时，班-怒缝合带已完全闭合，"洋陆转变"

过程已经结束,而班-怒缝合带以北侧形成为稳定大陆,南侧还存在一些残余海盆,其代表是冈底斯弧北侧和冈-念板片北缘的多尼组沉积。晚白垩世时,残余海盆多接受陆相碎屑物,其代表标志为竞柱山组、八达组的形成。

第三纪时,由于晚白垩世海水已从测区全部退出,所以此时盆地转为山间和山前断陷盆地为特征的陆相盆地,盆地分散、面积较小,其沉积代表为贡觉组和宗白组。

第四纪时,测区内只零星沉积了断陷盆地和山前滑塌及在山谷、山间盆地等地方形成的冰川堆积或冰水堆积。

第三章 岩浆岩

第一节 基性—超基性侵入岩

一、地质概况

测区地处青藏高原东部腹地,跨越澜沧江、班公错-怒江两条板块结合带。其间丰富的地质构造信息(特别是结合带中的蛇绿岩信息)对研究青藏高原的构造格局、地质构造演化具有重要的意义。

测区蛇绿岩位处拉萨块体与羌塘块体之间的班公错-怒江结合带东段,蛇绿岩分布于八格、巴达、折级拉、色扎、宗白、丁青县城、多伦等地,呈近东西向延伸350km±,多伦蛇绿岩转呈NW-SE向,向SE延出测区。测区完整的蛇绿岩剖面出露于丁青、宗白、多伦。蛇绿岩各岩石单元、岩石组合、层序出露完整。存在有不同时代、不同背景的蛇绿岩块体,分布有石炭纪—二叠纪蛇绿岩、三叠纪蛇绿岩、早侏罗世蛇绿岩。多成因、多环境、多时代的蛇绿岩组合,揭开了班公错-怒江结合带地质构造演化、洋盆开合的历史。

本书采用张旗等(2001)的划分方案,把蛇绿岩组合分为:变质橄榄岩单元、深成杂岩单元(包括堆晶岩、镁铁杂岩)、辉绿岩墙(群)单元、基性熔岩单元。把上覆的硅质岩及其他深海沉积物及火山岩称为"蛇绿岩上覆岩系"。深海沉积物与蛇绿岩相伴产出,使之可以作为蛇绿岩存在的标志来对待;深海沉积物的形成环境与下伏蛇绿岩的形成环境是相关的;此外,深海沉积物中的微体化石还是确定蛇绿岩形成的上限时代及洋盆演化的重要依据。根据所处大地构造位置及与之相应的构造-地层体的关系,结合前人资料综合研究,将测区蛇绿岩划分为:石炭纪—二叠纪多伦蛇绿岩块组合带、晚三叠世丁青蛇绿岩片组合带、早侏罗世宗白蛇绿混杂岩、荣布蛇绿岩块组合带(表3-1)。

表3-1 测区蛇绿岩划分表

单元划分		层序组成	代号	岩石组合	结构构造	次生变化	环境	时代
上覆沉积岩系		硅质岩	J_1Si	放射虫硅质岩、硅质泥岩	隐晶结构、层状构造	重结晶、褶皱变形	洋脊+洋岛背景	J_1
宗白蛇绿混杂岩	基性熔岩	枕状熔岩	$J_1Om.\beta$	枕状玄武岩、块状玄武岩	隐晶结构、球颗结构,枕状、块状构造	碳酸盐化、绿泥石化		
	席状岩墙群	辉绿岩墙群	$J_1Om.\beta\mu$	辉绿岩	辉绿结构、块状构造	绿泥石化		
	深成杂岩	镁铁杂岩	$J_1Om.\nu$	辉长岩	辉长结构、块状构造	硅化		
	变质橄榄岩	方辉橄榄岩	$J_1Om.o\sigma$	方辉橄榄岩	变晶结构、粒状结构,块状构造	蛇纹石化		
		纯橄岩	$J_1Om.\phi$	纯橄岩	粒状结构、变晶结构,叶理构造			

续表 3-1

单元划分		层序组成	代号	岩石组合	结构构造	次生变化	环境	时代
上覆沉积岩系		硅质岩	T_3Si	放射虫硅质岩、硅质泥岩	隐晶结构、层状构造	重结晶	弧前背景	T_3
丁青蛇绿岩	基性熔岩	块状玄武岩	$T_3Om.\beta$	块状橄榄玄武岩、杏仁状玄武岩	玻基斑状结构，块状、杏仁状构造	绢石化、蛇纹石化		
	席状岩墙群	辉绿岩墙群	$T_3Om.\beta\mu$	辉绿岩	辉绿结构、块状构造	角闪石化、硅化		
	深成杂岩	镁铁杂岩	$T_3Om.\gamma o$	斜长花岗岩	细粒花岗结构、块状构造	绿泥石化		
			$T_3Om.\nu$	辉长岩、石英苏长岩	辉长结构、块状构造	角闪石化、阳起石化		
		堆晶杂岩	$T_3Om.cc$	堆晶辉长岩、二辉石岩、斜方辉石岩	堆晶结构，块状、层状构造	硅化、绿泥石化等		
	变质橄榄岩	方辉橄榄岩	$T_3Om.o\sigma$	方辉橄榄岩	变晶粒状结构、块状构造	蛇纹石化、硅化、碳酸盐化		
		纯橄岩	$T_3Om.\phi$	纯橄岩	变晶粒状结构、块状构造	重结晶		
上覆沉积岩系		硅质岩	J_1Si	紫红色硅质岩	隐晶结构、层状构造	重结晶	弧前背景	$J_1(?)$
荣布蛇绿岩	变质橄榄岩	方辉橄榄岩	$J_1Om.o\sigma$	方辉橄榄岩	变晶粒状结构、块状构造	蛇纹石化、碳酸盐化、硅化		
		纯橄岩	$J_1Om.\phi$	纯橄岩				
上覆沉积岩系		硅质岩	$CPSi$	放射虫硅质岩、硅质泥岩	隐晶结构、层状构造	重结晶、褶皱变形	洋中脊	$C—P_1$
多伦蛇绿岩	基性熔岩	枕状熔岩	$CPOm.\beta$	枕状玄武岩、块状玄武岩	斑状结构、次辉绿结构，枕状、块状构造	绿帘石化、硅化		
	深成杂岩	镁铁杂岩	$CPOm.\nu$	辉长岩、斜长角闪石岩	辉长结构、块状构造	绿泥石化、绢云母化		
		堆晶杂岩	$CPOm.cc$	堆晶单斜辉长岩、堆晶方辉辉长岩	堆晶结构、块状构造	纤闪石化、滑石化等		
	变质橄榄岩	方辉橄榄岩	$CPOm.o\sigma$	蛇纹岩	鳞片状、碎斑状等结构，块状、片状构造	蛇纹石化、滑石化		

二、石炭纪—二叠纪多伦蛇绿岩块组合带

（一）地质概况

石炭纪—二叠纪多伦蛇绿岩块组合带系1:20万丁青县幅、洛隆县幅区调时所发现，并命名为"怒江蛇绿岩"，本书根据其产出状态、时代等改称为"石炭纪—二叠纪多伦蛇绿岩块组合带"。

该组合带中蛇绿岩呈构造岩块侵位于CPs中,其上被J_2xh不整合覆盖。测区内其分两支,分布于丁青县桑多乡苏如卡、多伦和洛隆县打拢乡瓦夫弄、摩梭等地。呈NW-SE向展布,向SE沿怒江南下并延出测区。蛇绿岩构造岩片单个呈透镜状产出,共见有12个,面积为0.1~0.3 km²,长轴方向与区域构造线方向一致,整体呈串珠状分布。蛇绿岩组合单元有:变质橄榄岩单元、深成杂岩单元(堆晶岩、辉长岩、斜长角闪石岩)、喷出岩单元以及伴生岩石上覆深海沉积岩系。蛇绿岩化学类型具有MORB特征,暗示多伦蛇绿岩具有洋中脊背景。

(二) 剖面列述

在测区内多伦蛇绿岩很难找到一条连续完整的蛇绿岩剖面,蛇绿岩各单元呈支离破碎的构造残片零乱出露,实属蛇绿构造混杂岩。以丁青县桑多乡多伦蛇绿岩剖面和苏如卡蛇绿岩剖面为例描述如下。

1. 丁青县桑多乡多伦蛇绿岩实测剖面(图3-1)

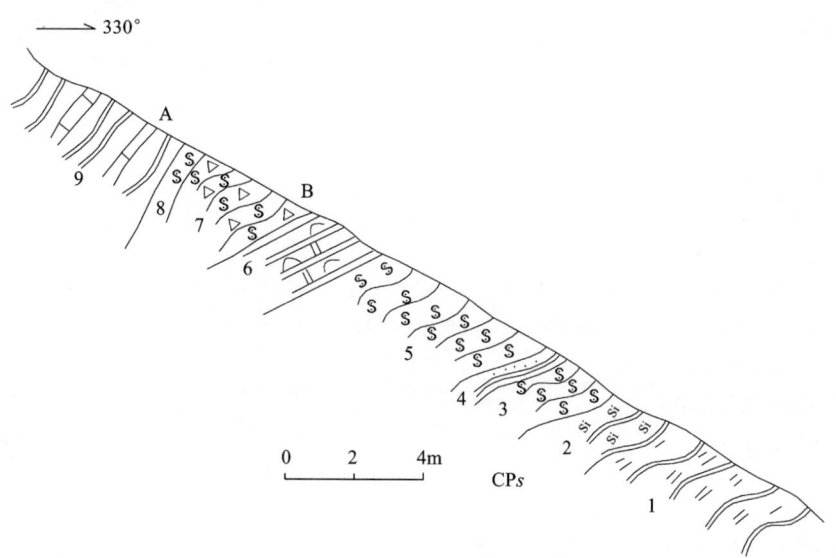

图3-1 丁青县桑多乡多伦苏如卡岩组(CPs)蛇纹岩构造剖面图

(未见顶)

9. 灰黑色绿泥硅质板岩夹薄板状微晶灰岩	
══════ 断层 ══════	
8. 灰白色片理化蛇纹岩	1.98m
══════ 断层 ══════	
7. 黑色蛇纹岩质角砾岩	14.84m
══════ 断层 ══════	
6. 灰—灰绿色碎斑状滑石化白云石蚀变岩	15.97m
══════ 断层 ══════	
5. 黑色片理化蛇纹岩	27.87m
══════ 断层 ══════	
4. 黑色粉砂质硅质板岩	2.86m
══════ 断层 ══════	
3. 灰绿色片理化蛇纹岩	10.35m
══════ 断层 ══════	
2. 暗灰色含绢云硅质板岩	9.58m
1. 灰黑色含炭质绢云硅质板岩	

(未见底)

2. 丁青县桑多乡苏如卡蛇绿岩实测剖面(图 3-2)

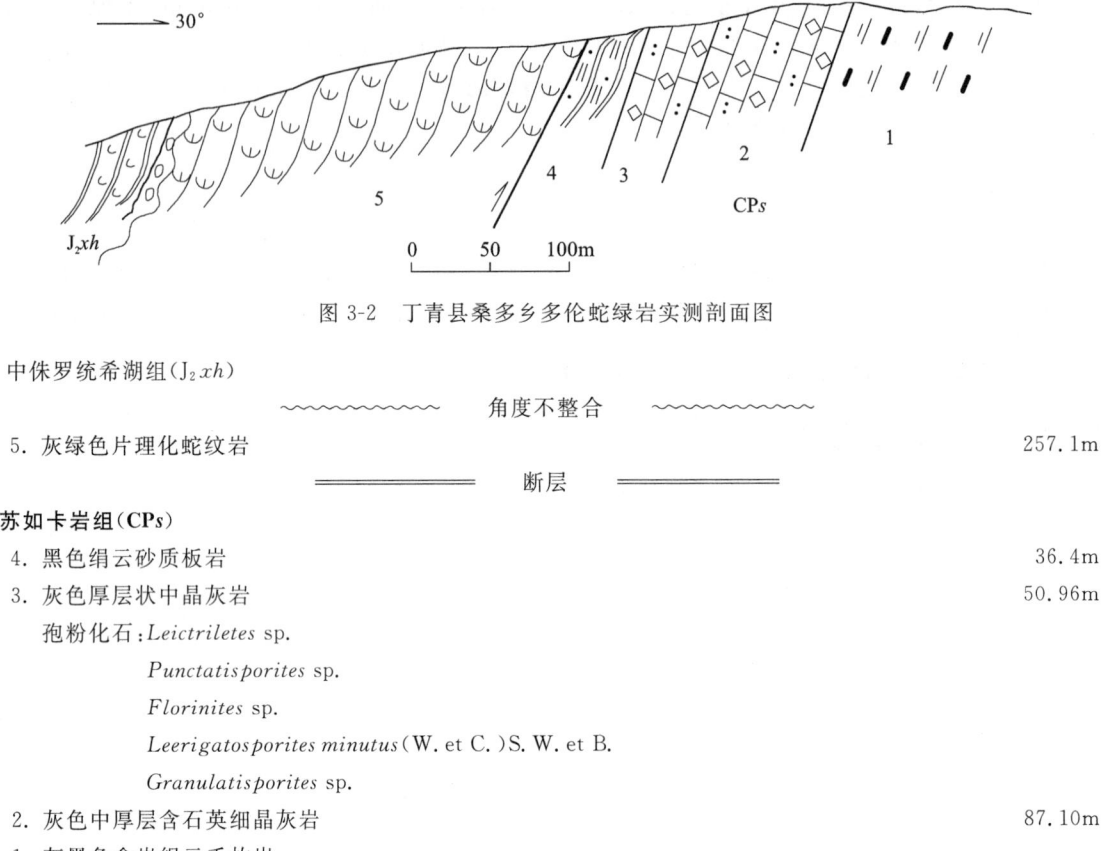

图 3-2 丁青县桑多乡多伦蛇绿岩实测剖面图

中侏罗统希湖组(J_2xh)

～～～～～～～～ 角度不整合 ～～～～～～～～

5. 灰绿色片理化蛇纹岩　　　　　　　　　　　　　　　　　　　　　　　　　　257.1m

════════════ 断层 ════════════

苏如卡岩组(CPs)

4. 黑色绢云砂质板岩　　　　　　　　　　　　　　　　　　　　　　　　　　36.4m
3. 灰色厚层状中晶灰岩　　　　　　　　　　　　　　　　　　　　　　　　　50.96m
　　孢粉化石: *Leictriletes* sp.
　　　　　　 Punctatisporites sp.
　　　　　　 Florinites sp.
　　　　　　 Leerigatosporites minutus(W. et C.)S. W. et B.
　　　　　　 Granulatisporites sp.
2. 灰色中厚层含石英细晶灰岩　　　　　　　　　　　　　　　　　　　　　　87.10m
1. 灰黑色含炭绢云千枚岩

(未见底)

(三)岩石单元、岩石学及矿物学特征

1. 变质橄榄岩单元

该单元为蛇绿岩的主要单元,呈 NW-SE 向展布,出露最宽约 260m,最窄约 25m,最长约 1.8km,最短几十米。呈透镜状、豆荚状,延伸不远,为"无根"构造岩片。边界与围岩呈断层接触,形成宽度不等的构造混杂岩带或糜棱岩带,显示构造就位特点。该单元分布最广,12 个岩片中均有。其位于蛇绿岩的底部,上为堆晶岩。岩石蚀变变形强烈,形成现在的片理化蛇纹岩,少量的蛇纹质角砾岩。

变质橄榄岩的主要结构、构造有:次生纤维状、次生鳞片状、网状、假斑状、碎斑状及角砾状结构,块状、片状构造。次生纤维状、次生鳞片状及网状结构由纤维状、鳞片状蛇纹石构成,微观为具定向排列。在构造作用相对较弱部位表现为不具定向性的网状分布,往往保留短状外形、具辉石式解理的绢石化辉石及其假斑。碎斑及假斑结构中的斑晶多为斜方辉石,少量橄榄石,呈次棱角状或圆状外形,波形消光较明显,表明岩石经过较强的韧性剪切作用。角砾状结构为蛇纹岩质角砾岩所特有的结构,成分主要为蛇纹岩,出露于变质橄榄岩靠底部位置,与围岩接触带中的糜棱结构是构造侵位过程中的产物。

变质橄榄岩的主要矿物有:橄榄石、斜方辉石和尖晶石。橄榄石普遍遭受蛇纹石化,原生矿物残晶较少,微观观察有三种产出类型:一种呈碎斑状、假斑状,仍保留橄榄石外形轮廓;另一种呈不规则粒状,粒径一般为 1~2mm,常呈网格状蛇纹石化,中心部位有橄榄石残留;第三种是呈细小的纤维状或鳞片状的橄榄石,这种橄榄石经较强的蛇纹石化,全部变为蛇纹石或滑石,常具定向性分布于前两种橄榄石之间,它可能是岩石发生构造肢解碎粒化的结果。斜方辉石一种呈假斑状或碎斑状,另一种呈不规则细

粒状。假斑、碎斑粒径可达2～5mm,蛇纹石化后变为绢石,但保留粒状、柱粒状外形及辉石式解理,无定向且不均匀分布于变质橄榄岩中,晶面有弯曲,具波状消光。尖晶石为棕红色,属铬尖晶石,呈不规则粒状,有撕裂、拉长、压扁现象。粒径变化大(0.1～1mm),呈单晶零散分布于变质橄榄岩中。铁质物呈尘状较均匀分布在岩石中,为橄榄石发生蛇纹石化、滑石化及菱铁矿化时所析出。

2. 深成杂岩单元

该单元仅零星出露于丁青县桑多乡扎列、苏如卡以及洛隆县打拢乡瓦夫弄等地。野外露头零星,堆晶岩中很难找到稳定的堆晶层理,无法构成一个连续完整的剖面,厚度不详。呈构造小岩片形式产于苏如卡岩组中或变质橄榄岩单元中。

堆晶岩具有较为典型的堆晶结构,主要由斜方辉石、单斜辉石经沉淀堆晶作用形成,具定向排列,斜长石及细粒状辉石类似胶结物充填其间,有的斜长石包含单斜辉石。

堆晶岩主要有两类:堆晶的单斜辉长岩和堆晶的方辉辉石岩。组成矿物主要有单斜辉石、斜方辉石和斜长石。堆晶的单斜辉石及斜方辉石粒径为0.5～1.5mm,呈自形—半自形的柱状、柱粒状,长轴方向大致呈定向性排列;充填的斜长石和蚀变的细粒辉石粒径较小,一般为0.1～0.3mm,呈半自形—他形的不规则粒状,无定向杂乱充填于堆晶单斜辉石和斜方辉石之间。辉石的纤闪石化和滑石化蚀变是后期构造叠加蚀变的产物,具定向分布。橄榄石在堆晶斜方辉石岩中出现,呈自形的粒状与斜方辉石晶体一起不均匀堆晶分布。

辉长岩和斜长角闪石岩位于堆晶岩顶部(苏如卡),前者具辉长结构,块状构造。斜长石(80%)呈自形—半自形的板柱状晶体,粒径2～2.5mm,为中-拉长石,有绢云母化;单斜辉石(20%)呈柱状、柱粒状晶体,次闪石化。斜长角闪石岩具自形的柱粒状结构,块状构造。角闪石大于60%,为绿色普通角闪石,呈自形柱状晶体,有绿泥石化,斜长石(35%～40%),属中长石,呈自形—半自形长粒状,有绢云母化。另外,他形粒状石英(3%)充填斜长石间隙。

3. 喷出岩单元

目前在该带中所见到的属蛇绿岩成员的喷出岩为枕状熔岩,仅产于丁青县桑多乡几拉北侧,位于堆晶岩之上,无连续完整剖面。出露宽约300m,延伸不清。

枕状玄武岩具有气孔、杏仁及特征的枕状构造。枕状体产状181°∠75°,大小0.1m×0.2m～0.2m×0.5m(图3-3),岩枕边缘可见宽1～3cm的致密冷凝边。枕间胶结物仍为基性熔岩物质组成。具聚斑状结构、次辉绿结构。斜长石为拉长石含量55%,呈自形的板条状,具钠长双晶,粒径为0.03mm×0.1mm～0.15mm×0.5mm,有绿帘石化。辉石有两种形态:聚斑状辉石含量5%,粒径1mm,细粒状辉石含量40%,粒径0.1～0.7mm,系单斜辉石,次闪石化。

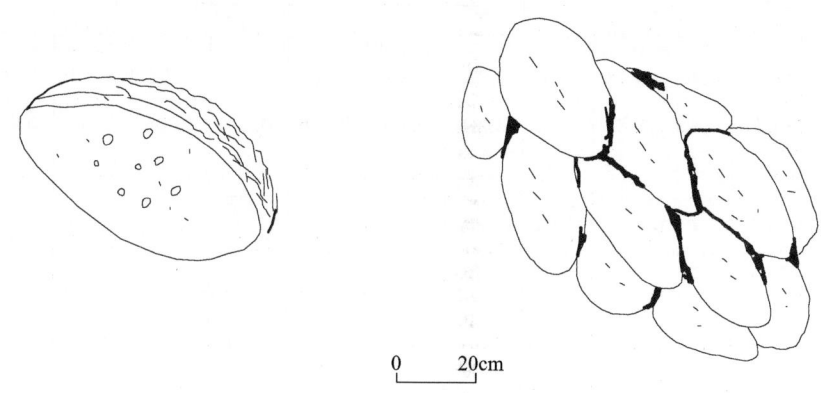

图3-3 枕状玄武岩形态及截面特征

4. 蛇绿岩上覆岩系

多伦蛇绿岩上覆岩系主要是一套深海沉积的浅变质岩及碳酸盐岩构成的复理石建造夹硅质岩及火山岩(熔岩、晶屑凝灰岩)。由于受构造作用,存在不同等级的韧性剪切带。现简述如下。

晶屑凝灰岩 见其呈夹层状产于 CPs 中,厚约 50m,韵律不甚明显。晶屑含量 40%~45%,主要为石英、斜长石、钾长石。晶屑形态各异,呈浑圆状、港湾状、棱角状、楔状、撕裂状等,凝灰岩脱玻化变为微粒状绢云母及长英矿物。

硅质岩 灰色、灰白色,隐晶—微晶质结构,定向—板状构造,硅质含量可达 95%,已重结晶,粒晶 0.01~0.05mm,泥质物含量约 5%,已变为细小的鳞片状绢云母,具定向排列,有少量不规则状斜长石、钾长石细碎屑,粒径 0.5mm。

泥质岩 灰黑色,主要为绢云硅质板岩及粉砂质板岩,次为绿泥板岩。具鳞片粒状变晶结构,板状构造。变质新生矿物有绢云母、绿泥石等。碎屑物以各种不同粒径的石英为主,含量为 60%~75%,少量斜长石及钾长石。

碳酸盐岩 主要为结晶程度不同的各种灰岩、白云岩。含有不等量的石英等碎屑物,与硅质岩呈宽窄不一的条带状或薄板状分布。

蛇绿岩上覆岩系由于受后期构造混杂作用,其常与变质橄榄岩直接接触,接触带上有糜棱岩产生,其内部亦有不同程度的变质变形,产生不同的构造岩。

(四) 岩石化学特征

仅对变质橄榄岩单元和堆晶辉长岩进行岩石化学和地球化学研究。现将特征分述如下。

1. 岩石化学成分及 CIPW 标准矿物计算结果(表 3-2)

变质橄榄岩岩石化学成分变化范围狭窄,SiO_2 含量 38.7%~43.09%、K_2O 含量 0.02%~0.15%、Na_2O 含量 0.00%~0.62%,属枯竭的氧化物;CaO、Al_2O_3、TiO_2 丰度低,其含量分别为 0.19%~0.35%、0.63%~1.18%、0.02%~0.05%。贫 Al、Ca、Ti 的特征同特罗多斯方辉橄榄岩相似。MgO 含量高(36.99%~39.85%),m/f 值高,为 10.24~13.97。属强亏损型地幔岩。CIPW 标准矿物出现紫苏辉石(Hy 为 24.99%~41.28%)和橄榄石(Ol 为 40.99%~54.19%),不出现透辉石,也表明属方辉橄榄岩。

表 3-2　多伦蛇绿岩的化学成分及 CIPW 标准矿物计算结果表

硅酸盐分析结果(wt%)													
样号	岩石名称	SiO_2	TiO_2	Al_2O_3	Fe_2O_3	FeO	MnO	MgO	CaO	Na_2O	K_2O	P_2O_5	LOS	总量
3377/1	蛇纹岩	39.94	0.05	0.95	5.03	1.20	0.03	39.85	0.19	0	0.15	0.02	12.67	99.87
0337/3-1	蛇纹岩	41.24	0.05	1.18	2.60	4.15	0.07	37.66	0.24	0.62	0.09	0.03	11.47	100.10
0338/2-1	蛇纹岩	38.70	0.03	0.63	1.02	3.84	0.05	37.66	0.24	0.14	0.02	0.04	17.02	99.40
0338/2-2	蛇纹岩	43.09	0.02	0.68	1.22	4.56	0.04	36.99	0.35	0.17	0.02	0.02	12.14	99.45
3467/12-1	堆晶辉长岩	45.34	1.68	14.28	2.31	8.75	0.25	10.83	8.69	3.15	0.15	0.27	4.17	99.30
特罗多斯	方辉橄榄岩	44.43	0.01	0.60		8.87	0.13	46.29	0.61					
0467/12-1	堆晶辉长岩	15.07	32.61	4.11	16.9	3.79	1.35	4.10	0.66	3.74	0.69	1.86	0.28	1.54

续表 3-2

样号	岩石名称	CIPW 标准矿物															相关参数		
		Or	Ab	An	C	Wo	En	Fs	En′	Fs′	Fo	Fa	Q	Di	Hy	Ol	DI	An	Ne	Lc
3377/1	蛇纹岩	0.89		0.81	0.49				26.13	1.37	51.24	2.95			27.5	54.1	1	100		
0337/3-1	蛇纹岩	0.53	5.25	0.71		0.34	0.28	0.02	23.33	1.66	49.18	3.85		0.65	24.99	53.3	6.6	3		
0338/2-1	蛇纹岩	0.12	1.19	0.93	0.04				25.17	1.68	48.1	3.53			26.84	51.63	1.6	43		
0338/2-2	蛇纹岩	0.12	1.44	1.03		0.24	0.2	0.02	38.21	3.07	37.65	3.34		0.46	41.28	40.99	1.8	40		
467/12-1	堆晶辉长岩	0.89	25.88	24.38		7.08	4.59	2.02			15.69	7.6		13.69		23.28	28.3	47	0.42	

注：数据来自《1:20万丁青县幅、洛隆县幅区域地质调查报告》。

2. 堆晶岩

据堆晶辉长岩岩石化学分析结果及标准矿物计算结果（表3-2）可知：SiO_2、Na_2O、K_2O含量低，标准矿物出现霞石，在硅-碱图（图3-4）中落入碱性系列。Mg'值0.64，属基性岩。在F_1-F_2（图3-4）以及$FeO^*/MgO-TiO_2$图（图3-5）、$Al_2O_3-100Mg/(Mg+Fe^*)$图（图3-6）及$TiO_2-FeO^*/(MgO+Fe^*)$图（图3-7）中，投点均落入洋中脊范围内，暗示多伦蛇绿岩块组合带具有洋脊背景。

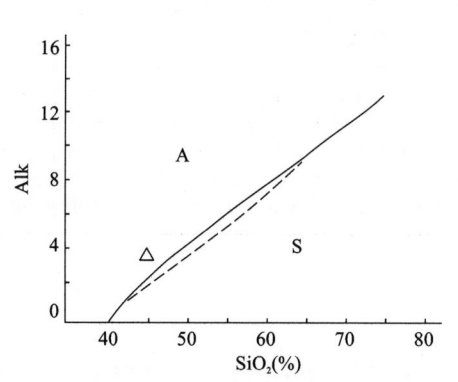

A：碱性系列；S：亚碱性系列；实线：
Macdnnald(1968)；断线：Irvine等(1971)
△堆晶辉长岩

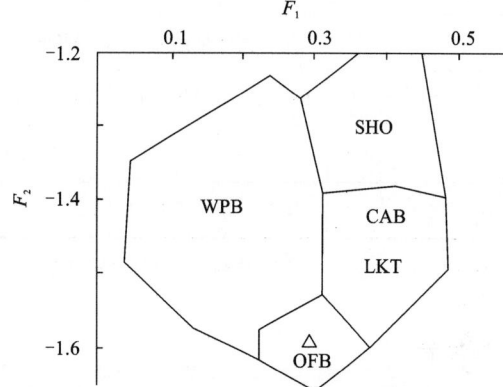

WPB：板内玄武岩；LKT：低钾拉斑玄武岩；
CAB：钙碱性(高铝)玄武岩；SHO：钾玄岩；
OFB：洋中脊玄武岩；△堆晶辉长岩

图 3-4 硅-碱图和 F_1-F_2 图

（据 Irvine,1971；Pearce,1976）

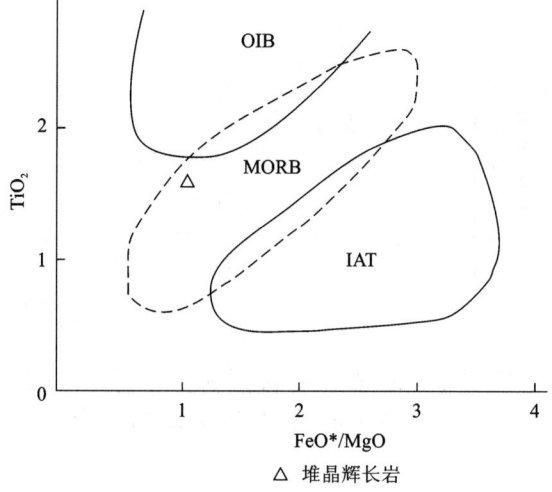

△堆晶辉长岩

图 3-5 $FeO^*/MgO-TiO_2$ 图

（据 Migashiro,1974,1975）

OIB：洋岛玄武岩；MORB：洋中脊玄武岩；IAT：岛弧拉斑玄武岩

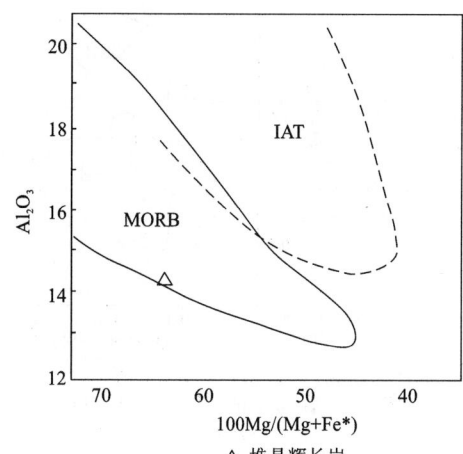

△堆晶辉长岩

图 3-6 $Al_2O_3-100Mg/(Mg+Fe^*)$ 图

（据 Gill 等,1979；其余图例同图 3-5）

（五）微量元素特征

1. 变质橄榄岩

多伦蛇绿岩块组合带中变质橄榄岩微量元素（表3-3）总体特征是富相容元素 Cr、Ni、Co，贫不相容元素。V、Sc、Ti、Mn 丰度低（平均值分别为 17.75×10^{-6}、5.15×10^{-6}、4.75×10^{-6}、6.75×10^{-6}），其 Ti/Sc（0.75～1.22）、Ti/V（0.20～0.38）、Ti/Cr（0.001～0.003）比值也低，属亏损的方辉橄榄岩型。

表3-3 多伦蛇绿岩的微量元素特征表

变质橄榄岩微量元素分析结果（$\times10^{-6}$）																			
样号	岩石名称	Rb	Th	Ta	Nb	Ba	Sr	Hf	Zr	P	Ti	Sc	V	Mn	Cr	Co	Ni	Ti/Sc	Ti/V	Ti/Cr
3377/1	蛇纹岩	1.5	4.5	0.78	1.2	23	10	0.9	21	98	6	7.6	29	4	2500	91.4	2052	0.79	0.21	0.002
0337/3-1	蛇纹岩	1.5	5.4	0.98	1	22	6	0.28	21	131	6	4.91	16	10	2170	83.6	1884	1.22	0.38	0.003
0338/2-1	蛇纹岩	1.5	3.9	0.43	1	16	2	0.1	19	174	4	4.12	11	7	1867	84.3	2085	0.97	0.36	0.002
0338/2-2	蛇纹岩	1.5	5.3	0.49	1	17	7	0.12	19	87	3	3.98	15	6	9	57.9	1838	0.75	0.2	0.001

测区堆晶岩与 N-MORB 微量元素丰度对比表（$\times10^{-6}$）															
地区	Sr	K	Rb	Ba	Th	Ta	Nb	Ce	P	Zr	Hf	Sm	Ti	Y	Yb	Sc	Cr
测区	50	0.15	3.4	44	7.9	1.88	26.6	32.61	0.27	148	4.1	3.78	1.68	16.88	1.54	29.8	247
N-MORB	120	0.15	2	2	0.2	0.18	3.5	10	0.12	90	2.4	3.3	1.5	30	3.4	40	250

注：数据来自《1∶20万丁青县幅、洛隆县幅区域地质调查报告》。

2. 堆晶岩

堆晶辉长岩微量元素丰度（表3-3）与 N-MORB 相比，K、Cr、Ti、Sm 基本接近，而富不相容元素 Ba、Zr、Th、Ta、Nb、Ce，贫 Y、Yb、Sc 及 Sr，显示碱性特征，微量元素标准化配分型式（图3-8）与碱性的大西洋洋中脊玄武岩有一定的相似性（王仁民等，1987）。

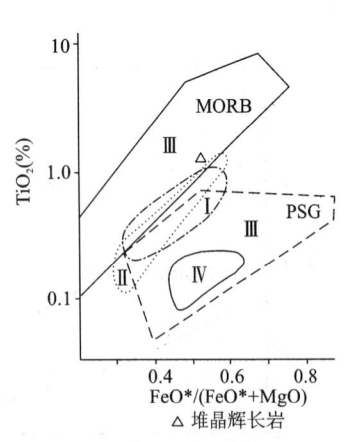

图 3-7 辉长岩的 $TiO_2 - FeO^* / (FeO^* + MgO)$ 图
（据 Bowes et al, 1970）

Ⅰ：印度洋辉长岩（Dmitriev et al, 1975; Engel et al, 1975）；
Ⅱ：北亚平宁辉长岩（Serri, 1980, 1981）；
Ⅲ：MORB（大洋中脊）和 PSG（菲律宾海）辉长岩（Zlobin et al, 1986）；
Ⅳ：纽芬兰岛湾辉长岩（Bowes et al, 1970）

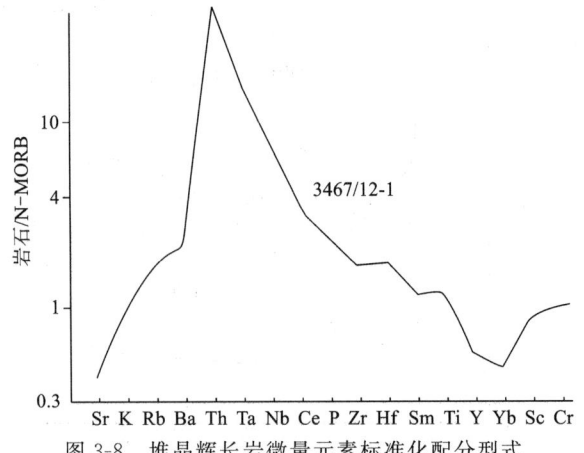

图 3-8 堆晶辉长岩微量元素标准化配分型式

（六）稀土元素特征

1. 变质橄榄岩

据变质橄榄岩稀土元素分析结果和特征参数及标准化配分型式（图 3-9）得知：稀土元素总量低（$0.89×10^{-6}$～$12.24×10^{-6}$，平均 $5.56×10^{-6}$），轻稀土富集，LREE/HREE 为 3.05～21.33，配分曲线向右倾，属富集型。

由于多伦蛇绿岩块组合带中变质橄榄岩已全部蛇纹石化，强烈揉皱变形，原岩面貌已无法识辨，LREE 高丰度可能是蚀变作用的结果（Frey et al，1984）。但是 Sr、Ba 和 K 的丰度并不太高，可能相当于 Frey 等（1974）所说的两组分混合模式，也即是原先 LREE 亏损的变质橄榄岩加入了富 LREE 的熔体所致，加上不可忽视的变质、交代、蚀变作用，也就出现此特征。

2. 堆晶岩

从堆晶辉长岩稀土元素丰度及特征参数和标准化配分型式（图 3-10）可知，其稀土总量中等（$103.35×10^{-6}$），LREE/HREE 为 2.45。配分曲线右倾，属轻稀土富集型，δEu 为 1.06，具微弱的正铕异常。

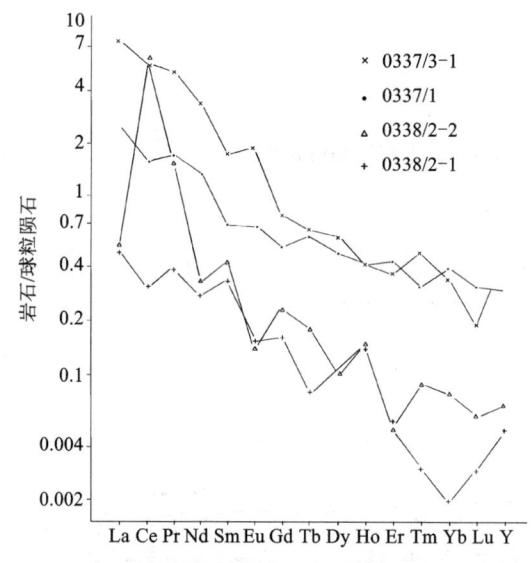
图 3-9 多伦变质橄榄岩稀土元素标准化配分型式

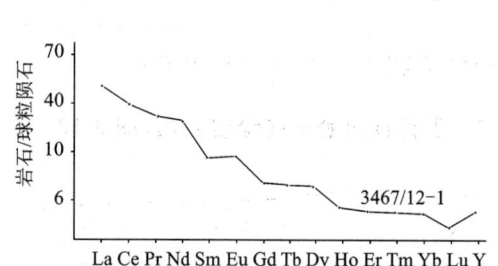
图 3-10 堆晶辉长岩稀土元素标准化配分型式

三、晚三叠世丁青蛇绿岩片组合带

（一）地质概况

前人对晚三叠世丁青蛇绿岩片组合带所做工作较多，研究程度较高。《西藏自治区区域地质志》称为"丁青东—西岩体"，《喜马拉雅及邻区蛇绿岩和地体构造图说明书》（夏斌等，1993）称之为"丁青地体"，《中国蛇绿岩》（张旗等，2001）和《1：20 万丁青县幅、洛隆县幅区域地质调查报告》称之为"丁青蛇绿岩"，本书称之为"晚三叠世丁青蛇绿岩片组合带"。

该带西起索巴，经色扎、丁青县城向东至娃给够、那苏龙玛延入邻区。区内东西长约 80km，南北最宽处约 7.5km，面积约 300km²。蛇绿岩之北为一套中侏罗统德极国组与之呈构造拼贴。

该带蛇绿岩各单元组合齐全，自下而上出露有：变质橄榄岩单元、深成杂岩单元（堆晶辉石岩、堆晶辉长岩、玻安岩—石英苏长岩、石英闪长岩、M 型斜长花岗岩）、辉绿岩墙单元、基性熔岩单元以及上覆深水沉积的放射虫硅质岩。丁青晚三叠世蛇绿岩具有洋内岛弧的弧前背景。

(二) 剖面列述

1. 丁青县沙贡乡沙拉蛇绿岩剖面(图 3-11)

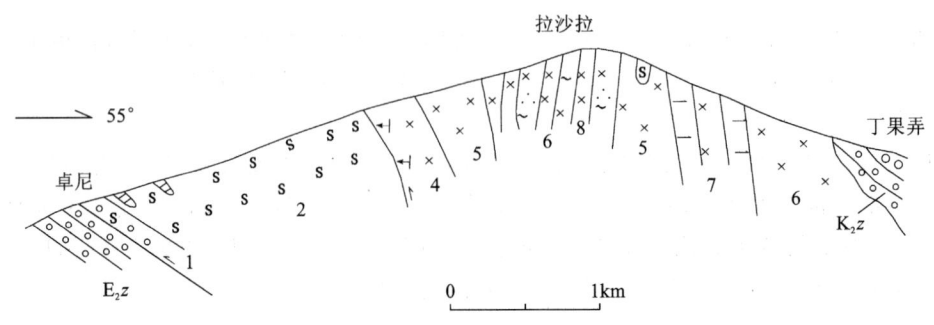

图 3-11　丁青县沙贡乡拉沙拉蛇绿岩实测剖面图

上覆地层：古近系宗白组(E_2z)　灰白色砾岩

～～～～～～～～ 异常不整合 ～～～～～～～～

8. 辉绿岩墙
7. 辉长—辉石岩
6. 石英苏长岩
5. 辉长岩
4. 堆晶岩：底部堆晶斜方辉石岩，中部堆晶二辉辉石岩、堆晶辉长岩，上部堆晶辉长岩
3. 豆荚状、斑点状铬铁矿
2. 蛇纹岩
1. 蛇纹岩质砾岩

======== 断层 ========

上白垩统宗给组(K_2z)　紫红色砾岩

2. 丁青县日登卡蛇绿岩剖面(图 3-12)

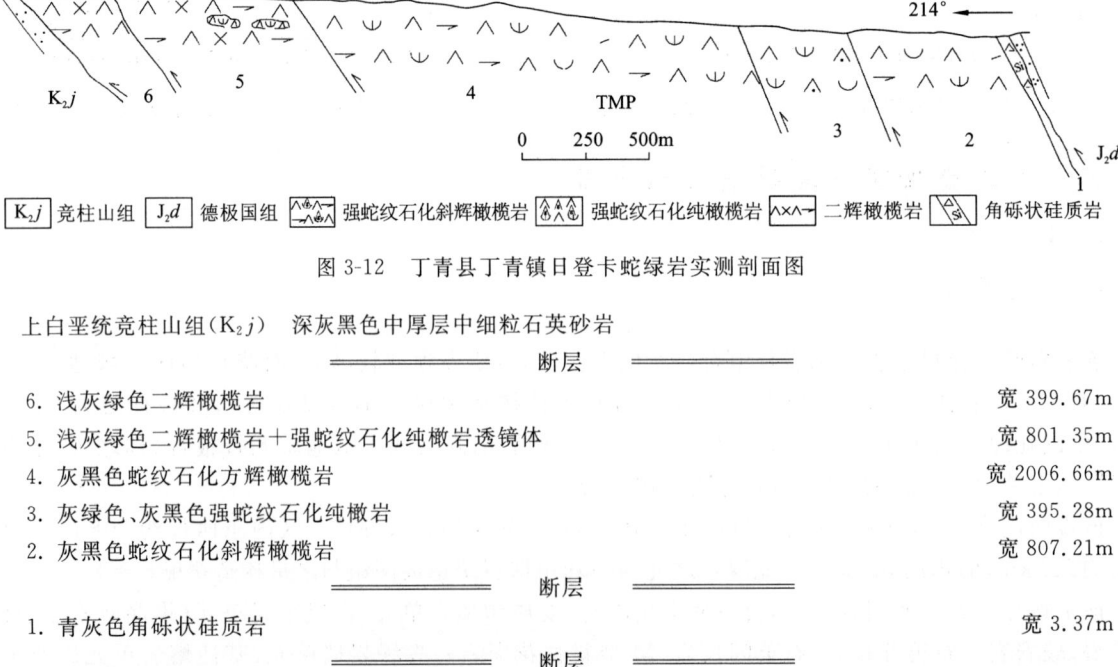

图 3-12　丁青县丁青镇日登卡蛇绿岩实测剖面图

上白垩统竞柱山组(K_2j)　深灰黑色中厚层中细粒石英砂岩

======== 断层 ========

6. 浅灰绿色二辉橄榄岩	宽 399.67m
5. 浅灰绿色二辉橄榄岩＋强蛇纹石化纯橄榄岩透镜体	宽 801.35m
4. 灰黑色蛇纹石化方辉橄榄岩	宽 2006.66m
3. 灰绿色、灰黑色强蛇纹石化纯橄榄岩	宽 395.28m
2. 灰黑色蛇纹石化斜辉橄榄岩	宽 807.21m

======== 断层 ========

1. 青灰色角砾状硅质岩　　　　　　　　　　　　　　　　　　　　　宽 3.37m

======== 断层 ========

中侏罗统德极国组(J_2d)　灰黑色中细粒变质长石石英砂岩

该组合带在丁青东部的拉根拉—拉沙拉一带出露齐全,自下而上有:变质橄榄岩单元、深成杂岩单元(堆晶岩、辉长岩、石英苏长岩)、辉绿岩墙单元、基性熔岩单元以及上覆深水沉积的放射虫硅质岩;在丁青以西的热昌—纳宗达一带主要蛇绿岩单元有:变质橄榄岩、基性熔岩,以及上覆的放射虫硅质岩,缺失堆晶岩、岩墙等单元。

(三) 岩石单元及岩石学特征

1. 变质橄榄岩单元及岩石学特征

该单元是构成蛇绿岩的主体,呈近东西向展布,最宽约7km(拉根拉),平均宽约4.2km,东宽西窄,东西长约80km(区内)。岩石类型有:方辉橄榄岩、二辉橄榄岩、纯橄岩,乃是部分熔融的地幔残留组分。方辉橄榄岩是蛇绿岩单元的主要组成,分布广,面积大,纯橄岩呈透镜状或分异的条带状夹于方辉橄榄岩(或二辉橄榄岩)中(图3-13、图3-14)。其地貌特征似日喀则蛇绿岩中的席状岩墙群,平行排列或似平行排列。风化后呈黄、灰绿、灰等各种颜色或相间出现,景观独特。在丁青日登卡一带出露有纯橄岩、二辉橄榄岩。

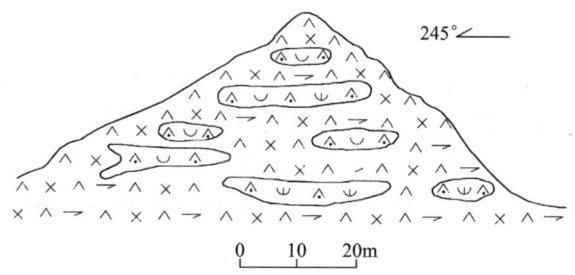

图 3-13 丁青县丁青镇日登卡纯橄岩透镜体素描图

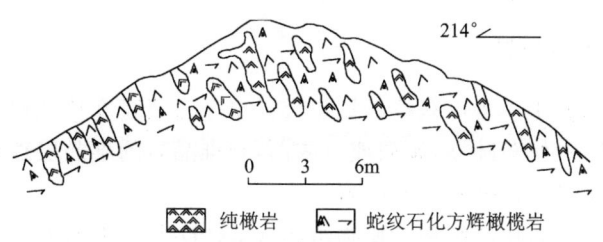

图 3-14 丁青县丁青镇日登卡条带状纯橄岩素描图

变质橄榄岩的典型结构有糜棱结构、碎斑结构、角砾状结构、镶嵌结构、网环结构、网眼结构、塑性流变及变晶结构等。具叶理构造、定向构造和块状构造。

糜棱结构和角砾状结构见于沙贡北、热昌北等地,多出现于橄榄岩单元的底部或构造岩片的边界。糜棱结构是岩石在强剪切应力下的产物,碎斑由拉伸定向呈长条状的橄榄石及眼球状的斜方辉石组成,碎基为细粒化的重结晶橄榄石,强烈蛇纹石化和滑石化。角砾状结构是蛇纹岩质砾岩所特有的结构,是岩石在脆性应变作用下的产物。

塑性流变和碎斑结构普遍存在于该组合带变质橄榄岩中,是岩石在高温塑性变形状态下形成的。碎斑多为斜方辉石,最大可达10mm,外形不规则,具波状消光、肯克带、膝折等。拉长的橄榄石粒内变形作用较强,具波形消光、肯克带和亚颗粒化。

镶嵌结构是该带变质橄榄岩中普遍见有的一种结构,有细粒(1mm)、中粒(2~5mm)、粗粒(5~7mm)及等粒镶嵌结构。橄榄石边界较平直,极少呈交错状,粒内变形不发育。是岩石在静态条件下重结晶所形成。

变晶结构是变质阶段的产物。矿物有两个世代,第一世代是粗粒、中粒矿物(橄榄石、斜方辉石、单斜辉石);第二世代矿物颗粒比较小,沿第一世代矿物粒间或裂隙分布。

叶理及定向构造是岩石在高温塑性流变状态下矿物重结晶的产物,具定向排列,风化呈灰绿、褐、黄、灰等不同颜色,断续延伸或似"层理"延伸很远。丁青东叶理整体构成一个背形和向形。

2. 深成杂岩单元及岩石学特征

该单元仅现于拉根拉—拉沙拉一带,而丁青西未发现有出露。覆于变质橄榄岩之上,原始接触为整合接触,现为构造边界。岩石类型为堆晶岩和镁铁杂岩,堆晶岩自下而上有:堆晶斜方辉石岩、堆晶二辉辉石岩、堆晶辉长岩。位于堆晶岩之上的镁铁杂岩有:粗粒、细粒辉长岩、石英苏长岩、石英闪长岩、斜长花岗岩。

堆晶岩的堆晶层理倾向北东,倾角中等至陡,并与方辉橄榄岩叶理一致。堆晶序列:堆晶岩的下部为堆晶斜方辉石岩,斜方辉石呈 0.5~3cm 的柱晶定向排列;中部为堆晶二辉辉石岩与堆晶辉长岩,呈暗色、浅灰色交替产出;上部为堆晶辉长岩,见粗粒与细粒交替呈粒序层理产出。

堆晶斜方辉石岩以补堆晶结构为主,局部有正堆晶和异补堆晶结构。矿物成分:古铜辉石含量大于90%,单斜辉石小于5%,斜长石(倍长石至钙长石)含量为2%~7%,还常见有少量石英。

堆晶二辉辉石岩其堆晶结构与上述堆晶斜方辉石岩相似,差异在于其单斜辉石晶体增多,古铜辉石减少,且与堆晶辉长岩呈互层状产出并渐变为堆晶辉长岩。

堆晶辉长岩具粒序层理,正堆晶结构,局部异补堆晶结构也较发育。矿物组成为古铜辉石+单斜辉石+斜长石+石英。

中粒、粗粒辉长岩和中粗粒石英苏长岩均具辉长结构,块状构造。暗色矿物为自形—半自形的古铜辉石和透辉石,大多已蚀变为角闪石、阳起石、透闪石、直闪石、绿泥石。浅色矿物为自形的斜长石和石英。

细粒暗色石英闪长岩呈小型分异体产出。岩石呈暗灰色,具半自形柱粒状结构,矿物组成:角闪石(15%)大多蚀变为阳起石,斜长石(70%~80%)呈半自形的柱粒状,石英(5%~15%)呈他形不规则粒状分布于角闪石、斜长石之间。

细粒斜长花岗岩呈小岩株(或岩脉)产出,位于辉长岩顶部。主要组成矿物是斜长石、角闪石、石英,无黑云母和钾长石。

3. 辉绿岩墙单元及岩石学特征

辉绿岩墙(群)单元仅出露于丁青以东拉沙拉一带。单个岩墙宽度从几厘米至2m不等。位于镁铁杂岩的顶部,岩墙走向北北东,倾角陡立,倾向或东或西,与堆晶岩的堆晶层理近于垂直。岩墙具对称的和不对称的冷凝边。岩石类型为富镁石英辉绿岩。

岩石呈灰绿色,具辉绿结构,块状构造。矿物组成:Opx(较少)+Cpx(较多)+Hb+Pl+Q。

4. 基性熔岩单元和上覆的深海沉积岩系及岩石学特征

1)基性熔岩单元及岩石学特征

基性熔岩单元为蛇绿岩的最顶部层位,岩石类型主要为块状橄榄玄武岩和少量杏仁状玄武岩。出露于丁青县协雄乡勒寿弄、沙贡乡拉根拉、色扎乡松卡加弄沟等地,多呈透镜状或构造小残片形式产出。松卡加弄沟一带的杏仁状玄武岩多呈夹层状及透镜状,层数较多,厚度一般不大,大者20~30m,小者仅几十厘米至1m。在厚层玄武岩顶部见枕状构造,枕体长轴20~30cm,短轴10~15cm,枕体产状20°∠55°。

块状橄榄玄武岩呈灰绿色,斑状结构、交织结构、次灰绿结构,块状构造。矿物组成:Ol+Opx(少量)+Cpx+Pl+Kf(少量)。

杏仁状玄武岩为暗绿色,玻基斑状结构,杏仁状构造。主要矿物辉石多已绢石化,杏仁体中充填物有玉髓、伊丁石、方沸石,不规则裂纹发育,裂纹中有蛇纹石填充。

2)上覆深海沉积岩

蛇绿岩的上覆深海沉积岩系岩石类型主要为硅质岩,硅泥质岩、铁泥质岩。主要出露于色扎乡贡桑、协雄乡德极国、勒寿弄等地。另外在协雄乡破郎国见有0.5m厚的燧石岩。放射虫硅质岩多呈构造小残块形式产出。

紫红色放射虫硅质岩以厚层状为特征,不显纹理,岩性有硅质(泥)岩、含泥质硅质岩,放射虫保存较完好,不显定向排列。颜色以紫红色为主,部分灰白色、青灰色。

纹层状放射虫硅质岩以具颜色条纹为特征,紫色、青灰色、灰黑色条带相间出现,单层厚2~3cm,少数较厚者可达5~10cm。

燧石为棕褐色、青灰色、暗灰绿色,成分主要为玉髓和自生石英,岩石致密坚硬,击声如磬,贝壳状断口。

(四)矿物学及矿物化学特征

1. 变质橄榄岩的矿物学及矿物化学特征

1)橄榄石

变质橄榄岩中的橄榄石有三种类型:第一类是静态重结晶形成,一般为中粒状,粒内变形不发育,消光均匀,无亚颗粒化;第二类是粗粒拉长定向的橄榄石,粒内变形作用较强,常见肯克带、波形消光及亚颗粒化,它是在较强应力作用下高温塑性变形形成;第三类是细粒化及亚颗粒化形成的第二世代的重结晶的小晶体,分布在第一世代橄榄石颗粒之间或裂隙中。

对方辉橄榄岩及纯橄榄岩中的橄榄石作电子探针分析(表3-4),发现橄榄石成分相当稳定。MgO含量均较高(48.71%~51.43%),Fo值高,为91.7%~92.5%,属镁橄榄石,FeO、MnO、CaO含量低(平均为7.68%、0.12%、0.04%)。表明属亏损型的残余地幔。与强亏损的巴布亚方辉橄榄岩(Fo=93.6;Dick,1977)相比,似乎代表中等亏损程度的残余地幔。

表3-4 变质橄榄岩中橄榄石(Ol)的化学成分(电子探针,wt%)

样号	岩石名称	SiO_2	TiO_2	Al_2O_3	Cr_2O_3	FeO	MnO	MgO	CaO	Na_2O	K_2O	总量
2621/4	纯橄榄	44.49	0	0.19	0	7.46	0.02	50.92	0	0	0	99.07
2621/4-1	纯橄榄	40.36	0	0.21	0	7.58	0.1	51.12	0.03	0	0	99.4
2632/4	方辉橄榄岩	41.23	0	0.2	0.02	7.69	0.2	51.13	0.06	0	0	100.5
2632/4-1	方辉橄榄岩	41.02	0.02	0.21	0	7.58	0.14	51.43	0.03	0	0	100.4
C325	方辉橄榄岩	41.3	0	0.04	0	7.47	0.16	49.72	0.03	0.03	0	98.74
C328	方辉橄榄岩	42.52	0.08	0.03	0	7.66	0.12	48.71	0	0.04	0	99.21
DB72	方辉橄榄岩	42.01	0	0.04	0	8.31	0.11	48.83	0.05	0.03	0	99.38
TZ0048-9-1	方辉橄榄岩	39.66	0	1	0.66	5.38	0.13	36.77	0.05	0	0	83.65
TZ0048-9-2	方辉橄榄岩	38.46	0	1.34	0.43	5.96	0.09	36.33	0.07	0	0	82.68
TZ0048-9-3	方辉橄榄岩	37.59	0	1.5	0.62	5.76	0.16	34.85	0.16	0	0	80.64
TZ0048-9-4	方辉橄榄岩	40.34	0.07	0.72	0.5	6.24	0.2	35.37	0.12	0	0	83.56
TZ0048-9-5	方辉橄榄岩	39.11	0	0.91	0.57	5.95	0.19	36.33	0.17	0	0	83.23

样号	岩石名称	以4个氧为基础的阳离子数											
		Si	Al	Cr	Ti	Fe^{2+}	Mn	Mg	Ca	Na	K	合计	Fo
2621/4	纯橄榄	0.988	0.005	0	0	0.152	0.004	1.864	0	0	0	3.009	0.925
2621/4-1	纯橄榄	0.983	0.006	0	0	0.154	0.002	1.868	7E-04	0	0	3.014	0.924
2632/4	方辉橄榄岩	0.993	0.006	0.004	0	0.154	0.004	1.846	0.002	0	0	3.005	0.923
2632/4-1	方辉橄榄岩	0.986	0.006	0	0.004	0.152	0.003	1.855	0.008	0	0	3.01	0.924
C325	方辉橄榄岩	1.012	0.001	0	0	0.153	0.003	1.816	0.001	0.001	0	2.988	0.922
C328	方辉橄榄岩	1.035	0.001	0	0.01	0.156	0.003	1.766	0	0.002	0	2.964	0.919
DB72	方辉橄榄岩	1.025	0.001	0	0	0.169	0.002	1.775	0.001	0.001	0	2.975	0.917

注:2632/4、2632/4-1、TZ0048为早侏罗世,其余样品为晚三叠世。

2) 斜方辉石

变质橄榄岩中斜方辉石大多数呈中—粗粒的残碎斑晶出现,最大的可达10mm,外形不规则,玻状消光,膝折及肯克带发育。沿解理、裂隙或由边部向中心发生绢石化。

对方辉橄榄岩和纯橄岩中的橄榄石作电子探针分析(表3-5)可以看出,斜方辉石Mg值为92.5~93.3,En值为91.1~91.8,属顽火辉石。贫Al_2O_3、TiO_2、FeO,富Cr_2O_3、MgO及Mg/(Mg+Fe^{2+})和Cr/(Cr+Al),说明斜方辉石易熔组分含量低,难熔组分含量高,具较强亏损特征。与原始地幔相比,高Mg,贫Ca、Al,说明丁青变质橄榄岩为亏损地幔岩。但与强亏损的方辉橄榄岩(如巴布亚、美国的双姐妹山及马里亚纳等)中十分贫Ca的顽火辉石相比,又显逊色,似乎代表中等亏损程度。在斜方辉石的SiO_2与Mg/(Mg+Fe^{2+})和Cr/(Cr+Al)与Mg/(Mg+Fe^{2+})相关图中(图3-15、图3-16)落入Ⅰ区,属超镁铁质构造岩。

表3-5 变质橄榄岩中斜方辉石的化学成分($wt\%$)

样号	岩石名称	SiO_2	TiO_2	Al_2O_3	Cr_2O_3	FeO	MnO	MgO	CaO	Na_2O	K_2O	总量
2624/4	纯橄岩	56.86	0.07	1.94	0.74	4.52	0.15	34.55	1.03	0.09	0	99.95
2624/4-1	纯橄岩	56.83	0	2.09	0.77	4.72	0.09	34.61	0.99	0	0	100
2632/4	方辉橄榄岩	56.93	0.02	1.73	0.68	4.51	0.24	34.85	0.82	0	0.04	99.82
2632/4-1	方辉橄榄岩	57.3	0	1.72	0.65	4.46	0.12	35.22	0.87	0	0.02	100.4
DB72	方辉橄榄岩	56.13	0	1.73	0.7	4.96	0.07	34.47	1.12	0.04		99.23
C322	方辉橄榄岩	57.68	0	2.2	86	3.99	0.14	33.76	1.04	0.24		99.47
C325	方辉橄榄岩	56.89	0	2.38	0.83	4.87	0.08	76.54	1.04	0.05		99.9
C328	方辉橄榄岩	56.82	0.01	1.7	0.68	4.82	0.09	33.36	1.88	0.05		99.42

样号	岩石名称	以6个氧为基础的阳离子数														Mg/(Mg+Fe^{2+})	Ca/(Mg+Ca)
		Si	Al(Ⅳ)	Al(Ⅵ)	Ti	Cr	Fe^{2+}	Mn	Mg	Ca	Na	K	合计	Wo	En	Fs		
2624/4	纯橄岩	1.94	0.06	0.018	0.002	0.2	0.13	0.004	1.758	0.038	0.006	0	3.976	0.02	0.913	0.067	0.931	0.021
2624/4-1	纯橄岩	1.937	0.063	0.021	0	0.21	0.135	0.003	1.759	0.036	0	0	3.975	0.019	0.911	0.07	0.929	0.02
2632/4	方辉橄榄岩	1.944	0.056	0.014	0.001	0.018	0.129	0.007	1.774	0.03	0	0.002	3.975	0.016	0.918	0.067	0.932	0.017
2632/4-1	方辉橄榄岩	1.944	0.056	0.013	0	0.017	0.127	0.003	1.781	0.032	0	0.001	3.974	0.016	0.918	0.065	0.933	0.018
DB72	方辉橄榄岩	1.947	0.053	0.018	0.019	0	0.144	0.002	1.782	0.042	0.003		4.01	0.021	0.905	0.074	0.925	0.023
C322	方辉橄榄岩	1.979	0.021	0.068	0.023	0	0.114	0.004	1.715	0.038	0.001		3.965	0.02	0.916	0.063	0.937	0.022
C325	方辉橄榄岩	1.955	0.045	0.052	0.032	0	0.14	0.002	1.729	0.038	0.003		3.987	0.02	0.906	0.074	0.925	0.022
C328	方辉橄榄岩	1.967	0.033	0.036	0.019	0	0.139	0.003	1.721	0.07	0.003		3.991	0.036	0.89	0.073	0.925	0.039

注:2632/4,2632/4-1为早侏罗世,其余样品为晚三叠世。

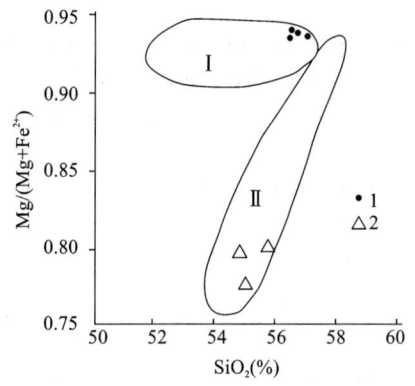
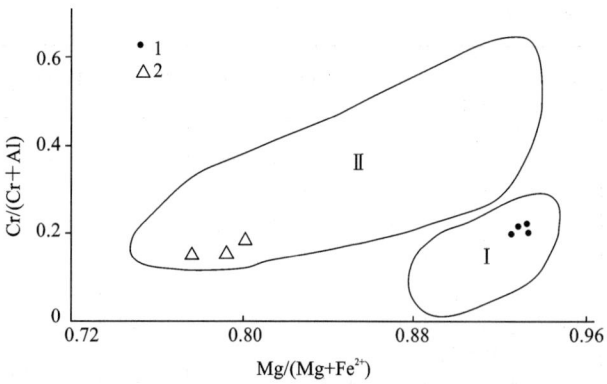

图 3-15 斜方辉石的 SiO_2 与 $Mg/(Mg+Fe^{2+})$ 相关图
1.变质橄榄岩的斜方辉石;2.堆晶岩的斜方辉石
Ⅰ:超镁铁构造岩;Ⅱ:玻安岩

图 3-16 斜方辉石的 $Cr/(Cr+Al)$ 与
$Mg/(Mg+Fe^{2+})$ 相关图(图例同图 3-15)
Ⅰ:方辉橄榄岩及纯橄岩;Ⅱ:堆晶石英辉长岩

3) 尖晶石

方辉橄榄岩中尖晶石(<2%)呈棕红色、褐红色,大多数呈不规则粒状,与斜方辉石在一起,有裂纹,填充蛇纹石,有的在剪切应变作用下发生拉长、破碎。纯橄岩中尖晶石呈褐红—褐黄色,以浑圆形粒状为主,少量呈自形晶,产于橄榄石晶体三连点的角顶处,含量 1%~3%,有的呈聚晶状,沿橄榄石拉长方向分布。有的沿线理方向发生剪切应变而被拉断。露头尺度可见有的尖晶石聚集成宽几厘米的豆荚状矿条,平行叶理方向分布。尖晶石及铬铁矿呈不规则粒状,被蛇纹石围绕,表明是地幔分异产物,而非岩浆房中堆晶作用形成。

根据尖晶石电子探针成分分析结果(表 3-6)可知:在方辉橄榄岩和纯橄岩中,尖晶石成分以富 Cr、Mg,贫 Al、Ti、Fe^{2+} 和 Fe^{3+} 为特征,$Cr/(Cr+Al)$ 和 $Mg/(Mg+Fe^{2+})$ 值高,分别为 0.556~0.659 和 0.569~0.688,$Fe^{3+}/(Cr+Al+Fe^{3+})$ 值低,为 0.001~0.018。Dick 等(1984)利用尖晶石 $Cr/(Cr+Al)$ 值将超镁铁构造岩分为三种类型,Ⅰ型为 $Cr/(Cr+Al)<0.6$,Ⅲ型为 $Cr/(Cr+Al)>0.6$,Ⅱ型为过渡型。深海橄榄岩为Ⅰ型,Ⅲ型则与岛弧有关,具复合成因的洋内岛弧属Ⅱ型。丁青方辉橄榄岩和纯橄岩在尖晶石的 $Cr/(Cr+Al)$-$Mg/(Mg+Fe^{2+})$ 图中(图 3-17)位于 D 区,应属Ⅲ型,为与岛弧有关的超镁铁构造岩,D 区跨越Ⅰ型和Ⅲ型界线,似乎又暗示与洋内岛弧环境有关。

表 3-6 代表性的尖晶石成分分析结果表(wt%)

样号	岩石名称	SiO_2	TiO_2	Al_2O_3	Cr_2O_3	Fe_2O_3	FeO	MnO	MgO	CaO	Na_2O	K_2O	总量
2621/4	纯橄岩	0.35	0	20.84	50.88		12.86	0	14.88	0	0	0.01	99.83
2632/4-1	纯橄岩	0.16	0	21.07	51.83		13.06	0	15.26	0	0	0.03	101.5
2621/4	方辉橄榄岩	0.2	0.05	18.62	53.63		12.68	0	14.81	0.09	0	0	100.1
2632/4-1	方辉橄榄岩	0.19	0	18.92	53.17		12.86	0	14.55	0	0	0	99.7
DB69	方辉橄榄岩	0.05	0.9	18.76	53.22	0.1	14.21	0.24	13.55	0.01	0.05		100.3
DB72	方辉橄榄岩	0.04	0.01	20.43	50.93	0.6	13.53	0.3	13.53	0.01	0.03		99.41
C322	方辉橄榄岩	0.07	0.11	25.37	47.31	0.1	13.68	0.15	14.46	0.04	0.08		101.4

续表 3-6

样号	岩石名称	SiO$_2$	TiO$_2$	Al$_2$O$_3$	Cr$_2$O$_3$	Fe$_2$O$_3$	FeO	MnO	MgO	CaO	Na$_2$O	K$_2$O	总量
C325	方辉橄榄岩	0.04	0.08	23.37	47.41	1.19	12.6	0.18	15.11	0.02	0.09		100.1
C328	方辉橄榄岩	0	0.02	22.65	47.24	0.5	16.45	0.26	12.15	0.04	0.08		99.39
C311	堆晶辉石辉长岩	0.03	0.19	13.13	51.29	5.49	19.38	0.3	9.51	0.02	0.06		99.4
2626/3	堆晶辉石辉长岩	0.17	1.5	5.56	26.87		55.96	0.07	1.62	0	0	0	91.95
C284	辉长岩	0.1	0.11	4.38	58.76	5.18	29.09	0.31	2.45	0.03	0.04		100.4

样号	岩石名称	以 32 个氧为基础的阳离子数											Cr/(Cr+Al)	Mg/(Mg+Fe^{2+})	Fe^{3+}/(Al+Cr+Fe^{3+})
		Si	Ti	Al	Cr	Fe^{3+}	Fe^{2+}	Mn	Mg	Ca	K	Na	合计			
2621/4	纯橄榄岩	0.085	0	6.015	9.85	0.135	2.463	0	5.433	0	0.003	0	23.98	0.6208	0.6881	0.0184
2632/4-1	纯橄榄岩	0.039	0	5.994	9.891	0.115	2.522	0	5.492	0	0.009		24.06	0.6226	0.6853	0.0072
2621/4	方辉橄榄岩	0.049	0.089	5.42	10.47	0.109	2.51	0	5E+05	0.024	0	0	24.13	0.6589	0.6848	0.0068
2632/4-1	方辉橄榄岩	0.048	0	5E+05	10.4	0.082	2.579		5.367	0	0		23.99	0.6533	0.6754	0.0051
DB69	方辉橄榄岩	0.012	0.017	5.486	10.44	0.019	2.945	0.5	5.011	0.003		0.024	24.01	0.656	0.63	0.001
DB72	方辉橄榄岩	0.1	0.002	5.97	9.986	0.112	2.802	0.063	5	0.003		0.014	23.96	0.626	0.641	0.007
C322	方辉橄榄岩	0.017	0.02	7.108	8.893	0.018	2.717	0.03	5.124	0.01		0.037	23.97	0.556	0.653	0.001
C325	方辉橄榄岩	0.01	0.015	6.657	9.061	0.216	2.544	0.037	5.443	0.005		0.042	24.03	0.576	0.681	0.014
C328	方辉橄榄岩	0	0.004	6.629	9.277	0.093	3.413	0.055	4.497	0.011		0.039	24.02	0.583	0.569	0.006
C311	堆晶辉石辉长岩	0.008	0.038	4.082	10.7	1.09	4.271	0.067	3.74	0.06		0.031	24.03	0.724	0.467	0.069
2626/3	堆晶辉石辉长岩	0.058	0.386	2.24	7.265	6.107	9.899	0.021	0.826	0	0	0	26.8	0.7644	0.0491	0.3912
C284	辉长岩	0.029	0.024	1.476	13.28	1.115	6.947	0.075	1.044	0.009		0.22	24.02	0.9	0.131	0.07

注：2632/4、2632/4-1 为早侏罗世，其余样品为晚三叠世。

在橄榄石的 Fo 对尖晶石的 Cr/(Cr+Al)和斜方辉石的 Al$_2$O$_3$对尖晶石的 Cr/(Cr+Al)图解中（图 3-18），投点靠近蒂纳基略（Tinaquillo）橄榄岩部分熔融趋势线（Jaqoues et al,1980），部分熔融程度在 22%～27%之间，与新西兰及布洛（Burro）山（美国）的变质橄榄岩相似。

2. 堆晶岩的矿物学及矿物化学特征

1) 矿物学特征

堆晶斜方辉石岩和堆晶二辉辉石岩中的古铜辉石，多呈自形的长柱状或短柱状晶体，长可达数厘米，小的一般大于 1mm，呈定向排列。单斜辉石、斜长石和石英均产于斜方辉石堆晶间隙中，外形不规则，单斜辉石中有斜方辉石堆晶晶体的小包体。尖晶石是常见的副矿物，呈暗褐色，不规则粒状，零星分布或被斜方辉石包裹。矿物结晶顺序为：尖晶石→古铜辉石→单斜辉石→斜长石→石英。

堆晶辉长岩中堆晶主体是古铜辉石，呈长柱状及柱粒状两种结晶习性。单斜辉石含量较其在堆晶辉石岩中的含量增多，部分也呈板状或短柱状的自形堆晶晶体出现，有的内部还包有古铜辉石晶体。堆晶辉长岩、堆晶岩中单斜辉石矿物学（成分）定名为顽火透辉石，手标本及薄片中(100)裂理极发育，且十分细密，$Ng \wedge C = 34° \sim 40°$，具简单的双晶及聚片双晶，属异剥辉石。堆晶间隙除透辉石外，主要被斜长石和石英占据。斜长石外形不规则，包裹一至数十个古铜辉石晶体。而石英则呈不规则状或粒状充填上述矿物间隙中。

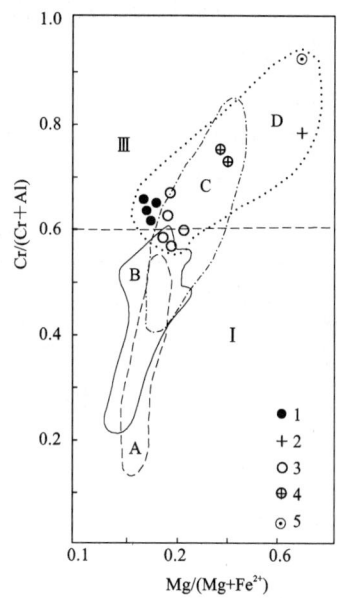

图 3-17 尖晶石的 $Cr/(Cr+Al)-Mg/(Mg+Fe^{2+})$ 图
I:阿尔卑斯I型橄榄岩；III:阿尔卑斯III型橄榄岩；A:深海橄榄岩；B:深海玄武岩；C:马里亚纳海沟的镁铁—超镁铁质岩(Bloomcr et al,1983)；D:丁青镁铁—超镁铁质岩尖晶石分布区；1.方辉橄榄岩及纯橄岩；2.堆晶石英辉长岩；3、4、5.张旗等(2001)丁青方辉橄榄岩、堆晶辉石岩、堆晶辉长岩

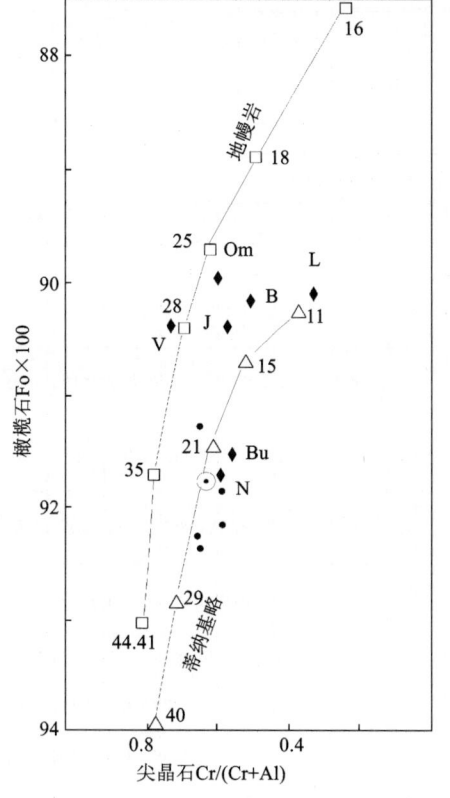
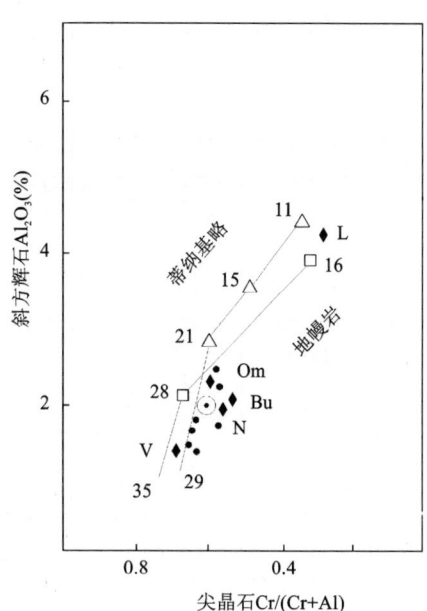

图 3-18 橄榄石的 Fo 对尖晶石的 $Cr/(Cr+Al)$ 和斜方辉石的 Al_2O_3 对尖晶石的 $Cr/(Cr+Al)$ 图
图中地幔岩及蒂纳基略橄榄岩随部分熔融程度增加的难熔残留物的矿物化学趋势的实验曲线
据 Jaqucs 等(1980)。数字代表熔体的重量百分比(×100)
·丁青；⊙丁青平均值；B:岛湾；Bu:布洛山；J:约瑟芬；L:科古里亚；N:新西兰；Om:阿曼；V:沃瑞诺斯(据 Ishiwatari,1985b)

堆晶辉长岩的浅色层中斜长石数量增多，具环带状结构，大多呈长宽比近等的柱粒状晶体，与其他辉长岩、辉绿岩中所见的长板状晶体有别。此类堆晶岩中的斜长石与古铜辉石、异剥辉石均呈堆晶，晶体间隙被石英所充填。

2) 矿物化学特征

堆晶岩中矿物组成：尖晶石＋斜方辉石＋单辉石＋斜长石＋石英。对前四种主要矿物作电子探针成分分析列于表（表 3-6～表 3-9）。

表 3-7 代表性的斜方辉石成分分析结果（wt%）

样号	岩石名称	SiO_2	TiO_2	Al_2O_3	Cr_2O_3	FeO	MnO	MgO	CaO	Na_2O	K_2O	总量
C287	堆晶辉石岩	55.08	0.04	1.21	9.44	11.89	0.22	17.57	2.21	0.14		98.8
C311	堆晶辉石岩	57.14	0.03	0.82	0.39	8.43	0.2	33.17	1.29	0.05		101.5
2626/3	堆晶辉长岩	54.92	0	1.3	0.29	13.06	0.24	28	1.83	0	0.02	99.65
2626/3-1	堆晶辉长岩	55.12	0	1.34	0.27	14.35	0.29	27.6	1.3	0	0	100.3
2626/3-2	堆晶辉长岩	56.03	0	1.09	0.31	13.1	0.19	29.04	1.55	0	0	101.3
C284	辉长岩	52.89	0	0.92	0.26	12.43	0.23	28.65	1.87	0.03		97.28
C301	辉长岩	56.87	0	0.63	0.4	7.72	0.13	32.33	1.41	0.03		99.54
C303	辉长岩	55.62	0.06	0.93	0.26	10.3	0.23	29.82	1.3	0.05		98.77
C306	辉长岩	56.11	0.08	0.93	0.39	9	0.22	30.4	1.7	0.05		98.88
C291	辉长岩	56.92	0.28	1.12	0.26	10.43	0.2	29.77	1.36	0.06		100.4

		以 6 个氧为基础的阳离子数														
样号	岩石名称	Si	Al(IV)	Al(VI)	Ti	Cr	Fe^{2+}	Mn	Mg	Ca	Na	K	合计	Wo	En	Fs	Mg/(Mg+Fe^{2+})	Ca/(Mg+Ca)
C287	堆晶辉石岩	1.984	0.016	0.035	0.001	0.013	0.358	0.007	1.48	0.085	0.01		3.988	0.044	0.767	0.189	0.805	0.054
C311	堆晶辉石岩	1.967	0.033	0	0.001	0.011	0.242	0.006	1.702	0.048	0.003		4.012	0.024	0.852	0.124	0.875	0.027
2626/3	堆晶辉长岩	1.957	0.043	0.012	0	0.008	0.389	0.07	1.487	0.07	0	0.001	3.974	0.036	0.764	0.2	0.7993	0.045
2626/3-1	堆晶辉长岩	1.961	0.039	0.017	0	0.008	0.427	0.009	1.465	0.05	0	0	3.976	0.026	0.754	0.22	0.774	0.033
2626/3-2	堆晶辉长岩	1.96	0.04	0.005	0	0.009	0.383	0.006	1.541	0.058	0	0	3.976	0.03	0.774	0.196	0.798	0.037
C284	辉长岩	1.947	0.04	0	0	0.008	0.328	0.007	1.571	0.074	0.002		4.031	0.036	0.772	0.191	0.804	0.045
C301	辉长岩	1.988	0.012	0.014	0.001	0.011	0.225	0.004	1.684	0.053	0.002		3.994	0.027	0.857	0.117	0.882	0.03
C303	辉长岩	1.987	0.013	0.026	0.002	0.007	0.307	1.588	0.05	0.003			3.99	0.025	0.813	0.161	0.838	0.03
C306	辉长岩	1.988	0.012	0.027	0.002	0.011	0.266	0.007	1.605	0.065	0.003		3.989	0.033	0.826	0.141	0.858	0.039
C291	辉长岩	1.998	0.002	0.044	0.001	0.007	0.306	0.006	1.557	0.051	0.004		3.977	0.027	0.813	0.16	0.836	0.32

表 3-8　代表性的单斜辉石成分分析结果表（wt%）

样号	岩石名称	SiO_2	TiO_2	Al_2O_3	Cr_2O_3	FeO	MnO	MgO	CaO	Na_2O	K_2O	总量
C287	堆晶辉石岩	51.58	0.03	1.9	0.56	5.72	0.14	17.11	22.43	0.17		99.65
2179/3	堆晶辉石岩	56.53	0.07	1.07	0.12	4.87	0.00	22.9	11.16	0.31	0.04	97.07
2626/3-3	堆晶辉长岩	51.92	0.01	1.78	0.29	6.38	0.08	16.91	21.08	0.00	0.03	98.48
2626/3-4	堆晶辉长岩	52.3	0.01	1.91	0.44	6.82	0.08	17	22.95	0.00	0.08	99.59
C310	辉长岩	52.27	0.11	1.34	0.06	6.8	0.63	16.26	22.5	0.19		100.5
2624/8	块状玄武岩	51.73	0.36	2.61	0.64	5.71	0.17	18.45	19.55	0.00	0.06	99.34
2624/8-1	块状玄武岩	52.08	0.24	2.31	0.74	5.24	0.06	18.24	19.96	0.00	0.01	98.97
2624/8-2	块状玄武岩	51.89	0.28	2.61	0.58	5.79	0.22	18.53	19.91	0.00	0.01	99.91

样号	岩石名称	以 6 个氧为基础的阳离子数														$Mg/(Mg+Fe^{2+})$	$Ca/(Mg+Ca)$
		Si	Al(Ⅳ)	Al(Ⅵ)	Ti	Cr	Fe^{2+}	Mn	Mg	Ca	Na	K	合计	Wo	En	Fs		
C287	堆晶辉石岩	1.912	0.083	0.000	0.016	0.001	0.177	0.004	0.945	0.891	0.012		4.041	0.442	0.468	0.09	0.842	0.485
2179/3	堆晶辉石岩	2.047	0	0.046	0.003	0.002	0.147	0.000	1.236	0.443	0.002	0.002	3.938	0.243	0.677	0.081	0.894	0.264
2626/3-3	堆晶辉长岩	1.92	0.078	0.000	0.008	0.000	0.198	0.003	0.932	0.835	0.000	0.001	3.976	0.425	0.474	0.101	0.825	0.473
2626/3-4	堆晶辉长岩	1.924	0.082	0.000	0.013	0.000	0.209	0.002	0.927	0.822	0.000	0.004	3.973	0.42	0.473	0.107	0.816	0.47
C310	辉长岩	1.941	0.085	0.000	0.002	0.003	0.21	0.02	0.895	0.89	0.014		4.033	0.442	0.444	0.114	0.81	0.499
2624/8	块状玄武岩	1.884	0.115	0.000	0.018	0.001	0.174	0.005	1.002	0.763	0.000	0.003	3.974	0.394	0.517	0.09	0.852	0.432
2624/8-1	块状玄武岩	1.906	0.094	0.006	0.021	0.007	0.161	0.002	0.996	0.783	0.000	0.000	3.976	0.404	0.513	0.083	0.861	0.44
2624/8-2	块状玄武岩	1.881	0.112	0.000	0.017	0.008	0.176	0.007	1.001	0.773	0.000	0.000	3.975	0.396	0.513	0.09	0.85	0.436

表 3-9　代表性的斜长石成分分析结果表（wt%）

样号	岩石名称	SiO_2	TiO_2	Al_2O_3	Cr_2O_3	FeO	MnO	MgO	CaO	Na_2O	K_2O	总量
2179/3	堆晶辉石岩	54.99	0	28.54	0	0.33	0	0	10.75	5.25	2.25	100.3
2179/3-1	堆晶辉石岩	45.93	0.01	34.99	0.17	0.46	0.09	0	17.91	1.06	0.14	100.8
C287	堆晶辉石岩	44	0.06	34.77		0.38	0	0.09	18.95	0.75	0.1	99.01
C288	堆晶辉石岩	43.29	0	35.84		0.2		0.08	20.09	0.68	0.01	100.7

续表 3-9

样号	岩石名称	SiO$_2$	TiO$_2$	Al$_2$O$_3$	Cr$_2$O$_3$	FeO	MnO	MgO	CaO	Na$_2$O	K$_2$O	总量
C2891	堆晶辉石岩	42.9	0	35.66		0.65	0.03	0.11	20.65	0.83	0.01	100.8
2626/3	堆晶辉长岩	46.64	0	35.57	0.11	0.66	0	0	18.99	0.45	0.16	100.6
C286	辉长岩	43.45	0.02	35.24		0.69	0.02	0.07	18.37	0.97	0.02	98.85
C299	辉长岩	44.62	0	35.86		0.68	0	0.05	19.21	1.14	0.01	101.6
C301	辉长岩	43.4	0	36.04		0.46	0.04	0.13	18.42	0.99	0.02	99.5
C303	辉长岩	44.79	0.04	33.34		0.73	0.03	0.11	19.96	1.02	0.02	100
C305	辉长岩	48.06	0.08	32.33		1	0.03	0.07	14.83	3.2	0.01	99.61
C306	辉长岩	46.43	0	35.12		0.45	0.01	0.1	16.96	1.76	0.03	100.9
TZ0049-1	辉长岩	72.25	0.04	21.12	0	0.14	0.02	0	0.49	4.74	0.05	98.85
TZ0049-2	辉长岩	68.88	0	19.8	0	0	0	0	0.09	12.04	0.05	100.9
TZ0049-3	辉长岩	67.8	0	20.76	0	0.03	0	0	0.25	11.53	0.09	100.5
2624/8	块状玄武岩	64.5	0.2	21.04	0	0.3	0	0.18	0.6	1.19	10	98.01

样号	岩石名称	以 8 个氧为基础的阳离子数														
		Si	Al(Ⅳ)	Al(Ⅵ)	Ti	Fe^{2+}	Mn	Mg	Ca	Cr	Na	K	合计	Or	Ab	An	Ab	An	Or
2179/3	堆晶辉石岩	2.479	1.515	0	0	0.013	0	0	0.52	0	0.459	0.007	4.993	0.007	0.465	0.527	0.469	0.531
2179/3-1	堆晶辉石岩	2.105	1.886	0	0	0.017	0.004	0	0.879	0	0.094	0.008	5	0.008	0.096	0.896	0.097	0.903
C287	堆晶辉石岩	2.058	1.916	0	0.002	0.015	0	0.006	0.95		0.068	0.001	5.016	0.059	6.678	93.27	6.682	93.32
C288	堆晶辉石岩	2.02	1.948	0	0	0.008	0	0.006	0.993		0.061	0.001	5.036	0.056	5.767	94.18	5.77	94.23
C2891	堆晶辉石岩	1.99	1.949	0	0	0.025	0.001	0.008	1.026		0.075	0.01	5.074	0.054	6.775	93.17	6.779	93.22
2626/3	堆晶辉长岩	2.057	1.928	0	0	0.025	0	0	0.983	0.004	0.04	0.009	5.002	0.01	0.04	0.95	0.041	0.959
C286	辉长岩	2.038	1.948	0	0.001	0.027	0.001	0.005	0.923		0.088	0.001	5.032	0.18	8.71	91.17	8.72	91.28
C299	辉长岩	2.04	1.932	0	0	0.026	0	0.003	0.941		0.101	0.001	5.045	0.056	9.69	90.26	9.69	90.31
C301	辉长岩	2.021	1.977	0	0	0.018	0.002	0.009	0.919		0.089	0.001	5.036	0.118	8.852	91.03	8.862	91.14
C303	辉长岩	2.086	1.83	0	0.001	0.028	0.001	0.008	0.996		0.092	0.001	5.044	0.109	8.454	91.44	8.463	91.54
C305	辉长岩	2.218	1.758	0	0.003	0.039	0.001	0.005	0.733		0.286	0.001	5.044	0.058	28.06	71.88	28.08	71.92
C306	辉长岩	2.218	1.882	0.006	0	0.017	0	0.007	0.829		0.156	0.002	5.017	0.177	15.78	84.04	15.81	84.19
2624/8	块状玄武岩	3.058	0.942	0.231	0.007	0.012	0	0.013	0.03	0	0.109	0.605	5.007	0.813	0.147	0.041	0.154		0.855

(1) 尖晶石：堆晶辉石岩和堆晶辉长岩中尖晶石化学成分（表 3-6）的最大特点是富 Cr、Fe^{3+}、Fe^{2+} 和 Ti，而贫 Al，尤其是堆晶辉长岩更是如此。在图 3-17 中，随着 Cr/(Cr+Al)值的增高，Mg/(Mg+Fe^{2+})值迅速降低，其演化趋势与马里亚纳海沟镁铁、超镁铁岩（玻安岩系有成因联系）相似，甚至随 Cr/(Cr+Al)值的增高，Mg/(Mg+Fe^{2+})值下降更快。而不同于大洋中脊和层状侵入体中相应的岩石（Bloomer et al,1983；Dick et al,1984）。富 Fe^{3+}、Fe^{2+}、Ti 不同于超镁铁构造岩。Haggert(1979)研究认为堆晶岩是在低压条件下形成的。堆晶辉长岩中尖晶石主要由 Fe、Cr 组成，Mg、Al 含量很低，属铁尖晶石。Al 含量低，可能与斜长石的大量出现有关，由于 Al 进入斜长石使尖晶石 Al 含量减少了（Kidley,1977）。

(2) 斜方辉石：堆晶辉石岩和堆晶辉长岩中斜方辉石成分很接近（表 3-6），Fs 在 12～22 之间，En 在 75～85 之间，属古铜辉石，有趣的是堆晶辉石岩和堆晶辉长岩中常含部分石英。据张旗等（1992）对该古铜辉石的化学成分与西太平洋诸岛（小笠原群岛、马利亚钠，巴布亚新几内亚）玻安岩中古铜辉石（Cameron et al,1979）相比，极为相似。在 SiO_2 与 Mg/(Mg+Fe^{2+})，Cr/(Cr+Al)与 Mg/(Mg+Fe^{2+})相关图中（图 3-15、图 3-16），落入玻安岩范围。

(3) 单斜辉石：单斜辉石电子探针成分分析（表 3-6）与斜方辉石基本相同，也是以贫 Ti 和 Al 为特征，与岛弧玄武岩以及玻安岩中单斜辉石成分类似。Al 和 Ti 低，表明单斜辉石是从贫 Ti 富 Si 的液体中晶出的（LeBas,1962）。单斜辉石的 Wo 为 42.0%～44.2%，En 为 44.4%～47.4%，Fs 为 8.1%～11.4%（除 2179/3 号样品外），属顽火透辉石（表 3-8）。手标本及薄片中(100)裂理非常细密而且极发育，属异剥辉石。与 MORB 单斜辉石平均值(Wo 30～40，En 50，Fs 10～15)相比，显得略富 Ca 而贫 Mg、Fe。

(4) 斜长石：堆晶辉石岩和堆晶辉长岩中斜长石成分（表 3-7）以富 Ca 为特征，An 为 53.1～95.9，为拉-钙长石。Johannes(1978)指出，在高水压条件下晶出的斜长石比无水条件下的斜长石更富 Ca。看来，该堆晶辉石岩和堆晶辉长岩是在高水压条件下形成的。

3. 镁铁杂岩的矿物学及矿物化学特征

1) 矿物学特征

辉长岩和石英苏长岩矿物组成：古铜辉石＋单斜辉石＋斜长石＋石英。古铜辉石呈长柱状及柱粒状两种结晶习性。单斜辉石呈板状或短柱状自形晶，属顽火透辉石。古铜辉石和透辉石多已蚀变为角闪石、阳起石、透闪石、直闪石、绿泥石。斜长石为自形的短柱状晶体，多为拉长石至倍长石，少数为钙长石。石英呈粒状产于钙质斜长石（有的在辉石）间隙中，含量一般为 7%～15%。此外，还有少量他形的尖晶石（贫 Al、富 Fe）。这种矿物组合表明初始岩浆为富硅、镁、钙的玻镁安山岩质岩浆，在高压下结晶分离形成。

石英闪长岩中角闪石大多蚀变为阳起石，粒径 0.25～1.5mm。斜长石（中长石）呈半自形的柱粒状，粒径 0.1～0.5mm。石英（5%～15%）呈他形不规则粒状分布于角闪石、斜长石之间。

斜长花岗岩中的角闪石具绿色—淡绿色—淡黄色多色性，自形—半自形柱状，粒径 0.2mm×0.4mm～0.5mm×1mm，向绿泥石转变过程中析出铁，含量 3%～5%。斜长石（中长石）为自形—半自形柱状及粒状晶体，发育聚片双晶，有的具正环带结构，由中心向边部斜长石牌号由 An68→An37。石英呈他形粒状，含量高达 35%，粒径 0.3～2.5mm，常常包裹自形斜长石，少数石英粒径小于 0.2mm，边部较平直，似乎是重结晶作用的产物，玻状消光，亚颗粒化现象较常见，似乎经历过塑性变形过程。副矿物含量甚微，主要为磁铁矿、锆石。

2) 矿物化学特征

(1) 斜方辉石：从辉长岩中斜方辉石化学成分特征（表 3-7）中可知，Fs 值 14.1～19.1，En 值 77.2～85.7，属古铜辉石。与堆晶辉石岩、堆晶辉长岩成分基本相同，与西太平洋诸岛玻安岩中古铜辉石化学成分相似。

(2) 单斜辉石：从辉长岩中单斜辉石化学成分特征（表 3-8）可以看出，其与堆晶岩中单斜辉石、斜方辉石化学成分一样，以贫 Ti、Al 为特征，表明从贫 Ti、富 Si 的液体中晶出。Wo 44.2、En 44.4、Fs 11.4，属顽火透辉石,与 MORB 相比,略富 Ca 而贫 Mg、Fe。

(3) 斜长石:从辉长岩中斜长石化学成分特征(表 3-9)可知,其以富 Ca 为特征,与堆晶岩的斜长石相似,An 为 71.9~91.2,属倍长石—钙长石。

(4) 角闪石:辉长岩中角闪石系辉石的蚀变产物。从辉长岩中角闪石化学成分特征(表 3-10)得知,角闪石中 Ca+Na 从 1.56 到 2.16,Na 从 0.11 到 0.35,为属钙质角闪石(Leake,1978)。其中 Si 从 7.23 到 7.26,$Mg/(Mg+Fe^{2+})$ 从 0.75 到 0.81(除 C-299 号样品外),为阳起石。阳起石平均成分为 Ca 25%、Mg 57%、Fe 18%,MgO 含量 17%~20%,与同属玻安岩系的菲律宾三描礼土岩墙中的角闪石(平均成分为 Ca 27%,Mg 45%,Fe 28%,MgO 11%~16%;据 Geary et al,1983)相比,显然更富 Mg。

表 3-10 辉长岩中代表性的角闪石成分分析结果表($wt\%$)

样号	岩石名称	SiO$_2$	TiO$_2$	Al$_2$O$_3$	Cr$_2$O$_3$	FeO	MnO	MgO	CaO	Na$_2$O	K$_2$O	总量
C286	阳起石	51.72	0.07	3.19	0.12	3.46	0.12	17.65	10.5	0.42	0.06	97.31
C303	阳起石	52.7	0.23	3.65	0.46	8.81	0.14	17.75	11.83	0.87	0.22	96.66
C305	阳起石	54.48	0.2	3.07	0.14	10.96	0.23	19.42	9.55	0.38	0.06	97.49
C310	阳起石	53.09	0.03	3.63	0.03	7.23	0.13	19.13	12.83	0.47	0.24	97.08
C299	镁角闪石	51.37	1.11	5.31	0.05	10.64	0.11	17.66	12.06	1.27	0.29	99.87
TZ0049-1	镁角闪石	50.34	1.37	4.16	0.04	6.93	0.09	14.53	19.06	0.37	0	96.89
TZ0049-2	镁角闪石	49.65	1.21	4.53	0	7.33	0.14	14.18	19.05	0.33	0	96.42
TZ0049-3	镁角闪石	49.64	1.49	4.3	0	7.66	0.11	14.05	18.95	0.3	0	96.5
		以 23 个氧为基础的阳离子数										
样号	岩石名称	Si	Al(Ⅳ)	Al(Ⅵ)	Cr	Ti	Fe^{2+}	Mn	Mg	Ca	Na	K	合计	Mg/(Mg+Fe^{2+})
C286	阳起石	7.497	0.503	0.042	0.014	0.008	1.63	0.015	3.813	1.631	0.118	0.011	15.28	0.701
C303	阳起石	7.619	0.381	0.173	0.041	0.021	1.144	0.018	3.772	1.786	0.183	0.031	15.17	0.767
C305	阳起石	7.603	0.397	0.117	0.016	0.021	1.301	0.028	4.115	1.455	0.105	0.011	15.17	0.76
C310	阳起石	7.533	0.467	0.14	0.003	0.032	0.857	0.016	4.045	1.951	0.129	0.043	15.22	0.829
C299	镁角闪石	7.227	0.773	0.107	0.006	0.117	1.25	0.013	3.703	1.818	0.346	0.052	15.41	0.748

注:TZ0049 为早侏罗世,其余样品均为晚三叠世。

4. 辉绿岩的矿物学特征

辉绿岩斜长石(中长石—拉长石)为自形—半自形的长柱状晶体,长短轴比约 3:1,双晶不发育,少见聚片双晶,具环带状构造,有绿黝帘石化、葡萄石化,呈格架状分布,其间充填斜方辉石(少量)、单斜辉石、角闪石。自形至半自形柱状斜方辉石和单斜辉石已蚀变为角闪石,保留辉石假象或有辉石残留。角闪石为浅绿色,粒度不等,可能系辉石蚀变形成。石英(3%~5%)多者可达 15%,呈不规则粒状充填于斜长石格架及间隙中。

5. 基性熔岩的矿物学及矿物化学特征

1) 矿物学特征

基性熔岩由块状橄榄玄武岩和杏仁状玄武岩组成。块状橄榄玄武岩中橄榄石为自形晶体,部分呈斑晶产出。基质中有细粒状橄榄石;2V(±)=0~80°,为贵橄榄石,有蛇纹石化。斜方辉石为自形晶体,呈斑晶产出。单斜辉石为自形、半自形晶体,自形者呈斑晶产出,亦有许多柱状晶体与斜长石共同构成格架状,自形程度低者充填于格架中,镜下鉴定为透辉石。斜长石为自形的长板柱状和半自形粒状晶体,前者呈格架状分布,间隙中有半自形粒状晶体。此外,间隙物中见有少量钾长石(成分为低透长石)。从以上矿物结晶特点可以看出,与辉绿结构中矿物结晶顺序不同,单斜辉石的晶序早于或同于斜长石。总的结晶顺序为:Ol→Opx→Cpx→Pl→Kp。

2)矿物化学特征

仅从对块状橄榄玄武岩中单斜辉石和斜长石所作电子探针成分分析表明(表3-8),单斜辉石相对富$Cr(Cr_2O_3$ 0.58%~0.74%)、$Mg(MgO$ 18.24%~18.53%),而贫$Ti(TiO_2$ 0.24%~0.36%、平均0.29%)、$Na(Na_2O$ 0.00%)。对比认为可从拉斑质岩浆中结晶而来。Ramsay等(1984)指出产于岛弧蛇绿岩中的单斜辉石是贫$Ti(TiO_2<0.30\%)$的。可见该玄武岩产于岛弧环境。Wo 39.4~40.4,En 51.3~51.7,Fs 8.3~9.0,在Ca-Mg-Fe组合中,位于顽火透辉石范围。

钾长石(Kp)为85.5,属透长石(San)。其一般在高温条件下形成,高透长石较低透长石更富Na,该透长石Ab为15.4,看来应属低透长石。

(五)岩石化学特征

1. 变质橄榄岩

从变质橄榄岩的主要元素分析结果表中可以看出(表3-11):其MgO含量高,Mg'值高(0.92),SiO_2、TiO_2、CaO、Al_2O_3含量低,Na_2O和K_2O濒于枯竭。表明岩石主要由橄榄石+斜方辉石+尖晶石组成。将17个样品无水成分换算成百分之百,其平均值与特罗多斯方辉橄榄岩成分十分接近(表3-12),代表强烈亏损型的地幔岩。

表3-11 丁青变质橄榄岩主要元素分析结果表(wt%)

时代	样号	岩石名称	SiO_2	TiO_2	Al_2O_3	Fe_2O_3	FeO	MnO	MgO	CaO	Na_2O	K_2O	P_2O_5	H_2O^+	H_2O^-	LOS	总和
早侏罗世	2633/1	纯橄岩	37.44	0	0.24	4.57	2.18	0.05	41.74	0.22	0.02	0.01	0.01			13.54	100
	2633/2	方辉橄榄岩	37.98	0	0.12	5.95	0.88	0.05	40.26	0.24	0.02	0.1	0.02			14.64	100.2
	2632/1	方辉橄榄岩	37.94	0	0.49	4.75	2.25	0.1	40	0.24	0.12	0.1	0.02			13.73	99.65
	10003/1	方辉橄榄岩	36.16	0.03	0.26	7.17	2	0.09	40.28	0.25	0	0	0.02			13.65	99.93
	10008/1	方辉橄榄岩	35.66	0.03	0.35	6.74	0.94	0.09	40.48	0.25	0.04	0	0.02			15.58	99.24
	0341/4-1	方辉橄榄岩	40.68	0.06	0.66	3.34	5.59	0.17	38.24	0.56	0.07	0.02	0.02	8.92	0.14	0.5	99.97
	2624/2	纯橄岩	40.68		0.53	4.96	2		39.65	0.52	0.05	0.1	0.02			11.8	100.4
晚三叠世	341	纯橄岩	39.62	0.01	0.18	5.72	2.09	0.08	38.91	0.02		0.01	0.02	11.71	0.53	0.41	99.25
	2621/1	方辉橄榄岩	40.32		0.73	5.41	2.5	0.08	37.41	0.26	0.05	0.1	0.02			12.74	99.62
	2624/1	方辉橄榄岩	40.04		0.85	5.79	1.25	0.02	34.02	0.39	0.05	0.1	0.05			14	99.56
	1357/2-1	方辉橄榄岩	38.88	0	0.07	6.23	0.76		39.07	0.45	0.1					14.16	99.83
	1357/4-1	方辉橄榄岩	39.99	0	0.13	4.5	0.45	0.04	40.2	0.41	0.05	0	0			14.13	99.9
	1357/6-1	方辉橄榄岩	40.46	0.05	0.6	6.53	1.23	0.4	38.05	0.73	0.1	0.15	0.06			11.61	99.97
	315	方辉橄榄岩	38.11	0.01	0.49	4.88	1.73	0.01	39.75	1.17	0.04	0.01	0.01	13.79	1	0.68	100.8
	318	方辉橄榄岩	37.53		0.43	4.23	2.84	0.12	40.09	0.23				13.65	0.73	0.67	100.6
	322	方辉橄榄岩	37.1		0.47	3.83	2.61	0.11	40.67	0.22	0.02			13.26	0.74	0.67	99.13
	326	方辉橄榄岩	38.75	0.02	0.5	3.74	2.91	0.11	40.31	0.2		0.01	0.02	12.6	0.69	0.54	100.4

表 3-12　丁青变质橄榄岩主要元素与特罗多斯方辉橄榄岩对比表（wt%）

	SiO_2	TiO_2	Al_2O_3	Fe_2O_3	FeO	MnO	MgO	CaO	Na_2O	K_2O	P_2O_5
丁青(17)	44.74	0.01	0.49	6.02	2.33	0.11	45.75	0.43	0.06	0.04	0.02
特罗多斯	43.43	0.01	0.66		8.87	0.13	46.29	0.61			

注：(17)为17个样品平均值。

2. 深成杂岩

1）堆晶岩

堆晶岩的岩石化学（表 3-13）的一个显著特点就是富 SiO_2、MgO，贫 TiO_2、MnO、Na_2O 和 K_2O。Al_2O_3、CaO 含量随 MgO 含量的减少而增加，反映出斜方辉石岩向二辉辉石岩、辉长岩过渡，并出现富钙的斜长石。在 CIPW 标准矿物中出现石英而无橄榄石。类似于玻安岩系列岩石，为玻安岩质岩浆结晶分离早期阶段的产物。

表 3-13　堆晶岩主要元素分析结果表（wt%）

样号	岩石名称	SiO_2	TiO_2	Al_2O_3	Fe_2O_3	FeO	MnO	MgO	CaO	Na_2O	K_2O	P_2O_5	H_2O^+	H_2O^-	LOS	总和
2668/1	堆晶辉长岩	48.2	0.1	19.6	0.56	5.29	0.15	8.23	17.18	0.3	0	0.04			0.49	99.6
293	堆晶辉长岩	55.1	0.19	11.81	0.73	4.89	0.11	9.52	11.54	4.09	0.13	0.03	1.87	0.16	0.11	100.3
294	堆晶辉长岩	55.7	0.13	11.41	0.54	6.95	0.13	12.81	8	1.3	0.5	0.01	1.75	0.3	0.04	99.57
294-1	堆晶辉长岩	55.44	0.14	5.78	1.09	9.21	0.17	17.88	7.21	0.54	0.24	0.02	1.44	0.12	0.09	99.68
300	堆晶辉长岩	56.27	0.18	10.57	1.54	7.22	0.14	13.85	7.5	1.02	0.1	0.03	1.78	0.29		100.5
2667/1	堆晶斜方辉石岩	52.96	0.05	2.09	2.97	5.06	0.18	25.64	11.06	0.5	0	0.02			0.02	100.1
288	堆晶斜方辉石岩	55.8	0.03	0.98	1.27	8.34	0.2	30.42	2.61		0.01	0.02	0.63	0.04	0.13	100.4
295	堆晶斜方辉石岩	55.47	0.03	1.12	0.83	8.63	0.21	29.5	2.22		0.01		1.28	0.21	0.06	99.57
307	堆晶斜方辉石岩	55.14	0.14	3.81	0.85	4.64	0.14	20.47	9.98	0.96	0.11	0.01	1.72	0.24	0.38	100.4
309	堆晶斜方辉石岩	53.26	0.09	5.18	1.86	10.23	0.19	20.47	7.05	0.34	0.07		0.82	0.02	0.2	99.97
312	堆晶斜方辉石岩	55.06	0.04	1.88	1.15	9.55	0.21	27.93	2.82		0.02	0.03	1.09		0.45	100.2

2）辉长岩

辉长岩岩石化学分析结果（表 3-14）表明其以富 Si、Mg 贫 Ti、K 为主要特征（SiO_2 为 51.25%～56.97%，MgO 为 7.37%～18.39%，TiO_2 为 0.10%～0.19%）。SiO_2 含量相当于辉长闪长岩至闪长岩范围。岩石中普遍存在石英（5%～10%），CIPW 标准矿物石英含量高达 15%。MgO 含量高，使得 Mg' 值较高（0.67～0.79），指示富镁石英辉长岩是堆晶成因的，与镜下观察部分具堆晶结构和异补堆晶结构的结论一致。化学成分投影落于菲律宾海辉长岩范围（图 3-19）。

表 3-14　斜长花岗岩及辉长岩主要元素分析结果表（wt%）

样号	岩石名称	SiO_2	TiO_2	Al_2O_3	Fe_2O_3	FeO	MnO	MgO	CaO	Na_2O	K_2O	P_2O_5	H_2O^+	H_2O^-	CO_2	LOS	总和
2668/3-1	斜长花岗岩	69.72	0.47	11.37	3.32	2.1	0.06	1.48	6.82	2.29	0.24	0.06				1.04	98.97
2668/3-2	斜长花岗岩	71.15	0.4	12.02	2.98	1.48	0.04	1.35	6.47	2.48	0.24	0.06				1.11	99.78
283-1	斜长花岗岩	72.49	0.71	11.36	0.22	2.25	0.03	2.42	4.69	4.05	0.31	0.19	1.43	0.15			100.4
2627/1	富镁石英辉长岩	56.66	0.2	11.4	1.4	5.76	0.01	12.41	7.12	2.2	0.3	0.03				2.62	100.1
2628/3	富镁石英辉长岩	53.87	0.19	13.96	1.02	6.21	0.11	9.85	8.71	2.22	0.51	0.04	3.08	0.11			99.61

续表 3-14

样号	岩石名称	SiO₂	TiO₂	Al₂O₃	Fe₂O₃	FeO	MnO	MgO	CaO	Na₂O	K₂O	P₂O₅	H₂O⁺	H₂O⁻	CO₂	LOS	总和
280	富镁石英辉长岩	51.25	0.1	14.11	1.27	6.59	0.1	11.14	10.69	1.75	0.29	0.01	3.02	0.36			100.7
284	富镁石英辉长岩	51.94	0.12	14.65	1	7.16	0.13	9.25	9.64	2.86	0.3	0.02	2.68	0.33			100.2
286	富镁石英辉长岩	54.48	0.13	13.41	0.36	7.66	0.1	9.98	10.42	1.18	0.15	0.02	1.75	0.2			100.1
299	富镁石英辉长岩	56.19	0.18	13.71	2.42	4.83	0.07	7.37	9.1	3.92	0.28	0.04	1.86	0.37	0.02		100.4
301	富镁石英辉长岩	53.67	0.1	8.15	0.29	8.63	0.14	19.16	6.64	0.54	0.14	0.03	1.56	0.11			99.16
305	富镁石英辉长岩	56.97	0.17	10.72	0.97	8	0.15	11.27	8.55	1.35	0.1	0.02	1.54	0.12		0.19	100.1
306	富镁石英辉长岩	55.51	0.11	7.03	0.74	8.31	0.17	18.39	6.13	0.7	0.07	0.03	2.52	0.19		0.13	100
0329/35-1	辉长岩	50.18	2.58	13.57	5.41	6.78	0.23	5.45	6.67	4.5	1	0.44				3.27	100
世界平均	辉长岩	49.48	0.6	16.42	3.28	5.84	0.13	9.8	12.08	2.14	0.18	0.04					

该辉长岩和下部的堆晶岩及上部的辉绿岩墙与西太平洋若干岛屿中的玻安岩类似。可是这些岛屿上出露的及深海钻探取出的都是火山岩，很少见到与玻安岩有关的深成岩。丁青的辉长岩确属特殊背景的岩石，应与玻安岩有关的一种深成岩。

3）斜长花岗岩

丁青斜长花岗岩（表 3-14）与 SiO₂ 含量相同的显生宙花岗岩基（Coleman et al，1979）相比，以贫 K、Al 和富 Mg、Ca 为特征。但钾长石分子非常低（1.9%），属于 Coleman 等（1975）所称的"大洋斜长花岗岩"。皮切尔（Pitcher）等（1979）将这种原生岩浆直接来源于地幔或来自俯冲到火山弧之下的洋壳的大洋岛弧斜长花岗岩，称之为 M 型花岗岩。在图 3-20 中，落入 1 区内，属幔源型花岗岩。至于投点更偏向右侧是由于贫 K 和 Al 造成，可能与玻安岩质岩石成因有联系。

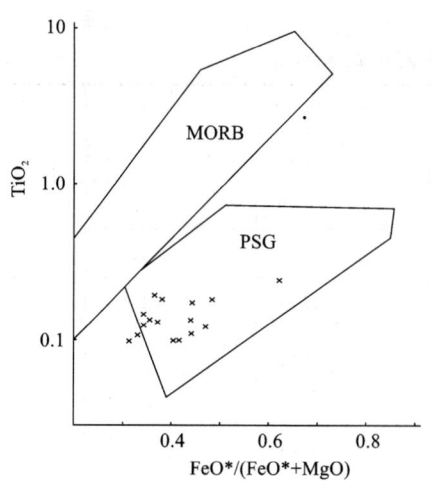

图 3-19 辉长岩的 TiO₂-FeO*/(FeO*+MgO)图
MORB：大洋中脊辉长岩；PSG：菲律宾海辉长岩；·早侏罗世辉长岩 ×三叠世辉长岩

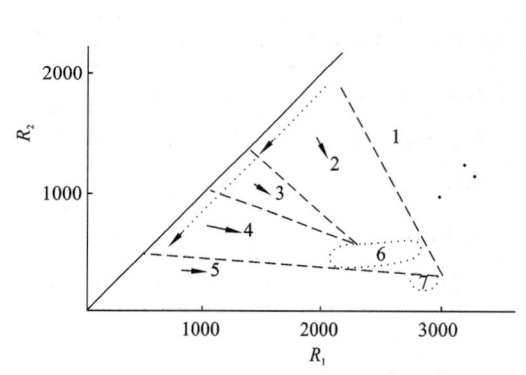

图 3-20 R_1-R_2 图
1.地幔分异产物；2.板块碰撞前；
3.碰撞后隆起；4.造山晚期；
5.非造山；6.同碰撞；7.造山后

3. 辉绿岩墙

三叠纪辉绿岩以富 Si、Mg 而贫 Ti 为主要特征。根据 SiO_2 含量,其相当闪长岩—闪长辉长岩,但 MgO 含量较高,为 4.83%～9.05%,平均 6.87%(表 3-15、表 3-16)(戴里安山岩 MgO 平均值 2.75%)。CIPW 标准矿物中无霞石、橄榄石,而以石英含量高为特征(3%～15%)。在 $SiO_2 - FeO^*/MgO$ 与 $FeO^* - FeO^*/MgO$ 图解(图 3-21)及 $TiO_2 - 10MnO - 10P_2O_5$ 图解[图 3-22(b)]中,遵循钙碱性火山岩的演化趋势。在 $TiO_2 - FeO^*/MgO$ 图[图 3-22(a)]中,由于 TiO_2 含量低,它不属 Glassey(1974)所划分的三种构造环境中的任何一种,而落入西太平洋玻安岩分布区内(图中点线范围)。晚三叠世辉绿岩岩石化学成分与世界上的玻镁安山岩成分基本接近(表 3-16),Mg' 值为 0.50～0.68,接近玻安岩 Mg' 值 0.55～0.83(据 Hickey、Frey,1982);西太平洋的玻安岩也是钙碱性岩浆的产物。辉绿岩与其下部辉长岩同属玻安岩质岩石,且为世界上迄今少见的玻安岩质的深成岩和浅成岩。

表 3-15 辉绿岩岩石化学分析结果表(wt%)

样号	岩石名称	SiO_2	TiO_2	Al_2O_3	Fe_2O_3	FeO	MnO	MgO	CaO	Na_2O	K_2O	P_2O_5	H_2O^+	H_2O^-	CO_2	LOS	总和
2626/1	富镁石英辉绿岩	58.78	0.21	11.12	1.05	6.31	0.10	8.33	7.41	2.73	0.41	0.04	2.64		0.76		99.89
2627/2	富镁石英辉绿岩	56.09	0.21	13.21	1.14	5.07	0.10	9.05	8.06	3.02	0.31	0.03	2.72		0.09		99.90
278	富镁石英辉绿岩	57.56	0.20	14.27	1.49	7.62	0.10	6.10	7.15	3.37	0.29	0.02	2.56	0.32			100.90
281	富镁石英辉绿岩	56.54	0.20	13.76	2.33	7.27	0.11	8.36	8.51	1.11	0.08	0.02					99.07
282	富镁石英辉绿岩	59.79	0.22	12.92	0.97	8.51	0.10	5.59	7.81	3.23	0.13	0.04	1.28	0.16		0.02	100.80
283	富镁石英辉绿岩	58.87	0.25	15.05	1.49	7.12	0.09	4.83	7.93	3.76	0.16	0.04	1.07	0.18			100.80
279	富镁石英辉绿岩	58.66	0.19	13.67	1.85	4.27	0.07	7.16	8.20	2.79	0.50	0.04					97.88
290	富镁石英辉绿岩	58.49	0.21	14.69	1.35	7.49	0.11	5.69	6.77	2.49	0.53	0.04	2.17	0.25		0.07	100.40
298	富镁石英辉绿岩	57.98	0.20	13.61	2.05	4.48	0.06	6.69	8.95	3.48	0.28	0.03	1.72	0.22		0.05	99.35
0329/19-1	辉绿岩	47.69	1.30	16.35	2.11	7.62	0.07	6.75	8.02	4.10	0.15	0.30			5.29		99.75
0329/19-2	辉绿岩	49.92	1.69	13.72	2.40	7.51	0.14	5.54	8.53	4.70	0.19	0.20	4.44		0.42		99.40

表 3-16 辉绿岩、辉长岩化学成分对比表(wt%)

岩石名称	SiO_2	TiO_2	Al_2O_3	Fe_2O_3	FeO	MnO	MgO	CaO	Na_2O	K_2O	P_2O_5
丁青富镁石英辉绿岩①	58.8	0.21	13.59	1.52	6.55	0.09	6.87	7.87	2.89	0.3	0.03
丁青富镁石英辉长岩②	54.5	0.14	11.9	1.05	7.02	0.11	12.09	8.56	1.86	0.24	0.03
玻镁安山岩③	57.88	0.22	13.63		8.14		6.34	10.39	1.83	0.35	
玻镁安山岩④	58.43	0.15	11.35		8.57	0.12	11.4	7.76	1.74	0.51	
大洋辉长岩⑤	49.55	1.49	15.79	2.5	7.56	0.16	9.27	11.16	2.7	0.08	0.03
MORB⑥	49.21	1.39	15.81	10.2			8.53	11.14	2.71	0.26	0.11
闪长岩	58.9	0.76	16.47	2.89	4.04	0.12	3.57	6.14	3.46	2.11	0.27
安山岩	59.59	0.77	17.31	3.33	3.31	0.18	2.75	5.8	3.58	2.04	0.26

①三叠纪 9 个样品平均值;②三叠纪 9 个样品平均值;③据 Hickey,Frey,1982;④Thompson,1973;⑤据 Abbotts,1979;⑥据 Dely,1933。

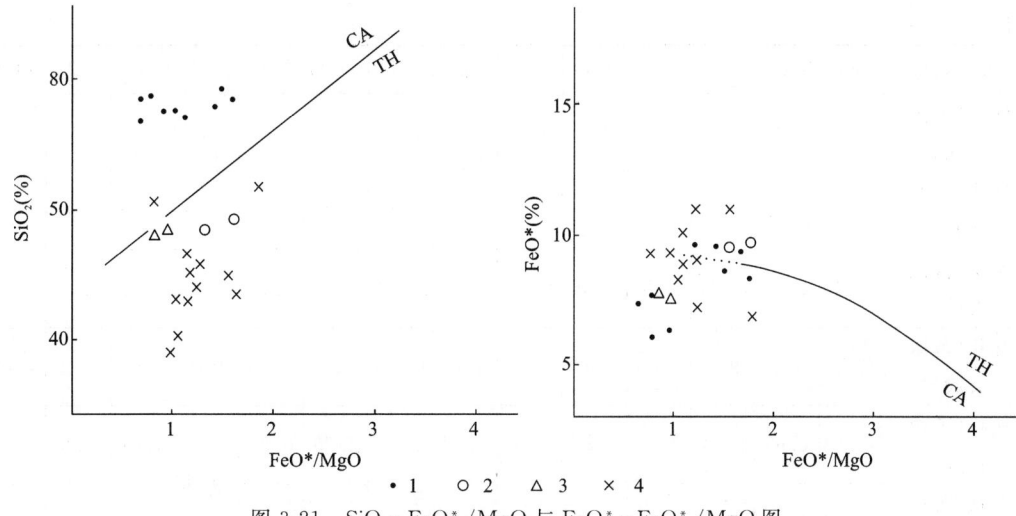

图 3-21 SiO_2-FeO^*/MgO 与 FeO^*-FeO^*/MgO 图

1.三叠纪辉绿岩;2.早侏罗世辉绿岩;3.三叠世玄武岩;4.早侏罗世玄武岩

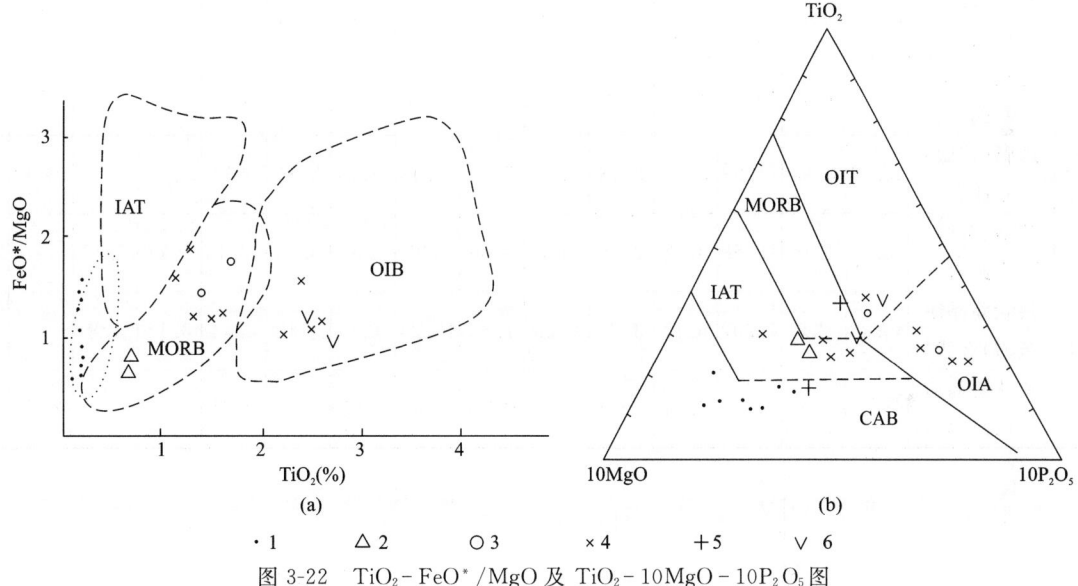

图 3-22 TiO_2-FeO^*/MgO 及 $TiO_2-10MgO-10P_2O_5$ 图

MORB:洋中脊玄武岩;IAT:岛弧拉斑玄武岩;OIB:洋岛玄武岩;OIT:大洋岛屿拉斑玄武岩;OIA:大洋岛屿碱性玄武岩;CAB:钙碱性玄武岩。点线范围示西太平洋玻安岩分布区(资料据 Camaron et al,1983;Hickey et al,1982;Bouqauit et al,1982)。(a)据 Glassey,1974;(b)据 Mnllen,1983。1.三叠纪辉绿岩;2.三叠纪块状橄榄玄武岩;3.早侏罗世辉绿岩;4.早侏罗世枕状玄武岩;5.早侏罗世枕状球颗玄武岩;6.早侏罗世块状隐晶质玄武岩

4. 基性熔岩

仅对块状橄榄玄武岩进行了岩石化学分析,从其(表 3-17)与贫 Ti 富 Si、Mg 的辉绿岩相比来看富 Ti 而低 Si、Mg。但与戴里火山岩平均化学成分(TiO_2 1.39%、MgO 6.03%)相比,仍显得贫 TiO_2(两件平均 0.71%)而富 MgO(两件平均 8.69%),Mg' 值较高(0.61~0.71)。在硅-碱图中(图 3-23),属夏威夷地区拉斑玄武岩系列,在 $TiO_2-10MgO-10P_2O_5$ 图[图 3-22(b)]中,投点落入岛弧拉斑玄武岩范围。

表 3-17 玄武岩主要元素分析结果表(wt%)

样号	岩石名称	SiO_2	TiO_2	Al_2O_3	Fe_2O_3	FeO	MnO	MgO	CaO	Na_2O	K_2O	P_2O_5	H_2O^+	CO_2	LOS	总和
2624/8-1	块状橄榄玄武岩	48.16	0.7	16.36	1.63	5.94	0.11	9.17	9.84	2.7	1.1	0.06			3.5	99.75
2624/8-2	块状橄榄玄武岩	48.71	0.73	15.47	2.29	5.15	0.12	8.2	11.41	3.03	0.62	0.08	3.3	0.65		99.76

续表 3-17

样号	岩石名称	SiO₂	TiO₂	Al₂O₃	Fe₂O₃	FeO	MnO	MgO	CaO	Na₂O	K₂O	P₂O₅	H₂O⁺	CO₂	LOS	总和
0329/16-1	枕状(苦橄)玄武岩	39.38	2.25	9.7	5.47	4.6	0.07	9.15	12.9	1.6	1.6	0.38			12.81	99.91
0329/16-2	枕状(苦橄)玄武岩	44.77	2.47	10.23	6.81	2.98	0.1	5.62	12	1.98	3.64	0.38	2.49	6.34		99.81
0336/1	枕状(苦橄)玄武岩	43.63	1.13	12.06	1.5	9.66	0.19	6.72	10.82	1.81	0.12	0.08	4.02	7.77		99.51
1401/4-1	枕状(苦橄)玄武岩	43.22	2.7	9.6	3.36	5.84	0.17	8.16	15.51	3	0.75	0.3			7.42	100
1401/4-2	枕状(苦橄)玄武岩	43.28	2.62	9.74	3.14	5.87	0.13	8.03	15.7	2.75	0.86	0.38	1.61	5.8		99.91
1401/4-3	枕状(苦橄)玄武岩	47.32	1.48	16.29	2.09	8.12	0.24	8.38	5.01	4.35	0.1	0.26			5.9	99.54
1405/5-2	枕状(苦橄)玄武岩	45.15	1.4	16.26	3.06	8.41	0.19	9.21	5.88	3.85	0.11	0.23	5.74	0.42		99.91
10012/1	枕状(苦橄)玄武岩	45.9	1.63	15.99	2.94	9.3	0.24	9.26	8.76	2.25	0.25	0.2			3	99.72
0329/33-1	球颗(苦橄)玄武岩	43.96	0.88	11.98	3.19	3.98	0.25	5.39	12.98	3.9	0.15	0.17			13.17	100
0329/33-2	球颗(苦橄)玄武岩	53.02	1.16	13.58	3.32	3.29	0.1	3.09	8.06	5.94	0.13	0.1	2.28	5.75		99.82
0329/36-1	块状隐晶质(苦橄)玄武岩	40.28	2.5	12.07	6.43	3.29	0.23	7.82	15.23	6.5	0.12	0.44	3.12	1.8		99.83
1401/3-1	块状隐晶质(苦橄)玄武岩	51.32	2.8	11.62	5.24	4.44	0.19	10.22	4.49	5.05	0.35	0.31			3.43	99.46

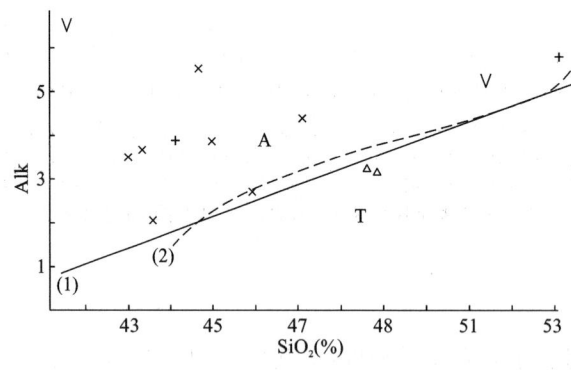

图 3-23 硅-碱图

(1)夏威夷地区玄武岩(Macdonala 等,1964)系列分界线;(2)世界各地玄武岩(Hyndman,1972)系列分界线;
A:碱性玄武岩系列;T:拉斑玄武岩系列;其余图例同图 3-22

（六）微量元素特征

1. 变质橄榄岩

从变质橄榄岩微量元素分析结果(表3-18)中可以看出,富相容元素 Cr、Co、Ni,贫不相容元素。表明是经过了部分熔融的亏损地幔产物,与世界上许多典型的蛇绿岩中同类岩石相比,具有很大的相似性。

表 3-18 变质橄榄岩微量元素丰度表($\times 10^{-6}$)

样号	岩石名称	Rb	Ba	Sr	Ca	Pb	Zn	Cr	Ni	Co	V	Nb	Zr	Ta	Th	Sc	Hf
2624/2	纯橄岩	<1		7.3	<2	<3	42.8	2902	2187	98.7	30.2	1.6	3.3		0.6	<3	<3
314	纯橄岩							3800	3800	140	25		24			3	
2624/1	方辉橄榄岩	<1		7.1	<2	<3	45.9	3453	2249	90.5	30	0.8	3.3		1.3	3.3	<3
2621/1	方辉橄榄岩	<1		8.4	4.9	<3	39.2	5297	2000	92.9	32.9	1	3.2		1.6	<3	<3
0341/4-1	方辉橄榄岩	1.5	2.1	7		7		3918	702	69.2	76	1	20	0.23	5.6	2.3	0.33
326	方辉橄榄岩							2350	860	98	32		23			4	

样号	岩石名称	Ag	Sn	B	As	Sb	Bi	Hg	F	W	Mo	Li	U	Be	Ge	Au	Ti	Mn
2624/2	纯橄岩	0.02	0.66	8.2	0.78	0.021	0.052	0.018	184	0.12	0.17	<0.5	0.13	1.2	0.62	0.72	0	
314	纯橄岩																30	300
2624/1	方辉橄榄岩	0.08	5.2	16	33.8	0.12	0.058	0.028	220	0.1	0.17	<0.5	0.13	1.2	0.78	0.56	0	
2621/1	方辉橄榄岩	0.03	1.4	8.2	0.4	0.021	0.036	0.031	200	0.11	0.23	<0.5	0.009	0.92	0.68	0.39	0	
0341/4-1	方辉橄榄岩												1.2				360	240
326	方辉橄榄岩																110	740

注:0341/4-1 为早侏罗世,其余样品均为晚三叠世。

2. 深成杂岩

1) 堆晶岩

堆晶岩微量元素丰度(表3-19)与变质橄榄岩较为相似,以富相容元素 Cr、Ni 和 Co,贫不相容元素为特征,尤其是堆晶辉石岩表现明显。Sc 丰度为 $16\times 10^{-6}\sim 38\times 10^{-6}$(平均 27×10^{-6}),V 为 $120\times 10^{-6}\sim 175\times 10^{-6}$(平均 149×10^{-6}),Ti 为 $350\times 10^{-6}\sim 920\times 10^{-6}$(平均 566×10^{-6}),这三种元素丰度低,而且较稳定。辉长岩较辉石岩 Sr 丰度高,反映斜长石的存在。

表 3-19 堆晶岩微量元素丰度表($\times 10^{-6}$)

样号	岩石名称	Sc	Cr	Mn	Fe	Co	Ni	Zn	As	Se	Pb	Sr	Zr	Mo	Sb
2668/1	堆晶辉长岩	24.9	162	595	40	30.3	71	7	<13	<0.0063	4.17	66.9		5.35	0.031
293	堆晶辉长岩	16	730	820		26	120						48		
294	堆晶辉长岩	18	920	950		53	262						24		
294-1	堆晶辉长岩	36	1460	1180		63	1800						30		
2667/1	堆晶斜方辉石岩	35.7	1847	1240	58 700	69.2	581	50	<0.868	<0.0111	<18.9	<38.1	12	<0.695	<0.0187
307	堆晶斜方辉石岩	21	2000	800		50	310						30		
309	堆晶斜方辉石岩	38	1570	1680		69	320						30		

续表 3-19

样号	岩石名称	Cs	Ba	Hf	Ta	W	Au	Th	U	Nb	Y	Rb	Ga	Ce	V	T
2668/1	堆晶辉长岩	<0.179	21	0.278	0.059	<2.69	<0.002 79	0.046	<0.367	8	3	13	18	46	144	
293	堆晶辉长岩										<2				175	920
294	堆晶辉长岩										<2				140	620
294-1	堆晶辉长岩										<2				140	570
2667/1	堆晶斜方辉石岩	<0.341	12	<0.109	0.044	<1.62	<0.002 01	0.083	0.372		9	6			136	
307	堆晶斜方辉石岩										<2				120	360
309	堆晶斜方辉石岩										<2				155	370

2) 辉长岩

辉长岩微量元素分析结果(表3-20)显示,相容元素 Cr、Co、Ni 丰度高,分别为 $784×10^{-6}$、$45×10^{-6}$、$194×10^{-6}$(平均值);大离子亲石元素 Ba、Sr、Rb、V 较贫,平均值分别为 $75×10^{-6}$、$73×10^{-6}$、$6×10^{-6}$、$0.57×10^{-6}$;不相容元素 Sc、Ti、V、Mn、Zr、Y 及 Nb 较贫,平均值分别为 $21.9×10^{-6}$、$406×10^{-6}$、$125.1×10^{-6}$、$838×10^{-6}$、$23.6×10^{-6}$、$3.7×10^{-6}$ 和 $3.3×10^{-6}$。

3) 斜长花岗岩

斜长花岗岩微量元素特征(表3-20)显示,其不仅贫相容元素 Cr、Co、Ni,而且也亏损大离子亲石元素,如:Zr(平均 $40.6×10^{-6}$)、Y(平均 $2.8×10^{-6}$)、Rb(平均 $5.7×10^{-6}$)、Nb(平均 $2.5×10^{-6}$)、U(平均 $0.9×10^{-6}$)。显然属于幔源型大洋斜长花岗岩。亏损 Zr 和 Y(还有 Ti、P、K 及 HREE 等),高场强元素与玻安岩有些相似,一般认为大洋斜长花岗岩是玄武岩质岩石在含水条件下部分熔融形成,因此该斜长花岗岩应是玻安岩质岩石在含水条件下部分溶解形成。

表 3-20 斜长花岗岩和辉长岩微量元素丰度表($×10^{-6}$)

样号	岩石名称	Ba	Sr	Rb	U	Sc	Ti	V	Mn	Cr	Co	Ni	Zr	Y	Hf	Th	Ta	Nb	Cu
2668/3-1	斜长花岗岩	52.8	204	5	0.97	29.7		134		172	10.9	27	45.2	3	1.38	5.7	1.73	1.9	
2668/3-2	斜长花岗岩	50.7	196	7.3	0.83	29.4		115		95.4	8.1	20.1	46.7	3.43	1.31	5.6	1.54	2.6	
283-1	斜长花岗岩		77	4		19	1020	96	270	7	11	36	30	2	0.9		0.1	3	
2627/1	富镁石英辉长岩		58.9	2.6	0.3	33.2		147.6		805.7	35.1	165.5	19.4	6.3	<3	0.5		3.4	15.4
2628/3	富镁石英辉长岩	75	88	9.1	0.83	30.36		169		274	31.2	146	43	3.84	0.78	12.8	1.94	3.1	
280	富镁石英辉长岩					26	250	130	660	670	62	170	11	<5					

续表 3-20

样号	岩石名称	Ba	Sr	Rb	U	Sc	Ti	V	Mn	Cr	Co	Ni	Zr	Y	Hf	Th	Ta	Nb	Cu
284	富镁石英辉长岩					17	620	162	1030	280	40	89	26	<2					
299	富镁石英辉长岩					12	500	155	570	110	28	70	19	<2					
301	富镁石英辉长岩					18	468	121	1050	1700	53	400	26	<2					
306	富镁石英辉长岩					17	200	120	880	1650	68	320	21	<5					
0329/15-1	辉长岩	370	290	15.8	2.76	23.8	12 673	238	1441	91	33.3	52.7	188	27.36	4.7	7.1	2.08	39.9	51.7

3. 辉绿岩

前已述及,三叠纪辉绿岩属玻安岩,其微量元素特征也与玻安岩相似(表 3-21)。玻安岩与洋中脊的玄武岩相比,以富难容元素(Cr、Ni)、贫高场强元素(Ti、Zr、Y、P)和 HREE 为特征,Ti/Zr(平均值 29)、Ti/Cr(平均值 6)、Ti/V(平均值 6)和 Ti/Sc(平均值 36)也低于洋中脊,而大离子亲石元素比洋中脊略高。与岛弧拉斑玄武岩(IAT)的丰度类似(Sun et al,1978;Hickey et al,1982;Cameron et al,1983)。洋中脊(MORB)贫大离子亲石元素和富高场强元素,曲线向左端下降(图 3-24),而丁青辉绿岩和玻安岩(福格尔角)曲线相似,与洋中脊相反,曲线向左下降,指示富集大离子亲石元素和贫高场强元素。

表 3-21 辉绿岩、玄武岩微量元素丰度表($\times 10^{-6}$)

样号	岩石名称	V	Ti	Zr	Y	Sc	Ni	Co	Cr	Sr	Ba	Rb	Nb
2626/1	低钛富镁石英辉绿岩	156	1259	56	5.69	31.1	120	30.7	424	85	76	10.4	3.2
2627/2	低钛富镁石英辉绿岩	181	1259	31	4.35	33.16	106	31.3	309	113	82	3.9	1
282	低钛富镁石英辉绿岩	140	440	56	<5	17	62	46	80				
283	低钛富镁石英辉绿岩	200	1200	26	<5	29	62	44	74				
0329/19-1	辉绿岩	180	6411	110	14.07	23.1	80.2	34	185	123	112	1.5	13.9
2624/8-2	块状橄榄玄武岩	192	4372	52	11.66	28.63	106	32.4	328	149	79	9	4.3
0329/16-1	枕状(苦橄)玄武岩	192	10 079	202	16.67	24.9	323	43.3	854	427	668	17.3	29
0336/1	枕状(苦橄)玄武岩	285	6774	7.1	17.11	34.45	50	36.8	88	132	13	1.5	2.8
1401/4-1	枕状(苦橄)玄武岩	241	15 707	220	19.8	22.17	169	44.2	367	304	832	7.9	29.4
1401/5-1	枕状(苦橄)玄武岩	184	8393	106	14.91	19.26	144	44.1	222	118	134	1.5	16.2
0329/33-1	枕状球颗(苦橄)玄武岩	205	4758	69	9.3	31.1	87.9	20.1	468	278	708	1.5	5.9

续表 3-21

样号	岩石名称	U	K	P	Mn	Cu	Pb	Ta	Hf	Th	Ti/Zr	Ti/Sc	Ti/Cr	Ti/V
2626/1	低钛富镁石英辉绿岩	1.03	3404	174			20	0.72	0.79	14.9	22.48	40.48	2.72	8.07
2627/2	低钛富镁石英辉绿岩	0.85	2573	131			12.7	1.71	1	11.3	40.61	37.97	4.07	6.96
282	低钛富镁石英辉绿岩				620						7.86	25.88	5.5	3.14
283	低钛富镁石英辉绿岩				640						46.15	41.38	16.22	6
0329/19-1	辉绿岩	1.01		788	1140	54.2		1.41	2.7	6.4	58.28	277.5	34.65	35.62
2624/8-2	块状橄榄玄武岩	1.33	5147	349			11.3	1.37	1.02	8.7	84.08	152.7	13.33	22.77
0329/16-1	枕状(苦橄)玄武岩	1.21		1222	1483	37.4		2.07	4.8	9.4	49.9	404.8	11.8	52.49
0336/1	枕状(苦橄)玄武岩	0.92	996	349			8.7	1.14	1.28	9.9	954.1	196.6	76.98	23.77
1401/4-1	枕状(苦橄)玄武岩	2.53	7139	1658			14.3	2.2	2.68	15.4	71.4	708.5	42.8	65.17
1401/5-1	枕状(苦橄)玄武岩	0.86	913	1004			14.6	1.31	2.07	7.5	79.18	435.8	37.81	45.61
0329/33-1	枕状球颗(苦橄)玄武岩	0.5		389	1044	51.4		0.46	2	6.6	68.96	153	9.79	23.21

丁青三叠纪辉绿岩构造环境投点均落入岛弧玄武岩范围内(图 3-25)。

其微量元素不仅 Ti、Zr 丰度低,而且 Ti/Zr 值也异常低(22～46),在玻安岩 Ti/Zr 值(23～67)(Hickey et al,1982)范围内。洋中脊和岛弧玄武岩 Ti/Zr 值接近 110,与球粒陨石平均值 110 一致。岩石的 Ti/Zr 值主要反映其源区的比值(Pearce et al,1979)。上述 Ti/Zr 值低,表明它的源岩成分与洋中脊和岛弧的源岩有显著差异。辉绿岩中 Y 含量极低(图 3-26),表明来源于部分熔融程度很高的强亏损的地幔源岩。

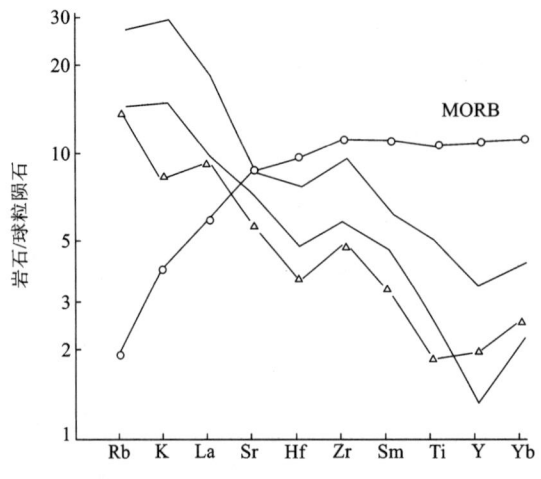

图 3-24 三叠纪辉绿岩地球化学分布型式图

福格尔角(巴布亚新几内亚)玻安岩的分布范围据 Hickoyand Frey(1982);MORB 据 Frey et al(1974)和 Sun et al(1979)的平均值;丁青三叠纪辉绿岩样品 282 和 283 平均据张旗、杨瑞英(1987);球粒陨石标准化数值引自 Hickey(1982)

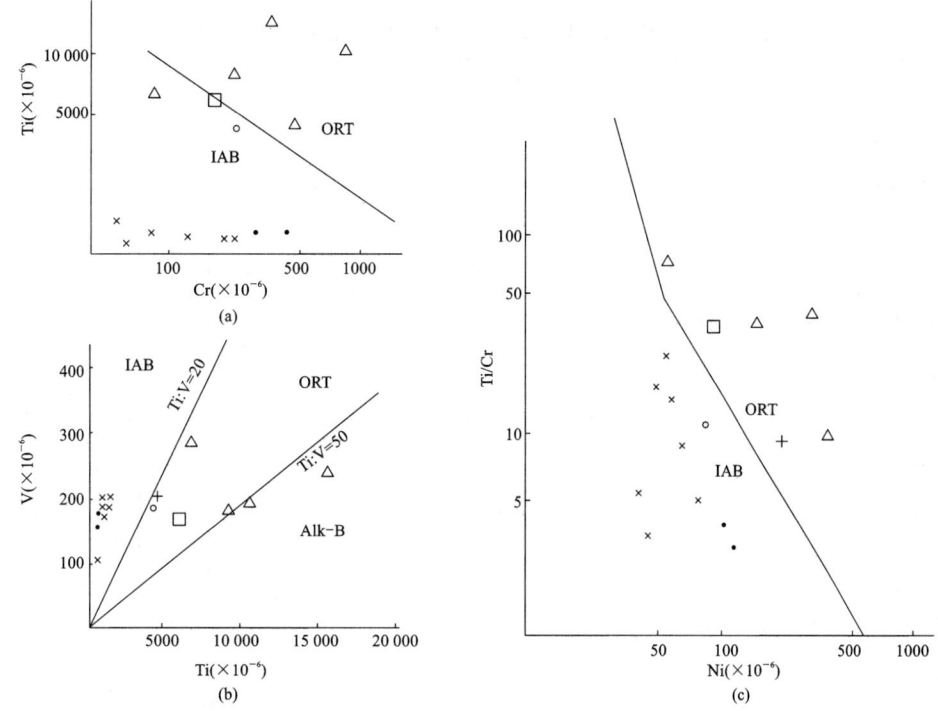

图 3-25 Ti-Cr、Ti-V 和 Ti/Cr-Ni 图

ORT：洋中脊玄武岩；IAB：岛弧玄武岩；Alk-B：碱性玄武岩；×三叠纪辉绿岩（据张旗，1992）；·三叠纪辉绿岩；
○三叠纪块状橄榄玄武岩；早侏罗世：□辉绿岩；△枕状玄武岩；+球颗玄武岩

4. 基性熔岩

仅据块状橄榄玄武岩微量元素分析（表 3-21），其富难容元素 Cr、Co、Ni，贫不相容元素 V、Zr。与辉绿岩相比 Ba、Sr、Rb、Nb 相似。投点落入（或靠近）岛弧玄武岩范围（图 3-25）。

（七）稀土元素特征

1. 变质橄榄岩

从变质橄榄岩稀土元素分析结果及特征参数和配分型式（表 3-22，图 3-27）可以看出：其 ΣREE 很低（$0.64\times10^{-6}\sim2.59\times10^{-6}$），LREE 丰度仅为球粒陨石的 0.1～1 倍，HREE 丰度较稳定，标准化分布曲线趋于平坦，丰度值仅为球粒陨石的 0.1～0.4 倍。δCe 值 0.51～2.44，平均 1.31，多数集中于 1.11～1.69 之间，属铈富集型，δEu 值 0.84～1.43，平均 1.02，多数 0.98～1.08，无铕异常。LREE/HREE、La/Yb、La/Sm 及 Ce/Yb 均较高，REE 球粒陨石标准化分布曲线向右倾斜，为轻稀土富集型。314 和 326 两样品属 LREE 亏损型，La/Yb 值小于 0.5；HREE 丰度低，Yb 和 Lu 丰度仅为球粒陨石的 0.3～0.4 倍。说明丁青地区难熔的地幔岩部分熔融程度很高。

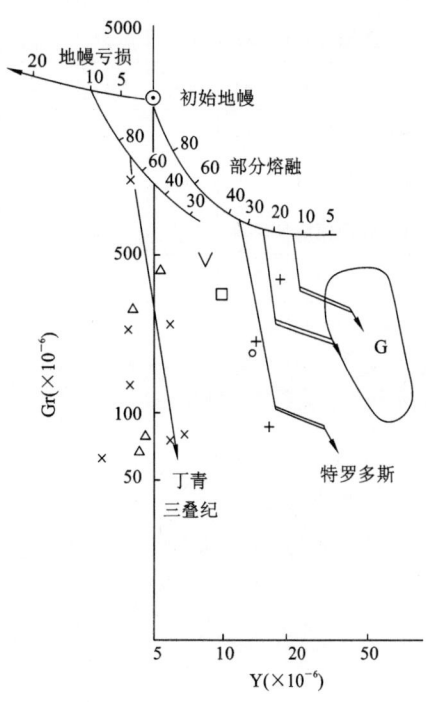

图 3-26 Cr-Y 图

曲线指示原始岩浆部分熔融轨迹，数字代表部分熔融程度；向左方带箭头曲线表示地幔亏损方向，数字代表地幔亏损程度；陡倾的曲线和较缓的双线分别表示封闭和开放系统分离结晶作用的趋势（据 Pearce，1980）；圈内表示阿尔卑斯玄武岩、枕状熔岩范围（据 Beccaluva et al，1984a）。三叠纪：×辉绿岩（据张旗等，1992）；△辉绿岩（表 3-23 数据）；□块状玄武岩。早侏罗世：○辉绿岩；+枕状玄武岩；∨球颗玄武岩

表 3-22 变质橄榄岩稀土元素分析结果及特征参数表（$\times 10^{-6}$）

样号	岩石名称	La	Ce	Pr	Nd	Sm	Eu	Gd	Tb	Dy	Ho	Er	Tm	Yb	Lu	Y
314	纯橄岩	0.003	0.769			0.03		0.043						0.064	0.011	<5
2651/1	方辉橄榄岩	0.146	0.84	0.7	0.222	0.032	0.001	0.038	0.005	0.0044	0.008	0.021	0.004	0.018	0.004	0.117
2624/1	方辉橄榄岩	0.156	0.461	0.076	0.25	0.031	0.01	0.044	0.005	0.038	0.008	0.021	0.005	0.017	0.005	0.105
1357/2-1	方辉橄榄岩	0.21	0.44	0.06	0.18	0.05	0.02	0.07	0.012	0.05	0.012	0.03	0.004	0.02	0.004	0.01
1357/3-1	方辉橄榄岩	0.18	0.4	0.08	0.16	0.06	0.02	0.06	0.01	0.04	0.01	0.03	0.004	0.03	0.004	0.13
1357/4-1	方辉橄榄岩	0.09	0.2	0.05	0.1	0.02	0.01	0.04	0.008	0.03	0.008	0.02	0.003	0.02	0.003	0.04
1357/5-1	方辉橄榄岩	0.26	0.42	0.05	0.22	0.03	0.02	0.06	0.009	0.04	0.009	0.03	0.005	0.03	0.005	0.15
1357/6-1	方辉橄榄岩	0.26	0.3	0.08	0.36	0.09	0.03	0.08	0.015	0.07	0.019	0.05	0.009	0.05	0.009	0.29
0341/1	方辉橄榄岩	0.32	1.04	0.09	0.29	0.09	0.02	0.1	0.017	0.058	0.02	0.04	0.009	0.06	0.01	0.42
326	方辉橄榄岩	0.058	0.538			0.025								0.012		<2

样号	岩石名称	ΣREE	LREE	HREE	LREE/HREE	ΣCe	ΣSm	ΣYb	δEu	δCe	Sm/Nb	La/Yb	La/Sm	Ce/Yb
314	方辉橄榄岩													
2651/1	方辉橄榄岩	2.21	1.95	0.26	7.53	1.91	0.14	0.16	2.44	0.98	0.14	8.11	4.56	46.67
2624/1	方辉橄榄岩	1.29	0.98	0.25	3.97	0.94	0.14	0.15	1.22	0.84	0.12	9.18	5.03	27.12
1357/2-1	方辉橄榄岩	1.26	0.96	0.3	3.18	0.89	0.21	0.16	1.11	1.05	0.28	10.5	4.2	22
1357/3-1	方辉橄榄岩	1.22	0.9	0.32	2.86	0.82	0.2	0.2	1.16	1.02	0.38	6	3	13.33
1357/4-1	方辉橄榄岩	0.64	0.47	0.17	2.76	0.44	0.12	0.09	1.45	1.07	0.2	4.5	4.5	10
1357/5-1	方辉橄榄岩	1.34	1	0.34	2.96	0.95	0.17	0.22	0.86	1.43	0.14	8.67	8.67	14
1357/6-1	方辉橄榄岩	1.72	1.12	0.59	1.9	1	0.29	0.41	0.51	1.08	0.25	5.2	2.89	6
0341/1	方辉橄榄岩	2.59	1.85	0.72	2.58	1.74	0.29	0.54	1.69	0.65	0.31	5.33	3.56	17.33
326	方辉橄榄岩													

注：0341/1 为早侏罗世，其余样品均为晚三叠世。

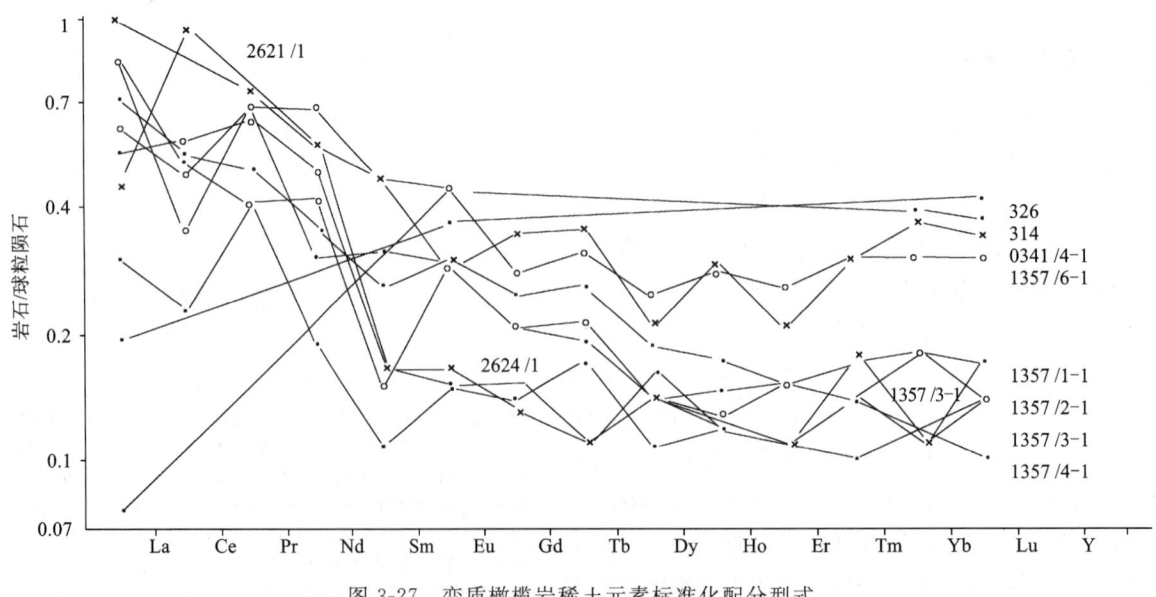

图 3-27 变质橄榄岩稀土元素标准化配分型式

2. 深成杂岩

1) 堆晶岩

从堆晶岩稀土元素丰度及特征参数结果(表 3-23)中可以看出:堆晶辉长岩∑REE 偏高($5\times10^{-6}<$∑REE$<10\times10^{-6}$);而堆晶辉石岩偏低($1\times10^{-6}<$∑REE$<5\times10^{-6}$)。堆晶辉长岩 REE 为富集型,标准化配分型式曲线向右倾斜,略呈"U"型分布(图 3-28),堆晶辉石岩 REE 为平坦型,LREE 略显亏损。堆晶辉长岩有极明显的 Eu 正异常,说明富集堆晶的斜长石(中长石—倍长石)。而在暗色层中,斜方辉石和单斜辉石含量高,有一大致与浅色层(294 号样品)相等的负 Eu 异常(δEu=0.57),说明有大量的斜长石被带出。堆晶辉石岩有微弱的正 Eu 异常。镜下观察在顽火辉石间隙有少量倍长石产出,堆晶斜方辉石岩(2667/1)无斜长石产出,δEu 有微弱的负异常。从堆晶岩本身的演化来看,由早期堆晶辉石岩到晚期的堆晶辉长岩,稀土元素总量升高,铕正异常增强,由平坦型向富集型演化。

表 3-23 堆晶岩稀土元素丰度表($\times10^{-6}$)

样号	岩石名称	La	Ce	Nd	Sm	Eu	Gd	Tb	Ho	Tm	Yb	Lu	合计
2668-1	堆晶辉长岩	1.19	2.54	1.42	0.329	0.267	0.337	0.558	0.058	0.089	0.042	0.046	6.6
293	堆晶辉长岩	2.09	4.27		0.558	0.228		0.104			0.326	0.095	7.671
294	堆晶辉长岩	1.41	3.26		0.365	0.236		0.087			0.262	0.091	5.711
294-1	堆晶辉长岩	1.49	3.33		0.425	0.087		0.101			0.264	0.088	5.785
2667-1	堆晶辉石岩	0.272	0.719	0.569	0.182	0.047	0.239	0.049	0.082	0.041	0.288	0.049	2.538
307	堆晶辉石岩	0.52	1.73		0.253	0.1		0.052			0.246	0.052	2.953
309	堆晶辉石岩	0.309	0.947		0.179	0.077		0.045			0.241	0.083	1.881

样号	岩石名称	LREE	HREE	LREE/HREE	∑Ce	∑Sm	∑Yb	δCu	δCe	Sm/Nb	La/Yb	La/Sm	Ce/Yb
2668-1	堆晶辉长岩	5.75	0.85	6.765	5.15	0.75	0.37	2.46	1	1.163	4.2	3.62	8.98
293	堆晶辉长岩	7.146	0.525	13.611	6.36	0.332	0.421			1.712	6.41	3.75	13.1
294	堆晶辉长岩	5.271	0.44	11.98	4.67	0.323	0.353			1.393	5.38	3.86	12.44
294-1	堆晶辉长岩	5.332	0.453	11.77	4.82	0.188	0.352			1.61	5.64	3.51	12.61
2667-1	堆晶辉石岩	1.79	0.75	2.387	1.56	0.42	0.378	0.13	0.96	1.61	5.64	3.51	2.5
307	堆晶辉石岩	2.603	0.35	7.437	2.25	0.152	0.298			1.028	2.11	2.06	7.03
309	堆晶辉石岩	1.512	0.369	4.098	1.256	0.122	0.324			0.743	1.28	1.73	3.93

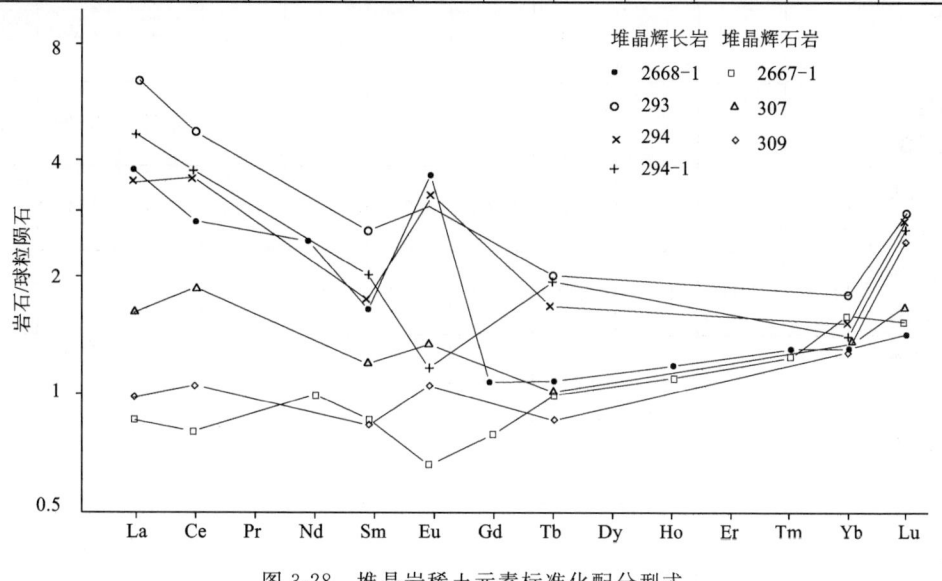

图 3-28 堆晶岩稀土元素标准化配分型式

2) 辉长岩

从辉长岩稀土元素丰度及参数特征(表 3-24)中可以看出,其稀土元素总量低,标准化分配曲线略呈"U"型的平坦型(图 3-29),Eu 无明显异常或略具正 Eu 异常。与世界上典型的蛇绿岩中辉长岩不同,而类似于玻安岩。

表 3-24 斜长花岗岩、辉长岩稀土元素丰度及特征参数表($\times 10^{-6}$)

样号	岩石名称	La	Ce	Pr	Nd	Sm	Eu	Gd	Tb	Dy	Ho	Er	Tm	Yb	Lu	Y	总量
2668/3-1	斜长花岗岩	3.19	6.16	0.68	2.57	0.51	0.91	0.53	0.1	0.55	0.12	0.34	0.05	0.34	0.06	3	18.38
2668/3-2	斜长花岗岩	2.74	5.5	0.51	2.48	0.52	0.22	0.58	0.1	0.62	0.13	0.38	0.06	0.4	0.07	3.43	19.72
283-1	斜长花岗岩	3.82	6.13		2.95	0.529	0.22		0.193					0.273	0.096	2	
2677/1	富镁石英辉长岩	2.2	6.14	0.635	2.079	0.575	0.18	0.64	0.1	0.68	0.14	0.46	0.075	0.51	0.087	3.104	17.61
2628/3	富镁石英辉长岩	2.06	6.14	0.61	2.41	0.59	0.19	0.65	0.122	0.725	0.15	0.42	0.074	0.418	0.072	3.84	16.73
280	富镁石英辉长岩	0.7	1.57			0.216	0.127		0.098					0.272	0.059	<5	
284	富镁石英辉长岩	1.495	2.665			0.338	0.133		0.114					0.467	0.079	<2	
299	富镁石英辉长岩	1.22	2.603			0.346	0.17		0.086					0.466	0.088	<2	
301	富镁石英辉长岩	1.225	2.74		3.07	0.267	0.094		0.141					0.26	0.06	<2	
306	富镁石英辉长岩	1.97	3.62			0.422	0.17		0.12					0.455	0.076	<5	
0329/35-1	辉长岩	37.23	79.89	10.33	40.57	8.69	2.67	8	1.215	6.39	1.111	2.77	0.401	2.06	0.283	27.36	229

样号	岩石名称	LREE	HREE	LREE/HREE	ΣCe	ΣSm	ΣYb	δEu	δCe	Sm/Nb	La/Yb	La/Sm	Ce/Yb
2668/3-1	斜长花岗岩	13.3	5.08	2.62	12.6	2	3.76	1.24	0.89	0.2	9.38	6.25	18.12
2668/3-2	斜长花岗岩	11.97	5.75	2.08	11.23	2.17	4.34	1.37	0.98	0.21	6.85	5.27	13.75
283-1	斜长花岗岩									0.18	13.99	7.22	22.45
2677/1	富镁石英辉长岩	11.81	5.8	2.04	11.05	2.315	4.227	1.01	1.43	0.28	4.31	3.83	12.04
2628/3	富镁石英辉长岩	10.26	6.47	1.59	9.48	2.43	4.83	1.05	1.01	0.25	4.93	3.49	10.53
280	富镁石英辉长岩										2.57	3.24	5.71
284	富镁石英辉长岩										3.2	4.42	5.71
299	富镁石英辉长岩										2.62	3.53	5.59

续表 3-24

样号	岩石名称	LREE	HREE	LREE/HREE	ΣCe	ΣSm	ΣYb	δEu	δCe	Sm/Nb	La/Yb	La/Sm	Ce/Yb
301	富镁石英辉长岩									0.09	4.71	4.59	10.54
306	富镁石英辉长岩										4.33	4.67	7.96
0329/35-1	辉长岩	179.4	49.59	3.62	168	28.08	32.87	1.07	1.04	0.21	18.07	4.28	38.78

注：0329/35-1 为早侏罗世，其余样品均为晚三叠世。

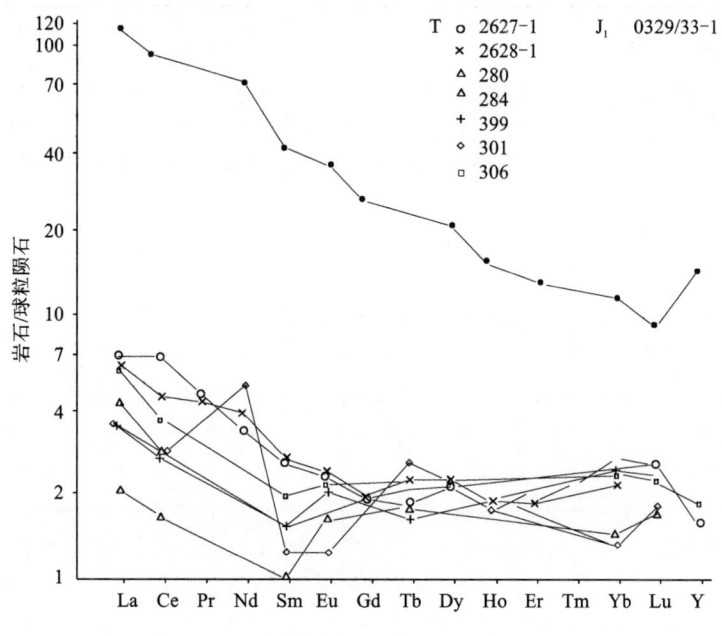

图 3-29　辉长岩稀土元素标准化配分型式

3) 斜长花岗岩

从稀土元素丰度(表 3-24)和稀土元素标准化配分型式(图 3-30)上看出，该斜长花岗岩有别于世界上典型的洋底斜长花岗岩。世界上典型的洋底斜长花岗岩 REE 曲线为平坦型或 LREE 略亏损，REE 总量高，具明显的负 Eu 异常(Coleman et al,1979；Gerlach et al,1981)。而丁青斜长花岗岩 REE 总量低(ΣREE<18.38×10^{-6})；LREE 富集，具明显的正 Eu 异常，与周围低钛富镁富硅的辉长岩和辉绿岩的 REE 总量、配分型式极其相似。应是玻安岩在含水条件下部分熔融的产物。正 Eu 异常可能与富钙的斜长石有关。

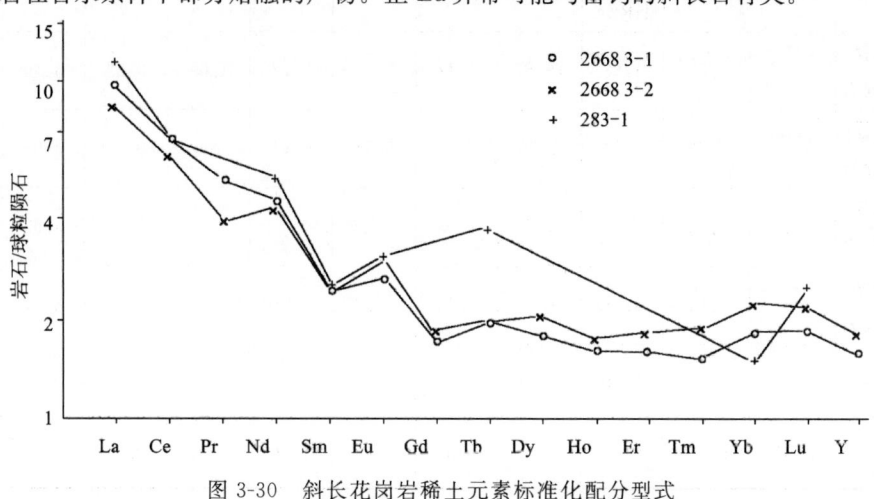

图 3-30　斜长花岗岩稀土元素标准化配分型式

3. 辉绿岩墙

从辉绿岩稀土元素丰度及特征参数(表 3-25)和配分型式(图 3-31)可以看出,三叠纪低钛富镁石英辉绿岩稀土总量低($13.76\times10^{-6}\sim27.58\times10^{-6}$),HREE 丰度低,La 为球粒陨石的 6~10 倍,HREE 丰度低,Yb 仅为球粒陨石的 2~4 倍。稀土总量低,为 $13.76\times10^{-6}\sim27.58\times10^{-6}$。稀土元素标准化配分型式呈 LREE 略富集的"U"型,既不同于洋中脊(N - MORB),也不同于岛弧拉斑玄武岩(IAT)。MORB 和 IAT 均以 LREE 亏损为特征。T 型和 E 型 MORB 虽然也是 LREE 富集型的,但 HREE 丰度高,为球粒陨石的 8~20 倍,也不同于丁青三叠纪辉绿岩。类似于马里亚纳、福格尔角等地的玻安岩。

表 3-25 辉绿岩、玄武岩稀土元素丰度及特征参数表($\times 10^{-6}$)

样号	岩石名称	La	Ce	Pr	Nd	Sm	Eu	Gd	Tb	Dy	Ho	Er	Tm	Yb	Lu	Y	总量
2626/1	低钛富镁石英辉绿岩	3.6	7.96	1.11	4.2	0.92	0.23	0.92	0.159	1.027	0.21	0.63	0.112	0.688	0.126	5.69	27.58
2627/2	低钛富镁石英辉绿岩	1.97	4.16	0.59	2.33	0.54	0.19	0.7	0.126	0.816	0.17	0.48	0.088	0.501	0.088	4.35	17.16
282	低钛富镁石英辉绿岩	2.64	4.86			0.71	0.262		0.111					0.47	0.131	<5	13.76
283	低钛富镁石英辉绿岩	3.3	5.19			0.644	0.241		0.262					0.526	0.125	<5	15.29
0329/19-1	辉绿岩	11.42	26.36	3.41	13.71	3.68	1.26	3.42	0.569	3.21	0.572	1.52	0.237	1.24	0.18	14.7	84.87
2624/8-2	块状橄榄玄武岩	2.64	6.05	0.92	4.25	1.31	0.5	1.68	0.321	2.266	0.45	1.24	0.196	1.179	0.171	11.66	34.82
0329/16-1	枕状苦橄玄武岩	23.69	53.7	6.71	25.79	5.65	1.58	4.59	0.702	3.83	0.686	1.82	0.239	1.33	0.188	16.67	148.8
0336/1	枕状苦橄玄武岩	1.59	4.88	0.89	5.02	1.61	0.64	2.35	0.462	3.406	0.7	2	0.312	1.961	0.325	17.11	43.26
1401/4-1	枕状苦橄玄武岩	29.47	62.18	7.66	31.45	6.16	1.91	5.42	0.826	4.473	0.79	1.93	0.279	1.494	0.219	19.8	174.1
1401/5-1	枕状苦橄玄武岩	12.98	26.48	3.51	15.21	3.51	1.26	3.51	0.526	3.292	0.59	1.48	0.213	1.258	0.188	14.91	88.91
0329/33-1	枕状球颗苦橄玄武岩	2.92	8.66	1.16	4.45	1.29	0.43	1.53	0.278	1.86	0.38	1.1	0.186	1	0.165	9.3	34.7

样号	岩石名称	LREE	HREE	LREE/HREE	ΣCe	ΣSm	ΣYb	δEu	δCe	Sm/Nb	La/Yb	La/Sm	Ce/Yb
2626/1	低钛富镁石英辉绿岩	18.02	9.57	1.88	16.87	3.47	7.26	0.77	1.05	0.22	5.16	3.91	11.4
2627/2	低钛富镁石英辉绿岩	9.83	7.32	1.34	9.05	2.59	5.51	0.91	100	0.23	3.93	3.34	8.3
282	低钛富镁石英辉绿岩	8.47	5.29	1.6	7.5	1.08	<5.6				5.62	3.72	10.34
283	低钛富镁石英辉绿岩	9.38	5.91	1.59	8.49	1.15	<5.65				6.27	5.12	9.87
0329/19-1	辉绿岩	59.84	25.02	2.39	54.9	12.71	17.25	1.08	1.08	0.28	9.21	3.1	21.26
2624/8-2	块状橄榄玄武岩	15.66	19.16	0.82	13.85	6.53	14.45	1.06	0.95	0.31	2.24	2.02	5.13

续表 3-25

样号	岩石名称	LREE	HREE	LREE/HREE	ΣCe	ΣSm	ΣYb	δEu	δCe	Sm/Nb	La/Yb	La/Sm	Ce/Yb
0329/16-1	枕状苦橄玄武岩	118.7	30.06	3.95	111.5	17.04	20.25	0.93	1.06	0.22	19.02	4.48	40.38
0336/1	枕状苦橄玄武岩	14.63	28.62	0.61	12.38	9.17	21.7	1.02	0.88	0.32	0.81	1	2.49
1401/4-1	枕状苦橄玄武岩	138.8	35.23	3.94	130.8	19.58	23.72	1	0.03	0.2	19.73	4.78	41.62
1401/5-1	枕状苦橄玄武岩	62.95	25.97	2.42	58.18	12.69	18.05	1.1	0.97	0.23	10.92	3.7	21.05
0329/33-1	枕状球颗苦橄玄武岩	18.91	15.8	1.2	17.19	5.77	11.75	0.95	1.26	0.29	2.92	2.26	8.66

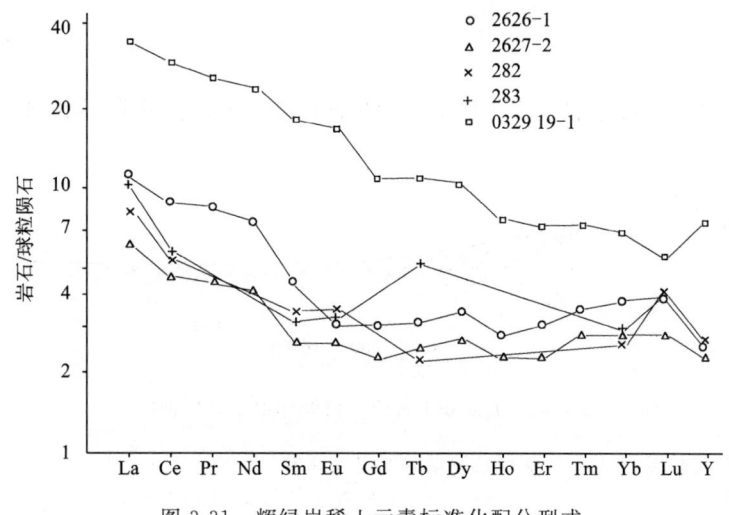

图 3-31 辉绿岩稀土元素标准化配分型式

4. 基性熔岩

从块状橄榄玄武岩的稀土元素丰度和参数特征（表 3-25）可以看出，REE 总量低，为 34.82×10^{-6}，无明显的铕异常。标准化配分型式为平坦型（图 3-32），与岛弧玄武岩的分布形式类似，属岛弧环境，与主量元素、微量元素结果一致。

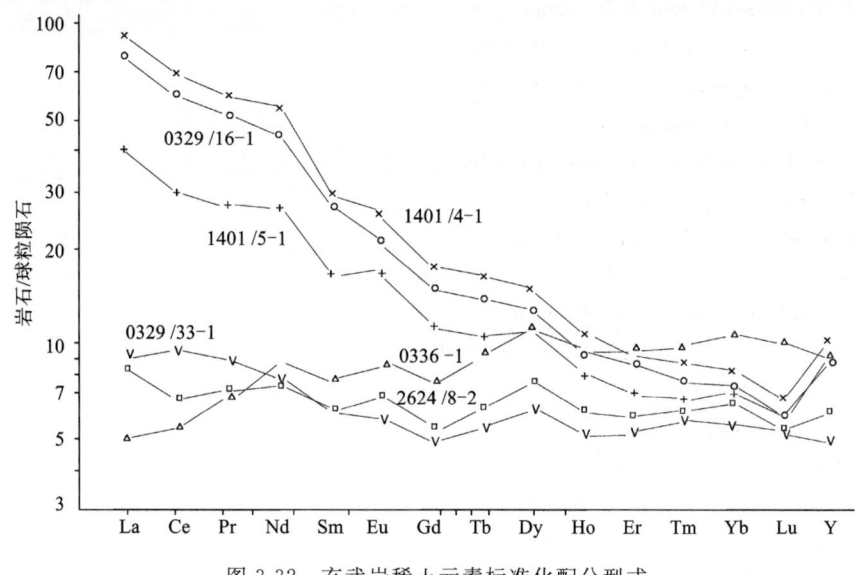

图 3-32 玄武岩稀土元素标准化配分型式

四、早侏罗世宗白蛇绿混杂岩

(一) 地质概况

区内早侏罗世蛇绿岩仅出露于丁青县西宗白一带,呈构造岩块形式侵位在亚宗混杂岩中,构成蛇绿混杂岩,本书称之为"早侏罗世宗白蛇绿混杂岩"。其南构造拼贴于丁青三叠纪蛇绿岩之上,之北被中侏罗统德极国组角度不整合压盖。

恢复蛇绿混杂岩的层序组合单元,自上而下出露有:上覆深水沉积的放射虫硅质岩—基性熔岩—辉绿岩墙—镁铁杂岩—变质橄榄岩。其中基性熔岩种类较多,有枕状、块状玄武岩及玄武质角砾岩等。有的已变为绿片岩,常夹放射虫硅质岩(J_1;李红生,1988),现多支离破碎。

(二) 剖面列述

丁青县丁青镇宗白蛇绿混杂岩剖面见图3-33,该剖面位于丁青县城北4km亚宗村西山。

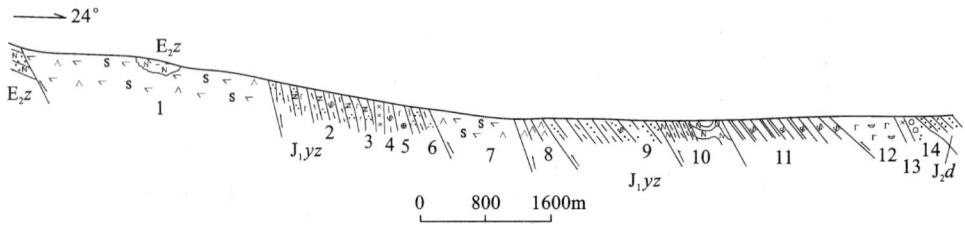

图3-33　丁青县丁青镇宗白蛇绿混杂岩剖面图

上覆地层:中侏罗统德极国组(J_2d)　灰绿色厚层状复成分砾岩

────────── 不整合 ──────────

14. 灰黑色混杂岩,灰紫色薄层泥质硅质岩夹页岩、粉砂岩　　　　　　　　　　　　　　　12.16m
13. 灰绿色蚀变辉绿岩墙(基质玄武岩)　　　　　　　　　　　　　　　　　　　　　　　8.02m
12. 灰绿色枕状玄武岩(有五条宽1~2m的辉绿岩墙)　　　　　　　　　　　　　　　　104.92m

══════════ 断层 ══════════

11. 浅红色薄层含放射虫硅质岩　　　　　　　　　　　　　　　　　　　　　　　　　　12.88m

　　放射虫:*Cenellipsis zongbaiensis* Li
　　　　　Pantanellium cf. *browni* Pessagno
　　　　　P. aff. *inornatum* Pessagno et Poisson
　　　　　Praeconocaryomma media Pessagno et Poisson
　　　　　P. aff. *magnimamma*(Rust)
　　　　　Canoptum anulatum Pessagno et poisson
　　　　　C. rugosum Pessagno et Poisson
　　　　　Canutus izeensis Pessagno et Whalen
　　　　　Bagotum aff. *erraticum* Pessagno et Whalen
　　　　　B. modestum Pessagno et Wahalen
　　　　　Droltus(?)aff. *probosus* Pessagno et Whalen
　　　　　Pseudopoulpus sp.
　　　　　Katroma dengqensis Li
　　　　　Dicolocapsa aff. *verbeeki* Tan Xin Hok
　　　　　Hemicryptocephalis dengqensis Li
　　　　　Natoba aff. *minuta* Pessagno et Poisson

7. 蛇纹石化方辉橄榄岩　　　　　　　　　　　　　　　　　　　　　　　　　　　　　58.88m

	══════ 断层 ══════	
6. 灰色粉砂岩夹透镜状石英砂岩		4.20m
	══════ 断层 ══════	
5. 暗紫色、深绿色球颗玄武岩		19.70m
	══════ 断层 ══════	
4. 灰色中—薄层状石英砂岩夹灰黑色页岩		9.10m
	══════ 断层 ══════	
3. 灰绿色辉长岩		4.20m
	══════ 断层 ══════	
2. 含粉砂质铁质泥岩与灰绿色泥岩互层,夹块状蚀变玄武岩		162.16m
	══════ 断层 ══════	
1. 灰绿色、灰黑色蛇纹石化方辉橄榄岩		>3120m
	══════ 断层 ══════	

始新统宗白组（E_2z） 灰色粉砂岩

（三）岩石学、矿物学特征

1. 变质橄榄岩

该单元岩石类型为方辉橄榄岩和纯橄岩。岩石结构有糜棱结构、镶嵌结构、碎斑结构、塑性流变及变晶结构、网眼结构、网环结构等。具叶理构造、定向构造和块状构造。结构构造详见前述。糜棱结构是岩石在强构造剪切变形作用下的产物,由橄榄石和斜方辉石碎斑拉长定向显现,多出现于变橄榄岩单元底部或构造岩块的边界。镶嵌结构是岩石在静态条件下形成的,普遍存在于变橄榄岩中,有细粒（1mm）、中粒（2~5mm）、粗粒（5~7mm）及不等粒结构,颗粒边界较平直。方辉橄榄岩和纯橄岩由橄榄石（60%~70%）、斜方辉石（20%~35%）和尖晶石（1%±）组成。

橄榄石呈自形—半自形,粒径一般0.4~3mm,局部叠加变形或重结晶使颗粒增大或有碎粒化和糜棱岩化。常见肯克带、波状消光。橄榄石常蛇纹石化形成网状结构或网环结构。

斜方辉石多呈中—粗粒的残碎斑晶出现,粒径大者可达8mm。外形不规则,波状消光,膝折及肯克带发育。斜方辉石多绢石化,表现为港湾状或蚕食状外貌,反映其熔融残余现象。

尖晶石呈褐红色、棕红色,以粒状为主,外形多呈浑圆状,一般自形—半自形粒状尖晶石分布于橄榄石颗粒之间或其中,他形粒状产于斜方辉石颗粒附近或其中。

2. 镁铁杂岩

该单元受强烈构造作用而支离破碎,仅见辉长岩类,缺失堆晶岩等。辉长岩与下伏变质橄榄岩呈构造接触。辉长岩主要由单斜辉石、斜长石、石英组成,岩石具辉长—辉绿结构,暗色矿物为透辉石（10%）,呈自形柱状晶体,粒径1~2mm。斜长石（中长石—拉长石）为自形的板柱状晶体。石英（<5%）为次生矿物,呈他形粒状产于斜长石间隙。副矿物有磁铁矿、磷灰石。

3. 辉绿岩

该单元在早侏罗世蛇绿混杂岩中分布零星,呈岩墙产出,其产状与玄武岩层理产状近于垂直。岩石呈灰绿色,具辉绿结构,块状构造。主要矿物为自形长板状的斜长石,粒径0.4mm×1mm~1mm×2mm,呈格架状分布,其间充填的暗色矿物均已蛇纹石化、绿泥化,含量约35%。石英（<5%）呈他形晶分布在斜长石格架中。在暗色矿物间隙中还见到少量钾长石。

4. 基性熔岩

该单元岩石类型有枕状、杏仁状、球颗玄武岩。枕状玄武岩较为发育,颜色为灰绿色、暗绿色,枕状构造发育,枕体大者长轴 30～50cm,短轴一般 15～20cm,含方解石、绿泥石和长英质杏仁体。枕体具宽约 1cm 的冷凝边,边部气孔发育,定向排列,产状为 335°∠51°。

杏仁状玄武岩斑状结构,基质为交织结构、次辉绿结构。矿物组成为斜长石+透辉石+少量石英。斑晶中斜长石、透辉石为自形晶。基质中斜长石为自形长板条状,交织分布或构成三角状格架;透辉石充填斜长石间隙或格架中;石英为他形填隙物。

球颗玄武岩为暗紫红色,具球颗结构,球颗间隙充填长板状交织在一起的斜长石。球颗大小 2～5mm,表面似一颗颗豆粒堆积而成,含量 30%～60%,镜下观察每一个球颗均由放射状斜长石构成,中心为尘状磁铁矿,形似花朵。具气孔、杏仁状、枕状构造,枕体间为灰绿色的绿片岩或硅质物充填。

5. 蛇绿岩上覆岩系

蛇绿岩上覆岩系为深水沉积的含放射虫硅质岩、黑色页岩夹基性熔岩、火山碎屑岩。

1) 硅质岩

硅质岩颜色复杂,有灰绿色、灰褐色、灰色、暗红色、浅红色、紫红色,一般单层厚度小于 10cm。常发育青灰色、紫红色相间出现的颜色条带或纹层。镜下鉴定,暗红色层主要由细粒石英组成,含放射虫残骸;灰绿色层为凝灰质、粘土质。

2) 黑色页岩

黑色页岩因遭受浅变质,岩性为黑色板岩,常夹硅质岩及灰岩透镜体,发育水平纹理。

3) 火山岩

蛇绿岩上覆岩系中的火山岩一般呈夹层状产出,岩性为基性熔岩和火山碎屑岩。前者主要岩性为无斑隐晶质玄武岩,夹于紫红色、灰绿色粉砂质铁质泥岩中,在亚宗见有厚度不等(1m、3m、10m)的三层基性熔岩。其矿物组成为斜长石+透辉石,斜长石呈微粒状及细小的长板条状,脱玻化,具间粒结构。透辉石呈粒状、不规则状,大者为 0.2～0.4mm,小者为微粒状。铁质物约 5%。次生蚀变有碳酸盐化、绿泥石化。

火山碎屑岩主要为中—基性(玻)晶屑凝灰岩,也有复屑(晶屑、岩屑、玻屑)凝灰岩,与基性熔岩互层,或在深水沉积岩中构成夹层,或在杂色硅质岩中呈透镜体产出。

(四)岩石化学及地球化学特征

1. 变质橄榄岩

早侏罗世蛇绿岩中变质橄榄岩的岩石化学、微量元素、稀土元素特征与三叠纪蛇绿岩中变质橄榄岩基本相同,详见前述。

2. 辉长岩

1) 岩石化学特征

从辉长岩的岩石化学成分特征(表 3-14)可以看出,它不同于三叠纪蛇绿岩中的辉长岩。其以富 Ti、低 Mg 为特征,TiO_2 含量 2.58%,MgO 含量 5.45%,Mg' 值为 0.45,与世界平均辉长岩 $Mg'=0.66$ 相比较低。CaO/TiO_2 为 2.67,Al_2O_3/TiO_2 为 5.43,与世界平均值(分别为 20.1 和 27.3;据张旗等,1992)相比也相当低。在辉长岩的 TiO_2-FeO^*/FeO^*+MgO 图中(图 3-19),靠近大洋中脊辉长岩。

2) 微量元素特征

早侏罗世辉长岩微量元素(表 3-20)与三叠纪完全不同。相容元素 Cr、Co、Ni 较晚三叠世的丰度低,分别 91×10^{-6}、33×10^{-6}、52.7×10^{-6};大离子亲石元素 Ba、Sr、Rb 及 U 相对较富,分别为 370×10^{-6}、290×10^{-6}、15.8×10^{-6}、2.76×10^{-6};不相容元素 Sc、Ti、V、Mn、Zr、Y 及 Nb 较富集,分别为 23.8×10^{-6}、1267.3×10^{-6}、238×10^{-6}、1441×10^{-6}、188×10^{-6}、27.36×10^{-6} 和 39.9×10^{-6};分别是晚三叠世的 1.1 倍、31.2 倍、1.9 倍、1.7 倍、8.0 倍、77.4 倍和 12.1 倍。

以上早侏罗世微量元素丰度与洋岛碱性玄武岩比较接近(表 3-26),属洋岛环境;结合主量元素和稀土元素特征,应属弧前背景。

表 3-26 丁青早侏罗世辉长岩与世界上各种环境中微量元素对比表(×10⁻⁶)

	Ba	Sr	Rb	U	P	Ti	Zr	Y	Nb	Ta	Th	La	Ce	Nd	Sm
丁青早侏罗世	370	290	15.8	2.76	1434	12 673	188	27	39.9	2.08	7.1	37.2	79.9	40.6	8.69
N 型 MORB	12	120	1	0.1	600	9300	85	29	3.1	0.16	0.2	3	9	7.7	2.8
洋岛碱性玄武岩	380	800	22	1.1	2760	20 000	220	30	53	3	3.4	35	72	35	13
岛弧拉斑玄武岩	110	200	4.6	0.1		3000	22	12	0.7		0.25	1.3	3.7	3.4	1.2

※据 Sun,1980。

3) 稀土元素特征

从辉长岩稀土元素丰度及特征参数(表 3-24)和球粒陨石标准化配分型式(图 3-29)可以看出,其以 $\sum REE$ 高(228.97×10^{-6})、无明显 Eu 异常(1.07)和 LREE 富集为特征。标准化分配曲线向右倾斜。轻稀土丰度为球粒陨石的 70~116 倍,而重稀土丰度仅为球粒陨石的 9~15 倍,与大洋岛屿碱性玄武岩类似(王仁民等,1987),可能代表洋岛环境。

3. 辉绿岩

1) 岩石化学特征

辉绿岩主要元素特征(表 3-15)表明其以富 Ti 而贫 Si、Mg 为特征。在 $TiO_2-10MnO-10P_2O_5$ 图[图 3-22(b)]中,投点落入大洋岛屿拉斑-碱性玄武岩范围。在 TiO_2-FeO^*/MgO 图[图 3-22(a)]中,投点落入 MORB 范围。由此看来应属洋中脊-洋岛环境。

2) 微量元素特征

微量元素丰度特征表明(表 3-21),早侏罗世辉绿岩富高场强元素 Ti、Zr、Y、P(分别为 6411×10^{-6}、110×10^{-6}、14.07×10^{-6}、788×10^{-6}),较贫难容元素 Cr、Co、Ni(分别为 185×10^{-6}、34.0×10^{-6}、80.2×10^{-6}),而大离子亲石元素 Ba、Sr、Nb 也较高。在 Ti-Cr、Ti-V、Ti/Cr-Ni 三个图中(图 3-25)均落入洋中脊范围,在 Cr-Y 图中(图 3-26)可以看出 Y 丰度高而与特罗多斯相似。

3) 稀土元素特征

从稀土元素丰度特征及参数(表 3-25)和球粒陨石标准化配分型式(图 3-32)中可以看出,其以 $\sum REE$ 高(84.87×10^{-6})、LREE 强烈富集(59.84×10^{-6})、微弱的正 Eu 异常为特征,为"U"型。类似于夏威夷型的拉斑玄武岩(从柏林,1978)。

4. 基性熔岩

1) 岩石化学特征

早侏罗世基性熔岩种类较多,根据岩石化学特征将其分为三种,其中枕状玄武岩、球颗玄武岩、块状隐晶质玄武岩在岩石化学方面存在着明显差异。岩石化学特征表明(表 3-17),明显贫 Si、Al,而富 Ti,多数样品 SiO_2 含量小于 45%,属苦橄玄武岩。枕状玄武岩 TiO_2 含量中—高(1.13%~2.67%)、MgO 含量中等(5.62%~9.26%);枕状球颗玄武岩 TiO_2 含量中等(0.88%~1.16%)、MgO 含量低(3.09%~5.39%);块状隐晶质玄武岩富 Ti、Mg(TiO_2 2.50%~2.80%、MgO 7.82%~10.22%)。在硅-碱图(图 3-23)中,三种玄武岩均投入夏威夷地区碱性玄武岩系列。在 TiO_2-FeO^*/MgO 图[图 3-22(a)]中枕状玄武岩落入洋岛玄武岩和洋中脊范围,枕状球颗玄武岩则落入洋中脊范围,而块状隐晶质玄武岩落入洋岛范围。在 $TiO_2-10MnO-10P_2O_5$ 图中[图 3-22(b)],枕状玄武岩落入洋岛碱性的和岛弧拉斑的玄武岩区,枕状球颗玄武岩则落入洋中脊(和钙碱性)玄武岩区;块状隐晶质玄武岩落入洋岛拉斑玄武岩和岛弧拉斑玄武岩区。综上可知:块状隐晶质玄武岩及部分枕状玄武岩属洋岛碱性玄武岩,枕状球颗玄武岩和部分枕状橄榄玄武岩应属洋中脊环境。由此,早侏罗世玄武岩属洋中脊-洋岛玄武岩。

2) 微量元素特征

微量元素丰度明显富高场强元素 Ti、Zr、Y、P 及大离子亲石元素 Ba、Sr, Ti/Zr、Ti/Sc、Ti/V、Ti/Cr 比值均较高,难容元素 Cr、Co、Ni 也较富集(表 3-21)。在 Ti-Cr、Ti-V 和 Ti/Cr-Ni 图(图 3-25)中,投点落入洋中脊及碱性玄武岩范围,应属洋中脊-洋岛环境。在 Cr-Y 图(图 3-26)中,Y 丰度高,反映部分熔融程度与特罗多斯较相似。

3) 稀土元素特征

据稀土元素丰度特征及参数(表 3-25)和配分型式(图 3-32)可将早侏罗世玄武岩分为两类:一类为 LREE 富集型,另一类为平坦型。前者以气孔状、杏仁状的枕状玄武岩为代表,以 ΣREE 高($88.91\times 10^{-6}\sim 174.05\times 10^{-6}$)、LREE 强烈富集为特征,LREE/HREE$=2.42\sim 3.94$、La/Yb$=10.92\sim 19.73$、Ce/Yb$=21.05\sim 41.65$。与康迪(Condie,1976)综合资料中的夏威夷型碱性玄武岩类似(从柏林,1978)。由大洋盆地火山喷发的岩浆产物是拉斑玄武岩或碱性玄武岩,或者两者都有。夏威夷群岛主要由拉斑玄武岩组成,有少量的碱性玄武岩。另一些火山岛,如圣诞岛,由碱性玄武岩组成。大体上有这样一种趋势:即大岛的主体往往是拉斑玄武岩,而小岛大多由碱性玄武岩组成。早侏罗世宗白混杂岩中玄武岩大多属碱性玄武岩,应属洋内的一个小洋岛环境。

平坦型的玄武岩以球颗玄武岩为代表,以 ΣREE 低($34.7\times 10^{-6}\sim 43.3\times 10^{-6}$),约为球粒陨石的 $5\sim 10$ 倍,无明显的铕异常为特征,气孔杏仁状枕状橄榄玄武岩为 LREE 略富集型,属洋中脊环境的代表。在 TiO_2-FeO^*/MgO 图(图 3-22)及 Ti-V 和 Ti/Cr-Ni 图(图 3-25)中,同属于 MORB 范围,为洋中脊环境。据上综合认为早侏罗世蛇绿混杂岩中存在有不同环境的蛇绿岩残片,且在板块俯冲碰撞过程中经历了构造混杂作用,呈外来岩块形式分布于混杂岩中,同时两者多分布在一起。

五、早侏罗世荣布蛇绿岩块组合带

(一) 地质概况

荣布蛇绿岩块组合带属本次区调新发现,并在八格、巴达、折级拉等地进行了剖面测制和研究。根据其产出状态、分布等特征称之为"荣布蛇绿岩块组合带"。

该组合带西起八格,向东经巴达、谷汉、可得布,东至折级拉。呈近东西向展布,东西断续延伸约 39km。蛇绿岩构造残片共见有 9 个,形态呈透镜状、串珠状,局部地段呈树杈状,面积约 $1.62km^2$。长轴方向与区域构造线方向一致。蛇绿岩组合单元比较单一,大多仅有变质橄榄岩单元。仅在尺犊镇折级拉发现有辉绿岩墙单元出露,可惜无样品,另外在八格村曲几松可牙发现有上覆的紫红色硅质岩(未发现放射虫)。

该蛇绿岩块组合带中蛇绿岩呈构造断块或残片形式侵位于木嘎岗日岩群(JM)中。其上被中侏罗统不整合覆盖(折级拉一带),表明该蛇绿岩带侵位于中侏罗世之前或者该区段特提斯小洋盆闭合于中侏罗世之前。

荣布蛇绿岩带北侧出露的地层体有上三叠统巴贡组(T_3bg)海陆交互相的碎屑岩夹煤层建造,有中侏罗统雁石坪群(JY)上叠盆地沉积的碎屑岩、碳酸盐岩夹有陆缘弧型钙碱性系列火山岩(玄武岩—安山岩—英安岩—流纹岩)。结合带内有木嘎岗日群(JM)的深海复理石建造,有中侏罗统德极国组(J_2d)上叠盆地的砾岩、砂岩海岸沉积,还零星分布有上白垩统紫红色碎屑岩沉积。其南缘出露有希湖组(J_2xh)前陆盆地的陆源复理石建造。

(二) 剖面列述

1. 索县八格村蛇绿岩路线剖面

该剖面(图 3-34、图 3-35)位于索县荣布镇八格村曲几松可牙附近,地理坐标:东经 $94°36'24.2''$,北纬 $31°38'18.7''$,海拔 4070m。

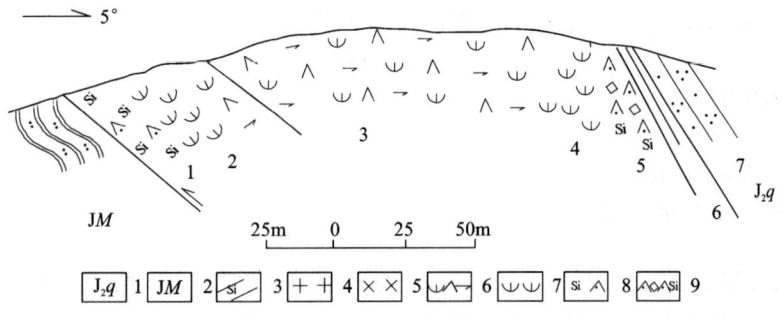

图 3-34 索县荣布镇蛇绿岩路线剖面图

1. 雀莫错组；2. 木嘎岗日群；3. 硅质岩；4. 斜长花岗岩；5. 辉长岩；6. 蛇纹石化斜辉辉橄岩；
7. 蛇纹岩；8. 硅化超基性岩；9. 碳酸盐化、硅化超基性岩

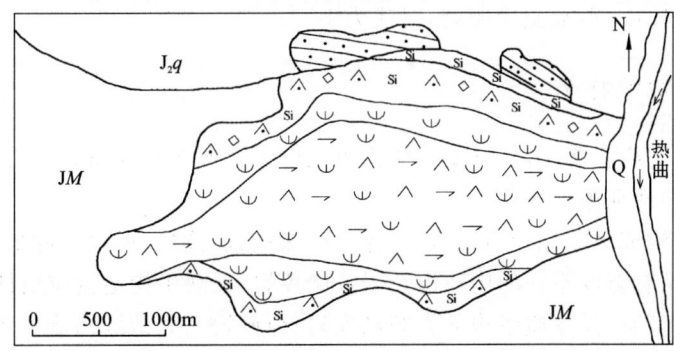

图 3-35 索县荣布镇八格蛇绿岩平面图

(图例同图 3-34)

中侏罗统雀莫错组(J_2q)　灰色中厚层状石英砂岩

═══════════════════ 断层 ═══════════════════

6. 紫红色中薄层硅质岩	3.41m
5. 浅灰绿色碳酸盐化、硅化橄榄岩	9.37m
4. 灰绿色蛇纹岩	13.26m
3. 灰黑色蛇纹石化斜辉橄榄岩	128.27m
2. 浅灰绿色蛇纹岩	16.45m
1. 浅灰绿色硅化纯橄岩	17.32m

═══════════════════ 断层 ═══════════════════

侏罗系木嘎岗日群(JM)

2. 丁青县尺牍镇折级拉山口东蛇绿岩略线剖面

该剖面(图 3-36)位于丁青县尺牍镇折拉级山口东约 1km 处，东经 94°54′40″，北纬 31°39′22″，海拔 4922m。

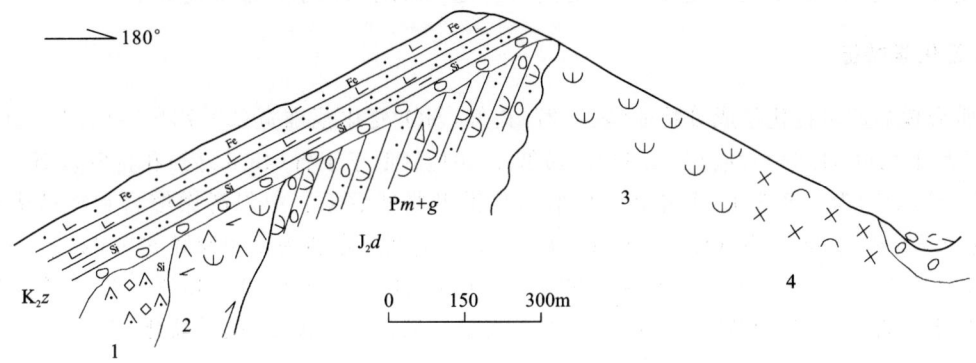

图 3-36 丁青县八达乡折级拉蛇绿岩路线剖面

上覆地层：中侏罗统，灰黑色中层状蛇绿岩质岩屑砂岩，含化石
~~~~~~~~~~~~~~~ 异常不整合 ~~~~~~~~~~~~~~~
4. 浅灰绿色滑石化辉绿岩
3. 灰绿色蛇纹岩
2. 灰黑色蛇纹石化方辉橄榄岩
1. 浅灰绿色碳酸盐化、硅化纯橄岩

剖面中上覆地层灰黑色钙质蛇纹岩质岩屑砂岩中产有双壳类、珊瑚类化石，经中国地质大学（武汉）地球科学学院吴顺宝、李志明、刘金华（2005）鉴定有：*Protocardia* cf. *strickiandi*（Morris et Lycett）斯氏始心蛤，*Protocardia lameilosa* Fan 片饰始心蛤，时代为 J_2；*Protocardia* sp. 始心蛤，时代为 T_3—K；*Aquilerella* cf. *perpumila* Guo 低短盾蛤，J_2；*Trigonia* cf. *longissima* Staesche 长三角蛤，J_2。珊瑚为 *Thecosmilia* cf. *tibetata* Liao 西藏剑鞘珊瑚，时代为 J_3。

（三）岩石学、矿物学特征

该蛇绿岩带岩石单元组合单一，仅有变质橄榄单元以及上覆深水沉积的硅质岩，下面仅对变质橄榄岩单元的岩石学、矿物学特征进行描述。

变质橄榄岩单元是构成该蛇绿岩的主体，整体呈串珠状、透镜状、豆荚状近东西向展布，边界与围岩呈断层接触，局部地段见有宽度不一的构造混杂岩或糜棱岩，反映了构造就位属性。

变质橄榄岩岩石类型有：具变质组构的方辉橄榄岩、纯橄岩。其结构构造主要有：次生纤维状、次生鳞片状、网状、碎斑状及糜棱状结构，块状、片状、叶理构造。次生纤维状、次生鳞片状及网状结构，由纤维状蛇纹石、鳞片状蛇纹石构成，微观表现为具一定的定向性排列分布。在构造作用相对较弱部位，表现为不具定向性的网状分布，往往保留短柱状外形，具辉石式解理的绢石化辉石及其假斑。碎斑结构中的斑晶多为斜方辉石，呈次棱角状或圆状外形，具波状消光，表明岩石经过较强的韧性剪切变形。糜棱结构一般出现在构造边界部位。

岩石蚀变作用强烈，一般见有蛇纹石化、碳酸盐化、硅化、滑石化等。超基性岩蚀变为蛇纹石化蛇纹岩、碳酸盐化交代岩、全硅化碳酸盐化超基性岩。

变质橄榄岩的主要矿物有：橄榄石、斜方辉石和尖晶石。橄榄石一般具有较强的蛇纹石化，根据微观观察有三种类型，第一类是静态重结晶形成，一般为中粒状，粒内变形不发育，消光均匀；第二类为不规则粒状，粒径一般 1~2mm，常成网格状，中心部位有橄榄石残留，粒内变形作用较强，常见波状消光；第三类是细粒不规则粒状的后期重结晶的小晶体，分布在第一代橄榄石颗粒之间或裂隙中。斜方辉石一般呈假斑状或碎斑状，多已绢石化，保留有辉石式解理，晶面有弯曲，波状消光。尖晶石为棕红色，属铬尖晶石，呈单晶零散分布于变质橄榄岩中。

（四）岩石化学及地球化学特征

八格蛇绿岩仅出露有变质橄榄岩单元，对其岩石化学及地球化学特征描述如下。

1. 岩石化学特征

从变质橄榄岩的岩石化学成分特征（表3-27）得知，SiO_2 变化范围宽（20.74%~62.10%），MgO 含量（19个样品平均值 34.84%、最高 42.64%、最低 15.04%）低于丁青（45.75%）和特罗多斯（46.29%）。$Mg/(MgO+FeO^*)$ 为 0.852（19个样品平均值），与世界典型蛇绿岩中斜辉橄榄岩和纯橄榄岩非常接近（分别为 0.85 和 0.86）。K_2O、Na_2O、Al_2O_3、TiO_2 含量低（分别为 0.002%~0.024%、0.001%~0.136%、0.095%~0.699%、0.006%~0.024%）。CaO 含量变化大（0.038%~4.38%），其平均值（0.87%）高于丁青（0.43%）和特罗多斯（0.61%），可能与后期岩石蚀变（碳酸盐化）有关。

表 3-27　荣布蛇绿岩的化学成分表 (wt%)

产地	样号	岩石名称	SiO_2	TiO_2	Al_2O_3	Fe_2O_3	FeO	MnO	MgO	CaO	Na_2O	K_2O	P_2O_5	灼失	H_2O^+	H_2O^-	SO_3	总和	FeO^*	Na_2O+K_2O	$MgO/(MgO+FeO^*)$
	2511-3	斜辉橄榄岩	38.82	0.016	0.596	3.82	2.3	0.115	40.25	0.038	0.01	0.003	0.008	14.66	12.92	1.75	0.021	115.33	5.738	0.013	0.875 228
	1340-1	碳酸盐化、硅酸化橄榄岩	40.04	0.013	0.442	0.31	5.71	0.054	26.79	1.05	0.013	0.015	0.008	24.84	1.08	0.37	0.084	100.82	5.989	0.028	0.817 292
	1340-5	全蚀变纯橄岩	29.98	0.02	0.604	0.488	6.27	0.153	26.72	3.13	0.026	0.016	0.007	31	0.4	0.26	0.102	99.176	6.7092	0.042	0.799 301
	1340-6	片理化全蚀变纯橄岩	28.96	0.009	0.151	0.464	4.78	0.069	29.56	0.628	0.026	0.009	0.008	34.52	0.06	0.2	0.012	99.456	5.1976	0.035	0.850 461
	1340-7	蛇纹岩	35.66	0.014	0.394	4.36	1.57	0.112	39.48	0.37	0.023	0.006	0.027	17.36	9.78	1.11	0.012	110.28	5.494	0.029	0.877 841
	1340-8	全蚀变纯橄岩	33.21	0.007	0.16	4.12	1.87	0.085	39.68	0.193	0.004	0.003	0.005	20.53	10.26	0.69	0.012	110.83	5.578	0.007	0.876 751
	1340-9	蛇纹岩	39.5	0.01	0.473	5.19	1.4	0.054	39.28	0.113	0.136	0.018	0.006	14.4	11.36	1.29	0.042	113.27	6.071	0.154	0.866 133
八格	1340-10	全碳酸盐化纯橄岩	20.74	0.008	0.342	0.226	5.48	0.085	32.66	0.387	0.096	0.024	0.071	38.64	0.08	0.16	0.006	99.005	5.6834	0.12	0.851 776
	1340-11	全滑石化超基性岩	34.76	0.011	0.172	1.43	3.87	0.072	33.51	1.18	0.064	0.008	0.02	24.28	0.82	0.41	0.003	100.61	5.157	0.072	0.866 63
	1341-1	蛇纹岩	36.81	0.02	0.699	4.62	4.61	0.216	33.78	2.54	0.001	0.004	0.006	13.55	12	1.06	0.528	110.44	8.768	0.005	0.793 927
	1341-3	蛇纹岩	40.74	0.006	0.139	5.3	1.85	0.049	38.56	0.118	0.036	0.007	0.005	13.6	13.38	1.59	0.012	115.39	6.62	0.043	0.853 475
	1341-4	全硅化、碳酸盐化纯橄岩	27.42	0.008	0.138	0.804	4.42	0.056	27.06	4.38	0.001	0.005	0.016	34.86	0.16	0.08	0.45	99.858	5.1436	0.006	0.840 279
	1341-5	蛇纹岩	37.8	0.006	0.334	3.89	2.82	0.091	39.98	0.226	0.036	0.007	0.005	15.06	14.62	1.13	0.048	116.05	6.321	0.043	0.863 48
	1473-1	蛇纹岩	62.1	0.016	0.119	1.05	3.67	0.06	15.04	0.408	0.059	0.008	0.178	16.99	0.74	0.36	0.67	101.47	4.615	0.067	0.7652
	1473-2	蛇纹岩	36.42	0.024	0.196	4.08	2.09	0.07	38.24	0.672	0.041	0.003	0.028	17.81	12.98	2.64	0.006	115.3	5.762	0.044	0.869 051
	1473-3	蛇纹岩	33.62	0.02	0.095	3.48	2.84	0.083	42.64	0.231	0.086	0.006	0.022	16.89	16.34	1.95	0.012	118.32	5.972	0.092	0.877 15
八达	1473-4	蛇纹岩	36.86	0.023	0.18	4.97	2.48	0.101	39.7	0.247	0.071	0.006	0.02	15.17	14.74	2.01	0.018	116.6	6.953	0.077	0.850 963
	1473-8	蛇纹岩	36.58	0.019	0.15	6.37	1.1	0.1	39.14	0.4	0.108	0.004	0.024	15.78	14.84	1.64	0.006	116.26	6.833	0.112	0.851 369
	1473-9	蛇纹岩	35.16	0.022	0.132	6.32	0.847	0.059	39.91	0.236	0.107	0.002	0.02	16.82	15.56	1.42	0.024	116.64	6.535	0.109	0.859 296

2. 地球化学特征

1) 微量元素

变质橄榄岩微量元素丰度特征(表 3-28)显示,其富相容元素 Cr、Co、Ni(平均值分别为 2759×10^{-6}、79×10^{-6}、2022×10^{-6}),不相容元素中 Zr、Th 高(分别为 $19.0\times10^{-6}\sim127\times10^{-6}$,平均值约 53×10^{-6},$5.03\times10^{-6}\sim13.6\times10^{-6}$,平均值 7.5×10^{-6}),Nb、Ta 与丁青及特罗多斯相似,而 Y 又偏低。

表 3-28 荣布蛇绿岩微量元素丰度表($\times10^{-6}$)

产地	样号	岩石名称	Se	Nb	Ta	Zr	Hf	Th	Ti	Y	Zn	Cr	Ni	Co	Rb	Cs	Sr	Ba	V	Sc
八格	2511-3	斜辉橄榄岩	0.024	1	0.5	19	0.95	13.6	177	0.18	42.4	1990	2140	84	0.2	0.5	0.1	5	13.8	5.13
	1340-1	碳酸盐化、硅化橄榄岩	0.11	1.49	0.5	71.4	2.17	5.03	176	0.56	49.1	1310	2570	124	4	9.6	18.7	61.1	12.6	6.49
	1340-5	全蚀变纯橄岩	0.069	1.07	0.5	44.5	1.75	9.1	120	0.01	30	3140	1830	79.6	2.6	2.5	94.4	27.3	8.46	3.44
	1340-6	片理化全蚀变纯橄岩	0.039	1.31	0.5	72	2.63	5.76	66.8	0.01	38.2	1500	1440	60.8	0.6	0.9	6.63	30.1	3.69	2.46
	1340-7	蛇纹岩	0.033	1	0.5	59.5	2.44	6.26	48.9	0.01	69.1	2160	2060	81.7	0.3	0.6	0.1	19.1	9.39	4.41
	1340-8	全蚀变纯橄岩	0.071	1	0.5	65.6	2.43	7	122	0.01	69	2170	2090	83.8	0.25	0.75	0.1	9.86	9.24	4.33
	1340-10	全碳酸盐化纯橄岩	0.038	1.04	0.5	127	3.27	5.43	75.7	0.11	54.9	1340	1820	73.9	5.4	2.7	2.62	17.4	5.86	3.09
	1340-11	全滑石化超基性岩	0.022	1.13	0.5	61	2.3	5.33	84.6	0.01	37.6	2380	2000	78.8	1	2	8.95	15.2	6.36	4.11
	1341-1	蛇纹岩	0.053	1.24	0.5	60.6	2.49	9.76	132	0.14	58.5	13 200	3500	121	1.1	1.6	39.7	22.9	9.56	4.49
	1341-3	蛇纹岩	0.017	1	0.5	45.3	1.83	6.08	74.6	0.01	170	2610	2380	82.8	0.2	0.55	0.1	9.69	7.68	5.39
	1341-4	全硅化、碳酸盐化纯橄岩	0.028	1	0.5	38.5	1.64	7.46	152	0.01	22.8	2010	1630	61.8	0.2	0.8	0.1	13.1	1	2.16
	1341-5	蛇纹岩	0.017	1.1	0.5	60.3	2.25	4.99	77.9	0.01	30.2	2110	980	45.1	0.1	0.6	0.1	11.5	9.37	5.26
八达	1473-1	蛇纹岩	0.03	1.07	0.5	64	1.71	9.18	1040	0.28	39.6	3240	2280	87.1	0.7	1.1	0.1	7.37	1.83	1.99
	1473-2	蛇纹岩	0.01	1.34	0.5	60.6	1.86	9.07	115	0.067	42.2	2340	2160	76.1	0	1.1	12.4	8.53	6.2	4.39
	1473-3	蛇纹岩	0.013	1	0.5	38.8	1.46	9.68	109	0.082	33.4	2780	2370	88.4	0.2	0.8	0.1	5.91	1.22	2.41
	1473-4	蛇纹岩	0.011	1	0.5	34.8	1.14	10.1	160	0.12	48	2790	2180	88	0.1	0.4	0.1	6.4	10.3	6.54
	1473-8	蛇纹岩	0.04	1.02	0.5	36.4	1.08	9.38	142	0.16	48	2980	2510	96.6	0	1	0.1	5.5	5.82	4.66
	1473-9	蛇纹岩	0.014	1.07	0.5	39.2	1	10.2	128	0.22	42.2	2370	2470	92.4	0	0.7	0.1	6.98	3.73	3.27

2) 稀土元素

从稀土元素及其特征参数(表 3-29)和配分型式(图 3-37)可以看出:ΣREE 为 $1.77\times10^{-6}\sim56.69\times10^{-6}$,平均值为 17.70×10^{-6},LREE $1.45\times10^{-6}\sim49.80\times10^{-6}$,平均 14.92×10^{-6},HREE $0\sim6.25\times10^{-6}$,平均 2.52×10^{-6}。可见,稀土总量平均值高于丁青蛇绿岩中变质橄榄岩 $11\sim12$ 倍。其标准化分布曲线趋于平坦。δCe 值 $0.10\times10^{-6}\sim0.97\times10^{-6}$,平均 0.40×10^{-6},多数集中于 $0.21\times10^{-6}\sim0.64\times10^{-6}$ 之间,属铈略亏损型;δEu 值 $0\sim4.16\times10^{-6}$,平均 2.52×10^{-6},无异常或略显负异常。Sm/Yb=$0.91\sim9.12$,平均 3.33,La/Yb=$4.92\sim100.8$,平均 37.47,La/Sm=$2.22\sim55.37$,平均 12.90,Ce/Yb=$1.67\sim103.9$,平均 31.27,上述比值高说明轻稀土富集。

表 3-29 荣布蛇绿岩稀土元素丰度及特征参数表（$\times 10^{-6}$）

产地	样号	岩石名称	La	Ce	Pr	Nd	Sm	Eu	Gd	Tb	Dy	Ho	Er	Tm	Yb	Lu	Y	ΣREE	LREE	HREE	δEu	δCe	Sm/Yb	La/Yb	La/Sm	Ce/Yb
八格	2511-3	斜辉橄榄岩	3.28	3.95	0.12	0.61	0.13	0.02	0.19	0.03	0.15	0.03	0.08	0.01	0.05	0.01	0.33	8.65	8.11	0.54	0.31	0.84	2.6	65.6	25.2	79
	1340-1	碳酸盐化、硅化橄榄岩	1.48	0.5	0.43	0.41	0.4	0.34	0.42	0.41	0.41	0.47	0.38	0.3	0.3	0.28	0.56	6.52	3.55	2.97	2.49	0.15	1.33	4.92	3.7	1.67
	1340-5	全蚀变纯橄岩	17.4	7.44	3.33	3.56	2.35	1.39	0.97	0.83	0.44	0.44	0.39	0.4	0.4	0.47	0.73	39.80	35.47	4.33	2.40	0.22	5.85	43.3	7.4	18.5
	1340-6	片理化全蚀变纯橄岩	16	7.75	6.3	2.85	2	0.49	1.06	0.81	0.64	0.6	0.51	0.5	0.48	0.67	1.64	40.66	35.39	5.28	0.92	0.18	4.15	33.2	8	16.1
	1340-7	蛇纹岩	8.84	1.67	1.52	1.44	1	0.53	0.97	0.81	0.82	0.83	0.51	0.38	0.4	0.57	0.85	20.28	15.00	5.28	1.63	0.10	2.49	22	8.84	4.15
	1340-8	全蚀变纯橄岩	13.4	5.97	3.99	2.57	2	1.15	1.83	1	0.54	0.5	0.51	0.5	0.48	0.88	0.78	35.32	29.08	6.24	1.81	0.19	4.15	27.8	6.7	12.4
	1340-9	蛇纹岩	22.9	10.9	8.7	4.78	2.52	1.27	1.38	1	0.49	0.5	0.63	0.5	0.48	0.65	1.23	56.69	51.07	5.62	1.89	0.18	5.23	47.5	9.09	22.6
	1340-10	全碳酸盐化纯橄岩	15.2	4.15	5.36	2.71	2.48	0.5	1.77	0.7	0.67	0.7	0.71	0.6	0.6	0.9	1.44	37.06	30.40	6.66	0.69	0.11	4.12	25.2	6.13	6.89
	1340-11	全滑石化超基性岩	1.06	0.56	0.4	0.27	0.19	0.32	0.3	0.19	0.2	0.2	0.2		0.21		0.24	4.09	2.80	1.29	4.16	0.20	0.91	5.17	5.67	2.75
	1341-1	蛇纹岩	6.43	2.49	1.45	0.67	0.7	0.43	0.61	0.48	0.17	0.28	0.15		0.08		0.41	13.93	12.16	1.77	1.96	0.19	9.12	84.3	9.24	32.6
	1341-3	蛇纹岩	0.85	0.56	0.46	0.12	0.13										0.49	2.12	2.12	0.00	0.00	0.21			6.52	
	1341-4	全硅化、碳酸盐化纯橄岩	0.58	0.54	0.46	0.24	0.18										0.22	2.00	2.00	0.00	0.00	0.23			3.18	
八达	1341-5	蛇纹岩	1.06	0.89	0.7	0.49	0.48	0.27	0.51	0.49	0.31	0.3	0.22	0.3	0.23	0.26	0.2	6.51	3.89	2.63	1.63	0.23	2.05	4.55	2.22	3.82
	1473-1	蛇纹岩	0.84	1.26	0.06	0.37	0.12	0.03	0.19	0.03	0.16	0.03	0.08	0.01	0.08	0.01	0.5	3.25	2.68	0.58	0.50	0.97	1.6	11.2	7	16.8
	1473-2	蛇纹岩	5.26	4.98	0.12	0.5	0.1	0.08	0.23	0.03	0.11	0.03	0.08	0.01	0.08	0.01	0.45	11.61	11.04	0.57	1.62	0.68	1.27	70.1	55.4	66.4
	1473-3	蛇纹岩	9.09	11.4	0.47	2.7	0.63	0.04	0.48	0.08	0.23	0.06	0.22	0.02	0.1	0.02	0.59	25.53	24.33	1.20	0.20	0.84	6.3	90.9	14.4	114
	1473-4	蛇纹岩	0.78	0.94	0.11	0.28	0.09	0.02	0.08	0.02	0.08	0.02	0.05	0.01	0.05	0.01	0.85	2.53	2.22	0.31	0.67	0.67	1.84	15.6	8.48	18.8
	1473-8	蛇纹岩	0.36	0.6	0.08	0.32	0.09	0.02	0.08	0.01	0.07	0.02	0.05	0.01	0.05	0.01	0.29	1.77	1.47	0.30	0.56	0.81	1.74	6.67	3.83	11.1
	1473-9	蛇纹岩	7.56	7.79	0.69	1.49	0.14	0.05	0.16	0.02	0.16	0.05	0.1	0.02	0.08	0.02	0.88	18.31	17.72	0.59	0.92	0.64	1.87	101	54	104

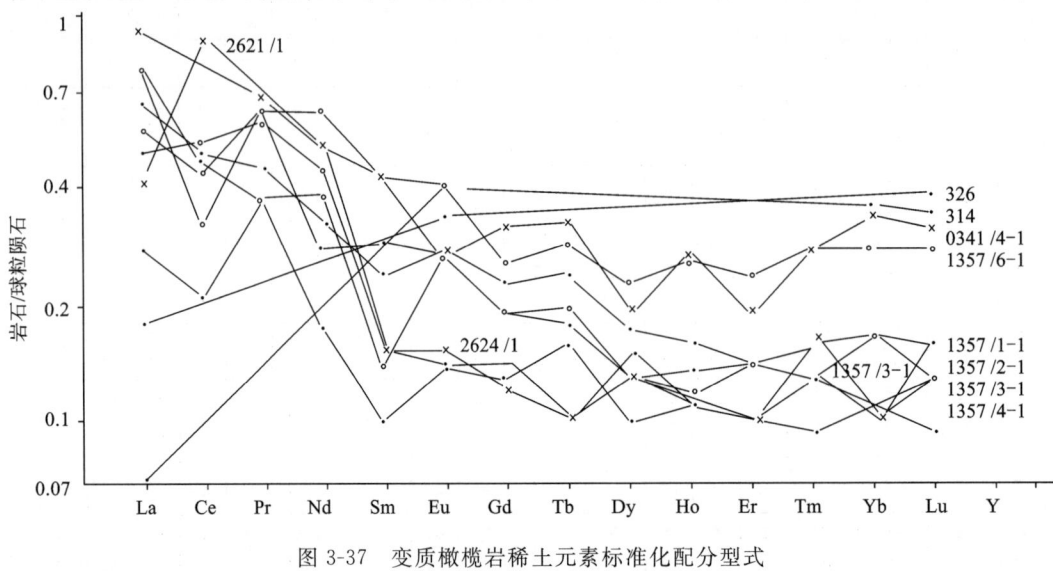

图 3-37 变质橄榄岩稀土元素标准化配分型式

ΣREE 高说明该区变质橄榄岩为亏损程度低的地幔残余。而 LREE 略显富集,可能与后期蛇纹石化、碳酸盐化、硅化蚀变作用有关。

六、蛇绿岩的综合对比

(一) 层序对比

根据蛇绿岩单元层序恢复和岩石组合特点,区内石炭纪—二叠纪多伦蛇绿岩、晚三叠世丁青蛇绿岩、早侏罗世宗白蛇绿混杂岩均可与塞浦路斯的特罗多斯、阿曼塞麦尔和日喀则的白岗典型蛇绿岩剖面进行对比(图 3-38)。

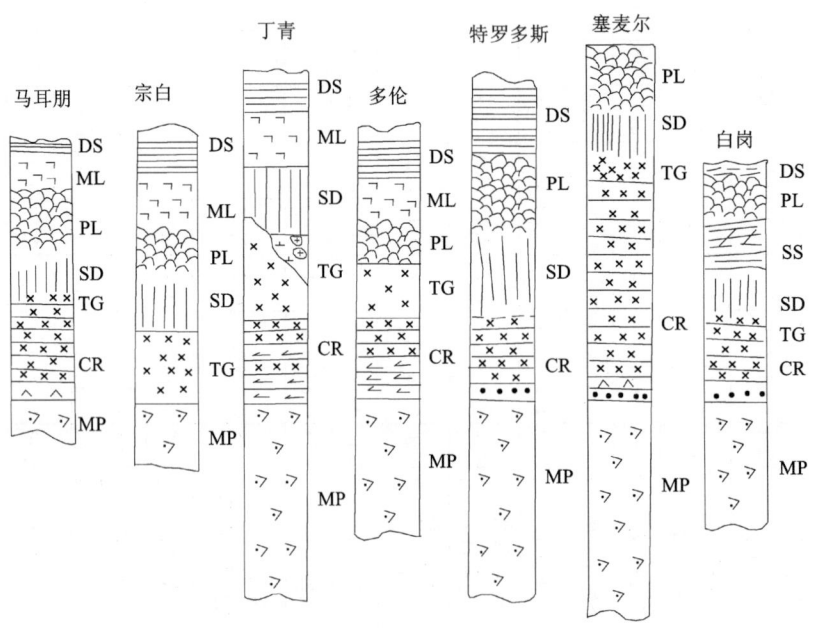

图 3-38 蛇绿岩柱状对比图

DS:深海沉积岩;ML:块状熔岩;PL:枕状熔岩;SD:席状岩墙;SS:席状岩床;
TG:块状辉长岩;CR:堆晶岩;MP:地幔橄榄岩

测区石炭纪—二叠纪多伦蛇绿岩组合层序自上而下是块状玄武岩、枕状玄武岩→辉长岩→堆晶的单斜辉长岩、堆晶的方辉辉石岩→地幔橄榄岩，缺失席状岩墙群；晚三叠世丁青蛇绿岩组合层序自上而下是块状玄武岩→席状辉绿岩墙→斜长花岗岩、辉长岩→堆晶辉长岩、堆晶二辉辉石岩、堆晶斜方辉石岩→地幔橄榄岩，其层序齐全，不过顶部不发育枕状玄武岩；早侏罗世宗白蛇绿岩的层序自上而下是块状玄武岩、枕状玄武岩→席状辉绿岩墙→辉长岩→地幔橄榄岩，层序较齐全，但缺失堆晶杂岩。

根据上述对比和各蛇绿岩综合特征的描述，测区蛇绿岩具有如下特点。

（1）除荣布蛇绿岩外，蛇绿岩剖面和世界典型蛇绿岩剖面一样存在一个多层结构和相应的层序排列。剖面之上被沉积岩系深海沉积物所覆。不过其中每个单元的发育特点和地质特征存在差别。

（2）堆晶杂岩仅局部出露，规模小，厚度薄，反映孤立的小岩浆房特性，而不同于特罗多斯和塞麦尔的巨厚岩浆房（堆晶杂岩厚度2～4km）。

（二）堆晶杂岩对比

王希斌等（1987）把堆晶杂岩分成两种类型，一种为A型：Ol（+Sp）-Cpx-Pl；另一种为B型：Ol（+Sp）-Pl-Cpx。A型组成的岩石类型及其层序是：底部临界带主要为不含长石的超镁铁质堆晶岩，其中主要包括纯橄岩、异剥橄榄岩和橄榄异剥岩；向上过渡为不含橄榄石的层状和均质辉长岩。该类型主要标志是橄榄石几乎不进入层状层序中，以及在临界带中缺失斜长石的晶出。而B型组成的岩石类型及其层序是：底部临界带主要由含长石的超镁铁质堆晶岩组成。其中包括含长纯橄岩、橄长岩、含长异剥橄榄岩等，向上过渡到层状杂岩。其主要标志是自始至终都有斜长石晶出，且层状辉长岩中含橄榄石。据王希斌等（1987）对蛇绿岩的研究（主要对雅鲁藏布蛇绿岩），A型堆晶岩具有岛弧背景，B型堆晶岩具有洋中脊背景。

如前所述，区内发育堆晶岩的有多伦蛇绿岩、丁青蛇绿岩，虽然都属B型类堆晶杂岩，但环境背景存在差异。丁青蛇绿岩中堆晶杂岩类似于玻安岩系列岩石，为玻安岩质岩浆结晶分离的产物，其上的基性熔岩为岛弧拉斑玄武岩，因此其形成于弧前背景。多伦蛇绿岩中堆晶岩具有洋中脊特征，属洋脊背景。

（三）岩石地球化学特征对比

综合区内各蛇绿岩块体中不同单元岩石的岩石化学、微量元素、稀土元素特征，对比研究如下所示。

（1）变质橄榄岩单元中MgO含量最高的属早侏罗世宗白蛇绿混杂岩，其值为38.24%～41.74%，平均为40.17%；其次为晚三叠世丁青蛇绿岩MgO含量37.41%～40.67%，平均为39.19%；石炭纪—二叠纪多伦蛇绿岩MgO 36.99%～39.85%，平均为38.04%；荣布蛇绿岩MgO含量偏低，其值为15.04%～40.25%，平均为34.84%；上述蛇绿岩中地幔橄榄岩MgO值均低于特罗多斯（46.29%）。

（2）变质橄榄岩中MgO/MgO+FeO*比值存在差异：多伦0.87，丁青0.86，荣布0.85，索县0.79。由此可见索县地区蛇绿岩中地幔岩不同于其他三地。后者与世界其他地区蛇绿岩或地幔岩比值接近（0.86～0.87），前者偏低（0.79）可能与后期的碳酸盐化、硅化强烈蚀变作用有关，也可能预示着特殊的构造背景。

（3）变质橄榄岩中SiO_2含量变化范围不一，其中丁青、宗白两地变化范围窄（SiO_2分别为37.10%～40.68%、35.66%～37.98%），荣布变化范围宽（SiO_2为20.74%～62.10%，索县变化范围最大（SiO_2为7.94%～56.64%）。TiO_2含量在各构造块体中普遍偏低，Al_2O_3除索县（3.91%）外，其余均偏低（荣布0.28%，宗白0.35%，丁青Al_2O_3 0.45%，多伦Al_2O_3 0.86%）。

（4）变质橄榄岩稀土元素特征：多伦ΣREE平均5.96×10^{-6}，LREE/HREE=3.05～21.33，丁青ΣREE平均1.53×10^{-6}，LREE/HREE=1.90～7.53，荣布ΣREE平均17.70×10^{-6}，LREE/REE=1.07～28.50，索县ΣREE平均12.80×10^{-6}，LREE/HREE=5.28～24.49。由此可见荣布ΣREE最高，索县次之，其他均较低，LREE均较富集，稀土元素标准化配分型式均趋于平坦型。

（5）堆晶杂岩的稀土元素标准化分配曲线显示了岩浆分异演化特征。

（6）丁青蛇绿岩、索县蛇绿岩存在有特征的玻安岩（具有高硅、高镁、低钛特征）。

（7）基性熔岩的地化特征显示：早侏罗世宗白蛇绿混杂岩存在有洋中脊玄武岩和岛弧拉斑玄武岩，

晚三叠世丁青蛇绿岩中玄武岩具 IAT 特征,石炭纪—二叠纪多伦蛇绿岩中玄武岩具 MORB 特征,索县蛇绿岩中玄武岩具有玻安岩特征,显示弧前背景。

七、形成时代与侵位时代

蛇绿岩的时代包括蛇绿岩的形式时代和侵位时代。蛇绿岩的时代研究,直接反映了洋盆或弧前、弧后盆地的形成、发展和消亡过程,因此具有重要意义。

(一) 形成时代

1. 多伦蛇绿岩

多伦蛇绿岩呈规模不等的构造岩块侵位于苏如卡岩组中,且均又被希湖组不整合覆盖,在苏如卡岩组(深水沉积岩)中采获孢子化石,经中国地质科学院高联达鉴定有:*Punctatisporites* sp., *Leevigatosprites minutus*(W. et C.)S. W. et B., *Leiotriletes* sp., *Florinites* sp., *Granlatisporites* sp.,属二叠纪(偏向早二叠世)。因此其形成时代上限为二叠纪,下限为石炭纪。

2. 丁青蛇绿岩

丁青蛇绿岩在勒寿弄和德极国等地均相伴生有放射虫硅质岩出露。直接覆盖在蛇绿岩之上或呈断块夹于蛇绿岩中。其放射虫和牙形石属种特征详见前述,时代属晚三叠世卡尼—诺利期。因此该蛇绿岩形成时代为 T_3。

3. 宗白蛇绿混杂岩

宗白蛇绿岩上覆浅红色薄层硅质岩,内含丰富放射虫。其主要属种在前述剖面中有详述。主要分子包括 *Praeconocaryomma media*, *P.* aff. *magnimamma*, *Canutus izeensis*, *Bagotum modestum*, *Canuptum rugosum* 等,均是早侏罗世的主要分子,属早侏罗世普林斯巴赫期。因此该蛇绿岩形成时代为 J_1。

4. 荣布蛇绿岩

荣布蛇绿岩于折级拉一带超基性岩之上覆蛇纹岩质岩屑砂岩中含有丰富的中侏罗世双壳类、珊瑚类化石,综合区域并对比推断该蛇绿岩形成时代为 J_1。

(二) 侵位时代

据上所述,多伦蛇绿岩侵位时代最晚应在早侏罗世之前。

晚三叠世至早侏罗世蛇绿岩之上均发育含丰富腕足类、双壳类、珊瑚类化石的中侏罗统顶盖沉积。在拉根拉处沉积顶盖不整合于放射虫硅质岩之上(丁青蛇绿岩),德极国处角砾质岩屑砂岩直接不整合于变橄榄岩之上(宗白蛇绿岩),折级拉蛇绿岩质岩屑砂岩直接覆盖于变橄榄岩之上(荣布蛇绿岩)。因此该蛇绿岩带的构造侵位时代应在中侏罗世之前。

八、蛇绿岩成因与形成环境

(一) 蛇绿岩成因

如前所述,蛇绿岩是复成因的,而蛇绿岩组合中首要的成因差别是洋壳和地幔。洋壳是由玄武质岩浆结晶分异作用形成,而地幔是部分熔融残留。

1. 地幔成因

1)多伦蛇绿岩

石炭纪—二叠纪多伦蛇绿岩中地幔岩为方辉橄榄岩型,CIPW 标准矿物透辉石含量低(Di 为 0～0.65%),橄榄石和紫苏辉石含量高,m/f 值高(10.24～13.97),属强亏损型地幔岩,代表了较强亏损的残留地幔,微量元素特征也表明属亏损的方辉橄榄岩型。

2)丁青蛇绿岩

晚三叠世丁青蛇绿岩中地幔岩主要为方辉橄榄岩,且有相当数量的纯橄岩及少量的二辉橄榄岩、豆荚状铬铁矿和尖晶石。以富 Mg(Mg′值高),贫 Al、Ca、V、Sc、Ti 和 ΣREE 为特征。指示残留的橄榄岩属方辉橄榄岩亚类,代表中等较强亏损的残留地幔。

宗白蛇绿岩、荣布蛇绿岩中的地幔岩类同于晚三叠世丁青蛇绿岩,在此不赘述。

如前所述,地幔岩具有如下特征:①地幔橄榄岩岩石类型及其矿物组合和成分在相当大的范围内有着广泛的均一性,甚至是全球性的。其岩石类型单调,一般由方辉橄榄岩、二辉橄榄岩和少量纯橄岩组成。其中缺乏低压矿物斜长石。②地幔橄榄岩都具有固相线下的变形组构,如叶理、斑状变晶和粒状镶嵌结构、橄榄石和辉石的扭折带构造。③任何一个剖面中地幔岩都没有岩浆结晶作用所具备的分异演化特点。

2. 洋壳成因

石炭纪—二叠纪多伦蛇绿岩代表洋壳的岩石组合:堆晶岩、基性熔岩以及上覆的硅质岩,缺失辉绿岩墙群。堆晶岩由堆晶的单斜辉长岩和堆晶的方辉辉石岩组成,矿物结晶顺序是:Ol→Opx→Cpx→Pl,地球化学特征显示 MORB 属性。

晚三叠世蛇绿岩洋壳组合:堆晶岩(堆晶辉石岩、堆晶辉长岩),镁铁杂岩(玻安岩—石英苏长岩,石英闪长岩,M 型斜长花岗岩),辉绿岩墙、基性熔岩及上覆的放射虫硅质岩。岩石组合齐全,层序完整。堆晶岩矿物结晶顺序:尖晶石→古铜辉石→单斜辉石→斜长石→石英,岩石组合为超基性岩→基性岩→酸性岩的垂直分异系列,岩石的地球化学特征显示为玻安岩系列岩石,具玻安质岩浆分异演化特征。

早侏罗世宗白蛇绿岩中洋壳岩石组合为辉长岩、辉绿岩墙、基性熔岩及放射虫硅质岩。地球化学特征显示与丁青晚三叠世蛇绿岩差异很大,遵循拉斑玄武岩演化趋势,具洋中脊-洋岛背景。

综上所述,代表洋壳的不同时代或同一时代的蛇绿岩是多成因的,而地幔岩基本类同。

(二)形成环境

蛇绿岩的形成环境实指蛇绿岩形成的原始构造环境。综合前述,石炭纪—二叠纪多伦蛇绿岩多种图解均落入 MORB 范围,说明其形成于洋中脊环境。

晚三叠世丁青蛇绿岩中地幔岩是已经亏损的地幔岩经过再次熔融后留下来的难熔残留物,亏损程度较强,代表洋内岛弧的基底残片,其以富 MgO,贫 Al_2O_3、Ol 的 Fo 和 Opx 的 En 及 Chl 的 Cr′值高为特征。堆晶岩、辉长岩以富 Si、Mg,贫 Ti 为特征,类似于玻安岩,属弧前环境。玄武岩全岩化学成分及地球化学特征均相当于岛弧拉斑玄武岩,因此晚三叠世丁青蛇绿岩形成于洋内岛弧的弧前环境。

前已述及,早侏罗世宗白蛇绿混杂岩中的地幔岩特征类似于晚三叠世丁青蛇绿岩的地幔岩,是已经亏损的地幔经过再次熔融后留下来的难熔残留物。其辉长岩以富 Ti、Zr、Y,贫 Mg、Si 及 REE 分布呈富集型等为特征,表明产于洋岛环境。而辉绿岩的 Ti 含量中等、Ti/V 值为 35.62(在 20～50 之间),说明形成于洋中脊环境。玄武岩如前所述可分两类:一类为高 Ti 型($TiO_2>2\%$),Ti/V 值也高(52.49～65.17),REE 分布呈强烈富集型,为洋岛环境的代表;另一类为中 Ti 型($2\%>TiO_2>0.88\%$),Ti/V 值在 20～50 之间,REE 分布为平坦型—弱亏损型,为洋中脊环境的代表。因此早侏罗世宗白蛇绿混杂岩应为洋中脊(洋内弧后盆地扩张中心)和洋岛叠加的环境。

九、蛇绿岩的形成与演化

如前所述,区内存在有石炭纪—二叠纪多伦蛇绿岩块组合带、晚三叠世丁青蛇绿岩片组合带、早侏罗世宗白蛇绿混杂岩、荣布蛇绿岩块组合带。因此,根据前述各带特征并结合区域地质构造背景,现概述区内蛇绿岩的形成与演化过程(图3-39)。

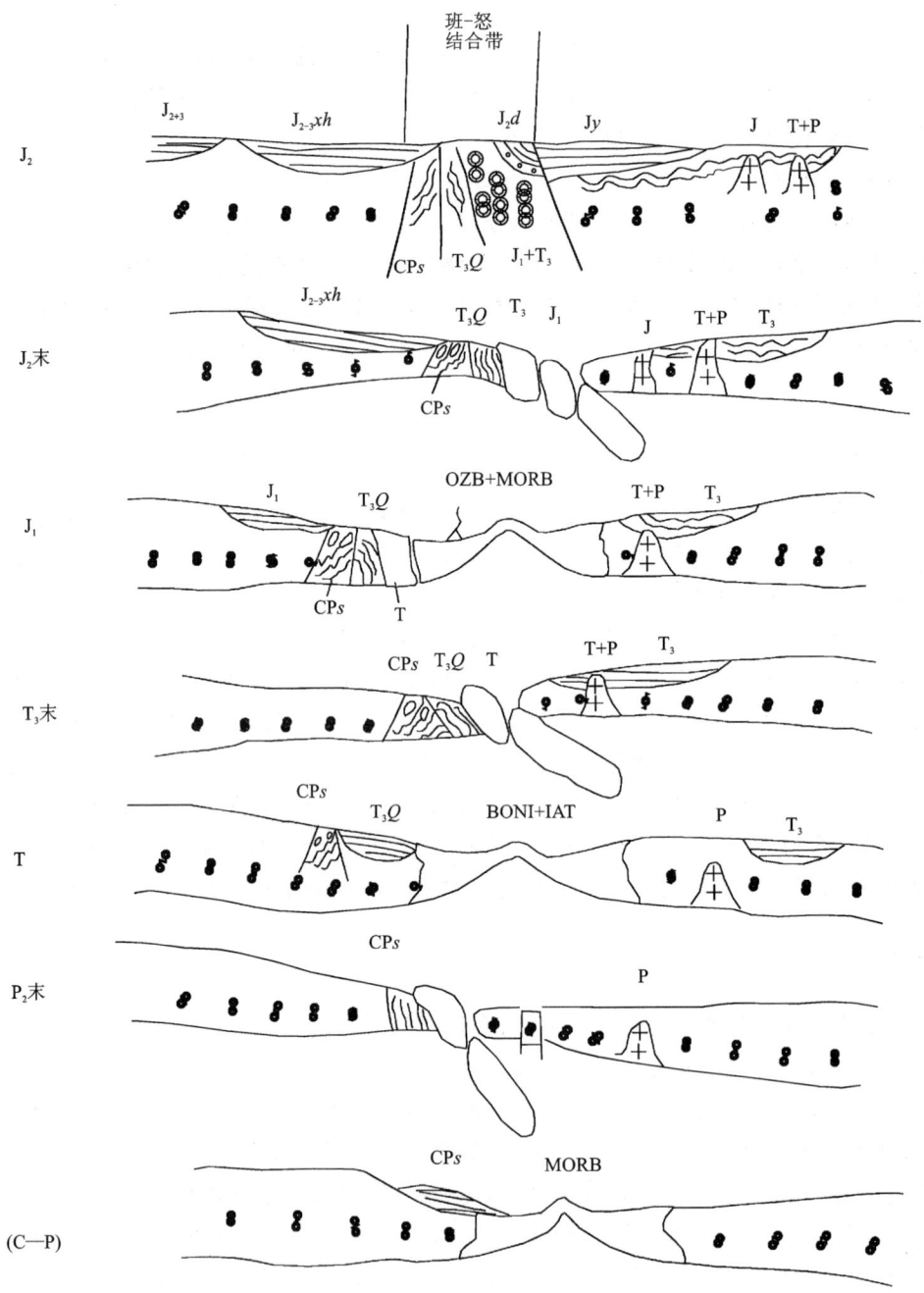

图3-39 测区蛇绿岩形成及演化示意图

(1) 区内在多伦一带发育有石炭纪—二叠纪蛇绿岩和以苏如卡岩组为代表的深海复理石沉积。因此,推测班公错-怒江结合带(区内)早在石炭纪—二叠纪时期就已形成了古特提斯陆间小洋盆,与北侧澜沧江带一起形成古特提斯多陆块多洋格局。

(2) 区内发育有华力西晚期的糜棱断裂,其产状240°∠45°,东侧为苏如卡岩组,西侧为嘉玉桥岩群

一、二岩组,向东逆冲。据此推断在二叠纪末洋盆开始由西往东消减、俯冲至关闭。蛇绿岩侵位于苏如卡岩组中形成蛇绿构造混杂带,呈北西-南东向展布。

(3)三叠纪,拉萨地块与南羌塘地块发生了裂离,新特提斯洋开始打开、扩张、发展。据肖序常、李延栋(2000)论述,班公错-怒江结合带东段推算洋盆扩张速率为1.68cm/a,时限为250~205Ma,可估算出三叠纪洋盆最大宽度为756km,形成具有一定规模的新特提斯洋盆。区内出露有晚三叠世丁青蛇绿岩片组合带,发育有完整的蛇绿岩组合,玄武岩中既有洋中脊玄武岩,也有洋内岛弧型玄武岩。在其南侧出露有被动大陆边缘靠近大陆斜坡的晚三叠世确哈拉群深海复理石沉积,并夹有具平坦型稀土配分型式的大洋拉斑玄武岩。由此可以推断新特提斯洋是由南往北扩张。

(4)三叠纪末发生洋内俯冲,形成岛弧型拉斑玄武岩,随着俯冲、消减作用的进行,把三叠纪的蛇绿岩推挤到俯冲带的前缘拿大卡—布托断裂一线,构成了三叠纪的蛇绿混杂岩,并形成了区域低温高压变质相系(区外)。

(5)早侏罗世,洋盆又继续扩张,形成了早侏罗世蛇绿岩。丁青县城西宗白一带的洋域中既发育洋中脊玄武岩,又发育洋岛玄武岩,同时在南侧接受了中侏罗世被动大陆边缘的前陆盆地希湖组沉积。

(6)早侏罗世末,洋盆关闭,洋壳向北俯冲,形成了早侏罗世宗白蛇绿混杂岩并向北拼贴在三叠纪蛇绿岩之上,形成了不同时代的蛇绿岩构造拼贴在一起的现今地貌景观。

(7)中侏罗统地层角度不整合覆于三叠纪—早侏罗世蛇绿岩之上,指明其闭合时间在J_2之前,在此不整合面之上的德吉弄组中发育以滑塌堆积为特点的沉积混杂岩,与其南侧构造混杂岩构成成对的混杂岩。中晚侏罗世,在南羌塘块体上,由于班公错-怒江结合带向北消减,形成了滞后型钙碱性系列的安山岩—安岩—流纹岩组合的火山岩(如切切卡—色绕巴一带),同时发育有碰撞型花岗岩(如日机一带)。至此,火山岩浆弧的活动结束。

第二节 中酸性侵入岩

一、概述

测区岩浆活动强烈频繁,但仅出露二叠纪到白垩纪侵入岩,面积约1856km²,占图幅总面积的11%。岩石类型为中酸性花岗岩类,成因类型以S型为主,I型次之。依照所处构造位置、同位素年龄、岩石组合特征及关系等,将测区划分为两个时期、三个构造侵入岩带,海西期(古生代)和燕山期(中生代);他念他翁构造侵入岩带、唐古拉构造侵入岩带、冈底斯-念青唐古拉构造侵入岩带(简称冈-念构造侵入岩带),岩带以下依时代划分侵入岩体和相带。岩石分类命名采用IUGS火成岩分类学委员会(1989)推荐的《国际火成岩分类图表》中的岩石名称。澜沧江构造侵入岩带因属于火山岩配套的侵入相岩石,丁青构造侵入岩带仅伴随丁青蛇绿岩零星出露,已在相关章节中叙述,故不冗赘。测区内共划分5个时代的侵入岩8个岩体(图3-40,表3-30)。其中他念他翁构造侵入岩带囊括2个岩体,唐古拉构造侵入岩带含3个岩体,冈-念构造侵入岩带包括3个岩体。

海西期(古生代)侵入岩整体分布于军巴-比冲弄韧性断裂之北的他念他翁构造侵入岩带中,常呈岩基、岩株出露,多见其侵入前石炭纪地层,出露面积约750km²。燕山期(中生代)侵入岩总体出露于此断裂之南,面积约1100km²。其早期岩体展现于丁青缝合带南(冈-念构造侵入岩带)、北(唐古拉构造侵入岩带),而晚期岩体则远离该带,分布在图幅南部及边缘的冈-念构造侵入岩带中。岩体以小岩基、岩株、岩瘤、岩滴等形态产出,多侵入于中生代地层(局部侵入前石炭纪地层)。

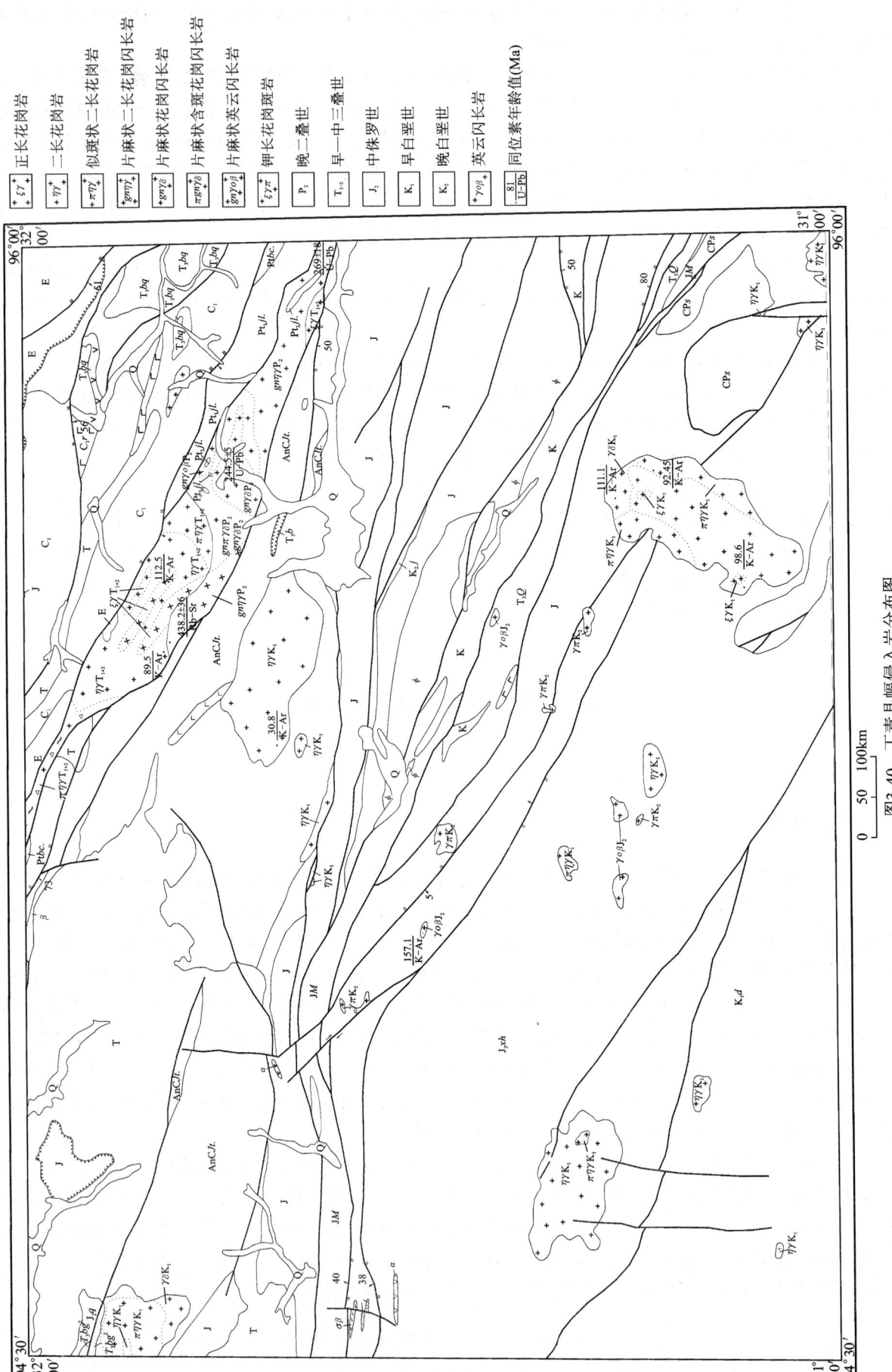

图3-40 丁青县幅侵入岩分布图

表3-30 测区1:25万丁青县幅侵入岩划分表

时代-代	纪	世	相对时期	他念他翁构造侵入岩带-岩体名称	相带名称	相带	代号	岩石名称	同位素年龄(Ma)	唐古拉构造侵入岩带-岩体名称	相带名称	相带	代号	岩石名称	同位素年龄(Ma)	冈-念构造侵入岩带-岩体名称	相带名称	相带	代号	岩石名称	同位素年龄(Ma)
中生代(Mz)	K	K₂	晚期										ξγπK₁	钾长花岗斑岩			折拉		γπK₂	花岗斑岩	
		K₂	末期							色机	色机					雄拉岩体	达拉	中心相	ξγK₁	中粒二云正长花岗岩	99.6/K-Ar
		K₁	晚期							昌不格	昌不格/日机	中间相	ηγK₁	中细粒变二母二长花岗岩 / 中细粒黑云二长花岗岩			觉奎拉	中间相	ηγK₁	细粒黑(二)云二长花岗岩	92.5/K-Ar
		K₁	中期							昌不格	昌不格	过渡相	πηγK₁	似斑状二长花岗岩	99/U-Pb		腊黄麻	过渡相	πηγK₁	似斑状细粒二长花岗岩	111.1/K-Ar
		K₁	早期							昌不格	昌不格	边缘相	γδK₁	糜棱状黑云花岗闪长岩	84/U-Pb		巴隆	边缘相	πγδK₁	含斑细粒黑云花岗闪长岩	
	J	J₃																			
	J	J₂															巴登		γοβJ₂	浅色中粒英云闪长英岩	157.1/K-Ar
	J	J₁																			
	T	T₁₊₂	晚期	甘穷郎	松写	中心相	ξγT₁₊₂	中粒黑云正长花岗岩	112.25*/K-Ar												
	T	T₁₊₂	中期		麦机	过渡相	ηγT₁₊₂	中细粒黑云二长花岗岩													
	T	T₁₊₂	早期		甘穷郎	边缘相	πηγT₁₊₂	似斑状细粒黑云二长花岗岩	89.5*/K-Ar												
晚古生代(Pz)	P	P₂	晚期	拉疆弄	巴将弄	中心相	gηγδP₂	片麻状细粒花岗闪长岩	244±5*/U-Pb												
	P	P₂	中期		敦日给	中间相	gηγP₂	片麻状含斑细粒二长花岗岩													
	P	P₂	中期		贡青弄	过渡相	gnγP₂	片麻状细粒黑云二长花岗岩	269±18/U-Pb												
	P	P₂	早期		错囊纠	边缘相	gnγοδP₂	片麻状细粒英云闪长岩													

二、他念他翁构造侵入岩带

(一) 地质及岩石学特征

该带位于澜沧江结合带南侧(唐古拉板片北缘)活动陆缘部位。岩浆活动时间为二叠纪到三叠纪。侵入岩带规模较大,呈 NW 向长条状展布,总面积 567km²,占全区侵入岩总面积的 54%,该岩带为 1:20 万丁青县幅从 1:100 万拉萨幅原在吉塘岩群中解体划分的构造侵入岩带,本次区调在前人基础上重新综合,现划归晚二叠世拉疆弄岩体和早中三叠世甘穷郎岩体。它们在时空分布上明显受昌都板片向南俯冲-碰撞机制的制约。

1. 晚二叠世拉疆弄岩体

1) 地质特征

该岩体出露于测区北部青藏交界处,大部分位于西藏丁青县境内,主要分布在敦日给、贡青弄、巴将弄、错囊纠等地,划分为四个相带(表3-31):敦日给的中心相、贡青弄的中间相、巴将弄的过渡相、错囊纠的边缘相。平面上呈北西向长条状展布,与区域构造线方向一致。出露面积约 326km²,占该岩带面积的 57.5%,占全区侵入岩总面积的 17.6%。在加曲日阿巴岩体被上三叠统甲丕拉组不整合覆盖,1:20 万丁青县幅区调在过渡相岩石中获锆石 U-Pb 法年龄 269±18Ma,时代为二叠纪;另在敦日给一带的中心相岩石中获锆 U-Pb 法年龄 244±5Ma,在过渡相带的纳给牙嘎高地岩石中获全岩 Rb-Sr 法等时线年龄 438±3.6Ma。

表3-31 他念他翁构造侵入岩带各岩体基本特征表

时代	岩体名称	相带	代号	岩石名称	结构构造	接触关系	年龄(Ma)	侵入体数	面积(km²)
T_{1+2}	甘穷郎	中心相	$\xi\gamma T_{1+2}$	中粒黑云正长花岗岩	中粒花岗结构、交代结构,块状构造	侵入 $\eta\gamma T_{1+2}$	$\frac{112.25^*}{K-Ar}$	4	26
		过渡相	$\eta\gamma T_{1+2}$	中细粒黑云二长花岗岩	中细粒花岗结构、交代结构,块状构造,暗色闪长岩等包体	侵入 $\pi\eta\gamma T_{1+2}$		1	104
		边缘相	$\pi\eta\gamma T_{1+2}$	似斑状细粒黑云二长花岗岩	似斑状结构、细粒花岗结构,块状构造、辉长岩包体	侵入拉疆弄岩体	$\frac{89.5^*}{K-Ar}$	2	111
P_2	拉疆弄岩体	中心相	$gn\gamma\delta P_2$	片麻状细粒花岗闪长岩	细粒花岗结构,片麻状构造,发育片麻岩、片岩包体	侵入 $\gamma\delta\pi g P_2$	$\frac{2445^*}{U-Pb}$	2	80
		中间相	$\pi gn\gamma\delta P_2$	片麻状含似斑细粒花岗闪长岩	含斑—似斑状结构、细粒花岗结构,片麻状构造	侵入 $\gamma o\beta g P_2$		1	68
		过渡相	$gn\eta\gamma P_2$	片麻状细粒黑云二长花岗岩	细粒花岗结构,片麻状及块状构造,发育花岗岩脉、片麻岩及片岩包体	侵入 $\gamma\delta g P_2$ 及 $\gamma\delta\pi g P_2$ 与吉塘岩群呈断层接触	$\frac{269\pm18}{U-Pb}$	2	154
		边缘相	$gn\gamma o\beta P_2$	片麻状细粒浅色英云闪长岩	细粒花岗结构,片麻状构造	侵入元古宇觉拉片麻岩		1	24

注:* 为参考年龄。

该岩体各相带内部组构普遍发育,含片岩、片麻岩及花岗闪长岩包体,其压扁、拉伸及石英韧性变形、亚颗粒化常见,韧性剪切变形普遍而强烈,岩体南部边界糜棱岩化、碎粒化发育。最具特征的是该岩体中由黑云母定向构成的片麻状构造甚为发育。原生叶理、片麻理常与区域构造线方向一致,产状195°~225°∠50°~65°。中间(心)相偏中部偏晚期岩类原生叶理及片麻理不及边部和没有早期岩类发育。

该岩体各相带之间均为渐变接触关系(图3-41)。北界侵入$Pt_3jl.$,南界与$AnCJt.$呈断层接触。各相带在平面上大致呈扁平的套环状或长条状。早期岩类分布于北侧,晚期岩类分布于南侧。普遍具有硅化、绿泥石化、绢云母化。

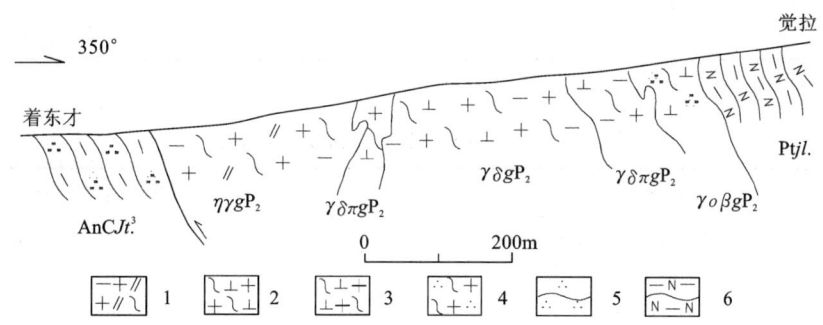

图3-41 丁青县丁青镇觉拉—着东才P_2拉疆弄岩体侵入$Ptjl.$和$AnCJt^3.$接触关系剖面图
1.片麻状黑云二长花岗岩;2.片麻状黑云花岗闪长岩;3.片麻状含斑黑云花岗闪长岩;
4.片麻状浅色英云闪长岩;5.黑云石英片岩;6.黑云斜长片麻岩

错囊纠地段边缘相岩类面积约24km²;贡青弄地段中间相岩类面积约68km²;敦日给地段中心相由两处同一岩类构成,面积分别为28km²、52km²;巴将弄地段过渡相由两处同一岩类构成,面积分别为122km²、32km²。

2) 岩石学特征

片麻状细粒英云闪长岩 灰白色、细粒花岗结构、交代结构,片麻状构造。斜长石(50%~70%)半自形板状晶体,部分颗粒有细粒化现象,具碎裂结构。钾长石(5%~10%)半自形—他形粒状晶体,交代斜长石,充填斜长石间隙。石英(25%)为他形粒状,破碎裂纹发育,波状消光。黑云母(5%)为自形片状晶体。副矿物组合:磁铁矿、磷灰石、榍石、锆石。

片麻状含斑细粒黑云花岗闪长岩 深灰色,似斑状结构、细粒花岗结构、交代结构、碎裂结构,片麻状构造。似斑晶含量小于5%~10%,主要为钾长石,半自形板柱状—他形不规则粒状,粒径大于5mm。基质成分:斜长石(45%~50%)为半自形板状及不规则粒状晶体,被钾长石交代,粒径1~2mm,An为10~30,属更长石;钾长石(10%~15%),石英(25%)为他形不规则粒状晶体;黑云母(10%)为黄褐色条片晶体。副矿物组合:磁铁矿、磷灰石、榍石、锆石。

片麻状细粒黑云花岗闪长岩 灰白—灰色,细粒花岗结构、交代结构,片麻状构造。斜长石(45%)半自形板柱状晶体,属更长石。钾长石(15%~20%)为半自形—他形粒状晶体,交代更长石;石英(25%)为他形粒状晶体。黑云母含量10%~15%。副矿物组合:磁铁矿、黄铁矿、褐铁矿、锆石、磷灰石、榍石、褐帘石。

片麻状细粒黑云二长花岗岩 灰白—灰色,细粒花岗结构、交代结构、碎裂结构,片麻状构造。斜长石(30%~35%)为半自形板状及不规则粒状晶体,属更长石,粒径1~2mm。钾长石(20%~30%)为半自形粒状及他形不规则粒状晶体,交代斜长石。石英(25%~30%)为他形不规则粒状晶体,受应力作用明显,破碎、细粒化、波状消光。黑云母含量为5%。副矿物组合:磁铁矿、白钛石、磷灰石、锆石、榍石。

3) 副矿物特征

拉疆弄岩体副矿物组合、含量及锆石晶体特征见表3-22、表3-33,中心相(敦日给)锆石成分经光谱半定量分析:Zr>10%,Hf 0.2%,U 0.05%,La 0.015%,Yb 0.003%,Y 0.01%。

表 3-32 晚二叠世拉疆弄岩体副矿物组合及含量表

地区	磁铁矿	褐铁矿	黄铁矿	白钛石	锐钛矿	锆石	磷灰石	榍石	金红石	独居石	褐帘石	磷钇矿	石榴石	矽线	萤石	电气石	黄铜矿	辉钼矿	钼铅矿	锰矿
贡青弄	⊙	o	•	87.4	•	⊙	53.6	14.8		12.5	o	o	•			⊙	•	•	•	•
敦日给	⊙	2.53	1.88	⊙	⊙	16.2	4.81	⊙	38.2			•			⊙	•	•	•	•	•

单位：⊙>50 颗；o 11~50 颗；• 1~10 颗；其余为 10^{-6}。

表 3-33 晚二叠世拉疆弄岩体锆石特征表

地区	贡青弄（中间相）	敦日给（中心相）
颜色	无色、浅红色、浅褐色	浅褐紫色、浅红色
光泽	金刚光泽	金刚光泽
透明度	良好	透明
粒径	0.02~1.3mm	0.026~0.169mm
长宽比值	多数 1.5~2.5，少数 2.5~5.5	多数 1.5~3，最大 5，最小 1.3
包体	小锆石、黑色质点几颗	小锆石，黑色质点几至十几颗
含铀量	较低	一般
晶形特征	晶形完好，晶棱晶面清晰，多数(110)、(100)、(111)、(131)(311)组成，少数(110)、(100)、(111)组成及(100)、(111)组成	多数晶体完好，少数熔蚀、残缺、破碎，多数(110)、(100)及(111)组成，少数(110)、(100)、(111)、(311)、(131)组成
晶体形态	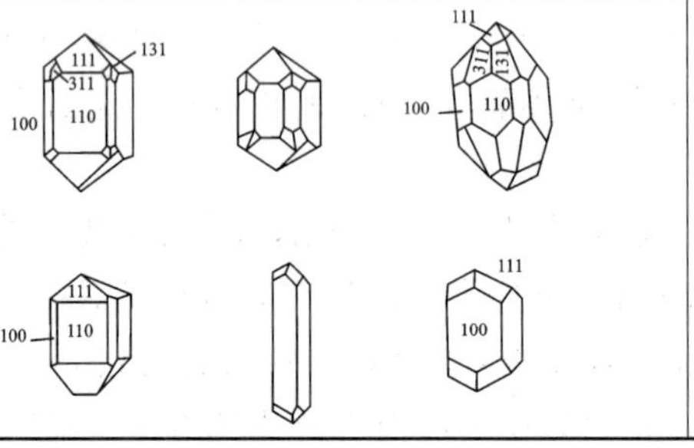	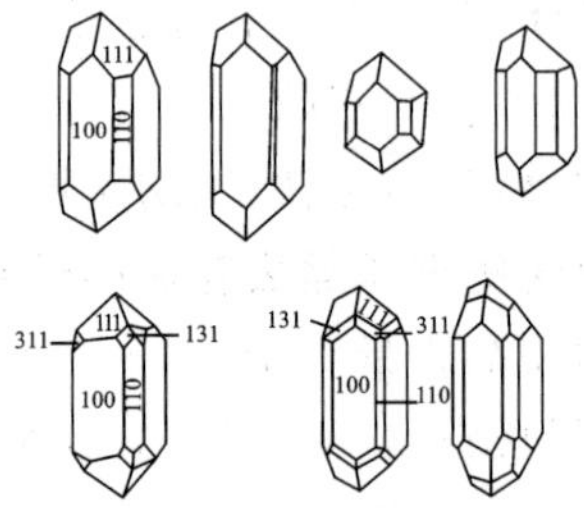

2. 早中三叠世甘穷郎岩体

1）地质特征

由甘穷郎的边缘相（似斑状细粒黑云二长花岗岩）、麦机的过渡相（中细粒黑云二长花岗岩）、松写的中心相（中粒黑云母正长花岗岩）三个相带组成。出露于青藏交界部，大部分位于囊谦县甘穷郎、麦机、松写及德青玛棍果等地。总面积为 241km²，占该构造岩浆岩带的 42.5%，占全区侵入岩总面积的 13%。边缘相带由两个侵入体组成，面积为 50.61km²；过渡相带面积 104km²，中心相带由四个侵入体组成，面积分别为 4km²、8km²、3km²、11km²。

该岩体各相带之间均为侵入接触关系（图 3-42）。北界与 C_1m 黑色炭质板岩呈断层接触，南界侵入二叠纪过渡相带。甘穷郎一带侵入二叠纪中间相带（图 3-43）。

该岩体在平面上呈长条状沿他念他翁构造侵入岩带展布，边缘相与过渡相呈套环状侵入接触，晚期的中心相侵入其中。边缘相岩石向北西延入 1:25 万杂多县幅。

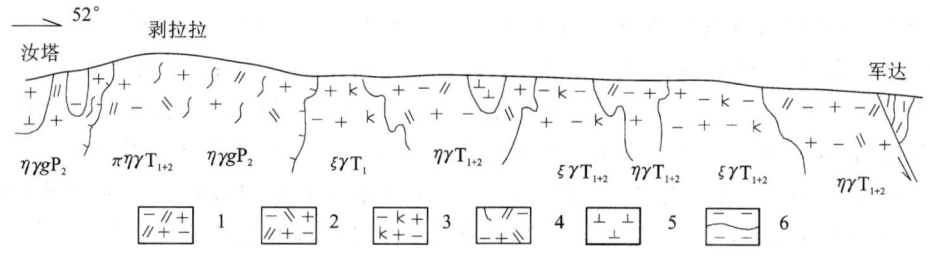

图 3-42 青海省囊谦县吉曲乡 T_{1-2} 甘穷郎岩体各相带侵入接触关系素描图

1.似斑状黑云二长花岗岩;2.黑云二长花岗岩;3.黑云钾长花岗岩;4.片麻状黑云二长花岗岩;5.暗色闪长岩包体;6.炭质板岩

区内在军达西被 T_3j 不整合超覆,侵入二叠纪拉疆弄岩体,时代属早、中三叠世。燕山期造山运动使该岩体受到干扰,在边缘相和中心相两相带分获黑云母 K–Ar 法年龄 89.5Ma 和 112.5Ma,便是这次热事件的反映。

2) 岩石学特征

该岩体岩石以具块状构造明显区别于二叠纪拉疆弄岩体。边缘相带中含有辉长岩包体,过渡相带有辉长岩、黑绿色微细粒闪长岩及灰黑色微粒黑云斜长角闪岩包体,较具特征。

似斑状细粒黑云二长花岗岩 浅红色,似斑状结构、基质细粒花岗结构、交代结构发育,块状构造。似斑晶主要为钾长石(8%～20%),属微斜长石。基质中更长石(30%～40%)为半自形板柱状晶体;钾长石(20%)主要为微斜长石和条纹长石,为半自形板柱状及他形不规则粒状晶体,交代更长石形成蠕英石;石英(25%～30%)为他形不规则粒状晶体;黑云母(10%)为黄褐色,鳞片状晶体。副矿物组合:磁铁矿、黄铁矿、锆石、磷灰石。在者切—纳给牙嘎一带,该相带岩石蚀变、碎裂较强,有硅化、绢云母化、绿泥石化等。

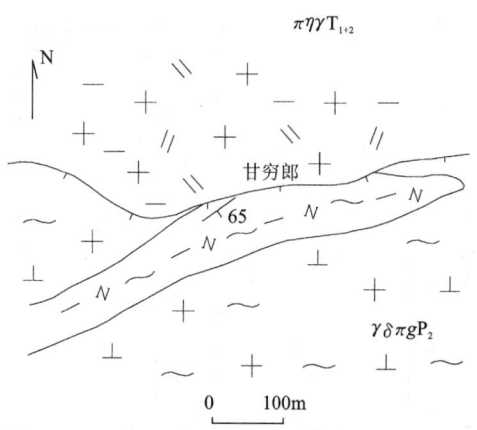

图 3-43 囊谦县吉曲乡 T_{3-2} 甘穷郎侵入体侵入 P_2 贡青弄侵入体素描图

中细粒黑云二长花岗岩 浅灰色、灰白色,细粒花岗结构、交代蠕英、净边及残留结构,块状构造。主要矿物成分:斜长石(30%～40%)半自形柱状晶体,聚片双晶,局部双晶有滑移、挠曲,An 为 27～28,属更长石,$d=0.2mm×0.5mm～0.7mm×1.7mm$。钾长石(40%～45%)主要为条纹长石和微斜长石,交代斜长石,半自形及他形粒状晶体,$d=0.2mm×0.5mm～1mm×1.5mm$。石英(20%～25%)为他形粒状晶体,$d=0.1～0.7mm$,呈聚集状不均匀分布于长石间隙,有碎裂粒化现象。黑云母(1%～10%)为细小鳞片状晶体,$d=0.05～0.1mm$,含量不等,分布不均,有绿泥石化析铁现象。副矿物组合:锆石、磷灰石。

中粒黑云正长花岗岩 浅红色,中粒花岗结构,交代净边、蠕英、残留结构发育,块状构造。斜长石(15%～20%)半自形板粒状及柱粒状晶体,聚片双晶发育,An 为 26～28,属更长石。钾长石(45%～50%)半自形柱状及柱粒状晶体,交代更长石,内部有更长石残留体,多为条纹长石,少为微斜长石,粒径 2～5mm。石英(30%～35%)为他形不规则粒状晶体,粒径 0.1～2mm,充填长石间隙。黑云母(2%～10%)呈鳞片状,粒径 0.2～1mm,有绿泥石化。副矿物:石榴石少量,半自形—他形粒状晶体,浅粉红色,属铁铝榴石,粒径 0.1～0.15mm;磷灰石、锆石、榍石微量。

(二) 岩石化学及地球化学特征

1. 岩石化学特征

1) 拉疆弄岩体

从岩石化学分析结果(表 3-34)及 CIPW 标准矿物和岩石化学特征指数(表 3-35)中可知:①从边缘

相到中心相,SiO$_2$含量具由低到高的演化趋势(69.96%→70.40%→69.06%→72.07%),平均含量为71.22%,与中国花岗岩平均化学成分(71.27%)接近。②里特曼指数(σ值)平均为1.45(<1.8),属钙性系列。③Al$_2$O$_3$/(CaO+Na$_2$O+K$_2$O)分子数比值(A/CNK)平均为1.24,表明铝过饱和。④各相带标准矿物组合均为:Or+Ab+Hy+C+Q。石英平均含量32.00%,刚玉分子平均含量2.87%,属硅铝过饱和型。斜长石牌号(An)平均为22.4,属更长石,分异指数(DI)平均为79.3。从边缘相到中心相石英及刚玉变化不甚明显,总体为升高趋势。斜长石牌号及分异指数变化明显,前者趋于降低,后者趋于升高。⑤K$_2$O/Na$_2$O比值集中于0.94~1.92,大多数Na$_2$O<3%。硅-碱图投点落入亚碱系列(图3-44),Na$_2$O-K$_2$O图解中(图3-45),大部分属I型花岗岩。

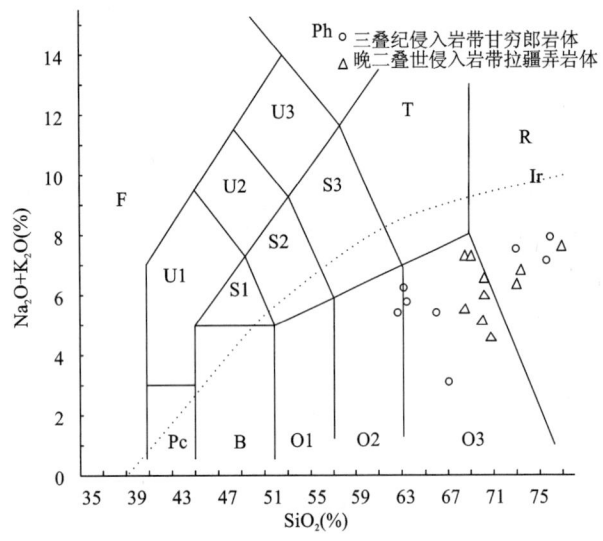

图3-44 他念他翁构造侵入岩带晚二叠世拉疆弄岩体和早、中三叠世甘穷郎岩体硅-碱图
O2:安山岩;O3:英安岩;R:流纹岩;
Ir:Irvine分界线,上方为碱性,下方为亚碱性

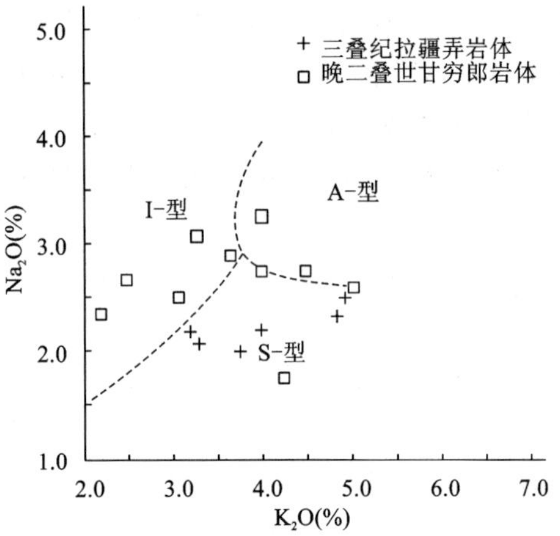

图3-45 他念他翁构造侵入岩带拉疆弄岩体、甘穷郎岩体K$_2$O-Na$_2$O图

综上所述,该岩体岩石化学以富SiO$_2$、Al$_2$O$_3$,贫FeO*、MgO和K$_2$O>Na$_2$O为主要特征,岩浆物源主要来自上地幔,但也有下地壳物质的混入。

表3-34 他念他翁构造侵入岩带(复式深成杂岩体)各岩体岩石化学分析结果及特征参数表(wt%)

样号	岩石名称	SiO$_2$	TiO$_2$	Al$_2$O$_3$	Fe$_2$O$_3$	FeO	MnO	MgO	CaO	Na$_2$O	K$_2$O	P$_2$O$_5$	LOS	总量	σ	SI	AR	A/CNK	K$_2$O/Na$_2$O
2659/4	中粒黑云正长花岗岩	75.92	0.2	13.26	0.32	0.92	0.03	0.04	0.46	6	1.85	0.06	0.48	99.54	1.87	0.44	3.67	1.043	0.31
3190/1	片麻状中粒黑云正长花岗岩	72.94	0.2	14.12	0.4	1.54	0.04	1.11	0.41	2.5	4.9	0.09	1.31	99.56	1.82	10.62	3.08	1.389	1.96
2660/1-2	中细粒黑云二长花岗岩	63.46	1	14.63	0.95	6.21	0.07	3.17	2.47	2	3.74	0.41	1.58	99.69	1.58	19.73	2.01	1.237	1.87
2660/1-3	中细粒黑云二长花岗岩	75.6	0.22	12.31	1.08	1.77	0.05	0.13	0.47	2.32	4.82	0.08	0.63	99.48	1.56	1.28	3.53	1.245	2.08
2659/13	辉长岩(包体)	67	1.9	20.31	2.21	8.16	0.2	4.86	10.06	2.53	0.51	0.36	1.33	99.43	0.48	26.6	1.22	0.883	0.20
2658/1	似斑状细粒黑云二长花岗岩	63.17	0.7	14.93	2.17	4.81	0.07	2.71	2.94	2.2	3.96	0.56	1.13	99.35	1.85	17.1	2.05	1.127	1.80
2658/2	似斑状细粒黑云二长花岗岩	62.72	03.7	15.09	0.92	4.8	0.07	2.83	3.65	2.17	3.19	0.47	2.79	99.4	1.4	20.35	1.8	1.105	1.47

续表 3-34

样号	岩石名称	SiO_2	TiO_2	Al_2O_3	Fe_2O_3	FeO	MnO	MgO	CaO	Na_2O	K_2O	P_2O_5	LOS	总量	σ	SI	AR	A/CNK	K_2O/Na_2O
2658/3	似斑状细粒黑云二长花岗岩	65.93	0.67	15.17	1.18	4.56	0.05	2.41	2.76	2.07	3.28	0.26	1.19	99.53	1.23	17.85	1.85	1.267	1.58
2657/1	片麻状黑云二长花岗岩	73	0.38	13.15	0.24	2.78	0.08	1.23	1.15	3.05	3.25	0.14	1.13	99.58	1.31	11.66	2.58	1.237	1.07
2659/1	片麻状黑云二长花岗岩	73.26	0.25	12.75	0.49	2.64	0.06	1.03	0.63	2.75	4	0.09	1.57	99.52	1.49	9.44	3.04	1.275	1.45
2659/2	片麻状黑云二长花岗岩	76.92	0.13	12.01	0.64	0.84	0.01	0.04	0.46	2.6	5	0.07	0.71	99.43	1.7	0.44	4.12	1.141	1.92
2659/3	片麻状黑云二长花岗岩	70.7	0.63	12.67	0.11	4.74	0.09	3.07	1.37	2.35	2.2	0.07	1.45	99.45	0.74	24.62	1.96	1.45	0.94
2067/1	片麻状细粒黑云二长花岗岩	70.12	0.45	14.96	1.03	2.39	0.09	1.36	1.88	1.75	4.25	0.05	1.25	99.58	1.32	12.62	2.11	1.373	2.43
2093/1	片麻状细粒黑云二长花岗岩	68.4	0.5	14.8	0.55	3.68	0.09	2.09	3.52	2.5	3.05	0.13	1.01	100.32	1.21	17.61	1.87	1.071	1.22
2/1	片麻状细粒花岗闪长岩	69.06	0.25	14.41	0.45	3.1	0.03	1.71	1.52	3.25	4	0.14	2.01	99.93	1.99	13.67	2.67	1.158	1.23
3470/2	片麻状含似斑花岗闪长岩	70.04	0.43	14.27	0.71	2.66	0.03	1.63	2.18	2.9	3.65	0.2	1.32	100.02	1.57	14.11	2.32	1.125	1.26
3472/1	片麻状含似斑花岗闪长岩	68.4	0.45	14.9	0.41	2.85	0.1	2.06	1.43	2.75	4.5	0.16	1.58	99.59	2.04	16.39	2.6	1.242	1.64
3470/1	片麻状浅色英云闪长岩	69.96	0.5	13.89	0.29	3.6	0.1	2.63	1.83	2.65	2.5	0.18	1.44	99.57	0.97	22.54	1.97	1.336	0.94
中国花岗岩岩石化学成分		71.27	0.25	14.25	1.24	1.62	0.08	0.8	1.62	3.79	4.03	0.16							

表 3-35 他念他翁构造侵入岩带（复式深成杂岩体）各岩体不同相带 CIPW 标准矿物（%）及特征指数表

样号	岩石名称	CIPW 标准矿物								特征指数										
		Or	Ab	An	C	Q	Di	Hy	Ol	DI	An	R_1	R_2	A	M	F	σ	τ	A/CNK	K/Na
2659/4	中粒黑云正长花岗岩	10.93	50.77	1.89	0.69	32.54		1.25		95.1	3	2480	311.3	7.85	0.04	1.21	1.87	36.3	1.04	0.31
3190/1	片麻状中粒黑云正长花岗岩	28.96	21.15	1.45	4.17	36.35		5.01		88	6	2810	375.9	7.4	1.11	1.9	1.83	58.1	1.39	1.6
2660/1-2	中细粒黑云二长花岗岩	22.1	16.92	9.58	3.78	24.51		16.99		64.7	35	2428	741.9	6.16	2.71	6.76	1.61	12.63	1.24	1.87
2660/1-3	中细粒黑云二长花岗岩	28.49	19.63	1.81	2.61	41.73		2.41		90.9	8	2620	827	5.36	2.83	5.63	1.56	45.41	1.25	2.08
2659/13	辉长岩（包体）	3.01	21.41	42.56			4.12	16.31	3.05	24.8	65	2009	175.9	3.04	4.86	10.15	2.31	9.36	0.88	1.08
2658/1	似斑状细粒黑云二长花岗岩	23.4	18.62	10.93	3.02	23.72		12.76		66.9	36	2843	712.5	5.35	2.41	5.62	1.88	18.19	1.13	1.08

续表 3-35

样号	岩石名称	CIPW 标准矿物							特征指数										
		Or	Ab	An	C	Q	Di	Hy	Ol	DI	An	R_1	R_2	A	M	F	σ	τ	A/CNK	K/Na
2658/2	似斑状细粒黑云二长花岗岩	18.85	18.36	15.04	2.56	23.97		14.08		63.3	44	2593	708.6	5.74	3.17	7.06	1.46	18.46	1.1	1.47
2658/3	似斑状细粒黑云二长花岗岩	19.38	17.52	11.99	3.82	29.66		12.39		67.7	39	3052	298.2	7.14	0.13	2.74	1.25	19.55	1.27	1.58
2657/1	片麻状黑云二长花岗岩	19.21	25.81	4.79	2.86	36.9		7.49		83.2	15	3003	442	6.3	1.23	3	1.32	26.58	1.24	1.07
2659/1	片麻状黑云二长花岗岩	23.64	23.27	2.54	2.97	37.44		6.71		86.1	9	2949	368.6	6.75	1.03	3.08	1.52	40	1.28	1.45
2659/2	片麻状黑云二长花岗岩	29.55	22	1.83	1.65	41.44		0.92		94.2	7	3012	286.8	7.6	0.04	1.42	1.7	72.38	1.14	1.92
2659/3	片麻状黑云二长花岗岩	13	19.89	6.34	4.1	37.77		15.39		72.1	23	3341	547.5	4.55	3.07	4.84	0.75	16.38	1.45	0.94
2067/1	片麻状细粒黑云二长花岗岩	25.12	14.81	9	4.18	36.41		6.35		77.6	36	3018	562.1	6	1.36	3.32	1.33	29.36	1.37	2.43
2093/1	片麻状细粒黑云二长花岗岩	18.03	21.15	16.61	1.3	9.32		10.85		69	43	2928	770.6	5.55	2.09	4.17	1.21	24.6	1.07	1.22
2/1	片麻状细粒花岗闪长岩	23.64	27.5	6.63	2.31	27.18		9.22		80	19	2493	530.2	7.25	1.71	3.5	2.02	44.64	1.36	1.23
3470/2	片麻状含似斑花岗闪长岩	21.57	24.54	9.51	2.06	31.01		7.7		78.1	27	2753	594.1	6.55	1.63	3.3	1.59	26.44	1.13	1.26
3472/1	片麻状含似斑花岗闪长岩	26.59	23.27	6.05	3.29	27.52		9.47		78.9	20	2503	547.5	7.25	2.06	3.22	2.07	27	1.24	1.64
3470/1	片麻状浅色英云闪长岩	14.77	22.42	7.9	3.93	35.03		12.28		73.6	25	3114	598.8	5.15	2.63		0.98	22.48	1.34	0.94

2) 甘穷郎岩体

从岩石化学分析结果(表 3-34)和 CIPW 及岩石化学特征指数(表 3-35)中可知:①SiO_2 平均含量由边缘相到中心相带依次为 63.94%→69.53%→74.43%,呈递增趋势,比中国花岗岩平均含量略低。②σ 平均值由过渡相到中心相分别为 1.53→1.59→1.85,有增高趋势,属钙性—钙碱性系列。③从边缘相到中心相,总碱量(Na_2O+K_2O)平均含量随 SiO_2 含量增加而增加,分别为 5.62%→6.44%→7.63%。④K_2O/Na_2O 比值集中于 1.08~2.08 之间,Na_2O 大多数小于 3%。⑤A/CNK 值各相带均大于 1.1,显示 S 型花岗特征。⑥TiO_2、(Fe_2O_3+FeO)、MgO、CaO 平均含量由早到晚趋于降低。⑦各相带标准矿物组合均为:$Or+Ab+Hy+Q+C$,属硅铝过饱和类型。从边缘相到中心相,石英、钾长石+钠长石含量增高,钙长石、紫苏辉石及刚玉分子含量降低。DI 平均值为 76.7,与桑汤和塔塔尔(1960)平均值(80)相比略低,从过渡相到中心相趋于增大。斜长石牌号平均为 24.4,属更长石,从早到晚降低。

边缘相带辉长岩包体岩石化学成分与中国岩浆岩平均成分相比,SiO_2 含量接近,MgO 含量低(4.86%),接近闪长岩,Al_2O_3、CaO 含量高,可能与中长石的大量存在有关。总之,甘穷郎岩体硅-碱图(图 3-44)表明麦机属亚碱系列,Na_2O-K_2O 图解(图 3-45)反映出为 S 型花岗岩,说明岩浆物源来自于地壳。

2. 地球化学特征

1) 拉疆弄岩体

从微量元素分析结果(表3-36)及其平均含量(表3-37)表中可以看出,各相带微量元素 Th、Hf、Cr、Co、Ni、Sc、U、V 平均含量较维氏值高。从早到晚不相容元素平均含量有降低趋势,Rb/Sr 比值分别为 1.26、1.92、1.32,高于维氏花岗岩(0.67)。成矿元素仅 Cu 元素作了分析,普遍低于地壳克拉克值或维氏世界花岗岩含量,不具成矿条件。

从稀土元素分析结果(表3-38)和特征参数(表3-39)中可知:①从早到晚稀土总量(239.71×10^{-6}、289.24×10^{-6}、186.39×10^{-6})趋于增高。过渡相带较低,可能与其大面积出露($154km^2$)、部分熔融或分异程度较高有关。②各相带稀土元素配分型式属轻稀土富集型,配分曲线向右倾斜,呈"海鸥"型(图3-46)。晚期相带 La/Yb、Ce/Yb 比值较早期相带降低,似乎也反映岩浆部分熔融或分异程度较高。③各相带均具负铕异常,δEu 值从早到晚降低,铕亏损程度增强,这与从早到晚随 SiO_2 增加 δEu 值减小吻合。④δCe 值各相带均接近或略大于1,属铈正常型或略富集型。显示岩石形成于弱氧化环境。

2) 甘穷郎岩体

从微量元素分析结果及其特征(表3-36、表3-37)可知:由边缘相到中心相相容元素 Cr、Co、Ni 平均含量降低,大离子亲石元素 Rb、Th、U 渐高。与维氏值相比 Sr、Ba、Ta、Nb 及 Zr 偏低,Rb、Hf、Sc、U、V 及相容元素偏高。从边缘相到中心相 Rb/Sr 比值(1.4、3.2、1.9)较维氏花岗岩(0.67)高。成矿元素仅 Cu 作了分析,含量普遍低于地壳克拉克值或维氏平均值,不具成矿条件。

表3-36 他念他翁构造侵入岩带各岩体微量元素分析结果表($\times10^{-6}$)

样号	岩石名称	Sr	Rb	Ba	Th	Ta	Nb	Hf	Cr	Co	Ni	Sc	Zr	U	V	Mo	Cu
2659/4	中粒黑云正长花岗岩	139	121	601	23.4	1.45	15.7	7.4	134	13.1	30.9	10.9	212	2.44	95		44.5
3190/1	片麻状中粒黑云正长花岗岩	102	337	342	31.9	1.85	16.4	4.3	170	2.2	5.2	4.5	145	7.97	10		2.7
2660/1-2	中细粒黑云二长花岗岩	128	240	594	13.1	2.71	26.8	9.44	131	21.5	50	20.4	258	4.17	114		2.9
2660/1-3	中细粒黑云二长花岗岩	33.3	286	203	16.6	1.34	15.4	3.88	206	4.6	11.1	5	112	4.86	21.2		2.15
2659/13	辉长岩(包体)	348	20.3	107	11.4	2.61	19.1	7.45	44.5	29.6	15.1	40.3	258	0.58	277		0.16
2658/1	似斑状细粒黑云二长花岗岩	133	228	661	11.7	2.03	28.3	6.84	92.7	15.7	25.5	16.6	209	5.72	97.7		3.16
2658/2	似斑状细粒黑云二长花岗岩	153	150	678	9.4	2.04	28.6	6.56	95	15	24.9	16.1	207	5.28	93.8		2.94
2658/3	似斑状细粒黑云二长花岗岩	130	202	584	7.8	1.62	22.6	5.2	154	14	23.4	15	188	3.85	86		2.57
2657/1-1	花岗闪长岩(包体)	134	123	452	18.9	1.4	10.6	8.8	75	7.9	20	8	204	2.9	52		15.2
2659/1	片麻状黑云二长花岗岩	126	114	1086	12.3	1.47	11.2	5.4	55	6.4	7.4	6.3	144	9.95	42		5.2
2659/2	片麻状黑云二长花岗岩	72	201	276	27.6	0.97	11.4	4.7	62	1.5	4	4.5	108	6.55	9		11

续表3-36

样号	岩石名称	Sr	Rb	Ba	Th	Ta	Nb	Hf	Cr	Co	Ni	Sc	Zr	U	V	Mo	Cu
2659/3	片麻状黑云二长花岗岩	39	52	142	16.3	0.86	7.6	5.8	66	1.1	3.4	3.6	124	1.94	1.1		2.8
3470/2	片麻状含似斑花岗闪长岩	108	249	457	29.8	2.3	19.1	6	101	9.1	16.5	12.8	204	9.05	60		14.5
3472/1	片麻状含似斑花岗闪长岩	125	200	629	25.7	1.08	13.5	5.2	58	7.5	11.4	8.6	187	4.62	52		12.4
3470/1	片麻状浅色英云闪长岩	125	158	699	24.3	1.53	15.8	6.8	115	10.8	22	12.7	232	4.69	84		6.4

表3-37 他念他翁构造侵入岩带（复杂深成岩体）各岩体微量元素分析结果表（×10⁻⁶）

样号	岩石名称	Sr	Rb	Ba	Th	Ta	Nb	Hf	Cr	Co	Ni	Sc	Zr	U	V	Mo	Cu
2659/4	中粒黑云正长花岗岩	121	229	472	28	1.7	16	179	5.9	102	7.7	18.1	7.7	5.2	53		23.6
3190/1	片麻状中粒黑云正长花岗岩																
2660/1-2	中细粒黑云二长花岗岩																
2660/1-3	中细粒黑云二长花岗岩	81	263	399	10	1.5	21	185	6.7	169	13.1	30.6	12.7	43.5	68	2.5	
2659/13	辉长岩（包体）																
2658/1	似斑状细粒黑云二长花岗岩																
2658/2	似斑状细粒黑云二长花岗岩	139	193	641	10	1.9	27	201	6.2	114	14.9	24.6	15.9	5	93	2.9	
2658/3	似斑状细粒黑云二长花岗岩																
2657/1-1	花岗闪长岩（包体）																
2659/1	片麻状黑云二长花岗岩	93	123	489	19	1.2	10	145	6.2	65	4.2	8.7	5.6	5.3	29		8.6
2659/2	片麻状黑云二长花岗岩																
2659/3	片麻状黑云二长花岗岩																
3470/2	片麻状含似斑花岗闪长岩	117	225	543	28	1.7	16	196	5.6	80	8.3	14	10.7	6.8	56		13.5
3472/1	片麻状含似斑花岗闪长岩																
3470/1	片麻状浅色英云闪长岩	125	158	699	24	1.5	16	232	6.8	115	10.8	22	12.7	4.7	84		6.4

表 3-38 他念他翁构造侵入岩带各岩体稀土元素分析结果表（×10⁻⁶）

样号	岩石名称	La	Ce	Pr	Nd	Sm	Eu	Gd	Tb	Dy	Ho	Er	Tm	Yb	Lu	Y
2659/4	中粒黑云正长花岗岩	49.74	107	12.5	44.23	8.42	1.19	7.48	1.088	5.31	0.902	2.27	0.338	1.92	0.285	23.28
3190/1	片麻状中粒黑云正长花岗岩	74.4	170.94	18.47	58.83	11.25	0.72	7.63	1.06	4.03	0.66	1.47	0.2	1.06	0.16	15.19
2660/1-2	中细粒黑云二长花岗岩	33.82	69.93	6.69	31.43	6.76	1.19	6.86	1.25	8.49	1.63	4.61	0.62	3.64	0.47	43.31
2660/1-3	中细粒黑云二长花岗岩	25.21	57.79	5.36	23.18	5.06	0.24	4.94	0.9	6.21	1.27	3.68	0.52	3.13	0.42	34.87
2659/13	辉长岩（包体）	28.82	77.84	9.05	49.34	9.4	1.9	8.18	1.23	7.2	1.4	3.72	0.49	2.89	0.4	34.77
2658/1	似斑状细粒黑云二长花岗岩	23.36	50.35	5.46	26.53	6.89	1.01	7	1.28	8.67	1.67	4.81	0.63	3.62	0.48	45.56
2658/2	似斑状细粒黑云二长花岗岩	22.99	47.74	5.17	24.42	5.58	1.15	6.2	1.09	7.09	1.42	3.75	0.5	2.75	0.36	35.23
2658/3	似斑状细粒黑云二长花岗岩	16.6	33.45	3.65	16.83	4.01	0.87	3.83	0.68	4.37	0.85	2.29	0.32	1.71	0.22	21.5
2659/1	片麻状黑云二长花岗岩	45.86	101.06	11.29	39.88	7.85	1.09	7.15	1.11	5.88	1.06	3.14	0.46	2.95	0.42	27.47
2657/1/1	花岗闪长岩（包体）	29.52	63.54	6.96	23.35	3.91	0.79	3.3	0.51	2.63	0.5	1.43	0.24	1.52	0.25	12.05
2659/2	片麻状黑云二长花岗岩	17.39	42.27	4.93	16.86	3.6	0.29	4.77	0.971	6.93	1.452	4.5	0.751	4.91	0.704	40.88
2659/3	片麻状黑云二长花岗岩	19.5	46.22	5.47	19.17	4.39	0.32	4.87	0.929	6.37	1.257	3.69	6.36	4.14	0.57	33.37
3470/2	片麻状含似斑花岗闪长岩	41.01	87.72	10.55	35.49	7.46	0.9	6.53	1.13	6.03	1.14	3.18	0.49	3.04	0.4	30.49
3472/1	片麻状含似斑花岗闪长岩	70.05	136.74	16.48	58.95	10.8	1.25	7.7	1.09	5.48	1.08	2.8	0.45	2.53	0.36	26.67
3470/1	片麻状浅色英云闪长岩	46.92	95.51	11.16	38.52	7.62	1.07	6.41	0.9	4.92	0.85	2.12	0.32	2.03	0.28	21.1

表 3-39 他念他翁构造侵入岩带（复杂深成杂岩体）各岩体稀土元素参数特征表（×10⁻⁶）

样号	岩石名称	ΣREE	LREE	HREE	LREE/HREE	δEu	δCe	La/Yb	La/Sm
2659/4	中粒黑云正长花岗岩	265.96	223.08	42.87	5.2	0.45	1.12	25.91	5.91
3190/1	片麻状中粒黑云正长花岗岩	366.08	334.61	31.46	10.64	0.23	1.25	70.19	6.61
2660/1-2	中细粒黑云二长花岗岩	220.69	149.82	70.88	2.11	0.54	1.06	9.29	5
2660/1-3	中细粒黑云二长花岗岩	172.77	116.84	55.94	2.09	0.15	1.18	8.05	4.98

续表 3-39

样号	岩石名称	ΣREE	LREE	HREE	LREE/HREE	δEu	δCe	La/Yb	La/Sm
2659/13	辉长岩（包体）	236.64	176.35	60.28	2.93	0.66	1.08	9.97	3.07
2658/1	似斑状细粒黑云二长花岗岩	187.32	113.6	73.72	1.54	0.45	1.03	6.45	3.39
2658/2	似斑状细粒黑云二长花岗岩	156.44	107.05	58.39	1.83	0.63	1.02	8.36	4.12
2658/3	似斑状细粒黑云二长花岗岩	111.19	75.41	35.77	2.11	0.68	1.01	9.71	4.14
2659/1	片麻状黑云二长花岗岩	256.67	207.03	49.64	4.17	0.44	1.16	15.55	5.84
2657/1/1	花岗闪长岩（包体）	150.52	128.07	22.43	5.71	0.66	1.17	19.42	7.55
2659/2	片麻状黑云二长花岗岩	151.2	87.34	65.87	1.33	0.22	1.19	3.54	4.83
2659/3	片麻状黑云二长花岗岩	151.3	95.7	56.16	1.69	0.21	1.2	4.71	4.44
3470/2	片麻状含似斑花岗闪长岩	235.58	183.13	52.43	3.49	0.39	1.13	13.49	5.5
3472/1	片麻状含似斑花岗闪长岩	342.9	294.73	48.16	6.12	0.4	1.03	27.87	6.53
3470/1	片麻状浅色英云闪长岩	239.71	200.8	38.93	5.16	0.46	1.09	23.11	6.16

从稀土元素分析结果和特征参数（表 3-38、表 3-39）可以看出：①从边缘相到中心相稀土总量（151.65×10^{-6}、196.73×10^{-6}、316.02×10^{-6}）依次增高。②配分型式各相带岩类均属富集型，曲线向右倾斜，呈"海鸥"型（图 3-47）。由边缘相到中心相 LREE/HREE、La/Yb、Ce/Yb 比值依次增高，表明岩浆分异作用趋于降低。③各相带岩类均具明显的负铕异常，δEu 值从早到晚降低，显示铕亏损程度增强。表明随岩浆演化 SiO_2 含量增加，δEu 值减小。④δCe 值均接近或略大于 1，属铈正常型或略富集型。表明岩石形成于弱氧化环境中。从早到晚 δCe 值增加，显示铈富集增强，氧化程度降低。

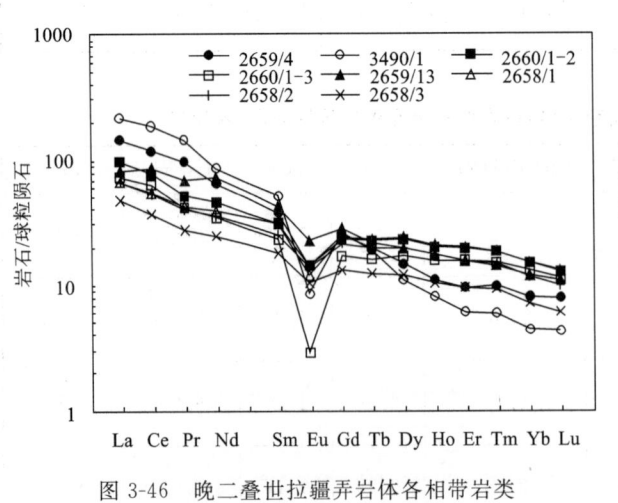

图 3-46　晚二叠世拉疆弄岩体各相带岩类稀土元素标准化配分型式图

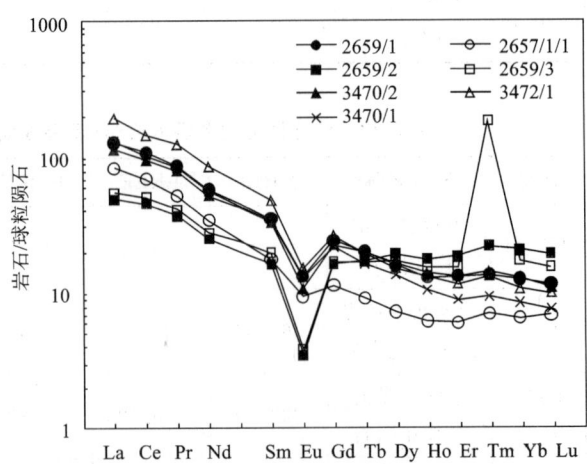

图 3-47　早、中三叠世甘穷郎岩体各相带岩类稀土元素标准化配分型式图

三、唐古拉构造侵入岩带

(一) 早白垩世日机岩体

1. 地质特征

分布于丁青县日机、多给卡、中穷弄、布托错、榄登卡等地,由5个大小不等的侵入体组成,总面积约240km²,占测区侵入岩总面积的13%(表3-40)。该岩体中含有暗色黑云斜长角闪岩、片岩、片麻岩包体,伟晶岩脉发育。

表3-40 唐古拉构造侵入岩带各岩体基本特征

时代	岩体名称	相带	代号	岩石名称	结构构造	接触关系	年龄(Ma)	侵入体数	面积(km²)
K₁	日机岩体		$\eta\gamma K_1$	中细粒黑云二长花岗岩	中细粒花岗结构、交代结构,块状构造	侵入	$\dfrac{30.8}{K-Ar}$	5	240
	昌不格岩体	(昌不格)中心相	$\eta\gamma K_1$	中细粒变二云母二长花岗岩	变花岗结构,块状构造	侵入	$\dfrac{30.8}{K-Ar}$	1	200
		(札勒果)过渡相	$\pi\eta\gamma K_1$	似斑状二长花岗岩	似斑状结构、花岗结构,块状构造				
		(咱你呀学)边缘相	γK_1	糜棱状黑云母花岗闪长岩	糜棱状结构、蠕英结构,小眼球状构造		$\dfrac{84}{K-Ar}$		
	色机岩体		$\xi\gamma\pi K_1$	钾长花岗斑岩	斑状结构、基质微粒结构,块状构造	侵入		1	0.9

测区内各侵入体呈椭圆状、长条状沿区域构造线方向展布,侵入的最老地层为AnCJt.,最新地层为T_3b^1(图3-48),侵入时代为早白垩世。

1:20万丁青县幅在该岩体获黑云母K-Ar法年龄30.8Ma(仅供参考),本次区调于丁青县八达乡嘎雨格—班卡嘎一带的灰色中粒二云母花岗岩中获锆石U-Pb法同位素年龄58.5Ma。

2. 岩石学特征

该岩体岩石主要为中细粒黑云母二长花岗岩,岩石新鲜,颜色为灰白色,中细粒花岗结构、交

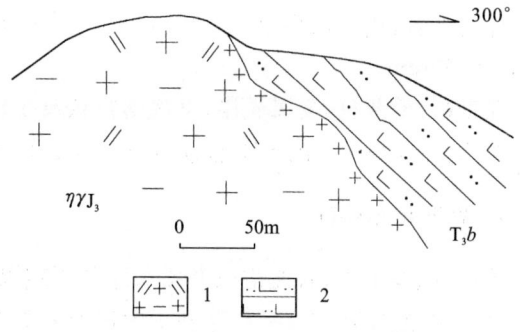

图3-48 丁青县丁青镇日拉岩体侵入波里拉组素描图
1.中细粒黑云二长花岗岩;2.钙质粉砂岩

代结构,块状构造。斜长石(35%~45%)半自形柱粒状、板柱状晶体,表面洁净,聚片双晶发育,少数具环带结构,粒径0.5mm×1mm~1.2mm×2mm。An为25~27,属更长石。钾长石(25%~30%)为半自形—他形的柱粒状及不规则粒状晶体,交代斜长石形成蠕英石,内部有斜长石包体,粒径0.9~3mm。石英(20%~30%)呈他形不规则粒状,充填长石间隙。黑云母(5%~10%)呈鳞片状晶体,粒径0.2mm×0.6mm~0.4mm×1.2mm。少量白云母。副矿物组合:磁铁矿、钛铁矿、锆石、磷灰岩、榍石。

3. 副矿物特征

副矿物组合及含量和特征如表3-41所示。

锆石：无色—浅红色，透明，玻璃光泽。自形柱状晶体，晶面光滑、洁净，晶棱平直，个别有破碎、歪晶及连晶。有黑色质点及小锆石、磷灰石包体。粒径0.07～0.21mm，多数为0.11～0.17mm。长宽比值多数为1.8～2.6，少数为2.6～4.3（表3-42）。NaF珠球在紫外线下发浅黄绿色光，示含铀量较低。

表3-41 日机岩体副矿物组合及含量表

矿物	磁铁矿	黄铁矿	褐铁矿	钛铁矿	磷灰石	锆石	金红石	独居石	榍石	硅线石	萤石	方铅矿	钼铅矿
含量	o	·	·	498	295	o	103	32	·	83	·	·	·

单位：o 11～50颗；· 1～10颗；其余为10^{-6}。

表3-42 早白垩世日机岩体锆石晶形及主要特征表

晶形	主要特征
主要晶形	a. 由柱面(100)和锥面(131)、(311)、(111)组成聚形 b. 由柱面(100)和锥面(131)、(311)组成简单聚形
次要晶形	c. 由柱面(100)和锥面(111)组成 b. 由柱面(100)和锥面(131)、(311)、(111)组成，锥体一端无(111)

独居石：黄绿色、淡黄绿色。自形板状、板柱状晶体，晶体有熔蚀、变形，粒径0.05～0.2mm。半透明，油脂光泽。

硅线石：浅褐—深褐色，个别浅黄色。不透明，玻璃光泽。纤维状、放射状、个别长柱状晶体，粒径0.05～0.60mm。

方铅矿：铅灰色，金属光泽，不规则粒状及阶梯状立方晶体，粒径0.05～0.20mm。

钼铅矿：黄绿色，半透明，油脂光泽。不规则粒状晶体，粒径约0.1mm。

4. 岩石化学特征

从日机、多给卡、布托错三个侵入体分析结果及岩石化学特征参数（表3-43）可知：早白垩世日机岩体SiO_2平均含量为72.24%，略高于中国黑云母花岗岩平均值(71.99%)。σ值为0.56～2.40，属钙性-钙碱性系列。A/CNK值为1.14～1.34，平均1.20，表明岩石铝过饱和，显示S型花岗岩特征。CIPW标准矿物组合：Or+Ab+An+Hy+Q+C，出现石英及刚玉分子，属硅铝过饱和型。An平均为16.5，属更长石。DI平均值为85.3，略高于桑汤和塔塔尔(1960)花岗岩平均值(80)，表明岩石酸性较高。

5. 地球化学特征

从微量元素特征（表3-44）可以看出，日机岩体微量元素平均含量与维氏花岗岩相比，除Rb、Hf、Cr略高外，其余均较低。Rb/Sr比值为1.39，高于维氏比值(0.67)1倍。仅对成矿元素Cu作了分析，其值低于地壳克拉克值的8～10倍，不具成矿条件。

表 3-43 日机岩体岩石化学分析结果及特征参数表(wt%)

样号	岩石名称	SiO_2	TiO_2	Al_2O_3	Fe_2O_3	FeO	MnO	MgO	CaO	Na_2O	K_2O	P_2O_5	LOS	总量	σ	SI	AR	A/CNK	K_2O/Na_2O
3110/1	中细粒黑云二长花岗岗岩	72.1	0.3	14.68	0.01	1.49	0.02	0.4	1.3	2.35	6	0.25	0.83	99.73	2.38	3.9	3.19	1.15	2.55
3113/1	细粒黑云二长花岗岩	70.32	0.3	15.4	0.19	2	0.04	1.07	2.06	3.4	3.85	0.09	0.74	99.46	1.91	10.18	2.42	1.14	1.13
3054/1	细粒黑云二长花岗岩	70.16	0.75	13.26	0.95	3.86	0.12	1.99	1.35	2.35	3.3	0.18	1.59	99.86	1.16	15.98	2.26	1.34	1.40
2662/1	中细粒黑云二长花岗岩	75.12	0.13	14.13	0.34	0.82	0.03	0.21	0.86	3.75	3.45	0.06	0.89	99.79	1.61	2.45	2.85	1.23	0.92
2662/2	中细粒黑云二长花岗岩	73.84	0.08	14.41	0.56	0.62	0.05	0.29	0.75	4.14	4	0.08	0.59	99.41	2.14	3.02	3.32	1.15	0.97
0224/1	细粒黑云二长花岗岩	71.8	0.4	13.72	0.26	3.38	0.02	0.79	1.02	2.65	4.75	0.04	0.96	99.89	1.89	6.68	3.02	1.21	1.79
	中国花岗岩	71.27	0.25	14.25	1.24	1.62	0.08	0.8	1.62	3.79	4.03	0.16			2.16	6.969	2.94	1.05	1.06

样号	岩石名称	CIPW 标准矿物(%)								岩石化学指数							
		Or	Ab	An	C	Q	Di	Hy	Ol	DI	An	R_1	R_2	A%	M%	F%	σ	τ
3110/1	中细粒黑云二长花岗岩	35.46	19.89	4.82	2.55	31.76		3.27		88.1	19	2558	446.9	81.47	3.9	14.63	2.4	41.1
3113/1	细粒黑云二长花岗岩	22.75	28.27	9.63	2.11	28.64		5.76		81.2	24	2564	545.6	69.11	10.2	20.69	1.92	40
3054/1	细粒黑云二长花岗岩	19.5	19.89	5.52	3.8	36.1		10.25		76.8	21	3024	503.3	45.73	16.11	38.16	1.18	14.55
2662/1	中细粒黑云二长花岗岩	20.19	31.73	3.87	2.81	37.63		1.59		90.7	10	2853	379.6	84.35	2.46	13.19	1.61	79.85
2662/2	中细粒黑云二长花岗岩	23.66	35.03	3.17	2.1	32.2		1.41		90.89	8	2662	377.1	84.7	3.02	12.28	0.56	128.4
0224/1	细粒黑云二长花岗岩	28.07	22.42	4.8	2.46	32.61		7.34		84	17	2721	417.5	62.69	6.69	30.62	1.9	27.67

表 3-44 日机岩体地球化学特征表

样号	岩石名称	微量元素分析结果($\times 10^{-6}$)														
		Sr	Rb	Ba	Th	Ta	Nb	Zr	Hf	Sc	Cr	Co	Ni	U	V	Sn	Cu
3113/1	细粒黑云二长花岗岩	402	205	865	19.9	1.1	11.2	155	5.6	4.8	47	4.4	4.8	6.38	38	2.38	4.9
2662/1	中细粒黑云二长花岗岩	31	219	104	7.3	1.78	15.3	75	3	4.6	27	0.8	2.5	5.07	4	9.28	4.9
2662/2	中细粒黑云二长花岗岩	63	263	74	6.1	1.84	6.8	41	1.6	1.3	52	0.7	3.4	5.28	3	11.18	8.9
平均		165	229	348	11	1.6	11	90	3.4	3.6	42	2	3.6	5.6	15	7.6	6.2
克拉克值(维,1962)		340	150	650	13	2.5	20	170	1	10	83	18	58	2.5	90	2.5	47
世界花岗岩		300	200	830	18	3.5	20	200	1	3	25	5	8	3.5	0	3	20

续表 3-44

样号	岩石名称	稀土元素分析结果（$\times 10^{-6}$）													
		La	Ce	Pr	Nd	Sm	Eu	Gd	Tb	Dy	Ho	Er	Tm	Yb	Lu	Y
3110/1	中细粒黑云二长花岗岩	68.557	142.4	14.21	53.095	10.745	0.8	5.681	0.733	2.617	0.497	1.253	0.161	0.972	0.126	13.67
3113/1	细粒黑云二长花岗岩	36.65	69.71	7.47	23.86	4.18	0.77	3.24	0.448	2.02	0.332	0.82	0.111	0.63	0.09	8.34
3054/1	细粒黑云二长花岗岩	44.015	90.356	9.636	35.225	7.782	0.923	6.395	1.11	6.61	1.314	3.829	0.624	3.66	0.541	36.572
2662/1	中细粒黑云二长花岗岩	10.4	22.88	2.59	8.24	1.93	0.23	2.12	0.42	2.69	0.444	1.19	0.188	1.14	0.15	13.6
2662/2	中细粒黑云二长花岗岩	3.57	8.45	1.16	2.72	0.77	0.07	0.96	0.244	1.47	0.224	0.63	0.137	0.83	0.12	7.42
0224/1	细粒黑云二长花岗岩	47.637	101.81	11.17	37.102	8.782	0.852	7.972	1.376	7.758	1.328	3.388	0.524	2.875	0.402	35.772

样号	岩石名称	稀土元素特征参数											
		ΣREE	LREE	HREE	REE/HRE	ΣCe	ΣSm	ΣYb	δEu	δCe	Sm/Nd	La/Sm	La/Yb	Ce/Yb
3110/1	中细粒黑云二长花岗岩	315.51	289.81	25.7	11.28	278.26	21.07	16.18	0.29	1.13	0.2	70.53	6.35	146.5
3113/1	细粒黑云二长花岗岩	158.66	142.64	16.03	8.9	137.69	10.99	10.99	0.62	1.09	0.18	58.18	8.77	110.65
3054/1	细粒黑云二长花岗岩	248.59	187.94	60.65	3.1	178.23	24.13	45.23	0.39	1.11	0.22	12.03	5.66	24.69
2662/1	中细粒黑云二长花岗岩	68.21	46.27	21.94	2.11	44.11	7.83	16.27	0.35	1.19	0.23	9.12	5.39	20.07
2662/2	中细粒黑云二长花岗岩	28.79	16.74	12.04	1.39	15.9	3.74	9.14	0.25	1.3	0.28	4.3	4.64	10.18
0224/1	细粒黑云二长花岗岩	268.75	206.35	61.4	3.36	196.72	28.07	42.96	0.31	1.18	0.24	16.22	5.31	35.41

从稀土元素分析结果及稀土元素特征参数（表3-44）可知：①各侵入体稀土总量变化范围宽（$28.79\times 10^{-6}\sim 315.51\times 10^{-6}$），平均为$181.42\times 10^{-6}$，含量较低。②配分型式呈轻稀土富集型，配分曲线向右倾，呈"海鸥"型（图3-49）。LREE/HREE、La/Yb、Ce/Yb比值平均为5.0、28.4、57.9，远远大于1。③δEu值为0.25～0.62，平均为0.36，具负铕异常，属铕亏损型。④δCe值为1.09～1.30，平均1.17，具微弱的正铈异常，属铈富集型。

（二）早白垩世昌不格岩体

1. 地质特征

分布于巴青县昌不格、玛荣、咱你呀学和丁青县色机等地，划分为三个相带和一个独立的小侵入体：即昌不格的中心相、札勒果的过渡相、咱你呀学的边缘相和色机小侵入体，面积约$201km^2$，占测区侵入岩总面积的10.8%。该岩体平面上总体呈椭圆状、扁圆状，沿区域构造线方向展布并受区域断裂构造控制，破坏明显，侵入的最老地层为$AnCJt$，最新地层为J_2q，侵入时代属早白垩世。本次区调，在联测

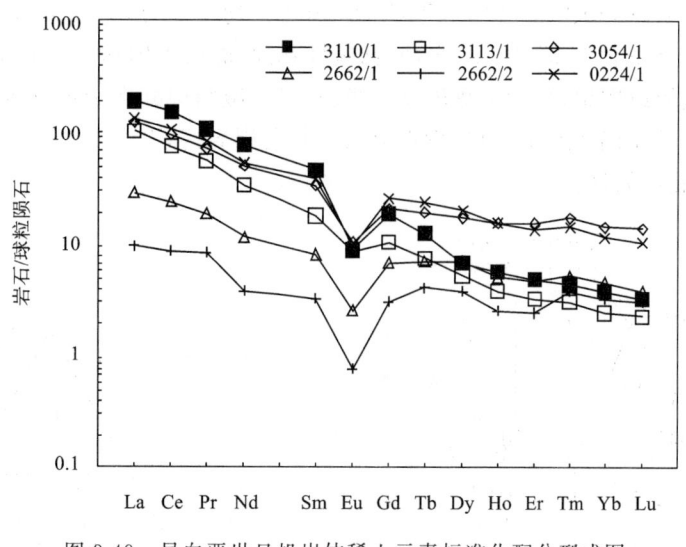

图 3-49 早白垩世日机岩体稀土元素标准化配分型式图

区 1:25 万比如县幅同属一个岩体的穹隆格岩体中获锆石 U-Pb 法同位素年龄 99Ma 和 84Ma。

2. 岩石学特征

中细粒变二云二长花岗岩 灰白色,变花岗结构,块状构造。成分和特征:含钠更长石(<45%),石英(>50%),云母(<5%),钾长石少见。钠更长石为半自形晶,具细而密的钠长石双晶纹,常见有卡钠双晶,有的见其包裹细鳞片状白云母,少见双晶纹弯曲变形;石英为他形粒状,除原有的石英外,还有硅化新生的石英,石英交代斜长石,局部见斜长石残留体,石英呈缝合线状接触,表明为动态重结晶;云母以白云母为主,系黑云母褪色而来,由于应力作用,白云母有一定的定向或半定向性。

似斑状二长花岗岩 灰白色,似斑状结构、花岗结构,块状构造,似斑晶为正长条纹长石,晶内包裹有较多半自形斜长石小晶体和黑云母,斜长石小晶体定向排列,黑云母边缘有一圈石英,钾长石有泥化,具卡氏双晶。二长花岗岩成分为:更长石(40%)具细而密的钠长石双晶纹;黑云母(<5%)呈叶片状分布于长英矿物的粒间或裂隙中,有的似细脉状,为棕褐色;石英(25%~30%)为他形粒状,分布于长石晶体的间隙中,为填隙物;钾长石含量 30%。

糜棱状黑云花岗闪长岩 麻灰色,小眼球状构造,糜棱结构及蠕英结构。矿物成分:更长石含量为35%,钾长石大于 20%,石英大于或等于 40%,黑云母小于 5%。岩石由于糜棱岩化作用,即形成小眼球构造,其眼球主要为更长石,次为钾长石,其长轴大多定向,边缘有鳞片状黑云母和被拉伸并具缝合线结构的石英围绕,另外还有微斜长石或条纹长石构成眼球。钾长石眼球粗大,常包裹有小的斜长石晶体,部分斜长石绢云母化较强。石英被拉伸成长条纹状,与边缘具缝合线状的定向晶体紧密平行排列。黑云母呈鳞片状沿眼球边缘也为定向排列。因而,斜长石眼球(包括钾长石眼球)—黑云母—石英三者定向排列便构成了糜棱状花岗闪长岩。

钾长花岗斑岩 肉红色,斑状结构,基质具微粒结构,块状构造。斑晶含量占 40%~45%,其中钾长石 20%~35%,主要为正长石,呈短柱状、板状单晶或聚斑状,有极强的绢云母化,偶见卡氏双晶;斜长石占 10%,以长柱状为主,少见宽板状晶形,具极强的绢云母化,局部可见钠长石双晶影;石英大于5%,他形粒状集合体,表面常呈麻点状或斑点状;黑云母 5%,叶片状、长条状、柱状,常显黄褐色,有的已碳酸盐化、绿泥石化。基质含量占 55%~60%,以长英质矿物为主,其中石英 25%~30%,钾长石和斜长石 25%,黑云母含量约 3%,磁铁矿含量在 2% 左右。微晶长石因强绢云母化,呈灰—淡褐色麻点状,粒状石英透明度较好。

3. 岩石化学特征

从岩石化学分析结果及特征指数(表 3-45)中可知:昌不格岩体微富 SiO_2、Al_2O_3、FeO、K_2O、Na_2O

($K_2O>Na_2O$),贫 Fe_2O_3、MgO、CaO、MnO、TiO_2,而 SiO_2 平均含量为 71.42%,略高于中国花岗岩平均值(71.27%),里特曼指数 σ 值为 2.16~3.00,属钙碱性系列,碱质不饱和。A/CNK 值为 0.698~1.09,平均 0.93,表明岩石偏铝或次铝,显示 I 型花岗岩特征。硅-碱图中样点全部落入亚碱性系列的花岗岩区(图 3-50),在 Q-A-P 图解(图 3-51)中投点落入二长花岗岩区,在 Na_2O-K_2O 图解(图 3-52)中,投点全落入过碱的 A 型花岗岩区。

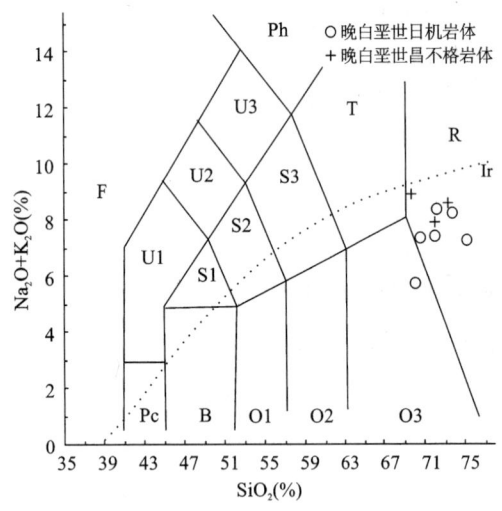

图 3-50 $SiO_2-(Na_2O+K_2O)$ 图

O3:英安岩;R:流纹岩;Ir:Irvine 分界线,上方为碱性,下方为亚碱性

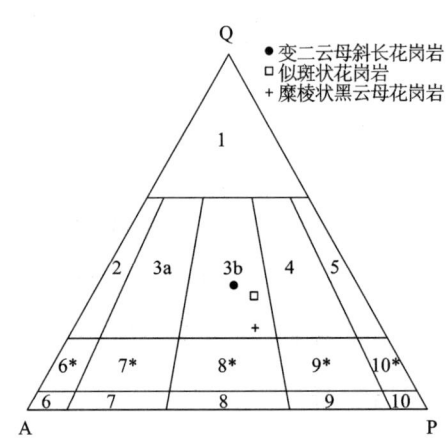

图 3-51 昌不格岩体岩石矿物分类图

1.富石英花岗岩;2.碱长花岗岩;3a.花岗岩;3b.花岗岩(二长花岗岩);4.花岗闪长岩;5.英云闪长岩、斜长花岗岩;6*.碱长石英正长岩;7*.石英正长岩;8*.石英二长岩;9*.石英二长闪长岩;10*.石英闪长岩、石英辉长岩、石英斜长岩;6.碱长正长岩;7.正长岩;8.二长岩;9.二长闪长岩、二长辉岩;10.闪长岩、辉长岩、斜长岩

4. 微量元素特征

微量元素特征显示(表 3-45),大离子亲石元素除 K、Ba 略高于世界花岗岩平均含量,其他均低,尤其是高场强元素一般均低,Ta 亏损较多,而 Sc、Hf 富集。亲硫元素强烈富集 Bi,但 Hg 则强烈亏损,亲铁元素 V 特征富集,Cr 次之,成矿元素 Au、Pb 较富集,Au 为地壳克拉克值的 1/4,Pb 是地壳克拉克值的 3 倍多,具有较好的矿源物质基础。

微量元素蛛网图(图 3-53)中显示强烈富集亲石元素 K、Rb、Ba、Th,弱富集 Ce、Nb,极度亏损 Ti 和 Yb,整个曲线形态近似于大陆碱性火山弧玄武岩(智利)的曲线特征,表明岩浆主要来源于下地壳。

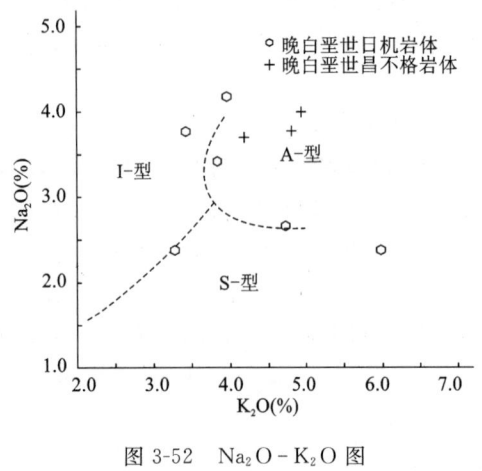

图 3-52 Na_2O-K_2O 图

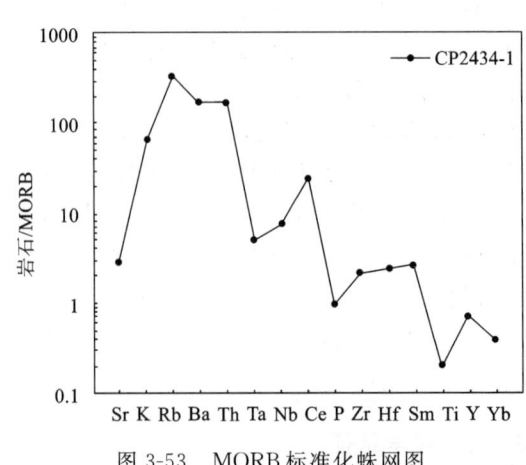

图 3-53 MORB 标准化蛛网图

表 3-45 昌不格岩体岩石化学特征表

岩石化学 (wt%)

样号	岩石名称	SiO_2	Al_2O_3	Fe_2O_3	FeO	CaO	MgO	K_2O	Na_2O	TiO_2	P_2O_5	MnO	灼失	H_2O^+	H_2O^-	CO_2	NiO	CoO	Cr_2O_3	SO_3
B2645-1	变二云母斜长花岗岩	72.92	14.23	0.362	1.24	0.491	0.292	4.8	3.77	0.094	0.376	0.04	0.64	0.72	0.04	0.046	3.94	4.58	11.4	0.003
GS2434-1	似斑状花岗岩	71.78	14.27	0.056	2.56	1.33	0.487	4.18	3.7	0.278	0.126	0.041	0.29	0.32	0.06	0.057	8.02	4.45	9.5	0.006
B2646-1	片麻状黑云母花岗岩	69.56	17.86	0.321	2.6	1.7	0.481	4.94	3.99	0.255	0.159	0.042	0.02	0.22	0.06	0.057	2.64	0.13	8.62	0.003
中国花岗岩		71.27	14.25	1.24		1.62	0.08	0.8	1.62	3.79	4.03	0.16								

微量元素丰度 ($\times 10^{-6}$)

样号	岩石名称	Sr	K	Rb	Ba	Th	Nb	Ce	Ta	Hf	Sm	Ti	Y	Yb
GP2434-1	似斑状花岗岩	246	39 800	188	1050	20	16.8	182	0.63	4.83	6.92	1850	20.7	1.12
克拉克值(维,1962)		340	500	150	650	13	20		2.5	1	6	9.3	29	
世界花岗岩		300	33 400	200	830	18	20	100	3.5	1	9	100	34	4

稀土元素丰度及特征参数 ($\times 10^{-6}$)

样号	岩石名称	La	Ce	Pr	Nd	Sm	Eu	Gd	Tb	Dy	Ho	Er	Tm	Yb	Lu	Y
XT2434-1	似斑状花岗岩	60.4	95.5	9.96	36.3	6.92	1.25	5.11	0.89	4.61	0.78	2.06	0.29	1.12	0.19	17.7

样号	岩石名称	ΣREE	LREE	HREE	δEu	δCe	Eu/Sm	La/Yb	La/Sm	Sm/Nd	Ce/Yb
XT2434-1	似斑状花岗岩	225.38	210.33	15.05	0.6159	0.8411	0.1806	53.929	8.7283	0.1906	85.268

5. 稀土元素特征

稀土元素含量及参数特征(表3-45)表现为,$\Sigma REE=225.4\times10^{-6}$,$LREE=210.33\times10^{-6}$,轻稀土强烈富集,$LREE/HREE=13.97$,$Ce/Yb=85.27$,$Eu/Sm=0.18$,$La/Yb=53.93$,$Gd/Yb=4.56$,$Sm/Nd=0.19$,轻、重稀土均强烈分馏,$\delta Eu=0.616$,Eu显示弱亏损。配分曲线呈左高右低、中部"Eu"具不明显的宽缓而浅的"V"字型(图3-54),整个曲线自左至右斜度较小,反映岩浆形成与演化处于逐渐过渡的构造环境。据不同源区$\delta Eu-Sr$图解(图3-55),样点落入幔源区,说明岩浆物源主要来自地幔。

综合地质特征、岩石学及岩石化学、微量元素特征认为该岩体岩浆来自壳幔混合层。

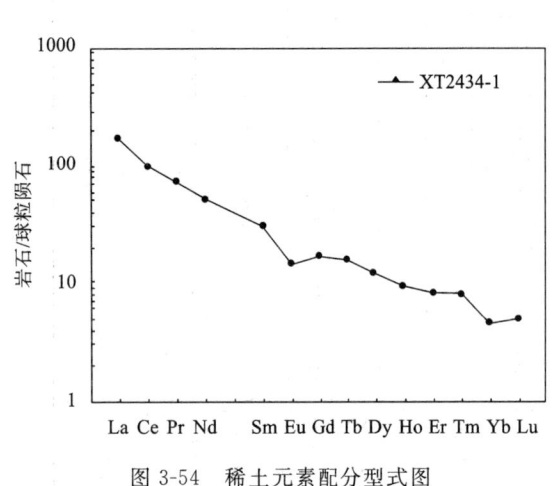

图3-54　稀土元素配分型式图　　　　图3-55　不同源区中酸性岩$\delta Eu-Sr$值范围

6. 成矿元素特征

成矿元素Cu、Zn、Au、Ag均低于地壳克拉克值的2~4倍,出现较大亏损,仅Pb高出地壳克拉克值的3倍,有较强富集可成矿外,其他成矿元素不利于成矿。

四、冈底斯-念青唐古拉构造侵入岩带

(一)地质及岩石学特征

1. 中侏罗世巴登岩体

1)地质特征

巴登岩体由5个独立的小侵入体构成。出露于丁青县尺牍镇巴登北、热玉乡玛贡南及马利卡南,丁青镇热巴野者,巴达乡嘎雨格。形态均呈椭圆状,面积分别为1.5km²、4.5km²、5km²、3.3km²、0.7km²,占测区侵入岩总面积的0.81%。

侵入地层为J_2xh(图3-56),接触面向外倾,倾角中等,外接触带围岩发生热接触变质,形成铁铝榴石红柱石角岩(化)带;玛贡一带所见变斑状铁铝榴石,裂纹发育,沿裂纹充填绿泥石,内部有斜长石、黑云母、磁铁矿包体,切割斜长石、黑云母及石英,形成于岩浆分异结晶晚期,属热接触变质成因。内接触带有细粒化冷凝边。

侵入地层时代为中侏罗世,1:20万丁青县幅在巴登岩体中获黑云母K-Ar法年龄157Ma。本次区调在该岩体八达南独立侵入体中获锆石U-Pb法同位素年龄值58.5Ma,在西邻1:25万比如县幅军巴岩体(与该岩体处于同一侵入岩带)中获锆石U-Pb法同位素年龄值167Ma,综合考虑将该岩体岩浆

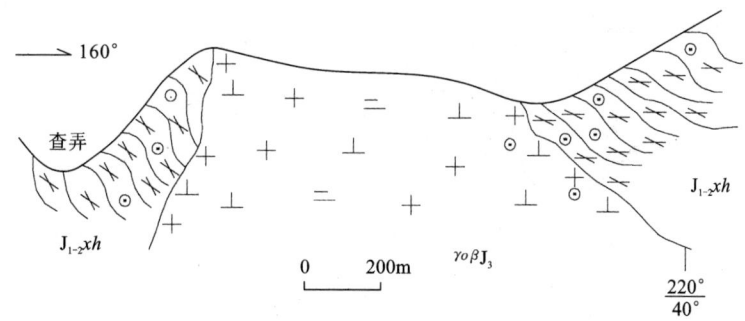

图 3-56　丁青县热王乡玛汞巴登岩体侵入希湖组接触关系素描图

侵位时期定为中侏罗世。

2) 岩石学特征

灰白色中粒英云闪长岩,中粒花岗结构,块状构造。斜长石(55%～60%)自形—半自形柱状、板柱状晶体,粒径多为2～4mm,长宽比最大为3,少数呈不规则粒状,钠长双晶,反环带构造,有钠长石化,An 为 24～37,属更—中长石。钾长石(5%)为条纹长石,他形粒状晶体,少见交代斜长石现象,粒径0.5～1mm。石英(20%～30%)为他形粒状晶体,粒径 0.2～1mm,包裹斜长石、黑云母,不均匀充填斜长石间隙。黑云母 3%～10%、白云母 2%～10%,鳞片或长条片状晶体,两者常呈集合体产出,黑云母可分两期,第一期粒径约 0.5mm×2mm,第二期粒径约 0.1mm×0.3mm。角闪石(<5%)柱状晶体,有绿泥石化,不均匀分布。副矿物组合:磁铁矿、磷灰石、榍石、金红石。

2. 早白垩世雄拉岩体

1) 地质特征

出露于图幅最南部的丁青与洛隆两县交界部位。形态呈椭圆状,斜切区域构造线,长轴为北北东向。共出露 10 个侵入体,归并为四个相带,总面积约 506.6km²,占测区侵入岩总面积的 27.3%,整体呈不规则的套环状,早期相带分布于岩体外侧,末期相带呈小岩株侵入(图 3-57)。

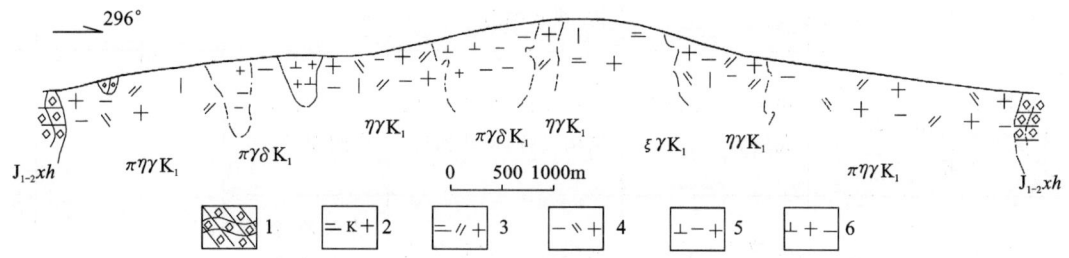

图 3-57　丁青县协雄乡早白垩世熊拉岩体侵入接触关系剖面图
1.空晶石角岩;2.中粒二云正长花岗岩;3.细粒二云二长花岗岩;4.细斑状细粒黑云二长花岗岩;
5.含似斑细粒黑云花岗闪长岩;6.细粒花岗闪长岩

该岩体侵入 J_2xh 黑色板岩(图 3-58),外接触带形成宽 1～20km 的红柱石、空晶石、堇青石角岩接触变质岩带,沿岩体边部呈环状分布。岩体内部有黑色板岩捕房体。1:20 万丁青县幅在岩体中获黑云母 K-Ar 法同位素年龄为 92.5～111.1Ma(表 3-46),时代属早白垩世。

2) 岩石学特征

从各相带岩石矿物组合及含量特征表(表 3-47)中可以看出,边缘相岩石中似斑晶成分主要为斜长石,过渡相以钾长石为主,这两个相带黑云母普遍高,白云母偏低。中间相以黑云母为主,白云母较多,中心相带两种云母含量基本相同。

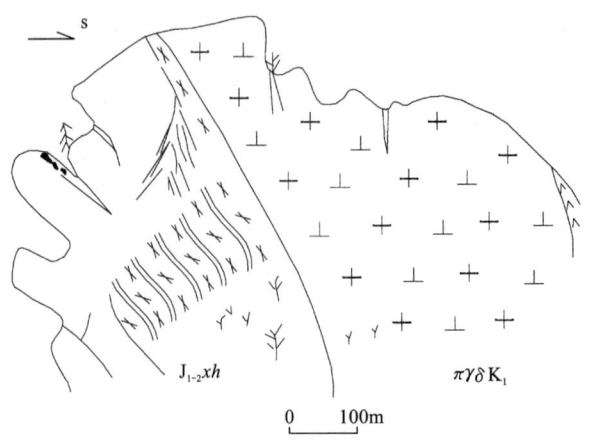

图 3-58　丁青县协雄乡熊拉岩体侵入希湖组($J_{1-2}xh$)素描图

含似斑细粒黑云花岗闪长岩　颜色为灰色、灰白色,似斑状结构、细粒花岗结构,交代蠕英、港湾、穿孔、残蚀结构,块状构造。斜长石自形—半自形长柱状、板柱状晶体,An 为 25,属更长石,聚片双晶、卡钠复合双晶,正环带结构,被钾长石交代、包裹、残蚀。钾长石:半自形板条状及他形不规则粒状,主要为正长石、微斜长石、条纹长石,微斜条纹长石次之,卡斯巴双晶、格子双晶发育,有钠长石条纹。石英为他形不规则粒状,边缘较规则,充填斜长石间隙。黑云母为黄褐色,板条状晶体,有绿泥石化。副矿物组合:磁铁矿、锆石、磷灰石。

表 3-46　冈-念构造侵入岩带各岩体、相带、岩类特征表

时代	岩体/相带	岩性代号	岩石名称	结构构造	接触关系	侵入体个数	出露面积（km²）	同位素年龄（Ma）
K_2	折拉岩体	$\gamma\pi K_2$	花岗斑岩	斑状结构、基质微粒花岗结构、微嵌晶结构,块状构造	侵入希湖组、拉贡塘组、多尼组	6	20	
K_1	雄拉 达拉中心相	$\xi\gamma K_1$	中粒二云正长花岗岩	中粒花岗结构、交代结构发育,块状构造	侵入觉查拉中间相带	10	506.6	
	雄拉 觉查拉中间相	$\eta\gamma K_1$	细粒黑（二）云二长花岗岩	细粒花岗结构、交代结构发育,块状构造	侵入腊窝麻过渡相带、巴隆边缘相带			$\dfrac{99.6}{K-Ar}$
	雄拉 腊窝麻过渡相	$\pi\eta\gamma K_1$	似斑状细粒黑云二长花岗岩	似斑状结构、细粒花岗结构、交代结构发育,块状构造	侵入巴隆边缘相带,侵入希湖组			$\dfrac{92.5}{K-Ar}$
	雄拉 巴隆边缘相	$\pi\gamma\delta K_1$	含似斑细粒黑云花岗闪长岩	似斑状结构、细粒花岗结构、交代结构发育,块状构造	侵入希湖组			$\dfrac{111.1}{K-Ar}$
J_2	巴登岩体	$\gamma o\beta J_2$	中粒英云闪长岩	中粒花岗结构,块状构造	侵入希湖组	5	15	$\dfrac{157.1}{K-Ar}$

表 3-47　雄拉岩体各相带岩石矿物组合及含量表(%)

相带	岩石名称	样号	似斑晶		Pl	Or	Q	Bi	Ms
			Pl	Or					
中心相带	中粒二云正长花岗岩	2654/3			20	50	26	3	1
		2665/1			20	45	25	5	5
		2665/2			25	45	20	5	5
中间相带	细粒黑(二)云二长花岗岩	2302/3			30	35	30	3	2
		2304/1			30	40	25	1	4
		2654/2			35	30	30	1	4
		2654/4			30	40	25	2	3
		2655/1			25	45	27	1	2
		2655/2			25	40	28	5	2
		2655/3			30	40	23	5	2
		2656/1			30	35	28	5	2
		2664/7			25	45	26	3	1
		2664/5			45	25	24	5	1
		2664/4			35	30	22	3	5
		2664/3			20	35	25	5	5
		5165/1			45	30	20	2	5
过渡相带	似斑状细粒黑云二长花岗岩	2665/5		25	30	15	25	5	
		2664/3	5	10	40	15	20	8	2
		2305/1	10	15	30	15	25	5	
		5162/2		15	40	15	20	10	
		5167/1		10	40	20	20	10	
边缘相带	含似斑细粒黑云花岗闪长岩	2664/8	5		45	15	29	5	1
		2664/9	5		45	15	29	5	1
		2664/10	2		50	15	27	5	1
		1240/1	5		55	10	25	5	

似斑状细粒黑云二长花岗岩　颜色为灰白色,似斑状结构,细粒花岗结构,交代蠕英、港湾、穿孔及残蚀结构,块状构造。钾钠交代及晶体熔蚀现象普遍。斜长石具正环带结构,An 为 26,属更长石,约 20% 为钠长石,常见钠长石交代更长石。

细粒黑(二)云二长花岗岩　颜色为浅灰色,细粒花岗结构,交代结构发育,块状构造。副矿物组合:锆石、磷灰石、磁铁矿、红柱石、电气石、石榴石、矽线石等。

中粒二云正长花岗岩　颜色为浅红色,中粒花岗结构,交代结构发育,块状构造。白云母为细小鳞片状晶体,常和红柱石一起分布,且包裹红柱石。副矿物组合:锆石、磷灰石、褐帘石。

3) 副矿物特征

边缘相和过渡相两相带人工重砂副矿物组合及锆石特征见表 3-48、表 3-49,过渡相带锆石光谱半定量分析:Zr>10%、Hf 0.1%、U 0.08%、La 0.01%、Yb 0.002%、Y 0.007%、Ce 0.000%。

表 3-48 巴隆和腊窝麻相带副矿物组合及含量表

相带	矿物	磁铁矿	黄铁矿	褐铁矿	钛铁矿	白钛石	锐钛矿	赤铁矿	尖晶石	锆石	磷灰石	榍石	金红石	电气石	磷钇矿	独居石	红柱石	石榴子石	白铅矿	钼铅矿	泡铋矿	孔雀石
巴隆	含量	⊙	·	10	21	·	○	○	○	○	238	·	·	279	·	3	·					
腊窝麻	含量	·	·	⊙	3	·	·	6	6	○	·	·	⊙	⊙	4	1	·	·	·	·	·	·

单位：· 1～10 颗；○ 11～50 颗；⊙ >50 颗；其余为 10^{-6}。

表 3-49 早白垩世折拉岩体锆石特征对比表

相带及岩类代号	巴隆($\pi\gamma\delta K_1$)	腊窝麻($\pi\eta\gamma K_1$)
颜色	浅红色、黄褐色、棕红色	浅褐红色,少数无色
光泽	玻璃光泽	金刚光泽
透明度	半透明	透明
粒径	0.05～0.25mm	0.02～0.18mm
长宽比值	多数 2～3,最大 4,最小 1.4	多数 1.7～3,最大 5.8,最小 1.2
包体	小锆石、磷灰石 3～5 颗	小锆石 1～8 颗,少数黑云母及黑色质点
含铀量	较低	较低
晶形特征	晶面清晰,晶棱平直,个别有熔蚀,表面有红色斑点,由柱面(110)、(100)和锥面(111)、(311)、(131)组成复杂聚形	晶面清晰,晶棱平直,普遍轻微熔蚀,主要由(110)、(100)、(111)组成。次要由(100)、(111)和(110)、(100)、(111)、(311)、(131)组成。少数由(100)、(110)、(111)组成
晶体形态	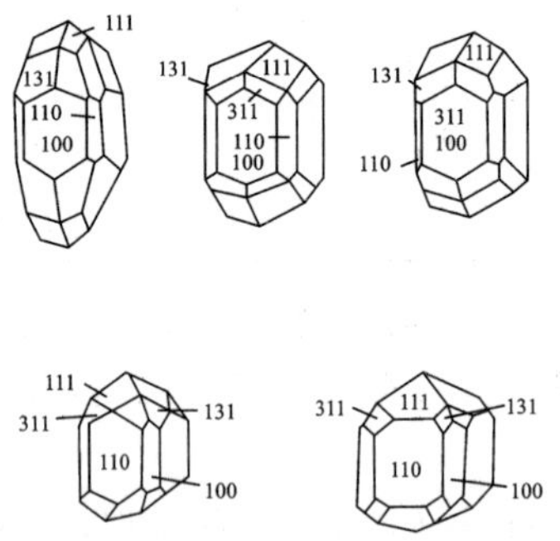 (晶体形态图示)	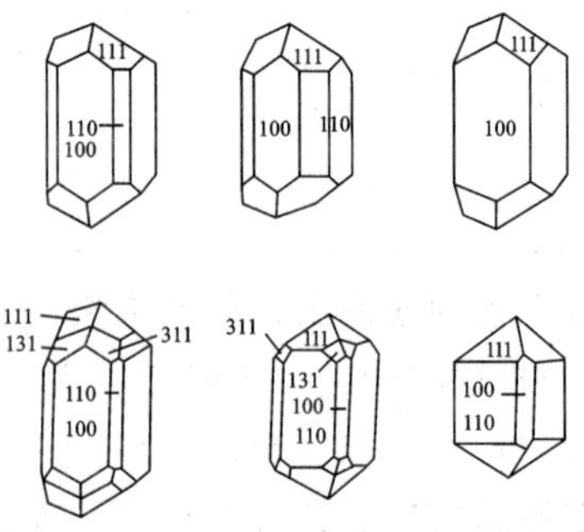 (晶体形态图示)

3. 晚白垩世折拉岩体

1) 地质特征

由 6 个小型独立侵入体构成,分别出露于丁青县当堆乡折拉、巴恩、日阿牙惹玛和色扎乡、巴达乡班卡嘎南等地。形态多呈椭圆状,总面积 20km²,占测区侵入岩总面积的 1.1%。岩石主要为花岗斑岩(斜长花岗斑岩、二长花岗斑岩),以二期(斑状)结构为特征。侵入地层为 J_2xh、$J_{2-3}l$、K_1d(图 3-59),接触面产状向外倾,倾角中等,边部不规则,呈枝杈状,有围岩捕房体。时代为晚白垩世。

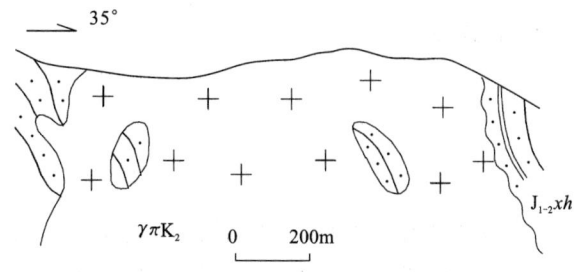

图 3-59 丁青县色扎乡折拉岩体侵入希湖组素描图

2）岩石学特征

花岗斑岩 颜色多为浅红色，有的为灰白色，斑状结构，基质微粒花岗结构、微嵌晶结构，块状构造。斑晶（25%～35%）以斜长石、石英为主，部分钾长石、白云母、黑云母。斜长石为自形板柱状晶体，多数不太完整，聚片双晶及卡钠复合双晶发育。石英及钾长石为半自形—他形粒状晶体，多具熔蚀，呈港湾状。黑云母、白云母为不完整的板片状晶体。基质矿物成分与斑晶基本相同，多为他形不规则微粒状晶体。副矿物组合：磁铁矿、榍石、磷灰石、锆石。

3）副矿物特征

折拉岩体人工重砂矿物分析结果列于表 3-50 中。

锆石：淡红色、个别浅褐色，透明度良好，金刚光泽。晶形及主要特征见表 3-51。粒径 0.02～0.25mm，长宽比值多数为 2～3，最大为 4.7，最小为 1.6。包体有小锆石及黑色质点，数量不等，1～15颗。NaF 珠球在荧光照射下发淡黄绿色光，显示含铀量较低。

表 3-50 折拉岩体副矿物组合及含量表

矿物	磁铁矿	黄铁矿	褐铁矿	钛铁矿	锐钛矿	白钛石	锆石	磷灰石	独居石	萤石	红柱石	透闪石	电气石	孔雀石
含量	·	·	·	182	·	0.8	⊙	14	○		26	·	660	·

单位：· 1～10颗；○ 11～50颗；⊙ >50颗；其余为 10^{-6}。

表 3-51 丁青县折拉晚白垩世折拉岩体锆石晶形及主要特征表

	晶形	主要特征
主要晶形	a, b	由柱面(110)和锥面(311)、(111)组成之聚形。其中 b，偏锥面(131)、(311)远较(111)发育
次要晶形	c	由柱面(100)、(110)和锥面(111)、(131)、(311)组成之复杂聚形，其中柱面(100)较(110)发育，锥面(111)较(131)、(311)发育
少数晶形	d, e	由柱面(110)、(100)和锥面(111)、(131)、(311)组成之复杂聚形，d 柱面(100)较(110)发育，锥面(131)较(311)、(111)发育

(二) 岩石化学及地球化学特征

1. 岩石化学特征

1) 巴登岩体

从岩石化学特征（表3-52）及指数特征（表3-53）中可以看出：①SiO_2含量与中国岩浆岩平均值相比，低于黑云花岗岩（71.99%），高于石英闪长岩（60.51%）。②σ值为0.98（<1.8），属钙性系列。③A/CNK值为1.7，表明铝过饱和，显示S型花岗岩特征（>1.1）。④CIPW标准矿物组合：Or＋Ab＋An＋Hy＋C＋Q。刚玉和石英含量均较高（6.74%、36.38%），属硅铝过饱和型。

表3-52 冈-念构造侵入岩带各岩体（相带）岩石化学特征表（wt%）

岩体相带	样号	岩石名称	SiO_2	TiO_2	Al_2O_3	Fe_2O_3	FeO	MnO	MgO	CaO	Na_2O	K_2O	P_2O_5	LOS	总量	σ	SI	AR	A/CNK	K_2O/Na_2O
K_2折拉岩体	0294/11-1	花岗斑岩	71.5	0.18	15.54	0.11	1.5	0.07	1.36	0.86	5.1	1	0.13	2.21	99.56	1.29	14.99	2.18	1.408	0.196 08
K_1雄拉岩体达拉相带	2665/1	中粒黑云正长花岗岩	72.28	0.2	15.08	0.7	1.04	0.04	0.26	1.17	2.5	5	0.2	1.24	99.71	1.91	2.74	2.71	1.294	2
	2655/1	中粒黑云正长花岗岩	73.48	0.13	14.29	0.28	1.36	0.05	0.25	0.92	3.2	4.55	0.4	1.01	99.92	1.96	2.59	3.08	1.205	1.421 88
	平均		72.88	0.17	14.69	0.49	1.2	0.05	0.26	1.05	2.85	4.78	0.3							1.677 19
K_1雄拉岩体觉查拉相带	3394/1	细粒黑（二）云二长花岗岩	70.48	0.15	14.44	0.83	1.03	0.06	0.91	0.8	3.5	4.15	0.07	1.17	99.59	2.09	8.73	3.02	1.234	1.185 71
	5166/1	细粒黑（二）云二长花岗岩	71.9	0.2	15.44	0.97	0.88	0.02	0.45	0.94	3.2	4.25	0.13	1.06	99.44	1.91	4.62	2.67	1.334	1.328 13
	2302/1	细粒黑（二）云二长花岗岩	72.93	0.18	15.05	1.05	0.69	0.01	0.3	0.47	3.1	4.36	0.24	1.14	99.52	1.85	3.17	2.85	1.41	1.406 45
	2302/2	细粒黑（二）云二长花岗岩	72.5	0.19	14.7	1.37	0.88	0.03	0.13	0.76	0.29	4.71	0.24	1.09	96.89	0.83	1.77	1.96	2.113	16.2414
	2302/3	细粒黑（二）云二长花岗岩	71.9	0.13	14.74	0.88	1.77	0.05	0.3	0.82	3.16	4.63	0.23	0.71	99.32	2.09	2.79	3.01	1.26	1.465 19
	B2608-2	二云二长花岗岩	73.37	0.187	14.00	0.112	2.32	0.047	0.378	0.440	3.35	4.24	0.193	0.610	99.25	1.89	3.63	3.22	1.284	1.265 67
	平均		72.18	0.173	14.73	0.869	1.262	0.036	0.411	0.705	2.767	4.39	0.184							1.586 75

续表 3-52

岩体相带	样号	岩石名称	SiO₂	TiO₂	Al₂O₃	Fe₂O₃	FeO	MnO	MgO	CaO	Na₂O	K₂O	P₂O₅	LOS	总量	σ	SI	AR	A/CNK	K₂O/Na₂O
K₁雄拉岩体腊窝麻相带	5167/1	似斑状黑(二)云二长花岗岩	68.84	0.25	16.63	0.29	2.94	0.09	0.45	2.2	3.85	4.25	0.15	0.87	99.81	2.52	3.82	2.66	1.047	1.1039
	2306/1	似斑状黑(二)云二长花岗岩	68.72	0.38	15.28	0.21	3.16	0.99	0.13	2.06	3.3	4.2	0.15	0.91	99.49	2.17	1.18	2.52	1.114	1.272 73
	2664/2	似斑状黑(二)云二长花岗岩	72.22	0.2	14.99	0.59	1.4	0.06	0.25	1.15	3.25	4.2	0.13	1.22	99.66	1.89	2.58	2.71	1.251	1.292 31
	平均		69.93	0.277	15.3	0.363	2.5	0.38	0.277	1.803	3.467	4.217	0.143							1.216 35
K₁雄拉岩体巴隆相带	1246/1	含似斑细粒黑云花岗闪长岩	68.14	0.45	15.17	2.46	1.93	0.12	1.08	1.57	3.05	4.4	0.18	1.03	99.58	2.19	8.4	2.6	1.201	1.442 62
	4126/1	含似斑细粒黑云花岗闪长岩	69.26	0.35	14.61	0.92	1.9	0.07	2.21	1.59	3	4.2	0.19	1.63	99.93	1.95	18.07	2.6	1.181	1.4
	GS2 406	二云母花岗岩	73.56	0.160	14.19	0.106	1.57	0.040	0.358	0.357	3.39	4.40	0.187	0.650	98.97	1.97	3.64	3.31	1.291	1.297 94
	平均		70.32	0.32	14.66	1.162	1.8	0.077	1.216	1.172	3.147	4.333	0.186							1.377 12
J₂巴登岩体	4020/9-1	中粒浅色英云闪长岩	70.49	0.18	16.43	0.34	2.02	0.03	1.34	1.91	4.5	0.7	0.05	1.4	99.36	0.97	15.06	1.79	1.412	0.16
	中国花岗岩		71.27	0.25	14.25	1.24	1.62	0.08	0.8	1.62	3.79	4.03	0.16			2.16	6.969	2.94	1.05	1.06

表 3-53 冈-念构造侵入岩带各岩体 CIPW 标准矿物(%)及岩石化学指数表

参数\样号	0294/11	2665/1	2655/1	3394/1	5166/1	2302/1	2302/2	2302/3	5167/1	2306/1	2664/2	1246/1	4126/1	B2608-2	GS2 406	4020/9-1
石英(Q)	34.27	36.31	35.62	31.99	34.83	37.65	53.16	33.6	23.21	26.51	34.44	28.39	29.03	35.38	35.64	34.94
钙长石(An)	3.51	4.57	1.97	3.64	3.88	0.78	2.3	2.6	10.04	9.37	4.93	6.71	6.76	0.93	0.56	9.34
钠长石(Ab)	44.33	21.48	27.38	30.72	27.53	26.67	2.56	27.12	32.93	28.33	27.94	26.2	25.82	28.74	29.18	38.86
刚玉(C)	6.07	30.01	27.19	25.44	25.53	26.2	29.07	27.75	25.38	25.18	25.21	26.4	25.25	25.4	26.45	4.22
正长石(Or)	4.95	3.97	3.42	3.01	4.25	5.03	8.69	3.64	1.07	1.95	3.37	3.01	2.74	3.61	3.71	5.02
紫苏辉石(Hy)	6.04	1.75	2.8	3.49	2.1	1.64	2.01	3.19	6.1	7.27	2.53	5.24	7.92	4.96	3.56	6.66

续表 3-53

参数\样号	0294/11	2665/1	2655/1	3394/1	5166/1	2302/1	2302/2	2302/3	5167/1	2306/1	2664/2	1246/1	4126/1	B2608-2	GS2406	4020/9-1
钛铁矿（Il）	0.35	0.39	0.25	0.3	0.39	0.35	0.38	0.25	0.48	0.73	0.39	0.87	0.68	0.36	0.31	0.35
磁铁矿（Mt）	0.16	1.03	0.41	1.23	1.18	1.1	1.23	1.29	0.42	0.31	0.87	2.74	1.36	0.16	0.16	0.5
磷灰石（Ap）	0.31	0.47	0.94	0.17	0.31	0.57	0.58	0.54	0.35	0.35	0.31	0.42	0.45	0.45	0.44	0.12
锆石(Zr)	0.01	0.04	0.05	0.03	0.02	0.02	0.03	0.02	0.03	0.02	0.03	0.01				
合计	100	100.02	100.03	100.02	100.02	100.01	100.01	100	100.01	100.02	100.02	100	100.02	99.99	100	100.01
分异指数(DI)	88.18	92.37	92.16	91.79	91.77	91.3	87.09	91.07	91.56	89.39	92.52	87.71	86.87	90.45	91.82	87.36
密度(g/cc)	2.73	2.69	2.68	2.69	2.7	2.7	2.74	2.7	2.7	2.72	2.69	2.74	2.73	2.7	2.69	2.75
液相密度	2.4	2.38	2.38	2.39	2.39	2.38	2.39	2.39	2.43	2.44	2.39	2.43	2.42	2.39	2.37	2.42
干粘度	10	10.44	10.66	9.83	10.18	10.77	12.53	9.94	8.29	8.45	10.26	8.11	8.42	10.54	10.84	9.51
湿粘度	7.38	7.58	7.56	7.22	7.47	7.7	8.66	7.28	6.48	6.58	7.48	6.37	6.5	7.5	7.64	7.24
液相线温度	784	785	769	790	790	711	742	794	855	852	785	862	839	767	759	811
H_2O 含量	4	3.99	4.18	3.93	3.93	4.15	4.47	3.89	3.21	3.24	3.99	3.13	3.39	4.2	4.29	3.69
A/CNK	1.408	1.294	1.205	1.234	1.334	1.41	2.113	1.26	1.047	1.114	1.251	1.201	1.181	1.284	1.291	1.412
SI	14.99	2.74	2.59	8.73	4.62	3.17	1.77	2.79	3.82	1.18	2.58	8.4	18.07	3.63	3.64	15.06
AR	2.18	2.71	3.08	3.02	2.67	2.85	1.96	3.01	2.66	2.52	2.71	2.6	2.6	3.22	3.31	1.79
σ_{43}	1.29	1.91	1.96	2.09	1.91	1.85	0.83	2.09	2.52	2.17	1.89	2.19	1.95	1.89	1.97	0.97
σ_{25}	0.81	1.2	1.25	1.31	1.19	1.17	0.54	1.3	1.5	1.29	1.18	1.29	1.18	1.2	1.26	0.6
R_1	2740	2748	2675	2518	2648	2732	3719	2545	2152	2354	2656	2335	2524	2670	2661	2922
R_2	477	441	395	429	433	366	393	397	570	534	436	527	576	345	340	605
F_1	0.72	0.75	0.74	0.73	0.75	0.76	0.82	0.74	0.7	0.71	0.74	0.71	0.71	0.75	0.75	0.72
F_2	−1.42	−0.97	−1.03	−1.08	−1.06	−1.04	−0.9	−1.02	−1.09	−1.06	−1.07	−1.06	−1.09	−1.06	−1.05	−1.44
F_3	−2.63	−2.53	−2.53	−2.56	−2.56	−2.55	−2.43	−2.52	−2.56	−2.51	−2.55	−2.51	−2.54	−2.53	−2.55	−2.6

说明：

The program for CIPW was written by Kurt Hollocher, Geology Department, Union College, Schenectady, Schenectady, NY, 12308, hollochk@union.edu.

氧化物在去 H_2O^- 等以后，重换算为 100%；用 Le Maitre R W(1976) 方法，按侵入岩调整氧化铁；标准矿物为重量百分含量。

$R_1 = 4Si - 11(Na+K) - 2(Fe+Ti)$；$R_2 = 6Ca+2Mg+Al$

$F_1 = 0.0088 \cdot SiO_2 - 0.00774 \cdot TiO_2 + 0.0102 \cdot Al_2O_3 + 0.0066(0.9 \cdot Fe_2O_3 + FeO) - 0.0017 \cdot MgO - 0.0143 \cdot CaO - 0.0155 \cdot Na_2O - 0.0007 \cdot K_2O$

$F_2 = 0.013 \cdot SiO_2 - 0.0185 \cdot TiO_2 + 0.0129 \cdot Al_2O_3 + 0.0134(0.9 \cdot Fe_2O_3 + FeO) - 0.03 \cdot MgO - 0.0204 \cdot CaO - 0.048 \cdot Na_2O - 0.0715 \cdot K_2O$

$F_3 = 0.0221 \cdot SiO_2 - 0.0532 \cdot TiO_2 + 0.0361 \cdot Al_2O_3 + 0.0016(0.9 \cdot Fe_2O_3 + FeO) - 0.031 \cdot MgO - 0.0237 \cdot CaO - 0.0614 \cdot Na_2O - 0.0289 \cdot K_2O$

2) 雄拉岩体

从岩石化学特征(表 3-52)及指数特征(表 3-53)中可以看出:①从边缘相到中心相 SiO_2 平均含量 (68.72%→69.93%→71.95%→73.56%)具由低至高的演化趋势。各相带加权平均值为 71.33%,略高于中国花岗岩平均值(71.27%)。②σ 值为 1.85~2.52,属钙碱性系列。由早到晚 σ 平均值随 SiO_2 含量增加,具由高到低的演化趋势。③A/CNK 值为 1.047~2.113,表明铝过饱和,显示 S 型花岗岩特征。④K/Na 比值在 1.1~1.62 之间,表明 $K_2O>Na_2O$。⑤CIPW 标准矿物组合:Or+Ab+An+Hy+C+Q,属硅铝过饱和型。DI 由边缘相到中心相(79.2→83.0→89.2→88.9)趋于升高。斜长石牌号(21→20→8→11)趋于降低。岩石具由中酸性向酸碱性演化趋势。

3) 折拉岩体

由上述可知:SiO_2 含量接近中国花岗岩平均值。σ 值为 1.31(<1.8),属钙性系列。K/Na 比值为 0.2,表明 $Na_2O>K_2O$。CIPW 标准矿物组合:Or+Ab+An+Hy+C+Q,属硅铝过饱和型。DI(84.7)大于桑汤和塔塔尔(1960)花岗岩(80)平均值。

2. 微量元素特征

1) 巴登岩体

该岩体微量元素与维氏值相比(表 3-54),除 Sr、Hf 较高外,其余均较低。Rb/Sr 比值仅为 0.087,远远低于维氏比值(0.67)。用洋中脊花岗岩作标准值,其分布型式(图 3-60)类似于 Pearce(1984)同碰撞花岗岩中阿曼的分布型式。与洋中脊花岗岩(ORG)相比,Rb、Ba、Th 为 4~10 倍,Ta、Nb、Ce、Hf、Zr、Sm、Y 仅为 0.03~0.7 倍。

表 3-54 冈-念构造侵入岩带各岩体微量元素特征表($\times 10^{-6}$)

岩体相带	样号	岩石名称	Sr	Rb	Ba	Th	Ta	Nb	Zr	Hf	Sc	Cr	Co	Ni	U	V	Cu	Pb	Zn	W	Sn	Mo	Bi
K_2 折拉岩体	0294/11-1	花岗斑岩	220	39	136	3.9	0.45	1.9	92	2.8	2.2	80	2.9	7.4		50	11		24		0.8		
K_1 雄拉岩体达拉相带	2665/1	中粒黑云正长花岗岩	88	552	180	12.8	0.41	11	100	3.3	1.2	70	1.6	20	5.3	40			149	2.5		0.72	
	2655/1	中粒黑云正长花岗岩	73	458	165	9.3	1.79	5	58	2.6	2.8	55	1.7	5	3.6	62			71	3.1	3.1	1.39	
	平均值		127	350	160	8.67	0.88	5.97	83.3	2.9	2.07	68.3	2.07	10.8	19.6	37.7	8		73.3	1.87	1.3	0.7	
K_1 雄拉岩体觉查拉相带	3394/1	细粒黑(二)云二长花岗岩	110	321	432	34.6	3.67	23.5	126	5.1	4.2	69	4	38.7	19.1	13	7.9		7.1				
	2302/1	细粒黑(二)云二长花岗岩	55	391	278	8.9	1.01	9.7	83	1.4	2.1	51	2.4	3.9	6.6	10					1.28		
	2302/2	细粒黑(二)云二长花岗岩	74	406	218	11.7	1.49	9.5	96	2.9	1.9	96	3.3	5.5	4.4	12					0.86		

续表 3-54

岩体相带	样号	岩石名称	Sr	Rb	Ba	Th	Ta	Nb	Zr	Hf	Sc	Cr	Co	Ni	U	V	Cu	Pb	Zn	W	Sn	Mo	Bi
K_1雄拉岩体觉查拉相带	2302/3	细粒黑(二)云二长花岗岩	85	423	175	10	1.62	11	80	2.2	2.1	171	3.7	6.7	3.7	14						13.02	
	B2608-2	二云二长花岗岩	75.1	331	186	5.73	1.58	8.82	112	3.68	3.45	13.3	3.8	2	1.94	7.01	16.2	55	82.6	1.65	50	0.46	1.6
	平均值		79.8	374	459	14.2	1.87	12.5	99.4	3.06	2.75	80.1	3.44	11.4	7.15	11.2	4.82	11	16.5	0.33	11.4	0.72	0.32
	2306/1	似斑状黑(二)云二长花岗岩	172	323	261	22	1.22	8	245	7.5	6.4	49	5.6	47	3.1	58			76	2.4		0.54	
	2664/2	似斑状黑(二)云二长花岗岩	128	387	360	16.2	1.55	22	116	3.2	4	63	2.3	28	7.2	37			50	9		4.53	
	平均值		150	355	834	19.1	1.39	15	181	5.35	5.2	56	3.95	37.5	5.15	47.5	0	0	63	5.7	0	2.54	
K_1雄拉岩体巴隆相带	4126/1	含似斑细粒黑云花岗闪长岩	398	290	200	24.6	2.7	15.4	190	4.9	6.1						27.3	80.7	45.6	7.2	11	0.72	0.3
	2664/3	含似斑细粒黑云花岗闪长岩	80	264	378	8.3	1.31	15	87	2.2	2.9	50	1.4	12	5.1	32			70	4.3		1.9	
	GS2406	二云母花岗岩	114	326	471	9.97	0.5	8.42	68.2	2.14	3.32	12.1	2.2	10.1	2.95	5.35	6.2	75.8	52.7	0.61	16	0.76	1.65
	平均值		197	293	215	14.3	1.5	12.9	115	3.08	4.11	20.7	1.2	7.37	2.68	12.5	11.2	52.2	56.1	4.04	9	1.13	0.65
J_2巴登岩体	4020/9-1	中粒浅色英云闪长岩	506	44	650	3.9	0.5	1.9	104	2.2	2.5						36.1	1	26.2	5.6	2.5	1.01	0.41
克拉克值(维,1962)			340	150	830	13	2.5	20	170	1	10	83	18	58	2.5	90	2.5	47					
世界花岗岩			300	200		18	3.5	20	200	1	3	25	5	8	3.5	0	3	20					

2) 雄拉岩体

该岩体微量元素特征(表3-54)是:从边缘相到中心相带 Sr、Ba 趋于降低,Rb 趋于增高,Rb/Sr 比值趋于升高。与维氏值相比,早期相带较接近,晚期相带除 Rb、Th 高外,其余均较低。

3) 折拉岩体

该岩体微量元素特征与维氏值相比(表3-54),除 Hf、U、Cr 略高外,其余均较低,Rb/Sr 比值(0.18)低于维氏比值(0.67)。与洋中脊花岗岩相比,Rb、Ba、Th 为 2~5 倍,Ta、Nb、Cr、Hf、Zr、Sm、Y 为 0.05~0.6 倍。标准化分布型式(图 3-61)与 Pearce(1984)后碰撞花岗岩较类似。

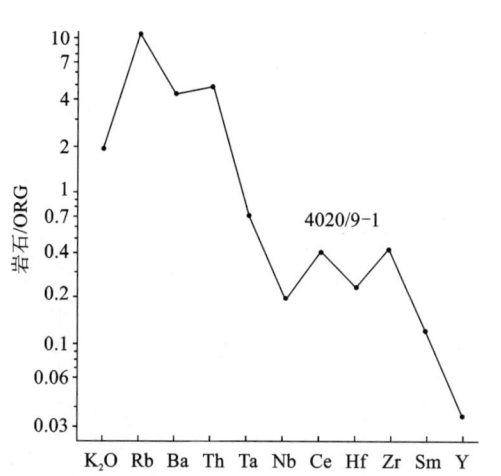

图 3-60　中侏罗世巴登岩体微量元素标准化分布型式图

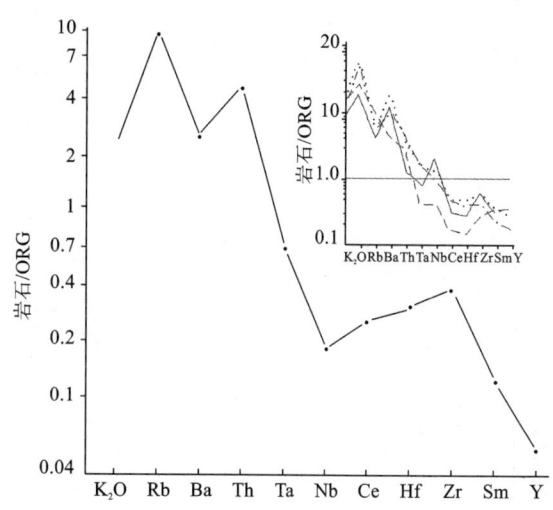

图 3-61　晚白垩世折拉岩体微量元素标准化分布型式图

3. 稀土元素特征

1) 巴登岩体

从稀土元素分析结果及特征参数表(表 3-55)中可知:巴登岩体稀土总量(33.32×10^{-6})较低。标准化配分型式呈轻稀土富集型(图 3-62),轻重稀土比值远远大于 1。δEu 值为 1.12,具微弱的正铕异常。δCe 值为 1.09,铈异常不明显,属铈正常型。

2) 雄拉岩体

据该岩体稀土元素分析结果及特征参数(表 3-55)中可知:①从边缘相至过渡相稀土总量变化于 $53.88\times10^{-6}\sim186.49\times10^{-6}$ 之间,且有升高趋势。②LREE/HREE、La/Yb、La/Sm 及 Ce/Yb 比值均远远大于1,稀土配分型式属富集型,曲线向右倾(图 3-63)。从早到晚上述比值有增高趋势,反映岩浆演化向着富集型进行,也表明中心相带比边缘相岩浆分异程度差。③δEu 值为 0.47~0.86,具负铕异常,属铕亏损型。④δCe 值各相带平均值变化范围在 0.90~1.56 之间,具弱铈异常,属铈正常型—富集型,表明岩石形成于低氧化环境。

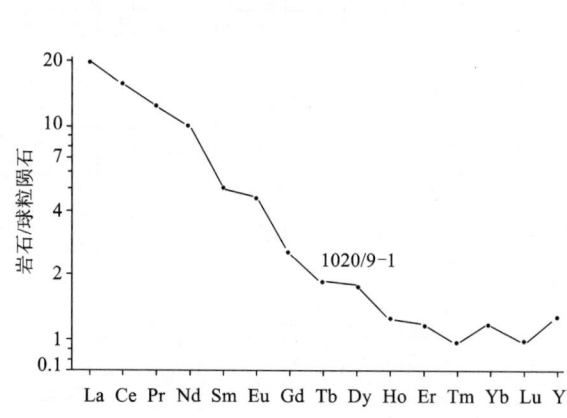

图 3-62　中侏罗世巴登岩体稀土元素标准化配分型式图

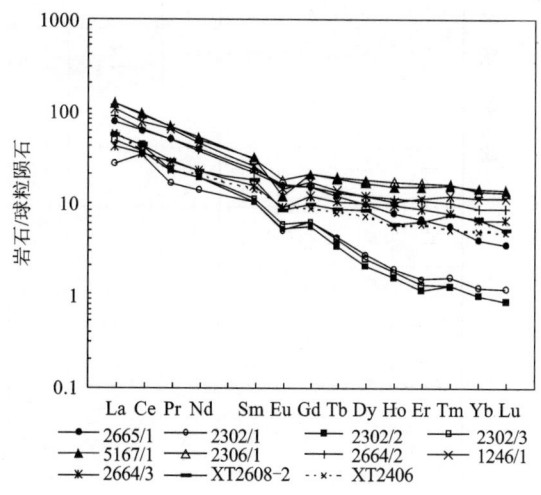

图 3-63　早白垩世拉岩体稀土元素配分型式图

表 3-55　冈-念构造侵入岩带各岩体（相带）稀土元素分析结果及特征参数表（×10^{-6}）

岩体相带	样号	岩石名称	La	Ce	Pr	Nd	Sm	Eu	Gd	Th	Dy	Ho	Er	Tm	Yb	Lu	Y	ΣREE	LREE	HREE	LREE/HREE	ΣCe	ΣSm	ΣYb	δEu	δCe	Sm/Nd	La/Yb	La/Sm	Ce/Yb
K$_2$折拉岩体	4234/2-1	花岗斑岩	23.4	61.74	7.45	25.62	7.43	0.27	7.96	1.67	12.23	2.47	7.77	1.28	8.68	1.3	70.9	169.27	125.91	43.36	2.90	118.21	32.04	89.92	0.12	1.28	0.29	2.7	3.15	7.11
	4234/3-1	花岗斑岩	28.38	67.18	8.57	29.63	8.16	0.28	8.75	1.76	12.38	2.54	7.93	1.3	8.43	1.2	71.3	186.49	142.2	44.29	3.21	133.76	33.87	90.12	0.1	1.17	0.28	3.37	3.48	7.97
	4234/5-1	花岗斑岩	24.41	57.49	7.36	25.6	7.28	0.26	7.8	1.68	11.76	2.45	7.62	1.24	7.88	1.14	69.8	163.97	122.4	41.57	2.94	114.86	31.23	87.65	0.11	1.16	0.28	3.1	3.35	7.3
	4234/6-1	花岗斑岩	21.06	48.63	6.23	22.95	6.45	0.26	7.51	1.56	11.25	2.36	7.36	1.17	7.74	1.12	66	145.65	105.88	40.07	2.63	98.87	29.39	83.4	0.12	1.12	0.28	2.72	3.27	6.28
K$_1$雄拉岩体达拉相带	2665/1	中粒黑云正长花岗岩	23.9	50.6		24.3	4.75	1.2	4.04	0.61		0.59			0.89	0.12	26	111.18	104.75	6.43	3.23	98.8	11.18	27.18	0.82	0.98	0.2	26.95	5.03	57.05
	2302/1	细粒黑二云二长花岗岩	8.7	28.36	19.7	8.59	2.12	0.4	1.71	0.22	0.96	0.15	0.34	0.05	0.27	0.04	3.8	53.88	50.14	3.74	6.64	47.62	5.56	4.51	0.62	1.56	0.25	32.22	4.1	105.04
K$_1$雄拉岩体宽查拉相带	2302/2	细粒斑黑二云二长花岗岩	17.51	35.82	2.86	11.91	2.14	0.41	1.53	0.18	0.72	0.12	0.26	0.04	0.22	0.03	2.8	73.75	70.65	3.1	11.91	68.1	5.1	3.38	0.66	1.09	0.18	79.59	8.18	162.82
	2302/3	细粒斑黑二云二长花岗岩	15.27	31.16	2.72	11.88	2.29	0.46	1.71	0.21	0.85	0.14	0.29	0.04	0.22	0.03	3.3	67.27	63.78	3.49	9.43	61.03	5.66	3.85	0.68	1.06	0.19	69.41	6.67	141.64
	XT26 08-2	二云二长花岗岩	17.7	36.4	3.46	14.2	3.53	0.64	2.62	0.45	2.84	0.45	1.4	0.24	1.49	0.17	10.6	85.59	75.93	9.66	7.86		6.40	0.19	33.29	0.010	0.25			
		平均值	14.795	32.935	2.7525	11.645	2.52	0.4775	1.8925	0.265	1.3425	0.215	0.5725	0.0925	0.55	0.0675	5.125					1.23								
K$_1$雄拉岩体腊察麻相带	5167/1	似斑状黑二二长花岗岩	38.31	77.34	8.11	30.45	6.27	0.92	5.44	0.92	5.45	1.1	3.23	0.48	3.1	0.47	31.8	181.59	161.4	20.19	3.11	154.21	20.09	39.08	0.47	0.99	0.21	12.35	6.11	24.94
	2306/1	似斑状黑二云二长花岗岩	38.3	75.3		31.9	6.14	1.35	5.54	0.97		1.27		0.49	2.92	0.43	28	164.61	152.99	11.62	3.86	145.5	15.26	31.85	0.69	0.96	0.19	13.12	6.24	25.79
	2664/2	似斑状黑二云二长花岗岩	27.7	53.9		23.3	4.22	1.16	3.92	0.65		0.83		0.32	1.93	0.29	28	118.22	110.28	7.94	3.07	104.9	10.68	33.54	0.86	0.95	0.18	14.35	6.56	27.93
		平均值	34.77	68.847		28.55	5.5433	1.1433	4.9667	0.8467		1.0667		0.43	2.65	0.3967	29.267													
K$_1$雄拉岩体巴隆相带	1246/1	含似斑细粒黑云花岗闪长岩	32.82	63.89	7.55	27.917	5.12	1.09	4.56	0.71	4.01	0.79	2.48	0.38	2.47	0.37	22.1	154.24	138.47	15.77	3.66	132.25	16.56	27.78	0.68	0.92	0.18	13.28	6.41	25.86
	2664/3	含似斑细粒黑云花岗闪长岩	13.4	29		26.589	3.1	0.7	3.26	0.54		0.69		0.25	1.46	0.22	30	66.72	60.3	6.42	1.66	56.5	8.29	31.93	0.67	0.99	0.22	9.18	4.32	19.86
	GS2406	二云母花岗岩	18.2	29.8	2.65	27.685	2.82	0.7	2.39	0.4	2.49	0.41	1.29	0.16	1.08	0.16	11	75.05	66.67	8.38	7.96				0.80	0.90				
		平均值	21.473	40.897		27.397	3.68	0.83	3.4033	0.55		0.63		0.2633	1.67	0.25	21.033													
J$_2$巴登岩体	4020/	中粒浅色二长花岗岩	6.79	13.89	1.62	27.224	1.04	0.34	0.76	0.094	0.52	0.09	0.24	0.03	0.21	0.03	2.3	33.32	29.36	4.26	6.89	27.98	2.84	2.8	1.12	1.09	0.18	33.12	6.5	67.77
	9-1	英云闪长岩																												

3）折拉岩体

从该岩体稀土元素分析结果及特征参数（表3-55）中可知：折拉岩体ΣREE为$145.65\times10^{-6}\sim186.49\times10^{-6}$。La/Yb、Ce/Yb比值均大于1，配分型式属富集型（图3-64）。δEu值为$0.10\sim0.12$，具强负铕异常，属铕亏损型。王中刚（1986）将$\delta Eu<0.3$的归为第三类，认为属岩浆演化晚期阶段的产物。δCe值为$1.12\sim1.28$，具弱正铈异常，属铈富集型。

4. 成矿元素特征

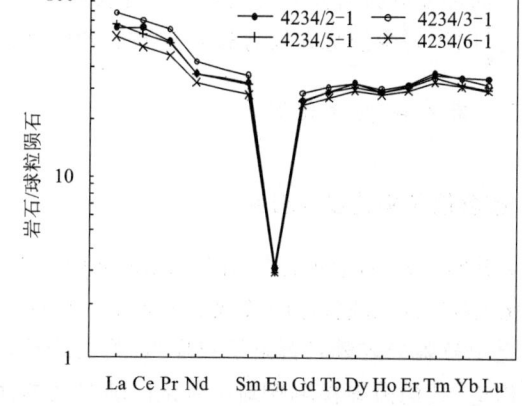

图3-64 晚白垩世折拉岩体稀土元素标准化配分型式图

1）巴登岩体

该岩体成矿元素Cu、Pb、Zn均低于地壳克拉克值（表3-54），尤其是Pb（1.0）和Zn（26.2）的丰度值仅是地壳克拉克值的1/16和1/3，呈现严重亏损状态，不利于成矿。

2）雄拉岩体

该岩体成矿元素Au、Ag、Cu、Pb、Zn丰度值变化范围普遍大，离散性普遍强（表3-54），如Zn最低含量45.6×10^{-6}，最高含量149×10^{-6}，Pb元素采样点9处，仅3点有丰度值。Ag、Pb丰度值均高出地壳克拉克的2~5倍，具较强的富集，成矿物质条件有利。其他成矿元素Au、Cu、Zn普遍低于（或接近）地壳克拉克值，不利于成矿，尤其是Au、Cu元素仅是地壳克拉克值的1/7~1/2，出现强度亏损。然而Zn元素一个点含量竟高达149×10^{-6}，具备局部分散性矿化的条件。

3）折拉岩体

该岩体仅一个采样点，除Au、Ag未作分析外，Pb、Zn成矿元素无含量或含量太低，Cu丰度值仅2.4×10^{-6}，是地壳克拉克值的1/20，严重亏损，不具矿化。

五、花岗岩类的演化特征

（一）概述

纵观全区，空间上自北向南花岗岩类时代由老变新，时代老的花岗岩类内部组构、包体、岩脉发育，构造变形较强；岩石成因、类型、形成环境及就位方式受构造-地壳背景所控。昌都板片沿澜沧江结合带向南俯冲挤压阶段，形成了二叠纪拉疆弄岩体英云闪长岩—花岗闪长岩—二长花岗岩组合的热轻气球膨胀式强力就位的I型花岗岩。碰撞松弛阶段，形成了三叠纪甘穷郎岩体二长花岗岩—正长花岗岩组合的破火山口塌陷式强力就位的S型花岗岩。紧跟着冈-念板片沿丁青结合带向北与唐古拉板片碰撞阶段，由于时间短暂，在J_1末，丁青结合带已闭合造山，J_{2-3}涉及到唐古拉被动板片上的碰撞作用，相对处于松弛或间歇（结束）阶段，其碰撞及碰撞后的特征表现微弱，遗留的痕迹甚少而小。但与此同时，喜马拉雅板片沿雅鲁藏布缝合带向北俯冲，仅涉及到冈-念板片的北岩带，由于作用力和前进速度等原因，在冈-念板片北岩带内形成了发育不全的中侏罗世巴登岩体的I型花岗岩。随着时间的持续延后，俯冲碰撞作用不断增强，前进速度不断加快，波及范围越来越远、越广。于白垩纪，先在被动的唐古拉板片上形成了早白垩世的日机岩体、昌不格岩体和色机小侵入体，在冈-念板片上形成了早白垩世的雄拉岩体，而后又形成了晚白垩世的折拉岩体。唐古拉板片上的日机岩体、昌不格岩体岩石组合与冈-念板片上的雄拉岩体岩石组合基本类同，为花岗闪长岩—二长花岗岩（似斑状二长花岗岩）—正长花岗岩（中细粒二长花岗岩），唐古拉板片的色机小侵入体和冈-念板片的折拉岩体岩石类同，为花岗斑岩（钾长花岗斑岩），只不过在冈-念板片上较唐古拉板片上演化特征表现得更为明显些，它们均属板片俯冲碰撞强烈挤压拉张作用，沿区域上深大断裂、板块缝合带、构造破碎带、裂隙等通道上升，并强力就位于板块边缘或缝合带两侧。局部如雄拉岩体应列属热轻气球膨胀式强力就位的S型花岗岩。

总之,同源岩浆演化在发育较齐全的他念他翁和冈-念构造侵入岩带表现较突出、明显。

(二) 岩石矿物演化特征

1. 他念他翁构造侵入岩带

该带共两个岩体,空间上由东向西、由北向南时代变新,时间上从二叠纪到三叠纪,岩石构造由片麻状变为均一化程度较高的块状,由I型演变为S型。不同岩体各相带岩石在平面上大致呈长条状的套环状展布。

二叠纪拉疆弄岩体岩石由早到晚为:英云闪长岩→含斑花岗闪长岩→花岗闪长岩→二长花岗岩,具片麻状构造,结构由细粒向中细粒演化。随时间的演变,到三叠纪甘穷郎岩体岩性依次为:似斑状黑云二长花岗岩→黑云二长花岗岩→黑云正长花岗岩。构造上由二叠纪的片麻状到三叠纪的块状,结构上由细粒向中细粒到中粒演化,由似斑状到无斑状。

各岩体由边缘相到中心相带矿物成分也发生变化。拉疆弄岩体中斜长石(50%～80%→45%～50%→45%±→30%～35%)趋于降低;钾长石(5%～10%→10%～15%→15%～20%→20%～25%)趋于升高;石英(25%±→25%～30%)趋于升高。甘穷郎岩体中斜长石(30%～40%→15%～20%)降低,钾长石(40%～45%→45%～50%)升高;石英(25%～30%→30%～35%)升高。其中斜长石早期偏基性,牌号较高,自形程度偏高,晚期则相反。

2. 唐古拉构造侵入岩带和冈-念构造侵入岩带

前述两构造侵入岩带各囊括三个岩体,演化特征基本类同,不过冈-念带要比唐古拉带表现得更突出、更明显。下面只说明冈-念带的演化:时代从中侏罗世到晚白垩世,空间上自北向南,时代上由早到晚,岩石结构由一期向二期结构演化。早白垩世雄拉岩体各相带大致呈套环状,早次相带分布在外侧,岩石偏中酸性,晚期相带分布在中部,岩石向酸碱性演化。

岩石由早期的中侏罗世巴登岩体英云闪长岩演化至晚期晚白垩世折拉岩体花岗斑岩,雄拉岩体由早次到晚次相带,岩石依次为含似斑黑云花岗闪长岩→似斑状黑云二长花岗岩→黑(二)云二长花岗岩→二云正长花岗岩,结构由似斑状至无斑、由细粒向中粒演化。

随着岩性的变化矿物成分也随之发生变化。一期结构由早期的巴登岩体到晚期的折拉岩体,斜长石含量降低、牌号变小、自形程度也降低,钾长石和石英含量增高。巴登岩体斜长石含量由60%～70%到55%～60%,An由36到24～37,钾长石含量由5%→10%,石英含量由5%～15%→20%～30%。雄拉岩体由边缘相至中心相,斜长石含量50%～60%→40%～45%→20%～40%→20%～25%,钾长石含量10%～15%→25%～40%→25%～45%→45%～50%,黑云母5%→10%→1%～5%,白云母1%→2%→1%～5%。黑云母趋于降低,白云母趋于升高。

总之,唐古拉构造侵入岩带同冈-念构造侵入岩带一样,存在自北向南、由早到晚、由中酸性向酸碱性、由一期结构到二期结构的演化特征。

(三) 副矿物演化特征

花岗质岩类的副矿物组合一般为磁铁矿、锆石、磷灰石型。但是,从较早出现的相带或岩体到较晚形成的相带或岩体,不同的成因类型,副矿物组合及特征仍有一定的差异。

早期相带或岩体副矿物组合较复杂,磁铁矿含量较高,晚期相带或岩体副矿物组合趋于简单。晚二叠世拉疆弄岩体副矿物演化特征是:边缘相为 Mt＋Ap＋Zi＋Sph 组合,中心相为 Mt＋Ap＋Zi＋Sph＋Alt 组合;人工重砂分析结果显示,中间相带磁铁矿大于50颗,而中心相带磁铁矿11～50颗。三叠纪甘穷郎岩体副矿物演化特征为:边缘相为 Mt＋Py＋Zi＋Sph 组合,中心相为 Zi＋Sph＋Alt 组合;人工重砂分析结果显示,边缘相带磁铁矿大于50颗,中心相带磁铁矿11～50颗。

早期相带锆石晶形复杂,包体含量少,晚期相带锆石晶形较复杂,包体含量较多且较复杂。如:晚二叠世拉疆弄岩体中间相带锆石晶形由柱面(110)、(100)和锥面(111)、(131)、(311)组成复杂聚形,中心相带锆石晶形则由柱面(110)、(100)和锥面(111)组成简单聚形,前者含小锆石及黑色质点几颗,后者则含小锆石及黑色质点几颗至十几颗。早白垩世雄拉岩体边缘相带锆石主要晶形由柱面(110)、(100)和锥面(111)、(311)、(131)组成复杂聚形,过渡相带锆石主要晶形由柱面(110)、(100)和锥面(111)组成简单聚形,复杂聚形含量较少,前者包体有小锆石、磷灰石,含量最多为5颗,而过渡相小锆石、磷灰石、黑云母及黑色质点含量最高为8颗。

另外,S型花岗岩较M型、I型花岗副矿物组合复杂,含量高。如:与丁青蛇绿岩伴生的M型大洋斜长花岗岩副矿物仅见磁铁矿、锆石,含量甚微。

(四)岩石化学演化特征

测区内花岗岩类侵入岩石,不同时代的岩体从边缘相到中心相带,随着岩浆的演化,岩石化学成分随之发生变化,变异特征为:SiO_2、(Na_2O+K_2O)趋于增高,TiO_2、Fe_2O_3+FeO、MgO、CaO随硅碱的增加而降低(图3-65),表明岩浆向酸碱性方向演化。随着岩浆由中酸性向酸碱性演化,常量元素丰度分别为Si、Na、K增高,Ti、Fe、Mg、Ca降低。

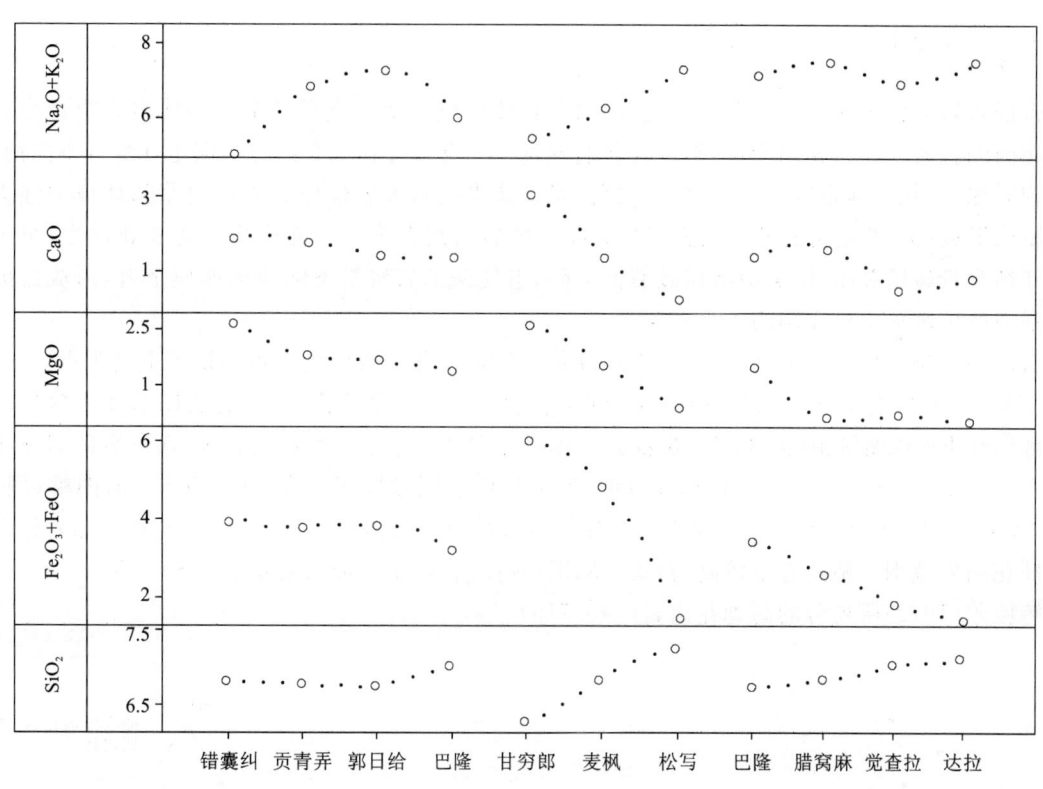

图3-65 各岩体相带岩石化学成分变异图

(五)微量元素演化特征

空间上由北向南,时间上由早到晚,各岩体由边缘相到中心相带,微量元素丰度有较明显的演化特征。总体上Rb趋于升高,Sr、Ba、Th、Ta、Nb、Zr、Hf、Co、Cr、Ni、Sc、V常趋于降低,Rb/Sr比值趋于降低。成矿元素(Au、Ag、Cu、Pb、Zn)表现类同,丰度值具有增高或从无到有的总趋势。

(六)稀土元素演化特征

区内各岩体由边缘到中心相带,随着岩浆由中酸性向酸碱性演化,稀土元素也表现出明显的演化特征。

①稀土总量有递增趋势。三叠纪甘穷郎岩体由边缘相到中心相稀土总量具递增特征（$151.65 \times 10^{-6} \to 196.73 \times 10^{-6} \to 316.02 \times 10^{-6}$）。②测区稀土元素标准化配分型式一般属轻稀土富集型，但由边缘相到中心相富集程度有增强趋势。甘穷郎岩体由边缘相到中心相带 LREE/HREE 比值（$1.83 \to 2.10 \to 7.92$）具升高特征。③花岗质岩石一般具负铕异常，属铕亏损型，但由边缘相到中心相带趋于降低，铕亏损程度增强。拉疆弄岩体 δEu 值分别为 $0.46 \to 0.40 \to 0.38$；甘穷郎岩体为 $0.59 \to 0.35 \to 0.34$；折拉岩体 δEu 值仅为 $0.10 \sim 0.12$。④测区中酸性岩石 δCe 值从边缘相到中心相有增大趋势，表明岩浆在形成和演化过程中，氧化程度依次降低。拉疆弄岩体 δCe 值 $1.09 \to 1.08 \to 1.18$；甘穷郎岩体 $1.02 \to 1.12 \to 1.19$；雄拉岩体（除达拉相带外）$1.05 \to 1.06 \to 1.30$。

六、花岗岩类成因类型、形成环境及就位机制探讨

测区岩浆活动明显受控于板块活动。昌都板片沿澜沧江缝合带向南俯冲-碰撞，在其南侧形成了他念他翁复式深成杂岩体。冈-念板片沿班公错-怒江结合带向北俯冲-碰撞，喜马拉雅板片沿雅鲁藏布缝合带强力向北俯冲碰撞，在唐古拉板片内形成昌不格岩体、日机岩体和色机小侵入体，与雁石坪群钙碱性火山岩共同构成陆缘火山岩浆弧。冈-念带岩浆岩在白垩纪最发育，明显受控于喜马拉雅板片向北俯冲-碰撞。

（一）他念他翁构造侵入岩带

该带侵入岩时代为晚二叠世至三叠纪，由两个岩体构成。晚二叠世拉疆弄岩体岩石组合为英云闪长岩＋花岗闪长岩＋二长花岗岩，内部组构普遍发育。昌都板片在二叠纪时沿澜沧江缝合带向南俯冲，使陆壳物质深熔、热气球膨胀、上升侵位。因此，晚二叠世拉疆弄岩体应属火山岩浆弧环境中强力就位热气球膨胀形成的 I 型花岗岩型。三叠纪甘穷郎岩体岩石组合为二长花岗岩＋正长花岗岩，早中三叠世澜沧江结合带碰撞关闭，围岩沿剪切破裂面下陷，迫使深部岩浆沿下陷块体两侧上升，形成碰撞造山环境中强力就位破火山口塌陷的 S 型花岗岩。

岩石成因类型及形成环境从岩石化学、地球化学特征及各种投图结果也印证了上述观点。

在 Na_2O-K_2O 图中（图3-66），拉疆弄岩体投点多数位于 I 型花岗岩区，甘穷郎岩体多数位于 S 型花岗岩区。在 FAM 图解中（图3-67），拉疆弄岩体投点多数集中于 I 型花岗岩区，而甘穷郎岩体则投点分散。在 R_1-R_2 图中（3-68），投点均较分散，但多集中于同碰撞区。在 $Rb-(Y+Nb)$ 图解（图3-69）和 $Rb-(Yb+Ta)$ 图解中（图3-70），拉疆弄岩体投点多数位于火山弧花岗岩范围，而甘穷郎岩体多数位于同碰撞花岗岩范围。稀土总量较高，富集 LREE，亏损铕，铈正常或略富集。$(^{87}Sr/^{86}Sr)_i = 0.7256$，属福尔和鲍威尔（1972）所划分的高锶花岗岩（$>0.719$）。

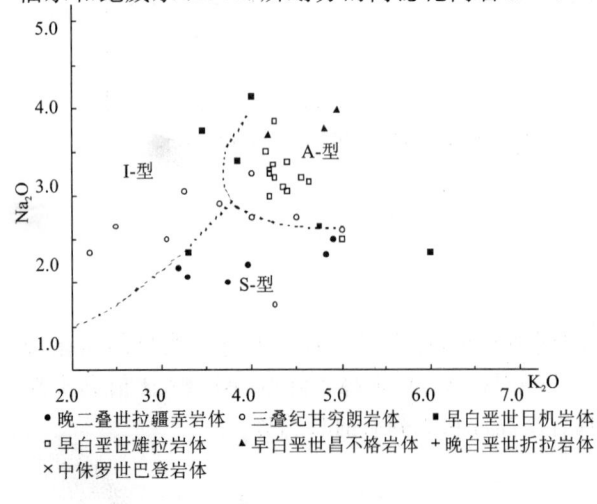

图 3-66　Na_2O-K_2O 图

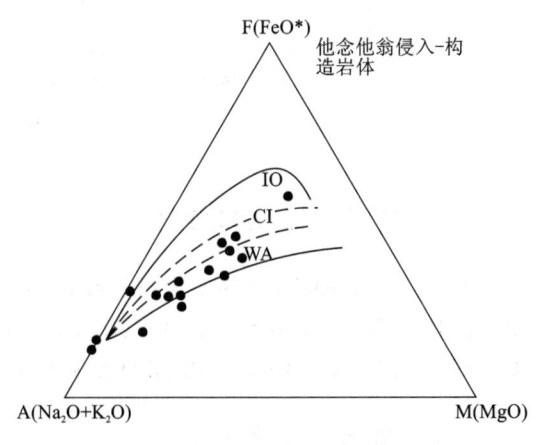

图 3-67　他念他翁 FAM 图

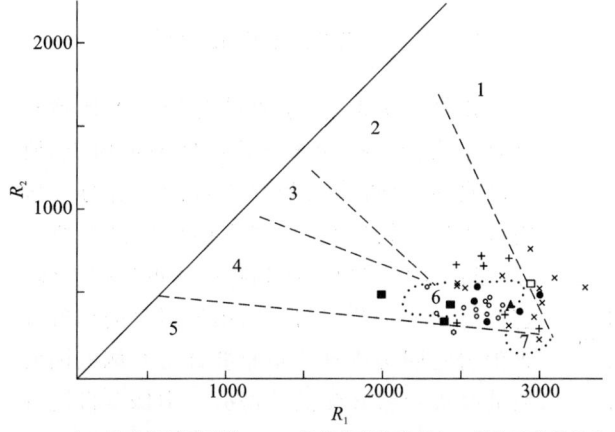

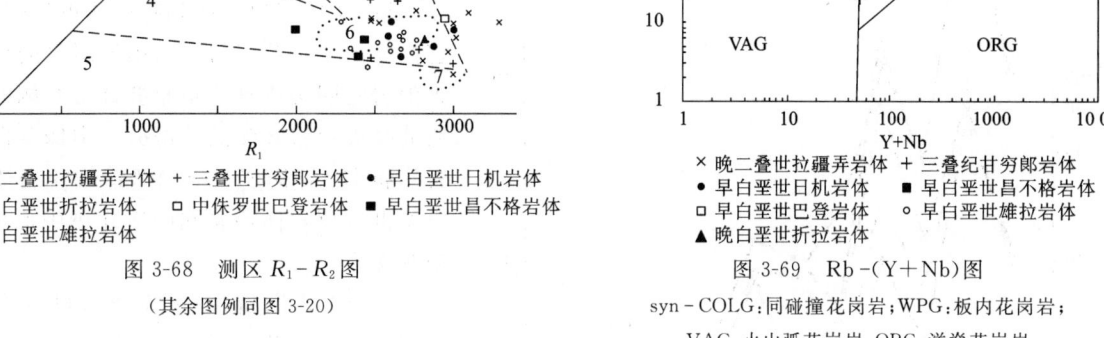

图 3-68 测区 R_1-R_2 图
（其余图例同图 3-20）

图 3-69 Rb-(Y+Nb) 图
syn-COLG:同碰撞花岗岩;WPG:板内花岗岩;
VAG:火山弧花岗岩;ORG:洋脊花岗岩

（二）唐古拉构造侵入岩带

该岩带分布于澜沧江缝合带与班-怒结合带之间,且与 J_2Y 钙碱性火山岩共同构成后者北侧的陆-陆碰撞型火山（岩浆）弧。早侏罗世末,丁青结合带闭合造山,中晚侏罗世,该带处于陆-陆碰撞造山松弛阶段,到了早白垩世,喜马拉雅板片沿雅鲁藏布缝合带向北俯冲不断增强速度加快,不仅波及到冈-念带,也波及到该带而形成昌不格岩体、日机岩体和色机小侵入体的黑云母花岗闪长岩—似斑状二长花岗岩—中细粒变二云二长花岗岩和钾长花岗斑岩组合。因此,该带应属雅鲁藏布缝合带向北俯冲造成的同碰撞环境中形成的下地壳深熔融的具被动就位特征的 S 型花岗岩。

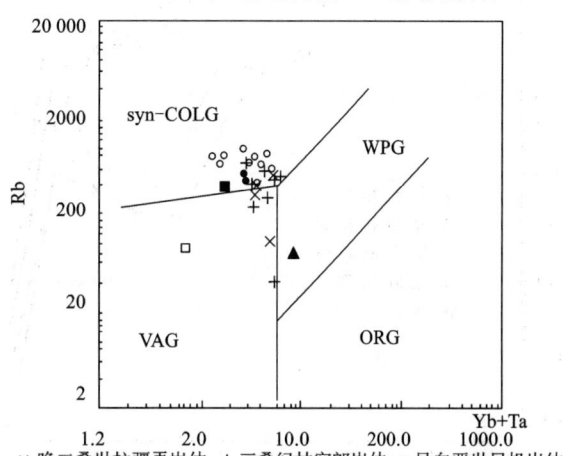

图 3-70 Rb-(Yb+Ta) 图
（其余图例同图 3-69）

在 FAM 图解中(图 3-71),投点大部分位于 S 型花岗岩附近,在 R_1-R_2 图解中(图 3-68),投点位于地壳熔融-同碰撞花岗岩范围及附近。在 Rb-(Y+Nb) 图解(3-69) 和 Rb-(Yb+Ta) 图解中(图 3-70),投点位于同碰撞花岗岩范围。

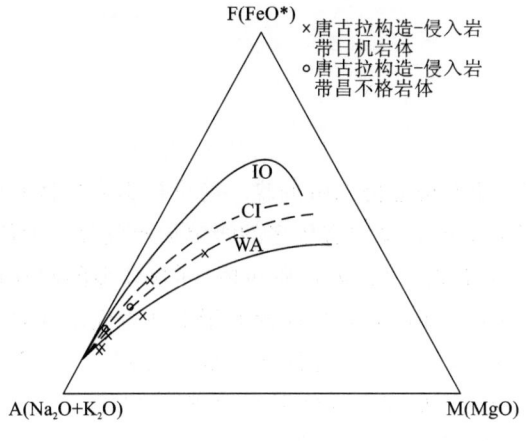

图 3-71 唐古拉 FAM 图

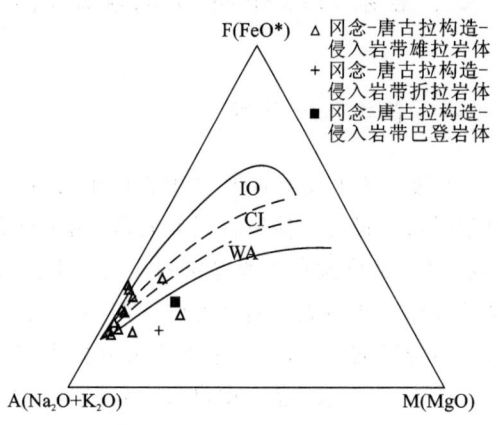

图 3-72 冈念-唐古拉 FAM 图

（三）冈-念构造岩浆岩带

该带处于索县-丁青结合带与雅鲁藏布缝合带之间，属《西藏自治区区域地质志》所称冈底斯-念青唐古拉北岩带的一部分。区内侵入岩比较发育，主要有中侏罗世巴登岩体，早白垩世雄拉岩体和晚白垩世折拉岩体，它们与白垩纪英安岩—安山岩组合的钙碱性火山岩共同构成雅鲁藏布缝合带北侧的冈底斯陆缘火山岩浆弧的一部分。中侏罗世巴登岩体属 I 型花岗岩。早白垩世雄拉岩体和晚白垩世折拉岩体均属同碰撞环境中形成的 S 型花岗岩。

在 FAM 图解中（图3-72），投点多数集中于 S 型花岗岩范围及附近。在 R_1-R_2 图解中（图3-68），投点多数集中于地壳熔融的花岗岩（同造山花岗岩）—同碰撞花岗岩（S 型花岗岩）范围。微量元素丰度与维氏值相比偏低，用洋中脊花岗岩作标准值的标准配分型式（图3-73）与 Pearce(1984) 同碰撞花岗岩相同。在 $Rb-(Y+Nb)$ 图解（图3-69）、$Rb-(Yb+Ta)$ 图解中（图3-70），投点多数集中于同碰撞花岗岩范围。

早白垩世雄拉岩体就位方式属热气球膨胀、岩浆多次上升的强力就位。主要表现为：①岩体与围岩接触界线清晰，在岩体顶部界面向外倾，倾角中等至较缓，中下部界面向内倾，倾角较陡。②围岩受岩体侵入影响，呈向形构造，构造变形较强。③岩体内部有围岩捕房体，黑云母、白云母、红柱石及锆石晶面、晶棱有弯曲变形。岩体内部组构不发育。④围岩角岩化及同化混杂较强，地球化学丰度与岩体基本相同，微量元素标准化配分型式与岩体大致平行（图3-73）。

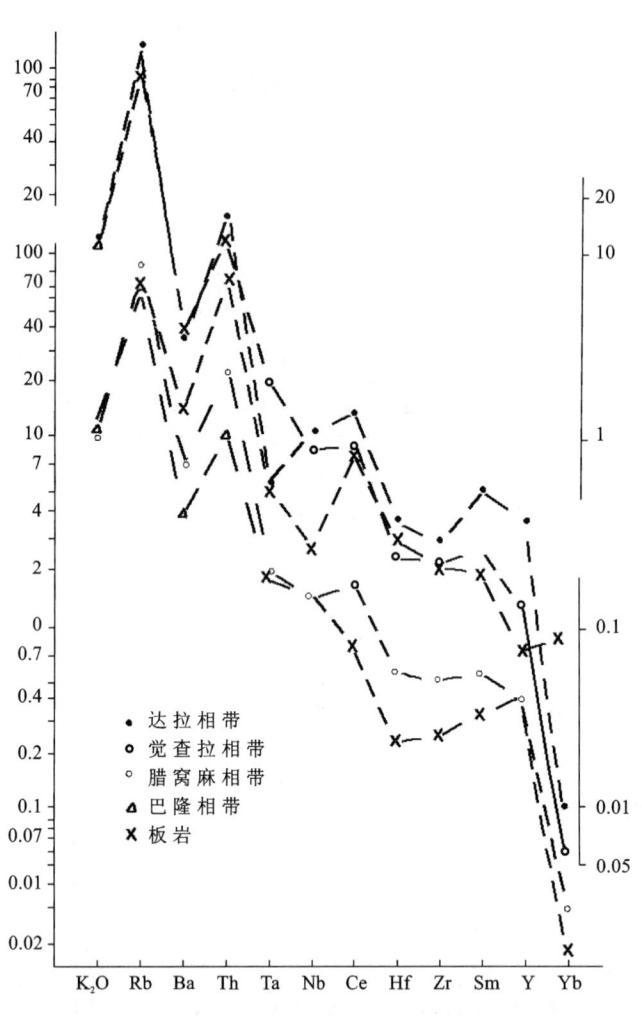

图3-73　早白垩世雄拉岩体微量元素标准化配分型式图

七、岩浆物源分析与成岩温度及压力

（一）岩浆物源分析

（1）测区 3 个侵入岩带、8 个岩体中有两个岩体（他念他翁构造侵入带的晚二叠世拉疆弄岩体和冈-念构造侵入岩带的中侏罗世巴登岩体）属 I 型花岗岩范畴，表明岩浆中有较多的幔源物质成分。少数为 S 型花岗岩，又反映有壳源物质的加入。大部分岩石中含暗色辉长质、闪长质包体，并含较多的磁铁矿，反映了基性岩浆与酸性岩浆混合作用的存在。因此，这两个岩体的岩浆可能起源于下地壳偏基性岩石，经部分熔融形成岩浆，并与上地幔分异的基性岩浆发生混合，而后经分异演化形成一套富 Na 的岩石。根据斜长石矿物的结晶温度，按地温梯度值（3.3℃/100m）计算形成深度分别为：拉疆弄岩体 37.18km，巴登岩体 38.08km。从而证明了岩浆物质来自以上地幔为主的壳幔混合带。

(2) 剩余的6个岩体(他念他翁构造侵入岩带的三叠纪甘穷郎岩体,唐古拉构造侵入岩带的日机岩体、昌不格岩体和色机小侵入体,冈-念构造侵入岩带的早白垩世雄拉岩体和晚白垩世折拉岩体)多数投点落入S型花岗岩区,极少数落入Ⅰ型或S-Ⅰ过渡区,表明岩浆中以壳源物质为主,幔源物质为次。岩石矿物上较Ⅰ型偏酸偏碱性,斜长石减少,钾长石增多。副矿物组合复杂,晶形稍差,长英质包体含量增多;而基性岩石,矿物的包体减少,磁铁矿减少。以酸性岩浆为主,亦有基性岩浆的混入。因此,这6个岩体的岩浆可能起源于下地壳偏酸性岩石经部分深融形成岩浆,注入上地幔充分分异的少量基性、中基性岩浆,后经分异演化形成一套富K的岩石。较上述两个Ⅰ型花岗岩岩体的形成深度浅。同理计算出这6个岩体的形成深度分别为:甘穷郎岩体37.16km,昌不格岩体37.58km,日机岩体37.44km,色机岩体无样品未计算,雄拉岩体37.26km,折拉岩体37.74km。进一步印证了岩浆物源主要来自下地壳的结论。

(二)成岩温度及压力

根据地质温度计及地质压力计公式(邱家骧的《岩浆岩岩石学》):Tp1(斜长石结晶温度)=1144.7℃ − 136.26MnO − 19.23TiO$_2$ + 7.41Al$_2$O$_3$ − 1.04FeO,分别计算出区内8个岩体(1个岩体无样未计算)的结晶温度,再除以地温增高梯度值(3.3℃/0.1km),即得来源深度,又根据10^{8}Pa=3.3km,换算出压力值如下:

他念翁构造侵入岩带 {
拉疆弄岩体(P$_2$): 1226.9℃ 37.18km 11.27×10^{8}Pa
甘穷郎岩体(T$_{1-2}$): 1226.2℃ 37.16km 11.26×10^{8}Pa
}

唐古拉构造侵入岩带 {
色机岩体(K$_1$): 1226.2℃ 37.16km 11.26×10^{8}Pa
昌不格岩体(K$_1$): 1240℃   37.58km 11.39×10^{8}Pa
日机岩体(K$_1$): 1235.6℃ 37.44km 11.35×10^{8}Pa
}

冈-念构造侵入岩带 {
巴登岩体(J$_2$): 1256.7℃ 38.08km 11.45×10^{8}Pa
雄拉岩体(K$_1$): 1229.7℃ 37.26km 11.29×10^{8}Pa
折拉岩体(K$_2$): 1245.3℃ 37.74km 11.44×10^{8}Pa
}

八、脉岩

(一)地质特征

测区脉岩分布较广、类型较多,从深成到浅成、超浅成,从基性、酸性到碱性均有出露。脉体平直、脉壁整齐、脉体陡倾,与围岩界线清楚,呈墙状、脉状产出。其侵入时代与同类型岩体近等时或稍晚,表现在侵入的地层单位基本相同。一般脉岩多集中于图区中西部纳给卡-百会洞地域的结合带两侧,成群成带出现。单脉走向多与区域构造线或地层走向一致,呈近东西向或北西向展布。规模大小不一。石英岩脉多分布于构造带中或其附近,属热液成因,其他岩脉属岩浆成因。基性(含超基性)岩脉多分布在结合带中或其两侧,数量最多的酸性岩脉多出露在图区西部,伟晶岩、煌斑岩等岩脉很少,分布零散。

(二)岩石特征

1. 基性岩脉

辉绿岩 灰绿色、深灰色,斑状结构、次辉绿结构,块状构造,斜长石斑晶(<1%)粒径1~1.5mm。基质主要成分:斜长石(60%~80%)自形板柱状;普通辉石(10%~30%)为半自形粒状,充填斜长石间

隙有斜长石色体；普通角闪石为少量（5%），多绿泥石化；黑云母1%～10%。副矿物组合：磁铁矿、黄铁矿、榍石、磷灰石。该类型岩脉多侵入T_3Q、J_2l、$J_{2-3}l$、K_1l，斜切岩层层理，走向与地层走向近一致，呈岩脉、岩墙产出，出露于丁青色扎乡纳沙拉和嘎塔乡龙罗马等地。

斜长岩 出露于丁青镇夺马弄等地，走向与岩层近一致，产状陡立，宽100～300m，长500～1500m。侵入K_1d、K_2z地层，呈小岩株、岩墙产出。岩石呈灰白—灰黄色，中粗粒半自形粒状结构，块状构造。斜长石75%～85%，自形板条状、半自形粒状晶体，粒径（0.35～1.5mm）×42mm；石英5%；黑云母2%～10%；黄铁矿10%～20%，另有微量磷灰石、锆石。

2. 中性岩脉

石英闪长玢岩 出露于色扎乡百青拉等地，宽20m±，长约百米，呈陡立墙状产出，走向与地层走向近一致。侵入J_2xh。

岩石呈灰白色，斑状结构，自形—半自形粒状结构，块状构造。斑晶为斜长石（5%），粒径1～1.5mm。基质约95%，矿物粒径0.2～0.5mm，主要成分：斜长石65%，普通角闪石15%、黑云母5%、石英10%。副矿物有磁铁矿、磷灰石。

斜长斑岩 出露于丁青县尺牍乡贡果卡、巴登乡木玉龙等地，多见侵入J_2xh砂板岩中，走向与地层走向近一致，产状陡立，宽20～80m，长160～700m。

岩石为灰白色、浅红色、斑状结构、基质嵌晶结构、局部球粒结构，块状构造，斑晶（1%～25%）大小0.5～2mm，以斜长石为主，少量钾长石、石英及黑云母。基质含量75%～99%，矿物粒径0.05～0.5mm，以斜长石为主，部分钾长石、石英、黑云母及白云母。

3. 酸性岩脉

斜长花岗斑岩 出露于苏如卡等地，多见侵入CPs、J_2xh、$J_{2-3}l$地层中，常成群出现，呈岩墙、岩床产出，斜切岩层，产状陡立。宽0.5～40m不等，长几米至几百米。

岩石呈浅肉红色、灰白色，斑状结构，基质花岗结构、微嵌晶结构、块状构造。斑晶（20%～60%）以斜长石为主，少量钾长石、石英、黑云母及白云母，大小0.4mm×0.9mm～1.2mm×2mm。石英有熔蚀现象。基质（40%～80%）矿物粒径0.02～2mm，以斜长石（10%～40%）、石英（20%～30%）为主，少量钾长石、白云母、黑云母。副矿物为锆石、磷灰石、榍石。

花岗斑岩 在丁青县协雄乡白露等地零星出露。呈小岩珠、岩脉产出，走向与岩层大致一致。宽2～60m，长十余米至数百米不等，侵入T_3Q、J_2xh。

岩石呈浅红色、浅灰色，斑状结构，基质微嵌晶结构、微花岗结构及球粒结构，块状构造。斑晶（5%～20%）以斜长石为主，钾长石、石英次之，大小0.25～1.8mm。基质矿物粒径0.05～0.17mm，含量80%～95%，以钾长石为主，斜长石、石英次之，少量黑云母、白云母，副矿物组合：磷灰石、锆石、黄铁矿、磁铁矿。

二长花岗斑岩 出露于丁青县色扎乡百青拉、基容拉等地。呈岩墙、岩脉产出，斜切岩层，产状陡立。宽15～50m，长20～600m不等。侵入J_2xh。

岩石呈灰白色、浅灰色。斑状结构、基质花岗结构，块状构造。斑晶（30%）主要为斜长石，次为钾长石、石英，大小0.5～3mm。基质成分主要为斜长石、钾长石和石英，少量黑云母、白云母。副矿物组合为磷灰石、锆石。

花岗伟晶岩 出露于色扎乡多给卡、日机、上衣乡贡翁卡、磨则卡、当堆乡中青等地。呈不规则脉状侵入$Ptjl$、$AnCJt$、T_3M、$\eta\gamma J_2$。颜色为灰白色。伟晶结构，块状构造。主要成分为钾长石、斜长石、石英，含量不等，次为白云母、电气石。产水晶、白云母、电气石等矿。

4. 碱性岩脉

碱性岩脉出露于丁青县巴登乡日斯、青海省雄崩等地，主要为云斜煌斑岩和闪斜煌斑岩。侵入

J_2xh、C_1m。宽 2～10m，延伸数十米。呈岩墙、岩脉产出，与岩层走向近一致，倾角较陡。

岩石呈黄绿色、深灰色。斑状结构，基质全自形粒状结构，块状构造。斑晶（1%～2%）主要为斜长石，粒径 1～2mm。基质以斜长石为主，次为角闪石、黑云母，少量白云母、石英，粒径 0.5～1mm。有碳酸盐化、绿帘（泥）石化及绢云母化。副矿物有磷灰石。

5. 石英脉

石英脉出露于丁青县干岩乡等地。呈不规则状、枝杈状 $AnCJt.$、$J_{2-3}l$、K_1d。宽 1～6m，延伸几米至几十米，斜切岩层，产状多变。

（三）岩石化学特征及成因信息

测区各类脉岩岩石化学成分差异较大（表 3-56），从仅有的样品分析结果中不难看出，蚀变黑云母花岗斑岩和二长花岗岩属酸性岩石，碱土含量丰富，$Na_2O+K_2O=5.90\%$，其中蚀变黑云母花岗斑岩 A/CNK=1.46，里特曼指数 $\sigma=1.18$，属钙碱性硅饱和碱质不饱和的 S 型花岗岩，与中国流纹岩的化学成分相近。二长花岗岩的 A/CNK=1.139，里特曼指数 $\sigma=1.53$，属钙碱性硅过饱和铝不饱和的 I 型花岗岩，与中国二云母花岗岩相近。前者强烈富铝，表明岩浆主要来源于地壳，后者亏铝，反映岩浆主要来源于地幔。而石英二长斑岩经与中国岩浆岩平均化学成分比较，介于流纹岩和石英正长岩之间，更接近石英正长岩。岩石化学成分计算结果，$Na_2O+K_2O=5.92\%$，A/CNK=1.67，里特曼指数 $\sigma=1.16$，亦属钙碱性硅饱和碱质不饱和的 S 型岩石，说明岩浆主要来源于地壳。

（四）微量元素特征及成因信息

脉岩微量元素与维氏值比较（表 3-56），普遍富集 Rb、Cs、W、Mo、As、Sb、Bi、V、Sc、Hf、B、Ga、Sn 和成矿元素 Au、Ag、Pb 等元素，贫 Sr、Ba、Nb、Ta、Zr、Be、Se、Te、U、Th、Y、Ti、Cr、Ni、Co、Li 及成矿元素 Cu、Zn 等，特别是强烈富集 Bi、Au 和 Ag 元素，成矿条件较为优越。据 K/Rb 比值可确定岩浆的演化特征，还可以区分不同的岩石类型。据研究地幔岩石的 K/Rb 值为 710，酸性岩和球粒陨石的比值为 200。区内的蚀变黑云母花岗斑岩的比值太小；二长花岗岩的比值为 104.9，石英二长斑岩的比值为 127.8，均小于 200，说明上述三类脉岩主要来自地壳，并经较充分分异演化的酸性岩类。

（五）稀土元素特征及成因信息

稀土元素丰度值见表 3-56，$\Sigma REE=41.55\times10^{-6}\sim150.02\times10^{-6}$，$LREE=25.45\times10^{-6}\sim134.47\times10^{-6}$，LREE/HREE=1.58～8.65，Eu/Sm=0.06～3.91，Ce/Yb=11.88～88.51，Sm/Nd=0.22～0.28，说明轻稀土分馏极明显，尤其是二长花岗岩 Eu 值出现极值亏损现象。同岩石化学结论一样，反映了二长花岗岩岩浆主要来自地幔，而蚀变黑云母花岗斑岩和石英二长斑岩岩浆主要来自接近地幔的地壳。稀土配分型式反映更清楚明显（图 3-74）。

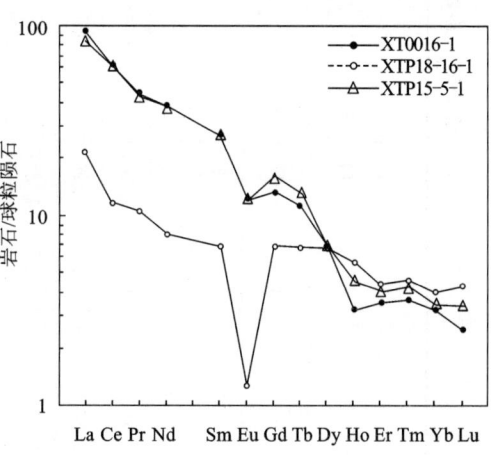

图 3-74 脉岩稀土元素标准化配分型式图

表 3-56 脉岩岩石化学地球化学分析结果及特征参数表

岩石化学分析结果（wt%）

样号	岩石名称	SiO₂	TiO₂	Al₂O₃	Fe₂O₃	FeO	MnO	MgO	CaO	Na₂O	K₂O	P₂O₅	LOS	总量	σ	AR	A/CNK	K₂O/Na₂O
基性	辉长岩	51.96	0.8	18.42	1.48	5.6	0.15	2.9	8.19	3.7	3.35	0.38	2.98	99.85	4.99	1.72	0.749	0.91
GS0046-1	蚀变黑云母花岗斑岩	72.13	0.29	14.22	1.2	1.78	0.036	0.44	0.6	3.91	1.99	0.22	2.52	99.336	1.18	2.32	1.469	0.51
GSP18-46-1	二长花岗岩	75.16	0.088	13.83	0.288	1.28	0.032	0.098	0.688	5.83	1.2	0.251	0.56	99.305	1.53	2.88	1.139	0.21
GSP15-5-1	石英二长斑岩	72.85	0.311	15.08	1.16	1.56	0.019	0.23	0.364	3.48	2.44	0.197	1.86	99.551	1.16	2.24	1.67	0.70
中国花岗岩		71.27	0.25	14.25	1.24	1.62	0.08	0.8	1.62	3.79	4.03	0.16						

CIPW 标准矿物（%）及特征参数

样号	岩石名称	Q	An	Ab	Or	Ne	C	Di	Hy	Ol	Il	Mt	Ap	Zr	DI	SI	R₁	R₂	F₁	F₂	F₃
基性	辉长岩	0	24.51	29.37	20.42	1.59		12.33		7.09	1.57	2.21	0.91	0.01	75.89	17.03	1187	1425	0.52	−1.25	−2.55
GS0046-1	蚀变黑云母花岗斑岩	40.85	1.59	34.17	12.15		5.24		3.12		0.57	1.76	0.53	0.04	88.76	4.72	2957	377	0.75	−1.28	−2.53
GSP18-46-1	二长花岗岩	35.23	1.8	49.96	7.18		2.32		2.3		0.17	0.42	0.59	0.05	94.16	1.13	2642	354	0.72	−1.41	−2.61
GSP15-5-1	石英二长斑岩	42.93	0.53	30.15	14.76		6.68		2.26		0.6	1.6	0.47	0.03	88.37	2.6	3035	354	0.77	−1.22	−2.53

微量元素丰度（×10⁻⁶）

样号	岩石名称	F⁻	Cl⁻	Cu	Pb	Zn	Cr	Ni	Co	Cd	Li	Rb	Cs	W	Mo	As	Sb	Bi	Hg	Sr	Ba	V
GS0046-1	蚀变黑云母花岗斑岩	1060	188	12.2	26	25.2	19	9.85	5.25	0.1	37.2	155	40.6	1	5.4	3.12	4.48	0.44	0.017	44.8	492	10.6
GSP18-46-1	二长花岗岩	502	303	23	27.7	31.7	1.1	9.7	6	0.029	7.4	324	17	3.18	1.47	7.48	0.36	0.82	0.008	12.4	36.9	1
GSP15-5-1	石英二长斑岩	680	230	7	18	19.8	9.9	10.8	3.7		13.8	151	29.2	3.14	1.75	2.66	3.17	0.45	12	33	153	9.27
克拉克值（维,1962）				47	16	83	83	58	18		32	150	3.7	1.3	1.1	1.7	0.5	0.01	830	340	0.05	90
世界花岗岩				20	20	60	25	8	5	0.1	60	200	5	15	1	1.5	0.26	0.01	0.08	300	830	0

续表 3-56

样号	岩石名称	微量元素丰度（×10^{-6}）																	
		Sc	Nb	Ta	Zr	Hg	Be	B	Ga	Sn	Ge	Se	Te	Au (×10^{-9})	Ag	U	Th	Y	Ti	P	K	Mn
GS0046-1	蚀变黑云母花岗斑岩	3.18	11.2	1.04	132	4.66	5.28	82.6	25.4	11.5		0.038	0.016	0.4	0.14	6.16	10.9					
GSP18-46-1	二长花岗岩	4.44	19	3.01	46.8	1.53	10.2	461	26.5	18	1.3	0.02	0.01	0.8	0.02	1.98	7.91	10.3	476	1040	34 000	324
GSP15-5-1	石英二长斑岩	3.76	11.1	1.51	81.4	2.89	4.34	58.4	24.3	7	0.82	0.023	0.013	3.7	0.24	3.65	13.7	11.3	1480	874	19 300	358
克拉克值（维,1962)		10	20	2.5	170	1	3.8	12	19	2.5	1.4	500	1000	4.3	0.07	2.5	13	29	4500	9.3	500	1000
世界花岗岩		3	20	3.5	200	1	5.5	15	20	3	1.4	0.05		0.0045	0.05	3.5	18	34	2300	700	33 400	600

样号	岩石名称	稀土元素及特征参数（×10^{-6}）												
		La	Ce	Pr	Nd	Sm	Eu	Gd	Tb	Dy	Ho	Er	Tm	Yb	Lu	Y
GS0046-1	蚀变黑云母花岗斑岩	35.9	59.3	6.02	26.5	5.79	0.96	3.75	0.6	2.36	0.23	0.75	0.11	0.67	0.081	7
GSP18-46-1	二长花岗岩	7.46	10.1	1.31	5.08	1.41	0.091	1.87	0.35	2.24	0.42	0.94	0.14	0.85	0.14	9.5
GSP15-5-1	石英二长斑岩	31.8	59.7	5.78	26.2	5.93	1	4.54	0.71	2.44	0.34	0.87	0.13	0.73	0.11	8.21

样号	岩石名称	ΣREE	LREE	HREE	δEu	δCe	Eu/Sm	Sm/Nd	Ce/Yb
GS0046-1	蚀变黑云母花岗斑岩	143	134.5	8.551	0.591	0.874	0.166	0.218	88.51
GSP18-46-1	二长花岗岩	32.4	25.45	6.95	0.171	0.706	0.065	0.278	11.88
GSP15-5-1	石英二长斑岩	140.3	130.4	9.87	0.568	0.968	0.169	0.226	81.78

第三节 火 山 岩

一、概况

测区火山活动强烈而频繁,自前石炭纪到白垩纪均有活动。火山岩岩类复杂而广泛分布,火山岩性质多样,基性、中基性、中性、中酸性、酸性皆具。

测区火山活动时间、空间分布与板块构造运动阶段、构造环境密切相关,伴随古、新特提斯的发生、发展与消亡等各个构造阶段,产生时代不同、类型多样、空间分布成带的火山岩。故依据板块构造单元,将区内自北而南划分为 4 个构造-火山岩(活动)带(图 3-75):澜沧江构造-火山岩(活动)带、唐古拉构造-火山岩(活动)带、丁青构造-火山岩(活动)带、冈底斯-念青唐古拉构造-火山岩(活动)带[以下称冈-念构造-火山岩(活动)带]。带以下依火山(活动)的时代及火山岩出露层位,将测区划分为 9 个构造火山岩亚带,11 个火山岩层位(表 3-57),其中蛇绿岩中的基性熔岩已在第五章叙述,故略。

自北向南,火山活动的时代由老变新,火山活动的强度逐渐减弱。火山地层的规模逐渐变小,火山喷发的次数和喷发中心逐渐增多并向南迁移,火山岩石类型逐趋复杂多样,性质由基性—酸性演化。火山喷发韵律和旋回结构愈趋明显。一般早期中心式短暂喷发,晚期较长时间裂隙式喷溢。喷溢(发)的总体特征是具多中心、多韵律、多旋回、多间歇性;一般每个韵律以角砾岩开始,向上为凝灰岩或熔岩;近火山喷发(溢)中心相者为火山碎屑岩,远离火山喷发(溢)中心相者则逐渐由沉熔岩、沉火山凝灰岩变为正常沉积岩;每个旋回自下至上基性递减,酸性递增,斑状结构从多—少—无变化。

表 3-57 测区火山活动特征一览表

时代	层位	主要分布地区	典型岩石组合	主要火山喷发类型	火山地层结构类型
中生代	$K_2 j$	索县荣布乡朗达北	安山岩—晶屑凝灰岩	喷溢	火山细碎屑岩与沉积岩,火山岩呈夹层或透镜体
	$J_2 q$	丁青县丁青镇多荣卡,协雄乡通钦马,上衣乡查普玛南,色扎乡切切卡,丁青镇木仁格	玄武岩—安山岩—英安岩—流纹岩—火山角砾岩—蚀变粗面安山岩	喷发、喷溢	火山熔岩与火山碎屑岩,火山岩呈夹层
	$J_2 xh^3$	索县荣布乡	蚀变辉石安山岩	喷溢	火山岩呈夹层
	$T_3 bq$	青海省囊谦县吉曲乡登龙弄热涌,于湾果	英安岩—火山角砾岩—凝灰岩	喷发、喷溢	火山碎屑岩熔岩
	$T_3 M$	洛隆县新荣乡怒江大桥南侧	玄武安山岩	喷溢	火山岩呈夹层
	$T_3 Q$	丁青县丁青镇确哈拉,协雄乡娃拉,九根,中可和查隆乡择金习等	玄武岩—安山岩—凝灰岩	喷发、喷溢	火山岩呈夹层
古生代	$C_1 m$	青海省囊谦县吉曲乡觉拉北	玄武岩	喷溢	火山岩呈夹层
	$C_1 r$	青海省囊谦县吉曲乡觉涌	辉绿玢岩—玄武岩—流纹斑岩—流纹岩	喷发、喷溢	火山岩与沉积岩互层
前石炭纪	$AnCJt.$	丁青县额巴嘎布拉、汝塔	变玄武岩变基性火山岩	推测喷溢	变质火山岩与变质地层
	$AnCJy.$	洛隆县新荣乡主固意、纳宗果、熊的奴	钠长片岩、绿泥钠长片岩	推测喷发	变质火山岩与变质地层

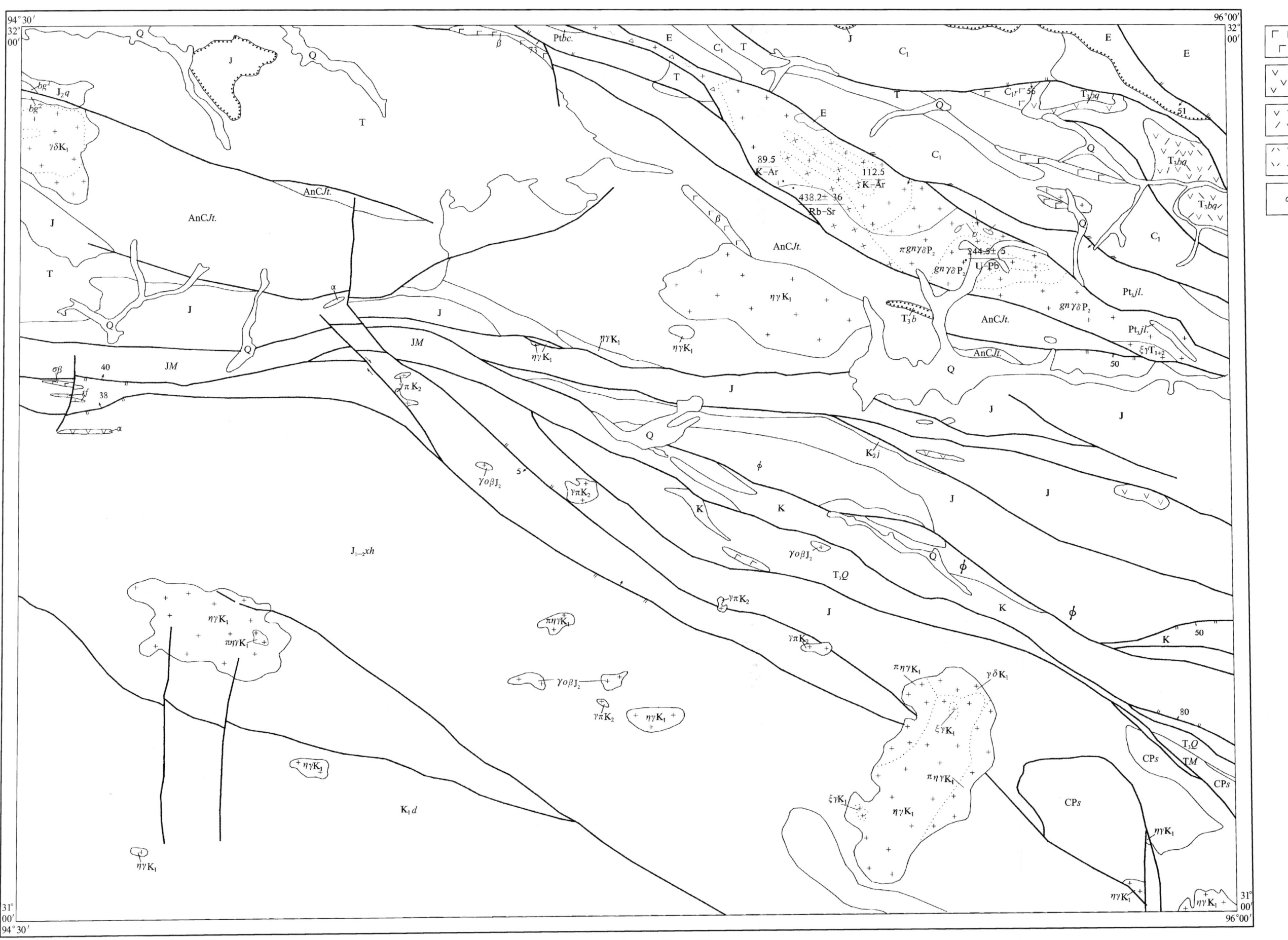

图 3-75 丁青县幅火山岩分布图

图区岩石分类命名主要采用李兆鼐等(1984)的分类方案,并参照国际地质科学联合会(IUGS)火山岩分类学分委会推荐方案(1989)。当测不到实际矿物或实际矿物含量与岩石化学成分有较大出入时,采用化学定量分类方案。

区内各时代火山岩均受区域上板块构造单元及边界北西向深大逆冲断裂构造控制。

二、澜沧江构造-火山岩(活动)带

该带总体呈 NW 向长条状展布在图区东北角的澜沧江主结合带南部边缘和唐古拉板片北侧的活动陆缘型火山岩浆弧部位,其北界为铁乃烈-当不及深大逆冲断裂,南界是军巴-比冲弄深大逆冲断裂,与区域构造线方向一致,其时空分布明显受昌都板片向南俯冲、碰撞机制制约。该带有强烈的火山岩浆活动,划出早石炭世和晚三叠世两个火山岩亚带。

(一)早石炭世构造-火山岩亚带

该亚带处于澜沧江构造-火山岩带沿军达-比冲弄断裂消减的位置,C_1r 和 C_1m 有强烈的火山活动,属活动型。向北在昌都地层区石炭纪无火山活动,属板内稳定型。

1. 下石炭统日阿则弄组火山岩

1)地质特征及火山喷发韵律特征

日阿则弄组火山岩出露于青海省囊谦县吉曲乡觉涌及尕羊乡买曲等地,呈 NWW 向带状分布,区内南倾单斜,南侧上覆 T_3m,出露宽度 500~700m。其向东延入 1:25 万类乌齐幅,向西被侏罗纪覆盖,可见延伸大于 32km。由玄武岩→板岩→硅质岩组成,4 个喷溢—间歇韵律(图 3-76),向上变为流纹岩,总体上组成一个由基性至酸性的喷发旋回。

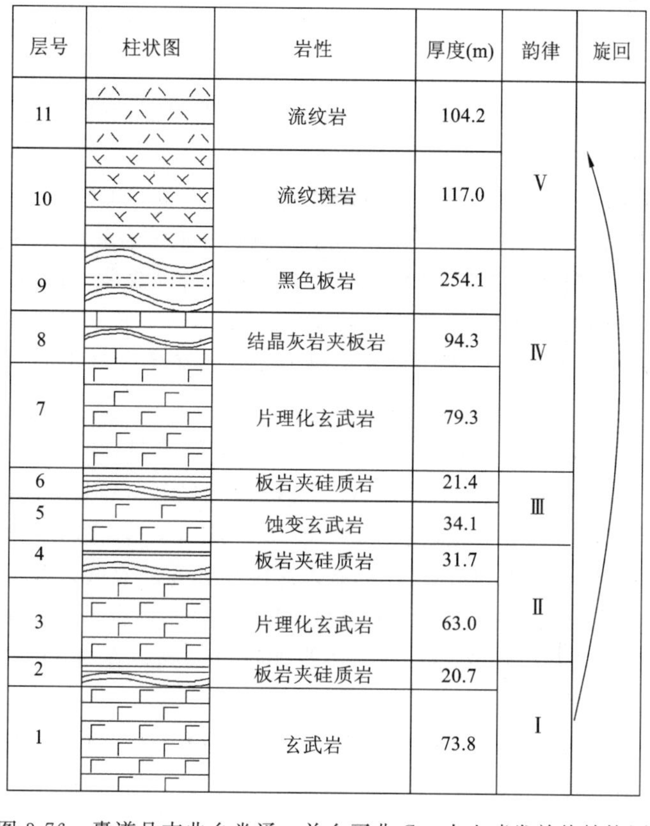

层号	柱状图	岩性	厚度(m)	韵律	旋回
11		流纹岩	104.2		
10		流纹斑岩	117.0	V	
9		黑色板岩	254.1		
8		结晶灰岩夹板岩	94.3	IV	
7		片理化玄武岩	79.3		
6		板岩夹硅质岩	21.4	III	
5		蚀变玄武岩	34.1		
4		板岩夹硅质岩	31.7	II	
3		片理化玄武岩	63.0		
2		板岩夹硅质岩	20.7	I	
1		玄武岩	73.8		

图 3-76 囊谦县吉曲乡觉涌—羊乡买曲 C_1r 火山喷发韵律结构图

玄武岩累计厚度约250.2m,流纹岩出露厚度约221.2m,其总厚度占本组地层厚度的52.75%,属玄武岩—流纹岩双峰式火山岩组合。具有明显的由基性向酸性方向演化。

2) 岩石及矿物特征

所见火山岩岩石类型及特征见表3-58。

表3-58 下石炭统日阿则弄组火山岩特征表（wt%）

样号	岩石名称	颜色	结构	斑晶					基质					
				Cpx	Pl	Or	Q	Ms	Cpx	Pl	Hb	Chl	Ser	Vol
1383/1-1	玄武岩	黑绿色	辉绿结构						15	65				18
1383/2-1	玄武岩	灰绿色	间粒结构						37	55		5		
1383/4-1	片理化玄武岩	黑绿色	间片结构						40	50				
1383/6-4	片理化玄武岩	灰绿色	间片结构	5					40	50				
1383/9-1	片理化玄武岩	灰绿色	斑状结构,基质间片结构						60					
1063/17-1	玄武岩	灰绿色	斑状结构,基质辉绿结构	少量					20	73				
1124/6-1	玄武岩	灰绿色	斑状结构,基质辉绿结构	6	8				20	65				
1209/2	流纹斑岩	浅灰色	斑状结构,基质微粒结构		少量	33	2			10				40
1383/12-1	流纹斑岩	浅肉红色	斑状结构,基质微粒结构		10	3	20			52				15
1383/13-1	流纹岩	灰白色	霏细结构										10	90

注:Vol 火山玻璃;Ser 绢云母;Chl 绿泥石;Hb 角闪石;Ms 白云母;Pl 斜长石;Or 钾长石;Q 石英;Cpx 单斜辉石。

玄武岩 一般出露在每个喷溢间歇韵律下部,厚30～80m。底部岩石多具斑状结构,斑晶为单斜辉石和斜长石,向上斑晶减少直至不含斑晶。基质具间粒结构和拉斑玄武结构。矿物成分主要为单斜辉石和斜长石,在板条状斜长石格架间有斜长石微晶和单斜辉石,有的被火山玻璃及石英填充。岩石具绿泥石化、绿帘石化、绢云母化。

片理化玄武岩 与上述玄武岩的分布、成分基本相同,变质程度较高,暗色矿物辉石全变化为绿泥石,呈定向分布,具片状构造,斜长石保留板条状晶体,时见残留斑晶。

流纹黑斑岩 产于火山岩系上部,在其下部有大量的斑晶出现,向上斑晶减少到无。斑晶(最高达50%)有石英、斜长石、钾长石,最大粒径为1mm×3mm,基质成分主要为酸性火山玻璃,脱玻化后为微粒状长英矿物。斜长石斑晶有绢云母化。石英为他形晶,常有熔蚀和碎裂现象,呈浑圆状,粒径0.5～5mm。钾长石有自形晶和他形晶,反映在早期岩浆阶段就有钾长石的晶出,镜下鉴定属透长石,为高温产物。

流纹岩 产于火山岩系顶部。主要由脱玻化的微粒状长英矿物和细小的绢云母鳞片组成。

3) 岩石化学特征

由该组火山岩主要元素分析结果(表3-59)和CIPW标准矿物含量(表3-60)可以看出,本组玄武岩及片理化玄武岩以富SiO_2、Al_2O_3、TiO_2和贫K_2O、CaO及Na_2O为特征。CIPW标准矿物中出现石英(最高17.23%)和刚玉分子(最高5.81%)。Mg'值为0.38～0.56(平均0.50)。分异指数(DI)为16.2～43.7(平均29.3)。在$FeO^*/MgO-TiO_2$图解(图3-77)中,落入洋中脊和洋岛玄武岩范围。在硅碱图(图3-78)与大洋系数和含铝系数图(图3-79)中,落入玄武岩的Ⅰ区和ⅡA-B区,跨越了裂谷和大洋-洋岛两区。

在FeO^*/MgO与SiO_2、FeO^*图解(图3-80)中都属拉斑系列。在$TiO_2-K_2O-P_2O_5$(图3-81)图中,属大洋拉斑玄武岩。

喷发旋回晚期的流纹岩(包括流纹斑岩),以富SiO_2、Al_2O_3及K_2O,贫MgO、CaO、Na_2O为特征。SiO_2、Al_2O_3含量分别为73.74%～76.06%和13.05%～16.47%,CIPW标准矿物石英和刚玉含量分别为54.21%～57.70%和6.90%～11.51%;Mg'值0.15～0.31;岩石分异指数(DI)为82.4～87.6,平均84.8,略低于桑汤和塔塔尔(1960)平均值(88)。

有关裂谷的研究资料表明,双峰火山岩是裂谷的主要岩石组合。裂谷双峰火山岩有两种类型:一种是碱性玄武岩—粗面岩(响岩)组合,是在地壳较厚的情况下形成的;另一种是拉斑玄武岩—流纹岩组合,是在裂谷拉张程度较高,地壳较薄情况下形成的。

测区该组火山岩属典型的双峰火山岩组合。玄武岩属深海拉斑玄武岩,SiO_2过饱和,富TiO_2而贫K_2O,另一端的流纹岩以富SiO_2、贫CaO和碱含量大于钙含量为特征,显示双峰火山岩中流纹岩的固有特征,有别于钙碱性火山岩中的流纹岩。

表 3-59 下石炭统日阿则弄组火山岩主要元素分析结果表(wt%)

样号	岩石名称	SiO_2	TiO_2	Al_2O_3	Fe_2O_3	FeO	MnO	MgO	CaO	Na_2O	K_2O	P_2O_5	H_2O	CO_2	LOS	总量
1383/2-1	玄武岩	47.08	2.4	9.79	2.43	12.5	0.29	10.08	6.72	1.8	0.1	0.22			6.59	100
1383/2-1	玄武岩	47.64	3.16	12.87	4.21	11.7	0.16	5.37	5.53	3.08	0.07	0.36	4.93	0.47		99.55
1384/4-1	片理化玄武岩	48.54	3.05	12.45	3.51	11.92	0.21	5.5	5	3.03	0.14	0.3	4.36	1.95		99.96
1383/6-1	片理化玄武岩	46.63	2.32	10.25	2.63	12.45	0.27	10.57	6.65	1.64	0.08	0.2	4.61	1.69		99.99
1211/1	片理化玄武岩	47.62	3.8	13.41	4.76	10.18	0.26	6.32	4.79	3.85	0.3	0.37			3.85	99.51
1383/12-1	流纹斑岩	76.06	0.3	13.05	1.23	1.42	0.06	0.44	0.18	1.75	3	0.05			2.12	99.66
1383/13-1	流纹岩	73.74	0.08	16.47	0.05	1.72	0.06	0.31	0.25	0.1	4.65	0.17			2.42	100
1383/13-2	流纹岩	75.51	0.08	14.27	1.05	1.68	0.02	0.25	0.24	0.1	4.04	0.03	2.55	0.05		99.87
1209/2	流纹斑岩	74.58	0.25	13.52	1.63	1.36	0.04	0.7	0.59	1.5	2.9	0.06			2.59	99.72

表 3-60 下石炭统日阿则弄组火山岩 CIPW 标准矿物表(wt%)

样号	岩石名称	Il	Mt	Or	Ab	An	C	Q	Di Wo	Di En	Di Fs	Hy En'	Hy Fs'	Ol Fo	Ol Fa	DI	An	Mg'
1383/2-1	玄武岩	2.79	3.77	0.61	16.3	19.64		1.77	5.96	1.9	4.27	23.62	18.07			18.7	53	0.55
1383/2-1	玄武岩	6	6.1	0.41	26.06	5.24	5.81	17.23				13.38	13.09			43.7	16	0.38
1384/4-1	片理化玄武岩	5.79	5.09	0.83	25.64	19.96		6.41	1.21	0.58	0.61	13.12	13.74			32.9	42	0.39
1383/6-1	片理化玄武岩	4.41	3.81	0.47	13.88	20.37		1.88	4.72	2.72	1.79	23.61	15.57			16.2	58	0.56
1211/1	片理化玄武岩	7.59	7.23	1.84	33.98	19.31		2.09	1.28	0.77	0.44	15.69	8.93			37.9	35	0.44
1383/12-1	流纹斑岩	0.33	1.83	18.2	15.16	0.53	6.9	54.21				1.12	1.45			87.6	3	0.24
1383/13-1	流纹岩	0.09	0.72	28.11	0.84	0.17	11.51	54.92				0.79	2.85			83.9	16	0.2
1383/13-2	流纹岩	0.15	1.52	23.88	0.85	1	9.37	57.7				0.62	2.12			82.4	53	0.15
1209/2	流纹斑岩	0.51	2.2	17.7	13.01	1.37	8.01	54.58				1.8	1.24			85.3	3	0.31

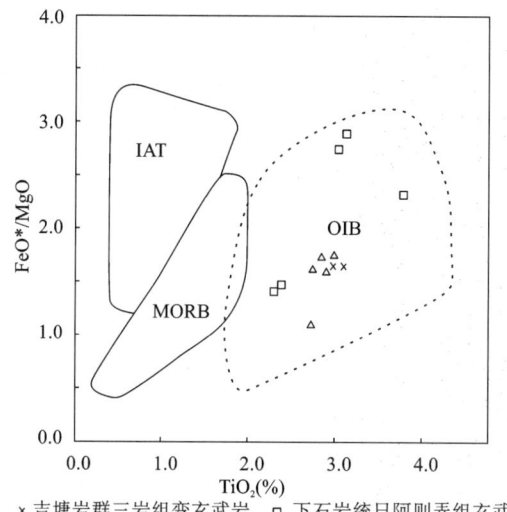

× 吉塘岩群三岩组变玄武岩　□ 下石岩统日阿则弄组玄武岩
△ 下石炭统玛均弄组玄武岩

图 3-77　$FeO^*/MgO - TiO_2$ 图
IAT:岛弧拉斑玄武岩;MORB:洋中脊玄武岩;OIB:洋岛玄武岩

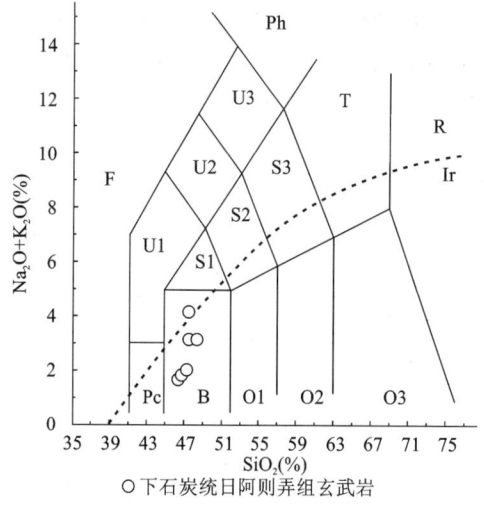

○ 下石炭统日阿则弄组玄武岩

图 3-78　$(Na_2O+K_2O) - SiO_2$ 图
B 玄武岩;Ir:Irvine 分界线,上方为碱性,下方为亚碱性

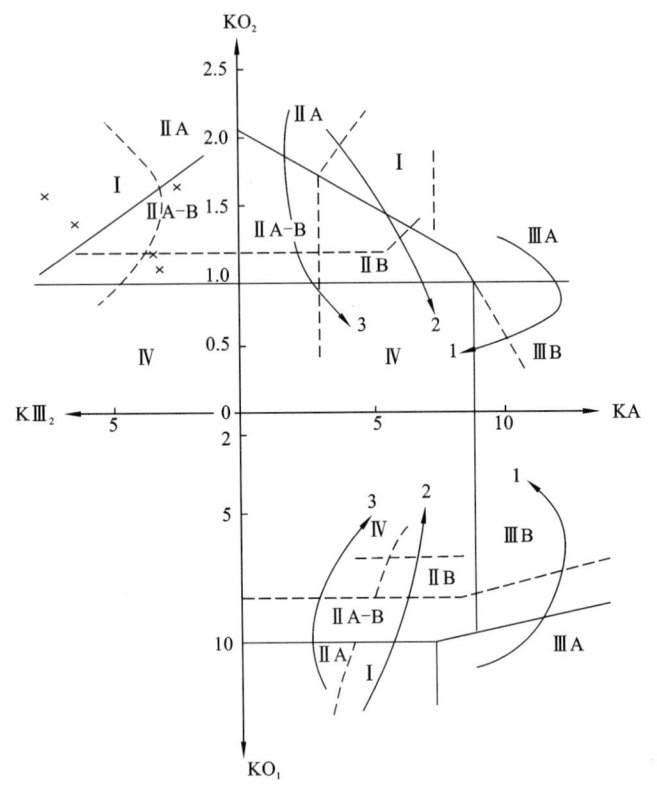

图 3-79 大洋系数与含铝系数图
× 下石炭统日阿则弄组玄武岩

4) 微量元素特征

从日阿则弄组火山岩的微量元素丰度（表 3-61）及地球化学分布型式（图 3-82）可以看出：Sr、K、Ti、Y、Yb、Sc、Cr 不富集或略有亏损，P、Zr、Hf、Sm 轻微富集，而 Rb、Ba、Th、Nb、Ce 强烈富集，具有单隆起的分布模式曲线与洋脊或洋脊碱性玄武岩的模式曲线相似。其中 Th 的丰度最高，为洋中脊的 50～68 倍。Ti/V 值为 29.5～38.4，位于 20～50 之间，属洋中脊环境特征（Shervais，1982）。Y 丰度较高（30.32×10^{-6}～45.22×10^{-6}）和贫相容元素，表明地幔原岩部分熔融程度较低，并经过了结晶分离作用。

5) 稀土元素特征

日阿则弄组玄武岩稀土元素配分型式为轻稀土弱富集型（表 3-62 和图 3-83），LREE/HREE=1.33～2.28，La/Yb=3.98～8.48，Ce/Yb=9.19～18.46，La/Sm=2.51～3.54，ΣREE 为 119.82×10^{-6}～204.95×10^{-6}。轻稀土为 62.17×10^{-6}～117.95×10^{-6}，约为球粒陨石的 30～80 倍；中稀土为 20.14×10^{-6}～30.60×10^{-6}，约为球粒陨石的 15～40 倍；重稀土为 35.43×10^{-6}～56.40×10^{-6}，约为球粒陨石的 12～15 倍。无明显 δEu 异常，δEu=0.9～1.08。配分型式大致呈平坦型，而轻稀土中的 La、Ce、Pr、Nb 略有富集，这样的分配曲线同金沙江带早二叠世玄武岩非常相似（《四川省地质志》）。流纹岩为轻稀土富集型，分布曲线向右陡倾，重稀土呈平坦状，LREE/HREE=2.88～5.73，La/Yb=11.94～23.32，Ce/Yb=23.13～42.34，La/Sm=6.47～8.77。ΣREE 为 173.16×10^{-6}～189.42×10^{-6}，轻稀土为 123.07×10^{-6}～155.54×10^{-6}，约为球粒陨石的 40～140 倍，中稀土 13.32×10^{-6}～16.96×10^{-6}，约为球粒陨石的 7～24 倍；重稀土含量 20.55×10^{-6}～33.14×10^{-6}，约为球粒陨石的 8～15 倍。流纹斑岩 δEu=0.61，有不太强的负铕异常；而无斑的流纹岩，δEu=0.36，有较强的负铕异常，表明岩石经结晶分离作用，此过程中，优先容纳 Eu^{2+} 的斜长石迁出所造成。综上所述，流纹岩稀土总量和配分型式与玄武岩有一定的相似性，表明二者在成因上有一定的联系，流纹岩是玄武质岩浆结晶分离晚期阶段的产物。

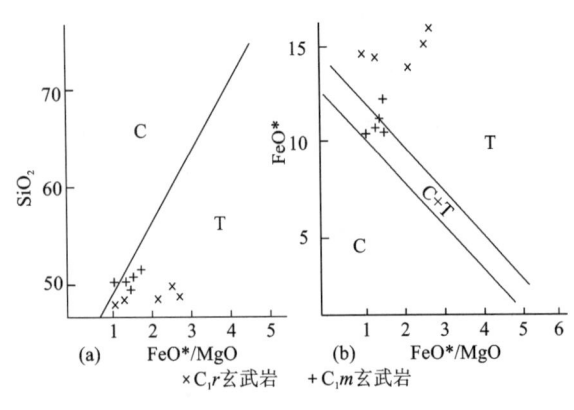

图 3-80 FeO^*/MgO 与 SiO_2、FeO^* 图

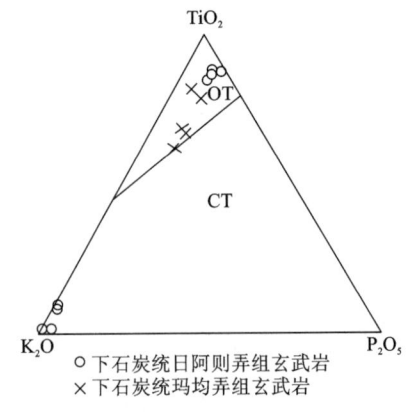

图 3-81 $TiO_2-K_2O-P_2O_5$ 图
OT：大洋拉斑玄武岩；CT：大陆拉斑玄武岩

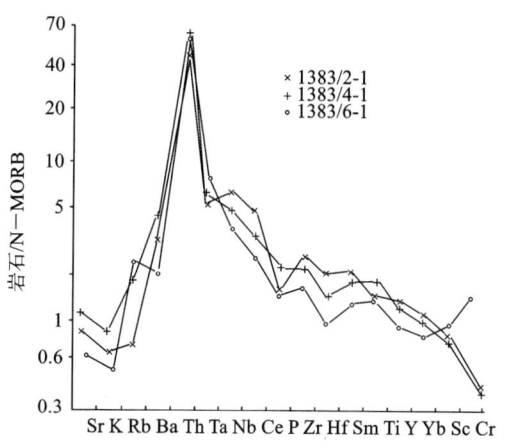
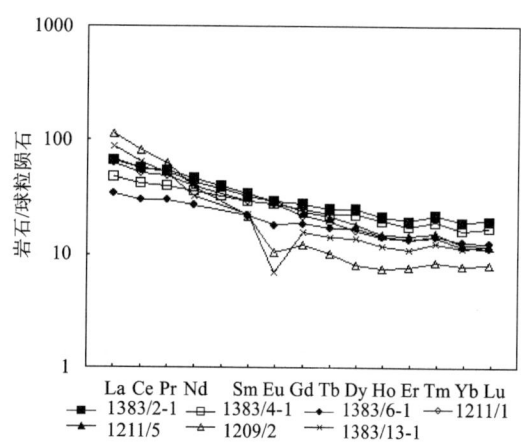

图 3-82 日阿则弄组玄武岩地球化学配分型式   图 3-83 下石炭统日阿则弄组火山岩稀土元素标准化配分型式

表 3-61 下石岩统日阿则弄组火山岩微量元素丰度表（$\times 10^{-6}$）

样品	岩石名称	Sr	K	Rb	Ba	Th	Ta	Nb	Ce	P	Zr	Hf	Sm
1383/2-1	玄武岩	115	0.10%	1.5	73	10	1.08	24.8	54.27	0.22%	280	5.36	7.7
1383/4-1	片理化玄武岩	147	0.14%	4.1	103	13.6	1.28	19	38.94	0.30%	223	3.84	6.53
1383/6-1	片理化玄武岩	78	0.08%	5.4	44	13.4	1.45	14.1	27.83	0.20%	166	2.53	4.81
1383/13-1	流纹岩	10	4.65%	186	407	9.8	3.44	34.9	61.93	0.17%	106	2.76	4.94
克拉克值（维，1962）		340	2.50%	150	650	13	2.5	20	70	0.093%	170	1	8

样品	岩石名称	Ti	Y	Yb	Sc	Cr	V	U	Co	Ni	Pb	Ti/V	Ti/Sc
1383/2-1	玄武岩	2.40%	45.72	4.534	36.13	111	488	1.27	44.9	50	15.8	29.5	399
1383/4-1	片理化玄武岩	3.05%	40.23	3.874	33.85	106	477	1.4	46.8	67	20.9	38.4	541
1383/6-1	片理化玄武岩	2.32%	30.32	3.027	41.56	409	405	1.98	60.1	201	24.4	34.4	335
1383/13-1	流纹岩	0.08%	27.03	2.678	3.37	167	9	6.1	2.7	9	11.1		
克拉克值（维，1962）		0.45%	29	0.33	10	83	90	2.5	18	58	16		

6）成矿元素特征

成矿元素 Pb（表 3-61）普遍略高出地壳克拉克值或与克拉克值接近（Pb 元素 4 个样品分别是 15.8×10^{-6}、20.9×10^{-6}、24.4×10^{-6}、11.1×10^{-6}，地壳克拉克值为 16×10^{-6}），构成不了矿化，Au、Ag、Cu、Zn 无分析结果，但值得说明的是 Yb、Sc、V、Co、P、Hf、Ti 元素普遍高出地壳克拉克值的 3 倍以上，尤其是 Yb 元素高出地壳克拉克值的 10 倍。

表 3-62 下石岩统日阿则弄组火山岩稀土元素丰度及特征参数表（$\times 10^{-6}$）

样品	岩石名称	稀土元素丰度													
		La	Ce	Pr	Nd	Sm	Eu	Gd	Tb	Dy	Ho	Er	Tm	Yb	Lu	Y
1383/2-1	玄武岩	24.49	54.27	7.32	31.87	7.7	2.45	8.17	1.37	9.17	1.74	4.7	0.736	4.534	0.709	45.72
1383/4-1	片理化花岗岩	16.94	38.94	5.34	24.68	6.53	2.33	7.26	1.244	8.172	1.58	4.22	0.655	3.874	0.619	40.23
1383/6-1	片理化花岗岩	12.05	27.83	3.91	18.38	4.81	1.49	5.49	0.948	6.225	1.18	3.2	0.495	3.027	0.458	30.32
1211/1	片理化花岗岩	23.122	47.939	6.56	27.58	6.531	2.293	6.442	1.05	5.914	1.17	3.234	0.491	2.726	0.411	28.57
1211/5	片理化花岗岩	24.512	53.395	7.15	30.07	7.144	2.47	6.987	1.17	6.526	1.241	3.479	0.525	2.893	0.434	32.103
1209/2	流纹斑岩	42.755	77.607	8.48	26.7	4.877	0.864	3.552	0.553	2.871	0.602	1.805	0.288	1.833	0.292	16.336
1383/13-1	流纹岩	31.98	61.93	6.94	22.22	4.94	0.56	4.7	0.8	4.999	0.96	2.58	0.422	2.678	0.429	27.03

续表 3-62

样品	岩石名称	稀土特征参数											
		ΣREE	LREE	HREE	REE/HRE	ΣCe	ΣSm	ΣYb	δEu	δCe	Sm/Nd	La/Yb	La/Sm	Ce/Yb
1383/2-1	玄武岩	204.95	128.1	76.85	1.67	117.95	30.6	56.4	0.95	1.01	0.24	5.4	3.18	11.97
1383/4-1	片理化花岗岩	162.62	94.76	67.85	1.4	85.9	27.12	49.6	1.04	0.99	0.27	4.37	2.59	10.5
1383/6-1	片理化花岗岩	119.82	68.47	51.34	1.33	62.17	20.14	37.5	0.9	0.98	0.26	3.98	2.51	9.19
1211/1	片理化花岗岩	164.03	114.02	50.02	2.28	105.2	23.41	35.43	1.08	0.97	0.24	8.48	3.54	17.59
1211/5	片理化花岗岩	180.1	124.74	55.36	2.25	115.13	25.54	39.3	1.07	0.24	8.47	3.43	18.46
1209/2	流纹斑岩	189.42	161.28	28.13	5.73	115.54	13.32	20.55	0.61	1.05	0.183	23.32	8.77	42.34
1383/13-1	流纹岩	173.16	128.57	44.6	2.88	123.07	16.96	33.14	0.36	1.09	0.22	11.94	6.47	23.13

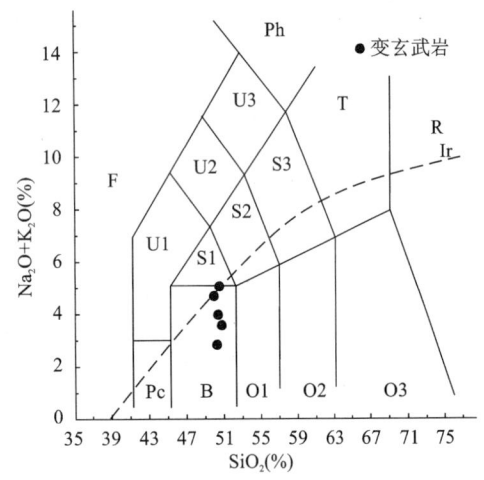

图 3-84 C_1m 非高镁岩石 TAS 图
B:玄武岩;S1:粗面玄武岩;Ir:Irvine 分界线,
上方为碱性,下方为亚碱性

2. 下石炭统玛均弄组火山岩

仅见变质玄武岩,出露于囊谦县吉曲乡觉拉北侧,呈夹层状分布于该组上段黑色板岩中。板岩变形强烈,部分可见顺层剪切和褶叠层。强变形域中已有构造岩,强烈片理化,片理倾角陡立。火山岩厚度约 50m,可见延伸大于 100m。

灰绿色变质玄武岩,具间片结构,定向构造。组成矿物主要为绿泥石和斜长石。斜长石为自形的板条状晶体,绿泥石于斜长石晶体间隙定向分布。在 TAS 图(图 3-84)中投点位于玄武岩区。

岩石化学分析结果及 CIPW 标准矿物计算结果列于表 3-63 中,从表中可以看出,玛均弄组变质玄武岩以富 SiO_2、Al_2O_3 及 TiO_2,贫 MgO 及 CaO 为特征,CIPW 标准矿物石英含量 4.60%～15.33%,刚玉分子最高含量 4.82%。Mg' 值较低(0.34～0.44),分异指数较高(DI=37.51～46.40),TiO_2 含量高(2.75%～3.00%),表明岩石经过了结晶分离作用。在 TiO_2-K_2O-P_2O_5(图 3-81)图中,5 件样品相距较近,跨在大洋拉斑玄武岩和大陆拉斑玄武岩区的分界线上。在 FeO^*/MgO 与 SiO_2、FeO^* 图(图 3-80)中,位于拉斑玄武岩区或钙碱性与拉斑玄武岩过渡区。在 FeO^*/MgO-TiO_2 图(图 3-77)中,位于洋岛玄武岩区。

3. 日阿则弄组和玛均弄组火山岩形成环境讨论

日阿则弄组为双峰火山岩系,玛均弄组为复理石沉积夹玄武岩,分布在澜沧江结合带主断裂的军达-比冲弄断裂的北侧消减带附近。据西藏及邻区地质图编图资料,该带向 NW 延伸不远入青海省境内有超基性岩分布。日阿则弄组为双峰式火山岩系,是在地壳拉张、变薄的裂谷阶段的产物;上覆玛均弄组,具有厚逾 5000m 的剪切变形地层,应是已消失的古特提斯洋壳近边缘部分的共生物,也是大洋深水盆地沉积。日阿则弄组玄武岩的不相容元素单隆起的分布模式曲线,稀土元素的近平坦配分型式和轻稀土略有富集为特点。Ti/V 值介于 20～50 之间及多项微量元素判别结果,说明它们具有过渡型洋脊-洋岛的环境特点。这也是裂谷已演化到一定阶段的产物。虽然玛均弄组有限的岩石化学资料说明其中的玄武岩与日阿则弄组的玄武岩的产出环境相似。而岩石地层研究结果表明,与日阿则弄组相比,玛均弄组则进一步拉张,真正成为深水的大洋盆地。以上资料说明,这两个组是古特提斯洋中近边缘部分沉积物的消减残留,是古特提斯洋的一部分。

(二) 晚三叠世构造-火山岩亚带

1. 地质特征及火山喷发韵律特征

该亚带仅有巴钦组火山岩（T_3bq），出露于囊谦县吉曲乡登陇弄、热涌、于湾果等地，规模较大，分布面积约500km²，由多个火山口及多次喷发—喷溢所形成，呈近带状、环状沿区域构造线方向展布，主体延入1∶25万类乌齐幅。区内岩性主要为中酸性—酸性喷发、喷溢相的火山碎屑岩、熔岩，在热涌、作木朗、艾火弄有浅—超浅成相的中—酸性侵入岩。根据火山岩厚度、火山碎屑粒度、熔岩及深成岩，推测存在果日改、龙让、登陇弄3个喷发中心。主喷发在类乌齐幅，火山地层总厚度2051m；火山岩由10个喷发韵律组成，每个韵律以角砾岩开始，向上为凝灰岩或熔岩；旋回下部为英安质，中部为流纹质，向上又为英安质；火山地层主要由火山碎屑岩组成；少量熔岩，少见沉积岩，火山岩爆发指数高达97.5%。区内于湾果火山地层厚284.8m，以熔岩为主，次为凝灰岩、火山角砾岩，由3个喷发—喷溢韵律和两个旋回组成，岩性以英安质为主，早期爆发，晚期喷溢，爆发指数为34%（图3-85）。

层号	柱状图	岩性	厚度(m)	韵律	旋回
5		岩屑凝灰岩夹火山角砾岩	17.1	Ⅲ	
4		紫红色岩屑凝灰岩	25.3	Ⅱ	
3		灰紫色英安质火山角砾岩	34.5		
2		浅紫灰色熔结凝灰岩	28.5	Ⅰ	
1		灰紫色英安岩	197.4		

图3-85 囊谦县吉曲乡登陇弄 T_3bg 火山喷发—喷溢韵律结构图

2. 岩石类型及主要特征

英安岩 是巴钦组火山岩的主要岩石类型，分布广泛，一般位于火山旋回的下部。岩石呈灰白—灰褐色，多具斑状结构，基质具隐晶质—微晶质粒状结构，块状构造。斑晶中更长石（An=25～28）含量约20%，呈自形—半自形板状晶体，具聚片双晶，粒径0.1mm×0.4mm～1mm×2mm；钾长石、石英为半自形—他形粒状，有熔蚀及碎裂现象，粒径0.2～1.5mm。部分流纹岩中有英安质岩屑，为棱角状及不规则状，含斜长石斑晶。基质由微粒状长英矿物及部分板条状斜长石组成。

熔结凝灰岩 分布较少，仅在结玛弄剖面见出露厚约30m。岩石呈浅红—灰色，具熔结晶屑凝灰结构，块状构造。晶屑为斜长石（50%～55%）和石英（5%～10%），大部分为棱角状，粒径为0.2～2mm；岩屑为中酸性火山岩（10%），呈棱角状，大小1.5～5mm，由斜长石斑晶和微粒状长英质基质组成，熔岩胶结。

凝灰岩 主要为岩屑凝灰岩，少部分晶屑凝灰岩，常构成火山喷发韵律的中部组分。岩屑主要为英安岩，呈棱角状，大小为0.1～0.2mm，少部分为2～5mm。晶屑为斜长石和石英，呈棱角状及不规则状，粒径0.2～1.5mm。由火山灰胶结，部分含钙质和铁质物。

火山角砾岩 出露较少，横向变化大，是近火山口喷发产物。岩石呈紫红色，火山角砾约90%，成分主要为紫红色中酸性火山岩、英安岩及灰色安山岩，多为棱角状，大小悬殊，最大约30cm，多数为2～10cm。部分斜长石、石英晶屑呈棱角状。粒径0.5～1.5mm。胶结物为火山灰和部分铁质物。

沉火山角砾岩 出露不广泛，远离火山喷发中心，向正常沉积岩过渡。岩石呈紫红色，角砾（约80%）成分主要为紫红色中酸性火山岩及灰色安山岩，大小悬殊，砾径2～30cm，呈棱角状及次棱角状。

胶结物为硅质和石英、长石等碎屑物。砾石具定向性排列,厚层状构造,显示部分成分经过搬运的特征。

凝灰质长石岩屑砂岩 岩石呈灰色,碎屑物(占80%)以火山岩岩屑为主,硅质岩岩屑次之,并有斜长石、石英等。呈次棱角状—次圆状,大小悬殊,粒径为0.1~2mm。胶结物主要为硅质和粉砂质。

3. 岩石化学特征

从巴钦组火山岩主要元素分析结果表中(表3-64)可以看出,以富 SiO_2、Al_2O_3,贫 CaO 和 $K_2O>Na_2O$ 为特征,流纹岩 SiO_2 平均含量为73.03%,略高于中国流纹岩平均含量(72.06%)。在硅-碱图(图3-86)中,样品点全部落入亚碱性系列区,在 $lg\tau$-$lg\sigma$(图3-87)中,投点位于消减带火山岩区。

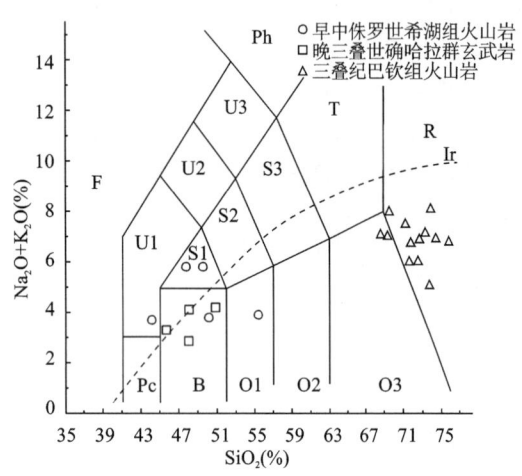

图3-86 SiO_2-(Na_2O+K_2O)图

B:玄武岩;O1:玄武安山岩;O3:英安岩;R:流纹岩;
S1:粗面玄武岩;U1:碱玄岩、碧玄岩;Ir:Irvine 分界线,上方为碱性,下方为亚碱性

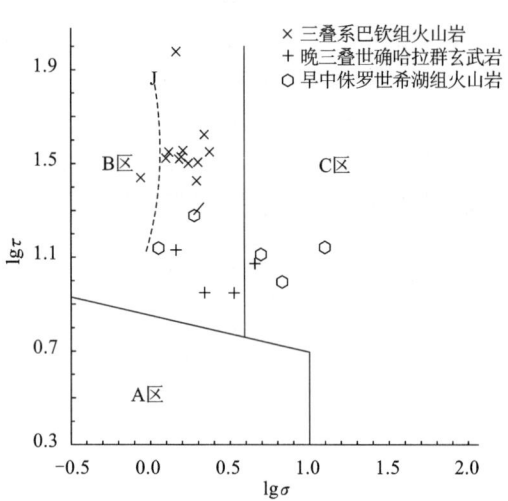

图3-87 $lg\tau$-$lg\sigma$ 图

A区:非造山带地区火山岩;B区:造山带地区火山岩;
C区:A区、B区派生的碱性、富碱岩;J:日本火山岩

表3-63 下石炭统玛均弄组岩石化学分析结果及CIPW标准矿物表(wt%)

样号	岩石名称	主要元素分析结果													
		SiO_2	TiO_2	Al_2O_3	Fe_2O_3	FeO	MnO	MgO	CaO	Na_2O	K_2O	P_2O_5	LOS	总量	DI	Mg'
1383/26-2	变玄武岩	49.8	2.9	13.98	1.06	10.68	0.17	7.15	4.55	3.7	0.95	0.34	4.13	99.41	43.33	0.35
1383/29-3	变玄武岩	50.36	2.85	13.34	0.89	9.96	0.18	6.12	5.39	3.75	1.3	0.42	4.91	99.47	46.4	0.34
1383/26-4	变玄武岩	50.56	3	14.31	1.34	10.82	0.17	6.8	2.75	3.1	0.45	0.34	5.84	99.48	46.18	0.34
1383/26-5	变玄武岩	50.24	2.75	13.63	0.93	10.03	0.17	6.62	4.33	3.05	1.1	0.34	6.29	99.33	44.07	0.35
1206/2	变玄武岩	50.08	2.75	14.57	1.33	9.5	0.16	9.58	4.38	2.4	0.5	0.15	4.34	99.69	37.51	0.44

样号	岩石名称	CIPW 标准矿物						Di			Hy		Ol		An
		Il	Mt	Or	Ab	An	C	Q	Wo	En	Fs	En'	Fs'	Fo	Fs	
1383/26-2	变玄武岩	5.77	1.62	5.9	32.83	19.69		4.6	0.72	0.28	0.45	9.06	14.53			36
1383/29-3	变玄武岩	5.72	1.37	8.18	33.62	25.4		4.6	3.68	1.37	2.38	6.69	11.6			42
1383/26-4	变玄武岩	6.08	2.08	2.84	28.01	12.27	4.82	15.33				9.05	15.07			29
1383/26-5	变玄武岩	5.61	1.46	5.73	27.74	20.28	0.77	10.6				8.84	14.41			41
1206/2	变玄武岩	5.46	2.01	2.78	21.35	21.73	2.66	13.38				12.52	12.7			49

表 3-64　三叠系巴钦组火山岩主要元素分析结果表（wt%）

样号	岩石名称	SiO_2	TiO_2	Al_2O_3	Fe_2O_3	FeO	MnO	MgO	CaO	Na_2O	K_2O	P_2O_5	CO_2	H_2O	LOS	总量
1093/1-1	晶屑凝灰岩	68.58	0.65	15.68	3.31	0.56	0.1	1.03	0.39	2.55	4.6	0.11			1.76	99.32
1075/1	熔结凝灰岩	71.78	0.3	13.23	1.51	2.42	0.06	0.89	1.11	2.55	3.6	0.05			2.39	99.97
1374/2-1	熔结凝灰岩	69.34	0.47	15.48	2.23	1.34	0.04	0.34	0.71	2.72	4.36	0.14	0.19	2.21		99.57
1374/1-1	流纹岩	70.04	0.31	13.88	2.17	1.24	0.05	0.51	0.88	2.85	5.28	0.08	0.26	1.56		99.91
1380/1	流纹岩	73.28	0.33	13.63	1.22	2.13	0.05	0.5	0.2	3.2	4	0.09			1.45	100
1380/2	流纹岩	71.74	0.3	13.35	1.25	2.36	0.1	0.81	1.22	3.25	3.55	0.06			2.06	100.1
1380/3	流纹岩	75.88	0.1	12.17	0.38	2.42	0.08	0.52	0.18	2.7	4.25	0.05			1.19	100
1380/4	流纹岩	74.1	0.23	13.04	0.75	1.85	0.05	0.14	0.5	3.51	4.7	0.06	1.34		1.34	99.99
1380/5	流纹岩	73.02	0.33	13.42	1.04	2.36	0.05	0.61	0.37	2.2	3.95	0.09			1.6	99.04
1380/5-1	流纹岩	72.67	0.29	13.56	1.3	2.33	0.02	0.46	0.41	3.14	3.79	0.07	0.09	1.75		99.88
1380/6	流纹岩	74.44	0.3	13.22	1.06	1.9	0.04	0.28	0.3	3.05	3.95	0.08			1.32	99.94
1381/1	流纹岩	71.41	0.3	13.57	0.39	3.32	0.08	0.7	1.46	3.85	3.7	0.08			0.97	99.84
1381/3	流纹岩	73.74	0.4	13.04	0.31	3.42	0.09	0.96	0.42	2.08	3.1	0.07			1.94	99.57

4. 微量元素特征

微量元素丰度及特征（表3-65）表明，巴钦组火山岩以富 Ba、Rb、Nb、Th、Ta 及 K，贫 Cr、Co、Ni、Zr、Hf 为特征。在 Rb/30-Hf-Ta×3 图解（图 3-88）中，位于碰撞晚期—碰撞后花岗岩范围。

5. 稀土元素特征

由稀土元素丰度及特征参数（表3-65）可以看出，稀土总量 $184.60×10^{-6}$～$320.47×10^{-6}$；稀土配分型式为轻稀土富集型，La/Yb 为 13.77～17.70，Ce/Yb 为 25.77～33.27；有明显的负 Eu 异常，δEu 为 0.57～0.66。稀土分配曲线为右斜的"海鸥"型，轻稀土斜率较大，重稀土趋于平坦，其特征与同碰撞花岗岩基本一致（图 3-89）。

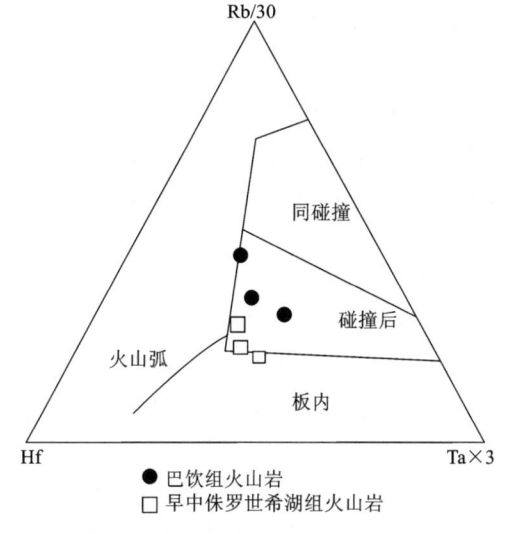

图 3-88　Rb/30-Hf-Ta×3 图

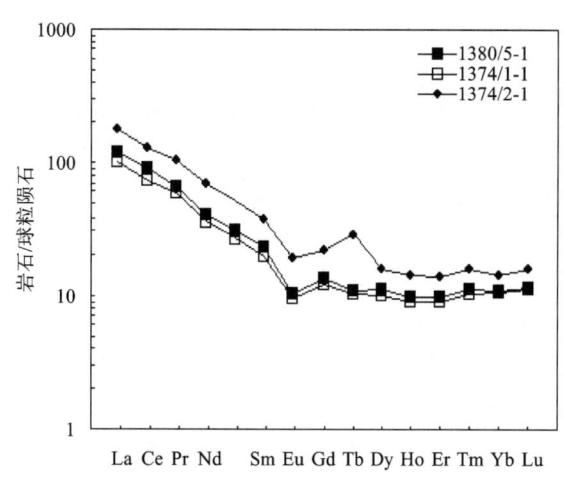

图 3-89　三叠系巴钦组火山岩稀土元素配分型式图

6. 成矿元素特征

巴钦组火山岩中成矿元素与地壳克拉克值相比（表3-65），Pb 元素 3 个样品含量分别为 31.9×

10^{-6}、19.5×10^{-6}、8.1×10^{-6}，平均值近 20×10^{-6}，略高于克拉克值，有局部弱富集。值得一提的是 Hf 含量($4.17\times10^{-6}\sim6.48\times10^{-6}$)高出地壳克拉克值的 $4\sim6$ 倍，U 含量($4.79\times10^{-6}\sim5.74\times10^{-6}$)高出地壳克拉克值的近 2 倍，说明该套火山岩中 Hf、U 元素普遍有所富集。

表 3-65 三叠系巴钦组火山岩微量元素及稀土元素分析结果表($\times10^{-6}$)

样号	岩石名称	微量元素分析结果													
		Ba	Sr	V	Zr	Rb	Sc	U	Nb	Cr	Co	Ni	Ta	Th	Hf	Pb
1380/5-1	英安岩	588	129	21	183	169	4.23	5.74	23	137	4.5	11	2.56	13.1	5.28	8.1
1374/1-1	英安岩	1190	159	26	180	178	4.66	5.2	19.9	118	5.6	17	1.1	16.7	4.17	19.5
1374/2-1	熔结凝灰岩	418	26.1	36	286	198	8.61	4.79	29.3	153	5.9	8	2.13	16	6.48	31.9

样号	岩石名称	稀土元素分析结果												
		La	Ce	Pr	Nd	Sm	Eu	Gd	Td	Dy	Ho	Er	Tm	Yb	Lu	Y
1380/5-1	英安岩	43.67	86.64	9.1	29.34	5.53	0.93	4.26	0.65	4.39	0.86	2.53	0.41	2.792	0.454	25.24
1374/1-1	英安岩	37.46	70.1	8.04	25.85	4.74	0.87	3.81	0.623	3.95	0.81	2.33	0.387	2.72	0.438	22.47
1374/2-1	熔结凝灰岩	65.2	122.8	14.15	49.93	8.72	1.71	6.91	1.704	6.311	1.25	3.55	0.584	3.69	0.623	34.02

样号	岩石名称	稀土元素特征参数											
		ΣREE	LREE	HREE	REE/HREE	ΣCe	ΣSm	ΣYb	δEu	δCe	Sm/Nb	La/Yb	La/Sm	Ce/Yb
1380/5-1	英安岩	216.8	175.2	41.59	4.21	168.6	16.62	31.43	0.57	1.13	0.19	15.64	7.9	31.03
1374/1-1	英安岩	184.6	147.1	37.54	3.92	141.5	12.8	28.34	0.61	1.05	0.18	13.77	7.9	25.77
1374/2-1	熔结凝灰岩	320.5	262.5	58.01	4.52	253	25.97	42.47	0.66	1.03	0.18	17.7	7.48	33.27

7. 火山构造与古火山机构分析

该组火山岩海拔较高，可穿越的路线有限，加之第四系覆盖，构造破坏，给古火山机构的研究带来不便。区内初划(推测)出火山喷发中心 3 个，现简要分析如下。

(1) 果日改喷发中心：处于巴钦组火山岩的北部果日改、加玛扎一带，海拔高达 $4945\sim5310m$，火山机构保存较好。平面上呈半椭圆状，长轴 NW 向与区域构造线方向及火山岩系区域展布方向基本一致。岩相分布呈叠置的环状，早期以喷发为主，内环近火山口主要由爆发相的角砾岩(局部为火山集块岩)组成，通道中充填有火山角砾岩，晚期由通道溢流的流纹质熔岩覆盖于火山碎屑岩之上；外环远离火山口为岩屑凝灰岩、晶屑凝灰岩和喷溢相的流纹岩组成。从近火山口—远离火山口，具火山角砾岩—沉火山角砾岩—沉凝灰岩—凝灰质碎屑岩的逐渐过渡趋势。

(2) 龙让及登陇弄喷发中心：位于龙让、登陇弄等地，以喷溢的熔岩为主(熔岩为英安岩)，火山通道相被高位侵入体石英闪长岩充填。其中龙让石英闪长岩呈近圆状的小岩株，面积约 $1km^2$；登陇弄石英闪长岩位于火山岩北侧，受断裂破坏，呈半椭圆状。围绕龙让及登陇弄这两个喷发中心，发育放射性张性裂隙(或断裂)和近似弧形的断裂，断裂面产状陡立，放射性张性断裂往往切穿近似弧形的断裂，且局部见有花岗岩脉沿张性裂隙(断裂)充填。

(3) 作木朗、比冲弄、艾火弄浅—超浅成侵入中心：位于巴钦组火山岩的南部，比冲弄有两个石英闪长岩小侵入体，单个面积小于 $1km^2$，呈椭圆状；艾火弄有一个二长花岗岩高位侵入体，呈扁圆状，面积约 $16.5km^2$。高位侵入体空间上呈穹隆状侵入于流纹岩中，这三个独立侵入体均侵入于下石炭统玛均弄组。侵入体岩石成分简单，由斜长石、角闪石、石英及钾长石组成；岩石结构由边部向中心逐渐变粗；蚀变较强，有绢云母化、绿帘绿泥石化、方解石化等，并在岩体边部显示有暗化边，属火山岩侵入相，即为次火山岩相的表现。是岩浆房残余岩浆沿火山通道断裂或裂隙上升侵入的结果。

上述三个喷发(溢)或上侵的火山活动中心均历经了从早期到晚期的不同程度的构造破坏及演化变迁,表现出较为明显的破火山口相的特征。

8. 构造环境分析

测区内为英安岩—流纹岩组合,测区内岩石类型以流纹岩为主,凝灰岩、火山角砾岩次之,伴其产生的有熔结凝灰岩,沉火山角砾岩等少量。岩石化学以富 Si、Al,贫 Ca 和 $K_2O>Na_2O$ 为特征;稀土配分型式为轻稀土富集型的右斜"海鸥"型,微量元素富 Ba、Rb、Nb、Th、Ta 及 K,贫 Cr、Co、Ni、Zr、Hf。各种特征均表明火山岩形成于同碰撞—碰撞后的大地构造环境。火山岩分布的构造位置正处在澜沧江消减带上,在消减带洋壳关闭褶皱之后的第一个不整合面之上,碰撞效应所引起的变形、变质、重熔事件,处在强弩之末,尚未完全结束。巴钦组火山岩的性质正好印证了这种环境。

9. 小结

三叠系巴钦组火山岩规模较大,出露面积约 $500km^2$,由多个火山、多次喷发—喷溢及次火山岩相的浅至超浅成侵入体构成,主要喷发中心有三个,岩性主要为中酸性—酸性的熔岩—火山碎屑岩组合。火山喷发韵律明显、旋回清楚,由三个喷发-喷溢韵律和两个喷发旋回组成,每个韵律以角砾岩开始,向上为凝灰岩或熔岩;每个旋回下部为英安质,中部为流纹质,向上再次为英安质。一般早期爆发,晚期喷溢,岩石类型有流纹岩、熔结凝灰岩、凝灰岩、火山角砾岩、沉火山角砾岩、凝灰质长石岩屑砂岩等。岩石化学以富 SiO_2、Al_2O_3,贫 CaO 和 $K_2O>Na_2O$ 为特征,投点落入亚碱性系列或消减带火山岩区。微量元素投点结果位于碰撞晚期—碰撞后花岗岩范围,稀土配分曲线为右斜的"海鸥"型,轻稀土斜率较大,重稀土趋于平坦,其特征与同碰撞花岗岩基本一致。以上各种特征均表明,位处澜沧江消减带上的火山岩就形成于这个同碰撞—碰撞后的消减带洋壳关闭褶皱之后的第一个不整合面之上,碰撞效应引起的变形、变质、重熔事件正处在强弩之末,还未完全结束之时的大地构造环境。岩浆可能源自壳幔混合带。

三、唐古拉构造-火山活动(岩)带

该带位于测区中北部丁青结合带北界断裂与汝塔—日拉卡北西向深大断裂的中间地段,呈 NW 向宽带状与区域构造线一致的方向展布,在前石炭纪和中侏罗世时火山活动强烈,出露吉塘岩群和雀莫错组两个火山岩层位,现分述如下。

(一) 前石炭纪构造火山岩亚带

赋存于吉塘岩群一、二岩组中的斜长角闪片岩、绿帘绿泥斜长片岩,原岩恢复为板内碱性玄武岩,见变质岩论述,本节只描述赋存于吉塘岩群三岩组中的保留火山岩结构、构造的变玄武岩。

1. 地质特征

火山岩出露于丁青县嘎布拉和汝塔等地,沿地层走向 NW-SE 向展布,可见厚度 100m±,断续延长约 50km,分布面积约 $2350km^2$。岩石类型主要为变玄武岩,以喷溢相为主。火山地层南北两侧,变质和动力作用较强,受区域 NW-SE 向深大断裂构造控制明显。在嘎布拉地带,自北向南,略显示出由拉斑玄武岩—隐晶质玄武岩—枕状玄武岩的喷发旋回和韵律结构,说明了喷发类型和火山岩相自北向南由中心式近火山口相向裂隙式大面积溢流的远火山口相的过渡趋势。

2. 岩石矿物特征

变玄武岩(表 3-66) 变玄武岩一部分具变晶结构,片状构造,另一部分具糜棱结构;其基质为间粒结构、微粒结构的斑状结构,杏仁状构造。杏仁体内充填石英、方解石、绿帘石、绿泥石等。斑晶为透辉

石,含量2%～25%,一般呈零散状或聚斑状分布,粒径(0.02～2)mm×4mm。基质主要矿物为单斜辉石、斜长石、次闪石、绿泥石,少量白钛石和次生石英。基质中的单斜辉石也呈粒状晶体,有的向闪石类变化;斜长石呈微粒状、小板条状,有绿帘石化和绢云母化;闪石类及绿帘石、绿泥石为变质矿物,在岩石中常作定向分布;石英呈他形粒状,为间隙物。

表3-66　吉塘岩群三岩组火山岩矿物特征表(%)

样品	岩石名称	颜色	结构	杏仁	斑晶	基质				
					Cox	Cpx	Pl	Ac	Ep	Chl
3497/2	变玄武岩	灰绿	斑状、间粒结构	1	2	10	52	20	5	10
3197/3		灰绿	斑状、微粒结构		3	50	40	2		3
3035/6		灰绿	斑状、间粒结构	10	25	35	25			5
3225/5		绿灰	粒状、纤状、鳞片变晶结构	10		10	20		15	45
3497/1		灰绿	斑状、次生纤状结构	15	2	2		50	10	20
3035/5		深绿	糜棱结构			25			40	10
3497/4		灰绿	糜棱结构				45	10	5	25

3. 岩石化学特征

从变玄武岩主要元素分析结果及各类岩石化学参数(表3-67)表中可以看出:岩石化学以富 MgO、TiO_2,贫 SiO_2、Al_2O_3 为主要特征,吴利仁镁铁比值(m/f)为 1.09～1.11,为铁质基性岩类。CIPW 标准矿物无石英和刚玉,吴利仁 Q 值为 9.88～10.96,属 SiO_2 弱不饱和型。TiO_2 含量高,在 $FeO^*/MgO-TiO_2$(图 3-77)图中,投点落入 ORB 范围内,为板内(洋岛)环境产物。里特曼岩石化学指数 σ 为 5.16、5.90,属 Rittmann(1962)划分的钠质(大西洋型)弱碱性系列。吴利仁岩石氧化程度 h 值为 30.13～38.64,表明岩石氧化程度不大。

表3-67　吉塘岩群三岩组火山岩主要元素含量及各类参数表($wt\%$)

样 号	岩石名称	岩石化学分析结果												参数特征		
		SiO_2	TiO_2	Al_2O_3	Fe_2O_3	FeO	MnO	MgO	CaO	Na_2O	K_2O	P_2O_5	LOS	总量	σ	SI	Mg'
3497/2-1	变玄武岩	46.34	3	14.52	4.71	6.73	0.23	6.61	9.35	3.45	0.7	0.39	3.47	99.5	5.16	29.81	0.52
3225/5-1	变玄武岩	47.32	3.1	13.9	3.79	7.91	0.15	6.9	7.27	4.15	0.9	0.4	4.16	99.95	5.9	29.18	0.56

样 号	岩石名称	CIPW 标准矿物含量								Di		Hy		Ol		DI	An
		Ap	Il	Mt	Or	Ab	An	C	Q	Wo	En	Fs	En	Fs	Fo	Fa		
3497/2-1	变玄武岩	0.92	5.7	6.44	4.14	29.19	22.07			9.09	6.48	1.81	2.85	0.8	5.01	1.55	33.3	42
3225/5-1	变玄武岩	0.95	5.8	5.5	5.32	35.12	16.64			7.02	4.7	1.79	1.21	0.46	7.9	3.32	40.4	31

样 号	岩石名称	吴利仁岩石化学参数												类型
		a	b	c	s	c'	m'	f'	n	q	m/f	h	x	y	z
3497/2-1	变玄武岩	8.84	28.91	5.56	56.69	21.19	39.75	37.79	88.22	−9.88	1.09	38.64	45.27	0	54.73	正常
3225/5-1	变玄武岩	10.59	28.09	4.14	57.18	19.2	42.16	39.33	87.51	−11	1.11	30.13	37.02	0	62.98	正常

$\sigma=(Na_2O+K_2O)^2/(SiO_2-43)(wt\%)$;$SI=100\times MgO/(MgO+Fe_2O_3+FeO+Na_2O+K_2O)(wt\%)$
$Mg'= Mg/(Mg^{2+}+Fe^{3+}+Fe^{2+})$(原子数)

4. 微量元素特征

从变玄武岩的微量元素丰度(表3-68)和地球化学分布型式可以看出,富不相容元素 Sr、K、Rb、Ba、

Th、Ta、Nb、Ce、P、Zr、Hf、Sm、Ti，为 N-MORB 的 2～51 倍，贫高场强元素 Y、Yb 及 Sc，为 N-MORB 的 0.5～0.8 倍，地球化学分布型式（图 3-90）具双隆起模式曲线和板内玄武岩特征，类似于格林纳达岛玄武岩型式，介于钙碱性的火山岛弧玄武岩与碱性的板内玄武岩之间（王仁民等，1987）。由于富不相容元素，贫高场强元素及相容元素，相应的 Ti/V 值（53.7～65.3）、Ti/Y 值（768～814）、Ti/Cr 值（72.3～83）和 Ti/Sc 值（594～648）均较高。Ti/V 值 53.7～65.3（>50），属 Sher-Vais（1982）洋岛玄武岩的范围。在 Ti-Zr 图中（图 3-91）样品也落入板内基性熔岩范围。

表 3-68 吉塘岩群三岩组火山岩微量元素丰度及稀土元素丰度和特征参数表（×10⁻⁶）

样号	岩石名称	微量元素丰度												
		V	U	Ni	Co	Mn	Cu	Sn	Sr	K	Ti/Y	Ti/Cr	Rb	Ba	Th
3479/2	变玄武岩	335	1.94	88.6	40.3	1273	9.8	2.26	550	0.70%	768	72.3	11.3	548	10.2
3225/5	变玄武岩	285	0.88	164	43.9	1117	91.8	1.78	350	0.90%	814	83	10.9	172	8.8
克拉克值（维，1962）		90	2.5	58	18	1000	47	2.5	340	2.5%			150	650	13

样号	岩石名称	Ta	Nb	Ce	P	Zr	Hf	Sm	Ti	Y	Yb	Sc	Cr	Ti/V	Ti/Sc
3497/2	变玄武岩	2.36	39.6	68.72	0.39%	218	5.7	6.8	3%	23.44	2.02	30.3	249	53.7	594
3225/5	变玄武岩	1.96	29.2	64.77	0.40%	193	5.5	6.74	3.10%	22.86	1.8	28.7	223	56.3	648
克拉克值（维，1962）		2.5	20	70	0.039%	170	1	8	0.45%	29	0.33	10	83		

样号	岩石名称	稀土元素丰度												
		La	Ce	Pr	Nd	Sm	Eu	Gd	Tb	Dy	Ho	Er	Tm	Yb	Lu
3497/2	变玄武岩	32.37	68.72	8.43	34.12	6.8	2.18	6.59	1.01	5.41	0.94	2.57	0.36	2.02	0.29
3225/5	变玄武岩	29.64	64.77	7.29	30.69	6.74	2.19	5.88	0.93	4.73	0.89	2.45	0.32	1.8	0.24

样号	岩石名称	稀土元素特征参数												
		ΣREE	LREE	HREE	LREE/HREE	ΣCe	ΣSm	ΣYb	δEu	δCe	Sm/Nd	La/Yb	La/Sm	Ce/Yb
3497/2	变玄武岩	195.3	195.3	42.63	3.58	143.6	22.93	28.68	1.1	1.05	0.2	16.03	4.76	34.02
3225/5	变玄武岩	181.4	141.3	10.1	3.52	132.4	21.35	27.67	1.16	1.08	0.22	16.5	4.4	36.34

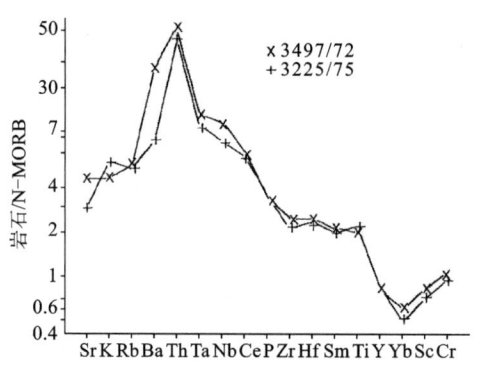

图 3-90 吉塘岩群三岩组变玄武岩地球化学配分型式图

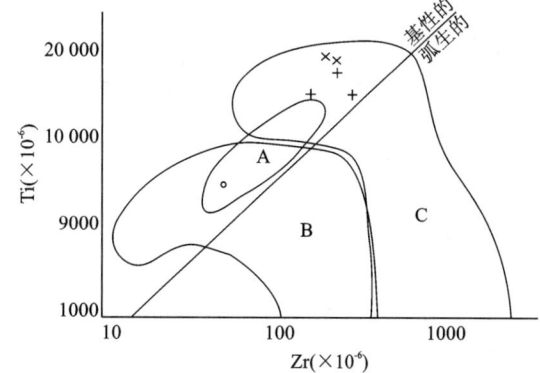

图 3-91 Ti-Zr 图
A：洋中脊玄武岩；B：火山弧熔岩；C：板内熔岩；
×吉塘岩群三岩组变质玄武岩；+下石炭统日阿则弄组玄武岩；
○上三叠统确哈拉群玄武岩

5. 稀土元素特征

从表 3-68 和图 3-92 可以看出，吉塘岩群三岩组玄武岩的稀土元素总量高，LREE/HREE 值为 3.52～3.58，La/Sm 值为 4.40～4.76，La/Yb 值为 16.3～16.50，标准化分布曲线向右倾斜，为轻稀土富集型。δEu 值

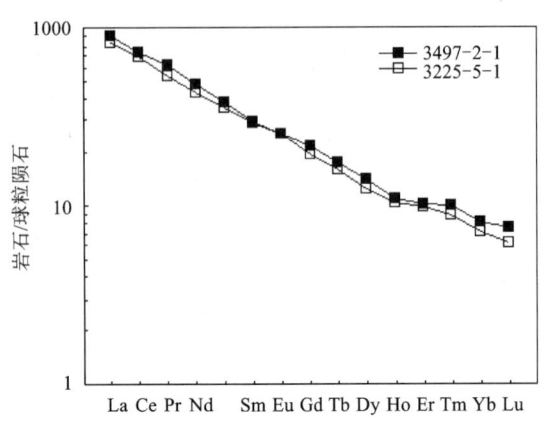

图 3-92 吉塘岩群三岩组变玄武岩稀土元素配分型式图

为 1.10～1.16,属铕富集型。具有这类曲线特征的玄武岩产生环境较多,如裂谷、岛弧、异常 MORB、板内洋岛等,需要具体分析确定。但该曲线与夏威夷碱性玄武岩及洋岛碱性玄武岩较类似(从柏林,1979)。

6. 成矿元素特征

吉塘岩群三岩组火山岩中成矿元素与地壳克拉克值相比,除 Cu 元素两个样品中的一个样品高出克拉克值近 2 倍,另一个样品地壳克拉克值的 1/6 左右为局部富集外,其他成矿元素 Au、Ag、Pb、Zn 均无分析结果。但 Ti、Yb、Hf、Ni、P、V、Cr、Sc 元素含量分别依次高出地壳克拉克值的 3～7 倍,具有明显富集,其他剩余元素均低于或接近,或略高出地壳克拉克值。

7. 岩浆来源、构造环境及成因分析

吉塘岩群三岩组火山岩属玄武岩,岩石化学以富 TiO_2 为特征,稀土模式属富集型,地球化学模式及投图结果均显示板内环境特征。一、二岩组中经变质岩原岩恢复的基性—中酸性火山岩也显示板内环境特征。构造位置处于古特提斯南侧,与古特提斯有一定间距(中间有他念他翁构造岩浆岩带),形成时代早于古特提斯。可见,吉塘岩群应形成于板内环境。岩浆源于地幔,但有下地壳物质的加入。

8. 小结

吉塘岩群三岩组火山岩主体为变玄武岩,一部分具变晶结构,片状构造,另一部分具糜棱结构,原岩建造属碎屑岩—泥质岩夹基性—中酸性火山岩,以水下溢流相为主的喷发型式。岩石化学以富 MgO、TiO_2,贫 SiO_2、Al_2O_3 为主要特征,里特曼岩石化学指数属钠质(大西洋型)弱碱性系列岩,微量元素在 Ti-Zr 图中落入板内基性熔岩范围,稀土模式为轻稀土富集型 δEu 值为 1.1～1.16,属铕富集型,凡此曲线特征的玄武岩产生环境较多,但该曲线与夏威夷碱性玄武岩及洋岛碱性玄武岩较类似(从柏林,1979)。岩浆源自地幔,但有下地壳物质的加入。

(二) 中侏罗世火山岩亚带

1. 地质特征

火山岩仅见于雀莫错组下部和底部,受地层及构造控制明显,主要分布于丁青县协雄乡通钦马、丁青镇多荣卡—阿拢扛嘎,色扎乡切切卡,上衣乡查普玛—康色玛—结曲上游等地,呈夹层状产出,出露厚度 50～1000m,夹层断续延长约 80km,分布面积近 20km^2,以喷溢相为主,也有喷发相,早期短暂喷发、晚期较长时间喷溢。岩性主要为灰绿色杏仁状玄武岩、安山岩、英安岩、流纹岩、粗安岩,另在查普玛见少量蚀变粗玄岩、玄武安山岩、英安质角砾凝灰岩,在阿拢扛嘎见少量火山角砾岩,故应属玄武岩—安山岩—英安岩—流纹岩组合。自东向西,岩石有变偏基性的趋势。

2. 岩石矿物特征

粗面安山岩 仅在丁青镇多荣卡、呷塔乡查普玛出露,岩石呈灰绿色,含晶屑—岩屑粗面结构,块状构造,火山灰胶结,火山碎屑粒径绝大部分小于 2mm,岩屑以安山岩为主,玄武质次之,少量碳酸盐岩和斜长石晶屑(含量>85%),安山岩屑一般具斑状结构,斑晶为斜长石,基质具特征的交织结构,主要矿物

成分由斜长石微晶和玻璃质隐晶组成,火山灰分解物由铁质和碳酸盐岩等次生产物组成,含量10%～15%,岩石具中一强的碳酸盐化、褐铁矿化,还有数颗单斜辉石晶屑。

火山角砾岩 仅在丁青镇阿拢扛嘎出露。岩石呈灰色,角砾状结构,块状构造。岩屑以中酸性熔岩为主,有灰岩、泥岩及粉砂岩,晶屑为长石、石英等、火山灰胶结。

流纹岩 出露于丁青镇阿拢扛嘎,分布于雀莫错组下部。岩石呈灰白一灰绿色,斑状结构,块状构造,基质为显微花岗结构。斑晶:更长石10%～15%,石英、钾长石、黑云母、角闪石等少量,其中石英受熔蚀明显,斑晶大小1～5mm。基质约占85%,由更长石、钾长石、石英、黑云母组成。副矿物有磷灰石。次生矿物:绢云母、绿泥石、绿帘石。

英安岩 在通钦马、阿拢扛嘎均见有出露。在结曲上游见流纹英安岩,岩石呈灰紫一紫红色,具显微嵌晶结构的斑状结构,块状构造。斑晶主要为更长石和石英,含量约25%。有少量酸性熔岩岩屑或角砾。基质成分为石英、斜长石、角闪石。副矿物磷灰石、黄铁矿。

安山岩 在通钦马、查普玛呈环状分布于雀莫错底部。查普玛还见玄武岩、安山岩出现,颜色为紫红色,具柱状节理,但边部变为灰绿色,具层状构造。矿物成分主要为斜长石、角闪石及部分黑云母;副矿物有锆石、磷灰石、榍石、磁铁矿。基质为交织结构的斑状结构。斑晶含量15%～25%,主要为斜长石,角闪石少量。斜长石斑晶最大15cm×5cm,环带状结构,有裂纹,An=27,为更长石,有的呈聚斑状。基质中斜长石为自形板条状晶体,定向或杂乱分布,角闪石、黑云母充填斜长石间隙。岩石有轻微的方解石化、绢云母化、褐铁矿化及绿泥石化。

玄武岩 出露于测区西北部切切卡一查普玛等地,查普玛还见蚀变玄武岩出现,岩石呈暗灰色、灰紫色,基质为填间结构的斑状结构,气孔杏仁状构造。矿物成分:斜长石、单斜辉石、玄武玻璃及少量石英、黑云母。斑晶有辉石和斜长石,含量5%～10%不等。斜长石(An=44)为自形板条中长石,粒径0.5mm×2mm～1mm×5mm。具聚片双晶,有绢云母化,基质呈交织状、格架状杂乱分布,含量85%。辉石为自形柱状晶体,斑晶粒径0.1mm×0.5mm,暗化或绿泥石化析铁,在斜长石格架中充填有辉石微粒,少量石英和玄武玻璃。杏仁体内充填物为绿泥石、绿帘石、方解石、石英等。

3. 岩石化学特征

从表3-69中可以看出,雀莫错组英安岩以富SiO_2、Al_2O_3,贫CaO及$Na_2O>K_2O$为特征。CIPW标准矿物出现刚玉和石英,C=1.87～2.82,Q=21.26～22.12。在硅-碱图(图3-93)中属亚碱性系列,在FeO^*/MgO与SiO_2、FeO^*图(图3-94)中属钙碱性系列。里特曼指数$\sigma=1.96$～2.01,属中钙碱性系列。

表3-69 中侏罗统雀莫错组火山岩岩石化学分析结果及CIPW标准矿物表(wt%)

样号	岩石名称	岩石化学元素分析结果												
		SiO_2	TiO_2	Al_2O_3	Fe_2O_3	FeO	MnO	MgO	CaO	Na_2O	K_2O	P_2O_5	LOS	总量
2606/1	灰绿色英安岩	64.4	0.45	17.09	2.22	1.23	0.02	2.71	2.82	4.2	2.35	0.13	2.14	99.76
2607/1	紫红色英安岩	64.24	0.58	17.31	3.54	0.32	0.02	1.36	3.45	4.1	2.35	0.05	2.14	99.46
2630/1	紫红色玄武岩	45.96	1.75	13.45	5.88	4.68	0.15	6.55	10.03	3.4	0.5	0.34	7.24	99.93
4174/14-1	灰绿色玄武岩	47.84	1.45	13.59	9.03	2.67	0.22	6.04	5.7	4.75	0.25	0.12	7.68	99.34
GS0048-5	粗面安山岩	48.96	2.28	14.45	5.03	5.1	0.176	3.49	8.52	5.72	0.278	0.482	5.69	100.2
GSP14-57-2	蚀变含磁铁安山岩	47.18	0.848	10.7	7.71	0.938	0.152	5.54	9.14	0.074	0.647	0.352	16.39	99.67
GSP14-61-2	盐化硅化绿泥石化安山岩	58.3	0.578	12.83	5.25	0.669	0.086	2.82	5.96	2.13	3.54	0.202	6.84	99.21
样号	岩石名称	CIPW标准矿物及岩石化学参数												
		Or	Ab	An	C	Di	Hy	Ol	Q	DI	An	σ	Si	AR	Al/alk+c
2606/1	灰绿色英安岩	14.23	36.43	13.47	2.89		8.09		21.26		13.47	1.96	21.42	1.98	1.172
2607/1	紫红色英安岩	14.3	35.71	17.28	1.92		4.64		22.24		17.28	1.91	11.83	1.9	1.112

续表 3-69

样号	岩石名称	CIPW 标准矿物及岩石化学参数													
		Or	Ab	An	C	Di	Hy	Ol	Q	DI	An	σ	Si	AR	Al/alk+c
2630/1	紫红色玄武岩	3.2	31.12	21.59		24.03	1.13	8.85		24.03	21.59	2.65	31.52	1.4	0.552
4174/14-1	灰绿色玄武岩	1.62	44.08	16.47		11.06	10.23	6.42		11.06	16.47	3.18	27.13	1.7	0.737
GS0048-5	粗面安山岩	1.74	44.39	13.7		22.43		1.96		22.43	13.7	4.55	17.88	1.71	0.573
GSP14-57-2	蚀变含磁铁安山岩	4.62	0.76	32.58		15.79	18.24		21.05	15.79	32.58	0.05	38.56	1.08	0.614
GSP14-61-2	盐化硅化绿泥石化安山岩	22.72	19.57	16.28		11.6	5.25		18.97	11.6	16.28	1.87	19.95	1.86	0.706

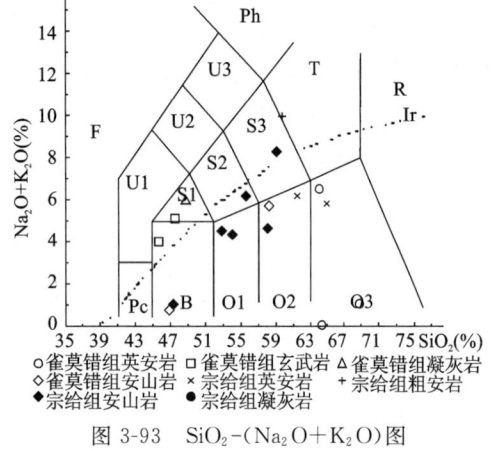

图 3-93 SiO_2-(Na_2O+K_2O) 图

B:玄武岩;O1:玄武安山岩;O2:安山岩;O3:英安岩;S1:粗面玄武岩;S2:玄武质粗面安山岩;S3:粗面安山岩;T:粗面岩、粗面英安岩;Ir:Irvine 分界线,上方为碱性,下方为亚碱性

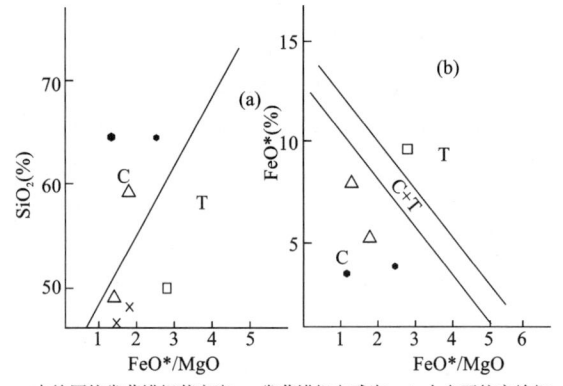

图 3-94 FeO^*/MgO 与 SiO_2、FeO^* 图

玄武岩以富 MgO、Fe_2O_3、FeO,贫 SiO_2、Al_2O_3 及 K_2O 为特征。CIPW 标准矿物属正常类型硅低度不饱和,无刚玉和石英。在硅-碱图(图 3-93)中落入碱性与亚碱性分界线处。里特曼指数 $σ=5.17$,$Na_2O>K_2O$,属钠质(大西洋型)弱碱性系列。在 FeO^*/MgO 与 SiO_2、FeO^* 图(图 3-94)中,属拉斑玄武岩系列。在 $\lg τ-\lg σ$ 图(图 3-95)中英安岩在造山带范围中,玄武岩投在板内稳定区与玄武岩和造山带交界部位,安山岩投在板内稳定区,粗安岩也投在板内稳定区。

4. 微量元素特征

微量元素丰度列于表 3-70 中,从表中可以看出,英安岩、玄武岩均以富不相容元素 Zr、Sr、Ba 及 Rb 为特征。英安岩较玄武岩 Rb、Sr、Zr、W、Sn、Mo 高,Nb、Hf、Sc、Cu 较低。而粗安岩和安山岩较英安岩、玄武岩的丰度以及地壳克拉克值,除 Zr、Ba、Th、Ta、Hf、Pb 元素较高外,其他元素均较低或与地壳克拉克值接近。

5. 稀土元素特征

从表 3-70 和图 3-96 中可以看出:英安岩属轻稀土强烈富集型,标准化分配曲线向右陡倾,LREE/HREE=7.81~7.28;无明显的铕异常,$δEu=1.01~1.03$;稀土总量为 $117.5×10^{-6}~118.6×10^{-6}$。玄武岩属轻稀土弱富集型,标准化分布曲线向右缓倾,La/Yb=10.57~10.89;La/Sm=3.85~3.96,Ce/Yb=22.01~22.12;无明显的铕异常,$δEu=1.01~1.09$;稀土总量为 $101.01×10^{-6}~103.97×10^{-6}$。由稀土元素标准化曲线对比,可以看出英安岩比玄武岩具有更高的稀土元素分馏,是拉斑玄武岩浆早期的分异产物。

表 3-70 中侏罗统雀莫错组火山岩微量元素丰度及稀土元素丰度和特征参数表($\times 10^{-6}$)

样号	岩石名称	微量元素丰度															
		Rb	Sr	Ba	Th	Ta	Nb	Zr	Hf	Sc	Cu	Pb	Zn	W	Sn	Mo	Ag	Au ($\times 10^{-9}$)
2607/1	紫红色英安岩	61.9	625.9		6.2		12.1	181.1	5.2	6.8	21.2	16.1	91.4	2	5.2	1.2		
2630/1	紫红色玄武岩	5.2	596.2		2.4		20.1	128.5	3.3	20.9	64.3	6.8	100.3	0.32	1.4	0.82		
4174/14-1	灰绿色玄武岩	4.1	280.7	59	8.15	0.98	16.4	138.44	3.23	19.2	29.9	9.4	68.7	1.61	1.52	0.79		
GS0048-5	粗面安山岩	4.3	252	205	8.33	3.67	51.9	293	8.73	11.8	25.1	7	134	0.56	5.2	1.98	0.03	1.9
Pl4GP57-2	蚀变安山岩	38.5	507	144	9.58	0.71	6.47	81.3	2.6	18.6	17.4	1	43.1	0.56	2.5	0.86	0.0033	1.35
Pl4GP61-2	蚀变安山岩	438	399	2440	19	1.6	11.2	148	4.34	4.49	32	31.6	39.6	2.36	2.8	1.98	0.16	1.55
地壳克拉克值(维,1962)		150	340	650	13	2.5	20	170	1	10	47	16	83	1.3	2.9	1.1	0.07	4.3

样号	岩石名称	稀土元素丰度													
		La	Ce	Pr	Nd	Sm	Eu	Gd	Tb	Dy	Ho	Er	Tm	Yb	Lu	Y
2606/1	灰绿色英安岩	27.82	48.3	4.82	18.2	3.206	0.967	2.404	0.285	1.618	0.287	0.775	0.103	0.694	0.104	7.922
2607/1	紫红色英安岩	28.37	49.18	4.96	18.39	3.233	0.958	2.433	0.259	1.599	0.279	0.715	0.098	0.64	0.101	7.336
2630/1	紫红色玄武岩	15.75	32	4.08	16.1	4.09	1.465	4.161	0.658	3.688	0.688	1.675	0.237	1.447	0.209	17.714
4174/14-1	灰绿色玄武岩	15.48	32.24	4.1	15.5	3.909	1.327	3.892	0.579	3.639	0.659	1.708	0.236	1.465	0.211	16.067
XT0048-5	粗面安山岩	64.1	99.9	12.6	53	8.72	2.9	8.88	1.48	8.34	1.6	3.95	0.56	3.42	0.4	37.5

样号	岩石名称	稀土元素特征参数											
		ΣREE	LREE	HREE	LREE/HREE	ΣCe	ΣSm	ΣYb	δEu	δCe	Sm/Nd	La/Yb	La/Sm	Ce/Yb
2606/1	灰绿色英安岩	117.5	103.3	14.19	7.28	99.14	8.77	9.60	1.03	0.99	0.18	40.09	8.68	69.59
2607/1	紫红色英安岩	118.6	105.1	13.46	7.81	100.9	8.76	8.89	1.01	0.99	0.18	44.33	8.78	76.84
2630/1	紫红色玄武岩	104	73.49	30.48	2.41	67.93	14.75	21.28	1.09	1.01	0.25	10.89	3.85	22.12
4174/14-1	灰绿色玄武岩	101	72.56	28.46	2.55	67.32	14.01	19.69	1.04	1.05	0.25	10.57	3.96	22.01
XT0048-5	粗面安山岩	307.4	241	66.13	3.65				1.00	0.78	0.16	18.74	7.35	29.21

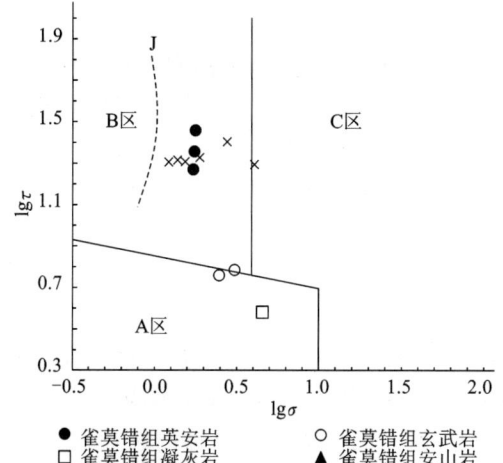

图 3-95　lgτ-lgσ 图
（据里特曼,1973）

A区:非造山带地区火山岩;B区:造山带地区火山岩;
C区:A区、B区派生的碱性、富碱岩;J:日本火山岩

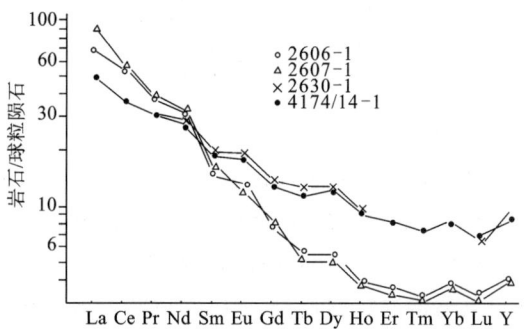

图 3-96　中侏罗统雀莫错组火山岩稀土元素标准化配分型式

6. 成矿元素特征

从表 3-70 中可以看出雀莫错组火山岩成矿元素 Zn 含量略高或接近于地壳克拉克值（3 个样品分别为 91.4×10^{-6}、100.3×10^{-6}、68.7×10^{-6}），其他成矿元素 Au、Ag、Cu、Pb 均低于地壳克拉克值，不同程度地呈现亏损状态。但 Hf、Sc 元素却高出地壳克拉克值的 2～5 倍，有富集或弱富集显示。

7. 火山构造与古火山机构分析

侏罗系雀莫错组火山岩出露区海拔高、覆盖大、构造破坏严重，通行等条件有限，给古火山机构的研究带来诸多困难。根据火山岩的分布形态，岩性及组合，现粗略（含推断）划出两个喷发中心。

（1）阿拢扛嘎、多荣卡-通钦马喷发中心：位于丁青镇阿拢扛嘎、多荣卡和协雄乡通钦马等地，火山岩分布面积约 10km²，海拔高达 5100m 以上，平面上呈间隔的细长椭圆状，长轴 NW 方向与区域构造线方向及火山岩系地层展布方向基本一致。岩相分布略显环状，但通钦马环状分布明显，早期以短暂喷发为主，中晚期以裂隙溢流为主。近火山口相的火山角砾岩和安山岩、英安岩仅在北部阿拢扛嘎有少量出现，远离火山口，向南到多荣卡则出现粗安岩为主。再向南到通钦马又出露英安质熔岩为主。这反映出短暂喷发过后较长时间喷溢出来的玄武安山质、英安质熔岩几乎覆盖了火山碎屑岩，说明：①喷溢（发）中心是自北向南东方向依次迁移演化的，即由阿拢扛嘎—多荣卡—通钦马迁移演化；②喷溢（发）是沿着近南北向构造或脆弱带喷发变化的，早期（很短时间）以中心式—裂隙式喷发为主；中晚期（较长时间）以裂隙式溢流为主；③自北向南喷溢（发）物粒度逐渐减小变细，熔岩性质逐渐偏酸。

（2）查普玛-康色玛-结曲上游喷发中心：位于丁青县上衣乡查普玛，康色玛，结曲上游范围，火山岩分布面积近 10km²，海拔高达 5200m 以上。平面上呈短椭圆状，长轴近东西或 NWW 向与区域构造线及火山岩地层展布方向基本一致。岩相分带略有显示，早期以短暂的喷发为主，在查普玛正南方向约 4km 处见蚀变粗玄岩，在康色玛正西查普玛 SSE 方向约 4km 处见英安质角砾凝灰岩出露，再向南东到结曲上游地段则出露安山岩、流纹英安岩等，显示出自西向东再向东南方向由查普玛南的蚀变粗玄岩—英安质角砾凝灰岩—钠长石化、绿泥石化安山岩—流纹英安岩的近火山口相—远离火山口相的岩性、粒度、喷发型式等的变化，即早期以短暂的中心式—裂隙式喷发为主，中晚期以裂隙式溢流相为主的熔岩性质逐渐变酸偏碱的趋势。在某种程度上也反映出构造及地层的变化。

综上所述，雀莫错组火山岩自东向西有变偏基性的趋势。

8. 形成环境探讨

雀莫错组火山岩位于丁青结合带北侧，该带已在中侏罗世初已经闭合造山，火山岩发育时代较丁青结合带闭合时间晚不到 10Ma，火山岩为玄武岩—安山岩—英安岩—流纹岩组合。英安岩岩石化学性质属钙碱性系列，玄武岩则属拉斑系列即具有早期发育未成熟的火山弧的 TH+CA 系列特点。在 $\lg\tau$-$\lg\sigma$ 图（图 3-95）中，投点位于造山带火山岩范围。稀土元素属轻稀土强烈富集型。因此，中侏罗世火山岩可能是碰撞—碰撞后造山环境下形成的陆缘弧型火山岩。

9. 小结

中侏罗统雀莫错组火山岩主体为玄武岩—安山岩—英安岩—流纹岩岩性组合，是多次喷发（溢）的产物，早期很短暂，以中心式喷发为主，也有裂隙式喷溢，中晚期时间较长，以裂隙式溢流为主，均沿着构造带或脆弱带方向向南或向东再向南东方向迁移演化，总体上，自东向西有变偏基性的趋势，自北向南或南东有变偏酸性的趋势，火山构造及古火山机构特征保存较好。综合岩石化学及地球化学各种特征及投点结果，均表明，该火山岩可能是碰撞—碰撞后造山环境下形成的陆缘弧型火山岩，属拉斑玄武岩浆早期分异的产物。

四、冈底斯-念青唐古拉构造-火山岩(活动)带

该带分布在图区南部,北界为丁青结合带南界深大逆冲断裂,南界超出测区南部边界到洛隆县幅,总体呈NWW向宽带状与板块构造及区域构造线一致的方向展布,受板块及区域断裂构造控制。该带在前石炭纪、晚三叠世、中侏罗世及晚白垩世时有多次较强—较弱的火山活动,出露AnCJy.、T_3Q、T_3M、J_2xh^3、K_2j 五个火山岩层位,现分述如下。

(一) 前石炭纪构造火山岩亚带

见于嘉玉桥岩群中(AnCJy.),火山岩出露于洛隆县新荣乡主固意、纳宗果、熊的奴、瓦拉等地。为测区内最古老的火山岩,已经变质为白云钠长片岩、绿泥钠长片岩及含石英碎斑的斜长片岩等,分布于一岩组下部和二岩组中。由于变质程度较高,火山岩结构、构造已经消失,原岩恢复钠长片岩类为中基性火山岩。

(二) 晚三叠世构造火山岩亚带

1. 确哈拉群火山岩(T_3Q)

1) 地质特征

出露于丁青镇的确哈拉、协雄乡娃拉、九根,中可和查隆乡择金习等地,呈多个夹层状赋存于确哈拉群黑色板岩中。岩层倾向NNE,倾角60°~75°,岩性为富杏仁状(少斑)玄武岩、块状(无斑)玄武岩、变基性火山岩,出露最大厚度97.8m,断续延长近50km,分布面积5~10km²,为裂隙式喷溢(发)的熔岩和微细碎屑岩相,受控于区域断裂构造和地层。

2) 岩石矿物特征

(富)杏仁状(少斑)玄武岩 分布于确哈拉群的顶部,厚约30m,为其主要岩石类型。岩石呈灰黑色、黑绿色,具斑状结构,少斑结构、间粒结构,基质具交织结构,杏仁状构造。杏仁体分布不规则,形状次圆—椭圆状等,粒径0.2~2mm,充填物为石英、绿泥石和少量蛇纹石;斑晶由板状、长板条状、自形晶集合体斜长石(<3%)、杏仁体(5%~20%)组成;基质由斜长石微晶(15%~20%,具聚片双晶,为中—拉长石,均绢云母化、绿泥石化)、辉石(40%,自形粒状晶体,具蛇纹石化,残留于蛇纹石集合体中)、绿泥石(15%含玻璃质隐晶,呈不规则状填隙,显微鳞片状)、蛇纹石(少量)、碳酸盐(5%,呈细脉状)、磁铁矿(自形—他形粒状稀疏分布2%)组成。

块状(无斑)玄武岩 分布于确哈拉群的中部,岩石呈暗绿色,无斑,具间粒间隐结构,块状构造。矿物成分及特征为:斜长石(35%)呈细柱状、长条状,均已绢云母化、绿泥石化,次为绿帘石化;单斜辉石(15%)在微晶斜长石格架中粒状填隙;绿帘石—绿泥石(35%),绿帘石呈细脉状集合体,绿泥石除少部分单斜辉石和磁铁矿微粒外,主要呈不规则状填隙,碳酸盐(2%~3%)局部为粒状集合体,石英(1%~2%)呈他形不规则粒状,磁铁矿和铁质(10%),磁铁矿为微粒状。

变基性火山岩 呈夹层状分布于确哈拉群中下部。岩石呈灰绿色,变质程度较高,矿物成分为斜长石及次生闪石类,结构为次生的粒状及纤状变晶结构,残余有斜长石斑晶和气孔杏仁状构造。斜长石绢云母化、绿黝帘石化强烈,但保留自形板条状晶形,残余晶体粒径0.1~0.2mm,残余斑晶大小0.5mm×2mm。次生闪石类矿物为纤状及放射状集合体,由辉石类矿物变化而来。杏仁体内充填物为绿帘石、绿泥石及石英等。

3) 岩石化学特征

从岩石化学特征(表3-71)中可以看出:SiO_2 45.39%~50.86%,Al_2O_3 14.45%~16.51%,FeO^* 2.88%~11.63%,MgO 6.51%~9.57%,CaO 7.64%~11.35%,Na_2O 2.15%~3.94%,

K_2O 0.221%～0.668%。与中国玄武岩相比，除 TiO_2、K_2O 较低外，其他成分均较接近。CIPW 标准矿物计算属正常类型硅低度不饱和，透辉石 9.35%～9.40%，紫苏辉石 11.92%～12.88%，橄榄石 7.21%～13.45%，DI=22.45～36.80，Mg'=0.60～0.62，An=43.6～67.0，为中—拉长石，与镜下鉴定结果一致。在硅-碱图（图 3-97）中，为亚碱性系列，在 $Fe^*/MgO-SiO_2$ 图（图 3-98）中，投点位于拉斑系列洋中脊附近和钙碱性系列，属拉斑玄武岩，在 K_2O-Na_2O 图（图 3-99）中，属钠质系列。

表 3-71　确哈拉群火山岩主要元素、微量元素及稀土元素分析结果表

样号	岩石名称	主要元素分析结果（wt%）												
		SiO_2	TiO_2	Al_2O_3	Fe_2O_3	FeO	MnO	MgO	CaO	Na_2O	K_2O	P_2O_5	LOS	总量
1226/1	杏仁状玄武岩	48.2	1.4	16.31	4.95	3.42	0.13	6.51	7.87	3.8	0.35	0.3	6.94	100.2
1275/1	变基性火山岩	48.22	0.95	14.91	4.7	5.66	0.24	9.15	10.17	2.15	0.6	0.05	3.51	100.3
GS0602	富杏仁体（少斑）玄武岩	45.39	1.17	16.51	3.34	5.8	0.18	9.57	11.35	2.6	0.668	0.242		
GS0603	块状（无斑）玄武岩	50.86	1.2	14.45	3.11	8.52	0.188	6.72	7.64	3.94	0.221	0.066		

样号	岩石名称	CIPW 标准矿物（wt%）													
		Il	Mt	Or	Ab	An	Wo	En	Fs	En'	Fs'	Fo	Fa	An	DI	Mg'
1226/1	杏仁状玄武岩	2.86	4.63	2.22	34.56	28.39	4.82	2.99	1.54	7.85	4.07	4.58	2.63	4.29	65.17	0.61
1275/1	变基性火山岩	1.87	5.11	3.67	18.82	30.27	4.84	2.98	1.58	8.42	4.46	8.5	4.95	6.93	52.76	0.63
GS0602	富杏仁体（少斑）玄武岩	2.3	4.54	4.08	17.81	32.45								6.35	57	0.66
GS0603	块状（无斑）玄武岩	2.35	4.65	1.35	34.4	21.76								3.67	57.51	0.56

样号	岩石名称	微量元素丰度（×10^{-6}）														Au (×10^{-9})
		Ba	Sr	Rb	Nb	Zr	Sc	Ta	Th	Hf	Cu	Pb	Zn	Bi	Sn	W	Ag	
1275/1	变基性火山岩	19	147.3	9.4	2.3	42.24	41.9	0.2	7.33	1.22	93.2	15.2	81.3	0.07	1	0.36		
GS0602	富杏仁体（少斑）玄武岩	321	759	32.6	6.65	92.6	20.7	<0.5	8.74	3.11	58	4	99	0.067	3	0.4	0.025	1.05
GS0603	块状（无斑）玄武岩	50.9	65.9	5.8	1.88	52.4	46.6	<0.5	3.15	2.16	134	27	107	0.014	2.1	0.28	0.082	1.1
克拉克值（维,1962)		650	340	150	20	170	10	2.5	13	1	47	16	83	9000	2.5	1.3	0.07	4.3

续表 3-71

样号	岩石名称	稀土元素丰度($\times 10^{-6}$)及特征参数													
		La	Ce	Pr	Nd	Sm	Eu	Gd	Tb	Dy	Ho	Er	Tm	Yb	Lu	Y
1275/1	变基性火山岩	1.282	4.086	0.736	3.911	1.382	0.602	0.097	0.402	2.653	0.58	1.723	0.267	1.647	0.244	13.93
XT0602	富杏仁体（少斑）玄武岩	25.4	46.4	6.29	24.8	5.28	1.73	4.86	0.83	5.37	0.93	3.09	0.41	2.68	0.34	27
XT0603	块状（无斑）玄武岩	6.06	11.3	2.33	8.13	2.68	1.07	4.07	0.75	5.77	1.26	3.98	0.57	3.42	0.48	26.9

样号	岩石名称	ΣREE	LREE	HREE	LREE/HREE	ΣCe	ΣSm	ΣYb	δEu	δCe	Sm/Nd	La/Yb	La/Sm	Ce/Yb
1275/1	变基性火山岩	33.54	12	21.54	0.56	10.02	7.72	17.81	2.20	0.96	0.353	0.778	0.928	2.481
XT0602	富杏仁体（少斑）玄武岩	155.4	109.9	45.51	2.41				1.03	0.84	0.21	9.48	4.81	17.31
XT0603	块状（无斑）玄武岩	78.77	31.57	47.2	0.67				0.99	0.7	0.33	1.77	2.26	3.30

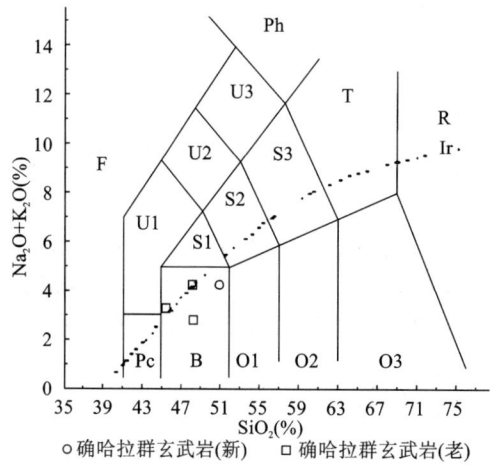

图 3-97 SiO_2-(Na_2O+K_2O)图
B:玄武岩;Ir:Irvine 分界线,上方为碱性、下方为亚碱性

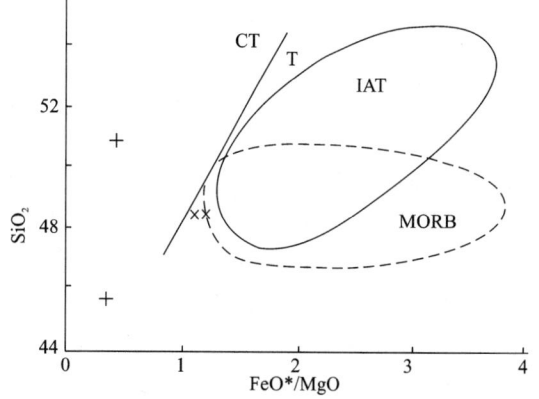

图 3-98 上三叠统确哈拉群火山岩 $Fe^*/MgO-SiO_2$ 图
CT:钙碱性;T:拉斑;MORB:洋中脊;
IAT:岛弧;+本项目样点;×原 1/20 万样点

4）微量元素特征及成矿元素特征

确哈拉群火山岩微量元素以富大离子亲石元素 K、Rb、Sr、Ba 及不相容元素 Ti、Zr、Th 为特征（表3-71）。投点位于洋中脊玄武岩范围（图 3-98）。

成矿元素除 Cu(58.0×10^{-6}、93.2×10^{-6}、134×10^{-6})高出地壳克拉克值的 1~3 倍多,具中等富集外,其他成矿元素 Au、Ag、Pb、Zn 含量均低于或与其相当。

5）稀土元素特征

确哈拉群火山岩稀土元素（表 3-71）3 个样品有两个样品属轻稀土亏损型,1 个样品轻稀土强烈富集,

稀土总量分别为 35.54×10^{-6}、155.4×10^{-6}、78.77×10^{-6}，有弱的正 Eu 异常。LREE/HREE 为 $0.56\sim2.41$，δEu 值 $0.99\sim2.20$，La/Yb=$0.778\sim9.48$，La/Sm=$0.928\sim4.81$，Ce/Yb=$2.481\sim17.31$。稀土元素分配图向左缓倾（图 3-100），重稀土呈平坦状分布，与 N 型洋中脊稀土元素配分型式相类似。

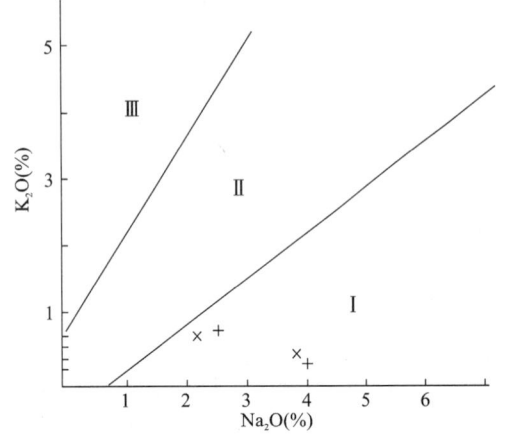 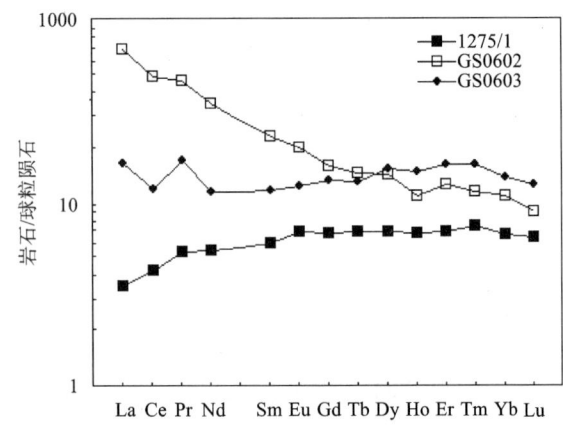

图 3-99　上三叠统确哈拉群玄武岩 K_2O-Na_2O 关系图　　图 3-100　上三叠统确哈拉群火山岩稀土元素标准化配分型式
Ⅰ：钠质；Ⅱ：钾质；Ⅲ：高钾质；图例同图 3-98

6）岩浆来源环境、成因及小结

综上所述，确哈拉群火山岩岩石类型为杏仁状玄武岩，矿物组成主要为斜长石和辉石，岩石化学属正常类型，DI=$52.76\sim65.17$，Mg=$0.56\sim0.667$，微量元素富 K、Rb、Sr、Ti、Th、Ba。稀土配分型式多为轻稀土亏损型，具 N-MORB 特征。结合丁青地区发育有三叠纪蛇绿岩套，而且三叠纪和早侏罗世的蛇绿岩依次向北俯冲拼贴堆叠，三叠纪洋壳的被动边缘可能在其南侧，这里正是确哈拉群所处的构造位置。岩石化学属洋中脊拉斑玄武岩，具轻稀土亏损的 N-MORB 曲线特征，暗示确哈拉群同丁青三叠纪蛇绿岩有密切关系，不仅共生，且性质有相似之处。所以，确哈拉群应当是三叠纪丁青结合带南缘陆间裂谷的残片。岩浆源自地幔。

2. 上三叠统孟阿雄群火山岩

仅见于洛隆县新荣乡怒江大桥南侧。岩性为玄武安山岩，厚 3.3m。产状南倾，倾角中等。呈夹层状产于变质粉砂岩和石英岩之间。

玄武安山岩　岩石呈深灰色，具斑状结构；基质具填间结构，残余有杏仁状构造。组成矿物主要为斜长石、角闪石、黑云母及钾长石。斜长石为自形的板条状晶体，含量 80%～90%，具聚片双晶，粒径 $0.15mm\times0.4mm\sim0.5mm\times2mm$，双晶有滑动和挠曲现象，表明岩石具糜棱岩化作用。在斜长石格架中充填着角闪石、黑云母和钾长石。黑云母为自形的片状晶体，含量约 5%。角闪石为半自形柱状、柱粒状晶体，含量 10%。钾长石属条纹长石，为他形不规则粒状，交代斜长石，含量约 5%。岩石次生蚀变主要有绢云母化、方解石化及绿泥石化等。

（三）侏罗纪构造火山岩亚带

1. 地质特征

出露于洛隆县俄西、丁青县巴登、索县荣布镇，火山岩呈多个夹层状及透镜状分布于希湖组三段黑色含炭粉砂质板岩中，出露宽 7～50m，可见延伸 0.2～5km，透镜状者为应力作用挤压拉伸的结果，出露厚仅 0.6m，岩石类型有杏仁状玄武岩、蚀变辉石安山岩、黑云母安山岩等，属裂隙式溢流类型。

2. 岩石矿物特征

黑云母安山岩　岩石呈暗灰色，呈夹层状产于希湖组三段中部，见于巴登乡北 2km 处，厚 5.6m。

基质为交织结构的斑状结构,杏仁状构造。斑晶主要为辉石和斜长石,偶见黑云母和石英。辉石为自形柱状晶体,粒径3mm×6mm,含量少。斜长石(An=27,属更长石)为自形板状晶体,大小0.3mm×0.5mm~4mm×7mm,具聚片双晶,大致定向或交织分布,具钠、黝帘石化。黑云母和角闪石充填斜长石间隙,黑云母含量20%,石英早期晶体被熔蚀成圆状或港湾状,粒径最大5mm,有破碎裂纹,晚期晶体为他形粒状,充填斜长石间隙。副矿物有磷灰石,磁铁矿、黄铁矿。杏仁体被方解石充填。

蚀变辉石安山岩 斑状结构,基质为交织结构,块状构造。斑晶组成及特征:斑晶含量大于25%,斜长石(>15%)以中长石为主,部分偏基性,全碳酸盐化、次闪石化,保留其板柱晶形,部分具环带构造;辉石(10%~12%)呈较规则短柱、粒状,全由碳酸盐矿物替代,保存辉石晶体外形;黑云母(>3%)呈较规则条片状,部分已蚀变为绿泥石。基质:含量小于75%,主要由蚀变微晶斜长石和部分磁铁矿组成,间隙中充填多量碳酸盐矿物,绿泥石和少量硅质。

灰色杏仁状玄武岩 见于洛隆县俄西,最大厚度约10m。组成矿物主要为辉石、斜长石,次为黑云母、石英。具斑状结构,基质为填间结构,杏仁状构造。有辉石、斜长石斑晶。辉石为普通辉石,斑晶大小0.6mm×0.9mm~1mm×2mm,含量10%。斜长石为自形板条状晶体,斑晶大小0.5mm×1.5mm,含量约2%,在基质中斜长石为中长石(An为30),组成格架状,辉石、黑云母和少量石英充填斜长石格架中。杏仁体内充填方解石、石英、绿泥石。

3. 岩石化学特征

岩石化学特征表明(表3-72),黑云母安山岩属铝硅过饱和型,富MgO,CIPW中出现刚玉(2.37%)和石英(11.36%);玄武岩属正常类型中硅极不饱和及低度不饱和型,CIPW出现霞石(0.79%~1.19%)。硅-碱图(图3-86)中,黑云母安山岩属亚碱性系列,玄武岩属碱性系列。里特曼组合指数表明,黑云母安山岩属强钙碱性岩系($\sigma=1.14$),玄武岩属钠质碱性岩系($\sigma=4.95$~12.81)。在构造环境图(图3-101)中投点落入C区和B区。Loffler(1979)认为,钠质碱性火山岩多与板内有关。因此,钠质碱性火山岩应属于消减带演化有关的板内环境下形成的产物。

表3-72 中侏罗世希湖组火山岩岩石化学含量及参数表(wt%)

样号	岩石名称	主要元素分析结果												
		SiO_2	TiO_2	Al_2O_3	Fe_2O_3	FeO	MnO	MgO	CaO	Na_2O	K_2O	P_2O_5	LOS	总量
1335/15-1	黑云母安山岩	55.68	0.9	14.87	1.08	5.8	0.1	8.79	4.24	2.5	1.3	0.26	4.43	99.95
2290/1-1	灰绿色杏仁状玄武岩	47.92	1.25	16.68	3.03	5.72	0.23	5.19	5.38	4.35	1.4	0.45	7.84	99.44
0280/1	暗绿色杏仁状玄武岩	49.68	1	16.98	1.32	6.28	0.16	6.11	7.47	4.2	1.55	0.39	4.66	99.77
0296/22-1	蚀变玄武岩	44.04	0.5	9.27	1.53	4.5	0.15	12.93	10.92	2.35	1.3	0.43	12.12	100
GSP15/42-1	蚀变辉石安山岩	50.32	0.712	14.64	4	2.8	0.162	3.06	8.81	1.18	2.55	0.322	10.96	5
样号	岩石名称	CIPW标准矿物及特征参数															
		Or	Ab	An	C	Wo	En	Fs	En'	Fs'	Fo	Fa	Q	Ne	Di	Hy	Ol	DI	An
1335/15-1	黑云母安山岩	8.04	22.15	20.24	2.37				21.89	8.46			11.36			31.78		61.79	5.948
2290/1-1	灰绿色杏仁状玄武岩	9.03	40.18	23.86		0.75	0.5	0.25	4.6	2.26	5.49	2.98		1.68	7.48		9.25	73.07	3.834

续表 3-72

样号	岩石名称	CIPW 标准矿物及特征参数																
		Or	Ab	An	C	Wo	En	Fs	En′	Fs′	Fo	Fa	Q	Ne	Di	Hy	Ol	DI	An
0280/1	暗绿色杏仁状玄武岩	9.63	35.16	24.07		4.79	2.84	1.7			8.67	5.71		1.19	9.93		15.07	70.05	4.043
0296/22-1	蚀变玄武岩			0.8		16.89	12.67	2.54			13.69	3.02		0.79			165.3	1.91	3.945
GSP15/42-1	蚀变辉石安山岩	17.05	11.3	30.68											13.36	7.64		72.67	12.41

样号	岩石名称	尼格里岩石化学参数														
		al	fm	c	alk	si	ti	p	h	mg	o	k	t	Qz	类型	σ	SI
1335/15-1	黑云母安山岩	24.76	53.22	12.83	9.19	157.4	1.91	0.31	41.71	0.7	0.04	0.25	2.74	20.6	铝过	1.14	45.15
2290/1-1	灰绿色杏仁状玄武岩	27.55	41.99	16.15	14.31	134.3	2.63	0.53	73.26	0.52	0.15	0.17	−2.92	−22.9	饱和	6.72	26.36
0280/1	暗绿色杏仁状玄武岩	25.98	40.19	20.7	13.13	129	1.95	0.43	40.35	0.59	0.06	0.2	−7.85	−23.5	正常	4.95	31.4
0296/22-1	蚀变玄武岩	12.26	54.53	26.25	6.97	98.84	0.84	0.41	90.68	0.79	0.15	0.27	−21	−29	正常	12.81	57.19
GSP15/42-1	蚀变辉石安山岩																

4. 微量元素特征

火山岩微量元素特征表明(表 3-73),灰绿色杏仁状玄武岩富大离子亲石元素 Sr、Ba、Zr、Rb、Nb,贫相容元素 Cr、Co、Ni;而蚀变玄武岩相对富相容元素 Cr、Co、Ni 及金属元素 Cu。在 Rb/30 - Hf - Ta×3 图(图 3-88)中,杏仁状玄武岩落入板内区,蚀变玄武岩落入碰撞晚期—碰撞后区。在 Zr/Y - Zr 图解(图3-102)中,两样品均落于板内玄武岩区。

表 3-73 中侏罗世希湖组火山岩微量元素及稀土元素分析结果表

样号	岩石名称	微量元素丰度																
		Sr	Rb	Ba	Th	Ta	Nb	Zr	Hf	Cr	Co	Ni	U	V	Sc	Sn	Cu	Ag	Au
0280/1	暗绿色杏仁状玄武岩	287	71	372	11.1	1.58	13.1	206	4.5	75	19.8	21.4	2.29	116	15.9	2.06	11.6		
0296/22-1	蚀变玄武岩	836	83	664	15.7	1.07	8	141	3.9	1144	29.7	173.3	2.31	168	26.6	1.86	63		
P15G42-1	蚀变辉石安山岩	48	64	306	20.6	1.14	10.6	147	3.95	269	37.2	152	2.08	144	23.4	5.6	54.7	0.06	1.58
克拉克值(维,1962)		34	150	650	13	2.5	20	170	1	83	18	58	2.5	90	10	2.5	47	0.07	4.3

样号	岩石名称	稀土元素丰度														
		Pb	Zn	La	Ce	Pr	Nd	Sm	Eu	Gd	Tb	Dy	Ho	Er	Tm	Yb	Lu	Y
0280/1	暗绿色杏仁状玄武岩			45.01	94.69	11.08	40.65	6.97	2.04	6.86	1.04	5.85	1.074	2.97	0.479	2.78	0.415	27.85
0296/22-1	蚀变玄武岩			57.62	122.4	17.45	68.99	13.21	3.33	11.04	1.588	6.91	1.111	2.48	0.334	1.7	0.225	28

续表 3-73

样号	岩石名称	稀土元素丰度														
		Pb	Zn	La	Ce	Pr	Nd	Sm	Eu	Gd	Tb	Dy	Ho	Er	Tm	Yb	Lu	Y
2290/1	灰绿色杏仁状玄武岩	80	266	26.49	58.83	7.43	29.14	5.91	1.7	5.89	0.99	5.02	0.93	2.66	0.42	2.48	0.34	23.44
XTP15-42-1	蚀变辉石安山岩	16	83	52.8	83.3	8.61	33.7	6.23	1.31	4.47	0.68	3.9	0.72	2.05	0.34	1.74	0.26	15

样号	岩石名称	稀土元素特征参数										
		ΣREE	LREE	HREE	LREE/HREE	ΣCe	ΣSm	ΣYb	δEu	δCe	Sm/Nb	La/Yb	La/Sm	Ce/Yb
0280/1	暗绿色杏仁状玄武岩	249.8	200.4	49.32	4.064	191.4	23.83	34.49	0.89	0.97	0.171	16.19	6.458	34.06
0296/22-1	蚀变玄武岩	336.3	283	53.39	5.3	266.4	37.19	32.74	0.82	0.9	0.191	33.89	4.362	71.98
2290/1	灰绿色杏仁状玄武岩	171.7	129.5	42.15	3.072	121.9	20.42	29.34	0.87	0.97	0.203	10.68	4.482	23.72
XTP15-42-1	蚀变辉石安山岩	215.1	186	29.16	6.377				0.72	0.84	0.185	30.34	8.475	47.87

注：除 Au 为 $\times 10^{-9}$ 外，其余为 $\times 10^{-6}$。

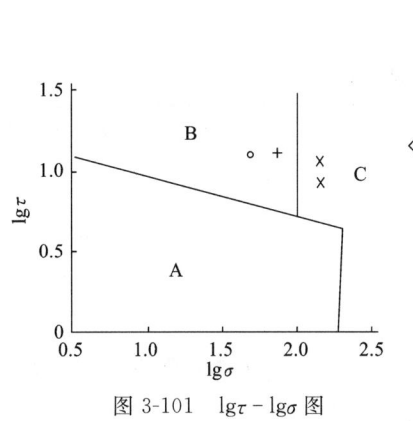

图 3-101　lgτ - lgσ 图

A：板内稳定区火山岩；B：消减带火山岩；C：A、B 演化的碱性火山岩，其中钾质者多与消减带有关，钠质者多与板内有关。○中下侏罗统希湖组黑云母安山岩；+ 蚀变玄武岩；× 杏仁状玄武岩；◇ 蚀变辉石安山岩

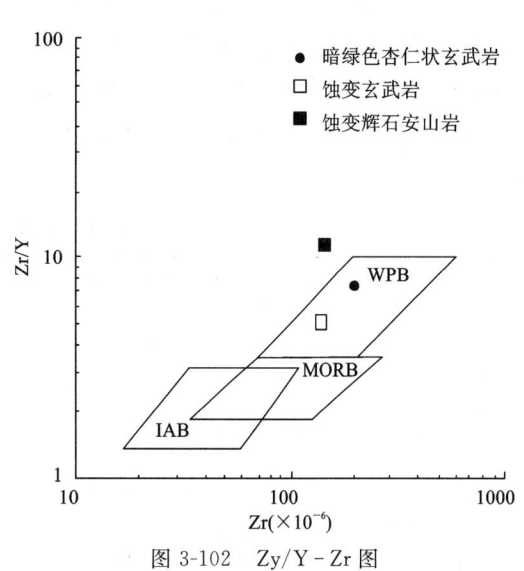

图 3-102　Zy/Y - Zr 图

IAB：岛弧玄武岩；MORB：洋中脊玄武岩；WPB：板内玄武岩

5. 稀土元素特征

希湖组火山岩稀土元素配分型式为轻稀土强烈富集型（表 3-73），配分曲线向右陡倾（图 3-103），LREE/HREE=3.072～6.377，La/Yb=10.68～33.89，Ce/Yb=23.722～71.976，La/Sm=4.362～8.475，稀土总量为 $171.66 \times 10^{-6} \sim 336.34 \times 10^{-6}$，无明显 Eu 异常，δEu=0.830～0.902。稀土元素丰度和配分型式类似碱性玄武岩，与主元素结果一致。

6. 成矿元素特征

成矿元素 Au、Ag 均低于地壳克拉克值，而 Cu 元素略高，Pb（80×10^{-6}）、Zn 元素（266×10^{-6}）分别高出地壳克拉克值的 5～3 倍，具较强的富集。

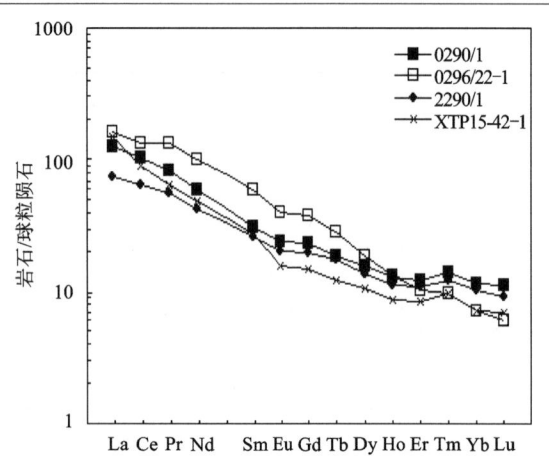

图 3-103 早中侏罗世希湖组火山岩稀土元素标准化配分型式

7. 形成环境及小结

综上所述,中侏罗统希湖组火山岩为玄武岩—安山岩组合。玄武岩岩石化学属钠质碱性系列,为与消减带有关的板内环境下形成。微量元素富大离子亲石元素,贫相容元素,稀土元素配分型式属轻稀土强烈富集型,也为碱性玄武岩范围。希湖组北侧丁青结合带正好在早侏罗世消减闭合,因此,希湖组玄武岩应属与丁青结合带消减演化相关的板内环境产物。

(四) 白垩纪构造火山岩亚带

1. 地质特征

区内仅在索县荣布镇附近竞柱山组(K_2j)碎屑岩地层中出露,火山岩呈夹层状或顺层的细长透镜体状产出,厚约 0.5m,走向延伸数十米到上百米,火山地层产状:350°∠75°。岩石类型为白云石化晶屑凝灰岩,可能是火山溢流的产物。但在 1:25 万边坝县幅内的洛隆县紫陀镇阿谢同和边坝县拉孜乡东拉曲等地相同层位火山岩出露数百米到千米以上,主要为火山颈相的安山岩、英安岩(局部有小面积的粗安岩)组合(表 3-74),由灰紫色到灰色构成的三个喷溢韵律较明显,次为角砾岩屑凝灰岩组合,爆发指数达 24%。

表 3-74 晚白垩世竞柱山组火山岩特征表

样号	岩石名称	颜色	结构、构造	斑晶成分及含量(%)	基质成分及含量(%)
0292/3-1	粗安岩	灰白	斑状、粗面结构、块状构造	钾长石20%、斜长石5%	钾长石65%、斜长石10%
02-2/3-2	粗安岩	灰白	斑状、粗面结构、块状构造	钾长石10%、斜长石5%	钾长石75%、斜长石10%
4224/2	英安岩	灰白	斑状、似球粒结构、块状构造	斜长石10%、石英10%、钾长石3%	长英矿物72%、绢云母5%
4239/3	英安岩	灰白	斑状、似球粒结构、块状构造	斜长石20%、钾长石5%、石英少量	长英矿物30%、玻璃质35%
4225/1	英安岩	灰绿	斑状、微晶结构、块状构造	斜长石40%、黑云母2%	长英矿物58%、绢云母少量
4239/1	英安岩	灰绿	斑状、交织结构、块状构造	斜长石10%、绿泥石2%	斜长石50%、白云石38%
4239/4	英安岩	灰绿	斑状、微晶结构、气孔、杏仁构造	斜长石17%、黑云母3%	长英矿物75%、绿泥石5%
0290/1	英安岩	浅灰	斑状、交织结构、杏仁构造	斜长石5%、辉石2%、白云母2%	斜长石60%、石英5%、方解石25%
0041/3	英安岩	浅灰	斑状、交织结构、杏仁构造	斜长石2%、黑云母8%、辉石2%	斜长石45%、方解石15%、石英3%、绿泥石5%
0041/6	英安岩	浅灰	斑状、交织结构、块状构造	斜长石20%	斜长石70%、绿泥石5%、钛铁质5%

续表 3-74

样号	岩石名称	颜色	结构、构造	斑晶成分及含量(%)	基质成分及含量(%)
0041/7	英安岩	浅灰	斑状、交织结构、块状构造	斜长石 22%、黑云母、辉石少量	斜长石 70%、绿泥石 3%、钛铁质 2%
2/1	英安岩	灰绿	斑状、交织结构、块状构造	斜长石 30%、角闪石 15%、黑云母 5%	斜长石 45%、黑云母 5%、角闪石及石英少量
2/2	英安岩	浅灰	斑状、交织结构、气孔构造	斜长石 25%、角闪石 15%、黑云母 2%	斜长石 50%、角闪石 5%、绿泥石 3%
0041/4	辉石安山岩	深灰	斑状、交织结构、块状构造	斜长石 25、辉石 5%、黑云母少量	斜长石 50%、绿泥石 15%、钛铁质 5%
0041/5	辉石安山岩	深灰	斑状、交织结构、块状构造	斜长石 15%、辉石 10%、黑云母 5%	斜长石 60%、绿泥石 5%、石英 2%
4224/1	含晶屑岩屑凝灰岩	紫红	岩屑凝灰结构	安山岩 45%、斜长石 10%、黑云母 5%、石英少量	火山灰 39%、铁质 1%
4239/2	晶屑岩屑凝灰岩	紫红	岩屑凝灰结构,块状构造	安山岩 55%、英安岩 10%、石英 15%	火山灰 15%、钙质 5%
4226/3	角砾岩屑凝灰岩	灰绿	角砾岩屑凝灰结构,块状构造	安山岩角砾 25%、岩屑 30%、英安岩角砾 10%	岩屑 10%、斜长石 2%、火山灰 17%、钙质 3%
P15/b67-1	白云石化晶屑凝灰岩	青灰	凝灰结构,块状构造	中酸性火山岩破碎成斑屑 40%	石英 2%、长石 25%~30%、胶结物为火山尘泥及其分解生成的长英矿物、白云硬化矿物(白云石 10%),岩屑少量

2. 岩石矿物特征

白云石化晶屑凝灰岩 在索县荣布镇附近分布,为夹层或顺层透镜体产于竞柱山组细碎屑岩地层中,岩石呈青灰色,凝灰结构,块状构造。矿物组成:晶屑(40%)是来自中酸性火山岩中破碎而成的斑晶屑,石英(10%~20%)为不规则棱角状、尖棱状,表面干净,部分有熔蚀外形,长石(25%~30%)主要为正长石、钠-更长石,呈较规则的柱粒状,泥化显著,多数表面灰暗混浊,双晶纹模糊;岩屑长轴定向排列,显示火山物质的流动方向;胶结物为火山尘泥及其分解生成的长英质微粒,结构较均匀,其长石白云石化明显,白云石含量 10%左右,一部分呈大小不一的菱面体自形晶,不均匀分布,多具雾心亮边结构,少部分具环带构造,另一部分呈粗粒集合体,充填溶孔、溶洞,部分溶孔溶缝中见针状钠长石集合体充填。

安山岩 为竞柱山组火山岩的主要岩性,在洛隆县南阿谢同、中亦松多、东拉曲等地出露。颜色为浅灰色、灰绿色。基质为交织结构、微嵌晶结构的斑状结构,气孔、杏仁状构造。斑晶成分以斜长石为主,有辉石、黑云母及角闪石,基质成分有斜长石、角闪石、黑云母、绿泥石、石英及钛铁矿等,次生矿物有方解石、绢云母及绿泥石等。

英安岩 在测区西部的边坝县拉孜乡革青、东拉曲等地出露。为灰白色,斑状结构,基质为球粒结构,块状构造。斑晶成分有斜长石、钾长石、石英及少量英安岩岩屑。基质中以微粒状长英矿物为主,部分玻璃质。次生矿物有绢云母。

粗安岩 在洛隆县硕般多乡南啊罗出露,面积 1km^2。为灰白色,斑状结构、基质粗面结构,块状构造。成分主要为钾长石和斜长石,为自形—半自形的板柱状、长条状晶体,斑晶粒径为 0.6mm×1mm~2mm×4mm,基质中矿物粒径为 0.03mm×0.08mm~0.1mm×0.2mm,定向分布。斜长石有绢云母化。

晶屑岩屑凝灰岩 在测区西部边坝县拉孜乡革青、东拉曲出露,位于火山岩系的底部。颜色为紫红色,晶屑岩屑凝灰结构,块状构造。火山碎屑物以安山岩岩屑为主,次为英安岩岩屑。晶屑有斜长石、石英、黑云母。胶结物为尘状火山灰及铁质,尚有次生的钙质物。

角砾岩屑凝灰岩 出露于东拉曲,为近火山口产物。火山角砾为灰绿色,岩屑成分为安山岩和英安岩,有斜长石晶屑。胶结物为火山灰尘,部分次生钙质物。

3. 岩石化学特征

晚白垩世火山岩以富 Al_2O_3、SiO_2 为特征(表 3-75)。粗安岩 SiO_2 含量为 59.90%,Al_2O_3 含量为 21.06%;英安岩 SiO_2 含量为 61.52%~64.96%,Al_2O_3 为 14.98%~18.60%;安山岩 SiO_2 含量为 53.10%~59.24%,Al_2O_3 为 15.09%~17.98%;岩屑凝灰岩 SiO_2 为 47.56%,CIPW 标准矿物均出现石英和刚玉分子,属硅铝过饱和型。粗安岩 C 为 3.92%,Q 为 6.91%;英安岩 C 为 2.44%~17.00%,Q 为 19.60%~58.50%;安山岩 C 为 0~4.91%,Q 为 6.86%~22.12%;岩屑凝灰岩不出现刚玉,出现石英,Q 为 10.84%。

表 3-75 晚白垩世竞柱山组火山岩岩石化学特征表(wt%)

样号	岩石名称	岩石化学分析结果											
		SiO_2	TiO_2	Al_2O_3	Fe_2O_3	FeO	MnO	MgO	CaO	Na_2O	K_2O	P_2O_5	LOS	总量
0292/1	粗安岩	59.9	0.08	21.06	0.81	0.82	0.08	0.83	2.3	4.45	5.45	0.11	4.07	99.96
1287/1	英安岩	61.52	0.55	15.74	4.67	2	0.1	2.18	2.59	4	2.15	0.13	4.34	99.97
1287/2	英安岩	64.96	0.5	14.98	2.21	2.95	0.9	3.07	2.14	4.7	1.05	0.14	3.15	100.75
4239/3	英安岩	64.5	0.8	18.6	7.13	0.28	0.03	0.25	0.57	0.1	0.55	0.08	6.75	99.64
2/1	安山岩	55.76	0.5	15.36	1.65	4.8	0.23	4.86	2.86	2.7	3.4	0.23	7.23	99.58
2/2	安山岩	59.24	0.58	15.64	2.26	3.78	0.15	3.62	3.09	4.15	4	0.3	2.68	99.49
4239/1	安山岩	53.1	0.7	17.76	3.2	5	0.18	4.74	4.65	2.45	2	0.17	6.08	100.03
4239/4	安山岩	54.16	0.75	17.98	2.81	5.2	0.18	4.82	4.07	2.65	1.65	0.2	5.02	99.49
0290/1	安山岩	58.24	0.63	15.09	2.05	5.33	0.22	2.66	4.51	2.15	2.4	0.3	8.53	100.01
4239/2	岩屑凝灰岩	47.56	0.38	11.03	3.8	4.84	0.23	6.09	7.56	0.65	0.3	0.14	11.49	100.07

样号	岩石名称	CIPW 标准矿物岩石化学指数								特征参数			
		类型	Or	Ab	An	C	Di	Hy	Ol	Q	DI	An	SI	σ	τ
0292/1	粗安岩	铝、硅过饱和	32.21	37.67	10.69	3.92		2.92		6.91	80.1	21	6.72	5.8	207.63
1287/1	英安岩	铝、硅过饱和	12.71	33.85	12	2.44		9.83		19.6	69.3	25	14.74	2.04	21.35
1287/2	英安岩	铝、硅过饱和	6.21	39.77	9.7	2.56		10.58		23.5	71.8	19	21.96	1.51	20.56
4239/3	英安岩	铝、硅过饱和	3.25	0.85	2.31	17		4.9		58.5	667.7	72	3.18	0.02	23.13
2/1	安山岩	铝、硅过饱和	20.09	22.85	12.69	2.59		19.46		11.11	58.5	34	27.92	2.92	25.32
2/2	安山岩	正常、硅过饱和	23.64	25.12	12.23		0.92	12.97		6.86	67.6	25	20.33	4.09	19.81
4239/1	安山岩	铝、硅过饱和	11.82	20.73	21.96	3.52		18.9		11.42	46.8	50	72.34	1.91	21.87
4239/4	安山岩	铝、硅过饱和	9.75	22.42	18.89	4.91		18.64		14.04	48.9	44	28.18	1.66	20.44
0290/1	安山岩	铝、硅过饱和	14.18	18.19	20.41	1.47		10.23		22.12	59.6	51	21.13	1.36	20.54
4239/2	岩屑凝灰岩	正常、硅过饱和	1.77	5.5	26.29		8.6	30.91		10.84	20.42	82	28.27	0.2	27.32

从以上特征可知:英安岩 Al_2O_3 饱和程度最强,英安岩主要分布于边坝县拉孜乡革青、泥拢曲,重砂扫面中常有刚玉出现。

竞柱山组粗安岩里特曼指数 $\sigma=5.8$，$K_2O>Na_2O$，属钾质（地中海型）弱碱性系列，英安岩、安山岩及岩屑凝灰岩里特曼指数 $\sigma=0.02\sim4.09$，属钙碱性系列。在硅-碱图（图 3-93）中，粗安岩位于碱性系列区；英安岩、安山岩及岩屑凝灰岩位于亚碱性系列区。可见除粗安岩属碱性系列之外，其余均属钙碱性系列。在 $lg\tau-lg\sigma$ 图（图 3-95）中，粗安岩位于板内与造山带演化的碱性火山岩区（C 区），英安岩、安山岩及岩屑凝灰岩位于造山带火山岩区（B 区）。

4. 微量及成矿元素特征

竞柱山组火山岩以富不相容元素、贫相容元素为特征（表 3-76）。地球化学配分型式具多隆起特征（图 3-104），与同碰撞花岗岩相类似，且更加富 Th、Ce。粗安岩除富 Th、Ce 外，还富 Zr、Hf，贫 Ti、Y、Yb 及 P。说明它们是冈底斯火山弧的边缘部分。成矿元素仅作了 Cu 元素分析，其丰度为地壳克拉克值的 $1/11\sim1/4$，出现强度亏损，不具成矿条件。

表 3-76 晚白垩世竞柱山组火山岩稀土元素丰度特征参数及微量元素丰度表（$\times10^{-6}$）

样号	岩石名称	微量元素														
		Sr	Rb	Ba	Th	Ta	Nb	Zr	Hf	Cr	Co	Ni	U	V	Sc	Sn	Cu
0292/1	粗安岩	49	140	433	8.2	1.28	15.5	437	10.4	183	13	29.8	0.84	75	10.5	2.6	13.1
0290/1	安山岩	171	152	315	14.7	1.02	13.5	199	5.6	81	10.9	9.3	3.28	101	10.5	2.3	4.9
2/1	安山岩	226	137	629	15.9	1.23	10.5	143	3.1	44	13.5	15.8	4.58	162	12.3	2.04	36.5
2/2	安山岩	558	137	876	18.2	1.34	10.2	142	4.4	58	14.4	23.6	4.96	160	13.7	1.8	6.7
克拉克值（维,1962）		340	150	650	13	2.5	20.	170	1	83	18	58	2.5	90	10	2.5	47

样号	岩石名称	稀土元素													
		La	Ce	Pr	Nd	Sm	Eu	Gd	Tb	Dy	Ho	Er	Tm	Yb	Lu	Y
0292/1	粗安岩	106.9	183.7	17.82	38.39	2.91	0.29	4.51	0.406	0.51	0.121	0.31	0.035	0.14	0.022	1.76
0290/1	安山岩	39.6	91.58	10.84	37.82	6.51	1.39	5.33	0.794	4.61	0.874	2.59	0.421	2.5	0.381	22.85
2/1	安山岩	49.21	91.26	10.36	35.76	6.15	1.51	5.04	0.72	3.93	0.76	2.24	0.36	2.29	0.34	19.66
2/2	安山岩	47.42	88.14	10.28	35.52	5.93	1.54	5.06	0.75	4	0.76	2.22	0.37	2.28	0.33	20.04
4239/1	安山岩	35.22	67.26	7.89	28.68	5.59	1.42	5.1	0.817	4.64	0.908	2.64	0.421	2.49	0.384	25.31
4239/2	岩屑凝灰岩	31.32	65.68	7.81	27.17	4.36	1.27	4.35	0.675	3.81	0.874	2.17	0.369	2.22	0.325	19.87

样号	岩石名称	稀土特征参数												
		ΣREE	LREE	HREE	LREE/HREE	ΣCe	ΣSm	ΣYb	δEu	δCe	Sm/Nb	La/Yb	La/Sm	Ce/Yb
0292/1	粗安岩	357.8	350	7.81	44.82	346.8	8.36	2.39	0.25	1.11	0.08	763.9	36.75	1312
0290/1	安山岩	228.1	187.7	40.35	4.65	179.8	19.51	28.74	0.71	1.18	0.17	15.84	6.08	36.63
2/1	安山岩	229.6	194.3	35.34	5.5	186.6	18.21	24.89	0.82	1.03	0.17	21.49	8	39.86
2/2	安山岩	224.6	188.8	35.81	5.27	181.4	18.04	25.24	0.85	1.02	0.17	20.8	8	38.66
4239/1	安山岩	188.8	146.1	42.71	3.42	139.1	18.48	31.24	0.81	1.03	0.2	14.15	6.3	27.01
4239/2	岩屑凝灰岩	172.2	173.6	34.54	3.98	132	14.46	25.7	0.89	1.1	0.167	14.11	7.18	29.59

5. 稀土元素特征

从稀土元素丰度及特征参数（表 3-76）和配分型式图（图 3-105）可知，粗安岩为轻稀土强烈富集型，标准化分布曲线向右陡倾，La/Yb=763.9，La/Sm=36.81，Ce/Yb=1311.9，有明显的负铕异常（δEu=

0.25),稀土总量高(357.84×10^{-6})。安山岩和岩屑凝灰岩为轻稀土富集型,分布曲线向右缓倾,$La/Yb=14.11\sim21.49$,$La/Sm=6.30\sim8.00$,$Ce/Yb=27.01\sim39.85$,有微弱的负铕异常,$\delta Eu=0.71\sim0.89$,稀土总量为$172.61\times10^{-6}\sim229.60\times10^{-6}$。安山岩和岩屑凝灰岩,稀土元素标准化配分型式与同碰撞花岗岩相比,除负铕异常显得较弱外,基本上类似。

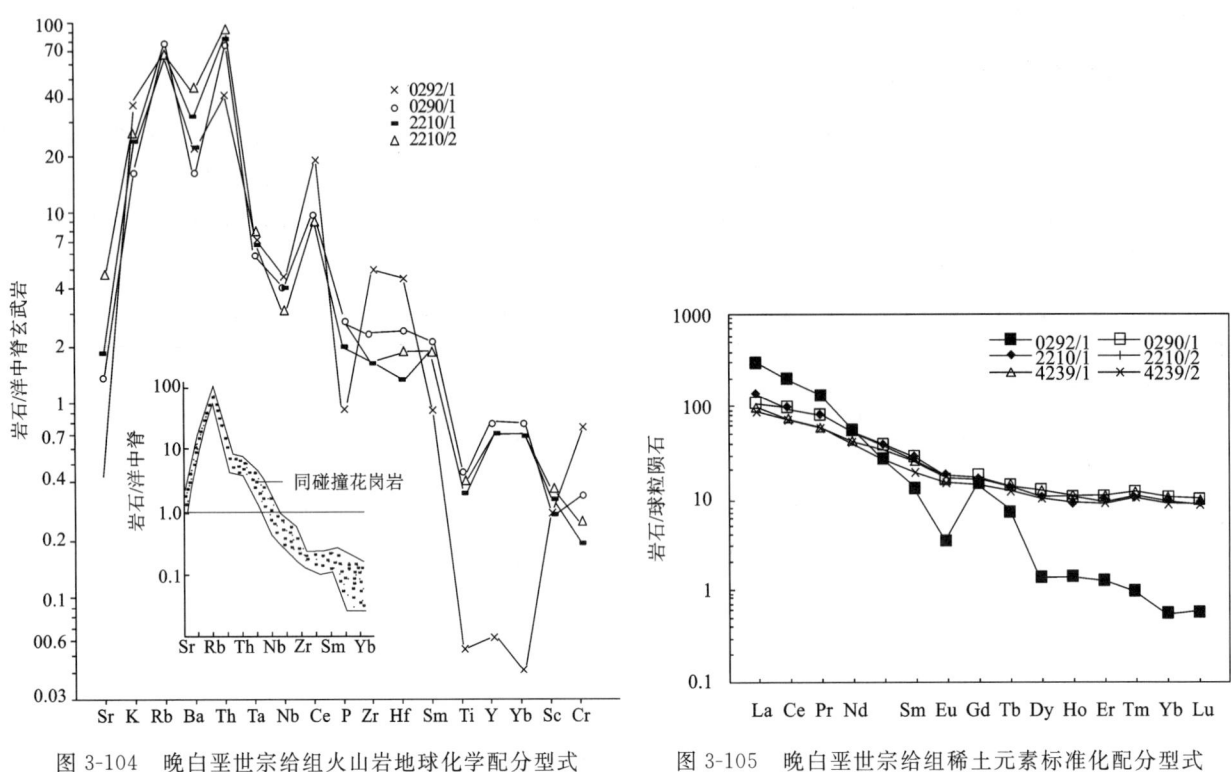

图 3-104 晚白垩世宗给组火山岩地球化学配分型式　　图 3-105 晚白垩世宗给组稀土元素标准化配分型式

6. 形成环境讨论

上白垩统竞柱山组火山岩位于冈-念板片中北部,南有雅鲁藏布缝合带,北有丁青结合带。北侧的丁青结合带在早侏罗世末至中侏罗世初即已碰撞关闭,晚白垩世火山岩的空间分布和发育时代同冈底斯侏罗纪—白垩纪的火山弧自然连为一体,它本身就是这个陆缘火山弧的一部分。竞柱山组火山岩属安山岩—英安岩—(粗安岩)组合,火山岩的爆发系数大。岩石化学成分属CA系列。不相容微量元素的地球化学模式曲线具有多峰式特征,稀土元素具有向右陡倾的分配曲线,这些特征均与岛弧型火山岩或岛弧同碰撞花岗岩的特征相似。综合认为晚白垩世火山岩是在碰撞造山环境中形成的。

五、火山岩小结

测区火山活动强烈、频繁,岩石类型复杂多样且分布广泛。自前石炭纪至白垩纪共见10个(丁青蛇绿岩中的早侏罗世玄武岩未统计在内)火山岩层位。其中前石炭纪占2个层位,古生代占2个层位,中生代占6个层位;按自北向南次序的构造活动带排算,澜沧江构造带占3个层位,唐古拉构造带占2个层位,冈-念构造带占5个层位。现主要从火山地层对比、火山岩石演化、火山活动机理几个方面概略性小结。

(1) 前石炭纪($AnCJy.$和$AnCJt.$)火山地层结构类型为变质火山岩与变质地层同等发育共存型,二者所占比例基本相当,变质程度较深,界线既不规则又模糊不清,火山岩出露的厚度大、分布广;而古生代(C_1r、C_1m)火山地层结构类型属火山岩与沉积地层互层,火山岩为地层夹层的过渡型,火山岩所占比例小,变质程度较浅,火山岩与地层界线较前述清楚、规则,肉眼可以划分区别。但火山岩层厚度小于地层厚度,分布面积要少于地层。中生代(T_3Q、T_3M、T_3bq、J_2xh^3、J_2q、K_2z)火山地层结构类型则变为火山熔岩(或火山碎屑岩),以夹层或透镜体形式赋存于地层中,火山岩所占比例更小,变质程度更浅,火山岩层与地层的界线规则、清楚,产状基本一致,火山岩层出露厚度及分布面积较前相比更薄、更窄小。反映随着地层时代的不断变新,火山地层的规模、比例逐渐减少,变质程度由深到浅,产状由不规则到一致的总体特征。

(2) 在火山岩石组合演化上,前石炭纪为变质较深的钠长片岩、白云绿泥钠长片岩—变玄武岩、变基性火山岩组合。古生代则为辉绿玢岩、玄武岩—流纹斑岩、流纹岩—玄武岩的典型岩石组合。中生代火山岩岩石类型则更复杂、更酸性和具多样性,由老到新(由下向上)依次为玄武岩、安山岩、凝灰岩—玄武安山岩—英安岩、火山角砾岩、凝灰岩—蚀变辉石安山岩—玄武岩、安山岩、英安岩、流纹岩、火山角砾岩、角砾(晶屑、岩屑)凝灰岩—安山岩、英安岩、晶屑(岩屑)凝灰岩的典型岩石组合。从而揭示了火山岩石随着形成时间的不断推新和年轻,岩石类型及矿物成分更显复杂和多样,化学性质更偏酸性,变质作用、构造破坏改造逐渐减弱的演化规律。

(3) 从火山活动的机理上分析,前石炭纪时的火山活动以水下喷(爆)发为主,间有水下喷溢,喷发强度大、时间长。尽管经过多期、多次的变质、变形、破坏、改造等地质构造作用,至今在嘎布拉附近仍显示出自北向南由拉斑玄武岩—隐晶质玄武岩(局部为糜棱状玄武岩)—枕状玄武岩的喷发旋回和韵律结构,说明了喷发类型和火山岩相自北向南由中心式近火山口相向裂隙式大面积溢流的远火山口相的演变、迁移、过渡趋势。古生代时,火山活动变为喷溢喷发同等发育型,喷发强度相对变小,时间变短,变质及构造破坏较弱,喷溢—间歇韵律旋回发育(图 3-76),由玄武岩→板岩→硅质岩组成间歇式喷溢,有四个喷溢—间隙韵律,向上变为流纹岩,总体上组成一个由基性变酸性的喷发旋回。中生代火山活动特点是由多个火山口及多次喷发—喷溢形成,喷发强度时强时弱,交替出现,时强时间很短,时弱时间相对要长,早期喷发,晚期喷溢;喷发韵律及旋回次数较前增多,每个韵律以角砾岩开始,向上为凝灰岩或熔岩,每个旋回下部为英安质,中部为流纹质,向上再次为英安质(图 3-85);火山岩爆发指数增大,喷发中心由早期到晚期具有向南或南东方向迁移的趋向;近火山口相以中心式喷发的火山碎屑岩为主,远火山口相则具以熔岩、凝灰岩为主的环状构造特征,经过强力构造破坏及改造后,大多呈现出破火山口相的组构及外貌特征。

综上所述,测区自北向南火山活动的时代由老变新,火山地层的规模逐渐变小,火山喷发的次数和喷发中心逐渐增多,而向南迁移,火山岩石类型渐趋多样、复杂,性质由基性向酸性演化,火山喷发韵律和旋回结构愈强而明显,每次喷发时间越来越短,喷发强度愈来愈强,变质程度由深到浅,早期喷发、晚期喷溢的喷发特征渐趋明显,火山构造、火山岩相、火山机制特征渐趋清晰。不仅如此,还从火山地层、岩石矿物、岩石化学和地球化学等多方面进一步揭示了区内火山活动的时空分布和演化规律,反复印证了上述规律是与板块构造运动的阶段、构造环境密切相关的,是伴随古新特提斯的发生、发展与消亡等各个阶段而发展变化的结论。

第四章 变质岩

测区变质岩石分布广泛,除晚白垩世及以后的地层及其中酸性侵入体外,其他各时代地质体均分别遭受了不同强度和不同期次各种变质作用的改造,形成了类型较为齐全的变质岩石。

第一节 概 述

一、变质地质单元划分

根据测区变质岩特征及时空分布,参考《中国变质作用及其与地壳的演化关系》(董申保,1986),《西藏区域地质志·变质岩篇》(1989),《1:20万丁青县幅、洛隆县(硕般多)幅区域地质调查报告》(1994)对变质地质单元的划分方案。依据测区所处的大地构造位置、变质岩石特征及分布、变质作用类型、变质变形程度等,划分为一个变质地区、六个变质地带、十八个变质岩带(表4-1、图4-1)。

表4-1 变质地质单元划分表

变质地区	变质地带	变质岩带
唐古拉变质地区	代陇夏日-比冲弄变质地带（Ⅰ）	觉拉-热机变质岩带（Ⅰ^1）
		比冲弄变质岩带（Ⅰ^2）
	绒母拉-日拉卡变质地带（Ⅱ）	汝塔变质岩带（Ⅱ^1）
		绒母拉变质岩带（Ⅱ^2）
	亚药-熊的奴变质地带（Ⅲ）	亚药变质岩带（Ⅲ^1）
		熊的奴变质岩带（Ⅲ^2）
	苏如卡-打扰变质地带（Ⅳ）	打通-苏如卡变质岩带（Ⅳ^1）
		瓦弄-打扰变质岩带（Ⅳ^2）
	铁乃烈-果日改变质地带（Ⅴ）	铁乃烈-麦彩改变质岩带（Ⅴ^1）
		甘穷达-果日改变质岩带（Ⅴ^2）
	沙丁-桑多变质地带（Ⅵ）	尼弄-达几变质岩带（Ⅵ^1）
		洛河-国家纳变质岩带（Ⅵ^2）
		德供拉-麦彩改变质岩带（Ⅶ^1）
		上衣-觉钦扎变质岩带（Ⅶ^2）
		巴格-机末变质岩带（Ⅶ^3）
		多伦变质岩带（Ⅶ^4）
		宗白变质岩带（Ⅶ^5）
		沙丁-卡娘变质岩带（Ⅶ^6）

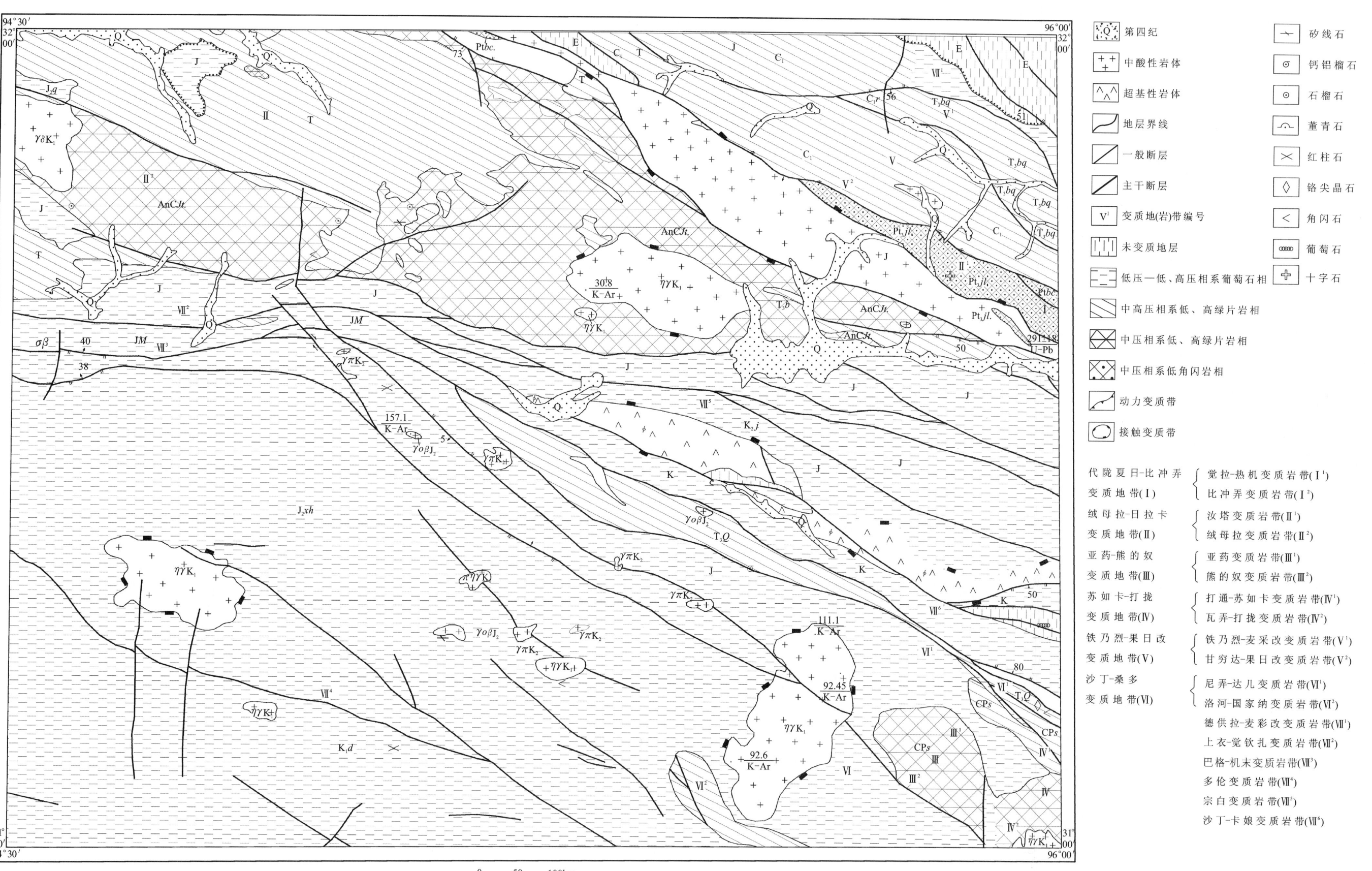

图 4-1 丁青县幅变质单元划分图

二、变质岩石类型划分

依据《变质岩石学》(长春地质学院,1989)中变质岩分类方案,将测区变质岩分为区域变质岩、接触变质岩、气-液变质岩及动力变质岩四大类。区域变质岩又分为区域动力热流变质、区域低温动力变质、区域埋深变质及区域中高压埋深变质四类。

结合测区变质岩石的结构、构造特征、矿物成分及变质程度的不同和差异,将区内区域变质岩分为轻变质粒状岩类、板岩类、千枚岩类、片岩类、片麻岩类、角闪质岩类、长英质粒状岩类、结晶质岩及大理岩类八大岩石。测区以板岩、片岩类分布最广泛。

测区动力变质岩分类采用中国地质大学(武汉)(1988)分类方案。结合测区动力变质岩结构构造特征,分为脆性动力变质岩和韧性动力变质岩两大类,其中后者较前者分布广泛。

三、变质作用类型划分

参照董申保(1986)提出的变质作用类型划分原则,可将测区划分出区域变质作用、动力变质作用、接触变质作用和埋深变质作用、双变质作用等变质作用类型(表4-2)。

(一)区域变质作用类型

包括区域动力热流变质作用、区域低温动力变质作用、区域埋深变质作用。其中受区域动力热流变质作用的地层为 $Ptbc.$、$Ptjl.$、$Ptxl.$、$AnCJt.$、$AnCJy.$。而前石炭纪为低高绿片岩相,属于中压相系;其他约为低角闪岩相,属于中压相系;受区域低温动力变质作用的地层 CPs、T_3Z、C_1K、T_3Q、T_3M、J_2Y 为低绿片岩相,属于中高压相系;受区域埋深变质作用的地层 C_1s、C_1d、J_2dd、J_2t、J_2dj、JM、$J_{2-3}l$、K_1d 为葡萄石相,属于中高压相系。

表4-2 测区变质作用类型划分表

变质作用		变质作用特征	构造环境
动力碎裂变质作用	脆性的	以碎裂变形为主,形成各种碎裂岩(固结的和未固结的)	地壳浅表层次各种脆性断裂
	韧性的	以塑性流变及重结晶作用为主,形成糜棱岩系列及构造岩系列	地壳较深层次韧性逆冲断裂带
接触变质作用	热接触变质作用	与中酸性深成侵入岩有关的热接触变质(角岩及角岩化)	冈底斯陆缘岩浆弧
	接触交代变质作用	与中酸性深成侵入岩有关的接触交代变质(矽卡岩化)	
区域变质作用	中—低压型区域动力热流变质作用	区域动力热流上升,中低压相系低绿片岩相—角闪岩相	活动大陆边缘沉积环境
	低压型区域动力热流变质作用	区域动力热流上升,低压相系,低绿片岩相、高绿片岩相	弧后沉积盆地环境
		区域动力热流上升,低压相系,低绿片岩相	弧内局限盆地环境
		区域动力热流上升,低压相系,低绿片岩相、高绿片岩相	冈底斯活动陆缘火山弧
	高压低温动力变质作用	低温,应力为主,高压相系,蓝闪绿片岩相,低角闪岩相	缝合带
	区域低温动力变质作用	低温,应力为主,变质级低(板岩—千枚岩)单一绿片岩相	冈底斯活动陆缘带及弧后环境
区域埋深变质作用		低温低压,变质级低(板岩—千枚岩)葡萄石相	地壳沉降环境

(二)动力变质作用类型

测区动力变质作用并非泛指所有的岩石变形破碎作用,而是指那些呈狭窄带状展布的碎裂变质作用,根据变质变形的演化,进一步分为脆性断裂和韧性断裂,对于岩石的变质作用来说,前者称为碎裂岩化作用,后者称为糜棱岩化作用。

(三) 接触变质作用类型

受洋壳俯冲部分熔融上升形成的火山-岩浆作用的控制,燕山期—喜马拉雅期岩浆活动强烈,相伴发生的接触变质作用有热接触变质作用和接触交代变质作用,形成种类较多的角岩和角岩化岩石及少量的矽卡岩和矽卡岩化岩石。

(四) 区域埋深变质作用类型

包括浊沸石相和葡萄石—绿纤石相,它是指一套巨厚的岩层随地壳的沉降被埋藏到深处所引起的大规模变质重结晶作用。变质作用发生于埋藏速度较快的沉降带中,属于低温环境,即温度低于400℃,通常无变形作用影响,原始组构保持良好。

四、变质相带、相系划分

变质相带的划分是变质作用研究的核心,一般是以变质矿物共生组合为基础,运用矿物相律,通过矿物平衡共生组合分析,并结合实验结果确定,测区采用艾斯科拉·特纳和温克勒的划分方案,依据野外和室内资料进行划分(表 4-3)。

表 4-3 变质带、变质相划分表

变质带		变质相
变质泥质岩类	变质基性火山岩类	
矽线石+钾长石带	角闪石—斜长石带 (同类岩石据角闪石多色性和斜长石牌号对应划分)	高角闪岩相
矽线石带*		低角闪岩相
十字石带		
铁铝榴石带	角闪石—钠长石带	高绿片岩相
黑云母带	阳起石—钠长石带	低绿片岩相
绿泥石带	绿泥石—钠长石带	

注:*不含有黑云母、白云母变质或混合岩化形成的矽线石。

变质相系的划分采用都城秋穗(1961)提出的方案,即从特征矿物、常见矿物、常见变质相系列、共生岩浆岩等因素综合考虑确定(表 4-4)。

表 4-4 变质相系划分表

压力类型	特征变质矿物	常见矿物	常见变质相系列	共生岩浆岩
低压型	红柱石、堇青石	黑云母、十字石、矽线石	绿片岩相—角闪岩相—麻粒岩相	丰富的花岗岩
中压型	蓝晶石	黑云母、铁铝榴石、十字石、矽线石	低绿片岩相—高绿片岩相—角闪岩相	基性、中酸性岩浆岩均有,但不发育
高压型	蓝闪石、硬玉、硬柱石	铁铝榴石、冻蓝闪石、黑硬绿泥石	葡萄石相—绿纤石相—蓝闪石绿片岩相	斜长花岗岩存在大量基性、超基性岩

第二节 区域动力热流变质作用与变质岩

该类岩石是测区最为重要的变质岩石,面积约 1200km²,为元古晚期及华力西早期。

一、代陇夏日-比冲弄变质地带

该带属唐古拉变质地区,受变质地层为新元古界的 Ptbc.、Ptjl.、Ptxl.、Ptbc. 等。变质地带划分为觉拉-热机和比冲弄变质地带。

(一)觉拉-热机变质岩带

测区内出露面积约 100km²,变质地层为 Ptjl.,分布于测区东部,主体向东延入邻区,向西尖灭,呈带状展布,北侧与 Ptbc. 和 T$_3$$jm$ 呈断层接触。

1. 岩石类型及特征

该岩带岩石类型相对较简单,主要为片麻岩类,见于 Ptjl.。

片麻岩类:岩石类型为(眼球状)(含矽线石)黑云斜长片麻岩,具鳞片粒状变晶结构,交代蠕英结构,片麻状构造,眼球状构造。主要矿物有斜长石 30%～60%,石英 15%～30%,黑云母 10%～20%;次生矿物有钾长石 0～20%,铁铝榴石 0～1%,矽线石 0～3%。副矿物有榍石、锆石、褐帘石、磁铁矿、磷灰石、黄铁矿等微量。

2. 特征变质矿物及组合

主要变质矿物特征:更长石,大量分布,呈眼球状者具"S"型变形纹、环带构造(3mm×10mm),不规则柱状(0.5～2mm),少部分为半自形板柱状,显聚片双晶,部分绢云母化。眼球状者⊥(010)切面上的 Np∧(010)夹角为 8°～13°,An=26～28,部分绿帘石化。

钾长石:少量分布,大小 0.4～2mm,他形粒状,拉长呈长轴状,常交代斜长石。

黑云母:褐色,Ng≥Nm>Np,大小 0.08mm×0.2mm～0.4mm×1.2mm。

石英:不规则他形粒状,部分呈拉长状,定向分布,波状消光,有裂纹。大小 0.4～1.6mm。

角闪斜长片麻岩:Qz+Ab+Mu+Chl　　白云斜长片麻岩:Fs+Qz+Mu+Chl+Bit

绢云石英片麻岩:Qz+Ser+Bit+Cal　　黑云斜长片麻岩:Pl+Qz+Bit+Kp+Ald+Sil

3. 岩石化学特征

(眼球状)(含矽线)黑云斜长片麻岩等岩石中 Al$_2$O$_3$=14.59%,钙质较高;Na$_2$O=2.3%,K$_2$O=4.1%,岩石富钾。Qz=123,t=8,属 SiO$_2$ 过饱和,铝过饱和类型(表 4-5、表 4-6)。al=alk=17,为正值,属碱不饱和类型。

4. 地球化学特征

1) 微量元素特征

黑云斜长片麻岩微量元素与涂氏和费氏酸性贫钙岩浆岩对比(表 4-7):Sn、Sc、Ta、P、Rb、Th、U、V、Sr、Ni 等接近或相当,Hf、Ti、Zr、Nb、Cr、Mn、Co 富集,Ba、Cu 贫乏。与泰勒(1964)的元素克拉克值相比:Ta、Cr、U、Mn、Ba 近于相当,Sn、Hf、Rb、Zr、Nb、Th 等富集,Sc、P、Ti、V、Sr、Ni、Co、Cu 等贫乏。

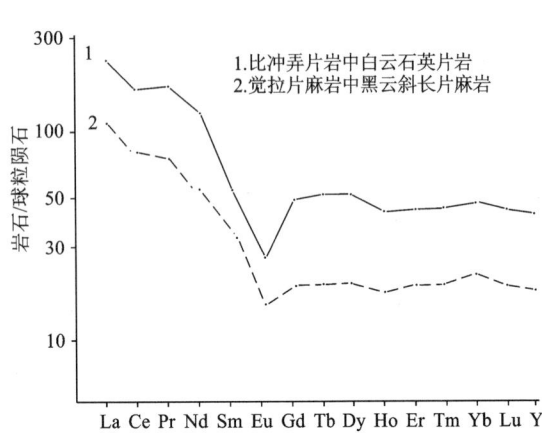

图 4-2　白云石英片岩、黑云斜长片麻岩稀土元素配分型式图

2) 稀土元素特征

黑云斜长片麻岩中稀土总量(表 4-8)高达 466.88×10^{-6}，轻重稀土比值为 2.6，轻稀土略为富集，$\delta Eu=0.37$，具明显的铕负异常。Eu/Sm=0.11，分馏程度 $(La/Yb)_N$ 为 9.0。异常值 dCe=0.19，dEu=-0.63，dTb=0.04，dTm=-0.02，异常为(--00)。稀土配分型式为轻稀土富集，重稀土平坦(图 4-2)。

5. 变质原岩的恢复及背景

1) 宏观地质特征

该变质岩带观察呈大有序，小无序成层状。片理发育，原始层理无法辨认，可见长英条质带所显示的面理(S_n)，从其与岩石中残留的成分层的关系判断 S_n // S_0。泥质成分含量低的长英质岩石变质变形弱，反映了岩石的能干性与变质相关的特点。

表 4-5　区域变质岩石化学分析结果表(wt%)

序号	样号	岩石名称	层位	SiO_2	TiO_2	Al_2O_3	Fe_2O_3	FeO	MnO	MgO	CaO	Na_2O	K_2O	P_2O_5	灼失	合计
1	ⅧGS3225-2	变基性火山岩	AnCJt²	47.37	3.10	13.90	3.79	7.91	0.15	6.90	7.27	4.15	0.90	0.40	4.16	99.95
2	P18GS9-1	矽线石堇青白云石英片岩	AnCJt²	72.44	0.574	11.58	0.768	4.25	0.064	1.62	0.996	0.772	2.90	0.108	3.54	99.61
3	ⅧD-GS3390-1	斜长角闪片岩	AnCJγ²	48.14	1.45	13.97	4.07	7.92	0.22	7.74	9.85	3.00	0.15	0.13	2.78	99.42
4	ⅧD-GS3468/8-1	绢云石英片岩	CPs	77.76	0.50	9.15	1.30	2.05	0.13	1.40	1.60	0.15	1.55	0.10	4.31	100.00
5	3037/北1	绿泥白云斜长片岩	PD	66.94	0.80	14.12	1.60	4.50	0.08	3.39	2.04	2.60	2.40	0.17	1.20	99.84
6	P18GS28-1	堇青石二云母石英片岩	AnCJt²	72.78	0.717	12.11	0.419	4.34	0.114	1.89	0.802	1.91	2.82	0.183	1.32	99.41
7	32-1	白云母石英片岩	AnCJt²	71.29	0.913	16.00	1.30	0.784	0.054	0.564	0.612	0.294	4.50	0.189	3.18	99.68
8	37-1	二云母石英片岩	AnCJt²	66.38	0.597	11.39	2.35	2.49	0.088	1.59	5.02	0.112	2.38	0.136	6.32	98.85
9	49-1	褐铁矿化绿泥二云石英片岩	AnCJt²	60.05	0.788	13.10	3.91	2.52	0.126	3.75	6.24	2.64	3.39	0.160	2.93	99.60
10	ⅧD-GS3497-1	含十字二云石英片岩	Ptbc	67.78	0.80	16.11	3.32	3.64	0.06	1.81	0.18	0.30	2.60	0.17	3.11	99.88
11	3478-1	黑云斜长片麻岩	Ptjl	68.30	0.70	14.59	0.21	5.13	0.16	1.11	1.91	2.30	4.10	0.25	1.25	100.01
12	3225-1	绿帘石白云石英片岩	AnCJt²	79.72	0.35	7.72	0.56	1.83	0.22	0.81	2.55	1.10	1.55	0.23	2.70	99.34
13	3024-1	绿泥白云钠长石英片岩	AnCJt²	82.46	0.35	7.70	0.02	2.84		1.75	0.00	0.65	2.10	0.11	1.98	100.00
14	3229-1	白云石英片岩	AnCJt³	85.58	0.35	6.11	0.45	2.32		0.38	0.05	1.40	0.11		2.28	100.08
15	3007-1	黑云母母英片岩	AnCJt²	88.68	0.38	4.74	0.80	0.92	0.16	0.34	0.69	0.10	1.50	0.66	1.44	99.81
16	3233-1	角闪黑云石英片岩	AnCJt²	99.36	0.85	16.76	1.18	5.82	0.16	3.82	3.11	0.55	4.70	0.14	3.11	99.56
17	3037-1	绿泥白云石英片岩	AnCJt²	63.64	0.75	16.77	1.95	4.29	0.05	2.52	0.17	0.55	4.40	0.15	4.24	99.48
18	3475-1	黑云斜长片岩	AnCJt²	65.78	0.55	15.17	0.39	4.40	0.10	2.72	3.72	2.80	2.80	0.17	1.43	100.03
19	3117-1	绿帘绿泥斜长片岩	AnCJt²	45.98	0.90	14.48	3.38	7.28	0.19	10.56	9.52	1.75	0.15	0.06	5.69	99.94
20	3005-1	黑云斜长角闪片岩	AnCJt²	57.64	1.10	15.00	3.51	4.27	0.13	4.57	5.45	2.35	3.90	0.19	1.54	99.65
21	3021-1	绿泥斜长角闪片岩	AnCJt²	46.94	2.70	13.68	3.58	8.43	0.20	5.90	8.22	4.60	0.15	0.44	5.48	100.32

表 4-6 区域变质岩尼格里数值及 ACF、A'KF 特征表

序号	样号	岩石名称	层位	al	fm	c	alk	Si	ti	k	mg	t	qz	al−alk	(ai+fm)−(c+alk)	A	C	F	A'	K	F
1	Ⅷ GS3225-2	变基性火山岩	$AnCJt^3$	22	49	19	12	117	7.7	0.13	0.52	−11	−31	8	38	16.8	26.1	57.1			
2	P18-GS9-1	矽线堇青白云石英片岩	$AnCJt^2$	44	45	6.2	16.3	394	2.3	0.73	0.36			27.7	66.5	57.9	0.7	25.1			
3	ⅧD-GS3390-1	斜长角闪片岩	$AnCJy^2$	19	50	24	7	112	2.6	0.04	0.54	−12	−16	12	38	18.8	29.4	52.8			
4	ⅧD-GS3468/8-1	绢云石英片岩	CPs	41.0	37.0	3	9	588	3.0	0.85	0.42	19.0	452	32.0	56	45.9	16.6	37.5	38.4	12.3	49.3
5	3037/北 1	绿泥白云斜长片岩	PD	34	41	9	16	272	2.4	0.38	0.51	9	108	18	50	30.2	13.8	56	20	12	68
6	P18-GS 28-1	堇青二云石英片岩	$AnCJt^2$	38.9	36.5	4.5	20	390	2.9	0.52	0.43			18.9	50.9	49.4	5.8	25.4			
7	32-1	白云石英片岩	$AnCJt^2$	52.8	15.5	3.7	27.9	443	4.7	0.19	0.36			24.9	36.7	79.2	5.4	8.5			
8	37-1	二云石英片岩	$AnCJt^2$	30.4	30.7	24.4	14.5	346	2.3	0.94	0.46			15.9	22.2	39.4	31.0	15.8			
9	49-1	褐铁矿化绿泥二云石英片岩	$AnCJt^2$	26	35.7	22.5	15.8	211	2.1	0.49	0.01			10.2	23.4	33.6	28.6	13.8			
10	ⅧD-GS3497-1	含十字二云石英片岩	Ptbc.	48.0	41.1	0.9	10	342	2.9	0.85	0.33	37.1	202	38.0	78.2	59.5	1.2	39.3	53.5	10.5	36
11	3478-1	黑云斜长片麻岩	Ptjl.	40	28	9	23	315	2.5	0.54	0.27	8.0	123	17.0	36.0	32.0	17.0	51	17	25	58
12	3225-1	绿帘白云石英片岩	$AnCJt^3$	36.0	27.0	21	16	630	2.3	0.49	0.36	−1.0	466	20.0	26	32.6	32.6	34.8	0	25.4	74.6
13	3024-1	角闪黑云石英片岩	$AnCJt^2$	39	43	0	18	714	2.6	0.68	0.52	40.0	456	21.0	64	33.6	0	66.4	28.5	15.2	56.3
14	3229-1	白云石英片岩	$AnCJt^2$	29	60	3	8	691	2.0	0.94	0.20	18.0	559	21.0	78	41.7	6.1	52.2	35.3	12.9	51.8
15	3007-1	黑云石英片岩	$AnCJt^1$	42	31	11	16	1351	4.5	0.11	0.26	15.0	1187	26.0	46	48.6	17.1	34.4	35.5	25.8	38.7
16	3233-1	角闪白云石英片岩	$AnCJt^1$	35	41.0	11.5	12.5		2.3	0.85	0.49	11.0	60	22.5	52	32.7	15.9	51.4	19.9	18.9	61.2
17	3037-1	绿泥白云石英片岩	$AnCJt^2$	44.0	40.0	0.8	15.2	285	2.6	0.84	0.42	28.2	125	29.0	68	49.0	1.1	49.9	41.1	16.1	42.8
18	3475-1	黑云斜长片岩	$AnCJt^2$	35.0	32.0	15.5	17.5	258	1.6	0.39	0.49	2.0	88	1.75	34	28.3	24.3	47.4	6.4	17.4	72.2
19	3117-1	绿帘绿泥斜长片岩	$AnCJt^3$	19	54	23	4	102	1.5	0.06	0.64	−8	−14	15	36	19.4	25.2	55.4			
20	3005-1	黑云斜长角闪片岩	$AnCJt^1$	27	40	18	15	177	2.5	0.52	0.52	−6	17	12	34	23.9	26.6	49.5			
21	3021-1	绿泥斜长角闪片岩	$AnCJt^3$	20	47	22	11	117	5.1	0.03	0.47	−12	−27	9	34	16.3	29.8	53.9			

表 4-7 区域变质岩微量元素定量全分析结果表（$\times 10^{-6}$）

序号	样号	岩石名称	层位	Sn	Sc	Hf	Ta	P	Ti	Rb	Zr	Nb	Th	Cr	U	V	Sr	Ni	Mn	Ba	Co	Cu
1	P18GP8-1	含砂线黑云石英片岩	AnCJt²	3.40	9.80	3.14	0.53	468	2690	129	122	8.38	11.7	35.8	1.29	59.6	47.7	23.2	1230	262	8.50	366
2	P18GS9-1	砂线董青白云石英片岩	AnCJt²	4.00	10.5	4.67	0.69	470	3326	134	160	9.78	14.5	42.0	1.02	73.3	42.5	29.4	502	310	8.90	24.8
3	ⅧD3390-1	斜长角闪片岩	AnCJy²	1.2	47.9	2.9	0.83	524	4758	8.2	108	6.8	7.7	73	2.24	347	213	48.9	1510	19	41.4	90.7
4	ⅧDh3468/8-1	绢云石英片岩	CPs	2.11	7.9	8.5	1.26	464	3276	68.4	326	11.0	8.0	344	2.13	57	17	26.8	426	328	8.4	11.7
5	3037/北1	绿泥白云斜长片岩	PD	3.08	14.4	5.5	0.82	512	3739	111	199	14.4	116	379	3.02	89	23	42.9	543	347	15.9	15.6
6	P18GS 28-1	董青二云石英片岩	AnCJt¹	1.50	19.2	9.34	1.00	757	6440	230	300	16.7	15.8	111	1.84	137	21.8	47.9	1140	1170	16.5	30.4
7	32-1	白云石英片岩	AnCJt¹	2.10	13.5	7.69	0.91	502	4400	50.8	247	14.3	12.8	52.8	1.43	98.0	26.5	32.8	960	559	8.70	10.9
8	37-1	二云石英片岩	AnCJt¹	2.70	15.4	6.75	0.69	519	4670	150	245	13.1	12.3	58.7	1.43	98.0	26.9	43.8	650	8000	10.0	8.30
9	49-1	褐铁矿化绿泥二云绿片岩	AnCJt¹	2.20	14.8	4.78	1.34	472	5060	168	165	12.5	10.7	79.9	2.53	106	234	67.4	990	778	20.6	18.1
10	ⅧDh3497-1	含十字二云石英片岩	Ptbc	3.81	14.0	6.6	1.68	518	3844	161	261	13.8	10.3	137	2.17	92	50	23.6	104	349	8.0	12.0
11	3478-1	黑闪黑云石英片岩	Ptjl	5.23	11.5	11.4	2.50	519	3172	186	488	49.4	16.1	94	3.11	28	147	7	754	561	5.6	4.7
12	3225-1	绿帘白云石英片岩	AnCJt²	1.80	4.9	6.2	0.59	272	1908	64.2	241	6.2	5.9	275	1.40	28	26	12.9	252	313	4.3	6.4
13	3024-1	绿泥白云钠长石片岩	AnCJt²	2.74	8.7	5.8	0.86	312	2645	115	241	10.8	7.7	231	1.31	53	25	24.1	212	497	6.8	15.0
14	3229-1	白云石英片岩	AnCJt³	2.12	5.0	9.4	0.95	362	2569	75	355	8.5	6.0	264	1.09	37	22	13.4	256	303	4.8	8.7
15	3007-1	黑云白云石英片岩	AnCJt¹	1.32	3.7	7.1	0.63	281	2183	62	309	7.9	6.8	258	1.08	36	7	19.4	202	327	1.5	24.8
16	3233-1	角闪斜长角闪片岩	AnCJt²	4.76	24.7	5.2	1.20	641	4	248	188	19.7	22.8	166	3.71	168	112	53.6	918	1015	20.1	29.8
17	3037-1	绿帘白云石英片岩	AnCJt²	4.03	18.8	5.9	1.81	339	4668	265	257	21.3	17.8	189	3.89	118	34	42.9	239	700	15.6	19.7
18	3475-1	黑云斜长石片岩	AnCJt³	3.03	15.1	5.8	1.40	521	3389	141	175	12.6	15.0	175	3.52	87	199	12.5	533	778	11.5	11.9
19	3005-1	黑云斜长角闪片岩	AnCJt¹	2.85	15.2	5.5	1.55	595	4110	157	203	19.9	11.9	196	2.75	106	161	57.5	991	553	19.2	4.5
20	3021-1	绿帘斜长角闪片岩	AnCJt³	2.0	30.1	5.3	1.53	1397	13 762	1.5	219	26.1	8.0	163	1.4	324	126	67.3	1291	58	37.0	59.5
21	3225-2	变基性火山岩	AnCJt³	1.78	28.7	5.5	1.96	1099	11 872	10.9	193	29.2	8.8	223	0.88	285	350	164	1117	172	43.9	91.8
	地壳元素丰度（泰勒,1964)			2.0	22.0	3.0	2.0	1050	5700	90	165	20	9.6	100	2.7	135	375	75	950	425	25.0	55.0
	涂氏和费氏微量元素丰度	玄武岩		1.4	30.0	2.0	1.1	1100	13 800	3	140	19	4.0	170	1.0	250	465	130	1500	330	48.0	87
		酸性岩		3	7.0	2.9	4.2	600	1200	170	175	21	17	4.1	3.0	40	100	4.5	390	840	1.0	10
		砂岩			1	3.9		170	1500	60	220		1.7	35	0.45	20	20	2.0			0.3	

表 4-8 区域变质岩稀土元素含量表（×10^{-6}）

序号	样号	岩石名称	层位	La	Ce	Pr	Nd	Sm	Eu	Gd	Tb	Dy	Ho	Er	Tm	Yb	Lu	Y	ΣREE
1	ⅧD-XT3225-2	变基性火山岩	AnCJt³	29.6	64.8	7.3	30.7	6.7	2.19	5.88	0.93	4.73	0.90	2.45	0.32	1.8	0.24	22.86	181.48
2	P18XT-9-1	矽线堇青白云石英片岩	AnCJt²	34.6	60.6	6.94	25.8	5.02	0.94	4.41	0.72	4.64	0.86	2.52	0.38	2.21	0.36	20.1	170.1
3	ⅧD3390-1	斜长角闪片岩	AnCJy²	5.05	12.82	2.23	10.77	3.28	1.27	4.65	0.9	5.64	1.13	3.51	0.55	3.15	0.48	28.19	83.62
4	ⅧD-XT3468/8-1	绢云石英片岩	CPs	32.53	62.52	7.80	26.26	4.95	0.96	4.14	0.62	3.41	0.67	2.03	0.33	2.02	0.31	17.88	166.42
5	3037/北1	绿泥白云斜长片岩	PD	39.43	80.163	9.89	34.352	6.934	1.294	5.995	1.01	6.017	1.284	3.957	0.644	3.889	0.599	38.01	233.47
6	P18XT 28-1	堇青二云石英片岩	AnCJt¹	51.1	102	11.2	45.7	9.30	1.66	7.40	1.08	7.06	1.21	3.67	0.54	3.24	0.53	31.0	276.77
7	ⅧD-XT3390-3	含石英碎斑白云钠长片岩	AnCJy²	38.84	75.77	9.02	31.58	6.65	1.26	6.01	1.0	6.16	1.22	3.54	0.58	3.49	0.51	31.07	212.71
8	P18XT 37-1	二云石英片岩	AnCJt¹	48.6	82.4	9.04	35.3	7.05	1.38	6.33	1.02	6.71	1.30	3.97	0.60	3.49	0.51	31.4	239.1
9	ⅧD-XT3391-1	含石英碎斑白云黑云斜长片岩	AnCJy²	28.57	60.21	7.25	27.37	5.49	1.16	5.40	0.85	5.0	1.04	3.16	0.50	3.04	0.46	28.18	177.67
10	ⅧD-XT3497-1	含十字二云石英片岩	Ptbc.	34.86	73.87	9.02	31.08	6.22	0.99	5.52	0.92	5.52	1.13	3.28	0.54	3.44	0.48	29.42	206.29
11	3478-1	黑云斜长石片麻岩	PtjL	71.71	150.2	20.33	76.86	16.18	1.76	15.03	2.51	14.87	2.95	8.5	1.36	8.32	1.28	75.02	466.88
12	3225-1	绿帘白云石英片岩	AnCJt³	15.48	29.97	3.34	12.79	2.59	0.55	2.11	0.33	2.02	0.41	1.28	0.19	1.29	0.207	12.215	847.57
13	3024-1	绿泥白云钠长石英片岩	AnCJt²	16.74	43.94	4.55	16.17	3.52	0.75	3.52	0.57	3.35	0.64	1.86	0.30	1.79	0.27	15.90	113.88
14	3229-1	白云石英片岩	AnCJt³	16.22	31.68	3.93	13.28	2.36	0.53	2.33	0.37	2.08	0.42	1.23	0.21	1.32	0.21	10.87	87.04
15	3007—1	黑云斜长石英片岩	AnCJt¹	21.0	45.77	5.36	17.17	3.0	0.49	2.63	0.42	2.20	0.42	1.29	0.21	1.34	0.21	11.1	112.62
16	3233-1	角闪黑云石英片岩	AnCJt¹	45.65	98.61	11.06	37.40	7.46	1.62	6.98	1.11	6.10	1.18	3.33	0.52	3.17	0.47	29.5	254.15
17	3037-1	绿泥白云石英片岩	AnCJt²	38.57	78.37	9.88	34.44	6.88	1.36	5.73	1.01	5.53	1.09	3.08	0.50	2.97	0.46	29.19	219.06
18	3475-1	黑云斜长片岩	AnCJt³	35.9	72.4	8.49	29.74	6.03	1.20	5.55	0.97	5.56	1.16	3.21	0.52	3.14	0.46	28.83	203.17
19	3117-1	绿帘绿泥斜长片岩	AnCJt³	3.679	10.81	1.64	7.229	2.314	0.817	2.951	0.591	3.701	0.806	3.474	0.408	2.405	0.365	20.717	60.907
20	3005-1	黑云斜长角闪片岩	AnCJt¹	31.64	67.999	8.18	28.754	6.017	1.359	5.276	0.88	5.234	1.102	3.155	0.507	3.131	0.476	30.078	193.79
21	3021-1	绿泥斜长角闪片岩	AnCJt³	25.343	57.221	6.63	28.09	6.679	2.224	6.172	1.01	5.555	1.116	3.168	0.471	2.814	0.389	29.98	176.86
	22个球粒陨石均值(赫尔曼,1971)			0.32	0.94	0.12	0.60	0.20	0.073	0.31	0.05	0.31	0.073	0.21	0.033	0.19	0.031	1.96	

2) 岩相学特征

黑云斜长片麻岩的原岩结构构造已无保留，但部分岩石中可见半自形板柱状斜长石，为正变质特征。在岩石化学图解(al+fm)−(c+alk)-Si(图4-3)、Si-Mg(图4-4)、TiO_2-SiO_2(图4-5)、(al−alk)-C(图4-6)、Al_2O_3-(K_2O+Na_2O)(图4-7)上，投点多落在火成岩区(表4-9)。黑云斜长片麻岩为正变质成因。

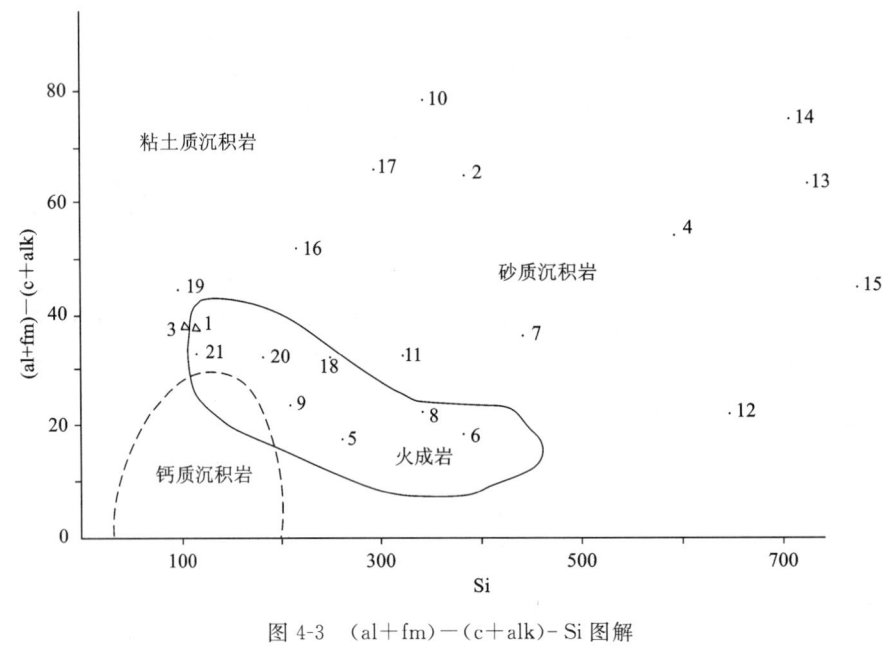

图4-3 (al+fm)−(c+alk)-Si 图解
(据西蒙南，1953，简化)

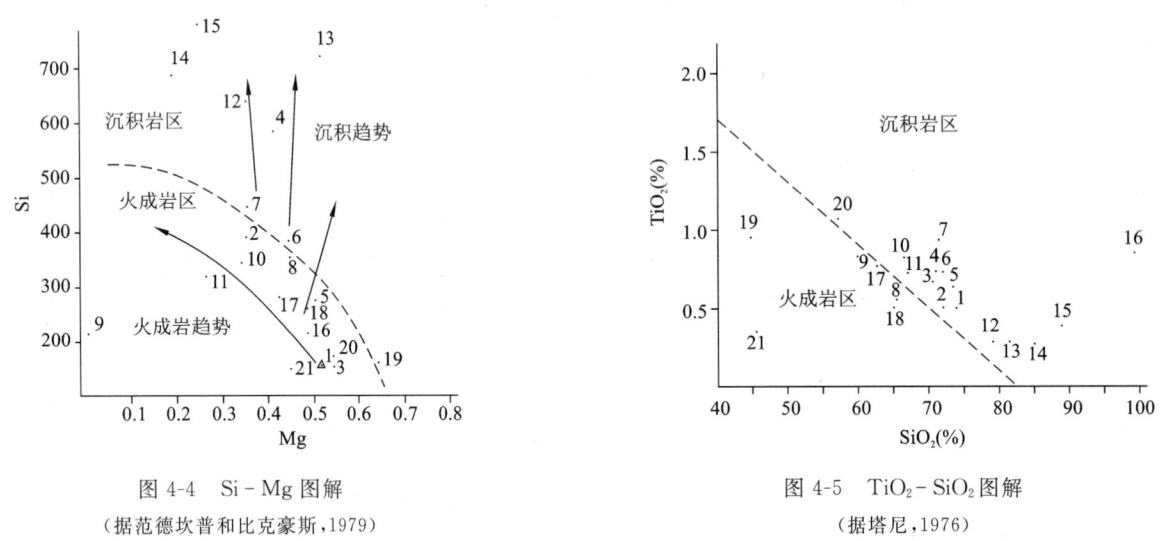

图4-4 Si−Mg 图解　　　　　　　图4-5 TiO_2-SiO_2 图解
(据范德坎普和比克豪斯，1979)　　　(据塔尼，1976)

微量元素与涂氏和费氏对比：Sc、Hf、P、Rb、Zr、Th、U、Sr、Mn、Ba 含量与酸性贫钙岩浆岩接近，具火成岩特征。

稀土元素总量高达 $466.88×10^{-6}$，具岩浆岩特征。异常值 dCe、dEu、dTb、dTm 组成的异常式为(−−00)，δEu<0，说明岩石成因为上地壳岩石重熔分异的产物(戴凤岩，1987)。

在岩石化学及微量元素图解 An−Ab−Or(图4-8)、K−Na−Ca(图4-9)、Rb−(Y+Nb)(图4-10)、Rb−(Yb+Ta)(图4-11)、Nb−Y(图4-12)、Ta−Yb(图4-13)上，投点落入花岗闪长岩区(钙碱性岩区)，大地构造位置落入火山弧花岗岩区(表4-10)。

综上分析，觉拉片麻岩原岩为古老的花岗闪长岩体。

第四章 变质岩

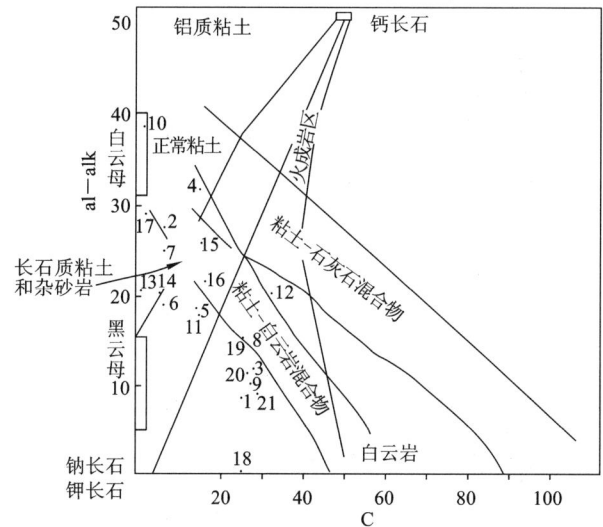

图 4-6 （al—alk）-C 图解
（据利克,1969）

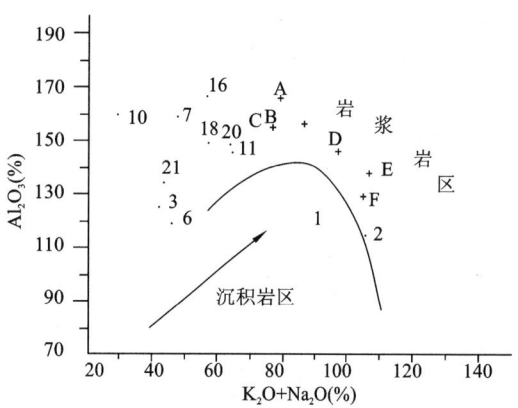

图 4-7 Al_2O_3-(K_2O+Na_2O) 图解
（据利克,1969）

A:安山岩;B:英安岩;C:石英闪长岩;D:流纹英安岩；
E:石英粗安岩;F:流纹岩

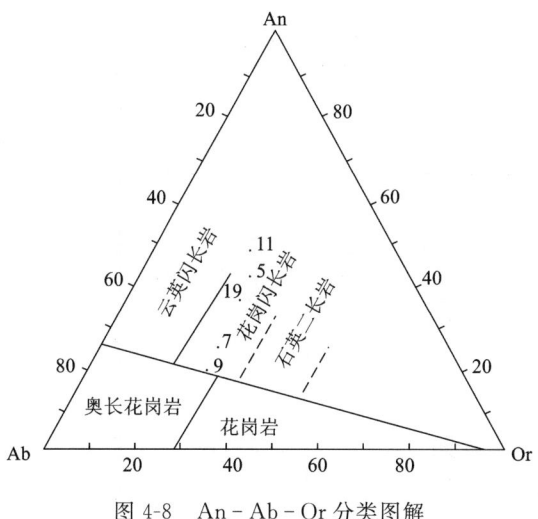

图 4-8 An-Ab-Or 分类图解
（据奥康诺,1965）

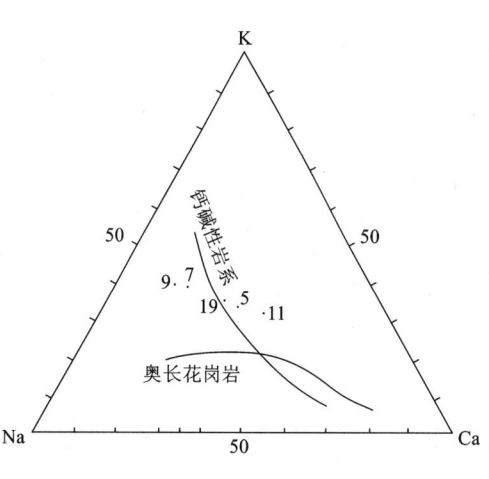

图 4-9 K-Na-Ca 图解
（据巴尔克和阿思,1976）

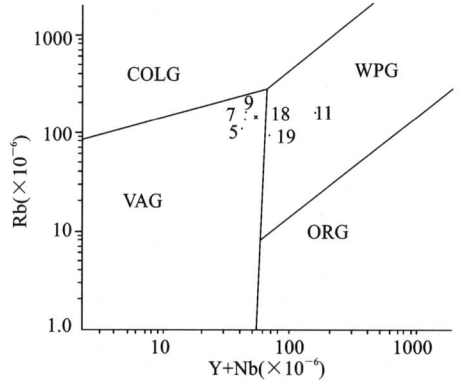

图 4-10 Rb-(Y+Nb) 图解
（据皮尔斯等,1984）

ORG:洋中脊花岗岩;VAG:火山弧花岗岩；
WPG:板内花岗岩;COLG:同构造的碰撞带花岗岩

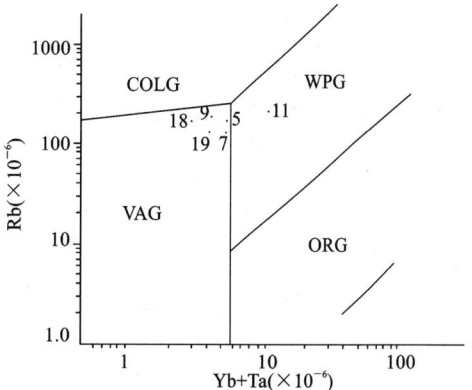

图 4-11 Rb-(Yb+Ta) 图解
（据皮尔斯等,1984）

ORG:洋中脊花岗岩;VAG:火山弧花岗岩；
WPG:板内花岗岩;COLG:同构造的碰撞带花岗岩

表 4-9 区域变质岩岩石化学图解投影结果表

图解 岩石类型	(al+fm)−(c+alk)-Si	Si-Mg	TiO_2-SiO_2	(al−alk)-C	Al_2O_3−(K_2O+Na_2O)	La/Yb-Ti	C-Mg	$lg(Na_2O/K_2O)$-$lg(SiO_2/Al_2O_3)$	$(Al_2O_3+TiO_2)$−(SiO_2+K_2O)-Σ
云母石英片岩(2,10,12,14,15,16,17,4),钠长石石英片岩(13)	泥质沉积岩区(2,10,16,17,13,14,15,4,6),砂质沉积岩区(7,12,13,14,15,4)	沉积岩区(12,13,14,15,4,6),火成岩区(10,16,17,2,8,9)	沉积岩区(10,12,19,14,15,16,17,4,2,6,5,7),火成岩区(8,9)	正常粘土区(10,7,4),长石质粘土和杂砂岩区(2,7,12,13,14,15,16)		砂岩及杂砂岩区(12,13,14,15,4),页岩及粘土岩区(16,17)	砂岩区(12,13,14,15,4),泥质半泥质岩区(10,16,17)	岩屑砂岩区(12),长石砂岩区(10,13,16,17,4),亚长石砂岩(15)	长石砂岩区(12,13,14,15,4),寒带和温带气候粘土区(10,16,17)
黑云斜长石英片岩(18)	火山岩区	火成岩区	火成岩区	火成岩区	火成岩区				
黑云斜长片麻岩(11)	沉积岩区(近火山岩区)	火成岩区	沉积岩区(近火山岩区)	火成岩区	火成岩区				
绿泥白云斜长片岩(5)	泥质沉积岩区	火成岩区	沉积岩区	火成岩区	火成岩区				
白云钠长片岩(15)	沉积岩区	火成岩区	沉积岩区	长石质粘土岩区		页岩及粘土岩区	泥质半泥质岩区		寒带和温带气候粘土区
绿泥绿帘斜长片岩(19)	泥质岩区近火山岩区	火成岩区		火成岩区		斜长角闪岩区	火成岩区		
斜长角闪岩(3,21,20)	火山岩区	火成岩区		火成岩区		杂砂岩区(3,21),斜长角闪岩区(20)	火成岩区		
变基性火山岩(11)	火山岩区	火成岩区		火成岩区		杂砂岩区	火成岩区		

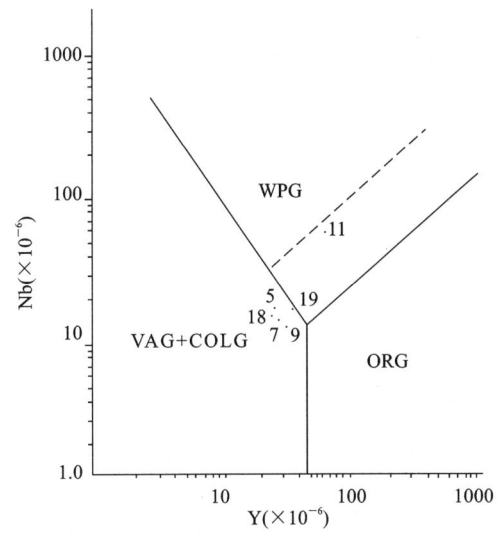

图 4-12 Nb-Y 图解
（据皮尔斯等，1984）
ORG：洋中脊花岗岩；VAG：火山弧花岗岩；
WPG：板内花岗岩；COLG：同构造的碰撞带花岗岩

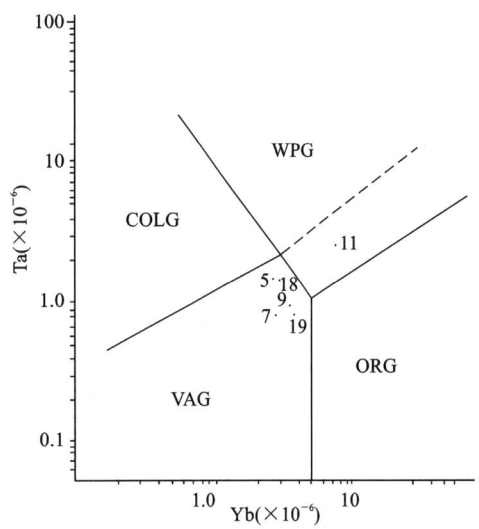

图 4-13 Tb-Yb 图解
（据皮尔斯等，1984）
ORG：洋中脊花岗岩；VAG：火山弧花岗岩；
WPG：板内花岗岩；COLG：同构造的碰撞带花岗岩

表 4-10 岩石化学投影结果表

图解 岩石类型	An-Ab-Or	K-Na-Ca	Rb-(Y+Nb)	Rb-(Yb+Ta)	Nb-Y	Ta-Yb
斜长片岩	花岗闪长岩区	钙碱性岩区	板内花岗岩区	板内花岗岩区	板内花岗岩区	板内花岗岩区
黑云斜长片麻岩(11)	石英二长岩区	钙碱性岩区	火山弧花岗岩区	火山弧花岗岩区	火山弧花岗岩区	火山弧花岗岩区
绿泥白云斜长片岩(5)	花岗闪长岩区	钙碱性岩区	火山弧花岗岩区	火山弧花岗岩区	火山弧花岗岩区	火山弧花岗岩区

6. 变质相带及变质相系划分

变质矿物共生组合如图 4-14 所示。

泥砂质岩类：Mu+Bit+Ald+Sta+Qz+C，Mu+Bit+Sta+Qz+C，Bit+Ald+Sta+Pl+C。基性岩：Hb+Bit+Pl。碳酸盐岩：Mu+Cal Tl+Mu+Cal。泥砂质岩石中出了特征矿物十字石，基性岩石中出现了深绿色普通角闪石，高牌号更长石（An=27～28），划分为十字石变质带。以矿物共生组合为依据（表 4-11），划分为低角闪岩相。

（二）比冲弄变质岩带

比冲弄变质岩带属唐古拉变质地区，代陇夏日-比冲弄变质地带，与澜沧江变质地区相邻，南部被他念他翁复式深成杂岩体吞噬。变质地层为 Pt_{bc}. 片岩，向东延入邻区，呈东宽西窄的楔形，南侧与 Pt_jl. 呈断层接触。区内出露面积约 50km^2。

1. 岩石类型及特征

含石榴十字石英片岩 为组成 Pt_{bc}. 的主要岩石之一，具斑状变晶结构，基质

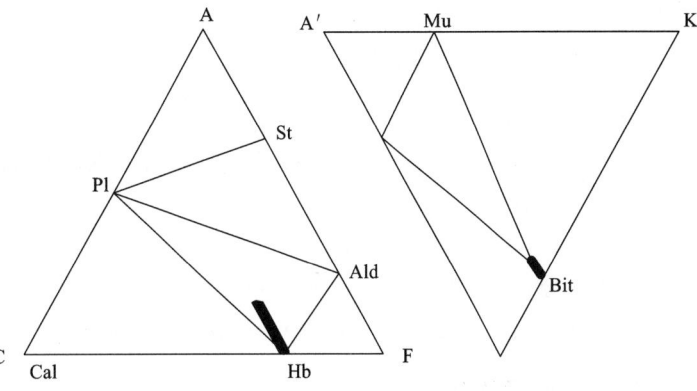

图 4-14 十字石带矿物共生图解

鳞片粒状变晶结构，片状构造。十字石变斑晶 25%，铁铝榴石变晶少量，呈等轴粒状，大小 0.6mm。基质中石英 48%，黑云母 15%，白云母 10%，石墨 2%。片状矿物定向分布，副矿物为磁铁矿。

表 4-11 测区变质矿物共生组合表

变质相		葡萄石相	低绿片岩相	高绿片岩相	低角闪岩相		变质相	葡萄石相	低绿片岩相	高绿片岩相	低角闪岩相
变质带		葡萄石带	绿泥石带	黑云母带	铁铝榴石带	十字石带	变质带	葡萄石带	绿泥石带	黑云母带	铁铝榴石带	十字石带
变泥砂质岩	葡萄石	—					变中基性火山岩	绿泥石	— —	— —		
	绿泥石	— — —	— — — —					绢云母	— —			
	绢云母	— — —	— — — —					黑云母		— — —	— — —	
	白云母		— —	— — — —				绿帘石	— —			
	黑云母		— — —	— — — —				黝帘石		— — — — —		
	普通角闪石			— — —				阳起石	— — — —			
	绿帘石	— — —	— — — —					透闪石	— — —			
	阳起石	— — — — —	— — — — —	— — — —				钠长石	— — —			
	钙铝榴石		— — — — — —	— — — —				更长石				
	铁铝榴石				— — — — —			滑石		— — — — — —		
	十字石					— — — —		石英	— — —		— — — —	— — — —
	钠长石							白云石	— — —		— — — —	
	更长石							方解石	— — — —			
	石英	— — — —	— — — —	— — — —	— — — —			普通角闪石			— —	
	石墨			— — —				绿泥石				
	白云石	— — — —						绢云母				
	方解石							白云母		— —		
变酸性岩	绿泥石	— —	— — —				变碳酸盐岩	黑云母		— —		— — — —
	绢云母	— — —	— — —					绿帘石				
	白云母		— —					普通角闪石				
	黑云母		— — —					蛇纹石				
	绿帘石	— — —						透闪石				— — — —
	钠长石							阳起石				
	更长石							滑石		— —		
	方解石		— — — —					石英		— — —		
	石英		— — —					白云母		— —		
								方解石		— —		— — — —

含十字变斑白云石英片岩 为组成比冲弄片岩的主要岩石,具斑状变晶结构,基质鳞片粒状变晶结构,片状构造。十字石变斑晶2%,大小1.6～2mm,铁铝榴石变斑晶少量。基质中石英8%,白云母10%,黑云母7%,石墨少量、鳞片状,大小0.4mm×0.8mm。副矿物锆石、电气石微量。

斜长角闪岩 呈夹层状少量分布于片岩中。岩石具鳞片纤状粒状变晶结构,块状构造。更长石52%,普通角闪石40%,黑云母5%。副矿物榍石2%～3%,磷灰石微量。

透闪大理岩 呈厚度不等夹层状分布于片岩中。粒状变晶结构,块状构造。方解石95%,他形粒状,大小0.4～2mm。透闪石0～3%,长粒状,大小0.2～0.4mm。白云母2%。副矿物磁铁矿、榍石微量。

2. 特征变质矿物及组合

十字石:分布于云母石英片岩中,含量20%～25%,呈他形粒状,不规则长条状,大小1.2mm×(0.6～2)mm,常有微粒石英,鳞片状石墨包体而成筛状变晶结构,包体与基体矿物相连,且定向一致。长条状十字石显弯曲,长轴定向并与岩石片理一致。

黑云母:鳞片状,呈褐色,吸收性 $Ng \geqslant Nm \geqslant Np$,大小 $0.4mm \times 1.2mm \sim 0.08mm \times 0.2mm$。常和白云母相伴分布。主要分布于云母石英片岩中。

其矿物组合:Qz+Bit+Sia+Wu, Mu+Qz+Bit+Sia+Ald+C+Tou, Fs+Hb+Bit+Sph, Cal+Tl+Mu。

3. 岩石化学特征

含十字二云石英片岩中(表4-5、表4-6),$Na_2O=0.3\%$,$K_2O=2.6\%$,岩石富含钾质;$TiO_2=0.8\%$,钛较高;$CaO=0.18\%$,含量低。$Qz=202$,$t=37.1$,属 SiO_2 过饱和,铝过饱和类型;$al-alk=38$,为正值,属碱不饱和类型。

1) 微量元素特征

含十字二云石英片岩中微量元素与涂氏和费氏值对比（表4-7），Hf、Ti、Zr、Sn、Th、Sr等近于砂岩，P、Cr、V、Ni、Co等高于砂岩。与泰勒值对比，Ta、Nb、Th、Cr、U、Ba等相等，Sn、Hf、Rb、Zr等富集，Sc、Hf、P、Ti、V、Sr、Ni、Mn、Co、Cu贫乏。

2) 稀土元素特征

含十字二云石英片岩中稀土总量为206.27×10^{-6}，轻重稀土比值为3.11，轻稀土富集而重稀土亏损（表4-8）。$\delta Eu=0.57$，显示铕轻负异常。$Eu/Sm=0.6$，分馏程度$(La/Yb)_N$为6.05。稀土分布型式为轻稀土富集，重稀土平坦（图4-2）。

4. 变质原岩的恢复及背景

1) 宏观地质特征

该岩带宏观上成层性清楚。大层有序，小层无序，厚薄不一，面理S_n受到了不同程度的改造。泥质含量较高的变质强度较弱，面理置换彻底，长英质条带显面理(S_n)，从长英质条带与岩石中残留的成分层可判断面理$S_1 // S_0$，即现存面理为"顺层面理"。

2) 岩相学特征

（1）大理岩：具变余中薄层状构造，夹于云母石英片岩之中，沿走向延伸较为稳定。部分夹层含少量透闪石，其原岩应为含泥质的碳酸盐类。

（2）含石榴十字片岩：空间上和含十字二云石英片岩、大理岩相伴产出（表4-12）。在变质矿物QFM图解（图4-15）上，投点落入页岩区，其原岩为泥质岩类。

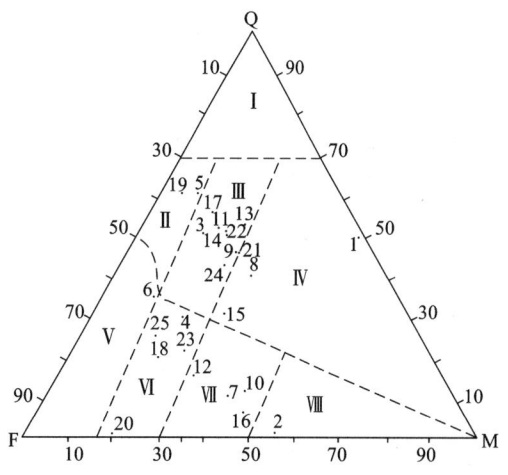

图4-15 QFM图解
（据范德坎普和比克豪斯，1979）
Ⅰ：石英区；Ⅱ：正长石砂岩区；Ⅲ：杂砂岩区；
Ⅳ：页岩区；Ⅴ：酸性岩区；Ⅵ：中性岩区；
Ⅶ：基性岩区；Ⅷ：超基性岩区

表4-12 测区钠长片岩、斜长片岩、变粒岩矿物含量表

序号	样号	岩石名称	层位	主要矿物含量		
				石英(Q)	长石(F)	铁镁矿物(M)
1	ⅧD-b3480-3	含石榴十字片岩	Ptbc.	49	0	51
2	3478-2	斜长角闪岩	Ptbc.	0	54	46
3	3037-2	含石榴二云钠长片岩	AnCJt^2	50	35	15
4	3036-1	含石榴白云钠长片岩	AnCJt^2	30	50	20
5	3036-2	含石榴黑云钠长片岩	AnCJt^2	59	30	11
6	3036-4	变斑状白云钠长片岩	AnCJt^2	35	47	18
7	3036-6	变斑状绿泥钠长片岩	AnCJt^2	10	50	40
8	3226-3	白云绿泥钠长片岩	AnCJt^2	40	30	30
9	3009-2	白云斜长片岩	AnCJt^2	45	30	25
10	3230-2	绿泥斜长片岩	AnCJt^2	12	48	40
11	3230-4	白云斜长片岩	AnCJt^2	50	35	15
12	3034-1	绿泥钠长片岩	AnCJt^2	15	55	30
13	3034-2	白云钠长片岩	AnCJt^3	52	25	23
14	3021-3	白云斜长片岩	AnCJt^2	50	30	20
15	3021-4	绿泥白云钠长片岩	AnCJt^2	30	40	30
16	3018-1	绿泥斜长片岩	AnCJt^3	2	60	38
17	3227-3	白云浅粒岩	AnCJt^2	55	30	15
18	3017-1	白云斜长变粒岩	AnCJt^2	20	60	20
19	3476-1	浅粒岩	AnCJt^2	60	35	5
20	5289-2-1	黑云钠长片岩	AnCJt^2	0	80	20
21	5289-11-1	白云钠长片岩	AnCJt^2	45	30	25
22	3369-2	绿泥白云钠长片岩	AnCJt^2	50	30	20
23	3369-3	绿泥白云钠长片岩	AnCJt^2	20	60	20
24	3399-3	白云钠长片岩	AnCJt^2	42	35	23
25	3392-2	浅粒岩	AnCJt^2	25	61	14

(3) 云母石英片岩:原岩结构构造已无保留,在岩石化学图解(al+fm)−(c+alk)−Si(图 4-3)、Si−Mg(图 4-4)、TiO_2−SiO_2(图 4-5)、(al−alk)−C(图 4-6)、Al_2O_3−(K_2O+Na_2O)(图 4-7)、La/Yb−Tr(图 4-16)、C−Mg(图 4-17)、$lg(Na_2O/K_2O)$−$lg(SiO_2/Al_2O_3)$(图 4-18)、($Al_2O_3+TiO_2$)−(SiO_2+K_2O)−Σ(其余组分)(图 4-19)上,投影的总趋势为泥质、半泥质岩区(表 4-9)。微量元素含量与泰勒值对比,Zr、Ba 偏高,Co、Ni 低,具沉积岩微量元素特征。

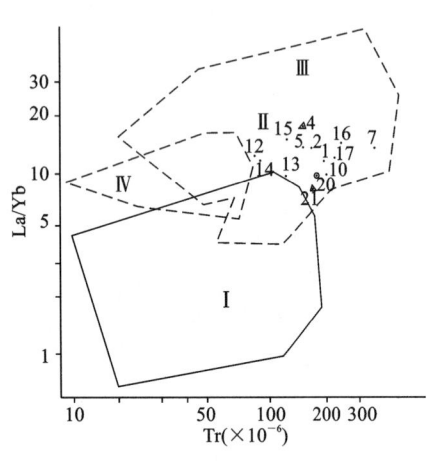

图 4-16 La/Yb−Tr 图解
(据巴拉诏夫等,1972)
Ⅰ:斜长角闪岩区;Ⅱ砂质岩和杂砂岩区;
Ⅲ:页岩和粘土岩区;Ⅳ:碳酸盐岩区

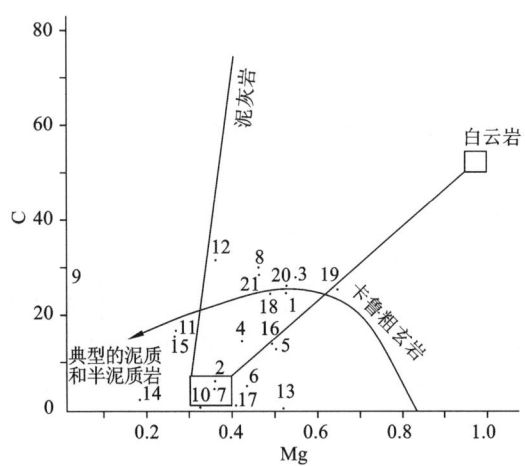

图 4-17 C−Mg 图解
(据利克,1964)

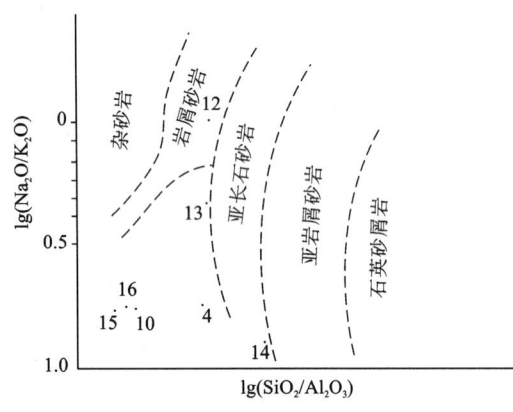

图 4-18 $lg(Na_2O/K_2O)$−$lg(SiO_2/Al_2O_3)$图解
(据佩蒂约翰,1972)简化

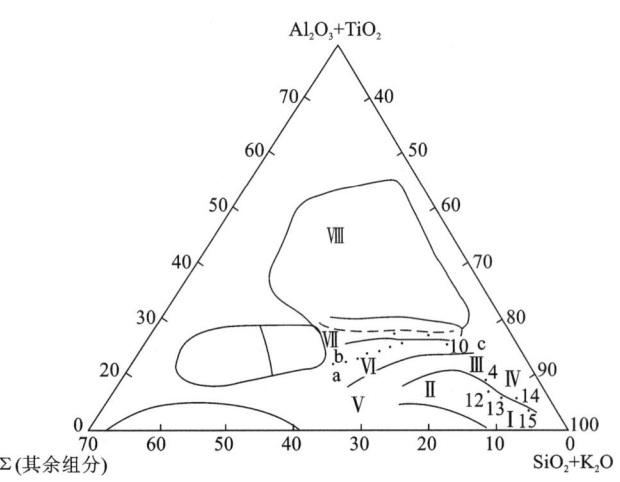

图 4-19 ($Al_2O_3+TiO_2$)−(SiO_2+K_2O)−Σ(其余组分)图解
(据涅洛夫,1974)

(4) 斜长角闪岩:空间上和大理岩相伴产出,矿物含量见表 4-12,在变质矿物 QFM 图解(图 4-15)上,投点落入在中性岩区。其原岩应为中性火山岩类。

5. 变质相带及变质相系划分

1) 变质相带的划分及特征

在变质矿物共生组合中(表 4-11)可以看出,泥砂质岩类中出现了特征变质矿物十字石,基性岩中出现了深绿色普通角闪石,高牌号更长石(An=27),划分为十字石变质带。以矿物共生组合为依据,比冲弄变质岩带划分为低角闪岩相。

2) 变质相系的划分及特征

采用了都城秋穗(1961)提出的方案,根据重砂测量,该岩组范围内有蓝晶石分布,属中压相系,其温压条件据贺高品(1981)总结,为 525∼660℃,$(5\sim8)\times10^8$ Pa。

二、绒母拉-日抗卡变质地带

属唐古拉变质地区,该地带分为两个岩带,汝塔变质岩带和绒母拉变质岩带,前者为低—高绿片岩相,中压变质岩相。后者为低—高绿片岩相,中高压变质相系。

该变质地带北以日抗卡-切昂能韧性剪切带为界,南以布托错-绒母拉断裂为界,范围与 $AnCJt.$ 相当。呈东窄西宽的楔状,南北最宽处达 40km,面积千余平方千米,变质地层为 $AnCJt.$。

(一)汝塔变质岩带

1. 岩石类型及特征

以石英片岩、钠长片岩为主,夹长英质粒状岩类。

1)片岩类

(1)白云石英片岩:在 $AnCJt.$ 中大量分布,岩石具鳞片粒状变晶结构,斑状变晶结构,片状构造,皱纹状构造。主要矿物石英 50%~88%,白云母 10%~25%;次要矿物绿泥石 2%~15%,钠长石 0~20%,黑云母 0~10%,方解石 0~8%,白云石 0~20%,铁铝榴石 0~3%;副矿物褐铁矿 0~3%,磁铁矿、榍石、锆石、黄铁矿、电气石、磷灰石等微量。岩石种类有白云石英片岩、含石榴白云石英片岩、(绿泥)(黑云)白云石英片岩等。

(2)二云石英片岩:夹层状分布于 $AnCJt_3$ 中。岩石具鳞片粒状变晶结构、斑状变晶结构,片状构造。主要矿物石英 60%~81%,白云母 10%,黑云母 7%~15%;次要矿物斜长石 0~3%,绿泥石 0~3%,铁铝榴石 0~1%;副矿物磁铁矿、磷灰石、电气石、锆石等微量。

2)钠长片岩

为 $AnCJt_1^2$ 的主要岩石,具斑状变晶结构、鳞片粒状变晶结构,片状构造、皱纹状构造。主要矿物钠长石 25%~58%,石英 20%~52%,白云母 10%~25%;次要矿物黑云母 1%~5%,绿泥石 1%~10%,铁铝榴石 0~5%,方解石 0~1%;副矿物磁铁矿、白钛石、磷灰石、锆石、电气石、榍石等微量。岩石种类主要有白云钠长片岩,次为含石榴变斑白云钠长片岩、(绿泥)(钙质)黑云钠长片岩等。

3)绿片岩

夹层状分布于 $AnCJt_3$ 中。岩石具鳞片粒状变晶结构,片状构造。主要矿物斜长石 40%~50%,绿泥石 25%~40%;次要矿物绿帘石 0~15%,方解石 0~20%,石英、黑云母、白云母少量。副矿物榍石、黄铁矿、磁铁矿、磷灰石等微量。岩石种类以绿帘绿泥斜长片岩为主,次为(钙质)白云绿泥斜长片岩。

4)角闪质岩类

斜长角闪片岩:少量分布于 $AnCJt_1^1$、$AnCJt_3$ 中,厚几米至几十米。岩石具斑状变晶结构、粒状纤状变晶结构,片状构造。普通角闪石 35%~52%,斜长石 30%~35%,石英、黑云母、绿帘石少量。副矿物磁铁矿、黄铁矿、榍石、磷灰石等微量。岩石种类有(绿帘)黑云斜长角闪片岩。

5)长英质粒状岩类

(1)变粒岩:$AnCJt_1^2$ 中少量分布,岩石具鳞片粒状变晶结构,微片状构造。主要矿物斜长石 50%~60%,石英 15%~20%,黑云母 5%~15%,白云母、绿泥石少量;副矿物黄铁矿、磁铁矿、榍石、磷灰石等微量。岩石种类有(白云)斜长变粒岩等。

(2)浅粒岩:$AnCJt_3$ 中少量分布。岩石具鳞片粒状变晶结构、块状构造、定向构造。石英 25%~61%,钠长石 30%~61%,白云母、黑云母、方解石、铁铝榴石少量;副矿物磁铁矿、磷灰石、电气石、锆石、黄铁矿等微量。

2. 特征变质矿物及组合

1) 石英

分布广泛,呈他形粒状及不规则粒状两种形态,大小 0.05～0.5mm。部分呈长条状,沿长轴与片理定向一致。长短轴之比为 2:1～3:1,波状消光明显。少部分均匀分布于岩石中,大部分呈连续薄层状及不规则条带状集合体(透镜状、肠状、钩状等)。还有少量呈微粒状包体分布于变斑晶中,部分包体与基体相连。石英颗粒多呈晶内位错,亚晶粒,边部有重结晶颗粒。

矿物组合:Qz+Bit+Chl,Qz+Fs+Ld+Chl。

2) 白云母

鳞片状及细小板状、叶片状、长短轴之比为 4:1～9:1,和黑云母、绢云母等片状矿物聚集成条纹状、条带状集合体,构成岩石片理、皱纹状片理。白云母片体多弯曲而呈微褶纹片状,个别呈"云母鱼",呈包体状者分布于变斑晶中并和基底相连,定向一致。

矿物组合:Qz+Mu+Cal+Fs。

3) 石榴石

均呈变斑晶出现,多为铁铝榴石,呈褐红色、黑(灰)褐色,受区域变质和动力作用已改原貌,光泽黯淡,呈混浊的金刚光泽,偶见断口参差不齐,呈贝壳状断口。呈自形粒状、椭圆状,大小 0.9～2.5mm,个别达 4mm。并显示定向性,与片理定向一致。部分包有微粒石英。钙铝榴石少量,常切割岩石片理。

4) 钠长石

上述各种岩石中均有大量分布,呈两种形态,一种为变斑晶,呈粒状、等轴粒状,钠长石双晶发育,大小 0.5～1mm,与岩石片理一致,个别有斜交片理及白云母的现象。常有白云母、针状金红石、微粒石英等包体,⊥(010)切面上的 Np∧(010)夹角为－15°,An＝5。个别斑晶呈旋状及"S"型。另一种为不规则他形粒状、圆粒状,多拉长呈长条状,部分也包有微粒石英、磷灰石、电气石等包体并拉长变形,大小 0.2～0.5mm,长短轴之比为 3:1,部分聚集成条带状集合体,定向与岩石片理一致。少部分为更—钠长石。

其矿物组合为:Qz+Ab+Mu+Bit+Cal,Qz+Chl+Mu+Ab,Qz+Ab+Mu+Chl。

3. 岩石化学特征

主要变质岩的岩石化学特征(表 4-5、表 4-6)如下。

石英片岩类:$Fe_2O_3=0.02\%～3.05\%$,$FeO=0.92\%～5.48\%$,$MgO=0.34\%～3.82\%$,$CaO=0～3.11\%$,$Na_2O=0.05\%～1.45\%$,$K_2O=1.4\%～4.4\%$,这些氧化物含量变化大。$K_2O>Na_2O$,岩石富含钾质。$Qz=60～1187$,$t=11～43$,属 SiO_2 过饱和、铝过饱和类型。

黑云斜长片岩:$K_2O=Na_2O$,均为 2.8%,$Al_2O_3=15.17\%$,$MgO=2.72\%$,铝、镁较高,$Qz=88$,$t=2$,属 SiO_2 过饱和、铝过饱和类型。

主要氧化物及尼格里参数的变化趋势:云母石英片岩、黑云斜长片岩中 TiO_2 0.5%;尼格里数值为 2.6,大于岩石中的 TiO_2;角闪质岩石中 TiO_2 达 1.9%,尼格里数值为 3.8。在云母石英片岩中 FeO^* 3%±,尼格里数值为 30,黑云斜长片岩中 FeO^* 5%,尼格里数值为 38.7,角闪质岩石中 FeO^* 10%±,尼格里数值为 45.7。在石英片岩中 CaO 0.5%±,尼格里数值为 8,黑云斜长片岩中 CaO 3.7%,尼格里数值为 14.1,角闪质岩石中 CaO 8%±,尼格里数值为 21.3。石英片岩、黑云斜长片岩中 Qz 值远大于 12,为 SiO_2 强烈过饱和类型,岩石中有大量的石英颗粒存在。角闪质岩石中 $Qz<-12$,属 SiO_2 不饱和类型。石英片岩、黑云斜长片岩中 t 均为正值,属铝过饱和类型,角闪质岩石中 t 为负值,且 alk<al<alk+C,属铝正常类型。在各类岩石中 al－alk 均为正值,属碱不饱和类型。

4. 地球化学特征

1) 微量元素特征

与涂氏和费氏火成岩、沉积岩微量元素对比(表 4-7),石英片岩中 Sc、Hf、P、Ti、Th、Cr、V、Ni、Co

高于砂岩；Ta、Sn、Rb、Zr、Na、Sr、Mn、Ba 近于砂岩。黑云斜长片岩中 Sc、Hf、P、Rb、Zr、Th、U、Sr、Mn、Ba、Cu 近于酸性贫钙岩浆岩，Ti、Cr、V、Ni、Co 高于酸性贫钙岩浆岩，Ta、Nb 低于酸性贫钙岩浆岩。

2）稀土元素特征

石英片岩（表 4-8）：该类岩石稀土总量较低（$84.756 \times 10^{-6} \sim 254.15 \times 10^{-6}$），轻重稀土比值在 3.04～4.68 之间，多为 3.3±，轻稀土富集而重稀土亏损，δEu 为 0.7±。显示铕轻负异常；Eu/Sm 值为 0.2±，与沉积岩的 Eu/Sm 值 0.2（赵振华，1974）接近或相当。分馏程度 $(La/Yb)_N$ 在 3.85～9.43 之间。稀土配分型式为轻稀土富集，重稀土平坦（图 4-20）。

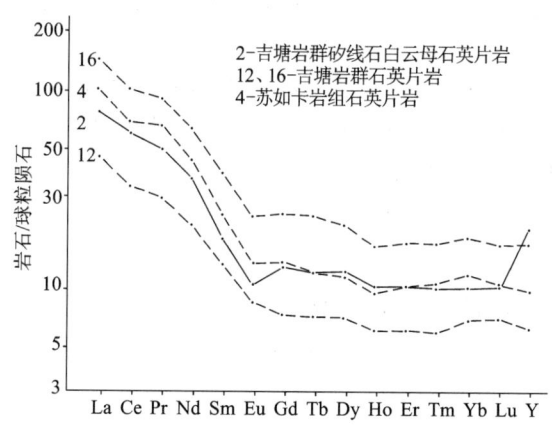

图 4-20　石英片岩稀土元素配分型式图

5. 变质原岩的恢复及背景

（1）特殊岩石。

石英岩类：多见呈薄层状夹层分布于 $AnCJt_1^l$ 中，石英高达 99%，原岩应为硅质岩。大部分岩石中石英含量 95%±，多数颗粒拉长定向分布。还含有少量方解石、斜长石、绢云母、白云母等，岩石类型为（绢云）白云石英岩等。部分石英颗粒呈变余砂屑状，原岩应为石英砂岩。

砂岩：层状分布于 $AnCJt_1^l$ 中，和云母石英片岩整合产出。石英颗粒大多拉长定向，少部分石英、长石颗粒具次圆状变余碎屑形态，铁质、绢云母绕其分布。其原岩应为长石石英砂岩。

（2）长英质岩类。

石英片岩：原岩结构构造已无保留，在前述各种岩石化学综合图解上，投影的总趋势（表 4-10）为泥质岩区及砂岩区。

微量元素与泰勒值对比：Zr、Ba 偏高，Co、Ni 低，具沉积岩微量元素特征。与涂氏和费氏值对比：Ta、Sn、Rb、Zr、Nb、Sr、Mn、Ba 等含量与砂岩接近。

稀土元素特征表现为稀土总量高（$112.62 \times 10^{-6} \sim 466.88 \times 10^{-6}$），Eu/Sm 值 0.2±，相当于赵振华（1974）沉积岩 Eu/Sm 比值。

综上所述，石英片岩原岩应为砂岩或砂泥质岩石。

黑云斜长片岩：夹于石英片岩之中，局部见块状构造，片麻状构造。在岩石化学图解（图 4-3～图 4-7）上投影点落在火成岩区（表 4-10）。

微量元素含量与泰勒值对比：Ni 较高，与涂氏和费氏值对比，Sc、Hf、P、Rb、Zr、Th、U、Sr、Mn、Ba、Cu 和酸性贫钙岩浆岩接近。

稀土总量高达 203.17×10^{-6}，Ce、Eu、Tb、Tm 异常式为（— — 0 0），说明该类岩石是上地壳重熔的产物（戴凤岩，1987）。

在岩石化学图解（图 4-8～图 4-13）上，原岩投点落入花岗闪长岩；大地构造位置落入板内花岗岩区（图 4-11）。

钠长片岩：吉塘岩群的主要岩石类型，其原岩结构构造均已消失。矿物含量见表 4-12，在 QFM 图解(图4-15)上,部分投点落入杂砂岩区,部分投点落入了中基性火山岩区。说明其两种成因均有。

浅粒岩类:为云母石英片岩类型,其原岩结构构造均已消失。矿物含量见表4-12,在QFM图解(图4-15)上投点均落入砂岩区,属副变质成因。

6. 变质相带及变质相系划分

1) 变质相带的划分及特征

根据矿物共生组合(表4-11),可划分为低绿片岩相和高绿片岩相。前者与黑云母变质带范围相当。后者与铁铝榴石变质带范围相当。铁铝榴石主要分布于变泥砂质岩石中,但含量低。

2) 变质相系的划分

根据1:20万丁青县幅报告,在汝塔一带 $AnCJt_r$ 低绿片岩相岩石中获白云母 bo 值为 $9.025×10^{-10}\sim9.032×10^{-10}$ m,属中压相系。在切昂能一带 $AnCJt_r^2$ 高绿片岩相中获白云母 bo 值为 $9.030×10^{-10}\sim9.037×10^{-10}$ m,属中压(偏高)相系范畴。

(二) 绒母拉变质岩带

该岩带属唐古拉变质地区,绒母拉-日抗卡变质地带。北以切昂能-日抗卡韧性剪切带为界,南以绒母拉-布托错断裂为界,范围与 $AnCJt_r$ 相当。西部被 (T_3l) 超覆而出露不完整,少部分延入邻区,变质地区为 $AnCJt_r$。

1. 岩石类型及特征

1) 变火山岩

变火山岩夹于 $AnCJt_r^3$ 中,为变质玄武岩和变基性火山岩。具变余斑状结构,变余次辉绿结构,片理化定向构造。次闪石化透辉石斑晶3%～5%,基质中斜长石50%～55%,多绿帘石化,次闪石35%～45%,还有少量绿泥石、方解石、石英等次生矿物。

2) 片岩类

二云石英片岩:夹层状分布于 $AnCJt_r^3$ 中,岩石具鳞片粒状变晶结构、斑状变晶结构、片状构造。主要矿物石英60%～81%,白云母10%,黑云母>15%,次要矿物斜长石0～3%,绿泥石0～3%,铁铝榴石0～1%,副矿物磁铁矿、磷灰石、电气石、锆石等微量。

黑云石英片岩:分布于 $AnCJt_r^1$、$AnCJt_r^3$ 中。具鳞片粒状变晶结构,片状构造。主要矿物石英50%～80%,黑云母10%～25%。次要矿物更长石2%～20%,白云母0～5%,绿泥石0～8%,绢云母0～2%,普通角闪石0～15%,铁铝榴石0～1%,炭质0～5%。副矿物有磁铁矿、电气石、磷灰石、黄铁矿、榍石、锆石等。岩石种类有(绿泥)白云黑云石英片岩、含石榴黑云石英片岩等。

绢云石英片岩:主要分布于 $AnCJt_r^1$、$AnCJt_r^3$,少量分布。岩石具粒状变晶结构,片状构造、皱纹状构造。主要矿物石英50%～70%,钠长石15%～20%,白云母10%～20%;次要矿物黑云母1%～7%,绿泥石1%～10%;副矿物电气石、磁铁矿、榍石、磷灰石、锆石等。岩石种类有白(二)云钠长石英片岩。

钠长片岩:分布于 $AnCJt_r^2$,具斑状变晶结构、鳞片粒状变晶结构,片状构造、皱纹状构造。主要矿物含量:钠长石25%～58%,石英20%～52%,白云母10%～25%。次要矿物黑云母1%～5%,绿泥石1%～10%,铁铝榴石0～5%。副矿物磁铁矿、白钛石、磷灰石、锆石、电气石、榍石等微量。岩石种类有白云钠长片岩,次为含石榴变斑白云钠长片岩、(绿泥)(钙质)黑云钠长片岩等。

矽线云母石英片岩:主要分布于 $AnCJt_r^2$、$AnCJt_r^3$,少量分布。具粒状鳞片状变晶结构,平行条带状构造。岩石主要矿物石英约75%±,具波状消光,白云母、矽线石15%～20%,矽线石呈发状,铁质少量。岩石种类有矽线白云石英片岩,次为白云矽线石英片岩、矽线堇青白云石英片岩等。

黑云斜长片岩:夹层状分布于 $AnCJt_r^1$、$AnCJt_r^3$ 中,岩石具鳞片粒状变晶结构,片状构造。斜长石35%～50%,石英25%～45%,黑云母15%～25%,白云母、绿泥石少量。副矿物磁铁矿、电气石、磷灰石、黄铁矿、锆石、榍石等微量。

3）角闪质岩类

斜长角闪片岩：少量分布于 $AnCJt_2^1$、$AnCJt_2^3$ 中，厚几米至几十米。岩石具斑状变晶结构、粒状纤状变晶结构，片状构造。普通角闪石 35%～52%，斜长石 30%～35%，石英、黑云母、绿帘石少量。副矿物磁铁矿、黄铁矿、榍石、磷灰石等微量。岩石种类有（绿帘）黑云斜长角闪片岩。

斜长角闪岩：主要分布于 $AnCJt_2^2$、$AnCJt_2^3$ 中。一岩组少量分布。岩石具鳞片纤状粒状变晶结构，片状构造。普通角闪石 30%～40%，斜长石 40%～52%，石英、黑云母少量。副矿物榍石 2%，磁铁矿、磷灰石微量。

4）长英质粒状岩类

变粒岩：在 $AnCJt_2^2$ 中分布少量，岩石具鳞片粒状变晶结构，微片状构造。主要矿物斜长石 50%～60%，石英 15%～20%，黑云母 5%～15%，白云母、绿泥石少量。副矿物黄铁矿、磁铁矿、榍石、磷灰石等微量。岩石种类有（白云）斜长变粒岩等。

浅粒岩：在 $AnCJt_2^2$ 中少量分布。岩石具鳞片粒状变晶结构，块状构造、定向构造。石英 25%～61%，钠长石 30%～61%，白云母、方解石、铁铝榴石少量。副矿物磁铁矿、磷灰石、电气石、锆石、黄铁矿等微量。

石英岩：分布于 $AnCJt_2^1$ 中。岩石具粒状变晶结构、鳞片粒状变晶结构，块状构造、定向构造、微片状构造。石英 85%～99%、白云母、黑云母、斜长石、方解石、绿泥石少量。副矿物黄铁矿、磁铁矿、电气石、磷灰石、锆石、榍石、褐铁矿等微量。岩石类型有石英岩、（白云）绢云石英岩、长石石英岩等。

5）大理岩类

于 $AnCJt_2^1$、$AnCJt_2^3$ 少量分布，厚几米至十余米。具粒状变晶结构，块状构造。方解石 80%～85%，呈不规则他形粒状，双晶纹显断裂、弯曲。大小 0.08～0.9mm，石英 15%～20%，他形粒状、长轴状。副矿物磁铁矿、白钛石等微量。

2. 特征变质矿物及组合

1）石英

石英分布广泛，呈他形粒状及不规则状两种形态，大小 0.05～0.5mm。部分呈长条状、沿长轴与片理定向一致。长短轴之比为 2:1～3:1，波状消光明显。少部分均匀分布于岩石中、大部分呈连续层状及不规则条带集合体（透镜状、肠状、钩状等）。还有少量呈微粒包体分布于变晶中，部分包体与基体相连。石英颗粒多呈晶内位错、亚晶粒、边部有重结晶颗粒。

主要矿物组合：$Mu+Qz$，$Bit+Pl+Kp+Qz$，$Pl+Bit+Mu+Sil+Qz$。

2）白云母

白云母呈鳞片状及细小板状、叶片状。长短轴之比为 4:1～9:1，和黑云母、绢云母等片状矿物聚集成条纹状、条带状集合体，构成岩石片理，皱纹状片理。白云母片体多弯曲而呈微褶纹片状，个别呈"云母鱼"，呈包体状者分布于变斑晶中并和基底相连，定向一致。

矿物组合：$Qz+Mu+Pl$，$Qz+Ab+Mu+Bit+Cal$，$Qz+Mu+Cal+Fs$。

3）黑云母

黑云母少量分布，呈两种形态：一种为鳞片状，强烈绿泥石化、黑云母只呈残留，有铁质析出，具黄绿色、绿褐色多色性，Ng＝Nm—褐色，Np—浅黄色；另一种为变斑晶呈厚板状杂乱分布，切割岩石片理，并有石英、白云母包体，亦具多色性，Ng＝Nm—红棕色、淡红棕色，Np—黄色。

矿物组合：$Qz+Bit+Chl+Pl$，$Qz+Pl+Bit$，$Fs+Bit+Qz$。

4）石榴石

石榴石均呈变斑晶出现，多为铁铝榴石。呈自形粒状、椭圆状，大小 0.9～2.5mm，个别达 4mm。并显定向，与片理一致。部分包有微粒石英。钙铝榴石少量，常切割岩石片理。

矿物组合：$Qz+Mu+Ab+Bit+Gr$，$Kp+Qz+Tou+Mu+Gr$，$Fs+Qz+Bit+Kp+Gr$。

5）钠长石

钠长石在各种岩石中大量分布，呈两种形态：一种为变斑晶，呈粒状、等轴粒状，钠长石双晶发育，大小 0.5～1mm，与岩石片理定向一致，个别有斜交片理及白云母的现象。常有白云母、针状金红石、微粒石英等包体，⊥(010)切面上的 Ap∧(010)夹角为−15°，An=5。个别斑晶呈旋状及"S"型。另一种为不规则他形粒状、圆粒状。多拉长呈长条状，部分也包有微粒石英、磷灰石、电气石等包体。包体也拉长变形，大小 0.2～0.5mm，长短轴之比为 3:1，部分聚集成条带状集合体，定向与岩石片理一致。少部分颗粒为更—钠长石。

矿物组合：Ab+Hb+Fs+Kp+Az+Ab+Mu+Chl，Qz+Mu+Ser+Ab。

6）角闪石

为普通角闪石，少量分布。部分呈变斑状，并有石英包体；部分呈纤柱状，长轴定向与片理一致，显绿色多色性，Ng—绿色，Nm—淡黄绿色，Np—黄色。

矿物组合：Pl+Hb+Chl+Mu，Ab+Hb+Fs+Kp+Ep，Fs+Hb+Pl+Kp+Qz+Ch+Bit。

3. 岩石化学特征

主要变质岩的岩石化学特征（表 4-5、表 4-6）如下所示。

石英片岩类：$Fe_2O_3=0.02\%$～3.05%，$FeO=0.92\%$～5.48%，$MgO=0.34\%$～3.82%，$CaO=0$～3.1%，$Na_2O=0.05\%$～1.45%，$K_2O=1.4\%$～4.4%，这些氧化物变化大。$K_2O>Na_2O$，岩石富含钾质，$Qz=60$～1187，$t=11$～43，属 SiO_2 过饱和，铝过饱和类型。

黑云斜长片岩：$K_2O=Na_2O$，均为 2.8%，$Al_2O_3=15.17\%$，$MgO=2.72\%$，铝、镁较高，$Qz=88$，$t=2$，属 SiO_2 过饱和类型。

角闪质岩类：$TiO_2=0.9\%$～3.1%，$MgO=4.57\%$～10.56%，$K_2O=0.15\%$～3.9%，含量变化大，而 CaO 在 8% 左右，Na_2O 在 2%～3% 之间稳定。岩石中 $Na_2O>K_2O$，富含钠质，$Qz=(-3)$～(-14)，$t=(-12)$～(-16)，属 SiO_2 不饱和、铝正常类型（因 $t<0$ 时，$alk<al<alk+c$）。个别样品由于后期硅化作用，显示 SiO_2 过饱和。

主要氧化物及尼格里参数的变化趋势：在云母石英片岩、黑云斜长片岩中 TiO_2 含量 0.5%，尼格里数值为 2.5，大于岩石中 TiO_2 含量，角闪质岩石中大于 1.5%，尼格里数值为 3.8。石英片岩、黑云斜长片岩中 MgO 含量 1.5%～3%，尼格里数值为 0.4，岩石中富含 MgO，角闪质岩石中 MgO 含量 $4\%\pm$，尼格里数值为 0.5，岩石中 MgO 亏损。石英片岩中 Na_2O 含量低，0.1%～0.5%，尼格里数值为 14.2，远大于岩石中 Na_2O 含量，富含钾质，黑云斜长片岩中 Na_2O 含量 2.8%，尼格里数值为 17.5，角闪质岩石中 Na_2O 含量 4%，尼格里数值为 13。云母石英片岩中 FeO 含量 $3\%\pm$，尼格里数值为 32，黑云斜长片岩中 FeO 含量 5%，尼格里数值为 47.4，角闪质岩石中 FeO 含量 4%，尼格里数值为 51.7，均大于岩石中 FeO 含量，FeO 亏损。石英片岩中 CaO 含量 $0.5\%\pm$，尼格里数值为 8.6，黑云斜长片岩中 CaO 含量 3.7%，尼格里数值为 15.5，角闪质岩石中 CaO 含量 $8\%\pm$，尼格里数值为 20，远大于岩石中 CaO 含量，CaO 亏损。石英片岩、黑云斜长片岩中 K_2O 含量高达 1.5%～4%，尼格里数值为 0.56，富含钾质，角闪质岩石中 K_2O 为 $0.2\%\pm$，尼格里数值为 $0.2\pm$，钾质饱和。石英片岩、黑云斜长片岩中 Qz 远大于 12，为 SiO_2 不饱和类型。石英片岩、黑云斜长片岩中 t 均为正值，属铝过饱和类型，角闪质岩石中 t 为负值，具 $alk<al<akl+c$，属铝正常类型。$al-alk$，在各类岩石中均为正值，所有岩石均属碱不饱和类型。

4. 地球化学特征

1）微量元素特征

与涂氏和费氏火成岩、沉积岩微量元素对比（表 4-7）：石英片岩中 Sc、Hf、P、Ti、Th、Cr、V、Ni、Co 高于砂岩，Ta、Sn、Rb、Zr、Nb、Sr、Mn、Ba 近于砂岩。角闪质岩石中 Rb、Th、Ni、Ba 高于玄武岩，Sn、Hf、Sc、Ta、P、Ti、Zr、Nb、Cr、U、Mn、V、Co、Cu 近于玄武岩，Sr 低于玄武岩。角闪岩中 Sr/Ba 均大于 1，Cr/Ni>1，岩石中 Cr、NI、Ti 富集。

2）稀土元素特征

稀土元素特征（表 4-8）如下所示。

石英片岩：该类岩石稀土总量较低，在 84.756×10^{-6}～254.15×10^{-6} 之间，轻重稀土比值在 3.04～

4.68 之间，多为 3.3±，轻稀土富集而重稀土亏损，δEu＝0.7±，显示铕轻负异常；Eu/Sm＝0.2±，与沉积岩的 Eu/Sm 值 0.2（赵振华，1974）接近或相当。分馏程度 $(La/Rb)_N$ 在 3.85～9.43 之间。稀土配分型式为轻稀土富集，重稀土平坦（图 4-21）。

黑云斜长片岩：岩石中稀土总量较高，为 203.17×10^{-6}。轻重稀土比值为 3.11，轻稀土较为富集。δEu＝0.67，铕轻负异常，分馏程度 $(La/Rb)_N$ 为 6.6，异常值 dCe＝－1.16，dEu＝－1.33，dTb＝－0.92，dTm＝－1，异常式为（－－00）。稀土配分型式为轻稀土较富集，重稀土平坦（图 4-22）。

斜长角闪岩、绿泥斜长片岩、变基性火山岩：稀土总量在 60×10^{-6}～193×10^{-6} 之间，含量较低且变化较大，轻重稀土比值在 0.29～0.77 之间，轻稀土略显富集。δEu 为 0.81～1.13，显轻微铕正异常或无异常。Eu/Sm 为 0.32～0.39，略低于大洋拉斑玄武岩的 Eu/Sm 值 0.44（赵振华，1974），分馏程度 $(La/Yb)_N$ 在 0.92～10.33 之间。稀土配分型式有两种形态：一是轻稀土富集，重稀土平坦型；二是轻重稀土均为平坦型（图 4-23）。

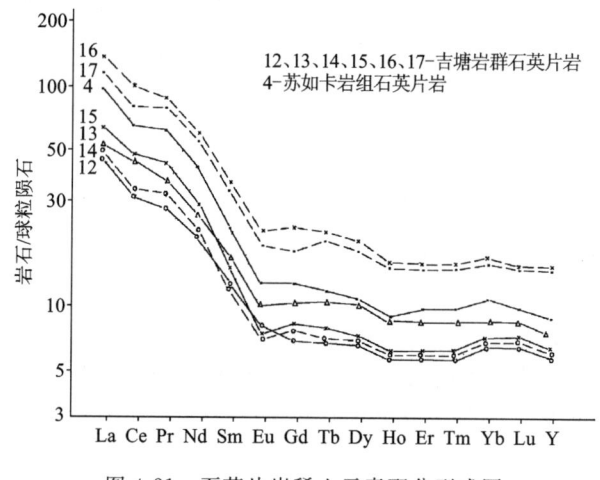

图 4-21 石英片岩稀土元素配分型式图

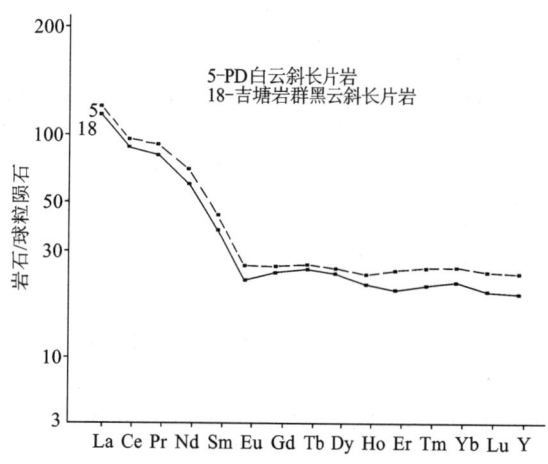

图 4-22 云母斜长片岩稀土元素配分型式图

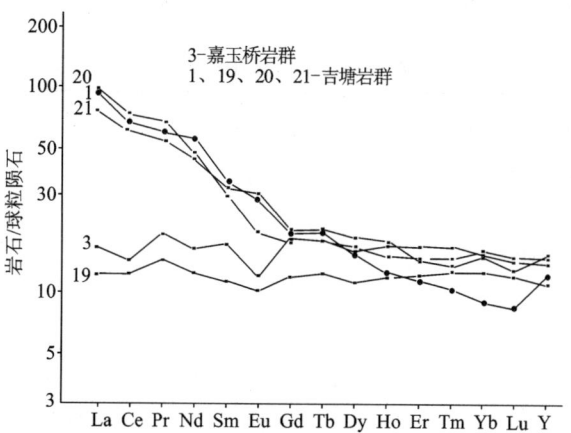

图 4-23 绿泥斜长片岩、斜长角闪片岩、变基性火山岩稀土元素配分型式图

5. 变质原岩的恢复及背景

（1）特殊岩石。

石英岩：薄层状夹层分布于 $AnCJt_1^1$ 中，石英最高达 99%，原岩应为硅质岩。大部分岩石中石英含量 95%±，多数颗粒拉长定向分布。还含有少量方解石、斜长石、绢云母、白云母等，岩石类型为（绢云）白云石英岩等。部分石英颗粒呈变余砂屑状，原岩应为石英砂岩。

长石石英岩：层状分布于 $AnCJt_1^1$ 中，和云母石英片岩整合产出。石英颗粒大多拉长定向，少部分石英、长石颗粒具次圆状变余碎屑形态,铁质、绢云母绕其分布。其原岩应为长石石英砂岩。

大理岩类:区域上呈夹层状分布,方解石含量95%～99%,部分岩石中含有少量白云母,其原岩应为灰岩或含泥质灰岩。

(2)长英质岩类。

石英片岩:原岩结构构造已无保留,在岩石化学图解(图4-3～图4-7,图4-16～图4-19)上,投影的总趋势(表4-10)为泥质岩区及砂岩区。

微量元素与泰勒值对比:Zr、Ba偏高,Co、Ni低,具沉积岩微量元素特征。与涂氏和费氏值对比:Ta、Sn、Rb、Zr、Nb、Sr、Mn、Ba等含量与砂岩接近。

稀土元素特征表现为稀土总量高(112.62×10^{-6}～466.88×10^{-6}),Eu/Sm值0.2±,相当于赵振华(1974)沉积岩Eu/Sm比值。

综上所述,石英片岩值原岩应为砂岩或砂泥质岩石。

黑云斜长片岩:夹于石英片岩之中,局部见块状构造,片麻状构造。在岩石化学图解(图4-5、图4-6、图4-8、图4-9)上,投影点落在火成岩区(表4-10)。

微量元素含量与泰勒值对比:Ni较高。与涂氏和费氏值对比:Sc、Hf、P、Rb、Zr、Th、U、Sr、Mn、Ba、Cu和酸性贫钙岩浆岩接近。

稀土总量高达203.17×10^{-6},Ce、Eu、Tb、Tm异常式为(——00),说明该类岩石是上地壳重熔的产物(戴凤岩,1987)。

在岩石化学图解(图4-8～图4-13)上,原岩投点落入花岗闪长岩区;构造位置落入板内花岗岩区(图4-11)。

钠长片岩:$AnCJt^2$的主要岩石类型,其原岩结构构造均已消失。矿物含量见表4-12。

变粒岩类:空间上和石英片岩、钠长片岩相伴产出。矿物含量见表4-12,在QFM图解(图4-15)上部分投点落入杂砂岩区,变质矿物投点落入中性火成岩区。可能为正变质成因。

(3)角闪质岩类及绿泥斜长片岩。

呈似层状夹于石英片岩、钠长片岩之中。常和大理岩相伴,具片状或块状构造,与围岩有明显整合接触关系。在岩石化学图解(图4-3、图4-4、图4-6、图4-16、图4-17)上,投点大多落入火成岩区(表4-11)。在岩石化学图解(图4-24～图4-26)上,投点均落入正斜长角闪岩区(表4-13)。

表4-13 岩石化学特征表

图解 岩石类型	MnO-TiO$_2$	MgO-CaO-FeO*	TiO$_2$-F*	(Na$_2$O+K$_2$O)-SiO$_2$	TiO$_2$-Y/Nb	P$_2$O$_5$-Zr	TiO$_2$-Zr/P$_2$O$_5$×10^4	Ti/100-Zr-Y×3	Zr/Y-Zr
绿帘绿泥斜长片岩(10)($AnCJt^a$)	副斜长角闪岩区	正斜长角闪岩区	正斜长角闪岩区	亚碱性岩区					
斜长角闪片岩(11、12)($AnCJt^1$)	正斜长角闪岩区	正斜长角闪岩区	副斜长角闪岩区(20) 正斜长角闪岩区(21)	碱性岩区(20)亚碱性岩区(21)	碱性岩区(21)拉斑玄武岩(20)	碱性岩区(21)拉斑玄武岩(20)	碱性岩区(21)拉斑玄武岩(20)	板内玄武岩区(21)	板内玄武岩(20、21)
斜长角闪片岩(13)($AnCJy^2$)	正斜长角闪岩区	正斜长角闪岩区	正斜长角闪岩区	亚碱性岩区	拉斑玄武岩区	拉斑玄武岩区	拉斑玄武岩区	拉斑玄武岩区	洋中脊玄武岩
变基性火山岩(1)($AnCJt^3$)	正斜长角闪岩区	正斜长角闪岩区	正斜长角闪岩区	碱性岩区	碱性玄武岩区	碱性玄武岩区	拉斑玄武岩区	碱性玄武岩区	板内玄武岩

注:(13)—类为表4-5中顺序号。

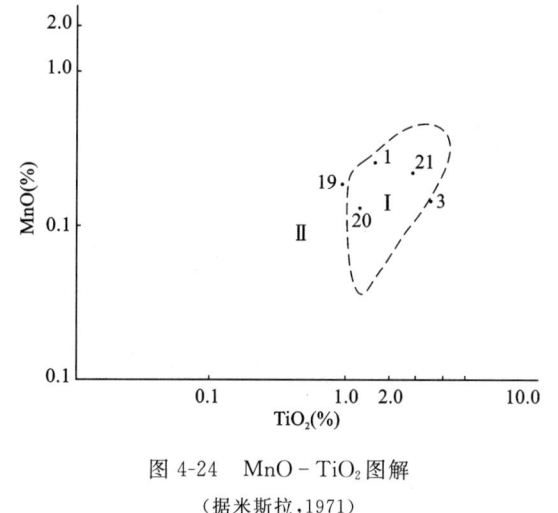

图 4-24 MnO - TiO₂ 图解

(据米斯拉,1971)

Ⅰ:正斜长角闪岩区;Ⅱ:副斜长角闪岩区

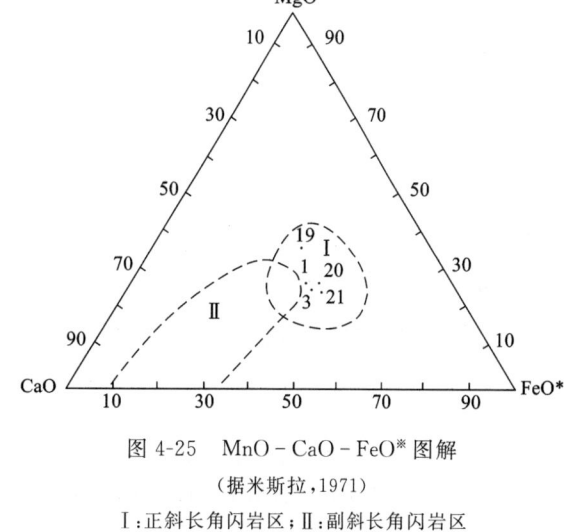

图 4-25 MnO - CaO - FeO* 图解

(据米斯拉,1971)

Ⅰ:正斜长角闪岩区;Ⅱ:副斜长角闪岩区

$FeO^* = FeO + 0.9 \times Fe_2O_3$

微量元素与涂氏和费氏值对比:Sn、Hf、Sc、Ta、P、Ti、Zr、Nb、Cr、U、V、Mn、Co、Cu 的含量与玄武岩接近,具玄武岩特征。与泰勒克拉克值对比:Cr、Ni、Ti 富集;成对微量元素 Sr/Ba、Cr/Ni 之比值均大于1,为正变质岩石特征。

稀土元素 Eu/Sm 比值在 0.32～0.39 之间,多在 0.32 左右,相当于大洋拉斑玄武岩的 Eu/Sm 比值 0.32(赵振华,1974)。

在岩石化学及微量元素图解(Na_2O+K_2O) - SiO_2(图 4-27)、TiO_2 - Y/Nb(图 4-28)、P_2O_5 - Zr(图 4-29)、TiO_2 - Zr/P_2O_5×10^4(图 4-30)上,投点均落入亚碱性岩区或拉斑玄武岩区(表 4-13)。

在微量元素图解 Ti/100 - Zr - Y×3(图 4-31)、Zr/Y - Zr(图 4-32)上,投点均落在板内玄武岩区(表 4-13)。

综上分析,AnCJt. 的原岩为石英砂岩、长石石英砂岩、杂砂岩、泥质岩石夹中酸性、基性火山岩、灰岩。

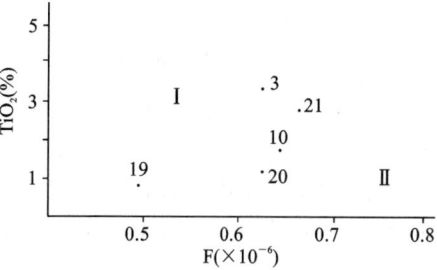

图 4-26 TiO₂ - F 图解

Ⅰ:正斜长角闪岩;Ⅱ:副斜长角闪岩

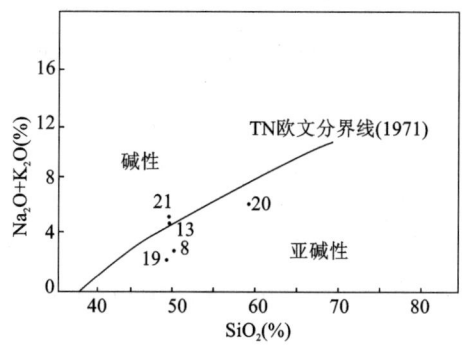

图 4-27 区分碱性和亚碱性的全碱图解

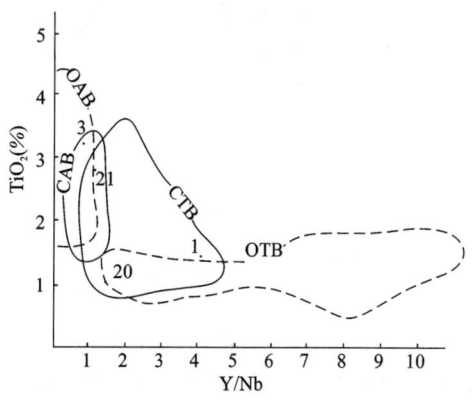

图 4-28 TiO₂ - Y/Nb 图解

(据费劳德及温彻思特,1975)

CAB、OAB:碱性玄武岩;CTB、OTB:拉斑玄武岩

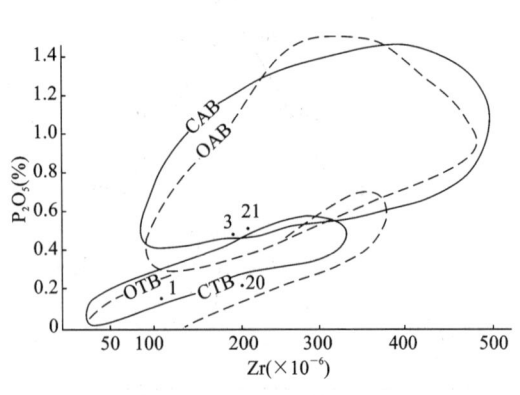

图 4-29　P_2O_5-Zr 图解
（据费劳德及温彻思特，1975）
CAB、OAB：碱性玄武岩；CTB、OTB：拉斑玄武岩

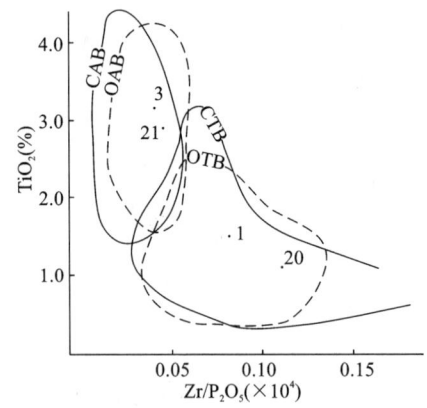

图 4-30　TiO_2-Zr/P_2O_5 图解
（据费劳德及温彻思特，1975）
CAB、OAB：碱性玄武岩；CTB、OTB：拉斑玄武岩

6. 变质相带及变质相系划分

1）变质相带的划分及特征

黑云母带：为该变质地层分布广泛的变质带之一，范围与 $AnCJt_1^1$ 中上部层位及 $AnCJt_1^2$、$AnCJt_1^3$ 范围相当，由于被上三叠统超覆及后期岩体侵入而出露不全。岩石类型有石英片岩、钠长片岩、变粒岩、斜长角闪片岩、大理岩等。变质矿物共生组合如图 4-33 所示。

泥砂质岩石：Mu＋Bit＋Qz，Mu＋Qz，Bit＋Mu＋Ab＋Qz，Chl＋Ep＋Bit＋Ab＋QzMu＋Ab＋Qz，Chl＋Mu＋Pl＋Qz，Mu＋Ep＋Cal＋Pl＋Qz，Mu＋Bit＋Qz，Mu＋Bit＋Cal＋Qz。

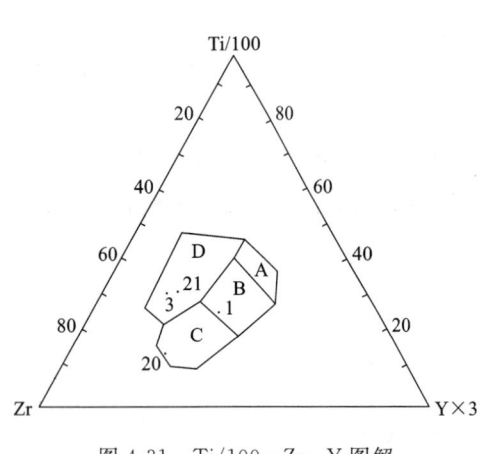

图 4-31　Ti/100-Zr-Y 图解
（据费劳德及温彻思特，1975）
A、B：岛弧钾拉斑玄武岩区；B、C：岛弧钙碱性玄武岩区；
B：洋中脊玄武岩区；D：板内玄武岩区

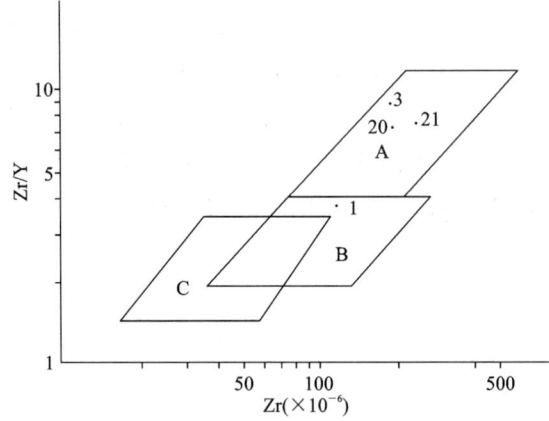

图 4-32　Zr/Y-Zr 图解
（据皮尔斯和诺里，1979）
A：板内玄武岩；B：洋中脊玄武岩；C：岛弧玄武岩

基性岩：Chl＋Ep＋Pl＋Cal，Chl＋Ep＋Bit＋Cal＋Qz，Hb＋Ab＋Chl＋Bit＋Ep，Amp＋Ep＋Cal＋Qz，Ep＋Chl＋Cal＋Qz，Chl＋Ac＋Ep＋Ab，Hb＋Chl＋Ep＋Pl＋Qz。

碳酸盐岩：Cal＋Qz，Mu＋Cal＋Qz。

泥质岩石中以出现较多黑云母为特征，Bit＋Mu＋Ab 组合常见；基性岩中以出现阳起石、显微纤粒状普通角闪石为特征。

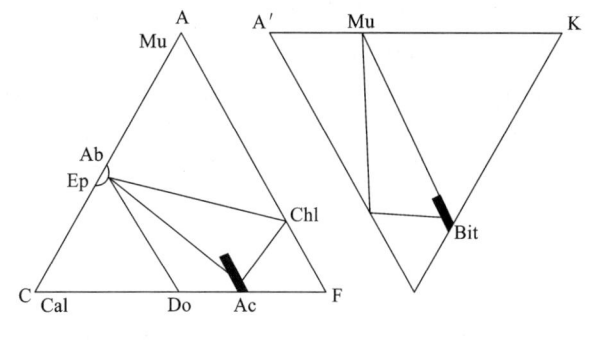
图 4-33 黑云母带矿物共生图解

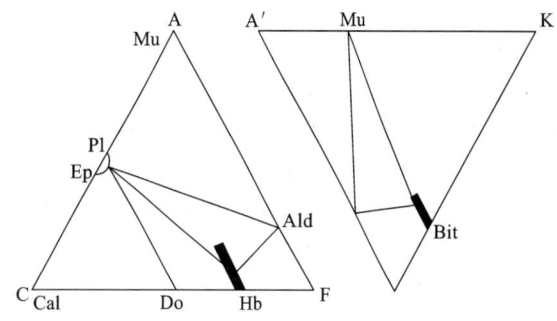
图 4-34 铁铝榴石带矿物共生图解

铁铝榴石带：在 $AnCJt_1^2$ 下部层位及绒母拉-布托错断裂北侧，$AnCJt_1^1$ 下部层位局限分布，呈带状。岩石类型有石英片岩、含石榴云母石英片岩、含石榴云母钠长片岩、石英岩、浅粒岩、斜长角闪片岩等。变质矿物共生组合如图 4-34 所示。

泥砂质岩石：Mu+Bit+Pl+Qz, Mu+Ab+Cal+Qz, Mu+Ab+Ald+Qz, Mu+Bit+Ald+Pl+Qz, Mu+Bit+Ab+Ald+Qz, Bit+Ald+Pl+Qz。

基性岩：Hb+Bit+Pl+Qz, Hb+Pl+Qz, Ep+Hb+Pl+Qz。

泥砂质岩石中以出现铁铝榴石为特征，Bit+Mu+Pl+Ald 组合带常见；基性岩中以出现蓝绿色普通角闪石为特征。Hb+Pl 组合常见。斜长石为高牌号钠长石至低牌号更长石。

2) 变质相及相系

以矿物变质带的划分为基础，以矿物共生组合为依据（表 4-11），可划分为低绿片岩相，在变质泥砂质岩中变质矿物组合为 Chl+Mu+Ser+Bit+EP+Qz，变碳酸盐岩中变质矿物组合为 Chl+Ser+EP+Sep+Tl+Do+Qz。高绿片岩相，变泥砂质岩中变质矿物组合为 Mu+Hb+Fs+Do+Ald，变碳酸盐岩中变质矿物组合为 Bit+Mu+Hb+Tl+Cal+Do+Qz。

低绿片岩相：与黑云母变质带范围相当。1∶20 万丁青县幅在汝塔一带 $AnCJt.$ 中获白云母 bo 值为 $9.025×10^{-10}～9.032×10^{-10}$ m，属中压相系。

高绿片岩相：与铁铝榴石变质带范围相当。在切昂能一带 $AnCJt_1^2$ 中获白云母 bo 值为 $9.030×10^{-10}～9.037×10^{-10}$ m，属中压（偏高）相系范畴。

三、亚药-熊的奴变质地带

该变质岩带属唐古拉变质地区，包括亚药、熊的奴两个变质岩带。其特征相同，故予综述。该变质地带西北以 J_2xh^1 呈不整合接触为界，南以孟达-达拢断裂为界，变质地层为 $AnCJy.$，出露不完整。区内面积约 250km²，向东延入邻区。

1. 岩石类型及特征

1) 变石英砂岩

夹层状少量分布。具变余中细粒砂状结构，块状构造。石英含量为 95%，黑云母为 0～5%，白云母、钾长石少量。

2) 片岩类

云母石英片岩：为该岩带主要岩石类型。具鳞片粒状变晶结构，片状构造。石英含量为 60%～80%、白云母为 10%～25%，绿泥石为 2%～15%，钠长石、黑云母、方解石、铁铝榴石少量，副矿物褐铁矿、锆石、黄铁矿、电气石、磷灰石、金红石等微量。岩石种类有白（黑）云石英片岩等。

二云石英片岩：夹层状分布，具鳞片粒状变晶结构，片状构造。石英含量为 60%～70%，白云母为 10%±，黑云母为 10%～15%，斜长石、绿泥石少量，副矿物磁铁矿、电气石、磷灰石、锆石等微量。

钠长片岩：$AnCJy.$ 的主要岩石。具斑状变晶结构，鳞片粒状变晶结构，片状构造。钠长石含量为

$25\% \sim 80\%$，黑云母为 $5\% \sim 10\%$，白云母为 $5\% \sim 20\%$，石英、铁铝榴石少量，副矿物电气石、榍石、磷灰石、磁铁矿等微量。岩石种类有变斑状石榴白云钠长片岩、白（黑）云钠长片岩等。

含石英碎斑黑云白云斜长片岩：在 $AnCJy_2^2$ 中少量分布。岩石具鳞片粒状变晶结构、糜棱结构，片状构造、定向构造、眼球纹理构造。主要矿物斜长石含量为 $20\% \sim 60\%$，石英为 $25\% \sim 78\%$，大者呈眼球状，大小 $1 \sim 4mm$，小者小于 $0.8mm$。白云母含量为 $5\% \sim 20\%$，黑云母、绢云母、钾长石及方解石含量为 $0 \sim 3\%$ 或少量，副矿物磁铁矿、磷灰石、榍石、锆石、电气石等少量。

3）斜长角闪片岩类

在 $AnCJy_2^2$ 中少量分布，具粒状纤状变晶结构，片状构造。普通角闪石含量为 52%，绿泥石，吸收性 $Ng > Nm > Np$，$Ng \wedge C = 24°$，大小 $0.2mm \times 0.05mm \times 0.3mm$。更长石 30%，为低牌号更—钠长石。绿帘石 15%，绿泥石、石英少量；副矿物磁铁矿及榍石微量。

4）长英质粒状岩类

浅粒岩：在 $AnCJy_2^2$ 中少量分布。具粒状变晶结构，微定向构造。更长石含量为 61%，石英为 25%，白云母 5%，绿泥石 6%。

石英岩：在 $AnCJy_2^2$ 中少量分布，具粒状变晶结构，鳞片粒状结构，块状构造、定向构造。石英 99%，白云母、黑云母、钠长石少量；副矿物黄铁矿、锆石、磷灰石等微量。

5）大理岩类

夹层状分布于 $AnCJy_2^2$ 中，层厚 $0.3 \sim 8m$。具纤状粒状变晶结构，粒状变晶结构，块状构造、条带状构造。方解石含量为 $59\% \sim 85\%$，他形粒状，角闪石含量为 $0 \sim 30\%$，绿色、纤柱状，闪石式解理。石英粉砂 $0 \sim 10\%$，浑圆状。黑云母、白云母、绿泥石少量。副矿物：磁铁矿含量为 $0 \sim 10\%$，立方体，黄铁矿、磷灰石、榍石等微量。岩石种类有（角闪石）大理岩等。

2. 特征变质矿物及组合

石英：在变石英砂岩中呈次圆状、浑圆状轮廓，呈变余砂屑状。在其他岩石中呈他形粒状及不规则长条状两种形态：长条状者沿长轴与片理定向一致，大都呈连续薄层状及不规则条带状集合体。在 $AnCJy_2^2$ 含石英碎斑黑云白云石英片岩中的石英也呈两种形态：一种为石英碎斑，呈眼球状，具波状消光、碎裂纹、变形纹，碎裂纹垂直片理，大小 $0.9 \sim 4mm$，具定向性，与岩石片理一致；另一种为细小粒状，大小 $0.02 \sim 0.5mm$，流状定向，与岩石片理一致。

变质矿物组合：$Qz + Mu + Bit$，$Qz + Ser + Chl + Bit + Cal$。

白云母：呈鳞片状及叶片状，长短轴之比 $4:1 \sim 6:1$，常和黑云母一起聚集成条带状，条带状集合体，构成岩石片理。片体多弯曲而呈微褶纹片状，个别呈"云母鱼"。

变质矿物组合：$Qz + Mu$。

钠长石：有两种形态：一种为变斑晶，呈等轴粒状，钠长双晶发育，有"S"型石英包体，大小 $0.9 \sim 2mm$；另一种呈圆粒状，部分颗粒呈长条状，长轴定向与片理一致。

变质矿物组合：$Qz + Ab + Mu + Bit$。

3. 岩石化学特征

1）主要变质岩的岩石化学特征（表4-5、表4-6）

白云石英片岩：$Na_2O = 1.45\%$，$K_2O = 2.6\%$，$K_2O > Na_2O$，岩石富钾质。$Qz = 145$，$t = 22.5$，属 SiO_2 过饱和，铝过饱和类型。

石榴白云钠长片岩：$Na_2O = 0.75\%$，$K_2O = 4.15\%$，$K_2O > Na_2O$，岩石富钾质。$Qz = 123$，$t = 25.0$，属 SiO_2 过饱和，铝过饱和类型。

含石英碎斑白云斜长片岩：$Na_2O = 3.05\% \sim 3.7\%$，$K_2O = 2.6\% \sim 2.9\%$，$K_2O < Na_2O$，$Qz = 129 \sim 138$，$t = 7 \sim 12$，属 SiO_2 过饱和，铝过饱和类型。

角闪质岩类：$Na_2O = 3\%$，$K_2O = 0.15\%$，$Na_2O > K_2O$，岩石富含钠质；$TFe = 11.99\%$，$MgO = 7.74\%$，$CaO = 9.85\%$，岩石富含钙、镁、铁质。$Qz = 16$，$t = -12$，属 SiO_2 不饱和，铝正常类型（$t < 0$ 时，

alk＜al＜alk+c)。

2) 主要氧化物及尼格里参数的变化趋势

石英片岩中 TiO_2 含量为 0.6%,尼格里数值为 2.1,大于岩石中 TiO_2 含量,斜长片岩中 TiO_2 为 0.55%,尼格里数值大于岩石中 TiO_2,为 1.6%,斜长角闪片岩中 TiO_2 为 1.45%,尼格里数值接近,为 2.5。石英片岩中 MgO 为 2.75%,尼格里数值为 0.52,小于岩石中铁镁矿物。斜长角闪片岩中 MgO 为 4.57%,尼格里数值低于片岩中的 MgO 含量。石英片岩中 CaO 含量 0.12%,尼格里数值为 0.8,斜长片岩中 CaO 含量 1.1%,尼格里数值为 5.5,远高于岩石中 CaO 含量,斜长角闪片岩中 CaO 为 9.8%,尼格里数值 24,高于岩石中 CaO 含量。石英片岩中 Na_2O 含量 1.45%,尼格里数值大于岩石中 Na_2O 含量,斜长片岩中 Na_2O 为 3.5%,在尼格里数值中 Na_2O 近于相等。斜长角闪片岩中 Na_2O 含量 3%,小于尼格里数值。al—alk 在各类岩石中均为正值,属碱不饱和类型。

4. 地球化学特征

1) 微量元素特征

(1) 微量元素与维氏对比(表 4-7):白云钠长片岩中 Co、Cu、Hf、Mn、Nb、Ni、Rb、Sc、Ti、Sr 等与页岩相近或相当;Ba、Cr 低于页岩。含石英碎斑白云斜长片岩中 Sc、Hf、P、Rb、Zr、Th、U、Sr、Mn、Ba、Cu 近于花岗岩;Ti、Cr、V、Ni、Co 高于花岗岩。斜长角闪片岩中 Sn、Hf、Sc、Ta、P、Ti、Zr、Nb、Cr、U、V、Mn、Co、Cu 近于玄武岩;Rb、Th、Ni、Ba 高于玄武岩,Sr 低于玄武岩。

(2) 角闪质岩石中成对微量元素的比值:Sr/Ba=18,Cr/Ni=1.5,比值均大于 1;与泰勒元素克拉克值相比,Cr、Ni、Ti 富集。

2) 稀土元素特征

白云钠长片岩(表 4-8):稀土总量 $180.41×10^{-6}$,轻重稀土比值为 1.9,轻稀土略显富集。δEu 为 0.55,铕轻负异常。Eu/Sm=0.17,分馏程度 $(La/Yb)_N$ 为 3.48。稀土配分型式为轻稀土富集,重稀土平坦(图 4-35)。

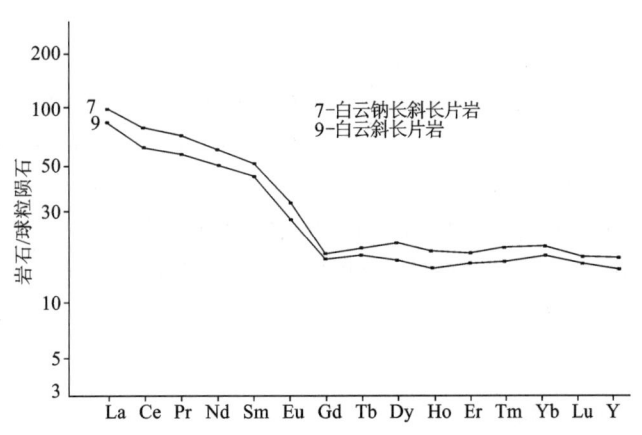

图 4-35 钠长片岩稀土元素配分型式图

含石英碎斑白云斜长片岩:稀土总量较高,在 $177.67×10^{-6}$~$212.71×10^{-6}$ 之间,轻重稀土比值在 2.73~2.97 之间,轻稀土富集。δEu 在 0.65~0.73 之间,铕轻微负异常,分馏程度 $(La/Yb)_N$ 在 5.23~6.06 之间。异常值 dCe=-0.12~(-0.14),dEu=-0.27~(-0.35),dTb=0.03,dTm=0.03~0.06,异常式为(--++)。稀土配分型式为轻稀土富集,重稀土平坦(图 4-35)。

斜长角闪片岩:稀土总量低,为 $83.62×10^{-6}$,轻重稀土比值为 0.73,轻稀土略显富集。δEu=1.1,显示铕无异常。Eu/Sm=0.39,稍低于大洋拉斑玄武岩的 Eu/Sm 值 0.44(赵振华,1974)。分馏程度 $(La/Yb)_N$ 为 1.0。稀土配分型式为轻重稀土均平坦(图 4-23)。

5. 原岩的恢复及背景

(1) 特殊岩石。

变石英砂岩：岩石具变余砂状结构，石英颗粒具浑圆、次圆轮廓，石英含量达95%以上，其原岩应为石英砂岩。

石英岩：薄层状夹于石英片岩之中，石英含量达99%，原岩应为硅质岩。

细晶灰岩、大理岩及白云质片岩：岩石具条带状构造。和云母石英片岩相伴产出，岩石中含有少量次圆状、次棱角状斜长石，石英砂屑。原岩应为灰岩或含泥质灰岩。

(2) 长英质岩类。

石英片岩：原岩结构构造已无保留，在前叙各种岩石化学图解（图4-3~图4-7、图4-16~图4-19）上，投点的总趋势（表4-9）为杂砂岩。其原岩可能为含泥杂砂岩。

白云钠长片岩：原岩结构构造已无保留，在岩石化学图解（图4-3~图4-6、图4-16、图4-17、图4-19）上，投点均落在泥质、半泥质岩区（表4-9）。矿物含量见表4-12，在变质矿物QFM图解（图4-15）上，部分落入中酸性火成岩区，部分落入杂砂岩、页岩区。微量元素含量与泰勒值对比：Zr、Ba较高，Co、Ni低，具沉积岩微量元素特征。综上所述，该类岩石的原岩以泥质或半泥质岩石为主，少部分为中性火山岩。

含石英碎斑白云斜长片岩：以含眼球状石英碎斑为特征，局部见钾长石碎斑，原岩结构构造未见保留。在岩石化学图解（图4-4~图4-7）上，投点均落入火成岩区（表4-9）。微量元素含量与维氏值对比：Cu、P、Rb、Zr、Th、U、Sr、Mn、Ba等接近或相当，具火成岩特征。稀土总量高，在177.67×10^{-6}~212.71×10^{-6}之间，Ce、Eu、Tm、Tb异常式为(－－＋＋)，具上地壳岩石重熔产物的特征（戴凤岩，1987）。在岩石化学及微量元素图解An-Ab-Ar（图4-8）、Nb-Y（图4-12）、Ta-Tb（图4-13）上，投点落入花岗闪长岩区，大地构造位置落入了火山弧花岗岩区（表4-10）。综上所述，该类岩石原岩应为花岗闪长岩。

浅粒岩：变质矿物含量见表4-12，在变质矿物QFM图解（图4-15）上，投点落入酸性岩区，原岩应为酸性火山岩。

(3) 斜长角闪片岩。

具片状构造。在岩石化学图解（图4-3、图4-4、图4-6、图4-16、图4-17）上，投点多落在火成岩区（表4-9）。在岩石化学图解（图4-24、图4-25、图4-26）上，投点均落在正斜长角闪岩区（表4-13）。微量元素含量与维氏花岗岩值对比：Sn、Hf、Sc、Ta、P、Ti、Zr、Nb、Cr、U、V、Mn、Co、Cu的含量与玄武岩接近。与泰勒值对比：Cr、Ni、Ti富集，成对微量元素Sr/Ba，Cr/Ni之比值均大于1，为正变质岩石特征。稀土元素Eu/Sm值为0.39，相当于大洋拉斑玄武岩的Eu/Sm值0.4（赵振华，1974）。在岩石化学图解（图4-27~图4-30）上，投点均落在拉斑玄武岩区。在微量元素图解（图4-31、图4-32）上，投点均落在洋中脊玄武岩区。

综上所述，$AnCJy.$的原岩为石英砂岩、杂砂岩、泥质、半泥质岩石、灰岩夹中、基、酸性火山岩，局部有老的小花岗岩体侵入。

6. 变质相带及变质相系的划分

1) 变质相带的划分及特征

黑云母带：分布范围与$AnCJy.$相当（$AnCJy_2^2$下部除外），由于被中侏罗统希湖组超覆及后期岩体侵入而出露不全。变质矿物共生组合如图4-33所示。

泥砂质岩石：Mu+Bit+Qz，Bit+Mu+Ab+Qz，Mu+Qz。

碳酸盐岩：Cal+Qz，Mu+Cal，Hb+Bit+Cal，Cal+Do。

铁铝榴石带：只在瓦夫弄-达拢断裂东侧$AnCJy_2^2$下部层位分布。宽2~4km，岩石类型为含石榴白云钠长片岩。斜长角闪片岩、大理岩等，变质矿物组合如图4-34所示。

泥砂质岩石：Mu+Ab+Ald+Qz，Mu+Bit+Pl+Qz。

基性岩：Hb+Bit+Pl+Qz。

变质相:以矿物变质带的划分为基础,以各变质带的矿物共生组合为依据(表 4-11),将黑云母变质带划分为低绿片岩相;将铁铝榴石变质带划分为高绿片岩相。

2) 变质相系的划分及特征

以矿物变质带的划分为基础,以各变质带的矿物共生组合为依据(表 4-11),根据两个变质带中白云母的平均 b_0 值＝$9.032×10^{-10}$m,显示了较高的压力类型。AnCJy.属中压相系。

第三节 区域低温动力变质作用与变质岩

该岩类在岩石区内分布最为广泛,面积约 3000km^2,为测区较为重要的一类变质岩石,该岩属唐古拉变质地区,分布于铁乃烈-果日改、苏如卡-打拢、沙丁-桑多 3 个变质地带,7 个变质岩带,均为区域低温动力变质类型,变质相为低温绿片岩相、变质相系为中高压相系,变质时期为印支期。

一、铁乃烈-果日改变质地带

(一) 甘穷郎-果日改变质岩带

该岩带北以着翁达-色加改断裂为界,南以军达-代陇断裂为界。该岩带为北西-南东均延入邻幅,呈带状展布,变质地层为卡贡群。

1. 岩石类型及特征

1) 变质碎屑岩类

该类岩石为 C_1K 的主要岩石类型之一。主要有变质(粉)砂岩类。岩石具变余砂状,变余粉砂状结构,块状,微定向、定向构造。碎屑物含量为 55%～90%,成分为长石,石英,石英碎屑多具变晶大边,并呈定向分布,部分显碎屑形态。胶结物含量为 10%～45%,均为新生变质矿物,微晶石英含量为 10%～30%,绢云母、雏晶黑云母少量,鳞片状定向分布,微晶方解石、白云石、炭质、铁质少量。

2) 板岩类

该类岩石为 C_1K 主要岩石类型之一。具鳞片粒状变晶结构,板状构造,定向构造。微晶石英含量为 20%～65%,绢云母为 10%～60%,炭质、砂屑少量。绢云母定向分布,构成了岩石板理。岩类有炭质板岩、绢云板岩、硅质板岩等。

3) 千枚岩

该类岩少量分布于 C_1K、C_1m 中,岩石具粒状鳞片变晶结构,千枚状、皱纹状构造。绢云母含量为 74%,微晶石英为 21%,微晶方解石为 5%。

4) 片岩类

(1) 绢云片岩:夹层状分布于 C_1K 中,具鳞片变晶结构,片状结构。绢云母含量为 95%,细小鳞片状,平行定向排列,绿泥石为 5%,微晶石英少量。

(2) 石英片岩:少量分布,具鳞片粒状变晶结构,片状构造。石英含量为 40%～50%,他形粒状;黑云母含量为 1%～10%,绿褐色;绢云母为 20%～25%,波状,绿泥石、方解石少量。岩石种类有(黑云)绢云石英片岩。

(3) 绿泥钙质片岩:夹层状分布,具显微鳞片变晶结构,片状构造。方解石为 45%,石英为 20%,呈透镜状集合体,定向分布。绿泥石为 25%,阳起石为 5%,绿帘石、纤状蛇纹石少量。

(4) 微晶灰岩、微晶白云岩:分布于 C_1K 中,具微晶构造,方解石,石英均呈晶粒状,少量砂屑已变形。

2. 原岩恢复

1) 板岩类

该类岩石中常含有少量石英粉砂，具明显的浑圆状、次浑圆状碎屑轮廓。成分以绢云母、绿泥石、炭质为主。其原岩为泥质岩石。

2) 千枚岩

该类岩其与板岩、石英片岩为过渡关系。岩石中含少量浑圆状、次浑圆状碎屑，应为副变质岩。其矿物含量见表4-14，在变质矿物QFM图解(图4-36)上，投点落在页岩区，其原岩应为泥质岩石。

表4-14 卡贡群、苏如卡岩组千枚岩、片岩的矿物含量表

序号	样号	岩石名称	地层	石英(Q)	长石(F)	铁镁矿物(M)
1	Ⅷn-b0338/6-1	含炭质绢云千枚岩	CPs	60	0	40
2	1176/1	绢云千枚岩	C_1K	20	0	80
3	1061/2	绢云片岩	C_1K	2	0	98
4	3298/1	炭质石英绢云片岩	CPs	38	0	62
5	1196/1	绿泥绢云钙质石英片岩	C_1K	50	8	42
6	2661/1-3	黑云绢云石英片岩	CPs	60	0	40
7	3468/5-1	绢云石英片岩	CPs	80	10	10
8	3468/8-1	含炭质绢云石英片岩	CPs	83	0	17
9	3387/2	黑云绢云石英片岩	CPs	73	2	25
10	3301/1	绢云石英片岩	CPs	85	0	15
11	3480/4	绢云石英片岩	CPs	80	2	18
12	3417/2	白云绿泥石英片岩	CPs	65	0	35
13	3467/8-1	阳起石英片岩	CPs	53	10	37
14	3468/3-1	钠长阳起片岩	CPs	10	10	80
15	3468/9-1	钠长阳起片岩	CPs	10	20	70
16	3302/1	绿帘角闪钠长片岩	CPs	2	55	43

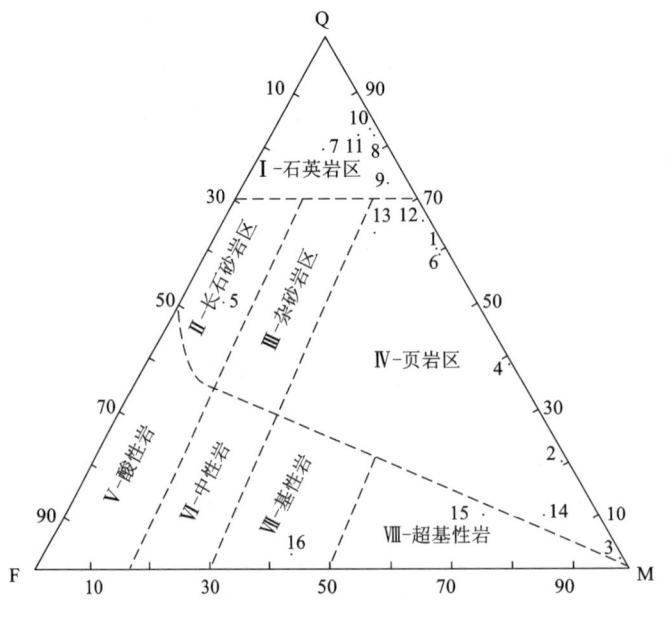

图4-36 QFM图解

(据范德坎普和比克豪斯，1979)

3）片岩类

片岩类和板岩、千枚岩为过渡关系，矿物含量见表4-14。在变质矿物QFM图解（图4-36）上，绢云片岩落在页岩区，石英片岩落入长石砂岩及页岩区。

3. 变质带、变质相及相系

1）变质带

该变质岩带无递增变质带存在，变质矿物共生组合见图4-37。

泥砂质岩石：Ser+Qz, Ser+Chl+Bit（雏晶）+Qz, Ser+Bit+Qz, Ser+Bif（雏晶）+Gro。

变玄武岩：Ac+Ab+Qz。

碳酸盐岩：Cal+Qz, Mu+Cal+Qz, Do+Qz。

泥砂质岩石中以有大量鳞片状绢云母、黑云母雏晶等出现为特征，基性火山岩中以有阳起石、钠长石出现为特征。说明改变质带以绿泥石级为主体，部分地段变质程度达到了黑云母级。划为绿泥石—黑云母过渡变质带。

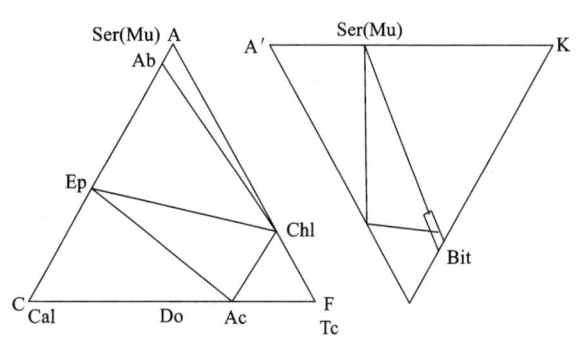

图4-37 绿泥石—黑云母过渡带矿物共生图解

2）变质相及相系

以变质带的划分为基础，矿物共生组合为依据（表4-11），划为低绿片岩相，1:20万丁青县幅卡贡群中获白云母bo值为$9.040×10^{-10}$~$9.045×10^{-10}$m，属高压相系范畴。

3）变质作用期

印支早中期阶段，由于古特提斯洋关闭后的碰撞造山作用。在他念他翁复式深成杂岩带上，又发生了大规模岩浆侵入，在巴钦一带发生了大规模火山喷发，并角度不整合于卡贡群之上。而角度不整合于C_1K之上的T_3Z，变质程度明显低于C_1K。说明印支早—中期为C_1K的主变质期。

（二）铁乃烈-麦彩改变质岩带

该岩带属唐古拉变质地区，南以铁乃烈-当不及断裂为界，北以德供拉为界，呈带状，变质地层有竹卡群，向北、东延入邻区。

1. 岩石类型及特征

该变质岩带岩石变质程度低，岩石仍以原岩为名。岩石类型有碎屑岩类、硅泥质岩类、碳酸盐岩类、火山岩类。砂泥质岩石中部分泥质物变质为略具定向的显微鳞片状绢云母；部分硅质物变质为微晶石英，部分石英碎屑具变晶加大边；火山岩中更长石绢云母化、绿泥石化，玻屑变质为微晶石英。

2. 变质相带及变质相系划分

1）变质相带划分及特征

该岩带无递增变质带存在，变质矿物共生组合见图4-38。

泥砂质岩石：Ser+Qz, Ser+Chl+Qz, Ser+Cal+Qz+Chl。

火山岩类：Ab+Ser+Qz, Ser+Qz。

碳酸盐岩：Ser+Cal+Qz, Cal+Qz, Chl+Cal+Qz。

泥砂质岩石中以绢云母出现为特征，火山岩中以钠长石出现为特征，说明该变质带以绿泥石级为

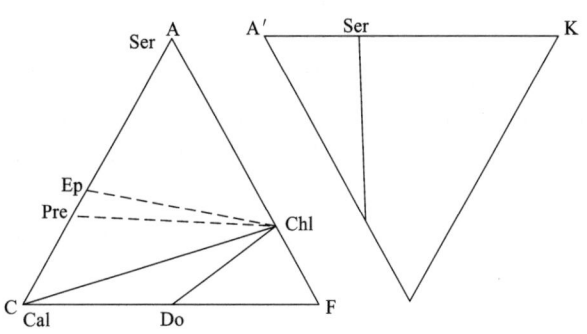

图4-38 葡萄石带矿物共生图解

主体,应为低绿泥片岩相。

2) 变质相系及期次

根据变质相带和变质带褶皱发育,明显变质,该带应为中高低压相系,变质程度明显高于C_1d、C_1s。说明印支早—中期为晚三叠世的主要变质期。

二、苏如卡-打拢变质地带

该变质地带属唐古拉变质地区,向东延入邻区,面积百余平方千米。两侧均为断裂控制。与CPs分布范围相当,部分被J_2xh角度不整合超覆。

该变质地带划分为打通-苏如卡、瓦弄-打拢两个变质岩带,以下并述。因均为CPs及零星的二叠纪—石炭纪变质橄榄岩等,出露位置稍有不同。

(一) 岩石类型及特征

1. 变质碎屑岩类

该岩类在CPs中少量分布。主要为变质粉砂岩,具变余粉砂状结构,定向构造。石英粉砂显变晶加大边;胶结物已变质为微晶石英、绢云母、黑云母雏晶、绿泥石、方解石等。

2. 变火山岩

变质玄武岩 夹层分布,具变余次辉绿结构,片理化定向构造。斜长石多绿帘石化,辉石次闪石化,少量绿泥石、方解石、石英等。

变晶屑凝灰岩 透镜状,夹层状分布于CPs中,具变余晶屑凝灰结构,局部显变余粉砂结构,微定向构造,晶屑为40%~45%,由石英、微斜长石、斜长石碎屑组成,部分已蚀变为绢云母;凝灰质为55%~60%,已变质为细小鳞片状绢云母,定向分布。

3. 板岩类

板岩类为CPs的主要岩石,具变余粉砂状结构、鳞片变晶结构、鳞片粒状变晶结构,板状构造。绿泥石为1%~25%,石英为10%~60%,绢云母为10%~45%,部分向白云母过渡,黑云母为1%~10%,部分为雏晶,还有少量绿帘石、透闪石,岩石种类有粉砂质板岩、含砾板岩、绢云板岩、硅质板岩等。

4. 千枚岩

较多分布于CPs中,具鳞片粒状变晶结构,千枚状、皱纹状构造。主要矿物有黑云母、绢云母、石英等。

5. 片岩类

该岩石在CPs中较多分布,主要为绢云石英片岩,还有少量白云石英片岩、阳起石片岩。

1) 绿泥石英片岩等

具鳞片粒状变晶结构、纤状粒状变晶结构,片状构造、皱纹片状构造。石英为40%~85%,不规则粒状,少部分拉长呈长轴状定向分布。斜长石少量,他形粒状,绢云母为10%~25%,部分向白云母进变。还有少量方解石、绿泥石、黑云母。白云石英片岩中的白云母呈板条状,长短轴之比为5:1~10:1。

2) 绢云片岩

夹层状分布于苏如卡岩组中,具鳞片变晶结构,粒状鳞片变晶结构,片状构造。石英为5%~35%,不规则粒状,波状消光。绢云母为50%~90%,常呈大鳞片状集合体,还有少量黑云母、绿泥石等。

3) 绿片岩

钠长(斜长)阳起片岩 夹层状少量分布,具斑状纤状变晶结构,片状构造。钠长石为10%~20%、阳起石为60%～80%、石英为10%±,黑云母少量;副矿物磁铁矿、榍石微量。岩石种类有斜长(钠长)阳起片岩、黑云斜长阳起片岩等。

绿帘角闪钠长片岩 夹层状少量分布。具粒状纤状变晶结构,片状构造。钠长石为55%,普通角闪石为30%,显微纤柱状,绿帘石为10%、石英为5%,副矿物磁铁矿、榍石微量。

6. 石英岩

夹层状分布于苏如卡岩组中,具粒状变晶结构,定向构造。石英为90%～97%,不规则粒状、定向分布,部分颗粒集中呈条状,具波状消光;绢云母为3%～7%,细小鳞片状,少量绿泥石、黑云母、方解石、白云石等,岩石种类有石英岩、(白云质)钙质石英岩等。

7. 结晶灰岩、大理岩

该岩石为苏如卡岩组的主要岩石,具粒状变晶结构、鳞片粒状变晶结构,块状构造、定向构造。方解石多呈塑性变形的长条状,沿长轴定向,双晶纹弯曲,显波状消光。少量云母、绿帘石、黑云母堆晶等。

(二) 原岩恢复

1. 绢云片岩

其与板岩、千枚岩为过渡关系,矿物含量见表4-14,在变质矿物QFM图解(图4-36)上,投点落在页岩区,原岩应为泥质岩石。

2. 石英片岩

绢云石英片岩:常夹有阳起片岩、大理岩等。在岩石化学图解(图4-3～图4-7,图4-19)上,投影的总趋势(表4-9)为长石石英砂岩。矿物含量见表4-14,在变质矿物QFM图解(图4-35)上,投点落在石英砂岩区。其原岩应为石英砂岩夹长石石英砂岩。

绿泥(阳起)石英片岩:其与绢云石英片岩呈过渡关系。矿物含量见表4-14,在变质矿物QFM图解(图4-35)上,投点落入页岩区。

3. 绿片岩

为阳起片岩、角闪钠长片岩,和板岩、绢云石英片岩、大理岩整合接触。变质矿物含量见表4-14,在变质矿物QFM图解(图4-35)上,投点落在基性岩区,其原岩应为基性火山岩。

4. 石英岩

薄层状夹层,和结晶灰岩、硅质板岩整合接触,石英95%,含少量钙质、白云质等。矿物粒度细小。其原岩应为硅质岩,含钙质、白云质硅质岩等。

(三) 变质相带及变质相系划分

1. 变质相带的划分及特征

该变质岩带属单相变质,变质矿物共生组合如图4-37所示。

泥砂质岩石:Ser+Chl+Bit(雏晶)+Qz,Ser+Mu+Bit+Qz,Ser+Bit+Cal+Qz,Bit+Ac+Ab+Qz,Ser+Ab+Qz。

中基性火山岩:Ac+Ab+Qz,Bit+Ac+Ab+Qz,Ser+Qz,Chl+Ep+Ab+Qz。

碳酸盐岩:Cal+Qz,Tc+Cal+Qz,Bit+Cal+Qz,Mu+Cal+Qz,Mu+Bit+Ep+Cal+Qz。

泥砂质岩石中有大量白云母,少量黑云母、钠长石、阳起石出现;变基性火山岩中有阳起石、钠长石出现。说明该变质岩带以绿泥石级变质为主体,部分地段变质程度达到了黑云母级,应划为绿泥石—黑云母过渡变质带,属低绿片岩相。

2. 变质相系的划分及特征

根据变质相带划分,在石英岩中有硬玉分布之特点,应属中高压相系。

三、沙丁-桑多变质地带

该变质地带属比如变质地区,北以尺牍-几达断裂为界,南以沙丁-希湖断裂为界,变质地层为 T_3M、T_3Q 及 J_2xh。其角度不整合于嘉玉桥岩群、苏如卡岩组之上。由于燕山晚期岩体侵入而出露不全,是区内规模最大的变质地带,面积达 $300km^2$,东西均延入邻区,带状展布。该带划分为两个岩带。

(一) 洛河-国家纳变质岩带

1. 岩石类型及特征

该变质岩带以变砂岩、粉砂质板岩、结晶白云岩为主,夹变玄武岩、变质砾岩等。变质矿物绢云母、绿泥石较多分布;微晶方解石、微晶石英分布也较广,黑云母雏晶、钠长石、阳起石少量分布。

2. 变质带、变质相及变质期次

该变质岩带属单相变质,变质矿物共生组合如图 4-38 所示。

泥砂质岩石:Ser+Qz,Ser+Chl+Qz,Ser+Bit(雏晶)+Qz,Ser+Cal+Qz,Bit(雏晶)+Qz,Ser+Chl+Ab+Bit(雏晶)+Qz,Ser+Cal+Do。

火山岩:Chl+Ac+Cal+Qz,Ab+Ac+Chl。

碳酸盐岩:Cal+Qz,Ser+Cal+Qz,Bit(雏晶)+Do,Cal+Do。

泥砂质岩石中以细小鳞片状绢云母、绿泥石大量出现、黑云母雏晶多出现为特征,少量绢云母向细小板状白云母过渡。片状矿物定向分布。出现少量阳起石,钠长石。划为绿泥石变质带,属低绿片岩相,为燕山早期变质。

(二) 尼弄-达几变质岩带

该岩带变质地层为上三叠统确哈拉群,中侏罗统希湖组,呈带状展布。

1. 岩石类型及特征

该变质岩带以粉砂质板岩、变砂岩、灰岩、玄武岩、变质砾岩等为主。变质矿物绢云母、绿泥石较多分布,微晶方解石、微晶石英分布较广,阳起石、钠长石、黑云母雏晶少量分布。

2. 变质带,变质相及变质期次

该变质岩带属单相变质,变质矿物共生组合见图 4-38。

泥砂质岩:Ser+Chl+Bit(雏晶)+Qz,Ser+Qz,Ser+Ad+Qz,Ser+Cal+Qz,Bit(雏晶)+Qz。

火山岩:Mp+Chl+Pl,Mp+Pl+Chl+Ep+Qz,Ab+Ac+Chl。

碳酸盐岩:Bit(雏晶)+Do,Ser+Cal+Qz,Cal+Do,Cal+Bit(雏晶)+Qz,Cal+Mu+Qz。

泥砂质岩石中以细小鳞片状绢云母、绿泥石大量出现,少量绢云母向细小板状白云母过渡,黑云母雏晶较多出现为特征。片状矿物定向分布。基性火山岩中钠长石、阳起石少量出现。划分为绿泥石变质带,属低绿片岩相,为燕山早期变质。

第四节 区域埋深变质作用与变质岩

一、概述

该类岩石分布最为广泛,总面积大于 $4000km^2$,可分为低压埋深变质作用及高压埋深变质作用两种类型,以低压埋深变质作用为主。

二、区域低压埋深变质作用与变质岩

该类岩石变质很浅,可划分为德供拉、上衣、巴格、卡娘 4 个变质岩带。

(一)德供拉-麦彩改变质岩带

该带属昌都变质地区,北至图边,南以铁乃烈-当不及断裂为界,与昌都地层分区范围相当。变质地层有 J_2dd、J_2t、C_1s、C_1d 等。其上被贡觉组红层角度不整合超覆。向北、东均延入邻区。

1. 岩石类型特征

该变质岩带岩石从未变质到轻微变质,岩石仍以原岩为名。岩石类型有碎屑岩类、硅泥质岩类、碳酸盐岩类、火山岩类。砂泥质岩石中表现为部分泥质物变质为略具定向的显微鳞片状绢云母;部分石英碎屑具变晶加大边;部分硅质物变质为微晶石英,火山岩中更长石绢云母化、绿泥石化,玻屑变质为微晶石英。

2. 变质带、变质相及变质作用期

该岩带变质矿物共生组合见图 4-38。
泥砂质岩石:$Ser+Cal+Qz+Chl,Ser+Chl+Qz,Ser+Qz$。
火山岩类:$Ab+Aer+Qz,Ser+Qz$。
碳酸盐岩:$Ser+Cal+Qz,Chl+Cal+Qz,Cal+Qz$。

泥砂质岩石中以出现少量略具定向分布的细小鳞片状绢云母、绿泥石为特征。在相邻图幅发现有葡萄石,划分为葡萄石变质带,属葡萄石相。该变质带褶皱发育,明显变质,而其上的古近系盖层没有变质,所以其变质时期应为燕山晚期。

(二)上衣-觉钦扎变质岩带

该岩带属唐古拉变质地区,北以罗绒卡-布托错青断裂为界,南以争大卡-布托断裂为界,呈东宽西窄的楔状,向东、西均延入邻区。变质地层为 J_2x、J_2m、J_2q 等。

1. 岩石类型及特征

岩石从未变质到极浅变质,仍以原岩为名。有碎屑岩类、泥质岩类、碳酸盐岩类、火山岩类。砂泥质岩石中部分泥质物变质为略具定向的显微鳞片状绢云母,部分硅质物变质为微晶石英,部分石英砂屑显变晶加大边,灰岩中部分泥晶方解石变质为微晶方解石。

2. 变质带、变质相及变质作用期

该岩带无递增变质现象,变质矿物共生组合见图 4-38。

泥砂质岩类：Ser+Qz,Ser+Cal+Qz,Ser+Chl+Qz。
碳酸盐岩：Ser+Cal+Qz,Cal+Qz。

泥砂质岩石中以出现少量绢云母、绿泥石为特征，划为葡萄石变质带，属葡萄石相，低压相系，为燕山晚期变质。

（三）巴格-机末变质岩带

该变质岩带属丁青变质地区，北以巴青多—嘎勒共断裂为界，南以尺牍-觉仲娃断裂为界，东、西均延入邻区，呈不规则带状分布。受变质地层为 JM、J_2dj、J_2d、$J_{2-3}l$、J_3j 等。

1. 岩石类型及特征

岩石从未变质到极浅变质，仍以原岩为名，有碎屑岩类、泥质岩类、碳酸盐岩类、火山岩类。砂泥质岩石中表现为部分泥质物变质为略具定向的显鳞片状绢云母、绿泥石，部分硅质物变质为微晶石英，部分钙质变质为微晶方解石；部分石英碎屑显变晶加大边。火山岩呈夹层；岩石中变质物为角闪石、斜长石、单斜辉石、绿泥石。斜长石呈细柱状、长条状，均已绢云母化、绿泥石化，单斜辉石在微晶斜长石格架中为粒状填隙。

2. 变质带、变质相及变质作用期

该岩带属单相变质，变质矿物共生组合见图 4-38。
泥砂质岩石：Ser+Qz,Chl+Cal+Qz,Ser+Qz+Chl,Pl+Qz,Chl+Qz,Ser+Ad+Qz。
碳酸盐岩：Cal+Qz,Cal+Mu+Qz,Cal+Do,Ser+Cal+Qz。
火山岩：Chl+Mp+Pl,Hb+Pl。

泥砂质岩石中以出现少量绢云母、绿泥石为特征，划为葡萄石变质带，属葡萄石相，不整合于该岩带之上的上白垩统宗给组不变质，所以确定该岩带的主变质期为燕山晚期。

（四）沙丁-卡娘变质岩带

该岩带属比如变质地区，北以瓦底-希湖断裂为界，南至图边、东西均延入邻区。变质地层为中上侏罗统拉贡塘组、下白垩统多尼组等。

1. 岩石类型及特征

岩石从未变质到极浅变质，仍以原岩命名。岩石类型有碎屑岩类、泥质岩类。砂泥质岩石中部分泥质物变质为略具定向的显微鳞片状绢云母、绿泥石，部分硅质物变质为微晶石英，部分钙质变质为微晶方解石。

2. 变质带、变质相及变质作用期

该岩带无递增变质现象，属单相变质。变质矿物共生组合如图 4-38 所示。
泥砂质岩石：Ser+Qz,Ser+Cal+Qz,Ser+Chl+Qz。

泥砂质岩石中以出现少量绢云母、绿泥石为特征。划分为葡萄石变质带，属葡萄石相。该岩带地层页理、褶皱发育，多尼组与拉贡塘组为Ⅰ型不整合接触，而其又不整合于宗给组之下，盖层没有变质。所以，该岩带主要变质期应为燕山晚期。

三、区域中高压埋深变质作用与变质岩

该类岩石测区出露少，分布于多伦变质岩带的怒江蛇绿岩及宗白变质岩带的丁青蛇绿岩，向东延出测区。

1. 多伦变质岩带（怒江蛇绿岩）

呈小岩株及透镜体带状分布于 CPs 中，单个面积小于 $1km^2$，构造侵位于其中。

1）岩石类型及特征

岩石以蛇纹岩为主，变辉长岩、透闪石岩、斜长角闪岩、变质玄武岩、滑石片岩等少量分布。变质矿物蛇纹石、透闪石、滑石、绢云母等大量分布，绿帘石、绿泥石、钠长石等少量分布。

2）变质带、变质相及相系、变质作用期

该套岩石变质矿物共生组合如图 4-37 所示。

Ser＋Ep＋Chl＋Ac，Bit＋Srp＋Cal，Srp＋Do，Chl＋Ac＋Qz，Chl＋Ep＋Cal＋Qz，Srp＋Tc＋Cal，Tl＋Tc。

蛇绿岩套以出现大量滑石、透闪石为特征。划为绿泥石—黑云母过渡变质带，属低绿片岩相。在蛇绿岩带上发现了高压标志矿物——硬玉，属中高压相系。

依据该岩套侵位于印支期变质的苏如卡岩组中，其原岩侵位时代应为华力西晚期，并与海水发生了气-液变质作用，使超基性岩发生了蛇纹石化，印支期，由于板块的闭合作用，蛇绿岩套构造定位于苏如卡岩组，高压变质作用产生了硬玉、滑石、透闪石等变质矿物。

2. 宗白变质岩带（丁青蛇绿岩）

属丁青变质地区，面积达 $300km^2$，南以色扎-协雄断裂为界，西被中侏罗统德极国组角度不整合超覆，向东延入邻区。

1）岩石类型及特征

以纯橄岩、全蛇纹石化方辉橄榄岩为主，蛇纹岩、强蛇纹石化二辉橄榄岩为次，少量强蛇纹石化斜辉橄榄岩、变辉长岩、变辉绿岩、变质玄武岩等，变质矿物有蛇纹石、绢云母、绿泥石、葡萄石、微晶石英、微晶方解石、铬尖晶石、辉石等。

2）变质带、变质相及相系、变质作用期

该岩套为单相变质，矿物共生组合如图 4-38 所示。

Srp＋Ser＋Chl＋Cal，Srp＋Cal＋Qz，Srp＋Cal，Srp＋Prx＋Pic，Pre＋Ser＋Chl＋Ep。Pre＋Ac＋Zo，Chl＋Cal＋Qz，Ser＋Cal＋Qz，Chl＋Mp＋Pl＋Ep＋Qz，Sep＋Qpx＋Pic。

岩石中有少量葡萄石、绿帘石、绢云母等分布，划分为葡萄石变质带。该岩带向东延入邻区有青铝闪石出现，区域上有蓝闪石、黑硬绿泥石、多硅白云母等分布，属高压葡萄石相。

该岩带经受了两期明显变质作用的改造，三叠纪定位时，遭受了气-液变质作用改造，表现为橄榄石的强蛇纹石化、辉石强烈绢石化。燕山早期，冈底斯-念青唐古拉板块向北碰撞俯冲，产生了青铝闪石、葡萄石、多硅白云母等高中压变质矿物。

第五节　双变质带变质作用与变质岩

测区有澜沧江和丁青两条板块缝合带存在，它们均发育有双变质带。

一、澜沧江双变质带

区内以军达-日钦马韧性剪切带为澜沧江结合带的闭合线，北侧变质地层为卡贡群，宽 6~20km，岩石中板理、紧闭褶皱等极为发育，劈理面及褶皱轴面均向南陡倾。糜棱岩化岩石发育，且变质、变形，有从北往南递增的趋势，岩石变质程度为绿泥石、黑云母过渡级明显高于铁乃烈-当不及断裂以北的稳定型石炭系（葡萄石级）。片理化板岩中白云母 bo 值为 $9.040×10^{-10}$~$9.045×10^{-10}$m，说明其压力为高压,变质作用类型为低温动力变质,说明其温度低。该带应为低温高压变质带。

南侧觉拉片麻岩、比冲弄片岩中的白云母 bo 值为 $8.888\times10^{-10}\sim8.989\times10^{-10}$ m,为低压,说明其在二叠纪岩体侵入时经历过一次明显的抬升降压作用。他念他翁复式深成杂岩体中从二叠纪至三叠纪侵入体的存在,说明二叠纪至三叠纪时期觉拉变质岩带为一个低压高温变质带。该带宽 5~10km,大多为他念他翁复式深成杂岩体。

军达-日钦马韧性剪切带北侧的低温高压变质带和南侧的高温低压变质带共同组成了澜沧江双变质带。为二叠纪至三叠纪变质。

二、丁青双变质带

区内以秋宗马-雪拉山-抓进扎断裂为丁青结合带的闭合线。南侧丁青蛇绿岩中有青铝闪石、多硅白云母及黑硬绿泥石(邻区见)。确哈拉群、希湖组岩石板理和紧闭褶皱发育,绿泥石级低级变质、岩石板理、紧闭褶皱,有从南往北加强的趋势。其变质作用类型为低温动力变质作用,所以宗白变质地带、新荣变质岩带为低温高压变质。该变质带宽 20~40km,为燕山早期变质。

北侧包括上衣-觉钦扎变质岩带、汝塔变质岩带、格家卡变质岩带。变质地层有吉塘岩群、土门格拉群、雁石坪群及日机岩体。中侏罗世雁石坪群玛托组安山质岩浆大规模喷发,吉塘岩群中日机岩体(侏罗纪)的侵入,吉塘岩群之上的三叠统盖层土门格拉群发生的盖层变质作用(燕山早期),均说明该带在燕山早期为一高温活动带。但土门格拉群盖层雁石坪群板理、劈理均不发育,说明压力很低。该带应为低压高温变质带,宽 20~30km。

秋宗马-雪拉山-抓进扎断裂南侧的低温高压变质带和北侧的高温低压变质带共同组成了丁青双变质带,时间为燕山早期。

第六节 接触变质作用与变质岩

一、概述

测区该类变质作用比较发育,见于围岩为觉拉片麻岩、吉塘岩群、卡贡群、希湖组等的岩体周围,在各时代区域变质岩的基础上发育而成,不同程度地继承了原岩的结构、构造。

根据接触变质作用的类型可划为接触变质作用和接触交代变质作用等。

二、接触变质作用及变质岩

(一)岩石类型及特征

1. 斑点板岩

斑点板岩分布于雄拉岩体与希湖组的外接触带上,董青拉侵入体与希湖组的外接触带有少量分布。岩石具变斑状结构、粒状鳞片状变晶结构,斑点状构造。斑点呈圆形—次圆形、椭圆形。斑点由红柱石、粉末状炭质等组成,是泥岩或杂质泥质在受热接触变质时形成的。

斑晶矿物红柱石,呈四方形、菱形(切面),粉末状炭质沿对角线聚集,呈十字形排列。绢云母—粘土矿物呈微细鳞片状定向排列,有时铁质和绢云母聚集在一起,构成条纹状—条带状。石英呈粉砂状。该类岩石为主要的接触变质岩石类型,分布面积最大,其主要种类有含炭红柱石粉砂质板岩,含炭红柱石绢云母板岩、含炭红柱石板岩等。

2. 角岩类

角岩类分布于雄拉岩体周围的希湖组中，岩石具角岩结构，残余粉砂状结构，筛状变晶结构，定向构造。堇青石（0～35%）浑圆状，边缘模糊；有大量炭质、黑云母、石英色体，而呈筛状变晶结构，大小1～3mm；红柱石（5%～35%）有的包有十字型炭质，有的柱面弯曲，大小（0.2～0.5）mm×2mm，个别达10mm×10mm×300mm，石墨（25%～35%）细小鳞片状，石英（25%～20%）不规则粒状，黑云母1%～10%，白云母0～3%，片状柱状矿物无定向不均匀分布。该类岩石分布较少，岩石种类有红柱石角岩、红柱石堇青石角岩等。

在干岩一带吉塘岩群中，斜长角闪角岩，具粒柱状变晶结构，条带状构造。岩石主要由以柱状普通角闪石及基性斜长石为主共同组成条带状构造，以角闪石为主的条带，其角闪石长柱呈交织状，空隙中有少量钠长石粒填充，强烈绢云母化的基性斜长石柱体似嵌在角闪石中。以斜长石为主的条带，其常伴有粒状变晶的方解石略显条带，斜长石似呈大变斑晶色不规则粒状的角闪石及粒状钠长石。矿物成分基性斜长石45%±，普通角闪石45%±，钠长石1%±，方解石5%～10%，绢云母少量。

3. 片岩类

黑云红柱片岩 该岩分布于雄拉岩体周围的希湖组中，岩石具鳞片粒状变晶结构，片状构造。红柱石为20%～25%，长柱状、浅红色多色性，有炭质、石英、黑云母、白云母等色体，柱体大小0.4mm×0.8mm～0.5mm×8.5mm。石英为30%～50%，不规则状，锯齿状边界；绢云母为20%～25%，黑云母为15%～20%，黄褐色；钠长石为0～4%，不规则粒状；堇青石少量。岩石中片柱状矿物无定向不均匀分布。

含炭红柱石绢云石英片岩 分布于雄拉岩体周围的希湖组中，岩石具斑状变晶结构，显微鳞片粒状变晶结构，片状构造，变余微细层状构造。红柱石为5%～30%，呈变斑晶出现，长柱状，大小0.4mm×1mm～4mm×10mm，有炭质色体；石英为35%～45%，不规则粒状，部分具变余粉砂状棱角形态，绢云母为30%～40%，显微鳞片状。黑云母、绿泥石、炭质少量，片状、柱状、矿物杂乱分布。

炭质红柱石绢云片岩 该岩分布于甘穷郎岩体周围的卡贡群中，岩石具斑状变晶结构，基质为柱状鳞片变晶结构，片状构造。红柱石斑晶含量为20%左右，个体一般小于5mm，中心具炭质黑十字，柱状杂乱分布，绢云母为50%～55%，绿泥石为5%～7%，均为细小鳞片状，炭质为20%～25%。

含矽线黑云石英片岩 该岩分布于日机岩体周围的吉塘岩群中，岩石具鳞片粒状变晶结构，定向构造、片状构造。石英为66%～85%，粒状；更长石为5%～20%，部分绢云母化；黑云母、白云母少量；矽线石为1%～2%，纤维状及毛发状，穿切石英及黑云母，多呈斑点状，豆荚状，透镜状集合体，大小15mm×20mm，钾长石少量，副矿物有黑电气石。岩石种类有黑云石英片岩、含矽线石黑云石英片岩。

含炭红柱石黑云石英片岩 该岩分布于雄拉岩体周围的希湖组中，岩石具斑状变晶结构，片状构造、定向构造。变斑晶红柱石为7%～20%，长柱状、柱粒状，有石英、黑云母色体，柱体大小（0.2～2.5）mm×5mm；黑云母为18%～22%，鳞片状、长条片状，边缘不规则、长轴定向，白云母少量。基质中石英为55%～70%，不规则粒状，呈透镜状及条状集合体，石墨为2%～3%，细小鳞片状、条片状、红柱石不定向杂乱分布。

4. 片麻岩类

黑云斜长片麻岩 其类型有黑云斜长片麻岩、矽线红柱黑云斜长片麻岩及含矽线黑云斜长片麻岩等。前两者分布于日机岩体周围的吉塘岩群中，后者只在拉疆弄岩体北部围岩觉拉片麻岩中出现，岩石具鳞片粒状变晶构造，片麻状构造、定向构造。更长石含量为30%～50%，不规则粒状，部分呈半自形粒状，大小0.5～1mm，个别达6mm，显聚片双晶，(010)∧Np′=12°，An=27～28；钾长石为0～3%，不规则粒状，交代更长石，个别具卡斯巴双晶，石英为4%～5%，他形粒状，黑云母为5%～35%，褐色，绕长石分布，白云母少量，红柱石少量，粒状，大小0.2～4mm，矽线石少量，柱状纤柱状，常穿越长石、片麻理。

黑云二长片麻岩 该岩分布于日机岩体周围的吉塘岩群中，岩石具鳞片粒状变晶结构、交代结构，片麻状构造、定向构造。石英含量为15%~50%,不规则粒状,更长石为15%~30%,他形粒状、碎斑状、眼球状,黑云母为5%~10%。

（二）主要变质矿物与特征

(1) 红柱石:多呈四方形、菱形(切面)、粉末状炭质沿对角线聚集。十字形排列,柱体杂乱分布。
(2) 绢云母:粘土矿物呈微细鳞片状定向排列,有时铁质和绢云母聚集一起构成条纹状或条带状。
(3) 石英:多呈不规则粒状,呈透镜体及条状集合体,部分具变余粉砂状棱角形态。

（三）接触变质构造带、相特征

分布于日机岩体周围的吉塘岩群中,依据特征变质矿物矽线石、钾长石、铁铝榴石、透辉石的出现及其矿物共生组合特征,划分为钾长石—矽线石变质带。

矿物组合:$Bit+Pl+Kp+Qz$,$Bit+Mu+Sil+Pl+Qz$,$Bit+Ald+Sil+Pl+Kp+Qz$,$Bit+Mu+Di+Pl+Kp+Qz$。

三、接触交代变质作用及变质岩

（一）岩石类型及特征

1. 大理岩

大理岩　分布于作木朗岩体周围的卡贡群中和雄拉岩体周围的孟阿雄群中,岩石具粒状变晶结构,块状构造。方解石含量为92%~98%,晶粒状,黑云母、白云母、石英少量。

含透闪白云大理岩　少量分布于雄拉岩体外围的T_3M中,岩石具粒状变晶结构,块状构造。白云石为90%~92%,透闪石为5%~7%,纤柱状,大小2mm×3mm×30mm,放射状排列,方解石3%,白云母少量。

第七节　气液变质作用与变质岩

该类岩石区内分布不广,局限于超基性岩、基性火山岩、酸性侵入岩内,表现为超基性岩蛇纹石化、基性火山岩青磐岩化、酸性侵入岩云英岩化等。

一、蛇纹石化岩石

分布于荣布蛇绿岩、宗白蛇绿岩、丁青蛇绿岩、多伦蛇绿岩的地幔岩中。岩石类型有蛇纹岩、蛇纹石化橄榄岩、蛇纹石化透辉橄榄岩、强蛇纹石化二辉橄榄岩、强蛇纹石化方辉橄榄岩等。岩石中橄榄石、斜方辉石蚀变强烈,蚀变矿物为蛇纹石、绢石、白云石、透闪石等。岩石发育网环结构、残余网环结构、假斑状结构,片状构造。副矿物为磁铁矿、赤铁矿。蛇纹石化蚀变作用是地幔岩岩体侵位过程中与海水发生相互作用而形成的。磁铁矿的存在说明蚀变环境为氧化环境,且温度较高。岩石蚀变的变质反应为:橄榄石+斜方辉石+水→蛇纹石+氧气↑。

二、青磐岩化岩石

测区该类蚀变岩石分布较少,呈夹层状、透镜状产于吉塘岩群、苏如卡岩组及荣布蛇绿岩、宗白蛇绿岩、丁青蛇绿岩、多伦蛇绿岩中。

(一)青磐岩化玄武岩

分布于吉塘岩群、多伦蛇绿岩、丁青蛇绿岩中。灰绿色，残余斑状结构，块状构造。次闪石35%～40%，为辉石蚀变而成，部分保留辉石斑状假象；斜长石多绿帘石化、方解石化，少量绿泥石化。蚀变岩附近未见有岩体、岩脉分布，变质热液应为区域变质热液或构造热液，矿物组合中有方解石存在，说明热液中含有二氧化碳。

蚀变矿物组合为：Chl+Sep+Pl+Prx+Cal，Ac+Ep+Ab，Chl+Cal，Chl+Ep+Ab+Cal。

(二)绿泥绿帘青磐岩

分布于吉塘岩群中。灰绿色，交代残留结构、次生鳞片状结构，块状构造。绿帘石含量为45%～50%，粒状、柱状或粒状集合体。绿泥石为30%～35%，钠长石为8%～10%，阳起石为3%～%，方解石、石英少量。蚀变矿物共生组合为：Ac+Ep+Chl+Ab+Cal，Ac+Ep+Chl+Ab。

(三)绿帘钠长青磐岩

分布于吉塘岩群、苏如卡岩组中。灰绿色、次生粒状鳞片结构，块状构造，微定向构造。钠长石为20%～40%，不规则粒状；绿帘石为25%～45%，次生粒状，绿泥石为5%～25%，阳起石为0～10%，纤柱状，方解石为0～10%。蚀变岩附近未见岩体、岩脉分布，岩石蚀变热液为区域变质作用产生的热液。蚀变矿物共生组合为：Ac+Ep+Chl+Ab，Ep+Chl+Cal+Ab。

三、云英岩化岩石

该蚀变类型主要见于唐古拉变质地区之绒母拉-日拉卡变质地带的汝塔变质岩带中，其与他念他翁复式深成杂岩带上的早中二叠世拉疆弄岩体的分布范围相当，面积约500km²。

岩石变质轻微，仍以原岩为名。变质作用表现为花岗岩中斜长石的绿帘石化、绢云母化及碳酸盐化。新生矿物有绿帘石、绢云母及方解石等。角闪石绿泥石化、黑云母绿泥石化、钾长石泥化。局部有新生细小板状黑云母雏晶出现，并交代原生黑云母。岩石片麻状构造发育，长石、石英均定向拉长，明显地显示受动力变质作用的改造。划为绿泥石级，属低绿片岩相，变质热液来自动力变质作用和区域变质作用的叠加。区内其他岩体中，在断裂经过的部位云英岩化发育。

第八节 动力变质作用与变质岩

测区内有澜沧江、丁青两条板块结合带通过，其伴生、派生的次级断裂也较发育，并具有性质复杂、规模悬殊、多期活动等特征，形成了类型较为齐全的动力变质岩系列。

一、韧性动力变质作用及变质岩

测区该类变质作用主要见于层次较深的变质岩和韧性剪切带及逆冲断层的两盘上以及落青寨-日钦马北韧性剪切带、昌木格-干岩-布托错青韧性断层等中，为中深构造层次断裂作用的产物。

1. 构造片岩

该类岩石分布于Ptbc.、AnCJt.及晚二叠世拉疆弄岩体中。其两侧均被断裂限定。岩石具鳞片粒状变晶结构、变余糜棱结构,皱纹片状构造、眼球纹理构造、条带状构造等。更—钠长石含量为30%～50%,他形及不规则粒状、眼球状,大小0.3～2.5mm,包有微粒石英,金红石,后者部分呈"S"型旋转。绿泥石(5%～10%)呈线纹状绕长石眼球分布;云母片体多呈皱纹状,已绿泥石化,黑云母呈残留体。石英(30%～50%)呈波状消光明显,多为不规则粒状,部分拉长为长轴状,长短轴之比为3:1～4:1。

2. 构造片麻岩

该类岩石与 $Pt_jl.$ 范围相当,其原岩为花岗质岩石,岩石片麻状构造发育,钾长石、更长石均呈眼球状,黑云母定向分布,石英颗粒定向拉长明显,显示强烈塑性变形,各种矿物定向均一致。

3. 片理化岩石

该类岩石分布于断裂通过的吉塘岩群、嘉玉桥岩群和苏如卡岩组、卡贡群及他念他翁复式深成杂岩体中。具鳞片(粒状)变晶结构,片状、片麻状构造。岩石中矿物呈明显的压扁、拉长,并定向排列。石英、方解石强烈波状消光;方解石、长石双晶纹弯曲,片状矿物褶皱,组成线状或条带状集合体,其与拉长的粒状矿物定向一致。岩石类型有片理化玄武岩、片理化板岩、片理化结晶灰岩(钙质片岩)、片理化花岗岩等。此类岩石多分布于韧性剪切带的边缘。

4. 糜棱岩化岩石及初糜棱岩

测区该类岩石较为发育,其岩石类型以糜棱岩化硅质岩、糜棱岩化花岗岩等为主,次为糜棱岩化辉长岩、灰岩、白云岩、板岩等。岩石由碎斑和糜棱物两部分组成,碎斑占30%～70%,有方解石、石英、长石、白云石及岩石碎块等,多被压碎拉长呈长条状、眼球状、透镜状定向分布,大小0.2～1.5mm。石英碎斑强烈波状消光,方解石、长石碎斑双晶纹弯曲;糜棱物为30%～70%,粒径小于0.02mm,为矿物或岩石颗粒,组成条纹状构造,条纹绕过碎斑。

5. 糜棱岩

该类岩石多布于剪切带中间部位,原岩结构构造很少保留,碎斑和糜棱物构成了平行条纹构造、眼球纹理构造、条带状构造等。其岩石类型有硅质、含硬玉硅质、钙质、花岗质、长英质糜棱岩等。碎斑占0～20%,为白云石、方解石、石英、长石、岩石碎屑等,大小0.3～3mm,最大达5mm,多被拉长呈细长条状、眼球状及透镜状,且沿长轴定向分布,部分具核幔构造。糜棱物为80%～100%,粒径小于0.1mm,呈流状、条纹状绕碎斑分布,糜棱物中有新生矿物黑云母、白云母、石英、方解石等生成,占0～10%。

6. 变晶糜棱岩

糜棱岩中的大部分糜棱物均发生了重结晶作用,形成了新生变质矿物黑云母、白云母、石英等片状矿物及粒状矿物。主要分布于熊的奴、果雄、纳则卡糜棱岩带中,其他少量分布。岩石具变余糜棱结构,定向构造,残余碎斑占3%～50%,一般5%～15%,成分为更长石、石英,呈眼球状、扁豆状、透镜状等,大小0.8～4mm。石英碎斑裂纹发育,并有齿状加大边;更长石碎斑常较小,呈残余半自形粒状,0.6～0.9mm,常钠长石化,虽经后期变质,仍显示碎斑状形态;重结晶糜棱物占50%～97%,黑云母占1%～10%,鳞片状,可见两组黑云母交切,呈残余S-C组构;白云母,鳞片状,长叶片状,其含量高,可能为原岩中钾长石碎粉后的钾质变质而成;石英占35%～48%,大小0.1～0.4mm,呈拉长长轴状,长短轴之比达3:1～5:1,塑性变形明显。片状矿物及粒状矿物均显定向分布,有时外貌与片岩不易区别。

二、脆性动力变质作用及变质岩

测区该类变质作用主要见于不同时期、不同方向、不同级别、不同规模、不同性质的脆性断裂和铁乃烈-当不及断裂、军达-日钦马断裂、秋宗马-雪拉山-抓进扎断裂、八忍达-折级拉-确哈拉-苏如卡断裂等结合带边界断裂中。

1. 构造角砾岩

该类岩石具角砾状结构,块状构造、微定向构造。由角砾和胶结物两部分组成。角砾含量35%~70%,大多为棱角状,次为次棱角状,少量尖棱角状,成分与围岩一致,有砂岩、砾岩、粉砂岩、灰岩、花岗岩、火山岩、片岩等,大小混杂,杂乱分布。部分岩石微具定向排列,大小2~500mm或更大,角砾中的石英颗粒多具波状消光;胶结物为30%~65%,多为次生石英、方解石、白云母、绢云母等铁质,少量硅质、泥质,还有岩石破碎形成的碎粉状石英、方解石。此类构造岩后期石英脉、方解石脉发育,呈网状穿插。

2. 碎裂岩

在大多数断裂中均有发育,测区内主要为碎裂状岩石。岩石具碎裂结构,块状构造,绝大部分岩石为原岩结构、构造,少量岩石由于破碎强烈,原岩中结构构造已消失。碎块占40%~80%,大小2~50mm,少数达100mm。碎块中的方解石、长石双晶纹普遍弯曲、断裂,部分颗粒定向拉长,石英碎裂纹发育,波状消光强烈,云母片具波状消光,双晶纹弯曲、褶皱、拉开等现象,碎块边缘碎粒化明显,碎基占20%~60%,成分为碎块边缘磨碎的微粒石英、方解石、长石及重结晶的石英、方解石、绢云母、绿泥石等。次生方解石常呈脉状。

3. 碎粒岩类

该类岩石破碎强度大,岩石碎块及矿物碎屑大部分已碎粒化,岩石具碎粒结构,块状构造,原岩结构构造已完全破坏。原岩性质不能恢复,极少量碎斑、碎粒呈尖棱角状,杂乱分布,粒径0.5mm,石英强烈波状消光,长石、方解石、云母波状消光,双晶面弯曲。依所附围岩,岩石类型有:长英质碎粒岩、钙质碎粒岩、花岗质碎粒岩等。

4. 碎斑岩

该类岩石分布较广,其碎粒化强度比碎粒岩类弱,类型有花岗质、石英质、灰岩质碎斑岩等。

该类岩石的碎粒化作用形成了碎基,碎裂化作用形成了碎斑。岩石具碎斑结构,块状构造。碎斑大小0.1~2mm,边缘碎粒化,为岩石或矿物碎屑,其成分主要为方解石、白云石、长石、石英等,含量30%~50%,石英具强烈的波状消光,无流变特征,长石、方解石、白云石等双晶纹弯曲,云母扭折。碎基含量50%~70%,大小0.01~0.1mm,少量微粒石英、方解石有重结晶现象。

5. 碎粉岩(断层泥岩)

该类岩石中矿物大部分碎粉化,其破碎强度大于碎粒岩,碎粉物小于0.01mm,原岩结构构造全部消失,少量微粒石英、方解石显重结晶作用。和碎粒岩、碎斑岩一起相伴分布,岩石具碎粉结构,块状构造,当遭受风化作用时,露于地表呈泥土状,而称为断层泥岩,该类岩石分布局限。

第九节　变质作用期次及特征

依据测区地层时代、构造作用、岩浆活动及主变质期矿物共生组合特征等,将测区区域变质作用期划为晚元古期、华力西期、印支期、燕山期、喜马拉雅期五期。

一、晚元古期变质作用

该期是$Pt_{bc.}$、$Pt_{jl.}$的主变质期,大量的Rb-Sr全岩等时线同位素年龄给予了有力的佐证:1:20

万丁青县幅(1994)在 Ptbc. 中获 Rb-Sr 全岩等时线年龄 619±27Ma；雍永源(1989)在吉塘一带相当于片麻岩中获 Rb-Sr 全岩等时线年龄 757.1±268.4Ma；1:20 万昌都幅(1990)在片麻岩获全岩 Rb-Sr 全岩等时线年龄 700Ma，变质级别为低角闪岩相十字石带。以上年龄均集中在 700Ma±。另外，该套地层被晚二叠世拉疆弄岩体侵入，但其变质程度很低；C_1K、AnCJt. 变质程度明显低于新元古界的十字石变质级。据上分析，比冲弄片岩、觉拉片麻岩的主变质期为元古晚期。

二、华力西期变质作用

该期为 AnCJt.、AnCJy. 的主变质期。该期形成了岩石早期片理 S_1，在靠近断裂带一侧，由于变质热流温度稍高，出现铁铝榴石变质带，其他则为黑云母级。1:20 万丁青县幅区调(1994)在 AnCJt_1^1 获 Rb-Sr 全岩等时线年龄 340±2Ma，雍永源(1987)在与其相当的西西片岩中获 Rb-Sr 全岩等时线年龄 371±50Ma；该组年龄相当于华力西中期。AnCJt. 之上被上三叠统不整合超覆，而其中并见吉塘岩群变质岩砾石，说明其变质时代应早于晚三叠世，而吉塘岩群北侧并见有二叠纪侵入体，说明该变质时期为华力西期中、早期。

1:20 万丁青县幅区调(1994)于 AnCJy. 中获 Rb-Sr 全岩等时线年龄 248±8Ma，1:20 万洛隆县幅(1990)在相当的层位中获 Rb-Sr 全岩等时线年龄 317±41Ma，该组年龄为华力西晚期。该岩群与断层接触的 CPs 具有明显不同的变质级别，AnCJy. 之上被 J_2xh 角度不整合超覆，而其底部见有嘉玉桥岩群的变质岩砾石，说明嘉玉桥岩群变质期早于中侏罗世，综上所述认为嘉玉桥岩群的变质期为华力西中、晚期。

三、印支期变质作用

该期是怒江蛇绿岩、卡贡群、苏如卡岩组及他念他翁复式深成杂岩带上二叠纪侵入体的主要变质期。为绿泥石—黑云母级，绿泥石、绢云母、白云母、雏晶黑云母等均有分布。岩石板理、片理发育，紧闭褶皱也很发育，具明显的低温动力变质作用特征，且糜棱岩发育。AnCJt.、AnCJy. 中以 S_1 为变形面的紧闭褶皱，应为该期变质作用所形成。印支早—中期阶段，在他念他翁杂岩带上发生了大规模的岩浆侵入，在巴钦一带发生了大规模火山喷发并角度不整合于卡贡群之上，另外巴钦组深成相艾弄、作木朗岩体侵入卡贡群；角度不整合于卡贡群之上的上三叠统竹卡群，角度不整合于苏如卡岩组之上的中侏罗统希湖组，变质程度均低于石炭系—二叠系。综上所述，印支早—中期为卡贡群、苏如卡岩组的主要变质期。该期特点是发育韧性动力变质岩，落青寨-日钦马、铁乃烈-当不及两条韧性剪切带均为该期形成。印支晚期，地壳发生了南北向伸展作用，吉塘岩群、嘉玉桥岩群中的近东西向的枢纽小褶皱叠加了近南北向枢纽的横向褶皱，并在其上沉积了一套晚三叠世到早侏罗世的沉积物。

四、燕山期变质作用

（一）燕山早期变质作用

该期为 J_2xh、T_3M、T_3Q 及丁青蛇绿岩的主变质期。岩石板理发育，紧闭褶皱也较为常见，Ser+Chl 组合普遍，雏晶黑云母有少量分布，属绿泥石级变质。

AnCJt.、AnCJy.、Ptbc.、Ptjl. 在该期叠加了退变质作用，表现为黑云母普遍绿泥石化，析出钛质、铁质；AnCJt.、AnCJy. 以 S_{n+1} 为变形面，与其上的盖层（J_2xh、T_3T）一起发生了褶皱，形成了现在的构造样式，该期为区域低温动力变质。而角度不整合于上三叠统土门格拉群之上的中侏罗统雁石坪群，角度不整合于丁青蛇绿岩之上的中侏罗统地层等均为极浅变质，说明它们与前者并非同变质期的产物。综上，T_3T、T_3Q、T_3M、丁青蛇绿岩及 J_2xh 均为燕山早期变质，属区域低温动力变质作用类型。该期还伴随有侏罗纪酸性岩浆侵入和安山质岩浆喷发活动，使吉塘岩群变质基底发生活化，之上的上三叠统盖层发生了变质作用。

（二）燕山晚期变质作用

该期为 C_1s、C_1d、T_3Z、J_2t、J_2Y、J_2d、J_2dj、J_3j、$J_{2-3}l$、K_1d 等的主变质期。岩石中有部分弱定向的显微鳞片状绢云母、微量绿泥石；发育页理、宽缓褶皱，属葡萄石相变质、区域低压埋深变质作用类型。而不整合于 J_2t 之上的 $E_{1-2}g$，角度不整合于中侏罗统至下白垩统之上的 K_2j 基本未变质，因此将上述地层的变质期定为燕山晚期变质。

五、喜马拉雅期变质作用

该期变质作用极其微弱，在 K_2j、$E_{1-2}g$、E_2z 中表现为泥砂质岩石中少量杂乱分布的显微鳞片状绢云母的产生。

西藏综合队(1976)在觉拉片麻岩中获黑云母 K-Ar 法年龄 59.5Ma，1:20 万丁青县幅区调(1994)在日机岩体中获黑云母 K-Ar 法年龄 30.4Ma，在拉疆弄岩体中获 K-Ar 法年龄 34.6Ma，这些年龄明显为后期扰动年龄，应代表本区喜马拉雅期活动的时间，可能为喜马拉雅中、早期。

第五章 地质构造及构造演化史

第一节 概 述

一、测区大地构造位置

测区位于青藏高原中东部腹地,自然地理位置上地处羌塘大湖盆区与藏东高山峡谷区的交接转换部位。大地构造位置上处于冈瓦纳古陆与华夏古陆的结合部位,有其自然生态景观,也有着极其丰富的构造现象和地质信息。测区地域虽不大,但却构成了横跨澜沧江、班公错-丁青-怒江两条板片结合带的南北向地质走廊,其间丰富多彩的地质构造现象对研究青藏高原的构造格局地质演化和成矿作用均很重要,是打开古特提斯地壳演化和构造格局划分及解决造山带成因机理的"一把钥匙"。

《青藏高原及其邻区大地构造单元初步划分方案》(2003)将测区大地构造单元自北而南划分为(图5-1):①芒康-恩茅陆块之开心岭-杂多-维登 P_2—T_3 弧火山岩带;②乌兰乌拉湖-澜沧江结合带(可简称

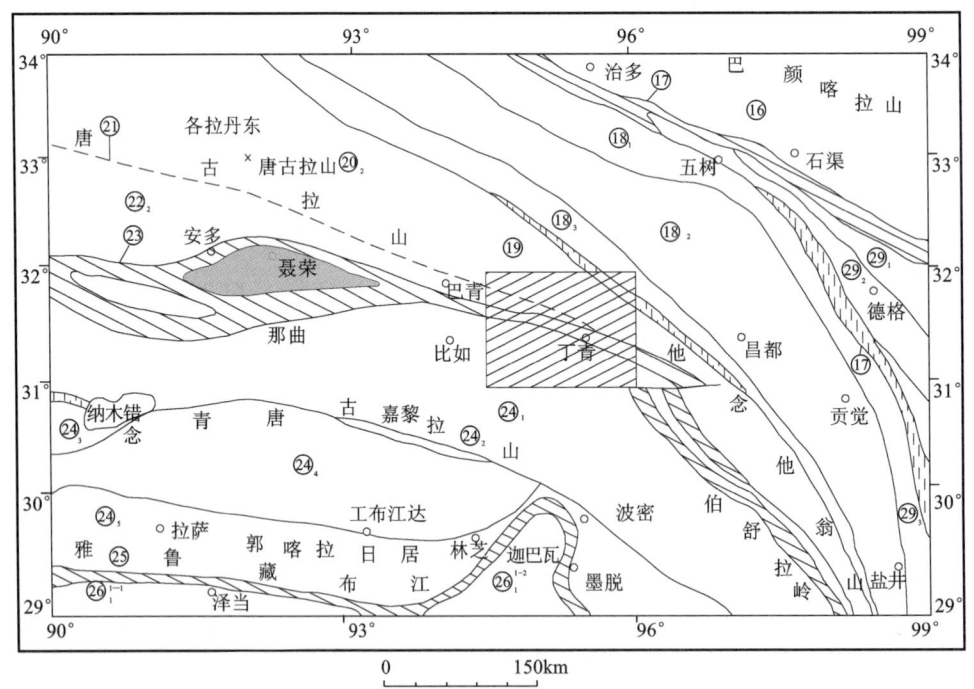

图 5-1 测区大地构造位置图

⑯五龙塔格-巴颜喀拉双向早期边缘前陆盆地褶皱带;⑰可可西里-金沙江-哀牢山结合带;;⑱芒康-思茅陆块;⑱₁治多-江达-维西晚古生代—早中生代弧火山岩带(P—T_3);⑱₂昌都-兰中新生代复合盆地;⑱₃开心岭-杂多-维登弧火山岩带(P—T_3);⑲乌兰乌拉湖-澜长江结合带;⑳₂北羌塘坳陷带;㉑双湖-昌宁结合带;㉒兴都库什-南羌塘-保山陆块;㉒₂南羌塘坳陷带;㉓班公错-怒江结合带(含日土、聂荣残余弧、嘉玉桥微陆块);㉔拉达克-冈底斯-拉萨-腾冲陆地;㉔₁班戈-腾冲燕山晚期岩浆弧带;㉔₂狮泉河-申扎-嘉黎结合带;㉔₃革吉-措勤晚中生代复合弧后盆地;㉔₄隆格尔-工布江达断隆带;㉔₅罕萨-冈底斯-下察隅晚燕山—喜马拉雅斯岩浆弧带(冈底斯火山-岩浆弧带);㉔₆冈底斯南缘弧前盆地带(K_2);㉕印度河-雅鲁藏布江结合带;㉖₁^1 北喜马拉雅特提斯沉积北带;㉖₁^2 高喜马拉雅结晶带或基底逆冲带

乌-澜带);③甜水海-北羌塘-左贡陆块的北羌塘坳陷带;④班公错-怒江结合带;⑤拉达克-冈底斯-拉萨-腾冲陆块之班-腾冲岩浆弧带。其中乌-澜带除在乌兰乌拉湖一带见有超基性岩或混杂岩外,最主要的确定特征是在类乌齐县北西及联测区东北部石炭系(哎保那组(C_1a)和日阿则那组(C_1r))中具有洋脊型和洋岛型玄武岩。班公错-怒江缝合带中除蛇绿岩残体外,还包括聂荣残余弧和嘉玉桥微陆块。以上其争论的焦点是古特提斯的位置,即冈瓦纳大陆的北界归纳起来大体有三种意见:在班公错-怒江结合带;在澜沧江结合带;在金沙江结合带。

测区仅东北部和南东部边缘残存有古生代以前的地质体,古生代地层也仅出露在测区西北部,中—新生代存在大量的各种地质实体,记录了测区沉积作用、岩浆活动、变质事件和构造变动。这些地质事件无不与澜沧江、班公错-怒江结合带的形成、发展和闭合、碰撞息息相关,同时也记录了昌都板片、唐古拉板片与冈-念板片自古生代至中生代、新生代的"开、合、伸、缩、剪、滑、旋"变化史及板块碰撞之后陆内调整的复杂过程。

二、测区构造单元划分

构造单元的划分和研究是对测区区域地质构造特征的基本概括,是通过各个构造单元的构造背景、建造特征、变质变形和边界特性的研究,并随着新构造观的建立、运用,区域地质调查水平和综合研究程度的提高和深化而建立并完善起来的。

青藏高原是由大陆的不断破碎、裂离又互相拼贴、焊合、镶嵌的复杂地区。大陆岩石圈是通过拉伸、裂解形成大洋而转换为大洋岩石圈构造体制,大洋岩石圈又通过俯冲、消减、碰撞、闭合而向大陆岩石圈构造体制演进的两种体制不断互换的多旋回发展。测区构造单元的划分原则是以板块结合带及夹于其间的微陆块作为一级构造单元,特提斯洋壳闭合造山后形成的区域构造不整合界面再划分次级构造单元;在大洋岩石圈构造体制中划分出(板块)板片结合带、洋内岛弧带等不同级别构造单元;在大陆岩石圈构造体制中划分出陆块、被动边缘褶冲带、陆缘弧、近陆岛弧、弧后盆地、前陆坳陷带和后陆坳陷带、走滑拉分盆地、拉伸盆地或裂谷盆地。测区是西藏中南部地质情况极为复杂的窗口地带,是一个蕴含十分丰富地质现象的区域,涉及三个一级地质构造单元,不同的构造单元在不同层次、不同尺度、不同地段出现复杂的露头型式和多样的构造格局。根据构造单元划分原则和测区工作的新发现、新认识,运用板块构造理论和构造层次概念,结合大陆造山带地区盆山耦合特点及各种类型沉积盆地特征,注重大地构造属性和特征,在沉积作用的响应、火山作用事件、岩浆建造、变质建造、成矿系列及其运动学和动力学等方面的不同表现和各自的演化规律及大地构造环境的综合分析,按照建造和改造统一的基本原则,测区范围内划分为5个一级构造单元,17个二级构造单元和11个三级构造单元(表5-1,图5-2)。尽管对澜沧江结合带和班公错-怒江结合带的延向、属性等存在很大争议,本书仍将其作为一级构造单元。

表 5-1 测区构造单元划分表

一级构造单元	二级构造单元	三级构造单元
昌都板片(Ⅰ)	雅乃卡早石炭世陆表海盆地($Ⅰ_1$)	
	阿果早石炭世深水盆地($Ⅰ_2$)	
	指木果中侏罗世上叠盆地($Ⅰ_3$)	
	苏优达始新世陆相山间盆地($Ⅰ_4$)	
澜沧江结合带(Ⅱ)	优俊习早石炭世裂谷盆地($Ⅱ_1$)	
唐古拉板片(Ⅲ)	干岩-比冲弄前石炭纪古微陆块($Ⅲ_1$)	觉拉-比冲弄新元古代结晶基底($Ⅲ_{1-1}$)
		干岩-布托错前石炭纪褶皱基底($Ⅲ_{1-2}$)
	冲拉果-嘎塔晚三叠世被动陆缘盆地($Ⅲ_2$)	
	他念他翁二叠纪—晚三叠世链状岛弧($Ⅲ_3$)	铁乃烈-龙让达晚三叠世火山弧($Ⅲ_{3-1}$)
		切昂能-布曲二叠纪—晚三叠世岩浆弧($Ⅲ_{3-2}$)
	八格-色加卡中侏罗世上叠盆地($Ⅲ_4$)	

续表 5-1

一级构造单元	二级构造单元	三级构造单元
班公错-丁青-怒江结合带（Ⅳ）	八格-丁青-多伦蛇绿岩带（Ⅳ$_1$）	多伦石炭纪—二叠纪蛇绿岩片组合带（Ⅳ$_{1-1}$） 丁青-觉恩晚三叠世蛇绿岩片组合带（Ⅳ$_{1-2}$） 八格-折级拉-亚宗早侏罗世蛇绿岩片组合带（Ⅳ$_{1-3}$）
	折级拉-亚宗-苏如卡构造混杂岩带（Ⅳ$_2$）	
	德极国-中纳中侏罗世上叠残余洋盆（Ⅳ$_3$）	
	尺牍-觉恩晚白垩世陆相淡水湖盆（Ⅳ$_4$）	
冈底斯-念青唐古拉板片（Ⅴ）	嘉玉桥前石炭纪古微陆块（Ⅴ$_1$）	
	确哈拉-孟阿雄晚三叠世活动边缘盆地（Ⅴ$_2$）	确哈拉边缘盆地增生楔（Ⅴ$_{2-1}$） 孟阿雄晚三叠世碳酸盐岩台地（Ⅴ$_{2-2}$）
	西昌-沙丁-希湖中侏罗世—早白垩世弧后盆地（Ⅴ$_3$）	西昌-希湖中侏罗世弧后周缘前陆盆地（Ⅴ$_{3-1}$） 沙丁-卡娘中侏罗世—早白垩世弧后局限盆地（Ⅴ$_{3-2}$）
	仲罗多-冈青果早晚白垩世岩浆弧（Ⅴ$_4$）	

第二节　各构造单元构造建造特征

一、昌都板片（Ⅰ）

昌都板片分布于测区东北隅，位于军达-日钦马断裂以北。

1. 雅乃卡早石炭世陆表海盆地（Ⅰ$_1$）

该盆地由 C_1s 和 C_1d 构成，分布于测区北侧的尕翁—达拉贡一带，其南坡被区域断裂与他念他翁深水盆地所切割，其北东坡被中侏罗统超覆不整合。前者为一套黑色泥岩细碎屑岩夹生屑灰岩，偶夹劣质煤线的单陆屑含煤建造，后者为一套灰色灰岩夹泥岩的台地碳酸盐岩建造。所含生物以暖水型为主，另有极少数冷水型分子。

2. 阿果早石炭世深水盆地（Ⅰ$_2$）

该带分布于铁乃烈-当不及断裂的觉涌一带，属他念他翁深海盆地的一部分，由卡贡群组成，呈北西-南东向狭长条带状分布。其两侧均被深大断裂所限。向北西延入青海，向东（南）延入云南。自下而上为 C_1a、C_1r 和 C_1m。前者为一套外（深）陆棚环境的黑色泥岩夹灰色生屑灰岩及灰褐色碎屑岩建造；日阿则弄组为一套边缘裂陷槽（被动边缘拉张盆地）环境的暗绿色玄武岩夹泥岩、硅质岩及流纹岩的建造，火山岩具双峰模式；后者为一套海底扇环境的灰黑色泥岩与灰色碎屑岩及生屑灰岩组合的复理石建造；深水硅质岩和静海碳酸盐岩建造，反映了深海盆地环境。双峰式火山岩特点，说明其生成于深海盆地和边缘裂陷环境。

3. 指木果中侏罗世上叠盆地（Ⅰ$_3$）

该盆地由察雅群组成，其总体呈坳陷盆地，为红色复陆屑-碳酸盐岩建造，其主体在昌都地区，测区出露较少。其超覆于卡贡群之上，不整合伏于贡觉组之下（图 5-3）。由老至新为 J_2t、J_2dd、J_2x，由北老、南新的单斜构成。前者为一套紫红色泥岩夹黑色泥岩生屑灰岩组合的地层体；东大桥组为一套灰色细碎屑岩夹海相生屑灰岩的地层体；后者为一套紫红色灰色细碎屑岩与泥岩互层出露的地层体，底部为紫红色砾岩。

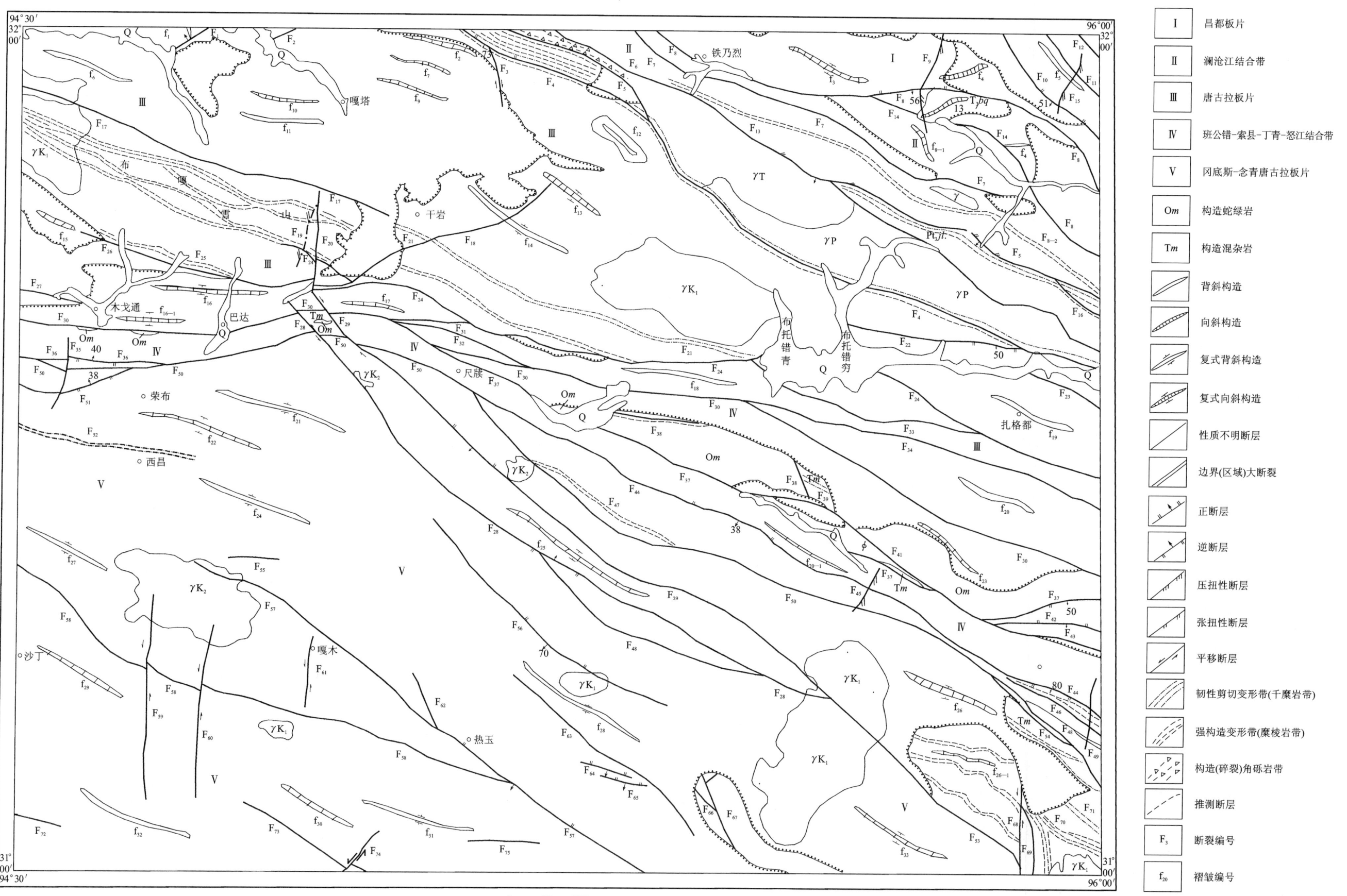

图 5-2 丁青县幅构造纲要图

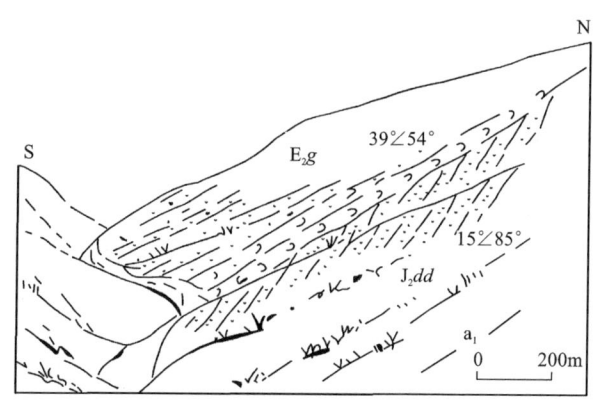

图 5-3　囊谦县吉曲乡姜弄东大桥组与贡觉组接触关系素描图

4. 苏优达始新世陆相山间盆地（I_4）

该盆地由始新世贡觉组组成，为超碰撞期后松弛阶段形成的陆内断陷盆地沉积，呈北西-南东向展布，南西和北东两侧均被走滑断裂控制。下段为红色磨拉石建造，上段为湖盆红色含石膏单陆屑建造。与下伏地层均为不整合关系。

二、澜沧江结合带（Ⅱ）

该带分布于测区东北部，出露于澜沧江结合带主断裂军达-日钦马断裂的北侧消减带附近，由下石炭统日阿则弄组玄武岩—板岩—硅质岩的 7 个间歇-喷溢韵律组成，向上变为流纹岩，总体上构成一个由基性到酸性的火山活动旋回，属典型的拉斑玄武岩-流纹岩的双峰火山岩组合。

三、唐古拉板片（Ⅲ）

（一）干岩-比冲弄前石炭纪古微陆块（$Ⅲ_1$）

1. 觉拉-比冲弄新元古代结晶基底（$Ⅲ_{1-1}$）

觉拉片麻岩和比冲弄片岩及普查玛、雪拉山出露于测区东北部，位于他念他翁复式深成杂岩体（带）的北侧东部，为走向北西的楔状体，北东河南西侧均被深大断裂所限。觉拉片麻岩组成较为单一，为斜长片麻岩，原岩恢复为板内中—酸性花岗闪长岩类；比冲弄片岩为由片岩夹大理岩斜长角闪岩的组合，原岩为一套细碎屑岩泥岩夹少量碳酸盐岩基性火山岩建造。时代为新元古代，可能为"元古大洋"的残片，亦即唐古拉板片的基底。

2. 干岩-布托错前石炭纪褶皱基底（$Ⅲ_{1-2}$）

该单元为一套由杂色白二云石英片岩夹变粒岩、斜长角闪岩、大理岩、玄武岩等组成的复杂地层体，为一套杂岩体系。原岩为碎屑岩泥岩基性—中酸性火山岩的建造体。

（二）冲拉果-嘎塔晚三叠世被动陆缘盆地（$Ⅲ_2$）

主要分布于干岩乡的西部和北部，在上衣乡、汝塔乡附近也有零星分布，属丁青结合带早期阶段（唐古拉北东陆缘盆地）一侧的沉积建造组合。地层单元为 T_3d、T_3j、T_3b、T_3bg，前者为一套退积型碳酸盐岩台地—潮坪相的灰褐色碎屑岩碳酸盐岩建造；甲丕拉组为一套紫红色粗碎屑岩、灰色细碎屑岩、灰黑色泥页岩复陆屑建造；波里拉组为一套碳酸盐岩建造；巴贡组为一套灰色碎屑岩、灰黑色泥岩夹灰岩及煤线的含煤单陆屑建造，超覆在前石炭系吉塘岩群之上（图 5-4）。

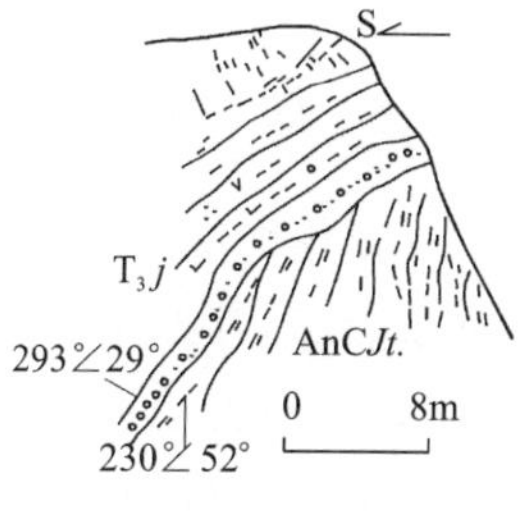

图 5-4　丁青县干岩乡热拢打 T_3j 与 $AnCJt$ 角度不整合接触关系素描图

（三）他念他翁二叠纪—晚三叠世链状岛弧（III₃）

1. 铁乃烈-龙让达晚三叠世火山弧（III$_{3-1}$）

碰撞型火山岩为 T_3bq，与下伏活动型石炭系不整合接触。主题为富钾贫钙类型的酸性火山岩建造，由厚度巨大的英安岩和火山碎屑岩组成，以 Si、Al 含量高为主要特征，$K_2O>Na_2O$，环境判别落入碰撞造山带范围，形成于板块俯冲碰撞引诱的上地壳熔融而产生的火山喷发。与火山岩为整合关系的上三叠统结玛弄组为红色复陆屑-碳酸盐岩建造。

与火山岩相配套的是三叠纪艾火弄和作木朗两个侵入体，其围岩均为活动型石炭系。

2. 切昂能-布曲二叠纪—晚三叠世岩浆弧（III$_{3-2}$）

他念他翁复式深成杂岩体带是多起构造-岩浆事件的结果，位于澜沧江结合带活动陆缘一侧，发育岛弧-碰撞型花岗岩，形成事件为二叠纪—三叠纪，岩浆活动时期跨度华力西期—印支期。通过研究主要有两个时期的岩浆热事件组成。其特征是：早期为具片麻状构造的英云闪长岩—二长花岗岩的演化序列，由拉疆弄岩体组成，岩石化学和地球化学表明属 I 型花岗岩，时代为二叠纪。晚期为三叠纪甘穷郎岩体二长花岗岩—正长花岗岩组合。拉疆弄岩体中的片麻理走向近东西，与吉塘岩群的片理走向一致，应属同构造期变质变形事件的产物，变形期为印支期，与杂岩体（带）晚期的岩浆热事件时间一致。

上述两个复式岩体代表了澜沧江结合带活动陆缘一侧的初期 I 型岩浆弧，到晚期俯冲碰撞演化发展阶段的岩浆热事件。进而说明冈瓦纳板块北缘为上述阶段的活动陆缘，为澜沧江结合带的板块俯冲方向提供了依据。

（四）八格-色加卡中侏罗世上叠盆地（III₄）

该盆地分布于上衣-布托错一带，区域上属《西藏自治区区域地质志》所称的新特提斯期活动边缘后陆准稳定建造系列的沉降盆地补偿性沉积类型。由中侏罗统雁石坪群的一套海陆交互相的复陆屑-中酸性火山岩-碳酸盐岩建造构成，自下而上由 J_2q、J_2b、J_2x、J_2s 组成。前者为一套冲积扇-辫状河-三角洲环境的紫红色碎屑岩泥岩夹灰紫色火山熔岩火山碎屑岩的建造；布曲组为潮坪相—泻湖相的一套灰色碳酸盐岩夹细碎屑岩泥岩建造；夏里组为辫状河-三角洲相的一套灰白色紫红色碎屑岩碳酸盐岩夹泥页岩建造；索瓦组为台坪环境下的一套深灰色碳酸盐岩夹泥岩细碎屑岩建造。

四、班公错-丁青-怒江结合带（IV）

（一）八格-丁青-多伦蛇绿岩带（IV₁）

1. 多伦石炭纪—二叠纪蛇绿岩片组合带（IV$_{1-1}$）

多伦蛇绿岩片组合带系指怒江蛇绿岩的北延部分，为从 1∶100 万拉萨幅嘉玉桥岩群中解体出来而重新命名，其处于前人所称班-怒结合带由东向南的转折部位，于觉恩南由断裂分隔而呈向南东东和南东两支，两支均呈 NW-SE 向展布，南支南西边被 J_2x 角度不整合覆盖。尤为特殊的是北支中所见蛇绿岩呈与区域构造一致的长条形残片，规模较大，但出露不全，主要为基性侵入岩部分；而南支除见有北支构向相同的残片外，还见有北东向展露的长条形残片，其单元组成也比北支复杂，假层序为变橄榄岩—堆晶岩—基性熔岩—深海沉积岩，并在桑多乡南东几拉北侧见枕状熔岩、晶屑凝灰岩。测区共发现

12个小透镜体状蛇绿岩构造残片,面积0.1~0.8km²不等,呈北西向、北东向两个方向串珠状分布,构造变形和韧性剪切尤为强烈(图5-5)。因在其构造混入基质黑色板岩中获采早二叠世孢子化石,故将其形成时代归于石炭纪之前。其基质为深海边缘裂陷盆地-浅海环境,而与澜沧江结合带形成背景和构造环境相似。综合区域分析推测时代为早石炭世,应为古特提斯构造残迹,后因区域性大剪切、大走滑而使二者分离成现状。

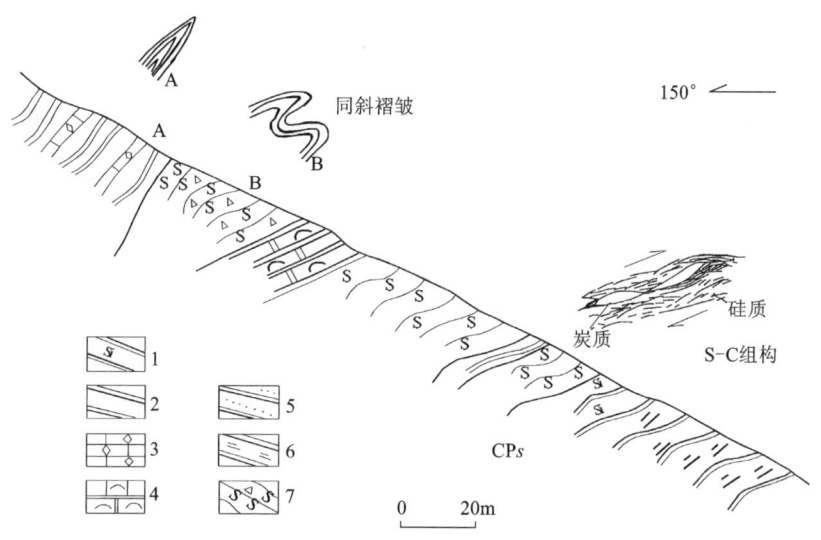

图 5-5 丁青县桑多乡多伦苏如卡岩组中蛇绿岩构造剖面图

1. 硅质板岩;2. 黑板岩;3. 细晶灰岩;4. 滑石化大理岩;
5. 砂质板岩;6. 绢云板岩;7. 片理化角砾状蛇纹岩

该带中残留橄榄岩可分为方辉橄榄岩和二辉橄榄岩两类,以前者为主,属中等到强亏损的残留地幔,以富Mg,贫Al、Ca、V、Sc、Ti及ΣREE为特征,综合特征表明其为洋盆开裂初期的产物。本书综合前人成果认为形成于早石炭世。

2. 丁青-觉恩晚三叠世蛇绿岩片组合带(Ⅳ$_{1-2}$)

该带中存在大面积的晚三叠世蛇绿岩,主要出露于丁青镇东、西两侧,其层序完整,已发现有完整的蛇绿岩组合。其中的变质橄榄岩构成了蛇绿岩的主体,约占90%,出露最宽为8km,由方辉橄榄岩、纯橄岩组成,含星点状铬铁矿。地球化学特征反映为高度熔融的地幔残余成因,岩石中常见斜方辉石晶体定向分布(叶理)而呈现假层状(图5-6),产状10°~30°∠40°±,反映了原始岩浆在成岩过程中的成分分异特征。该岩类主要经历了气-液变质作用,表现为橄榄石的强烈蛇纹石化和辉石的绢石化。镜下见辉石、橄榄石的亚颗粒,表明早期有动力变形。堆晶岩主要出露在东岩体北侧,东西向条带展布,宽约200m,由两种堆晶结构的岩石类型组成:一种为堆晶斜方辉石岩,为斜方辉石巨大晶粒彼此分层堆晶,或呈互层嵌晶构成(图5-7);另一种为堆晶辉长岩,由巨晶和细晶两种结构类型,前者单个晶体为0.2cm×0.2cm,巨晶与细晶彼此成互层状假韵律分布(图5-8)。

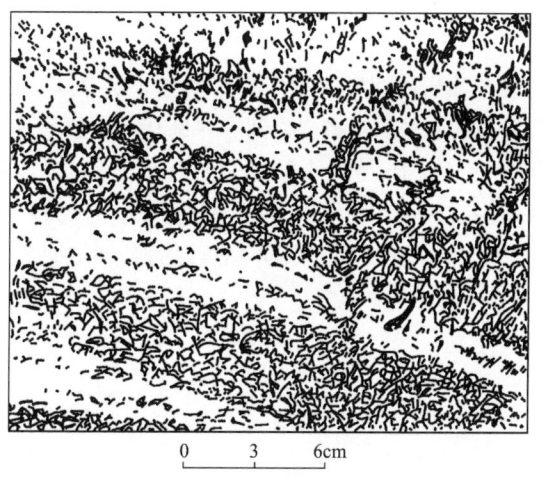

图 5-6 丁青县觉恩乡拉冬日辉橄岩中辉石和橄榄石分层堆晶素描图

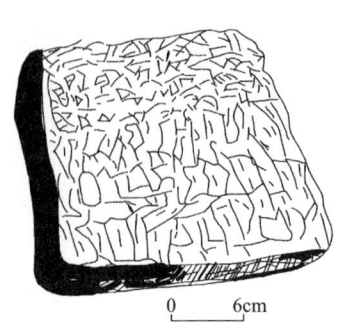 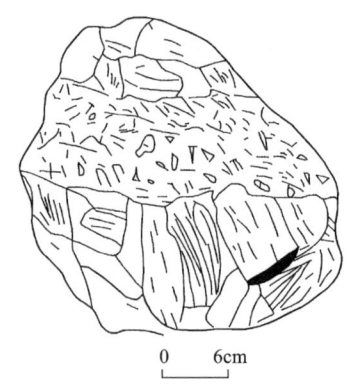

图 5-7　丁青县觉恩乡拉冬日堆晶辉石岩素描图　　图 5-8　丁青县觉恩乡拉沙拉堆晶辉长岩素描图

堆晶岩与地幔成因的变质橄榄岩为断层关系。从其分布的局限性可知其形成于小岩浆房或不稳定的局部小规模扩张环境。

岩墙主要出露于丁青西,由辉绿岩和辉长岩组成,岩墙宽 1~5m,其围岩为基性玄武岩。

玄武岩以西岩体分布最多,有数十层;一种为枕状构造(图 5-9)、杏仁构造、气孔状构造;另一种为枕状构造,豆状、鲕状结构和球颗结构(图 5-10)。岩枕呈椭球状,枕间具冷凝边,大小为 30cm×10cm,截面具同心圆状,表面具豆状、鲕状,反映为动荡环境。

图 5-9　丁青县丁青镇宗白早侏罗世枕状玄武岩素描图　　图 5-10　丁青县丁青镇亚宗早侏罗世球颗玄武岩素描图

1.玻质相;2.玄武球颗相、球颗玄武岩;3.次辉绿相

硅质岩以西岩体分布最多,有数十层,每层最厚为 15m,最薄为 10cm,为层状或透镜状产于基性玄武岩或浅灰色粉细粒石英砂岩之间。并见其呈构造残片(图 5-11),主要有两种色调:一种为浅灰色,质较纯,SiO$_2$ 含量在 95% 以上;另一种为浅红色,含有较多的铁、泥质。两种色调的硅质岩均含有放射虫,而以后者中最丰富。放射虫有两个时代,一个为早侏罗世,另一个为三叠纪。与三叠纪放射虫共生的还有牙形石,其时代依据是可靠的,进而说明蛇绿岩形成于两个阶段,即早期三叠纪洋盆阶段和晚期早侏罗世残余洋盆阶段。

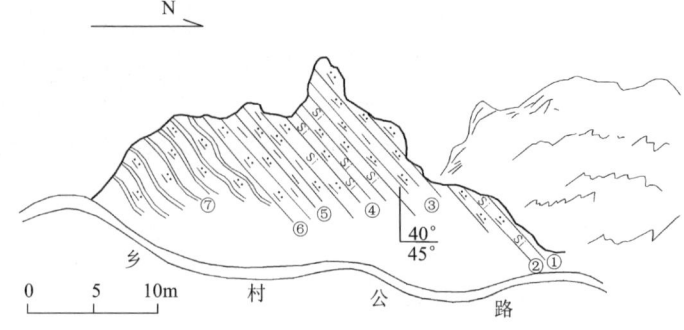

图 5-11　硅质岩残片剖析图(宗白)

①紫红色硅质岩与青灰色硅质岩互层;②紫红色硅质岩;③青灰色硅质岩;④紫红色硅质岩;
⑤黑灰色泥质硅质岩;⑥浅青灰色块状硅质岩;⑦浅黑灰色硅泥质板岩

该带中的残留橄榄岩可分为方辉橄榄岩和二辉橄榄岩,属中等至较强亏损的残留地幔。该带还发育玻安岩和岛弧拉斑玄武岩、洋中脊玄武岩、洋岛玄武岩及堆晶岩、辉长岩、辉绿岩和次闪石岩,少量纯橄岩。其岩墙和堆晶层理及纯橄岩分异条带、次闪石脉等均呈北西-南东走向,倾向北东。镁铁杂岩及基性侵入岩以富 Si、Mg,贫 Ti 的玻安岩为特征,综合岩石地球化学特征表明形成于洋内岛弧的弧前环境,形成于晚三叠世。

3. 八格-折级拉-亚宗早侏罗世蛇绿岩片组合带(IV_{1-3})

该组合带位属索县-丁青-多伦蛇绿岩带的西边部分,总体呈近东西向分布于晚三叠世蛇绿岩的北边,面积较小,是测区形成最晚的一个蛇绿岩单元。主要出露于木戈通、马呢翁、折级拉、色扎等地,呈近东西向构造残片出露于构造混杂岩中,各地所见均由大小不等的残块组合体组成,面积 0.02~1.5km²。尤其是前三地所见长度 200~2000m 不等,而宽度仅 100~150m,总体呈长透镜体状展布,并与区域构造线一致,均以构造边界或构造底劈体侵位于侏罗系木嘎岗日岩群中,共见有 9 个大小不等、组成不同的残片所组成。该蛇绿岩片组合带为一套假层序较为完整的蛇绿岩组合,以超基性岩、辉长岩、辉绿岩,枕状球粒玄武岩、气孔杏仁状橄榄玄武岩及多色硅质岩等组成,在木戈通一带出露的八格蛇绿岩片并见有晶屑凝灰岩。在宗白见辉绿岩

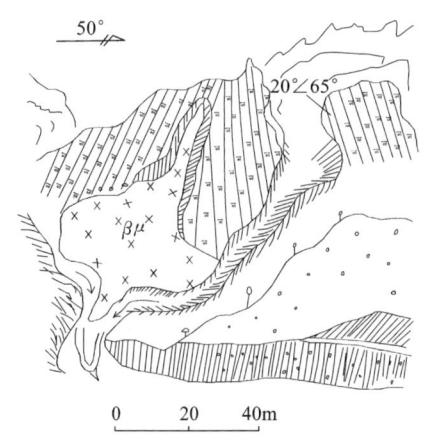

图 5-12 辉绿岩(床)侵入硅质岩素描图(宗白)

侵入硅质岩的特征极为特别(图 5-12),此现象在该单元中的其他地方均未见过。该带中的地幔岩与晚三叠世地幔岩类同,是一个已经亏损的地幔再次熔融后的难熔残留物,基性侵入岩与晚三叠世相反,以富 Ti,贫 Mg、Si,REE 富集型为特征。岩石化学、地球化学综合特征表明其形成于洋中脊(洋内弧后盆地扩张中心)和洋岛叠加环境,形成时代为早侏罗世中期。

(二)折级拉-亚宗-苏如卡构造混杂岩带(IV_2)

构造混杂岩是与蛇绿岩并驾齐驱地组成结合带的一个重要构件,是结合带中的特色产物。它是强变形的变质岩石地层实体在较低的地温梯度下,岩石韧性差增大,在板片俯冲过程中,在构造斜板上因重力和动力效应滑塌堆叠、堆垛和由构造作用搅混而产生的一类特殊地质单元,是能被识别并可填绘的实体,其形成位置大多是海沟内、外壁,或是构造斜坡。

折级拉-亚宗-苏如卡构造混杂岩带是与八格-丁青-多伦蛇绿岩带并存于索县-丁青-怒江结合带中的一个重要组成部分。整体呈东西向—南东向横贯测区中部,中部被 F_{28}、F_{29} 剪扭、错移,呈北凸弧弯,总体具中间宽(折级拉一带)、两端窄(八格、觉恩等地)的出露特点。其南北分别因区域断裂与中侏罗统雁石坪群和中侏罗统希湖组相隔,带内其与蛇绿岩片均为构造接触,测区内长度 166km,走向上多见被上覆地层不整合及第四系覆盖。总体表现出分段出露特点,其中在折级拉、亚宗、觉恩、多伦等地表现明显,混杂体基质均为灰黑色含黄铁矿晶粒含砂岩"石蛋"的砂板岩地层体。岩块形态多样,成分多见为碳酸盐岩及砂岩等。据基质地质特征和岩块特征及生物化石等资料,本书认为苏如卡混杂岩形成于晚石炭世,其余均形成于早侏罗世。在荣布一带多见为 T_3Q 层滑体,而在折级拉一带表现出复杂多样的混杂特点,在亚宗表现出强烈构造搅混特点,多伦一带多由小块体构成。

根据岩块形态、大小和磨蚀程度及变质变形等特征将测区构造混杂岩体系划分为五种。第一种为磨砾带,成分复杂,多见为灰岩、砂岩及砾岩,圆度高,形态多为圆球状、椭球状、石蛋状、次圆状等。砾径小,一般为几厘米至 30cm±,磨砾在基质中多呈疙瘩状;第二种为磨块带,一般大小为十几厘米至几十厘米,成分复杂,圆度较差,块度较大,单磨块成分均一,常见呈长条状、条块状、长椭圆状等;第三种为滑块带,单体滑块块度大,一般宽几米至几十米,长几十米至百余米,内部多见有原始结构或层序结构,成分主要为砾岩、灰岩;第四种为层滑体带,表现为一套有序组合的地质体,其全部或部分滑入构造混杂岩

带而得名,一般宽几十米至几百米;第五种为滑块堆垛(叠)带,块径一般几米至几十米,形状多见为不规则状、棱角状、次棱角状、近圆柱状、锥状等,一般单滑块有其内部结构,组成多为灰岩、砾岩,其与滑块带最大的区别是无基质或少量基质,多为滑块与滑块直接接触,或由滑块磨碎物胶结而将其分隔。

(三)德极国-中纳中侏罗世上叠残余洋盆($Ⅳ_3$)

该洋盆分布于索县-丁青早侏罗世结合带中的斜坡带的一套地层体,属上叠残余洋盆。出露于秋宗马-雪拉山-抓进扎结合带主北边界之南,不整合于蛇绿岩之上的一套碎屑岩与碳酸盐岩建造。J_2d 为滨岸(后滨—前滨)陆缘碎屑沉积环境下的灰色细碎屑岩、泥岩,底部为复成分砾岩建造,上部为灰黑色泥页岩夹炭泥结核;J_2dj 为一套浅海陆棚—陆棚边缘的碎屑岩-碳酸盐岩沉积建造,灰色碎屑岩夹团块、透镜状碳酸盐岩地层体,并见有礁灰岩大滑块;J_2j 为一套进积型碳酸盐岩台地—台坪环境下的沉积建造。

(四)尺牍-觉恩晚白垩世陆相淡水湖盆($Ⅳ_4$)

1. 觉恩残余海盆

该海盆分布于丁青结合带南侧的上白垩统八达组和宗给组,为红色磨拉石建造和红色复陆屑建造,前者形成于山前坳陷,后者形成于残余海盆,超覆于早白垩世不同的地层之上。为丁青结合带碰撞造山阶段继承性前陆盆地的建造类型。

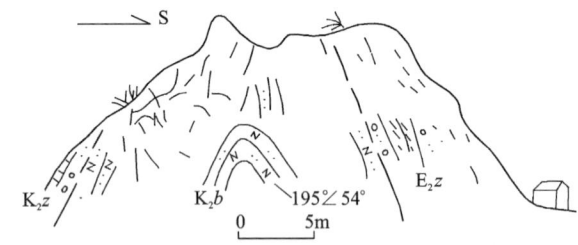

图 5-13 丁青县城西宗白组(E_2z)与八达组(K_2b)接触关系素描图

2. 宗白断陷盆地

该盆地分布于丁青结合带南侧的古近系宗白组为含油页岩单陆屑建造,生成于陆相湖盆环境,为超碰撞陆内调整期(造山运动的松弛期)的产物,平行不整合于上白垩统宗给组之上(图 5-13)。该构造层为油页岩及油气苗提供了良好的生储环境,已发现油页岩矿化点两处,为寻找油气藏指示了方向。

五、冈底斯-念青唐古拉板片(Ⅴ)

(一)嘉玉桥前石炭纪古微陆块($Ⅴ_1$)

分布于测区洛隆县主固意一带的前石炭系嘉玉桥岩群与前述的吉塘岩群具有相似的建造和变形特征,共同构成了冈瓦纳陆块的基底韧性变形变质岩片。岩石类型为浅灰色白云钠长片岩、绿泥白云石英片岩、石英岩、斜长绿泥片岩夹大理岩。原岩恢复为粉砂质泥岩、灰岩,基性—酸性火山岩、酸性侵入岩。其中产大量的基性—酸性火山岩,表现出活动陆缘的建造特点,为活动陆缘增生链的岩石组合,可能代表冈瓦纳古陆外缘带。

(二)确哈拉-孟阿雄晚三叠世碳酸盐岩台地($Ⅴ_2$)

1. 确哈拉边缘盆地增生楔($Ⅴ_{2-1}$)

该增生楔为深水复理石-硅质岩建造,静海碳酸盐岩建造夹基性火山岩,处于丁青板片结合带洋盆阶段南侧北东陆缘盆地构造环境,岩石地层单位为 T_3Q。地层陡倾,南北两侧分别被确哈拉断裂和尺犟-觉仲娃断裂所限,使其在测区呈中间宽、东窄向西尖灭的楔状。变质期主要与早期变形时间一致,为区域低温动力变质的低绿片岩相。

出露于确哈拉群南侧东端和通拉一带,并与其为断层接触的 T_3M 在测区为台地碳酸盐岩建造,与确哈拉群一组构成了丁青结合带洋壳演化阶段(大西洋阶段)的南侧被动陆缘盆地建造岩系。该岩系早期变形不明显,这与土门格拉群是一致的。后期受区域动力热流变质影响为低绿片岩相。

2. 孟阿雄晚三叠世碳酸盐岩台地(V_{2-2})

该台地分布于测区东南部,出露于确哈拉群南侧东端和通拉一带,与前石炭纪嘉玉桥岩群为断层接触,与中侏罗统希湖组角度不整合。测区为台地碳酸盐岩建造,岩石地层单位为 T_3M,与确哈拉群一起构成了丁青结合带洋壳演化阶段(大西洋阶段)的南侧被动陆缘盆地建造岩系。该岩系早期变形不明显,这与土门格拉群是一致的。后期受区域动力热流变质影响为低绿片岩相。

(三)西昌-沙丁-希湖中侏罗世—早白垩世弧后周缘前陆盆地(V_3)

1. 西昌-希湖中侏罗世弧后周缘前陆盆地(V_{3-1})

该盆地广布于测区中南部,出露于丁青县巴登乡到洛隆县俄西乡一带,由希湖组组成。为复理建造,在荣布、西昌等地见夹中基性火山岩,与嘉玉桥岩群为超覆接触关系(图 5-14)。与区域低温动力变质作用的绿片岩相和等厚褶曲形成的时间相当,为丁青结合带这一时限上的主要变质变形特征。

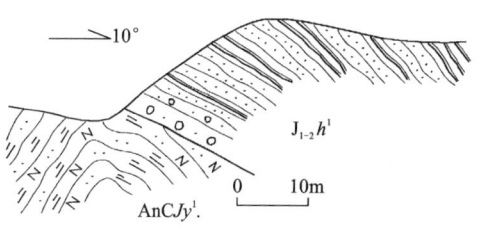

图 5-14 丁青县桑多乡冬拉 $AnCJy_1^1$ 与 J_2xh^1 角度不整合素描图

2. 沙丁-卡娘中侏罗世—早白垩世弧后局限盆地(V_{3-2})

该盆地广布于测区西南部,出露于边坝县沙丁乡到热瓦乡一带,由 $J_{2-3}l$、K_1d 组成,前者为一套黑色泥岩、粉砂岩,夹灰色细碎屑岩,偶夹透镜状灰岩及中酸性火山碎屑岩的建造;后者为一套三角洲环境下的灰色陆源碎屑岩、深灰黑色泥岩,局部夹火山熔岩、火山碎屑岩,含数条煤层的建造。

(四)仲罗多-冈青果早白垩世岩浆弧(V_4)

该岩浆弧分布于巴登-桑多一带的冈青果岩体,为细粒黑云花岗闪长岩—中粒黑云正长花岗岩的岩浆演化序列,侵入中侏罗统希湖组黑色板岩中,岩石化学地球化学等各种特征表明为 S 型花岗岩。K-Ar 同位素年龄范围在 92.5~111.1Ma 之间,围岩为接触变质的红柱石角岩相,形成于燕山晚期。岩体受晚期构造应力的影响,局部具云英岩化和初糜棱岩化,镜下可见及石英压力影和"云母鱼",应为喜马拉雅期的应力叠加。

第三节 构造单元边界和区域断裂特征

一、铁乃烈-当不及断裂(F_7)

该断裂为昌都板片与澜沧江带的边界断裂,为区内一级断裂,起自囊谦县尕阳乡铁乃烈西北部,东至当不及,区内延伸约 70km,东西两端均延入邻幅,总体走向为北西-南东向。北东盘为昌都板片之 C_1s、C_1d 和 J_2t、J_2dd、J_2xh;南西盘为 T_3bq、T_3jm 和 C_1a、C_1r、C_1m。断裂走向上呈弧形,并于阿保一带中断分为东西两个弧,弧顶分别指向北东和南西。断面呈舒波状,产状 330°~30°∠35°~70°。其中与

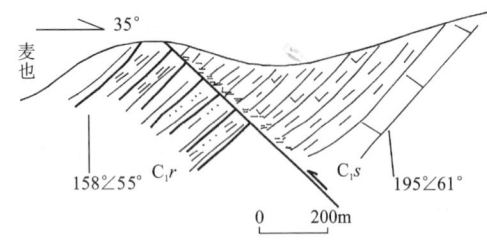

图 5-15 囊谦县尕羊乡麦也沟铁乃烈-当不及断裂(F_7)素描图

F_8 于阿保北相交、复合,为高角度逆推断裂,北盘之下石炭统及中侏罗统地层推覆于南西盘下石炭统(图 5-15),并形成飞来峰,且表现为前峰带特征,断裂下部发育构造片岩,局部为糜棱岩,具多期活动特点。该断裂早期形成于印支期,为压扭性断裂,与澜沧江结合带的碰撞有关;晚期形成于燕山晚期,与超碰撞有关,并在早期活动残迹之上形成规模较大的走滑断裂,且伴有较为密集的裂隙,并成为金、银、铜矿等的良好富集场所。

该断裂地形地貌特征明显。走向上多表现为低势、沟谷、凹地,局部并见断层崖、对头沟等景观,断裂通过处多为鞍部和极为明显的负地形。断裂北西多为高山地貌,植被稀疏,地形上多呈尖棱状山峰;南西侧则相对较缓,山体平滑。

该断裂明显控制了两侧地层的分布。北东侧缺失上石炭统及二叠系、三叠系至下侏罗统的沉积;而南西盘则缺失上石炭统及下、中三叠统和其以上地层。总体来看该断裂两侧地层缺失较多,而且也不对应,明显地表现出长期活动、多期多阶段发育、性质复杂、成生环境多样、复合叠加、动力学及运动学方式多样等众多特征。

二、军达-日钦马断裂(F_5)

该断裂为澜沧江结合带与唐古拉板片的分界断裂,是一级构造单元的主边界断裂,也是古特提斯闭合的遗迹,其控制了活动型下石炭统的分布。

该断裂起自测区北图边,向南东方向经尕阳乡军达,东止类乌齐县日钦马,走向上其北西端和南东端均延出图外。区内出露全长约 80km,总体走向为 290°。其西南侧中东部为 $Ptjl.$、$Ptbc.$ 古老结晶岩系,中西部为他念他翁链状岛弧的复式深成杂岩体(带);北东侧为 C_1m、C_1a,并在北西端错断 E_2g 红色碎屑岩。

断裂早期是因板块的俯冲而形成,后期因构造而掩盖了许多特征,但在走向上仍可见 C_1m 伏于南西侧的岩浆杂岩体之下。晚期为韧性剪切的叠加,发育长英质糜棱岩带,其宽 100~500m,表现为中部宽、两边窄的热点,带内普遍发育 S-C 组构和核幔构造、鞘褶皱、a 型线理、长石旋转碎斑、长英质拖尾等韧性剪切变形组构。糜棱面理产状为 216°~225°∠40°~81°,据此判别为左行剪切,变形期为印支期,可能与澜沧江带闭合后两个板片的左行滑移扭动有关。

该断裂在走向上多表现为低势、凹地、沟谷等负地形,地形地貌特征明显。断裂北东地势相对较缓,山体平滑,植被发育;断裂南西侧为高山地貌,基岩裸露,植被稀疏,地形上多为尖棱状山峰。

上述特征说明,该断裂的不同地段所表现出的产状和性质的变化,应是区域碰撞造山过程中不同期次、不同阶段断裂运动方式和方向、性质变化而留下的痕迹。

三、阿保-肖均达断裂(F_8)

该断裂西起尕阳乡阿保,东止肖均达,其北西端于阿保西交会复合于 F_7,南东方向交会于 F_{8-1} 并延入邻幅。区内出露长约 40km,总体呈北西-南东向,断裂中部呈北凸弧形,且与 F_7 的东段具相同弧顶特征,断裂北东盘为 C_1a、C_1r 及 T_3jm、T_3bq,南西盘为 C_1a、C_1r 地层。该断裂走向 300°~120°,断面产状 200°~225°∠36°~81°,在肖均达南东方向见南西盘哎保那组、玛均弄组低角度(32°±)逆冲推覆于巴钦组之上。该断裂并成为晚三叠世火山弧的南界,且控制其分布。沿断裂走向上发育断层三角面,碎裂岩发育。可显示前锋带和中带的特征,前锋带表现为碎裂岩,断裂倾角 40°±,中带发育劈理,产状 225°∠76°,此处断裂倾角较陡,约为 70°。在断裂弧凸东段肖均达北见有糜棱岩及构造片岩,宽度 20m,向两端渐宽。点处岩性为灰绿色角闪绿泥片岩及紫红色构造片岩,前者中角闪石呈拉长状,指示拉伸线理(L_a),后者中见变余砾状石英岩,也呈拉长状,片理产状 280°∠63°,点处并见有碎斑岩,此处断裂产状

270°∠42°，为逆断层。在该断裂南东端表现为沟谷负地形，两侧产状紊乱，产状220°∠32°，属逆断层。

从该断裂特征可知，其具多期活动特点，早期形成于印支晚期，性质可能为张扭性；晚期结束于燕山期，为逆冲推覆兼具走滑特征。末期为脆性断裂。

四、落青寨-日钦马北韧性剪切带（F_{8-2}）

该断裂位于澜沧江结合带中，并与 F_5 近于平行延伸，其北西方向起自落青寨南东，至于日钦马。总体呈北西-南东向狭长条带状展布，在该带中部呈南凸舒波状弧弯形，两端均延入邻区，向北西延入青海省，向东（南）延入云南境内。该带西北部被始新统贡觉组不整合覆盖，由此向南东方向不同地段被第四系覆盖或淹没。该韧性剪切带主要切入早石炭世卡贡群深海盆地及裂谷盆地边缘裂陷带。据前所述，其原岩为一套深海盆地环境的复理石与火山岩并夹硅质岩的建造，火山岩具双峰特点，由此说明其生成于边缘裂陷环境。

该带为一条复杂的韧性剪切变形带，其总体呈中部宽、两端窄的似豆荚状，一般宽2000～2200m，最宽2500m±，窄处为1000m。变形带所切入的卡贡群地层为层状无序岩系，变形强烈，但其中的 S_0 尚能识辨，尤以硅质板岩与玄武岩组成的韵律较为典型。板劈理非常发育，变形大体可分为早、中、晚三期。早期变形发生以 S_1 为变形面的变形，主要表现为褶叠层、顺层掩卧褶皱（图5-16）、无根褶皱等，其轴面产状191°～224°∠42°～64°。变形面理 $S_1 // S_0$，其成因与伸展机制下的水平分层剪切作用有关。该带中发育典型的 S-C 组构、核-幔组构（图5-17）、矿物拉伸线理、碎斑旋转等韧性变形组构。从片糜岩、糜棱岩中的变形组构及生物化石（海百合茎等）拉长变形来看，该期变形应与中期挤压机制下的右行韧性剪切作用有关。后期表现以 S_{n+1} 变形面的同斜褶皱（图5-18）和倒转褶皱、斜歪褶皱及近于平卧褶皱为特征，轴面产状209°∠61°和260°∠36°，褶皱两翼均倾向南西，倾角50°±。与其相应的是板岩中极其发育的轴面流劈理和板劈理，为挤压机制作用的产物，该期变形与澜沧江结合带的消减、闭合及两个板片的俯冲、碰撞机制下的挤压作用关系密切，代表了一次重要的构造事件。

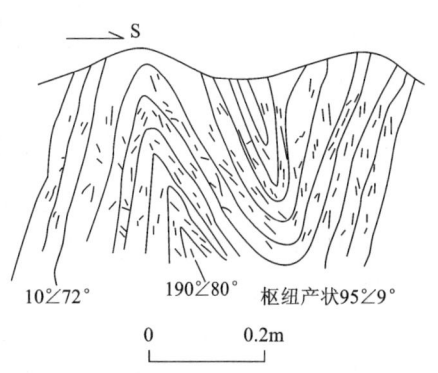

图5-16　丁青县干岩乡北吉塘岩群片理紧闭褶皱素描图

图5-17　囊谦县吉曲乡觉拉玛均弄组核-幔组构图

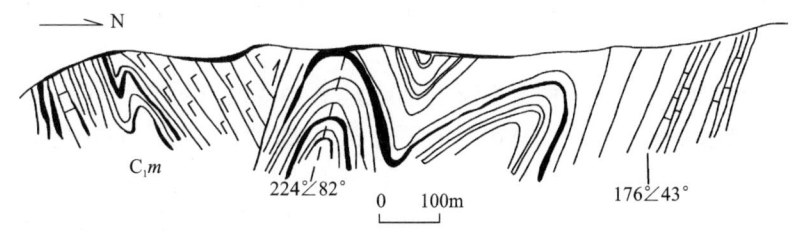

图5-18　囊谦县吉曲乡觉拉玛均弄组构造变形素描图

在 T_3m 黑色板岩中获取4件白云母 b_0 值结果，其中两件为 9.040×10^{-10} m，另两件为 9.039×10^{-10} m，近于高压动力变质范畴，表明该构造层为高压变质事件的载体。

据上可知，该韧性剪切变形带是澜沧江结合带内一条经历了多期次构造变形的复杂构造变形带，此带至少经历了三期不同体制、不同层次的构造作用。早期为华力西期中期的引张裂陷、晚期挤压机制下的洋壳闭合阶段；晚期为印支期板块俯冲碰撞的挤压构造体制。

五、嘎布拉-日拉卡断裂（F_3）

该断裂为一条规模较大的区域性断裂，起自北图边，向南东经纳给牙嘎、贡青它拉至日拉卡，两端均延入邻幅,区内全长110km。该断裂为两个构造单元的分界断裂。北东侧为他念他翁岩浆弧,南西侧为前石炭纪古老结晶基底,并于南东角切入上三叠统甲丕拉组。断裂总体走向为北西-南东向,在北西部与F_4复合,且在交会处之西被上三叠统东达村组不整合覆盖。断裂中部和东部断面平直,产状稳定$190°∠50°$,而在北西部则呈舒弯波状。

该断裂早期为韧性断层,糜棱岩带宽窄不一,一般宽200m±,而最西端宽度可达1500m,最窄处在最东端近100m±。带内发育长英质糜棱岩,变形S-C组构、长石、石英碎斑旋转、矿物拉伸线理、核-幔组构等明显。后期为脆性断层,见宽度几米至十几米的构造破碎带,产状$201°∠52°$,为逆断层。

该断裂为一条复合型断裂。早期为早印支期深层次下的韧性剪切断层,后期为燕山期的脆性断裂。

六、昌不格-干岩-布托错青韧性断层(F_{17})

该断裂为穿切于早白垩世昌不格岩体和前石炭纪吉塘岩群中的一条区域性韧性断层,其西起于测区西端昌不格,并延入1∶25万比如县幅;东端至于布托错青而潜没于近东西向的第四纪河谷中且延出图外。总体呈北西-南东向,于布托错青之西被F_{20}错移,之东愈于F_3、F_{18}复合之势,断裂中西部被上三叠统地层不整合覆盖,并且被F_{14}斜向错移,被F_{15}、F_{16}平移错扭。

该韧性断层具分支复合特点。分支部位多是坚硬的块体,这种强、弱应变域明显间隔出现的规律,在宏观、微观不同尺度上均很明显,强应变域内一般出现糜棱岩、构造片岩,而弱应变域内则形成糜棱岩化岩石以至未变形岩石。其强弱间互频繁地出现,除与岩石类型有关外,还与应力不均匀作用和应力分解有关。这种强、弱变形域相间出现的构造岩石组合,总体上表现为透镜状或网结状构造,其中在弱变形域中未变形岩块多呈透镜状,且被强变形剪切网络所包裹。综观整个韧性断层带,干岩以西变形强烈,尤其在昌不格一带,主要变形岩石为糜棱岩;而在干岩等地变形更强烈,多见为糜棱岩,局部为片糜岩、构造片岩。在同一地段一个小域甚或点域内其变形强度也不尽相同,一般表现为中心部位变形最为强烈,渐次向外变形强度递减,有些地带表现处强弱带交替出现特征。这种变形特征在全球巨型构造带、造山带和区域断裂中均有明显表现。

测区内该断裂可见延长约100km,宽度不等,一般宽度200m±。最宽处在昌不格可达800m,干岩一带最窄,仅为150m。该剪切断层带因穿切地质体复杂,从而出现了多种多样的构造岩,并且由于不同地段或同一地域的差异组成或不同部位构造变形的差异,造成变形程度不同的构造岩。主要构造岩石有构造片岩、糜棱岩、初糜棱岩、糜棱岩化花岗岩和碎屑岩,其中构造片岩较为少见,糜棱岩和糜棱岩化岩石分布于整个断裂带。

该韧性剪切带中构造变形较为复杂,各种变形组构清晰明显,有些仅在局部强应变域内发育,有些组构则遍布整个带中。剪切带中常见S-C组构,石英、长石旋转碎斑,石英的核-幔结构、矿物拉伸线理、动态重结晶、晶体错位、拔丝构造,局部出现压力影。在干岩等地露头上可见石英呈石香肠状(图5-19)、云母鱼状(图5-20)和撕裂状韧性构造变形,小尺度下可见S型旋斑,以及顺层S型(图5-21)、M型(图5-22)、不规则M型(图5-23)、A型(图5-24)及鞘褶皱和Z型、I型等韧性弯曲变形。在该地明显可见S_{n+1}片理二次变形弯曲,片理产状$25°∠45°$,小褶曲轴面产状$15°∠22°$,连续小揉皱包络面产状$312°∠47°$;同在该地另测一组小揉曲轴面产状$60°∠36°$,包络面产状$300°∠49°$。

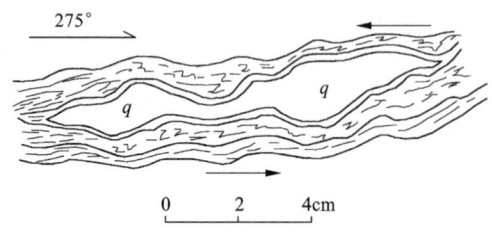

图5-19 石香肠构造素描图(干岩南)

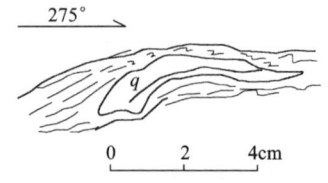

图5-20 云母鱼构造素描图(干岩南)

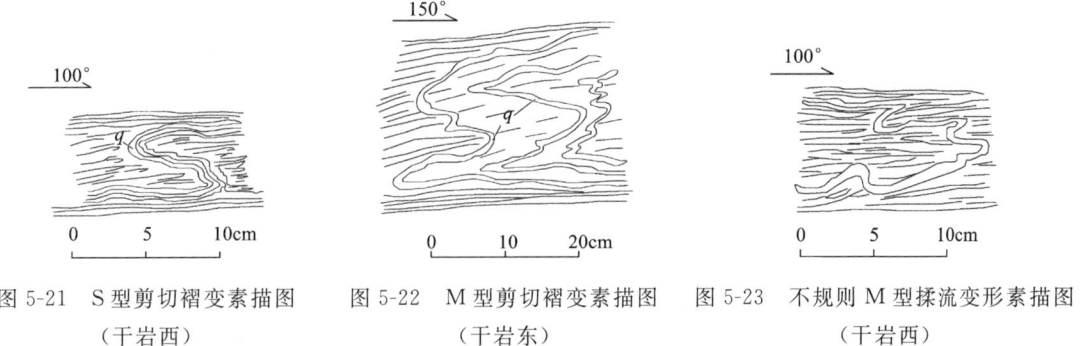

图 5-21 S 型剪切褶变素描图　　图 5-22 M 型剪切褶变素描图　　图 5-23 不规则 M 型揉流变形素描图
　　　（干岩西）　　　　　　　　　　（干岩东）　　　　　　　　　　　　（干岩西）

据对采自干岩南该韧性断裂中二云母石英片岩的构造岩组构分析,其具有复杂的极密岩组图(图5-25)。石英呈镶嵌状,定向分布,集合体多呈透镜状,对其做 200 粒组构统计表明,岩组图对称型为单斜对称,极密略仅于 c 轴,属低中温结构,L 与 c 轴夹角 410°,岩组图显示最强烈一期构造面理为南西侧（下盘）向下,北东侧（上盘）向上的逆冲构造运动。

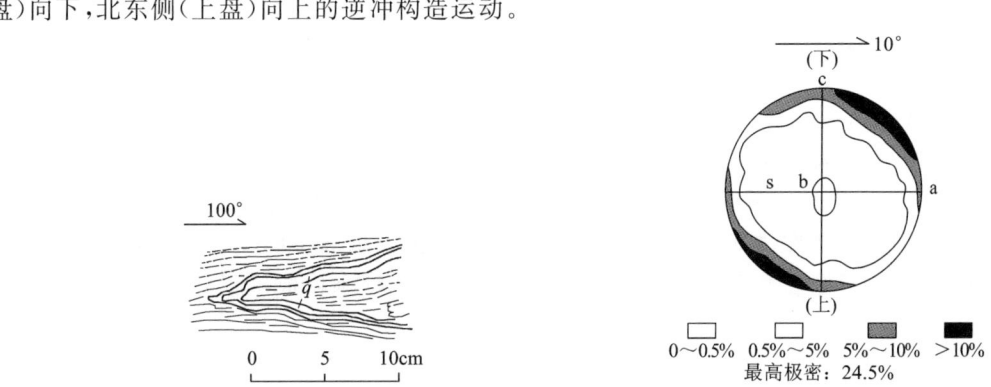

图 5-24 A 型剪切褶变素描图（干岩西）　　　图 5-25 岩石组构图

综述表明,该韧性断层是一个经历多期构造活动,并具不同方向、不同性质、不同动力学机制和运动学特点的复杂构造带,是一条复杂的韧性剪切揉流变形带,结合昌不格等地的变形来看,在早白垩世之前就发生过至少三次构造作用事件,构造运动期相应推测为华力西期、印支期和燕山期,而早白垩世之后的构造变形最为强烈。

该剪切带因受应力变形作用而普遍出现变质矿物,沿糜棱面理或剪切变形面理新生云母类、帘石类等矿物组合,总体属低绿片岩相,为与应力作用同步、温压条件相当的构造变质作用。

七、秋宗马-雪拉山-抓进扎断裂（F_{30}）

该断裂是测区内一级断裂,是唐古拉板片与班公错-怒江结合带东段的分界断裂,横贯测区中部。它西起索县荣布镇秋宗马,向东经丁青县八达、尺牍北、丁青北而止于东图边抓进扎,并延入 1∶25 万类乌齐幅,西端延入 1∶25 万比如县幅,测区内延伸约 158km。该断裂总体走向为近东西向,在不同地段被后期其他方向断裂平移、错位、复合、联合等。在其西段为东西走向,在雪拉山以东呈南东东向。断裂在走向上呈舒缓波状,在雪拉山呈北凸弧形,在东端却略往南西方向微凸,总体反映出了区域边界断裂的特点。该断裂北侧断切上三叠统巴贡组、中侏罗统雁石坪群及前石炭纪吉塘岩群等不同时代地层体,其南控制着蛇绿岩、构造混杂岩以及中侏罗统上叠盆地的分布和范围,是测区一条极其重要的断裂。

该断裂在雪拉山被北西向 F_{28}、F_{29} 平移剪切、错位,往东 F_{24}、F_{26}、F_{33} 等多条南东东向断裂复会、交合其上。总体来看,该断裂及其上述断裂在雪拉山一带呈收敛状,向东发撒,构成一个东撒西敛的扇状断裂系,此特征与澜沧江结合带边界断裂明显不同。

断裂西端秋宗马一带,断裂破碎带之北为中侏罗统布曲组碳酸盐岩,之南为蛇绿岩,见宽 3～5m 的构造角砾岩带,角砾呈棱角状,大小不等,分选差,无定向,成分为灰岩和强孔雀石化纯橄岩及细砂岩,砾径大者10cm×50cm,小者2cm×3cm,胶结物为钙质,并见有钙华。断面倾向北,倾角75°±,具张扭性特征。

在巴达乡波戈村东,该断裂之北为J_2q紫红色碎屑岩,之南为超基性岩组合,该处见宽100m的断裂破碎带,发育构造角砾岩,角砾成分为二辉辉橄岩及方辉橄榄岩和紫红色砂岩,以前者居多。角砾呈次板角状、棱角状,少数呈次圆状,大小不一,大者30cm,小者仅1~2cm,为细粉砂质和钙泥质胶结。断裂倾向南,倾角约50°。为东西走向,其地形地貌特征明显。在此处之西见其断面呈波形,倾向北,倾角约65°,为逆断层。

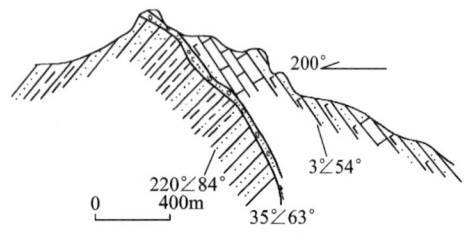

图5-26 瓦弄争大卡-布托断裂(F_{20})素描图

在丁青北东卡拉日一带见宽50m±的构造破碎带,近断裂南盘岩石劈理化强烈,断面见有擦痕,断裂产状30°∠85°,为逆断层(图5-26)。

在丁青东图边抓进扎一带发育宽约100m的断裂破碎带,带中岩石呈棱角状,大小不一,最大为20cm,最小为2cm±,成分为碎裂状微晶灰岩、钙质碎裂岩,角砾岩中见有变形的方解石细脉,断裂产状200°∠80°,为正断层。

综上所述,该断裂南北两侧为同时异相且各自层序不全的中侏罗统地层体,也是一条控盆断裂,伴生紧闭褶皱,轴向与断裂产状一致,且显示两次活动的性质。走向上产状波动较大,在丁青以东总体为10°~30°∠72°~85°,性质为正断层;雪拉山及其以西产状为160°~170°∠50°~75°,性质为逆断层。这是一条多期次、多性质的脆性断层,局部地段因推覆作用在仰冲盘形成拖曳褶皱,而因张扭性质则沿断裂走向发育较多的温泉。该断裂形成于燕山晚期,由地壳收缩挤压体制而引起,同时与该断裂配套的次级裂隙或复合断裂交会处则构成了很好的储矿构造,拉日卡铜、金矿即为其代表。

八、八忍达-折级拉-确哈拉-苏如卡断裂(F_{40})

该断裂是测区内一级断裂构造,是索县-丁青-怒江结合带与冈-念板片的分界断裂,也是班-怒结合带的南界断裂,斜穿于测区中南部。它西起西图边荣布镇八忍达,向东经折级拉、确哈拉卡、甲日,止于东图边苏如卡,两端均延入相邻图幅,区内延长约162km。该断裂与F_{30}组成班-怒结合带的南、北边界,二者近于平行延伸,但该断裂更为复杂。其总体呈北西-南东向伸延,走向上表现为舒缓波状,尖弧顶于折级拉呈北凸,缓弧圈则于确哈拉凸弧南西,同时并与其他断裂构成一个西聚东撒的放射状断裂系,束部位于折级拉,同时并在东图边苏如卡和西图边八忍达两端部各形成一个相同的束状断裂系,只是规模较小。

该断裂北侧出露蛇绿岩、侏罗系木嘎岗日群、上三叠统确哈拉群以及石炭系—二叠系苏如卡岩群,断裂南侧斜切中侏罗统希湖组、中上侏罗统拉贡塘组及上白垩统宗给组等侏罗系以后的地层体。它控制着弧后前陆盆地的规模和范围,是一条控盆断裂,也是一条区域性边界断裂。

该断裂于八忍达兼容复合F_{32}、F_{34},且形成一个西撒东聚的小型束状断裂系,三者同被南北向F_{31}左旋平移。折级拉一带被F_{28}、F_{29}平移、错扭而致改变走向。在尺胲南其与F_{41}分支,而且二者夹持着确哈拉群的出露和分布,且在觉恩南有合并之势,并与F_{45}分支。该断裂在丁青南斜截F_{43}韧性断层,且于丁青南被北东向断层横切。

该断裂在测区西端表现出宽度300m±的构造破碎带,带内褶皱强烈,断层角砾岩多见为砂岩,极少量灰岩,两侧基岩劈理化强烈,产状350°~10°∠40°~55°,为北倾正断层。在巴达至折级拉一带表现为宽缓沟谷,并成为构造混杂岩与J_2xh的分界断裂,且在折级拉处见其横切近南北向的灰岩所构成的背斜。在东边见宽度10m±的构造破碎带,带内发育黑色断层泥,两侧基岩破碎且发育密集劈理,为倾向北东的逆断层。

在断裂中段尺胲南一带,该断裂表现为逆冲推覆性质,此盘的T_3Q推覆于南盘J_2xh之上,下部断面倾角15°±,发育初糜棱岩;中部断面倾角50°±,可见宽10m±的破碎带;上部倾角30°±(图5-27),

这种断面舒缓波状趋势变化和破碎带结构变化特征在造山带逆冲断层上表现得很明显，这是由于应力不均和底挡层岩石力性所决定的。其仰冲盘发育拖曳褶皱，且其轴面与断裂产状一致，局部可见飞来峰，地形地貌特征也很明显。由于 T_3Q 中的石英砂岩抗风化能力远比 J_2xh 黑色板岩强，所以沿断裂走向上多形成山脊。

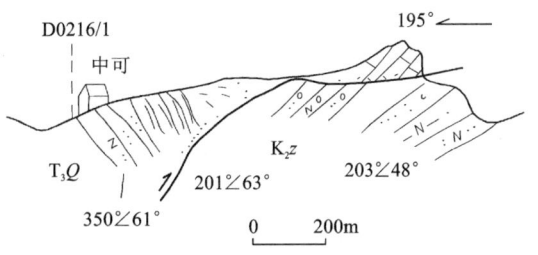

图 5-27 丁青县协雄乡下拉村推覆体素描图

该断裂在地形地貌上表现明显，多表现为沟谷、凹地、鞍部、山隘等负地形，发育断层崖、对头沟等构造地貌，断裂北侧多为高山地形，植被稀少，地形上多呈脊状山梁和尖棱状山峰；南侧多为平滑宽缓地形和低山谷岭地貌，灌草丛生。

以上综述可见，该断裂显示出多期次、多阶段、多层次活动的特征，至少经历了 3 次以上构造作用。早期为深层次的韧性断层，活动时代为早侏罗世早期，与丁青小海盆的扩裂有关；中期为由北向南的逆冲推覆作用，活动时代为早侏罗世中晚期，与海盆的消减、俯冲有关，并且成为构造混杂岩带的重要组成。晚期、末期均受制于区域动力变化和辐射而发生的正断层效应。

九、格来色-扎龙舍-孟达断裂（F_{29}）

该断裂是测区内规模较大的断裂之一，呈北西向斜贯图区。其西自尺牍镇格来色，东南至于南图边，并延入 1:25 万边坝县幅，区内全长 125km，主体穿切于 J_2xh^1 中。

该断裂北西段右旋错移班-怒结合带南、北边界断裂及其折级拉蛇绿岩带的东边界，并斜切中侏罗统地层，末端与 F_{16}、F_{20}、F_{22} 等东西向断裂交会，且潜没于第四系；断裂南东部于早白垩世花岗岩中与 F_{28} 断裂复合，并于南图边交合于南北向断层 F_{61}，且被左旋移位而致不连续。断裂东南段横穿花岗岩体，并复合于嘉玉桥岩群与希湖组的接触界面。沿断裂发育宽 30~50m 的构造破碎带，破碎带内褐铁矿化较为强烈，且致其呈褐色。组成均为两侧基岩碎裂物，多呈次圆状—次棱角状，结构疏松。断裂走向上见有与之附配的羽状小断裂，断面上多见有擦痕、阶步和摩擦镜面。该断裂中东部多表现为逆断层，具斜冲压扭特征，并造成两侧地层不连续，且多有重复，断面产状 220°~240°∠70°~78°；而在断裂北西段则表现平移断层，倾向忽南忽北，极不稳定，倾角较大。该断裂所经之处多发育线型水系，地形上多表现为沟谷、凹地、鞍部等负地形，航卫片上线性特征明显。该断裂的最大特点是其两端均被南北向右旋构造走滑平移，致使中部断面呈舒缓波状，两端则产状陡立，且多形成峡谷。该断裂具两次活动特征，形成时代为喜马拉雅期。

十、沙丁-噶木-希湖断裂（F_{63}）

该断裂为区内分割前陆盆地和局限盆地的较大规模断裂，两端均延入邻幅。区内全长约 105km，其北东盘为 J_2xh，南西盘为 K_1d。该断裂起于沙丁，向南东方向经噶木、你巴瓦延出测区止于希湖。此断裂西段被 F_{64}、F_{65} 两条右旋平移断层错移而致其多呈曲弯状不连续延伸，于热玉东一带与 F_{52} 复合。沿断裂走向上发育宽度 30~55m 的断层破碎带，其组成为黑色板岩、灰色砂岩等，带内并见有断层泥及透镜状构造体，带内褐铁矿化明显，断裂两侧岩石破碎，发育密集劈理，并见与之配套的牵引褶皱和不协调褶皱，并造成地层重复，断裂产状 20°~40°∠45°~65°，断面陡缓变化明显。总体上断裂两端倾角较大，中部较缓，为由南西向北东的斜向逆冲断层。该断裂形成于喜马拉雅期。

第四节 各构造单元的构造变形特征

根据上述各构造单元边界及其各构造单元的建造特征和构造形迹群组合特点及其格局来阐述其内部构造变形。构造单元的构造变形特征是指在不同构造带中的主导构造事件中所形成的各种构造形迹组合及其他构造事件(时间)所形成的构造的联合、复合、叠加等现象的综合表现。它包括不同变形场中不同层次、尺度和序列等的各种构造单元、构造要素和构造单体的组合(马杏垣,1993)。据此而对测区各构造单元内的断裂、褶皱及其派生、伴生的各类面状、线状构造等分别论述,并依其相互关系进一步加深对区域构造组合规律的认识。

一、昌都板片

分布于测区东北隅,位于军达-比冲弄断裂以北。它相当于《西藏自治区区域地质志》中所称的羌塘-三江复合板片的华夏亲缘构造地层地体中的昌都-开心岭地体的一部分。根据石炭纪建造特征及构造变形的差异而划分成昌都板片和昌都板片边缘两部分。前者石炭系为稳定型,后者为活动型,因二者只是所处构造部位不同,而其上覆盖层构造建造是相同的,故在本书中归昌都板片叙述,而在有关构造图上按符号分别表示。

(一) 各构造单元构造变形特征

1. 雅乃卡陆表海盆构造变形特征

总体构成一个宽缓褶皱带,由 C_1s 和 C_1d 构成,早期变形表现为开阔复式背、向斜,轴向 $180°\sim 100°$,变形期为华力西期,晚期有脆性断裂叠加。与区域低压埋深变质作用有关,为亚绿片岩相,变质期为燕山期。

2. 阿果深海盆地构造变形特征

卡贡群变形强烈(图 5-28),为层状无序岩系,但 S_0 尚能辨认。板劈理非常发育,变形期大体可分早、中、晚三期。早期变形主要为褶叠层构造,顺层掩卧褶皱,无根褶皱等,其轴面产状 $191°\sim 224°\angle 42°\sim 64°$。变形面理 S_1 平行 S_0,其成因与伸展机制下的水平分层剪切作用有关。从糜棱岩中碎斑(C)旋转方向,矿物或生物化石的拉伸线理指向来看,应与中期挤压机制下的右行韧性剪切作用有关。后期表现为同斜褶皱或近于平卧褶皱,轴面产状 $209°\angle 61°$ 或 $260°\angle 36°$,褶皱两翼均为倾向南西,倾角 $50°\pm$。与其相应的是板岩中极其发育的轴面流劈理或板劈理,为挤压机制作用的产物,该期变形与昌都板片、唐古拉板片之间俯冲碰撞的挤压机制有关,代表了一次重要的构造事件。

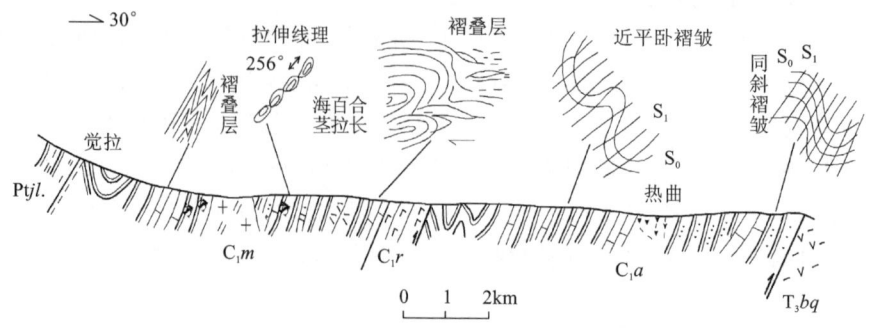

图 5-28 囊谦县吉曲乡觉拉—热曲卡贡群(C_1K)构造剖面图

玛均弄组黑色板岩中获取 4 件白云母 bo 值结果,其中两件为 9.040×10^{-10} m,另两件为 9.039×10^{-10} m,近于高压动力变质范畴,表明该构造层为高压变质事件的载体。

上述特征可知,该带至少经历了前述三期变形中的华力西中期引张裂陷阶段,华力西晚期挤压机制下的洋壳闭合阶段,印支期板块俯冲碰撞阶段三个阶段的变形事件。

3. 指木果-麦彩改上叠盆地构造变形特征

超碰撞阶段形成的指木果-麦彩改脆性变形带由 J_2t、J_2dd、J_3x 组成。变形主要为沿北西-南东向的脆性断裂和剪切为主,区域埋深低温变质类型的亚绿片岩相,主变质变形期为燕山晚期。

4. 苏优达断陷盆地构造变形特征

苏优达始新世陆相盆地脆性变形带由贡觉组组成,为超碰撞期后松弛阶段形成的陆内盆地沉积。以脆性逆冲断裂,X 剪切及开阔平缓的褶皱为主要变形特征,变形为喜马拉雅期。

(二)主要褶皱特征

现择取主要褶皱予以描述,其他褶皱见表 5-2。

表 5-2 昌都板片主要褶皱特征表

名称及编号	轴向	规模	轴面产状	核部地层	两翼地层及产状	伴生、次生构造、后期改造
指木果向斜(f_4)	50°	宽缓褶皱,延伸 5km±	近直立	J_2dd 灰色细粒石英砂岩夹生屑灰岩	J_2t 紫红色细粒砂岩与泥岩互层出现 SE:310°∠48°,NW:170°∠55°	该向斜倾伏向南西,转折端被 F_8 断失,仰起端被 E_2g 不整合覆盖,发育轴面劈理
结玛弄向斜(f_8)	30°	延伸 7km±	近直立,略向西倾	T_3jm 红色、灰色粉砂岩、泥岩夹灰色生物碎屑灰岩	T_3bq 紫红色火山角砾岩、熔结凝灰岩、英安岩 SE:280°∠42°,NE:240°∠53°	该褶皱倾伏端被 F_8 错断,被 F_9 南北向错移转折端。仰起端被 F_7 错失
别穷弄向斜(f_{8-1})	165°	延伸 6.5km	直立	C_1a 黑色泥岩,夹灰色中层生屑灰岩	两翼均为 C_1r 组成 SW:80°∠56°,NE:240°∠53°	该向斜倾伏向北西,且被 F_8 错失,仰起端被 T_3jm 角度不整合覆盖,轴面劈理发育
猛猛阿贡倒转背斜(f_{8-2})	105°	延伸 5km±	195°∠85°	C_1r 黑色板岩	C_1a 灰色碎裂状灰岩,变形生屑灰岩 S:209°∠63°,N:195°∠65°	枢纽产状 105°∠30°,为同斜倒转褶皱,反映由北东向南西的推覆。北翼灰岩中见铜矿化。倾伏向南东,被 T_3bq 火山角砾岩不整合压盖

1. 阿保-达拉贡复式向斜(f_2)

槽部为东风岭组,两翼为珊瑚河组。该复式向斜内发育有相互平行的次级背向斜,并具有轴迹略呈向西收敛,向东撒开之势,轴向 290°～110°,北翼产状 190°～°∠10°～20°,南翼产状 10°～20°∠35°,为轴面近于直立,枢纽近于水平的平缓开阔褶皱。东端被铁乃烈-当不及断裂所限,西端延出测区。与其配套的次级构造式与轴面近于平行的破劈理,为同一应力场的产物。形成时代为印支期。

2. 革集复式向斜(f_1)

由乃忍弄、宗那果两个轴线近于平行的向斜组成。核部地层为 E_2g^2 砖红色粉砂岩,泥岩夹石膏,两翼为 E_2g^1 紫红色砾岩。走向北西-南东,北翼产状 220°～230°∠50°～60°,南翼产状 40°～50°∠50°～

60°,轴面垂直,枢纽水平,翼间角小于50°,为开阔褶皱,形成于喜马拉雅期。

(三)主要断裂特征

主要断裂特征见表5-3。

二、唐古拉板片

(一)各构造单元构造变形特征

1. 干岩-比冲弄古微陆块

1)觉拉-比冲弄结晶基底构造变形特征

主要变形特征为透入性的面理非常发育,新生面理置换先存S_0、S_1面理,形成S_0面理,宏观上表现为片理和片麻理。局部为长英质糜棱岩,糜棱面理叠加于片理和片麻理之上,糜棱面理斜切片理。在觉拉片麻岩中糜棱岩中取两件白云母bo值样品,分析结果均为$9.045×10^{-10}$m,属高压范围,表明该构造层为澜沧江结合带高压变质带的载体。由此可知该构造层至少经历了三期以上的变质变形。由于多次变形叠加,S_0已无法辨认,主要为区域动力热流变质类型的中压低角闪岩相,属中深构造层。比冲弄片岩取6件Rb-Sr等时线年龄为$619±27$Ma,时代为新元古代,可能为"元古大洋"的残片,亦即唐古拉板片的基底。

2)干岩-布托错褶皱基底构造变形特征

表现为一套层状无序地层,透入性面理非常发育。据微观和宏观的变形特征分析,该岩系至少经历了三期以上的变质变形作用(图5-29)。第一期表现为$25°±$方向的剪切面理(S_1),镜下可见及S-C组构中长石碎斑的旋转和石英拖尾,并具左行剪切(图5-30),可能与泛非事件有关。变质作用主要为绿泥石交代黑云母及钾长石交代斜长石。二期表现为北西方向的剪应力作用下形成的韧性变形,剪切方向为$300°±$,定向薄片镜下可见为核-幔组构中的钠长石碎斑及拖尾的右旋现象(图5-31),个别核-幔组构中见及一期变形的遗迹(图5-32)、两期剪切面理的叠加(图5-33)及石英细脉的两期变形(图5-34)与该期间同生的紧闭褶皱(图5-35),该期的变形作用与澜沧江板块结合带闭合阶段的右行转换汇聚有关,三期表现为宽缓的片褶为区域热变质作用形成的绿片岩相,变形期为印支早期,动力应与板片最终闭合有关。

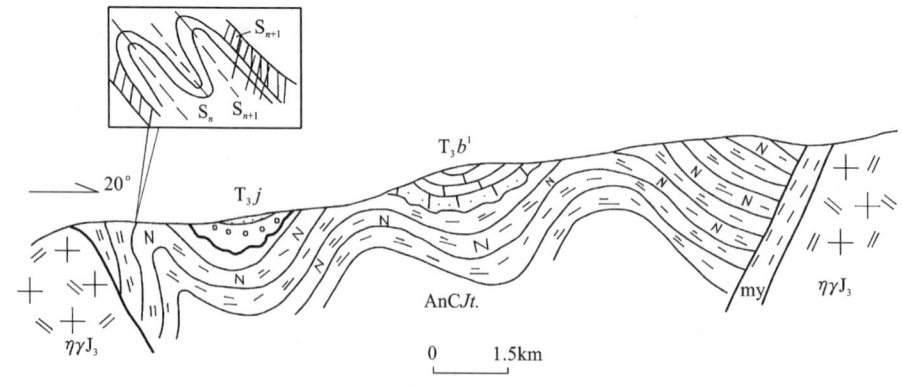

图5-29 丁青县汝塔吉塘岩群路线构造剖面图

表 5-3 昌都板片断裂特征一览表

名称及编号	走向	规模	产状、性质	断裂组合	两盘地层	特征
姜色额-摆麦拉断裂 F_1	320°	两端均延入邻幅,区内长4km	230°∠74°,推覆	于麦彩改(F_2),显刀断裂呈等间距分布,性质一致	均为 E_3g^2 红色粉砂岩,泥岩,石膏	演示破碎带宽50m,地层层序不全,地貌呈负地形
麦彩改断裂 F_2	320°	两端均延入邻幅,区内长11.5km	200°∠51°,推覆	与 F_1 和显刀断裂呈等距分布,性质一致	均为 E_3g^1 紫红色砾岩	发育破碎带,地层层序不全,航片上线性特征明显
铁乃烈-当不及断裂 F_4	弧形,弧顶指向北东	两端均延入邻区,区内延伸70km	330°～30°∠35°～70°,推覆、晚期走滑	西与阿保-作木郎断裂相交	北侧为 C_1s、C_1d;南为 C_1a、C_1m、T_3bq、T_3jm、C_1r	C_1 逆推于 T_3bq、T_3jm 之上,端面上具构造片岩,片理产状 270°～42°,局部为糜棱岩,航卫片线性特征明显。铁乃烈一带被第四系覆盖
阿保-作木郎断裂 F_5	300°	东端延入邻幅,区内延伸40km	200°～225°∠36°～81°,推覆、晚期走滑	西与铁乃烈-当不及断裂相交,东与共雄拉-登陇弄断裂复合	北侧为 J_3x、C_1d、C_1r、C_1s、T_3bq、T_3jm;南为 C_1a、C_1r、C_1m	南盘逆推与北盘之上,断裂三角面发育,岩石破碎,同断裂劈理发育
共堆拉-登陇弄断裂 F_6	280°	区内延伸72km,西端延入邻区	190°∠60°,逆推	北西端延入邻区,南东与阿保-作木郎断裂相交	北为 J_2x、C_1a、C_1r、C_1m、T_3bq;南为 C_1a、C_1r、C_1m	两侧地层层序不全,航、卫片上线性特征明显,碎裂岩发育
军达-比冲弄断裂 F_7	290°	主边界断裂,两端均延入邻区,区内长80km	190°～216°∠47°～81°,韧性剪切	东西端均延入邻区,控制了活动型石炭系分布	南为他念他翁复式深成杂岩(带),比冲弄片岩,觉拉片麻岩,南为活动型石炭系	糜棱岩带宽100～500m,由长英质糜棱岩组成,a 型线理和鞘褶皱发育
切昂能-日拉卡断裂 F_9	280°	主断裂,东西均延入邻区,区内延伸84km	190°∠50°,韧性剪切	为吉塘岩群和他他念翁复式深成杂岩(带)的分界断裂	南为吉塘岩群片岩;北为他念他翁复式深成杂岩(带)	糜棱岩带宽200m±,为长英质糜棱岩,S-C 组构明显
切昂能南断裂 F_{10}	350°	区内延伸10km	220°∠73°,右行剪切	与军达-比冲弄断裂配套	东为吉塘岩群;西为 T_3bg 和 $AnCJt.$	$AnCJt.$ 玄武岩南北错断,断距约2km,发育断层泥
姜涌断裂 (F_{1-1})	NE向	测区延长4.5km,北东延入邻幅,南西伸入第四系	50°∠45°,正断层	该断裂与 F_1 为同一构造期的断裂组合	该断裂横切 T_3j、T_3b,其产状为 270°∠20°	断层破碎带宽5m±,角砾成分复杂,见有白色石英片岩、灰色砂岩、紫红色细砂岩及灰岩等,角砾多呈次圆状、次棱角状,大小不等。形成时期为燕山晚期
古鲁断裂 (F_1)	NE向	区内延长4.5km,北东延出测区,南西被第四系覆盖	140°∠25°,逆断层	该断裂与 F_1 及 F_{46} 邻幅,另外的断裂呈近等距分布,很有规律	该断裂斜切 T_3j 和 T_3b,二者产状为 60°∠25°	地形上为小凹沟,断裂破碎带宽1.5～2m,角砾成分主要为砂岩,少量灰岩,为碎裂岩。大河对岸出露较大规模的钙化
长子-波都断裂 (F_{13})	NW向	区内延长51.5km,北西方向延入比如县幅,南东方向潜没于第四系之下	性质不详	该断裂产状与 F_{17} 大型韧性断裂产状一致,并属该断裂的北界脆性断裂	该断裂是上三叠统与前石炭系的分界断裂,其南西盘为 $AnCJt.^2$,北东盘为 T_3b^1	地形上为大型冲沟及沉积物,作为布嘎雪山的北界断裂,推断为北倾正断层,形成时期为燕山晚期

续表 5-3

名称及编号	走向	规模	产状、性质	断裂组合	两盘地层	特征
查普玛-纳则卡断裂（F_{14}）	NE向	区内延长29km，北西与F_{20}复合，北东被冰碛物覆盖	左旋平移断层，具压扭性质	该断裂作为北东向断裂组的一条大型断裂，南西端作为雪拉山混杂岩的北界断裂	该断裂斜切 AnCJt. 片岩、大理岩及砂岩地层体，断裂两侧岩性及片理无法对应	地形上为大型沟谷。见宽3～5m的构造角砾岩带，成分为片岩、砂岩等，大小不一，局部可见断层三角面、断层崖。错移 AnCJt.² 中玄武岩达2km±。断面呈缓波状
打中格断裂（F_{16}）	SN向	测区南北向延长9.5km，南北两端均消失于宽500m±的宽谷中	左旋平移断层	该断裂与F_{15}张扭性斜滑断层在北部复合，后者可能为F_{15}的分支断裂	该断裂作为布嘎大雪山的东边界，横切 AnCJt. 片岩、大理岩等，产状为15°～30°∠42°～55°	地形上为南北向的沟谷凹地，山脊错位，山体多呈南北向，局部并见断层崖，断面较直。南端切割F_{20}，且使其位移
布托卡-达阿弄断裂（F_{18}）	EW向	测区内延长35km，西端被第四系覆盖，东端延入邻幅	175°～180°∠50°，正断层	该断层与索县-丁青结合带的北边界主断裂近于平行延伸，作为前石炭系弧背断裂与晚三叠世边缘盆地的边界断裂	断裂北盘为 AnCJt. 及二叠纪花岗岩，南盘为T_3b^1	地形上为斜坡地，可见断层三角面，北侧高峻，南侧低缓，中东端切入F_3边界断裂的南边界。是一条控盆断裂

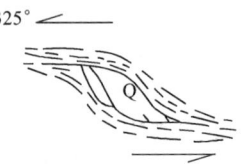

图 5-30　吉塘岩群旋转碎斑及拖尾素描图　　图 5-31　吉塘岩群碎斑与拖尾指向素描图　　图 5-32　吉塘岩群 S-C 变形组构和石英碎斑中期变形特征素描图

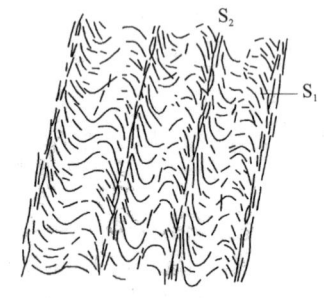 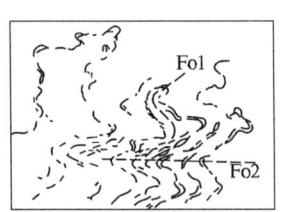 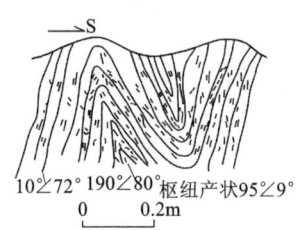

图 5-33　丁青县干岩乡吉塘岩群两期面理素描图　　图 5-34　丁青县干岩乡吉塘岩群石英脉两期变形特征素描图　　图 5-35　丁青县干岩乡北吉塘岩群片理紧闭褶皱素描图

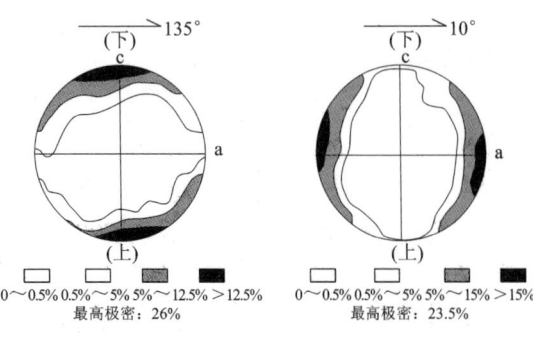

图 5-36　岩石组构图

据对干岩、雪拉山等地不同岩石所做构造岩组构分析，其具有复杂的极密岩组图（图 5-36）。左图采自雪拉山北该岩群三段中的透辉大理岩，测试云母极点200粒，云母在岩石中定向分布，部分集合体似层状分布。组构图中显示极密仅于 c 轴，表明主压应力（σ_1）仅于 c 轴，极密与 s 面理近于垂直，s 轴与 c 轴夹角50°，岩组图中显示最强烈一期面理特征为北西侧（下盘）向上，南东侧（上盘）向下的构造运动。右图采自雪拉山北该岩群一段中的二云石英片岩，颗粒状石英具波状消光，集合体似透镜状定向分布，为单斜对称组构，极密近于 a 轴,岩组图显示沿面理发生上盘(南东侧)相对于下盘(北西侧)向上的逆冲构造运动,具韧性变形特征,属中高温组构。

从测区及邻区相应的层位中取得的同位素年龄值均在 400Ma±,时代为华力西早期,表明其中可能包括有泛非事件域的成分。从其中产较多基—酸性侵入岩和火山岩来看,可能代表冈瓦纳古陆北缘的早期岩浆-火山弧。在区域上澜沧群、高黎贡山群、崇山群和阿木冈群可资对比,为中部构造层次。

2. 冲拉果-嘎塔陆缘盆地构造变形特征

其间发育轴向近东西的开阔复式向斜,以脆性的断裂和剪切变形为主,属表层构造层次,变质作用不明显。主变形期为燕山晚期(图 5-37)。

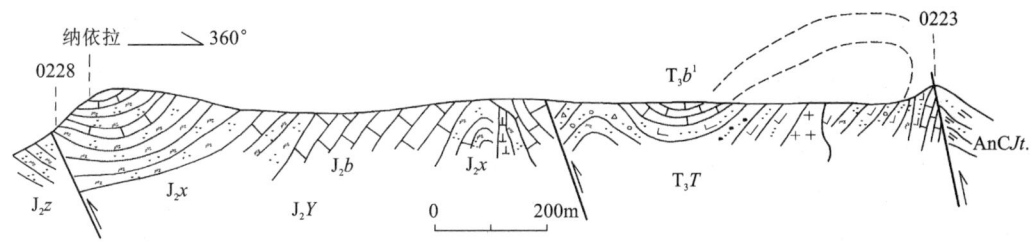

图 5-37　丁青县丁青镇布托错青西雁石坪群与土门格拉群路线构造剖面图

3. 他念他翁链状岛弧构造变形特征

1) 铁乃烈-龙让达火山弧

碰撞型火山岩为 T_3bq,变形以脆性的剪切为主,属表层次变形,低温埋深变质类型的亚绿片岩相,变形变质期为燕山期。

据区域资料来看,火山岩分布稳定,东(南)可延入云南的云县、景洪。尽管两侧均为深大断裂所控,但相对位置却稳定地处于活动型石炭系北(或东)侧,表明二者有生成的先后关系。

与火山岩相配套的是三叠纪艾火弄和作木朗两个侵入体,其围岩均为活动型石炭系。

2) 切昂能-布曲岩浆弧

该岩浆弧是他念他翁(复式深成杂岩体带)活动岛链的主要组成部分,通过研究主要由两个时期的岩浆热事件组成。其特征是:早期为具片麻状构造的英云闪长岩—二长花岗岩的演化序列,由拉疆弄岩体组成,岩石化学和地球化学表明属 I 型花岗岩,时代为二叠纪。晚期为三叠纪甘穷郎岩体二长花岗岩—正长花岗岩组合。拉疆弄岩体中的片麻理走向近东西,与吉塘岩群的片理走向一致,应属同期变质变形事件的产物,变形期为印支期,与杂岩体(带)晚期的岩浆热事件时间一致。

上述两个复式岩体代表了澜沧江结合带活动陆缘一侧的初期 I 型岩浆弧,到晚期俯冲碰撞演化发展阶段的岩浆热事件。进而说明冈瓦纳板块北缘为上述阶段的活动陆缘,为澜沧江结合带的板块俯冲方向提供了依据。

4. 布托错上叠盆地脆性变形带

发育轴向北西西-南东东向的宽缓复式褶皱(图 5-38),局部地区为平卧褶曲(图 5-39)。与地层走向

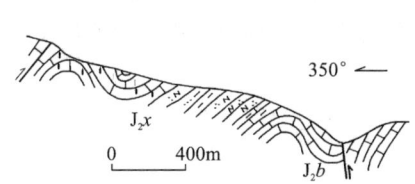
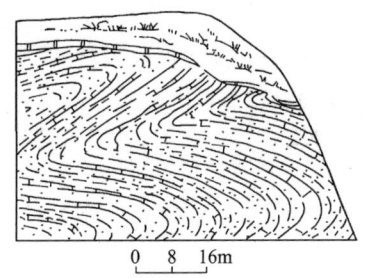

图 5-38　丁青镇江松达布曲组、夏里组路线构造剖面图　　图 5-39　丁青县尺牍镇布曲组平卧褶皱素描图

一致的脆性断裂也非常发育,断裂的走向与褶皱的轴向一致,应为同一应力作用下的产物,与丁青结合带碰撞阶段有关。区域埋深变质类型的亚绿片岩相,属表部构造相,变质变形期为燕山晚期。

(二) 主要褶皱构造特征

1. 冲拉果-嘎塔复式背斜

该复式褶皱由上三叠统土门格拉群构成,总体由 5 个向斜、6 个背斜共 11 个褶皱组成(表 5-4),一般延伸较远,长度 20~30km,其总体轴向为 290°,轴向近于直立,两翼产状 35°~70°不等,一般近核部较为陡立,多表现为开阔褶皱,属于直立水平褶皱,彼此呈等间距排列,特征近似,形成于燕山期,与丁青结合带的同碰撞造山活动有关。

2. 木戈通-扎各都复式向斜

该复式向斜由中侏罗统雁石坪群构成,总体由 4 向 3 背 7 个褶皱组成(表 5-4),单个褶皱一般延长 7.5~12.5km,褶幅宽度为 200~700m,总体轴向延于东西向,在西部和东部表现为北西-南东向,前者枢纽为倾向北西,后者倾向南东;轴面近于直立,局部为南陡北缓,枢纽朝轴向两端倾,表现形式为直立水平褶皱、斜歪褶皱,为同造山环境下的产物,形成于燕山晚期。

(三) 断裂构造特征

主要分布于唐古拉板片南缘,数条脆性逆冲断裂组成,线性特征明显,是组成丁青断裂带的一部分,择其主要断裂介绍于下。其余断裂见表 5-5、表 5-6。

1. 切昂能南右行走滑断裂(F_{10})

出露与干岩北的切昂能,断裂走向 170°~350°,产状 220°∠73°,区内延伸约 10km。东西两侧均为 $AnCJt^2$ 含石榴二云石英片岩夹蚀变基性玄武岩。

断裂使吉塘岩群二岩组中的蚀变基性玄武岩南北向错断,断距约为 2km。沿断裂面发育剪切面理,指示右行剪切,其走向与华力西期近南北向的区域主压应力方向呈锐角相交,与该期右行走滑有关,显然系冈瓦纳古陆与华夏古陆闭合阶段的转换有关。

2. 罗绒卡-布托错逆冲断裂(F_{12})

与该断裂性质一致的有阿拢扛嘎-衣拢卡断裂、木拉断裂等,共同组成了逆冲推覆脆性断裂带。下面只介绍罗绒卡-布托错断裂。

该断裂分布于上衣乡额罗绒卡,经过布托错、觉钦扎,走向 100°~280°,产状 360°~15°∠30°~86°,平面上呈缓波状,区内延伸约 90km,东西端均延出测区。为区域断裂,其限制了 J_2Y 和 T_3T 的分布,为其边界断裂。断裂北侧为 T_2j、T_3bq、日机岩体中粒二长花岗岩,南侧为 J_2q。沿断裂发育约 50m 的碎裂岩带,北侧的上三叠统推覆于南侧的雁石坪群之上,拖曳褶皱轴面与断面斜交(图 5-40),局部上三叠统呈飞来峰产出。

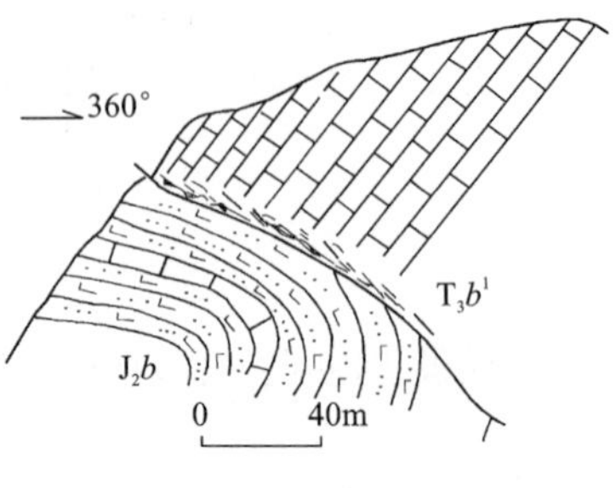

图 5-40 丁青县色扎乡百会洞-布托错青断裂(F_{20})素描图

由上述断裂特征可知,其形成事件为燕山晚期,与丁青带的碰撞阶段一致。

表 5-4 唐古拉板片大型褶皱一览表

名称及编号	轴向	规模	轴面产状	核部地层	两翼地层及产状	伴生、次生构造后期改造
冲雍向斜（f_3）	300°	延伸15km	直立	T_3j 红色中厚层细粒长石石英砂岩	北翼 T_3b^2 厚层灰岩，产状 190°∠63°～70°，南翼 T_3b^2 产状 10°～30°∠65°～72°	与格家卡向斜共同构成向扎-松天多复向斜
格家卡向斜（f_4）	300°	延伸15km	直立	T_3j 红色细粒长石石英砂岩	两翼均为 T_3b 厚层灰岩，北翼产状：190°∠35°～67°，南翼：10°～30°∠40°～70°	与冲雍向斜一起构成向扎-松天多复向斜
查松达背斜（f_5）	300°	延伸12km	190°∠70°	J_2q 砂岩与灰岩互层	均为 J_2b 厚层灰岩，北翼产状：20°～30°∠30°～35°，南翼：190°～∠65°±	与同期的脆性断裂伴生
下闸拉背斜（f_6）	280°	延伸25km	近于直立	J_2q 砂岩与灰岩互层	均为 J_2b 厚层灰岩，北翼产状：10°～20°∠58°～80°，南翼：175°～190°∠30°～60°	与同期的脆性断裂伴生
国洛卡背斜（f_7）	280°	延伸30km	近于直立	J_2b 厚层微晶灰岩	北翼微 J_2q 细砂岩与灰岩互层，产状：5°～15°∠52°～83°，南翼为 J_2m，产状：180°～190°∠44°～52°	南翼受 F_{20} 控制
妈足麻背斜（f_1）	170°	测区内延伸1.5km，绝大部分在图外	120°∠85°	T_3j 褐黄色、土黄色混质灰岩，红色泥岩	褶皱两翼地层均为 T_3j，W：250°∠15°，E：120°∠25°	枢纽产状：170°∠20°，为近南北向褶皱，属直立倾伏褶皱，其南被 F_{1-1} 错失，褶皱宽度220m。宽缓扇形劈理
金能背斜（f_6）	90°	测区内延伸22km	直立	T_3b^1 灰色含生物厚层灰岩	T_3b^2 砖红色粉砂岩，夹灰岩 N：10°∠55°，S：180°∠58°	枢纽产状：270°∠10°，属直立水平褶皱，发育扇形劈理。与 f_{11} 属相同类型褶皱
夏恩拉向斜（f_7）	300°	区内延伸6km	190°∠75°	T_3bg^1 灰黑色板岩夹薄层砂岩	T_3b^2 砖红色粉砂岩，夹灰岩 N：200°∠47°，S：10°∠60°	枢纽产状：300°∠15°。属斜歪褶皱，其东南端向南东方向偏移，并受 F_2 影响
戈昌向斜（f_{10}）	310°	区内延伸20km	直立	T_3b^2 砖红色长石石英砂岩，粉砂岩，夹薄层混质灰岩	T_3b^1 灰色含生物灰岩，夹泥质灰岩 N：180°∠50°～55°；S：10°～30°∠50°～60°	枢纽产状：310°∠10°，属直立水平褶皱，与 f_{11}、f_9 构成嘎塔复式褶皱
各弄背斜（f_{11}）	310°	区内延伸30km	直立	T_3b^1 灰色含生物灰岩，夹泥质灰岩	T_3b^2 灰色中层状石英砂岩 N：30°∠20°，S：170°∠30°	枢纽产状：300°～290°∠10°～15°，与 f_{10} 构成复式褶皱
玛日弄向斜（f_{12}）	335°	区内延伸9km	245°∠70°	T_3j 红色长石石英砂岩，夹土黄色泥岩，泥质灰岩	T_3b^1 灰色含生物灰岩。NE：215°∠56°，SW：15°∠79°	枢纽产状：310°∠30°，属斜歪褶皱。轴面波形，向南东仰起，不整合于 AnCJt 之上
纳中弄向斜（f_{13}）	300°	区内延伸13km	斜歪、直立	$AnCJt^3$ 大理岩，夹石英片岩	$AnCJt^3$ 黑灰色石英片岩夹砂岩 NE：230°∠46°～56°，SW：10°～40°∠28°～40°	枢纽产状：280°～300°∠10°～30°，由多个紧闭向形组成复杂的复式向斜，北西方向被 F_{14} 平剪错移
生青龙背斜（f_{14}）	300°	区内延伸20km	斜歪、倒转	$AnCJt^2$ 黑灰色石英片岩夹变砂岩	$AnCJt^3$ 同上，NE：20°～45°∠31°～51°，SW：10°～40°∠28°～40°	枢纽产状：290°～310°∠20°～35°，由多个紧密背向形组成复杂背斜，两端均被 T_3j 高度不整合压盖
舍给日向斜（f_{15}）	290°	区内延伸6.5km	直立	J_2b 灰色中厚层微晶灰岩	J_2q 紫红色长石石英砂岩。S：10°∠45°，N：200°∠50°	枢纽产状：295°∠10°，轴面被 F_{22} 承袭，轴面劈理、节理、裂隙发育
多毛益得向斜（f_{16}）	285°	区内延伸26km	直立	J_2b 灰色中厚层微晶灰岩	J_2q 同上，N：190°∠65°～72°，S：15°～30°∠55°～60°	枢纽产状：280°～295°∠10°～15°，直立水平褶皱，东端北翼被 F_{22} 错失，东端被多组断裂夹持
切龙向斜（f_{17}）	270°	区内延伸7.5km	直立	J_2b 灰色中厚层微晶灰岩	J_2q 同上，N：170°∠62°，S：10°∠65°	枢纽产状：80°∠10°，直立水平褶皱，横向上由4个连续的向斜构成，轴面劈理发育
甲格拉向斜（f_{16-1}）	275°	区内延伸28km	直立	J_2x 紫红色、灰色细砂岩、长石石英砂岩	J_2b 同上，N：175°∠65°，S：5°∠60°	枢纽产状：95°∠10°，直立水平褶皱，向斜中部被第四系覆盖

表 5-5 唐古拉板片断裂特征表

名称及编号	走向	规模	产状及性质	断裂组合	两翼地层	断裂特征
夏日弄断裂（F_{19}）	SE 向	测区内延长 11.5km，北西潜没于第四系，南东延伸出图	据其特征推测为右旋走滑断裂	该断裂与 F_{30} 结合带北边界平行，同时也与 F_{20}、F_{24} 近平行延伸，从其地形地貌特征来看，在布托错一带与 F_{20} 复合	断裂北东侧为 J_2x、J_2b，南西侧为 J_2b，断裂切穿中侏罗统上部层位的褶皱轴部，为沿轴面大型劈理发育起来的断裂，南西侧缺失 J_2x	发育150m宽的构造破碎带，带中灰岩糜棱岩化，产状：$280°\angle 55°$，几乎全呈粉末状，颜色灰黄色、黄褐色，碎裂灰岩中白色方解石网脉纵横穿插
朗那通断裂（F_{21}）	NWW 向	测区延长 21km	糜棱面理产状 $195°\angle 57°\sim 84°$，逆冲推覆韧性断层	是与 F_{17}、F_{17-1} 同等发育的一条韧性断层。其向东复合于 F_{20}，并被第四系覆盖，向西被中侏罗统地层不整合压伏	断裂穿行于 $AnCJt_1^2$ 石英片岩及大理岩中，同时并构成布嘎大雪山的南界	该断裂发育宽 150～500m 不等的糜棱岩带，成分多为碳酸盐岩，方解石重结晶颗粒及石英颗粒定向排列构成糜棱面理，并见钩状等强剪切变形构造
舍给日-查普玛断裂（F_{22}）	NWW 向	测区内延长 33.5km	性质不明。据其特征推测为南倾正断层	该断裂在其中西部兼容 F_{21} 并作为其南界，东端与 F_{20} 可能相接而成为一条区域断裂	断裂北侧为 $AnCJt_1^3$，南侧为 T_3bg^2 及 J_2b，西端切入 F_{15} 轴部，东段错失 J_2q，东端被 F_{16} 错移	该断裂见宽度 3～5m 不等的构造破碎带，成分为大理岩、片岩及砂岩等，地形上沿断裂走向为沟谷、凹地、鞍部等负地形
热都断裂（F_{25}）	EW 向	区内延长 8.5km，主体在比如县幅内	产状：$15°\angle 45°$	该断裂向西延入邻区，向东被第四系覆盖	断裂穿行于 T_3bg^2 黑灰色砂岩夹板岩地体，基本上为顺地层走向，在邻区则斜切地层	该断裂走向上为沟谷、凹地，河流东西流向，山脊呈东西向等，局部见宽 1～1.5m 的断层破碎带
加法拉断裂（F_{26}）	EW 向	区内延长 10.5km	产状：$185°\angle 65°$，正断层	该断裂向西与 F_{27} 一起复合于 F_{30} 结合带主北边界断裂，向东被 F_{20} 斜接	断裂穿行于 J_2b 地层中	地形上为负地形，断裂陡坎两侧岩石破碎，近断裂岩石劈理化强烈，断面上可见擦痕，沿断裂有温泉分布，水温 $30°\pm$，流量较大
加得日断裂（F_{27}）	NWW 向	区内延长 20km	产状：$195°\angle 38°$，逆断层	该断裂向西与 F_{26} 一起复合于 F_{30} 之上，向东边交接于 F_{30}，中夹 J_2q 地层体	断裂之北为 J_2b，之南为 J_2q，为由南而北的推覆断裂	断裂上盘地层推覆于 J_2b 之上，并见宽 1m 的断层破碎带，角砾大小不等，成分多见为灰岩、砂岩，多呈碎块状，可见断层泥类。为顺层断裂

表 5-6 班-怒结合带（丁青一带）断裂特征表

名称及编号	走向	规模	产状及性质	断裂组合	两盘地层	特征
罗绒卡-布托错断裂（F_{12}）	280°	东西延入邻区，区内延伸 90km	360°～15°∠30°～80°推覆	该带的北界断裂南侧发育数条次级断裂，呈羽状相交	北为 T_3j、T_3b、T_3bg、$AnCJt$. 和花岗岩体；南为 J_2q	北盘老地层推覆于南盘的新地层之上，碎裂岩发育，飞来峰发育，地貌为负地形，控制了布托错的分布
阿拢扛嘎断裂（F_{16}）	290°	东延入邻区，区内延伸 42km，次级断裂	290°～110°∠10°～20°推覆	北西与 F_{12} 断裂相交，南东与查松达（F_{16}）复合	两侧均为 J_2q 和 J_2b	两侧地层层序不全，脆性破碎带发育，宽约 100m
木拉断裂（F_{17}）	300°	东延出图，区内延伸 50km，次级断裂	20°～10°∠50°推覆	北西与 F_{12} 断裂相交，为其羽状断裂	均为 J_2b 和 J_2x	岩石揉皱破碎严重，脆性特征如镜面、擦痕、断层角砾岩发育，两侧地层层序不全
争大卡-布托断裂（F_{20}）	285°	西端均延入邻区，区内延伸 105km，主断裂	10°～25°∠18°～82°推覆	西与色扎-协雄断裂复合相交	北侧为 J_2q、J_2b、J_2x，南侧为 J_2d、J_2dj、J_2j	两侧的同时异相地层相邻且各自层序不全，走向上温泉发育，伴生紧闭褶皱，轴向与断裂产状一致，碎裂岩发育，地貌上为负地形
野拉断裂（F_{21}）	280°	蛇绿岩北界断裂，区内延伸 16km，次级伴生	25°∠41°逆推	西与色扎-协雄断裂复合，东被 J_2d 所覆	北为勒寿弄硅质岩，南为西岩体的蛇绿岩组合（TMP）	勒寿弄呈残片出现，破碎带宽约 50m，局部出现糜棱岩
宗白断裂（F_{22}）	290°	延伸 26km，次级伴生	20°∠54°，逆推	东西两端均与色扎-协雄断裂复合相交	北为丁青东、西两个超基性岩（TMP），亚宗混杂岩（J_1yz），南为 K_2z，E_2z 和蛇绿岩残片	早期为逆推形成逆推断裂，具糜棱岩；晚期为走滑断裂，控制勒 K_2z 以后的断陷盆地沉积。碎裂岩发育，地貌为负地形
色扎-协雄断裂（F_{24}）	295°	丁青结合带遗迹，区内延伸 101km 主边断裂	10°～15°∠76°，逆推晚期走滑	西与 F_{20} 断裂相交，中与宗白野拉断裂相交，东与拉让果断裂（F_{23}）相交	北为 J_2d、J_2dj、J_3j、TMP，南为 $J_{2-3}l$、K_2z，中部为 K_2d、E_2z	发育长英质糜棱岩，两盘地层残缺，线性特征明显，地貌为负地形
尺牍-觉仲娃断裂（F_{25}）	295°	区内延伸 119km，主断裂	180°～206°∠54°～58°，背冲式推覆断裂	西与确哈拉断裂复合，中与九根断裂复合分叉，东与觉根断裂相交	北为 $J_{2-3}l$、K_2z、J_2dj、J_2d、J_3j、$AnCJy$.；南为 T_3Q、J_2xh	南侧 T_3Q 推覆于北侧红层之上，呈飞来峰，中深层次具糜棱岩，卫片上线性特征明显，有温泉分布，前锋带具碎裂岩
九根断裂（F_{26}）	300°	伴生断裂，区内延伸 22.5km	10°～21°∠63°～71°，推覆	东西均与尺牍-觉仲娃断裂相交	北为 K_2z；南为 $J_{2-3}l$ 灰岩、泥（页）岩	形成前锋带飞来峰
觉根断裂（F_{27}）	295°	伴生断裂，区内延伸 14.5km	206°∠58°，逆推	与尺牍-觉仲娃断裂相交，东延入邻区	北为 CPs；南为 T_3Q	发育糜棱岩，航卫片上线性特征明显，沿断裂发育温泉
容吉断裂（F_{28}）	300°	次级断裂延伸 4km	180°∠55°，走滑断裂	西与灵拉断裂相交并构成地堑，东延入邻区	北为 T_3Q；南为 $AnCJy$.	控制了 T_3Q 南延，有滑脱而形成的面理
灵拉断裂（F_{29}）	300°	次级断裂延伸 4km	185°∠70°，走滑	西与容吉断裂相交并构成地堑	北为 CPs，南为 T_3M、$AnCJy$.	有糜棱岩分布

续表 5-6

名称及编号	走向	规模	产状及性质	断裂组合	两盘地层	特征
确哈拉断裂（F_{30}）	310°	主断裂延伸100km，东西延入邻幅	5°～26°∠15°～55°，逆推背冲	西与尺牍-觉仲娃断裂相交并一起构成背冲式推覆断裂	北为 T_3Q；南为 J_2xh^2、K_2z、$AnCJy$.	有前锋带、中带和根带三个层次的构造特征，地表多为正地形的山脊
董那断裂（F_{32}）	EW 向	测区延长16.5 km	产状：10°∠40°，逆断层	该断裂是与结合带南界断裂交合的次级断裂，其挟持着 T_3Q 构造层滑体，东西两端交会于 F_{40} 之上	断裂上盘为 JM 黑灰色砂板岩，下盘为 T_3Q 灰色泥岩、砂岩夹玄武岩的地层体	该断裂与 F_{41} 相同，只是规模较小，断裂中部被 F_{31} 右旋剪切错移，局部见宽 11.5m 的挤压破碎带，走向上多呈沟谷，凹地等负地形
觉根断裂（F_{42}）	SE 向	测区延长15km	性质不明	该断裂向西复合于 F_{33} 之上，是其分支断裂，挟持着 CPs 构造混杂岩带，东延出图	断裂北侧为 CPs 及 $CPOm·v$ 残片，南侧为 T_3Q	该断裂地形上线性特征明显，沿走向形成鞍部、凹地、沟谷、对头沟等负地形
热昌-扎西觉断裂（F_{36}）	SE 向	测区内延长16.5km	性质不明	该断裂总体呈北凸弧形，西北端复合于 F_{33} 之上，南东端与构造混杂岩带北边界断裂一起交会于 F_{33} 之上	断裂东部北侧露丁青蛇绿岩、北侧为构造混杂岩，西北侧为 E_2n，南侧为 K_2z。宗白一带横切构造混杂岩南界，若与采果构造混杂岩对应则南东向错移达 9km	该断裂为多期活动断裂，南部分隔超基性岩与镁铁杂岩，而在宗白一带斜切多个地层单位和岩石单元，地形上为斜坡凹地负地形，线性特征明显，局部见断层破碎带
那若龙-野拉断裂（F_{37}）	SW 向	区内长度13.5km	韧性断层，倾向南	该韧性断层与 F_{39} 韧性地层可能同属一条断裂，延向上现不能连合	断裂北侧为蛇绿岩上覆沉积单元，组成为硅质岩、硅质灰岩，南侧为蛇绿岩，是二者之间的一条强剪切变形带	该断裂出在宽度 5～15m 不等，向西被第四系覆盖，向东被 J_2d 不整合，其构造变形强烈，发育多种韧性变形组构，形成时期为 J_1
宗白断裂（F_{38}）	NNW 向	区内长度5.5km	为剪切平移断层	其南北两端被 E_2n 及 J_2d 不整合覆盖，是继韧性断层后进入浅部地壳的脆性断层	断裂西南侧为蛇绿岩，东侧南边为沉积单元，并夹有构造特征，北边地质单元极为复杂，其两边特征明显不同	该断裂斜切 F_{39} 及其他多种构造岩石体。断裂走向上为平缓斜坡凹地
亚宗断裂（F_{39}）	SE 向	区内长度4.5km	韧性剪切断层，产状不清	该断裂与 F_{37} 为属横向上的同一条断裂，其平行结合带南北边界断裂	断裂北侧为构造混杂岩，南侧为蛇绿岩，是二者间的一条分界层，形成于较深层次	该断裂地形多为沟谷、凹地、鞍部等，硅质板岩和薄层粉砂岩中发育强韧性剪切变形构造，是蛇绿岩侵位的一条边界断裂，形成于 J_1

三、班公错-索县-丁青-怒江结合带构造变形特征

（一）八格-丁青-怒江蛇绿岩带构造变形特征（VI_1）

1. 多伦石炭纪—二叠纪蛇绿岩片组合带构造变形特征（VI_{1-1}）

苏如卡岩组与嘉玉桥岩群为断层关系，走向上与丁青结合带呈右行斜列。蛇纹岩与黑色板岩为断层关系，蛇纹岩片理化发育，其片理产状与板理产状一致，为同一应力场的产物。显示与后期应为一致的变形。该组合带内的各岩石单元与其他构造单元均为构造接触。其内构造变形强烈，橄榄岩类内部变形明显，表现出甚强的片理化特征，并发育深层次的韧性剪切变形组构，其内的宏观褶皱构造和断裂构造残存较少，多被极其复杂的构造改造已荡然无存。

2. 丁青-觉恩晚三叠世蛇绿岩带构造变形特征（Ⅵ$_{1-2}$）

如前所述，该单元存在大面积的晚三叠世蛇绿岩，主要出露于丁青镇东、西两侧，其层序完整。已发现有完整的蛇绿岩组合（图5-41）。硅质岩中褶叠层非常发育，其轴向与地层产状一致（图5-42）。为同构造期伸展机制下水平顺层剪切作用的遗迹，应与丁青小洋盆扩张有关。变橄榄岩类内部变形强烈，表现出强片理化特征，发育深层次的韧性剪切变形组构，其内的宏观褶皱构造和断裂构造多被构造改造而极少残存。

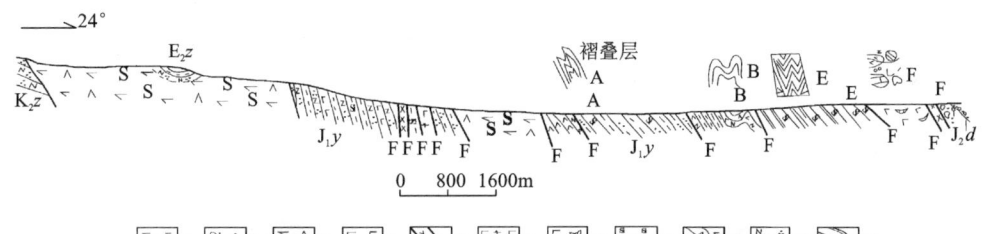

图5-41 丁青县宗白蛇绿岩及混杂岩构造剖面图

E$_2z$：古近系宗白组；J$_2d$：中侏罗统德极国组；1.泥（页）岩；2.混杂岩；3.蛇纹石化辉橄岩；4.玄武岩；5.辉绿岩墙；6.球颗玄武岩；7.枕状玄武岩；8.放射虫硅质岩；9.斜长角闪片岩；10.长石石英砂岩；11.黑色板岩

1）褶皱构造

主要分布于丁青县亚宗至下拉北一带，由于受强烈片理化和后期断裂破坏多保存不完整。多由辉绿岩墙横弯褶皱表现出来，也见由纯橄岩脉和辉石脉或次闪石脉等的横弯残留表现出来，也可通过辉绿岩贯入超基性岩中并使蛇纹石化橄榄岩的长条形残体的踪迹展现出来，两翼宽度不等且不对称，转折端处多见塌陷，且在轴部并见辉绿岩脉的不规则斜切贯入，所见其轴面多为向南陡斜，规模较小，总体表现为由北西向南东的小型逆冲。

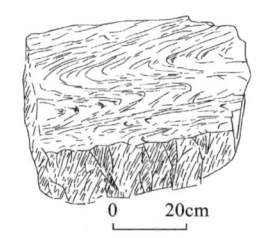

图5-42 丁青县丁青镇宗白混杂岩中硅质岩褶叠层素描图

据本次区调对丁青东、西超基性岩体南北岩性的对应观察，以及综合亚宗和下拉北两处构造混杂岩的对比分析，认为其组成一个较为宽缓的背斜构造。在尺牍西折级拉一带同样反映为一个小形宽缓背斜，只是多被断裂断失或被上覆地层不整合覆盖而已。折级拉向北至雪拉山一带由构造混杂岩的块度大小变化显示为一个较为大型的宽缓背斜构造。其轴面和枢纽与结合带两侧的主边界断裂一致。总体反映出蛇绿岩的完整顺序，橄榄岩在下，堆晶辉长岩居中，玄武岩在上，最上部还有硅质岩、灰岩和砾岩、砂岩等，且在折级拉处见有蛇绿岩质岩屑砂岩。

2）断裂构造

该构造单元内各种不同类型、不同层次断裂构造十分发育。现仅对亚宗一带的角闪片岩中的韧性剪切带进行叙述。该断裂地形上表现明显，为脊状地貌，其与南北两侧之斜辉橄榄岩呈断层接触，宏观上其与之南的上三叠统确哈拉群灰岩中的韧性断层和之北的亚宗断裂及再北的昌不格-干岩-布托错青区域韧性断裂呈北西-南东向平行延伸，断裂两端被后期断裂断失或被第三系红层覆盖，其宽约50m，延长约400m，宏观变形特征明显。该韧性剪切带中构造变形较为复杂，各种变形组构清晰明显，常见顺层S型、N型、A型及鞘褶皱和Z型、I型等复杂的揉流弯曲变形。具有与藏南白朗县斜巴韧性断层同样的变形模样。

显微构造也表现出较为明显的二期变形特征。早期变形形成片理S_1，且使暗色矿物拉长定向并构成片理。在此之后又经历二次变形，为沿S_1变形面发生变形而形成与其近平行的折劈理S_2，层间微折劈理清晰，但多已被改造而趋平行化。此外还见斜长石压扁拉长，个别见其双晶纹与早期片理斜交，还见片理切断双晶,而且在片理形成后,受扭应力作用而出现斜切片理方向上的显微级破碎带,说明具复杂的应力变形作用。该剪切带因受应力变形作用而普遍出现变质矿物,沿糜棱理或剪切变形面理新生云母类、帘石类等矿物组合,总体属低绿片岩相,为与应力作用同步、温压条件相当的构造变质作用。

据对多荣卡斜长角闪片岩的观察,拉伸线理方向为350°,样品产状80°∠20°,观测直径0.1mm的云母200粒,其定向分布,解理弯曲,集合体呈纹层状。从构造岩组构图分析可以看出(图5-43左),极密近于c轴,显示主压应力(σ_1)近乎平行该轴,极密与S面理近于垂直,与c轴夹角为5°,显示面理具上盘(NW盘)向上、下盘(SE盘)向下的强烈逆冲构造运动。另据对该处含钙质粉砂质绢云板岩的观察,拉伸线理方向为10°,样品产状70°∠60°,观测直径0.01～0.1mm的云母200粒。从组构图中可以看出(图5-43右),极密近于c轴,显示主压应力(σ_1)近于该轴,极密与S面理近于垂直,与c轴夹角为6°,显示面理具上盘(NE盘)向上、下盘(SW盘)向下的强烈构造运动。二者反映出不一样的构造变形特征,此与野外实地吻合。

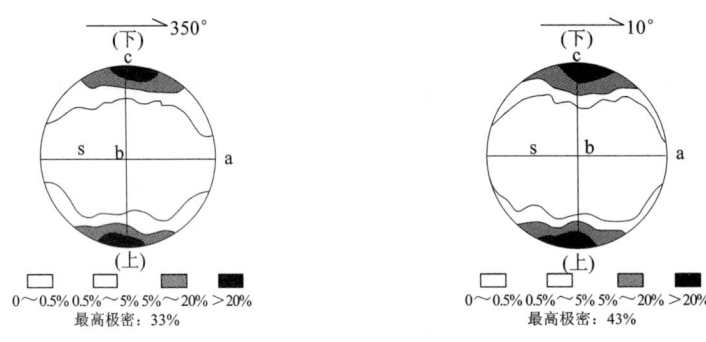

图5-43 岩石组构图

综合上述,亚宗壳幔型韧性剪切带经受了高温应变及在地壳中低温应变的较为复杂的应力作用,反映了深层次固态流变水平剪切作用及由南西向北东和由东向西的应力挤压及略向东倾的由下往上的冲力作用,以及后期进入浅表层次的构造作用,进一步反映了地球不均衡动量变化的过程。表明该韧性断层是一个经历了多期构造活动,并具不同方向、不同性质、不同动力学机制和运动学特点的复杂构造带,是一条复杂的韧性剪切揉流变形带。其是与早侏罗世超基性岩相伴而生的,综合区域特征推测其构造运动期为燕山期。

据航磁资料:沿班公错-丁青结合带出现正负值相对应的串珠状线性磁异常带,且异常梯度较大,表明该带有超岩石圈断裂的存在。

3. 八格-折级拉-亚宗蛇绿岩带构造变形特征($Ⅶ_{1-3}$)

该单元构造变形主要表现为幔内高温稳态的蠕变,具高温塑性变形特点,在地幔橄榄岩、斜长角闪岩、辉石岩和辉长岩等岩石单元中均有明显的形迹。发育各种幔内剪切应变和高温流变构造形迹。常见流动褶皱、剪切褶皱、A型褶皱、B型褶皱、小型不完整背、向形褶皱,在上地幔岩中普遍发育叶理面,铬尖晶石出现韵律层理,辉石发育平行叶理面的流面、流带,发育流动褶皱和剪切褶皱及由橄榄石、斜方辉石等形成的拉伸线理,明显可见橄榄石晶内变形纹和吕德尔线,多见橄榄石、辉石出现扭折带、不均匀波状消光和格子状消光。铬尖晶石强烈拉伸,并见橄榄石及辉石的边化亚构造及动态、静态重结晶以及橄榄石和辉石的各种位错构造,常见出现M型带、N型带、I型带、折劈理S_2并形成I型带、褶叠层,及以S_1为变形面出现构造变形分带、S_1被彻底置换并在小尺度露头上可见。

该构造变形单元内的各种超基性岩均出现强烈的不均匀片理化,尤其在斜辉橄榄岩、斜辉辉橄岩、二辉橄榄岩更加显著,呈现为饼状、透镜状,同时并见网状交切、绢石化、蛇纹石化强烈,部分已全部蚀变成为蛇纹岩,辉石多已纤闪石化,仅保留其晶形轮廓,且在大部分岩石中发育糜棱岩,并多见暗色矿物沿糜棱面理定向或半定向排列。

（二）折级拉-亚宗-苏如卡构造混杂岩构造变形特征（Ⅵ₂）

1. 苏如卡构造混杂岩构造变形特征（Ⅵ₂₋₁）

苏如卡岩组与嘉玉桥岩群为断层关系，走向上与丁青结合带呈右行斜列。蛇纹岩与黑色板岩为断层关系，黑色板岩板理发育，为层状无序地层，S_0尚能辨认。蛇纹岩片理化发育，其片理产状与板理产状一致，显示与后期应为一致的变形。

该构造层具有复杂的变形（图5-44），主要有三期，一期为褶皱构造，发育褶叠层构造，轴产状与地层产状一致（图5-45），为准成岩期在伸展机制下发生的分层水平剪切作用的结果，可能与洋盆扩张阶段有关，与其相伴的尚有因剪切作用而形成的钩状变形、N型褶皱（图5-46）。二期表现为与褶曲轴面平行的劈理，为褶曲轴面向南西缓倾、倾角30°±的同斜褶皱（图5-47），应与板块闭合俯冲有关。三期表现为极发育的板理和片理，由于岩石的能干性差异，粉砂岩表现为板理，蛇纹岩和辉绿岩为片状构造，二者产状一致，为同一应力场的产物。伴随第三期的板理和片理，镜下可见S-C组构及多米诺骨牌（图5-48）和剪切变形特征（图5-49），剪切方向280°±，与《西藏自治区区域地质志》所称的"早期右行扭动应力"一致，发生在丁青结合带打开之前，可能与古特提斯闭合有关的某种横向转换断层存在有关。即在挤压机制的前提下发生的右行剪切，是第三期变形的主要特点。

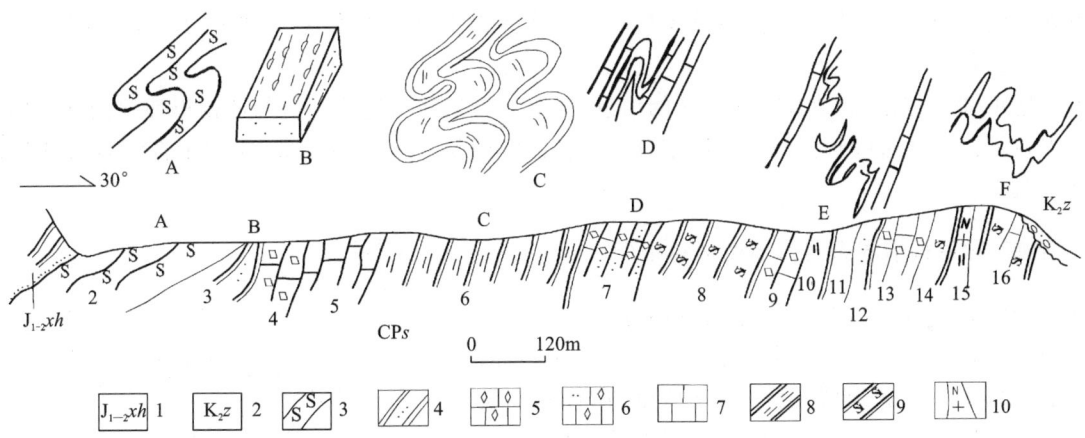

图5-44 丁青县桑多乡扎罗苏如卡岩组CPs构造路线剖面图
1.希湖组；2.宗给组；3.片理化蛇纹岩；4.砂质板岩；5.结晶灰岩；6.细晶灰岩；
7.硅质条带灰岩；8.绢云板岩；9.硅质板岩；10.斜长花岗岩脉

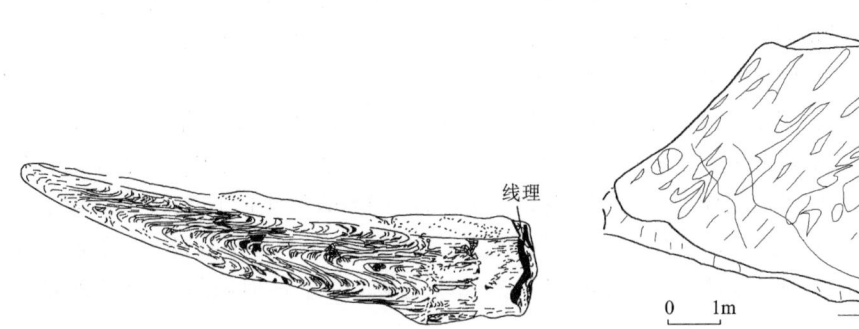

图5-45 丁青县子热苏如卡岩组CPs鞘型褶叠　　图5-46 丁青县觉恩乡扎果卡苏如卡岩组CPs同斜褶曲
　　　　　层构造素描图　　　　　　　　　　　　　　　　　　　素描图

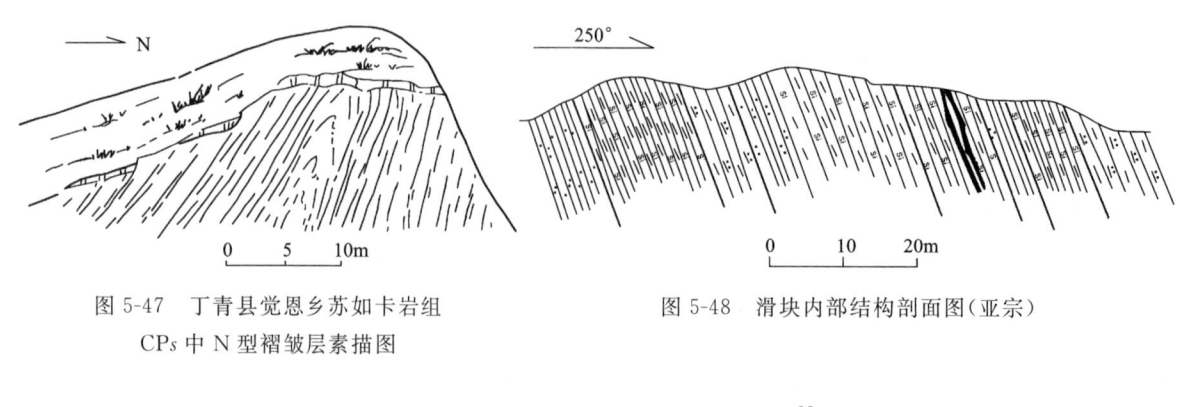

图 5-47　丁青县觉恩乡苏如卡岩组 CPs 中 N 型褶皱层素描图

图 5-48　滑块内部结构剖面图（亚宗）

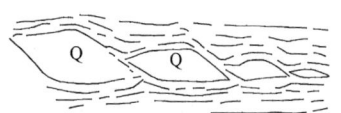

图 5-49　丁青县觉恩乡苏如卡岩组 CPs 中多米诺骨牌素描图

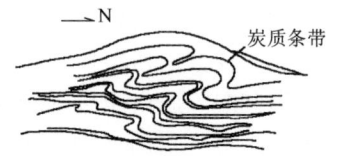

图 5-50　丁青县觉恩乡曲根玛苏如卡岩组 CPs 中剪切变形素描图

该构造层经区域低温动力变质作用，变质级别为绿片岩相，有中、高压变质矿物的组合分子（在区域上有黑硬绿泥石）和大量滑石、透闪石及少量硬玉。地幔岩主要表现为气-液变质作用，即蛇纹石化、滑石化和白云石化等。

由上述可知，虽然怒江结合带在测区的信息量较少，但仍能从这些零星的证据里捕捉到该带形成的一些表现特征。并从这些特征中推知该结合带发育的时间早于丁青结合带，应与丁青结合带的早期阶段有某种联系。

2. 亚宗-觉恩构造混杂岩构造变形特征（Ⅵ$_{2-2}$）

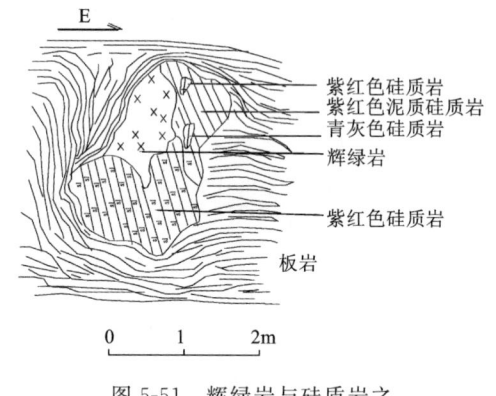

图 5-51　辉绿岩与硅质岩之滑块素描图（宗白）

该构造混杂岩为主要发育于丁青西的宗白—亚宗一带，位于蛇绿岩的北东侧，并与其呈断层关系的一套堆积物。该混杂岩由三部分组成，其一为基质部分，由深水复理石和硅质岩组成，二者成互层状，基本不变质，厚 1000～1500m。其二为原地岩块，成分有基性玄武岩、硅质岩等，由大小不等的岩块组成，在其内部见有明显的结构（图 5-50）。此外在亚宗还见有辉绿岩与硅质岩共同组成的滑块构造混入板岩基质中，特点是紫红色硅质岩呈磨砾状嵌入青灰色硅质岩中（图 5-51），岩块最大的达到数百米，最小的不足一米，以几米者最多，呈次棱角状。其中的基性玄武岩岩石化学图解为洋中脊、洋岛玄武岩，系原地之物经构造混杂作用使其重组合。出露宽度 1～4km。其三为由外来岩块组成的堆积物（图 5-52），岩块的特点是成分复杂，大小悬殊、无分选、无定向，呈棱角状、楔状等，约占 50%，较少的是结晶灰岩，约 10%，最大的是 1km，最小的是 1m±，以数十米者为多。出露宽度为 200～2000m。斜长角闪片岩测区较少见及，可能为较古老的变质岩。虽然在岩块中尚未发现有时代依据的化石，但从上述特征仍可确定其为外来之物，由洋壳消减过程中异地带来的岩块。

由上述三部分组成的混杂岩呈楔状，与蛇绿岩为断层关系，系无根产物。与混杂岩呈超覆关系的上覆地层为中侏罗统德极国组，产巴柔期的双壳类化石，加之基质中的硅质岩产早侏罗世放射虫，所以混杂堆积形成的时间应在早侏罗世晚期。

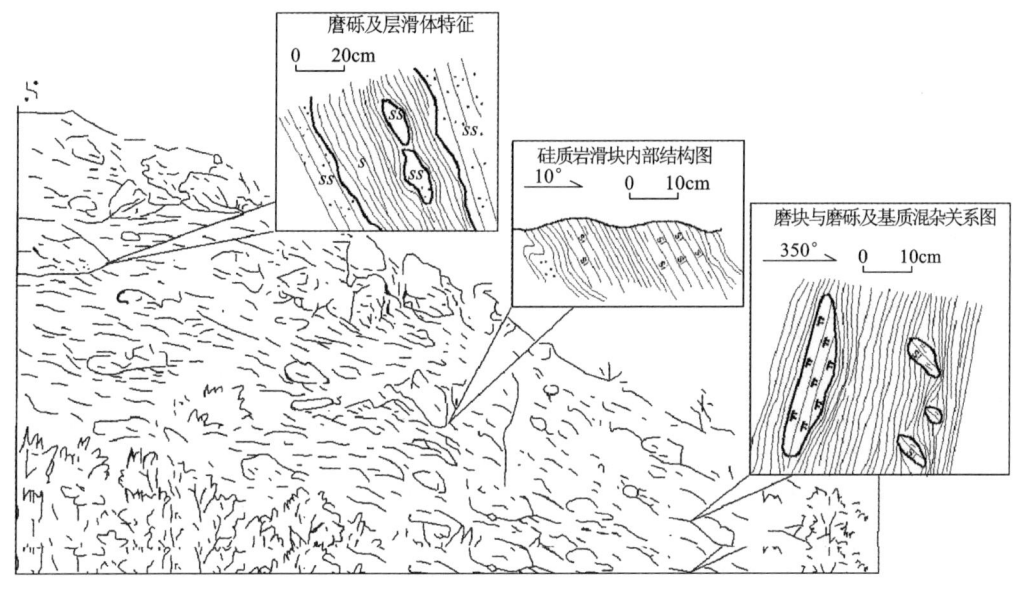

图 5-52 丁青县丁青镇宗白构造混杂岩素描图

3. 八格-折级拉构造混杂岩构造变形特征（VI_{2-3}）

该单元是与同时期蛇绿岩的构造上侵伴生的构造搅混体。主要见于该构造混杂岩带的雪拉山、折级拉一带，大小不一的岩块与基质之间，或岩块与岩块之间均为构造关系。岩块形态复杂，多见为不规则状、圆形、长条形等，其块度大小具分带现象，在折级拉一带，靠近蛇绿岩体者多见为磨砾、磨块，而远离者则为磨块、滑块，在其之南多为层滑体。成分多见为四色灰岩、二色砂岩以及七色硅质岩，基质为木嘎岗日群黑色、灰黑色、深灰色含黄铁矿晶粒的砂岩结核（本项目称为"石蛋"）的砂板岩，混杂时代为早侏罗世晚期。

构造混杂岩是与蛇绿岩并驾齐驱地组成结合带的一个重要构件，是结合带中的特色产物。它是强变形的变质岩石地层实体在较低的地温梯度下，岩石韧性差增大，在板片俯冲过程中，在构造斜板上因重力和动力效应滑塌堆叠、堆垛和由构造作用搅混而产生的一类特殊地质单元，是可被识别并可填绘的实体，其形成位置大多是海沟内、外壁，或是构造斜坡。

总体表现出分段出露特点，其中在折级拉、亚宗、觉恩、多伦等地表现明显，混杂体基质均为灰黑色含黄铁矿晶粒含砂岩"石蛋"的砂板岩地层体。岩块形态多样，成分多见为碳酸盐岩及砂岩等。据基质地质特征和岩块特征及生物化石等资料，本书认为苏如卡混杂岩形成于晚石炭世，其余均形成于早侏罗世。该带在荣布一带多见为T_3Q层滑体，而在折级拉一带表现出复杂多样的混杂特点，在亚宗表现出强烈构造搅混特点，多伦一带多由小块体构成。

（三）觉恩残余海盆脆性变形带（VI_3）

为丁青结合带碰撞造山阶段继承性前陆盆地的建造类型。变形主要表现为轴向北西西-南东东的紧闭背斜和开阔向斜，脆性剪节理发育，几乎不变质，表现为表层构造特征。

（四）宗白断陷盆地脆性变形带（VI_4）

为超碰撞陆内调整期（造山运动的松弛期）的产物，平行不整合在上白垩统宗给组之上（图5-13），并与其一同褶皱行刺背斜，表明宗白组的变形与宗给组最晚一次变形时间是一致的，即喜马拉雅期是其主要变形期。

四、冈底斯-念青唐古拉板片

该板片在测区出露范围大,约占测区总面积的 2/5。在构造单元的配套上分别与丁青结合带和雅鲁藏布缝合带的构造演化有亲缘关系。

(一)各构造单元构造变形特征

1. 嘉玉桥结晶基底构造变形特征

嘉玉桥岩群变形强烈,为层状无序地层。以韧性变形为主,叠加有晚期脆性变形,主要有三期。早期是因伸展机制发生的水平分层剪切。产生固态流变,形成轴面与 S_0 平行的褶叠构造,该期的伸展机制可能与古特提斯洋盆阶段的扩张作用有关,变形期为华力西期。二期为右行剪切作用形成的糜棱岩,矿物有拉伸线理。从定向薄片中旋转碎斑及拖尾方向的统计资料可知,剪切方向为 $315°±$,当与冈瓦纳古陆与华夏古陆右行转换汇聚有关,变形期为华力西期。第三期即为现在表现的片理褶皱构造,根据片理产状分析,该期主要受近南北向挤压应力作用而形成轴向近东西的褶皱,可能与古特提斯洋的最终关闭有关,变形期为晚华力西期。

嘉玉桥岩群的变质类型为区域动力热流变质,低、高绿片岩相,有两期变质作用,分别与前述的二、三期变形作用相对应,早期为低绿片岩相,晚期为高绿片岩相。晚期变质为退变质作用,镜下可见黑云母退变为绿泥石,糜棱岩变为结晶糜棱岩。

从该构造层的变质变形特征来看,应为中部构造层次。

由于该岩系受到多次构造事件的影响,成为金、银、铜富集的场所,已发现以铜为主的金银多金属矿化点三处。

2. 确哈拉-孟阿雄活动边缘盆地构造变形特征

变形特征是发育轴面劈理和同斜褶皱,劈理、褶皱轴面与地层产状一致。后期有脆性变形的叠加,主要为 X 共轭脆性剪节理。两期变形均为挤压机制,与丁青结合带的板片闭合以后的构造运动有关,早期变形时代为燕山期,晚期为喜马拉雅期。变质期主要与早期变形时间一致,为区域低温动力变质的低绿片岩相。

出露于确哈拉群南侧东端和通拉一带,并与其为断层接触的 T_3M 在测区为台地碳酸盐岩建造,与确哈拉群一期构成了丁青结合带洋壳演化阶段(大西洋阶段)的南侧被动陆缘盆地建造岩系。该岩系早期变形不明显,这与土门格拉群是一致的。后期受区域动力热流变质影响为低绿片岩相。

3. 弧后盆地构造变形特征

1)希湖周缘前陆盆地构造变形特征

广布于测区中南部,总体构成轴向 $140°\sim 320°$ 的大型复式向斜,与嘉玉桥岩群为超覆接触关系。其间存在两种褶曲形态,一种为尖棱形褶曲,轴面产状为 $255°\angle 56°$,在应力集中的地方,可因褶曲的短轴而形成膝折(图 5-53)。另一种为等厚褶曲同期的劈理(S_2)叠加于尖棱形褶曲同期形成的劈理面理(S_1)之上(图 5-54、图 5-55)。由于两组劈理面理构成大角度相交,使岩层被切成条条石块,形如"铅笔杆状"或"炸土豆条状"。两种褶曲均在挤压机制下形成,这也是前陆盆地构造环境中的变形特征。尖棱形褶曲形成于板块俯冲的早期,即燕山中期。等厚褶曲形成于板块碰撞造山阶段,即燕山晚期。该构造层发育板理,S_0 尚可辨认,与区域低温动力变质作用的绿片岩相和等厚褶曲形成的时间相当,为丁青结合带这一时限上的主要变质变形特征。

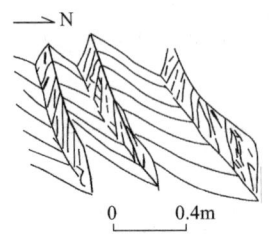

图 5-53 桑多乡希湖组中的膝折素描图

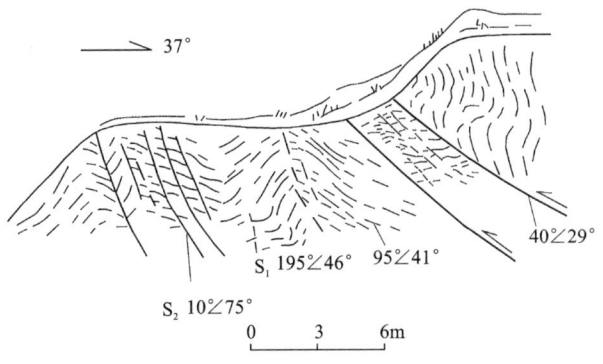
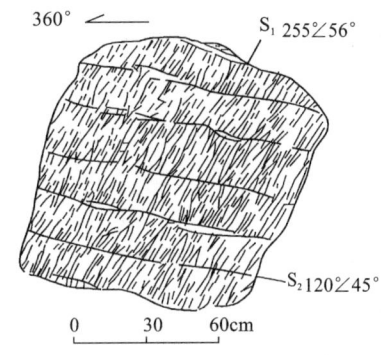

图 5-54 丁青县桑多乡沙夏希湖组两种褶皱形态的叠加　　图 5-55 丁青县桑多乡希湖组两期面理置换特征素描图

在西昌—荣布所测该单元剖面中，根据对西昌北变质砂岩的岩石组构观测，其拉伸线理方向为 360°，样品产状 90°∠45°，观测直径 0.05～0.2mm 的石英 200 粒，其略微定向分布，显波状消光。从构造岩组构图分析可以看出（图 5-56），左上图中显示极密近于 a 轴，极密与其夹角为 45°，显示面理的北侧（上盘）向上，南侧（下盘）向下的逆冲构造运动，属中高温组构；次极密近于 c 轴，二者夹角为 5°，显示面理的北侧（上盘）向下，南侧（下盘）向上的构造运动，为属中低温组构；再次极密也较发育。由此可以看出，此套岩石至少受到了两次构造运动。右上图中显示极密近于 c 轴，极密与其夹角为 33°，岩组图为单斜对称，显示面理的北西侧（上盘）向上，南东侧（下盘）向下的构造运动，属中低温组构。左下图为显单斜对称，图中主极密近于 a 轴，与其夹角为 30°，显示面理的北东侧（上盘）向上，南西侧（下盘）向下的逆冲构造运动；次极密有两个，一个近于 c 轴，二者夹角为 30°，显示面理的南西侧向下，北东侧向上的构造运动，另一个也近于 c 轴，与 c 轴夹角为 10°，显示面理南西侧向上，北东侧向下的构造运动。由此总体显示出，岩石至少受到了三次构造运动。右下岩石组构图对称型为单斜对称，主极密近于 c 轴，与其夹角为 37°，属中低温组构，显示面理的南西侧（下盘）向上，北东侧（上盘）向下的构造运动；次极密有两个，一个近于 c 轴，属低温组构，极密与 c 轴夹角为 5°，显示面理南西侧向下，北东侧向上的构造运动，另一个近于 a 轴，属高中温组构，显示面理南西侧向上，北东侧向下的构造运动，岩石至少经受了三次构造运动的作用。

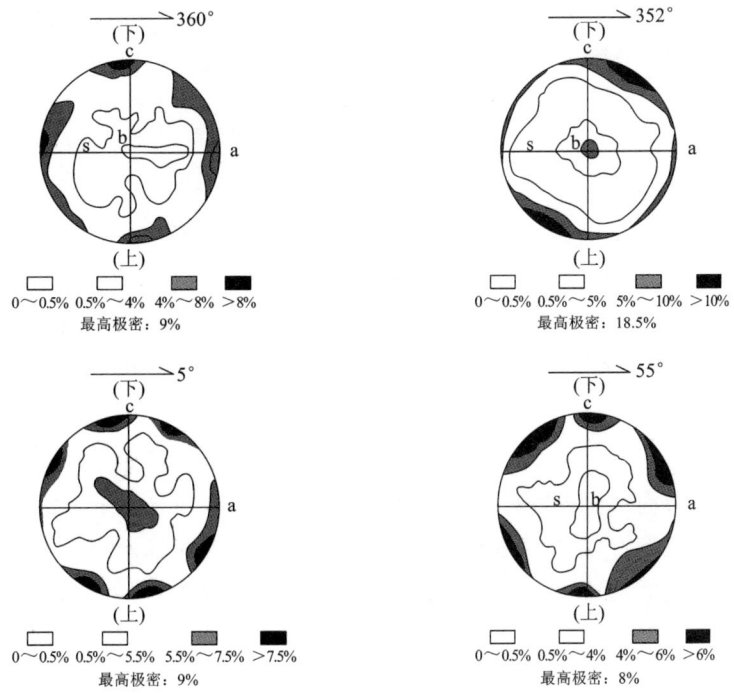

图 5-56 岩石组构图

2) 沙丁-卡娘弧后局限盆地构造变形特征

该构造单元主要发育两种褶皱构造形态,一种为开阔褶皱,另一种为等斜褶皱。前者轴向多为近东西向,轴面直立,枢纽近水平,两翼地层产状平缓,倾角近相等,多见于 40°~50°±;后者轴向近东西向,轴面倾向北东,枢纽倾伏北西,两翼产状大多为 10°~20°∠55°~70°,且常与断裂带相伴,应为同构造期配套构造。该构造单元中脆性节理极为发育,通常组成 X 型共轭剪节理,多构成棋盘格式。宏观统计结果表明,产状 250°∠60°、180°∠55°两个方向的节理最为发育,其与区域上的 A 式俯冲作用的主压应力(σ_1)配套,与上述的等斜褶皱属同构造产物,形成于喜马拉雅早期,而开阔褶皱应形成于该构造期之前,可能形成于燕山期。

4. 仲罗多-冈青果岩浆弧

该岩浆弧分布于仲罗多、巴登、桑多、冈青果一带,属冈底斯火山-岩浆弧的北部,主要为细粒黑云花岗闪长岩、中粒黑云正长花岗岩,侵入中下侏罗统希湖组黑色砂板岩中,岩石化学和地球化学等各种特征表明为 S 型花岗岩。K-Ar 同位素年龄在 92.5~111.1Ma 之间,围岩为接触变质的红柱石角岩相,形成于燕山晚期。岩体受晚期构造应力的影响,局部具云英岩化和初糜棱岩化,镜下可见及石英压力影和"云母鱼",应为喜马拉雅期的应力叠加。

(二) 主要褶皱构造特征

该构造单元中褶皱构造极为发育,其表现形式多样、形态复杂,侏罗系—白垩系地层多呈现为宽缓直立水平褶皱和开阔褶皱、等斜褶皱以及紧闭褶皱、尖棱褶皱,并呈向西撒开、倾伏,向东收敛、仰起的特点。现择主要褶皱进行描述,其余列于表 5-7。

1. 巴登-当雄复式向斜

由巴登-色拉窝向斜(f_{10})、桑多向斜(f_{11})、怕欠弄向斜(f_{13})和白日背斜一起构成该复式向斜。轴向 100°~280°,4 个向(背)斜轴线近于平行,呈等距分布。向斜的北翼产状 190°∠46°~80°,南翼产状 20°~40°∠54°~75°,轴面近于直立,枢纽近于水平,核部为中下侏罗统希湖组上段的黑板岩,两翼为下段、中段黑板岩与粉砂质板岩互层。背斜的南北翼产状与向斜相反,其他特征相同,延伸约 90km,由近南北向主压应力作用下形成,时代为燕山晚期,与丁青结合带碰撞阶段的动力机制一致。

2. 主固意向形

由嘉玉桥岩群的片理产状而显示。轴向 100°~280°,北翼产状 230°~270°∠30°~40°,南翼产状 300°~350°∠20°~40°,为宽缓向斜,轴面直立,枢纽向西缓倾。测区为其倾伏端,主体向斜在东邻幅。核部为嘉玉桥岩群二岩组浅灰色二云石英片岩、灰绿色绿泥钠长片岩、石英岩,两翼为嘉玉桥岩群一岩组的钠长片岩、大理岩夹结晶灰岩。形成于印支期,与前述的嘉玉桥岩群三期以后的变形有关。

(三) 断裂构造特征

该构造单元内的断裂构造比较发育,纵横交错,常呈近东西向和北东向、北西向及南北向,但一般规模较小,延伸不远,多顺层发育,一般为脆性断层,并见斜切或平移早期断裂及地质体,而且北东向及南北向断裂多成为新构造的活动场所。现对规模较大的断裂予以叙述,其余列于表 5-8。

1. 孟达断裂

断裂北西段经过尺牍乡南西侧的吉杜卡,东达洛隆县新荣乡的孟达,为区域上规模较大的推覆断裂,区内延伸 122.5km,东西均延入邻区,走向 330°~150°,断面产状 240°∠70°。北盘西、中部为中下侏罗统希湖组的黑色板岩,东部为前石炭系嘉玉桥岩群;南盘均为中下侏罗统希湖组,北盘俯冲于南盘之下。沿断裂发育碎裂岩带约50m,为浅层次断裂。从断裂的特征和区域分析来看,与前述的确哈拉断裂有主从关系,为其滞后形成的次级断裂。

2. 巴登-瓦庆脚断裂(F_{32})

西端经巴登乡、东端经当雄乡的瓦庆脚,走向125°～305°,断面产状200°～220°∠50°～70°,自东而西有变陡的趋势,西延出测区,东与伊塔西断裂(F_{38})相交于冈青果岩体,区内延伸约100km。两盘均为希湖组中段、上段。断裂与地层走向斜交,沿断裂发育50m±的破碎带,破碎带由碎裂岩和角砾岩组成,南盘发育拖曳褶皱,并仰冲于北盘之上,为浅层次断裂,与前述的孟达断裂为同一构造环境下的产物,形成于燕山晚期。

3. 通拉断裂(F_{43})

出露于洛隆县新荣乡(通拉)的怒江北岸,走向115°～295°,产状202°∠76°,断裂发育于上三叠统孟阿雄群灰白色结晶灰岩的北侧边缘,东、西两端均被中下侏罗统希湖组的灰黑色板岩所覆而隐于其下,出露长约4km。

表5-7 冈-念板片褶皱构造特征表

名称及编号	轴向	规模	轴向产状	核部地层	两翼地层产状	伴生、次生构造,后期改造
觉恩向斜(f_9)	300°	延伸40km	10°∠50°	K_2b 红色细碎屑岩	均为K_2z紫红色砾岩,南翼10°∠20°～30°,北翼180°～190°∠40°～62°	南、北侧分别被北尺陵-觉仲娃和色扎-协雄断裂所限,为断陷盆地
巴登-色拉窝向斜(f_{10})	300°	延伸约90km	近于直立	J_2xh^3板岩	均为J_2xh^2黑板岩,北翼190°∠46°～80°,南翼20°～40°∠54°～75°	与11、13、14号褶皱一起构成巴登-热玉复式向斜,南翼被吉杜卡-孟达断裂所限,地层层序缺失
桑多向斜(f_{11})	300°	延伸30km以上	近于直立	J_2xh^2板岩	均为J_2xh^1板岩与粉砂岩互层,北翼200°∠30°～45°南翼25°～40°∠30°±	与10、13、14号褶皱一起构成巴登-热玉复式向斜
主固意向形(f_{12})	270°	延伸约15km	直立	$AnCJy_2$灰白色钠长石英片岩	均为$AnCJy_2$灰白色钠长石英片岩夹结晶灰岩,南翼300°～350°∠20°～40°,北翼230°～270°∠30°～40°	由后期运动热变质事件形成的片理构造而显形,形成于印支期
怕欠弄向斜(f_{13})	285°	延伸25km	近于直立	J_2xh^3板岩与细砂岩互层	均为J_2xh^{2-3}板岩与细砂岩互层,南翼10°～35°∠35°～58°,北翼185°～215°∠40°～50°	于10、11、14号褶皱构成复式向斜
白日背斜(f_{14})	300°	延伸66km	近于直立	J_2xh^1,板岩夹细砂岩	均为J_2xh^{2-3},南翼180°～220°∠62°～71°,北翼10°～30°∠40°～60°	于10、11、13号褶皱构成复式向斜,背斜穹隆为侵入岩提供了场所,形成热接触变质,沿轴面滑劈理发育
目若达复式背斜(f_{21})	280°	延伸>20km	直立	J_2xh^2泥质板岩与薄层粉砂岩不等厚互层	J_2xh^3细砂岩夹黑灰色板岩,N:15°～20°∠70°～80°,S:180°～186°∠75°～85°	由数个不等宽背、向斜构成,其中褶皱强烈,轴面劈理发育。结核被挤压、拉长、变形
西昌复式向斜(f_{22})	280°	延伸>20km	直立	J_2xh^3细砂岩夹黑灰色板岩	J_2xh^2泥质板岩与薄层粉砂岩不等厚互层,N:190°～200°∠65°～70°,S:20°～30°∠70°～75°	由数十个背、向形构成不等厚复式向斜,褶皱强烈,与f_{21}、f_{24}等构成大型复式背斜

续表 5-7

名称及编号	轴向	规模	轴向产状	核部地层	两翼地层产状	伴生、次生构造，后期改造
则东拉复式背斜(f_{24})	280°	延伸>20km	直立	J_2xh^1板岩夹细砂岩，灰黑色粉砂岩	J_2xh^2泥质板岩与薄层粉砂岩，N:15°～30°∠65°～75°，S:190°～200°∠65°～70°	由数十个背、向形构成，层间揉皱发育，板劈理可见。西端被F_{47}错断，且变形强烈
卡加卡复式背斜(f_{27})	290°	延伸15km	200°∠75°	J_2xh^2泥质板岩、薄层粉砂岩	J_1xh^3细砂岩夹黑灰色板岩，N:350°～10°∠60°～65°，S:190°∠45°～50°	枢纽产状:100°～120°∠10°～30°，由数个背、向形构成，一般单个小褶皱宽度250～300m，多为紧闭褶皱，南东部被花岗岩侵蚀
沙丁向斜(f_{29})	120°	延伸18.5km	直立	K_1d^2泥质粉砂质板岩夹砂岩，含煤线	K_1d^2灰黑色泥质粉砂岩、岩屑砂岩夹板岩，NE:30°∠60°，SW:30°∠55°	枢纽产状:120°∠10°，西延出图，南东转折端受F_{64}影响略向南移
龙热龙向斜(f_{30})	110°	延伸>20km	直立，略倾向南西	K_1d^2泥质粉砂质板岩夹砂岩	K_1d^1泥质粉砂岩、岩屑砂岩夹板岩，NE:190°∠47°～65°，SW:30°∠10°∠55°～70°	枢纽:120°～100°∠10°～15°，向斜中部被F_{67}斜向错移，北西转折端产状130°∠35°
卡达背斜(f_{21})	100°	延伸20km	直立，略向南西倾	K_1d^2泥质粉砂质板岩、砂岩	K_1d^2泥质粉砂岩、岩屑砂岩，N:355°～10°∠55°～70°，S:190°～170°∠55°～65°	枢纽产状:90°～105°∠10°～15°，枢纽波状，两端分别向北向南偏移，沿轴部发育F_{69}，轴向劈理发育
色中弄背斜(f_{32})	110°	延伸>20km	直立	K_1d^2泥质粉砂质板岩夹砂岩，含煤线	K_1d^2灰黑色泥质粉砂岩、岩屑砂岩夹板岩，SW:205°～215°∠55°～65°，NE:10°～20°∠60°～70°	枢纽产状:105°～115°∠10°～15°，背斜两端均延入邻区，枢纽波状，背斜西翼夹煤线

表 5-8 冈-念板片断裂构造特征表

名称及编号	走向	规模	产状与性质	断裂组合	两盘地层	断裂特征
雄威峰-交沙错断裂（F_{28}）	EW向	测区延伸24.5km，向西延入1:25万比如县幅	产状190°∠86°，韧性剪切断层	该断裂与结合带南界断裂近乎平行延伸	剪切J_2xh^1与J_2xh^2的接触界面，在其东端横切二者界线，并错移两侧地层。错失部分J_2xh^2而使其厚度减小	地形上线性特征明显，发育宽度10m±的硅质糜板岩带，韧性变形强烈，并使地层中的砂岩结核压扁、拉长、旋转，拉断呈两端尖滑的骨节状、细长条状及N型等多种组构
查热-公达断裂（F_{47}）	NW向	测区内延伸95km，是与F_{29}规模近于相同的一条断裂	产状45°∠70°，逆断层，在不同地段性质不尽相同，断裂北西部表现为左旋平移断层	该断裂与F_{29}近平行延伸，性质相同。断裂南东端于早白垩世花岗岩中复合于F_{29}之上	断裂沿向上斜切J_2xh，北西端横切构造混杂岩带，成为折级拉蛇绿岩片的西边界断裂	走向上地形地貌特征明显，发育不同程度的构造破碎带。断面上见有阶步、擦痕和摩擦镜面等。断面较陡，产状不稳定。具两期活动特点

续表 5-8

名称及编号	走向	规模	产状与性质	断裂组合	两盘地层	断裂特征
几拉-苏如卡断裂(F_{49})	NW向	测区内延长17km,宽度200~700m不等	产状不稳定,零乱。韧性剪切断层	该断裂在横向上有分F_{43}韧性断层连合之势。F_{40}将其错移并隔开	断裂主要切入CPs地层及北西向、北东两个方向的蛇绿岩残片	该断裂以发育韧性剪切变形构造为特点,发育构造片岩和糜棱岩,具分支复合特点,总体上呈现两条分支。东延出图,北支被F_{40}切断,西边被J_2xh^1角度不整合覆盖
摄拉断层(F_{50})	EW向	区内延长7.5km	产状180°∠70°±,正断层	与晚期东西向断裂组为同一体制	断裂穿切于J_2xh^3砂岩与板岩结合处	该断裂航卫片上线性特征明显,南低北高,走向上为沟谷、鞍部、垭口、湖泊等负地形,局部见有构造破碎带
胡腊卡-当堆断裂(F_{51})	NW向	测区延伸40.5km,发育宽度不等的构造破碎带	产状230°∠70°,逆断层	该断裂与F_{28}、F_{29}、F_{63}等构成北西向断裂组	断裂北东盘为J_2xh^3,南西盘为J_2xh^2,沿其接触面断切,并使两端界线发生弯曲	该断裂地形地貌特征明显,走向上多见为沟谷。断裂横切3个早白垩世花岗岩体,局部见断层破碎带
西冬嘎断裂(F_{53})	NNW向	测区延长8.2km,断层破碎带宽3~5m不等	产状110°∠33°,逆断层	该断裂向南东复合于F_{63}之上,为其分支断裂	断裂两侧地层均为J_2xh^3,并且切割褶皱及褶曲转折端,局部使枢纽弯曲	断层破碎带内发育碎裂岩,岩性为板岩及砂岩,且发生硅化、黄铁矿化,带中见宽10cm±的断层泥,局部呈透镜状
斯绒-甲桑断裂(F_{54})	NW向	区内延长6.2km	产状200°∠45°~60°,逆断层	该断裂属北西向断裂组,与F_{63}、F_{51}等近等距平行延伸	断裂两侧均为J_2xh^1黑色砂板岩、薄层硅质岩。顺层活动,局部见其横切层理,中部近K_2z北边部而行	在断裂带走向上呈宽100m±的低势凹地负地形,南北两侧岩性差异大,局部见拖曳褶皱
竹哇给断裂(F_{57})	NW向	区内延长3.7km	性质不明	该断裂规模较小,其向东南复合于F_{58}之上,并是后者的分支断裂。北西端被J_2x^1角度不整合覆盖	断裂北东侧为AnCJy^2,南西为AnCJy^1	断裂两侧岩性差异大,发育于嘉玉桥岩群两个岩组的接触界线上,沿走向岩石破碎强烈。并且使韧性剪切变形组构错移、断失。活动时间为中侏罗统之前。可能与怒江小洋盆的打开有关
去弄卡断裂(F_{58})	NNW向	区内延长10.5km	性质不明	该断裂中部并合F_{57},南北两端被J_2xh^1不整合覆盖,并且错断北东向断层	断裂东侧为T_3M,西侧为AnCJy,北部东侧为AnCJy^2。错失地层	断裂两侧岩性地层差异较大,东侧地层倾向南西,倾角甚微。为受该断裂影响所致,发育构造破碎带
西若弄断裂(F_{59})	NW向	区内延长5.5km,宽度50~80m	韧性剪切断层	该断裂与F_{41}、F_{42}、F_{45}、F_{49}等距分布,南东延出图外,北西被J_2xh^1不整合覆盖	断裂两侧均为AnCJy^2地层体	航卫片上线性带状特征明显,为高山地貌。见压扁拉长、碎斑旋转等多种韧性剪切变形组构,糜棱岩发育

续表 5-8

名称及编号	走向	规模	产状与性质	断裂组合	两盘地层	断裂特征
熊的奴断裂(F_{60})	NW 向	区内延长大于 12km, 宽度 500~2800m 不等	韧性剪切断层	该断裂总体延向与 F_{59}、F_{49} 一致, 且分支合并, 北端被 F_{61} 南北向断裂错移	断裂两侧及破碎带均为 $AnCJy^2$, 向东延入邻幅, 北部局部被 J_2xh^1 不整合覆盖, 南部被早白垩世花岗岩侵吞	航卫片上线形细纹条带明显, 陡峻山势, 在片岩、大理岩中发育糜棱岩及矿物压扁拉长等多种韧性变形组构
推车雄-杉靴断裂(F_{66})	NW 向	测区延伸 20km	$200°\angle 55°$, 逆断层	该断裂岩体与区域构造走向一致, 属北西向断裂组, 东南部被北东向错移	断裂北东盘为 K_1d^1, 南西盘为 K_1d^2, 发生于两段接触界线上, 沿褶皱轴面发展起来的逆断层	断裂走向上多呈沟谷、凹地、鞍部等负地形, 山脊偏移, 水系拐弯等明显, 局部可见断层破碎带。错失煤线
扎工用断裂(F_{67})	NE 向	测区内延长 7.5km	走滑断层	该断裂区内规模较小, 南西延入边坝幅	断裂横切多尼组地层, 使产状变向, 局部见断层角砾岩	断裂走向上多沟谷、凹地等负地形, 错移地层界线及北西向断裂, 错断水系
扎贡断裂(F_{68})	EW 向	测区延伸 7.5km, 破碎带 1~3m	性质不明	该断裂属东西向断裂组, 区内规模较小	断裂穿切 K_1d^1 与 K_1d^2 界线	走向上地形地貌特征明显, 错移山脊, 错失背斜南翼。局部发育宽度不等的断层角砾岩
孟达断裂(F_{31})	330°	主要断裂, 两端均延入邻区, 区内延伸 122.5km	$240°\angle 70°$, 逆推	中、东与伊塔西断裂相交, 西被扎龙舍断裂错断	北盘西、中部为 J_2xh, 东为 $AnCJy$. 南盘为 J_2xh	造成两侧地层层序不全, 与其共生的羽状断裂, 碎裂岩组成的破碎带宽约 50m
扎龙舍断裂(F_{33})	50°	延伸约 3km	剪切(平推)断裂	斜切吉杜卡断裂	均为 J_2xh	造成两盘地层为 1.5km 的错动, 是在吉杜卡-孟达断裂中产生的剪切基础上而形成
糜棱断裂(F_{34})	330°	主断裂, 区内延伸 13km	$240°\angle 45°$, 右行韧性剪切	东与吉杜卡-孟达断裂相交, 中北与瓦扎那-打拢断裂复合	东为 CPs, 西为 $AnCJy.$	控制了 CPs 和超基性岩体分布, 具糜棱岩
瓦夫弄断裂(F_{35})	320°	主断裂, 区内延伸 17km	$270°\angle 61°\sim 81°$, 右行韧性剪切	北西端 $J_{1-2}xh$ 所覆盖, 南与吉杜卡-孟达断裂相交	西为 CPs, 东为 $ACnJy.$	与饿学里断裂一起构成同期, 同性质断裂, 其特征也近似
巴登-瓦庆脚断裂(F_{37})	305°	次级断裂, 延伸约 100km	$200°\sim 220°\angle 50°\sim 70°$, 逆推	与伊塔西断裂(F_{38})相交	均为 J_2xh^{2-3}	岩石破碎, 带宽约 50m, 拖曳褶皱发育
通拉断裂(F_{43})	295°	深层次断裂, 延伸 4km	$202°\angle 76°$, 韧性剪切	独立断裂	北为 J_2xh, 南为 T_3M	宽约 50m 的糜棱岩, 糜棱岩程度不一, 中部为钙质糜棱岩, 边缘为初糜棱岩
热玉断裂(F_{47})	330°	次级断裂, 延伸 22km	$195°\angle 59°$, 逆推	西延入邻区, 东与瓦底-西湖断裂相交	均为 J_2xh	走向呈负地形, 航片上断裂三角形明显, 碎裂岩, 镜面及擦痕发育

该断裂为韧性剪切性质，发育宽约 50m 的糜棱岩带。糜棱岩化程度从边缘带到中带强度增大，由钙质初糜棱岩到钙质糜棱岩，S-C 组构发育，并随糜棱程度增强，二者间夹角减小。据定向薄片旋转碎斑和拖尾方向的统计数据，知其剪切方向为 190°±，具左行剪切特征。时代为燕山早期，可能与丁青结合带残余洋盆阶段在南北向挤压应力下产生同方向的左行剪切作用有关。

第五节　构造变形相和变形序列

构造变形相即是构造层次，是构造-热事件的综合。各种地质体在时间上经历的变形期次不同，在空间上表现出的变形机制和变形强度也就不同。因此在空间上产生了变形相，在时间上出现了变形相序列及叠加构造，表现在各构造单元的构造变形相序列上的差别。

一、构造变形相

同一构造旋回所产生的变形群落在纵向上的分带性即是构造变形层次或变形相。控制构造变形相的主要因素是温度梯度和压力梯度，与深度密切相关。并且岩石的能干强弱制约着变形地质体各构造变形要素和参数量值的变化，影响着变形地质体的构造样式和几何形态。这是一个比较复杂的地球动力学和物理化学综合性问题。根据褶皱形态、断裂性质、变形面理、线理和显微构造特征、构造置换、变质程度、变形机制等综合因素，将测区内构造变形划分为表部、浅部、中部、下部和深部及幔内 6 个构造变形相（表 5-9）。

表 5-9　测区构造变形相特征表

变形特征\变形标志\变形相	表部构造变形相（表构相）	浅部构造变形相（浅构相）	中部构造变形相（中构相）	下部构造变形相（下构相）	深部构造变形相（深构相）	幔内构造变形相（幔构相）
卷入地质体	E_2z、$E_{1-2}n$、K_2j、K_2b、K_2z	K_1d、$J_{2-3}l$、J_2xh；J_2j、J_2dj、J_2d、J_2x、J_2b、J_2q；J_2dd、J_2t、J_3j、J_3s、J_3x	T_3M、T_3Q、T_3bg、T_3b、T_3j、T_3d、T_3jm、T_3bq	CPs、C_1m、C_1r、C_1a、C_1d、C_1s	$AnCJt.$、$AnCJy.$、$Ptjl.$、$Ptbc.$、$Ptxl.$、$Ptpc.$	$CPOm$、T_3Om、$J_1Om(\varphi\sigma,\upsilon\sigma,\sigma,L\nu,\upsilon\beta,cc)$
褶皱构造	开阔褶皱、平缓褶皱、断裂弯侧见牵引褶皱、拖曳褶皱	宽缓褶皱、直立褶皱、等厚褶皱、局部斜歪褶皱、倒转褶皱	宽缓褶皱、紧密褶皱、斜歪倒转褶皱、同斜倒转褶皱、局部近东西向褶皱叠加南北向褶皱、顺层平卧褶皱	开阔褶皱、紧闭褶皱、等厚-相似型褶皱、不对称褶皱	复杂的紧闭褶皱、各种叠加褶皱、顺层掩卧褶皱、A 型褶皱、不对称褶皱、钩状褶皱、无根褶皱、揉流褶皱	流动褶皱、剪切褶皱、A 型褶皱、B 型褶皱、小型不完整背、向形褶皱
断裂构造	脆性断裂	顺层断层、逆冲断层、脆性断裂，局部顺层剪切变形	脆性-韧性断层、顺层断层、顺层剪切带	脆性断层、韧性剪切带	韧性断层、韧性剪切变形带	幔型、壳幔型高温韧性剪切变形、韧性断层、逆冲型推覆剪切断裂
变形面理	层理（S_0）	层理（S_0）、板理（S_1）、大部分 $S_1 \parallel S_0$，少数 S_2 斜交 S_1	S_0 或 S_1 为变形面的变形，局部透入性面理，局部 S_2 斜交 S_1	片理（S_0）、板理（S_1）、局部千枚理（S_1）和片理（S_1），大多 S_2 斜交 S_1	片理（S_{n+1}）、片麻理（S_{n+1}）、糜棱面理，以 S_{n+1} 变形面为主，发育 S_{n+1} 斜交 S_n、条带构造	矿物堆积或韵律层理、流面、流带、糜棱面理、叶理、片理等
线理类型	擦痕线理	局部拉伸线理、皱纹线理、交面线理	皱纹线理、交面线理、局部矿物拉伸线理、局部构造透镜化	皱纹线理、局部矿物生长 a 线理、杆状构造、构造透镜化、布丁构造	拉伸线理、皱纹线理、矿物生长 a 线理、杆状构造、构造透镜化、石香肠构造	流线、矿物拉伸线理、a 线理、铬尖晶石等强烈拉伸、强烈构造透镜化

续表 5-9

变形标志 \ 变形相特征	表部构造变形相（表构相）	浅部构造变形相（浅构相）	中部构造变形相（中构相）	下部构造变形相（下构相）	深部构造变形相（深构相）	幔内构造变形相（幔构相）
构造岩类型	碎裂岩、角砾岩	角砾岩、碎裂岩、碎粉岩、断层泥类	碎裂岩、碎粒岩、断层泥类、初糜棱岩、糜棱岩化岩	糜棱岩化岩、初糜棱岩、局部糜棱岩	初糜棱岩、糜棱岩、碎斑糜棱岩、局部构造片岩、片糜岩、S-L构造岩	糜棱岩、构造片岩
显微组构	原岩组构保留	原岩组构保留	原岩组构局部被破坏，发育不同级别的 S 型、M 型、Z 型层间剪切变形	原岩组构局部多被破坏，层间不同程度地发育剪切变形，局部见片理揉褶	矿物压扁、拉长、弯曲、变形，片理、片麻理揉褶，发育 I 型、M 型、N 型、S 型及不规则剪切变形，碎斑旋转、压力影，S-C 组构	高温塑性变形，晶内变形纹、晶内滑移系、矿物位错、矿物扭折、矿物压扁拉长
构造置换	等距间隔劈理，较大规模节理	S_1 不规则置换 S_0，局部 S_1 置换 S_0	S_1 置换 S_0、大多 $S_1 // S_0$。局部片理化带、局部 S_2 斜交 S_1	S_1 置换 S_0，局部 S_2 不完全置换 S_1，局部片理化带	S_1 置换 S_0，发生以 S_1 为变形面的变形且出现 S_2，发育 S_{n+1} 斜交 S_n，褶叠层	以 S_1 为变形面出现构造变形分带，S_1 彻底置换并出现 M 型带、N 型带、I 型带、折劈理 S_2 并形成 I 型带、褶叠层
劈理类型	破劈理、间隔劈理、非等距不规则劈理	板劈理、间隔劈理、扇形劈理、轴面劈理	板劈理、折劈理、轴面劈理、区域透入性劈理、局部流劈理和密集劈理	轴面劈理 S_2、折劈理、褶劈理、局部应变滑劈理和密集劈理	折劈理 S_2、褶劈理、应变滑劈理、流劈理	褶劈理、流劈理、层间微褶劈理
变质程度	极浅变质	低绿片岩相之板岩级。新生绢云母、绿泥石，局部同构造变质出现红柱石	低绿岩相之板岩级。新生矿物绿泥石、绢云母、黑云母等。同构造变形新生应力矿物硬绿泥石、雏晶黑云母	低绿岩相的千枚岩级、高绿岩相叠加变质。同构造变形新生绢云母、绿泥石、绿帘石、白云母及雏晶黑云母	低绿片岩相、高绿片岩相、低角闪岩相递增变质、叠加变质。新生矿物石榴石、钾长石、透辉石等大量出现。尤以矽线石、白云母为特征	埋深变质、高压—中压低温变质、叠加变质。新生蛇纹石、滑石、绢石、葡萄石、绢云母、白云石、闪石等
变形机制	横弯、重力滑脱、局部牵引	纵弯-压扁	纵变-压扁、局部塑性揉流	纵变-压扁、局部弯流、揉流	弹-塑性压扁、韧性、弯流、揉流	高温蠕变、塑性、韧性、弯流、揉流、压扁

（一）幔内构造变形相

幔内构造变形相也称为幔构相。与其他构造变形相具有截然不同的构造背景、构造群落和形成环境，故在本书中单独分出。该构造变形相是幔内高温稳态蠕变的产物，卷入此类变形的为地幔橄榄岩、辉石岩、角闪片岩、斜长角闪岩和堆晶岩、辉长岩以及次闪石岩等，具高温塑性变形特点。发育各种幔内剪切应变和高温流变构造形迹。在上地幔岩中普遍发育叶理面，铬尖晶石出现韵律层理，辉石发育平行叶理面的流面、流带，并且是上地幔内早期形成的滑脱剪切面，发育流动褶皱和剪切褶皱及由橄榄石、斜方辉石等形成的拉伸线理，明显可见橄榄石晶内变形纹和吕德尔线，多见橄榄石、辉石出现扭折带、不均匀波状消光和格子状消光。铬尖晶石强烈拉伸，并见橄榄石及辉石的多边化亚构造及动态、静态重结晶并发育高温和低温双滑移系以及橄榄石和辉石的各种位错构造。以上均反映了幔内上地幔岩在高温状态下物质运移的高温稳态蠕变规律，为幔内流变特征。

该变形相内的各种超基性岩均出现强烈的不均匀片理化，尤其在斜辉橄榄岩、二辉橄榄岩中更加显著，呈现为饼状、透镜状，同时并见网状交切，这种多期次网络尤为特征，明显与藏南不同。绢石化、蛇纹石化强烈，部分已全部蚀变成为蛇纹岩，辉石多已纤闪石化，仅保留其晶形轮廓，且在大部分岩石中发育糜棱岩，并多见暗色矿物沿糜棱面理定向或半定向排列，见新生矿物绢云母，并形成糜棱面理。辉石岩和斜长角闪片岩等也出现强烈的构造变形，前者可见小型流动褶皱并出现各种韧性剪切变形，发育褶叠层构造及出现扭折变形;后者表现为多期变形,且均较强烈,在与早期片理同构造作用中出现不透明矿物拉长定向并构成片理。二期变形为以 S_1 为变形面,而形成与 S_1 近平形的折劈理 S_2,且出现构造变形分带,也说明二期变形强烈,并使 S_1 改造彻底且使其平行化,同时把 S_1 片理改造为 M 型带、N 型带, S_2 形成 I 型带,以及出现褶叠层构造,且并见后期斜切 S_2 的裂纹。

据前所述,该变形相中出现有局部残留的背向斜褶皱,规模较小,后期破坏强烈。其内断裂构造均以韧性剪切和固态流变剪切为主导,后期以脆性构造为主,多发生在边界,并成为大小不等的构造底辟体。蛇纹质构造混杂岩便说明了超基性岩底部构造变形的特征。另外,在超基性岩表面见有不同方向、不同层次的构造擦痕和阶步等,尤为显著的是在亚宗、丁青东拉沙拉等地,进一步反映了进入地壳以后的构造上升和变形历程。

(二) 深部构造变形相

深部构造变形相也称深构相。该构造变形相属测区较深构造层次下的构造变形组合,卷入 $Ptjl.$、$Ptbc.$ 和 $Ptxl.$、$Ptpc.$,以及 $AnCJt.$、$AnCJy.$,分属于唐古拉板片结晶基底和冈-念板片褶皱基底的变质杂岩体,均具有显著的塑性变形特点。各非正式单位中岩石普遍具条带状、片状构造,且构成构造岩。其中发育韧性剪切带和透入性面理,多见糜棱岩和剪切变形组构,普遍发育下滑式顺层掩卧褶皱,并见早期同构造分泌结晶(石英)脉在后期递进变形过程中被卷入顺层掩卧褶皱,其中发育各式各样的叠加褶皱并形成轴面劈理 S_2,还见片理褶皱和面理置换现象,局部可见 $S_1 // S_0$。以上特征反映出古老变质岩系经历了多期构造变形作用。该构造变形相中出现了大量的变质矿物,见有低绿片岩相的 Mu+Ser+Chl+Bit 组合,高绿片岩相的 Bit+Gr+Mu 组合,低角闪岩相的 Gr+St+Bit+Hb 组合,且在泥质变质岩中见有大量红柱石,表现为低绿片岩相→高绿片岩相→低角闪岩相的递增变质带特征,也表现出在早期区域动力热流变质之上又叠加了区域低温动力变质作用。

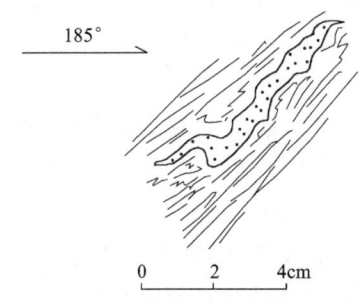

图 5-57 钩状构造变形素描图(干岩南)

该构造变形相中的新元古代和前石炭系地质体,作为变质杂岩系和基底并记录了该板片的演化历史。区域上均呈北西走向,多与澜沧江缝合带和索县-丁青-怒江结合带及其边界断裂平行或小角度斜交,且其各自总体构成一个向东倾伏的较为圆滑的"复式背斜",具有十分复杂的构造改造和极其复杂的韧性变形。在吉塘岩群和嘉玉桥岩群中发育反映多期变形的构造叠加现象十分普遍,其中尤以褶皱叠加显著,组成宏观"向形"的褶皱面是以早期形成的典型褶叠层为基础发育的构造置换,其两翼的褶叠层内包容了一系列"A"型褶皱及不对称褶皱,其以置换面理为变形面的褶皱构造轴迹为北西-南东向。在不同组合的构造岩石单元中均可见顺层掩卧褶皱、平卧褶皱、钩状褶皱(图 5-57)、无根褶皱(图 5-58)、揉流褶皱等,发育以横向构造置换作用而形成的褶叠层和以早期褶皱轴面为变形面的重褶或共轴叠加。此外还见后期白云母花岗岩脉揉弯褶皱现象。另外其中还发育塑性流动和固态塑性变形特征,尤以发育顺层固态流变和韧性剪切变形更为显著,表现为片理化带以片理置换及透入性拉伸线理为特征和片麻理化带以发育片麻理及眼球状构造为特征,出现条带构造、构造透镜体(图 5-59)、石香肠、杆状构造、布丁构造及糜棱面理、拉伸线理、皱纹线理、矿物生长 a 线理和各形顺层掩卧褶皱,发育 $S_{n+1} \wedge S_n$ 的叠加变形以及出现 M 型褶皱(图 5-60)、I 型褶皱(图 5-61)。该套岩系具有由南而北从绿泥石带→黑云母带→石榴石带→透辉石带→矽线石带→钾长石带比较完整的递增变质带,表现出低绿片岩相—高绿片岩相—低角闪岩相—高角闪岩相的多相共存变质特征。表现为在早期区域动力热流变质作用之上叠加区域低温动力变质作用及经历了从晚元古期直至喜马拉雅期的多次叠加变质作用。

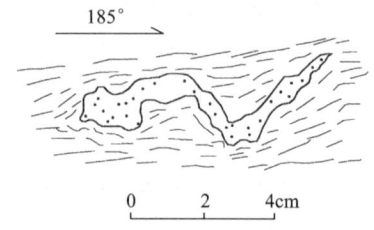
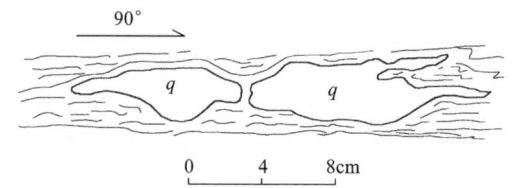

图 5-58　无根褶皱构造变形素描图（干岩南）　　图 5-59　不规则透镜状、撕裂状构造变形素描图（干岩南）

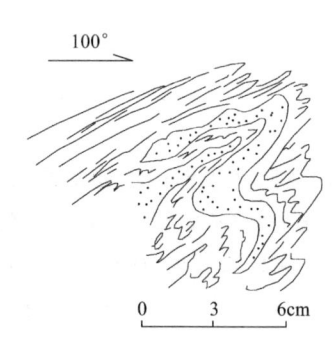
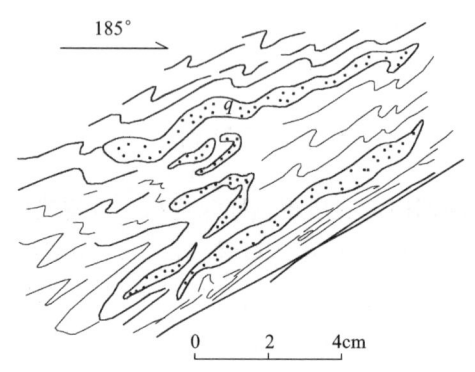

图 5-60　钩状褶曲、不规则倒 M 型构造变形素描图（干岩南）　　图 5-61　钩状褶皱 I 型构造变形素描图（干岩南）

（三）下部构造变形相

下部构造变形相也称下构相，属于测区下部构造层次，卷入地质体为石炭系、石炭系—二叠系地层，包括昌都板片上的 C_1d、C_1s，唐古拉板片上的 C_1m、C_1r、C_1a，冈底斯-念青唐古拉板片上的 CPs。各自原生构造保留较好，发生以 S_0 为变形面的构造变形，未出现区域上的透入性面理，常形成宽缓褶皱、斜歪褶皱，局部出现直立褶皱和倒转褶皱等，褶皱转折端部位常出现轴面劈理，且表现为 S_2 斜交 S_1，交角一般较小。能干性较强的岩石在区域性纵弯作用下常表现为间隔劈理，出现非透入性面理置换。能干程度较低的岩层，则发育不同级次"S、M、Z"层间剪切变形，且在局部发育顺层平卧褶皱及小型顺层韧性剪切变形，并出现交面线理、皱纹线理、折劈理等，在局部强应变带内发育密集劈理。在强弱岩层间隔出现或互层情况下，并见劈理折射现象。石炭系地层内含有大量砾岩，砾石变形强烈，定向较为明显，构成宏观区域上的拉伸线理，碳酸盐岩内发育顺层掩卧褶皱及顺层剪切带，断裂构造主要以后期近东西向、北西向为主，其内并见小型顺层断层及局部的顺层剪切变形，并出现比较强的片理化带及密集劈理化带，此构造变形相内所见总体变形较弱，成层性较好，原生组构保留，同构造变形新生矿物绢云母、绿泥石、雏晶黑云母等仅沿 S_1 或 S_2 出现，并在局部的强应变带内定向，总体表现为低绿片岩相的区域低温动力变质作用特点。特殊的是不同构造单元上的石炭系构造变形强度不同，总体来看，从北至南岩石成层性越差，原生组构保留越少，构造变形强度越大。

地处怒江蛇绿岩带中的石炭系—二叠系苏如卡岩组，由于受北东向和北西向两个方向超基性岩体的底辟上冲和复杂的构造作用叠加，表现出更加复杂的构造变形群落。总体表现为以板理、千枚理（S_0）及片理（S_{n+1}）为变形面的应力变形，但在不同地域其变形样式不尽相同，以 S_1 面发生的纵弯作用使其褶皱变形，常表现为直立褶皱、开阔褶皱及紧密褶皱，应力进一步加强出现斜歪褶皱、同斜倒转褶皱、近平卧褶皱，并在此基础上叠加了小型褶皱。在褶皱转折端多见扇形轴面劈理，同构造期并见有间隔劈理，局部强应力变形部位出现密集劈理、流劈理、褶叠层及小褶曲、小皱纹。在桑多、苏如卡一带并见矿物线理和多期变形叠加的揉皱现象。沿北西向断裂或在超基性岩体的边缘不同程度地见有更深层次的变形构造，出现强流变带及顺层剪切面理和强变形层间小揉皱，且呈现糜棱面理的分带特征，在此之后，以糜棱面理为变形面出现折劈理，在上述变形之上，还出现间隔劈理及斜切以上各变形面的劈理构造。其总体变形强烈、复杂，变质程度较低，出现同构造作用的绢云母、绿泥石、阳起石等变质矿物。为低绿片岩相千枚岩级的区域低温动力变质作用,为造山变质作用结果。

（四）中部构造变形相

中部构造变形相也称中构相,属于测区中部构造层次。卷入地质体为上三叠统地层,包括昌都板片上的 T_3bq、T_3jm；唐古拉板片上的 T_3d、T_3j、T_3b、T_3bg；冈-念板片上的 T_3Q、T_3M。不同构造单元上的各地质体中的原生构造保留较好,发生以板理、千枚理（S_1∥S_0）为变形面的构造变形,未出现区域上的透入性面理。但在不同地域其变形样式不尽相同,以 S_1 面发生的纵弯作用使其褶皱变形,常表现为直立褶皱、开阔褶皱及紧密褶皱,应力进一步加强出现斜歪褶皱、同斜倒转褶皱、近平卧褶皱,并在此基础上叠加了小型褶皱,其轴面交角 $30°\sim40°$。上三叠统地层中常见宽缓褶皱、斜歪褶皱,局部出现直立褶皱和倒转褶皱等,褶皱转折端部位常出现轴面劈理,且表现为 S_2 斜交 S_1,交角一般较小。能干性较强的岩石在区域性纵弯作用下常表现为间隔劈理以及斜切以上各变形面的劈理构造,出现非透入性面理置换。能干程度较低的岩层,则发育不同级次"S、M、Z"层间剪切变形,且在局部发育顺层平卧褶皱及小型顺层韧性剪切变形,并出现交面线理、皱纹线理、折劈理等,在局部强应变带内发育密集劈理。在强弱岩层间隔出现或互层情况下,并见劈理折射现象。断裂构造主要以后期北西向为主,其内并见小型顺层断层及局部的顺层剪切变形,并出现比较强的片理化带及密集劈理化带。此构造变形相内所见各地质体总体变形较弱,成层性较好,原生组构保留,变质程度较低。同构造变形新生矿物绢云母、绿泥石、雏晶黑云母等仅沿 S_1 或 S_2 出现,并在局部的强应变带内定向,总体表现为低绿片岩相千枚岩级的区域低温动力变质作用特点,为造山变质作用结果。

（五）浅部构造变形相

浅部构造变形相属测区中浅部构造层次,也称浅构相。卷入地质体为侏罗系至白垩系地层及少量白垩纪中基性侵入岩,包括昌都板片上的 J_2x、J_2d、J_2t；唐古拉板片上的 J_2s、J_2x、J_2b、J_2q；索县-丁青结合带中的 J_2d、J_2dj、J_3j 和 K_2j、K_2b；冈底斯-念青唐古拉板片上的 J_2xh、$J_{2-3}l$、K_1d、K_1b 及 K_2j。其构造变形波及上述各层次变形单元。该变形相内岩石成层性较好,原岩沉积构造大多保留,主体发生以 S_0 为变形面的褶皱变形,在纵弯作用下表现为宽缓褶皱、直立褶皱、等厚褶皱等,进一步构造作用出现斜歪褶皱、倒转褶皱（图 5-62）、同斜褶皱等,

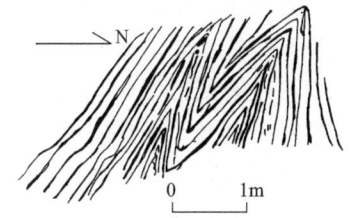

图 5-62 丁青县协雄乡破朗国德极国组尖棱褶皱特征素描图

由于所处构造位置不同并加之后期区域性构造作用,以致在不同部位表现出不同的变形特征。弧后盆地单元中由于岩石能干程度不同而表现出不同的变形行为,且展现为局部不协调褶皱、平卧褶皱及同斜倒转褶皱,能干性较强的岩层出现等厚褶皱,而软弱层则表现为顶厚褶皱和极不协调褶皱（图 5-63）,其中尤以希湖组软弱层变形明显,层间揉皱发育（图 5-64）,甚或局部出现顺层韧性剪切变形,见有拉伸线理、皱纹线理、交面线理、矿物线理等。能干性稍高的岩石发生以 S_0 层理为变形面的构造变形,褶皱转折部位出现扇形劈理并受到后期间隔劈理的作用,发育同斜倒转褶皱和顶厚褶皱。能干程度较低的岩层构造变形强烈,发育区域性透入性面理,并表现出较强的变形,多见 S_1 斜交 S_0,褶皱转折端处并见 S_2 斜交 S_1。局部见有脆韧性和韧性剪切变形特征,出现石香肠构造及石英脉的不规则变形等。由上可以看出,在同构造变形相中其变形强度和类型要较其他的复杂,表现出局部具中下部构造层次的特征。弧后盆地内的拉贡塘组以上层位具有浅部构造变形特点,总体构成一个复式向斜,是以 S_0 为变形面而发生的构造变形,并在此基础上进一步挤压且又发生由南而北的逆冲推挤,因此致使中之褶皱形态样式复杂,常见斜歪褶皱、倒转褶皱、宽缓褶皱及平卧褶皱,且在区域褶皱的转折端褶皱紧密,形态复杂,多见不协调褶皱。同时并伴随区域构造作用使其枢纽呈弯波形,且伴生自南而北的逆冲断层及顺层断层,断裂弯侧发育牵引褶皱和拖曳褶皱,强烈地段使先存褶皱复杂化。准原地沉积地质体内构造变形较为简单,发生以 S_0 为变形面的弯折、褶皱,主要表现为近直立褶皱、开阔褶皱、等厚褶皱等,伴随主前缘断裂的活

动及推覆体的影响,在其附近呈现出较为复杂的构造变形,主要表现为枢纽倾伏、轴迹变向、轴面缓波,出现斜歪褶皱、同斜倒转褶皱、紧密褶皱、平卧褶皱、倾竖褶皱等,在纳尔一带推覆体前缘并见不协调褶皱及叠加褶皱。伴随蛇绿岩体的上冲历程而出现的脆性断裂也十分明显,发育牵引褶皱和拖曳褶皱。

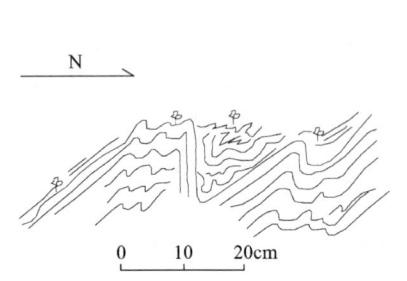
图 5-63 叠加小褶曲及转折端特征素描图(荣布)

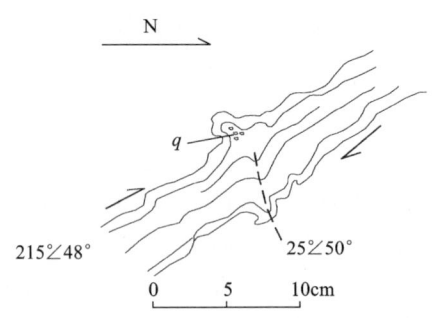
图 5-64 层间揉皱及揉脊特征素描图(荣布)

以上总体表现为以层理 S_0 为变形面的纵向挤压体制下的较简单构造变形,随着区域构造强弱快慢和应力强度变化,加之不同地段岩石能干程度的不同,也就呈现了在相同构造变形条件下的不同地域构造变形的差异。沿板理出现绢云母、绿泥石、绿帘石等新生变质矿物,在热玉、西昌、荣布等多期构造复合部位或多期构造岩浆热力作用部位,出现同构造变质的红柱石、硬绿泥石、黑云母等特征变质矿物,表现出局部构造应力较强作用的特点,该变形相同构造变质作用为区域低温动力变质作用的低绿片岩相绢云母-绿泥石带,具造山变质作用特点。

(六)表部构造变形相

卷入第三纪形成的各类地质体,包括 $E_{1-2}n$、E_2z、$E_{1-2}g$ 以及白垩纪的花岗岩,均为测区较新的陆源沉积和构造岩浆活动。沉积地层中各种原生沉积构造明显,示顶构造清楚,变形面理为层理(S_0),并沿其横弯成开阔褶皱、平缓褶皱、等厚褶皱、断裂弯侧见牵引褶皱、拖曳褶皱。发育规模较大的节理,等间距间隔劈理和节理在能干性较强的砂岩、火山岩和侵入岩中十分发育,其以压扭性节理最为多见,张扭性次之。劈理主要见之破劈理、板劈理及轴劈理,是伴随每次应力作用而表现的面状构造,此种构造在花岗岩中特别明显,远观似地层产状。在压扭性断裂附近出现压解性密集劈理、滑劈理和流劈理,表现出应力局部集中的特点。发育张(扭)性脆性正断层,并见重力滑脱,基本未变质,局部可见浅表层次的接触变质及动力变质。

二、构造变形序列

测区自晚古生代以来包括整个中生代、新生代的构造变形序列划为两大变形阶段、3 个变形旋回、9 个变形世代、4 种构造体制和 4 种变形机制。

(1) 第一期构造作用(D_1):测区最早期的构造作用理应追寻至元古大洋的形成及潜没和泛非事件对古老变质地质单元的影响,其踪迹多已荡然无存。但据上述也可看出,其构造变形非常复杂。

(2) 第二期构造作用(D_2):以古特提斯早期洋壳拉张出现早石炭世洋中脊玄武岩及石炭纪—二叠纪多伦非层序型蛇绿岩、蛇绿质构造混杂岩和强蚀变基性岩的侵入以及深海硅质岩、远洋碳酸盐岩沉积以及早石炭世复理石沉积为标志的古特提斯早期板内拉张出现裂谷及陆缘拉张作用形成的伸展构造组合。石炭纪—二叠纪苏如卡构造混杂岩应代表古特提斯洋的闭合。该期构造变形在二叠纪以前形成的地层中表现不明显,主要是主期构造作用构造体制和运动方向近于一致而使早期残存彻底改造之故。

(3) 第三期构造作用(D_3):以新特提斯早期洋壳拉张出现丁青-觉恩早侏罗世早期洋中脊玄武岩及层序型蛇绿岩、蛇绿质构造混杂岩、强蚀变基性岩和基性侵入岩以及深海、半深海硅质岩、远洋碳酸盐岩沉积以及出现新特提斯早期板内拉张出现裂谷及陆缘拉张作用形成的伸展构造组合。据前所述该期构造变形在晚三叠世以前形成的地层中表现比较明显,尤其在吉塘岩群和嘉玉桥岩群中表现明显,但主要是由于主期构造作用构造体制和运动方向近于一致而使早期残存彻底改造之故。

(4) 第四期构造作用(D_4):以新特提斯早期洋盆收缩、闭合为标志,出现早侏罗世折级拉-亚宗构造混杂岩及泥砂质沉积混杂岩和滑塌堆积,伴之强烈而又快速的小洋盆内的俯冲构造作用出现高压变质,测区在老变质地质体中测定的白云母 bo 值具高压变质特征,区外据报道存在特征高压变质矿物及其组合,伴之南北两侧形成不同类型的大陆边缘,上三叠统及其以前形成的变质地质体和基底岩系中褶皱构造的形成,在各构造单元中局部残存有该期构造挤压的平卧褶皱及轴面劈理 S_{n+1},以及出现深层次的水平韧性剪切变形,并有同构造期的构造变形和构造岩浆活动。

(5) 第五期构造作用(D_5):以中侏罗世地层不整合于结合带,和以中侏罗统地层不整合于上三叠统及前石炭系吉塘陆块和嘉玉桥陆块为标志,出现中侏罗世—早白垩世的弧后盆地,这是测区陆内调整较为稳定的时期,但在受区域构造伸展作用影响,局部仍伴有小规模的火山活动及岩浆活动。

(6) 第六期构造作用(D_6):以陆内调整为主,出现区域挤压背景下的局部地带的伸展-上隆作用,形成近水平的顺层掩卧褶皱和韧性剪切带,发育糜棱岩、S-C 组构、拉伸线理,各类构造岩及壳源 S 型浅色酸碱性花岗岩的侵入。

(7) 第七期构造作用(D_7):发生陆内俯冲作用并导致东西向逆冲推覆构造群落及右行走滑断裂形成以及近南北向高角度正断层系和叠加褶皱(轴面劈理 S_2)的形成。

(8) 第八期构造作用(D_8):高原地壳进一步缩短加厚,测区快速隆升过程。以索县-丁青近东西向断陷谷地带的形成出现近南北向走滑断裂,形成拉分盆地。

(9) 第九期构造作用(D_9):受雅鲁藏布江的南北向拉裂及剪切作用的远程影响,致使测区内的南北向正断层系扩展规模,同时并新生南北向正断系,形成谷地。且伴随有北东向、北西向的走滑剪切断层系并呈现大型沟谷凹地。伴随活动构造的成生,后期发育沿索县-丁青近东西向断陷谷地带两侧之边界正断层系,出现深切河谷。

第六节 区域地质发展演化史

时间和空间是一切物质运动的存在形式,时空结构是研究构造演化的基本内容。测区的地质发展演化历史也就是对现存的岩石单元的建造及改造组合关系置于造山系统这么一种复杂的物质运动过程中进行时空结构方面的分析。测区大地构造位置独特,地质发展历史久远,是古特提斯、新特提斯成生、发展、裂离、汇聚、消减、增生和重组的关键地带,也是盆山转换的造山带。测区造山带的形成经历了陆壳基底形成阶段、古特提斯发展阶段、新特提斯发展阶段及碰撞造山阶段和高原隆升阶段。

一、陆壳基底形成阶段(Pt—S)

该阶段也称为元古大洋发展阶段。新元古代比冲弄片岩的原岩为一套复理石碎屑岩夹钙碱性岩系基性火山岩建造。1:20万丁青县幅获得石榴二云石英片岩 Rb-Sr 同位素年龄为 619±27Ma,新元古代觉拉片麻岩的原岩为岛弧型花岗闪长岩,推测侵入比冲弄片岩中。根据变形强度、变质程度的明显差异,说明觉拉片麻岩的时代明显早于他念他翁岩浆弧。本次区调在索县荣布镇八格北前石炭系吉塘岩群片麻岩中测得锆石 U-Pb 法谐和年龄为 2383Ma,上交点年龄为 2383±101 Ma,下交点年龄为 743±47 Ma,可以说明其形成于古元古代。此外还给出了三组年龄为 713Ma、821Ma、1272Ma 的同位素数值,这是西藏东北部地区存在的最古老的地质体,也就是说元古宙末期在"他念他翁"就已经存在一个未成熟的岩浆弧,下交点年龄可反映一次重要的构造事件,其时间应在早震旦世末(700 Ma±),同时并造成测区内比冲弄片岩、觉拉片麻岩、普查玛片岩、雪拉山片麻岩等出现低角闪岩相变质,这个事件可能是元古大洋潜没、消失、关闭、碰撞的重大事件(表5-10)。

表 5-10　丁青县幅构造事件简表

序列	时代	沉积建造及变形特征	演化阶段	构造运动	变质作用	岩浆活动
D_{13}	全新世—中晚更新世	冰蚀谷、河流峡谷形成和发展	高原隆升阶段	共和运动	未变质	
D_{12}	早更新世	内陆盆地面发育 索县古湖的形成和发育阶段		昆黄运动		
				青藏运动 C 幕		
D_{11}	新近纪	主夷平面形成	碰撞造山阶段	青藏运动 A、B 幕		
D_{10}	古近纪	地面抬升以及山顶面的形成 苏优达始新始陆相山间盆地建造		喜山运动		
D_9	晚白垩世	内陆盆地发育		燕山运动	基本未变质	
D_8	早白垩世末	近东西向褶皱和断裂发育	新特提斯阶段	燕山运动	低级变质	$\pi\eta\gamma K_1$ $\xi\gamma K_1$ $\eta\gamma K_1$ $\gamma\delta K_1$ $\gamma o\beta J_2$
D_7	早白垩世—中晚侏罗世	那曲-沙丁中侏罗世—早白垩世弧后盆地沉积建造 指木果中侏罗世察雅群上叠盆地沉积建造 巴格-色加卡雁石坪群中侏罗世上叠盆地沉积建造				
D_6	早侏罗世—三叠纪末期	代表班公错-索县-丁青-怒江结合带的发展与形成阶段				J_1Om, T_3Om
D_5	三叠纪晚期	冲拉果-嘎塔晚三叠世结扎群被动陆缘盆地建造 晚三叠世确哈拉-孟阿雄活动陆缘盆地建造		印支运动	低级变质	$\xi\eta\gamma T_{1-2}$ $\eta\gamma T_{1-2}$ $\pi\eta\gamma T_{1-2}$
D_4	二叠纪—石炭纪	苏如卡组构造混杂与怒江蛇绿岩发育阶段 前石炭系和早石炭世至二叠纪变质变形	古特提斯阶段	海西运动	低级↑中级	$gn\gamma\delta P_2$ $gn\eta\lambda P_2$ $gn\gamma o\beta P_2$ $CPOm$
	石炭纪	代表澜沧江结合带的形成阶段 阿果早石炭世卡贡群被动边缘拉张盆地建造 优俊习早石炭世裂谷盆地建造 雅乃卡早石炭世珊瑚河组、东风岭组陆表海盆地				
D_3	前石炭纪	以吉塘岩群和嘉玉桥岩群为代表的构造混杂与变形变质	褶皱基底形成阶段	加里东运动	中级变质	
D_2	新元古代末	吉塘岩群和嘉玉桥岩群北西西—南东东向构造片麻理或片理的形成、透入性韧性剪切及相关剪切褶皱	结晶基底形成阶段	泛非运动	中级↑高级	
D_1	中新元古代	觉拉片麻岩和比冲弄片岩区域片麻理、片理的形成				

嗣后测区便进入萌特提斯洋发展阶段。

1:20 万丁青县幅在他念他翁岩浆弧的花岗岩中获得三组同位素年龄资料,其中最老一组为 438.2±3.6 Ma ~342±9 Ma,时代为奥陶纪—早石炭世,它可能说明于晚期二叠纪—三叠纪他念他翁岩浆弧主弧期中携带、包含有岛弧型花岗岩的尚未被熔融均一化的早期残体。也即在早古生代,他念他翁陆缘岩浆弧就已经存在。

他念他翁岛链带南侧分布的前石炭系吉塘岩群和嘉玉桥岩群的原岩建造相似,为粗碎屑岩夹基性、中性火山岩及少量碳酸盐岩、中酸性火山岩的组合。在索县-丁青海盆裂开之前可能是连成一体的,具有原(萌)特提斯洋弧后拉张盆地的特征。也就是说在他念他翁的北侧曾经存在一个已经消失的萌特提斯洋。

根据测区东部青泥洞地区中泥盆统与下奥陶统之间存在平行不整合和吉塘岩群(Rb - Sr 法 340±2Ma～371±5Ma)及嘉玉桥岩群同位素年龄(Rb - Sr 法 278±8Ma)分析,在志留纪末至泥盆纪初期测区有一次规模较大的上升运动,这或许标志着萌特提斯洋局部地段的碰撞关闭,联合大陆的组建已经开始。

由于测区总体缺失晚石炭世—中三叠世沉积记录及岩浆活动,吉塘岩群和嘉玉桥岩群曾受多次构造作用的叠加,岩层中的 S_0 已难寻觅,发育片理褶皱和平行片褶轴面的劈理,较难厘定泥盆纪末的构造变形特征。

二、古特提斯阶段($C—T_2$)

据区域地质研究,整个古生代时期,在昌都地区、唐古拉地区、冈底斯地区广大区域内均处于同一稳定的时期(冈瓦纳大陆北缘),因此该时期形成的现存各陆块或小(微)板片之地层及古生物面貌均表现为相近或相似的特征,可以对比。

晚古生代是全球古地理面貌发生重大改变的时期,在区域上他念他翁山链是最终导致"古特提斯型"洋壳带发育的一次"威尔逊旋回"事件,经历了伸展扩张期($P_1—T_3$)。

他念他翁北侧的活动型石炭系卡贡群(C_1K)是古特提斯主域中残留下来的遗迹,为厚度较大的复理石沉积,中部夹双峰火山岩,上部夹大洋拉斑玄武岩。早石炭世的化石仅见于该群下部,而其上则被上三叠统巴钦组、结玛弄组英安岩—流纹岩喷发不整合。在东邻类乌齐地区其上被上三叠统甲丕拉组红色磨拉石不整合覆盖。而在昌都板片上则为稳定型的早石炭世含煤建造和碳酸盐岩沉积。同时并在老的岩浆弧上叠加了Ⅰ型、Ⅰ-S型岛弧花岗岩,其中所获三组 Rb - Sr 全岩等时线年龄(269±18Ma～230±11Ma)代表了花岗岩的成岩年龄,其时代应为晚二叠世—中三叠世。

二叠纪开始强型俯冲,沿军达-比冲弄断裂即开始形成韧性剪切带。二叠纪末至中三叠世,随着消减,洋域缩小,卡贡群也逐渐以靠近被动边缘一侧先是滑脱形成顺层剪切和顺层掩卧的褶叠层构造,后又被挤压、剪切,向北推覆,形成两到三个重叠的推覆叠瓦构造。同时卡贡群产生低温动力变质作用类型的低绿片岩相的单相变质,并具由北向南、愈接近俯冲带愈强的特点。据1:20万丁青县幅成果资料,在片理化板岩中测得白云母 bo 值为 $9.040×10^{-10}～9.045×10^{-10}$ m,为低温高压变质特征;而南侧比冲弄片岩和觉拉片麻岩中白云母 bo 值则为 $8.888×10^{-10}～8.989×10^{-10}$ m,为高温低压变质类型,二者大体上构成了古特提斯消亡、板片俯冲、碰撞的对变质带。

他念他翁岩浆弧的南侧在石炭纪至中三叠世时期,大部分地区处于隆起状态,而缺少沉积和其他构造事件,只在嘉玉桥古微陆块的边缘存在苏如卡岩组,其中所含冷水型孢粉已说明其所处环境,此与邬郁盆地石炭纪—二叠纪沉积特征类同。

据区域地质研究,怒江平移剪切带与澜沧江平移剪切带具有相同的变形特征,早期为左行走滑,晚期为右行走滑。许志琴(1992)认为:怒江断裂带是一条具多期活动特点的韧性剪切带,印支运动晚期以来,该断裂在早期俯冲的基础上又发生了强大的韧性平移剪切作用,其发展演化及运动特点与板片间的相互作用密切相关。潘桂棠等(1997)认为,班公错-怒江结合带具有向西南方向斜向俯冲的作用。

据上所见,古特提斯洋的关闭时间应在中三叠世之前,而非消亡于侏罗纪(许靖华,1977)或晚三叠世至中侏罗世(Celel Sengor,1977)。

三、新特提斯阶段($T_3—K_2$)

一个古老洋盆的萎缩、衰竭历程也就是一个新生洋盆扩张、发展过程,二者间的转化基本同步,且其规模、速度、方向等具近等的特征。

三叠纪时,沿索县-丁青结合带发育了比较完整的蛇绿岩,既有洋中脊型,也有洋内岛弧型,在其南侧被动边缘靠近大陆斜坡的晚三叠世确哈拉群深海复理石沉积中夹有平坦型稀土配分曲线的大洋拉斑玄武岩。

三叠纪末,结合带内发生洋内俯冲,形成岛弧型拉斑玄武岩,随着消减作用的进行,把三叠纪的蛇绿岩推挤到俯冲带的前缘并构成蛇绿混杂岩,在俯冲过程中形成了区域低温高压变质相系,区内仅见葡萄石,而在东邻类乌齐等地则见有青铝闪石,区域上并见有蓝闪石、黑硬绿泥石、多硅白云母等。

在三叠纪丁青结合带洋内俯冲过程中,怒江带开始关闭,苏如卡岩组产生了区域低温动力变质作用的低绿片岩相变质,并形成合硬玉的长英质糜棱岩,强烈挤压、剪切、推覆形成韧性剪切带,广泛发育长英质糜棱岩、硅质糜板岩,于三叠纪末最终闭合,被中侏罗统希湖组复理石不整合覆盖。

早侏罗世,丁青海域逐渐缩小并达到极限,在色扎、亚宗等地出现早侏罗世含美丽的皮狄隆菊石的硅质岩,于早侏罗世末碰撞关闭,发生消减、俯冲,形成构造混杂岩以及确哈拉群中的碳酸盐质糜棱岩。小海盆萎缩,发生向南的洋内俯冲,在其南侧的被动边缘冈-念板片上出现与此活动对应的岩浆岛弧型花岗岩。中侏罗统德极国组(东部)、雀莫错组(西部)不整合覆盖于早侏罗世蛇绿岩与构造混杂岩之上,中上部蛇绿岩质岩屑砂岩中含有极其丰富的中侏罗世双壳类、螺类、珊瑚类等化石,其与早侏罗世生物面貌迥然有别,指示其完成闭合的最晚时限为中侏罗世初的阿林期。

中晚侏罗世,在唐古拉板片上,由于该结合带又发生向北的消减,在切切卡—色绕巴—线形成了钙碱性系列的安山岩—英安岩—流纹岩组合的火山岩,同时并发育日机碰撞型花岗岩。

至此时,冈-念板片在测区已向北拼合到逐渐增大的华夏板块之上,由于其控制的火山-岩浆活动也已结束,至晚白垩世仅残留陆表海盆,沉积了红色粗碎屑岩。据1:20万丁青县幅在上白垩统宗给组碎屑岩中所获古地磁结果表明,测区在晚白垩世仍处于中纬度地区。

《西藏自治区区域地质志》认为,班公错-怒江蛇绿岩组合是羌塘-三江板片和冈-念板片之间缝合带的重要组成部分,大部分蛇绿岩都是支解型的,仅在测区丁青一带保存了比较完整的变质橄榄岩—堆晶岩—均匀辉长岩—席状岩墙—玄武质熔岩—硅质岩层序蛇绿岩。层序顶部以及夹在熔岩层中的硅质岩其放射虫时代都是侏罗纪(王希斌等,1987;李红生,1987)。在丁青南侧发育少量上三叠统,为泻湖相含膏岩层的杂色碎屑岩夹中基性火山岩及火山碎屑岩建造的裂谷盆地沉积(夏代祥,1983)。分布在结合带两侧的上三叠统没有明显差异。结合带南面的冈-念地区在侏罗纪则转化成一个活动的弧岩浆作用地区。因此,班公错-怒江蛇绿岩组合代表了一个在侏罗纪短暂发展的边缘海盆地洋壳和壳下上地幔碎块。沿索县-丁青蛇绿岩带,其各处堆晶结构也不尽相同,显然该带的堆晶岩是在规模小而且彼此孤立的小岩浆房中分异形成的,反映某种不稳定的局部小规模扩张环境。总体来看,该结合带的闭合过程似乎是盆内聚敛作用的结果。该带不存在明显的弧盆结构,双变质带发育特征及俯冲极性不明显,混杂岩带的构造变形以北倾的逆冲断层及伴生的紧密褶皱和倒转褶皱为主要特征,表现出向南强烈逆推的现象。本书认为,沿索县-丁青结合带发育一连串互为分割且单元组成不全的蛇绿岩残体,其上被有确切化石证据的中侏罗统不整合。据研究认为一个大洋岩石圈的演化过程其生命期至少有400~600Ma的时间尺度,而测区所恢复的扩张盆地只经历了早侏罗世(30~40Ma)的裂开与闭合,因此测区沿索县-丁青最多只是边缘海盆地,不具有大洋的发生、发展到消亡的生命周期。

四、碰撞造山阶段(K_2—N_2)

世纪之交的晚白垩世末期至古新世初期,随着印度洋的不均匀扩裂,结束了日喀则残余海盆的沉积并殃及到测区,这是一个非常特别的时期,地壳活动异常强烈。伴之出现冈底斯巨型火山-岩浆弧,形成大量碰撞型花岗岩及火山岩,以及出现各地质体的褶皱、变形。伴随此次碰撞并使浅表层次地质体发生挤压,中深部层次地质体则逆向出现抽拉或虚脱,这种构造表象在雅鲁藏布缝谷带及其南北的喜马拉雅板片和冈-念板片上均有非常明显的迹象。

在冈底斯构造岩浆弧主弧带之北为东西向延伸的中深层次的弧背断隆,在晚白垩世,伴随喜马拉雅板片的下插、消融以及自身的不均匀状态,加之深层次地质体的阻挡而黏滞了其前进的动力,以致出现小规模的 IS 型、S 型花岗岩深成活动。在测区反映为自南而北其规模越小的特点,并止于他念他翁山链南缘根部,同时并由于他念他翁岛链以及聂荣微地块的反挡,而致使侏罗纪至早白垩世碰撞型花岗岩出现宽度几千米的强构造变形带和韧性剪切带。空隙部位,沿两大块体的边部出现剪切、走滑以及走滑拉分。

古新世至始新世,伴随印度洋持续不断地扩张,据对藏南的综合研究,这个时期可能是最强烈扩张时期,两大板片最终碰合并发生造山作用,主要变形特征为褶皱和逆冲推覆,并使陆壳缩短增厚,褶皱和断裂进一步加强。测区内表现为褶皱更加紧闭,局部应力松弛出现始新统宗白组湖相沉积。

上新世时期,由于印度洋的继续扩张,印度板块不断地向北推挤,沿喜马拉雅山南侧西瓦里克一带发生 A 型陆内俯冲,使喜马拉雅板片持续强烈地向北挤压抬升,致使测区浅表层次地质体发生由南向北的逆冲,并且由于受他念他翁山链的阻挡,发生由北向南的反折逆冲,致使测区早期存在的大多数轴面北倾的褶皱发生向北倒转,甚至出现平卧褶皱和极不协调褶皱,同期在结合带南北边界断裂及区域断裂中也不同程度地表现出断面向北倾斜的特征,且产状变化较大。在两个古老山链的同期还出现中新统至上新统的走滑盆地沉积,同期还出现中新统至上新统的走滑盆地沉积,同时并使上白垩统地层逆冲于始新统地层之上,局部见有上三叠统确哈拉群推覆于上白垩统宗给组之上,北部并见上三叠统波里拉组继续沿与古老基底的推覆面再次推覆的特征,这两种现象在测区表现出极为相似的特征。

五、高原隆升阶段(Q)

该阶段是在碰撞造山阶段趋近尾声,沿南部边缘西瓦里克带陆内俯冲机制的建立,测区乃至区域上处于造山后的应力松弛状态下的构造体制转换背景下发生的。起始于上新世末至早更新世初。伴随出现伸展剥离、高度下降和全球气候变暖,出现大范围的间冰期期间的冰川消融、退缩和冰川、冰水等类型沉积。据前所述,在测区布嘎、纳给牙嘎以及测区南部等地都残存有早更新世冰水沉积和湖相沉积,冰盖和冰帽现多盘踞于 5400m 的夷平面、山岳或山间谷地内。中晚更新世伴随区域构造应力的变化及体制的转换,出现南北向拉张而相伴出现东西向拉分盆地及北东向、北西向剪切走滑谷地,区域上表现为上新世断陷盆地沉积物发生横弯、掀斜、变形等,并出现局部的岩石破碎。晚更新世,在继承张开的基础上持续扩展,进一步扩大规模。全新世是陆内造山和高原隆升的重要时期,出现大规模的南北向挤压,伴之形成南北走向的深切河谷及北东向、北西向的剪滑谷地,并使早期沉积物出现不对称的特点。并且由于在局部应力松弛或蠕变以及硬化基底的边缘出现张性断层,使其更加高耸而成岭成峰。全新世晚期至今,南北向或由南向北的推挤力加剧,诱发新构造断裂系的重新活动。并出现地震和地热活动,前者在测区北部及图外玉树等地有过报道;后者在测区内较为普遍,至今仍在活动。

本次调研,据对比如县幅、索县县城、高口、巴青西等地第四纪河湖相沉积物的研究,其现存规模超过 100km^2,向北延伸进入仓来拉幅,向东延至巴青,其南部和西边延伸不远,总体形态为一个南北长、东西窄的椭圆形状,这套沉积组合为由三个层序组成,中之水平层理、斜层理、包卷层理等沉积构造发育,局部见夹黑色淤泥层。上述特征各地表现不尽一样,尤其以索县、高口等地最为典型,本项目命名为"索县古湖"。在上部层位泥砂中所做光释光法年龄为 666ka 和 478ka,说明其形成于早更新世早期,代表测区最早一次间冰期的出现。本图幅中部谷地带与索县古湖同处于索县-丁青断陷谷地带内,因此具有类比性。据对荣布北、尺牍、丁青等地的比较地质学研究,具有与其相似或相同的特征。本次工作在尺牍北新发现规模较大的残留山缘谷肩阶地,阶坡上发现十余个蚀洞,是否具有人类活动尚需进一步工作。以上说明测区乃至更大范围内存在早更新世冰湖期沉积,反映了测区最早一期的隆升下蚀作用。

综上所述,测区处于一个非常特殊的大地构造位置,历经元古大洋的发展及陆壳基底的形成、变化和萌特提斯的变革,古特提斯边缘海形成、发展,尤其是新特提斯边缘海盆地的生成或是弧后盆地串珠状扩裂海盆的开与合强烈运动,以及受雅鲁藏布缝合带形成、发展的影响和沿西瓦里克的俯冲作用而呈现的碰撞造山和陆内造山及高原隆升这样一个不断变化的持续构造演绎过程。在不同体制、不同机制、不同背景下的多期次、多阶段的极其复杂的构造作用下,造就了极为奇特的构造现象,形成了独具特色的藏东地貌景观和绮丽自然景色,是一座绝佳的地质宝库,是一部深蕴着地球系统独特发展过程的史册。

第六章 结束语

一、主要成果和重要进展

(1) 查明了班公错-怒江结合带的空间展布和结构,在班公错-怒江结合带内马耳朋、八格、巴达、折级拉、色扎等地新发现蛇绿岩及组合,时代为早侏罗世。通过对蛇绿岩及组合的岩石学、岩石化学与地球化学等研究,为班公错-怒江结合带蛇绿岩的形成环境及其演化过程提供了新资料。

(2) 对嘉黎-易贡藏布断裂带的空间展布、断层结构和活动规律取得重要认识,嘉黎-易贡藏布断裂是区域性大断裂狮泉河-申扎-嘉黎断裂带的一个分支,另一主要分支断裂为嘉黎区-向阳日断裂。嘉黎-易贡藏布断裂带经历了多期活动,晚新生代以来其右行平移活动距离可能达 200km 以上。

(3) 对分布于嘉黎断裂带南侧娘蒲乡至错高乡一带的原蒙拉组地层进行了解体,经野外调研和室内综合研究可划分为四套地层:中新元古代念青唐古拉岩群 a 岩组、中新元古代念青唐古拉岩群 b 岩组、前奥陶纪雷龙库岩组、前奥陶纪岔萨岗岩组。并在雷龙库岩组中发现了变玄武岩。反映了测区沉积盖层中最早期的板内岩浆活动。

(4) 在索县荣布镇北西方向前石炭系吉塘岩群片岩中获得锆石 U-Pb 法同位素年龄为 713~1272Ma,确证南羌塘地层区存在中新元古代古老基底,对研究唐古拉板块大地构造属性具有重要意义。

(5) 对分布于波密县倾多—普拿一带的石炭纪—二叠纪地层中的火山岩进行了岩石地球化学研究。其形成于活动陆缘岛弧环境。提供了冈瓦纳大陆北部在早石炭世已开始转化为活动大陆边缘的信息。

(6) 在从蒙拉组解体后的四套地层中发现变质侵入体 10 多个,经 U-Pb 法年龄测定,侵位时代分别属于早泥盆世、早二叠世和早侏罗世。岩石地球化学特征显示具正常大陆弧特征。此外测区内多条韧性剪切带内 U-Pb 同位素年龄也为海西—印支期,众多岩体侵入和铅重置年龄的出现,说明测区海西至印支期发生了较重要的岩浆活动、构造变形和构造热事件。测区进入到岩浆弧发育阶段,提供了特提斯洋海西—印支期俯冲碰撞的岩浆记录。

(7) 查明了测区地质构造格架及主要构造形迹的基本特征,较合理地划分了构造单元,对测区内不同构造层次的构造变形样式作了较系统研究。

(8) 生物地层研究方面取得了新进展,通过本次工作,新发现一批重要化石点,在丁青县色扎硅质岩中新采获早侏罗世皮狄隆菊石化石,在折级拉蛇绿岩质砂岩中新发现中侏罗世双壳类、珊瑚类化石,在边坝县边坝组、拉孜北函木曲东岸多尼组以及嘉黎县来姑组、洛巴堆组,丁青县雀莫错组、布曲组中新采获了大量的古生物化石,初步建立了相应的化石组合(带),大大提高了区内生物地层的研究程度。

(9) 开展了层序地层研究,初步划分出石炭纪—二叠纪地层 5 个三级层序;侏罗纪—白垩纪地层 6 个三级层序。

(10) 在对边坝县多尼组地层实测剖面中发现多尼组可分为三套岩性组合,其中第三套岩性组合为深灰色砂板岩夹紫红色泥岩和灰黑色泥灰岩、含铁白云岩。在泥灰岩中发现了大量的双壳类化石,通过详细时代确定和岩性对比建立一个新的岩性地层单位——早白垩世边坝组。

(11) 从北向南分别划分了他念他翁、唐古拉、冈底斯-念青唐古拉 3 个一级复式岩浆带和冈底斯-念青唐古拉复式岩浆带内的 3 个二级岩浆岩带(鲁公拉、扎西则、洛庆拉-阿扎贡拉),新获得岩体同位素年龄数据 40 多个,较系统地研究了侵入岩的岩石类型、矿物学、岩石化学和地球化学特征。在此基础上,讨论了岩浆的活动规律及其成因类型,进一步探讨了不同构造岩浆带的大地构造环境及其与造山带地质构造演化的成生联系。

（12）对区内各时代火山岩作了岩石学、岩石化学、地球化学研究，确定了岩石组合、岩石化学、岩石地球化学特征，对主要变质岩系的变质温压条件、变质相、变质相系进行了研究归纳。

（13）在夏曲镇东上新世布隆组碎屑岩中新发现其中夹有泥质灰岩及油页岩。

（14）根据光释光测试结果确定了测区河流阶地的时代，其中T3年龄为 20.3 ± 1.7 ka、T4年龄为 29.4 ± 2.5 ka、T5年龄为 30.8 ± 2.5 ka、T6年龄为 59.5 ± 4.9 ka，均为晚更新世。在波密县倾多原划为中更新世冰碛物中获得OSL年龄 80.2 ± 6.5 ka，为晚更新世。在边坝县拉孜北分水岭上（海拔4560m）冰碛物中获得ESR年龄705ka，相当于青藏高原倒数第三期冰期时间，为测区最早冰川记录，该分水岭高出现代河床（海拔4250m）300m，反映了中更新世以来测区的强烈隆升和河流强烈下蚀作用。

（15）在索县发现中更新世古湖，并命名为索县古湖。湖积特征明显，层序结构清楚，发育水平层理、交错层理等各种沉积构造，其中并采有羊类化石。其沉积顶面（4100m）与现代河面高差近100m，在泥沙中获ESR年龄为478ka和666ka。

（16）根据地面高程和山顶面高程统计结果分析，建立了四级层状地貌结构，即山顶面、主夷平面、盆地面和局部侵蚀面。嘉黎区-向阳日断裂带两侧的主夷平面高程和盆地面高程差异不明显，反映嘉黎区-向阳日断裂带在高原隆升过程中差异升降较小，但嘉黎-易贡藏布断裂带以南地区的主夷平面高程和盆地面高程略高，且跨度较大，说明嘉黎-易贡藏布断裂带南北两侧有明显差异升降现象。南盘总体隆升高100~150m。盆地面的发现，说明雅鲁藏布大峡谷地区在峡谷形成以前经历了较长时期的内陆盆地发育阶段。

（17）对嘉黎-易贡藏布断裂带两侧的不同高度的花岗岩中磷灰石进行了裂变径迹测量，其中断裂带北侧的磷灰石裂变径迹年龄较大，反映其抬升作用较慢，而断裂带南侧的磷灰石裂变径迹年龄明显较小，6个样品中有5个样品的磷灰石裂变径迹年龄在4.0~5.9Ma之间，断裂带南侧6个样品中有5个样品的磷灰石裂变径迹年龄在4.0~5.9Ma之间，反映研究区在上新世有较强烈的抬升作用，反映了冈底斯带高原隆升的特点。

二、存在的主要问题

因测区自然环境恶劣、地理条件艰险，各地交通状况和其他条件均不一，加之资金缺口较大及自然灾害的频发，有些地质问题综合研究尚显不足。

（1）吉塘岩群内部还可能存在有未分解出的新老混杂的地质体。

（2）区域变质作用类型和变质期次与板块活动的成生联系有待深入研究。蓝晶石等中温中压特征变质矿物与变质作用及板块活动的关系有待进一步查清。

（3）对澜沧江缝合带的内部构件和活动特征尚需进一步查实。

（4）受极其艰险的自然地理条件所限，局部地带缺乏必要的样品控制和岩石化学、地球化学证据。

（5）测区内三个时代、两类构造混杂体、五种构造混杂岩具有重要的地质构造意义，建议设专题或进行大比例尺调查研究。

由于时间紧迫、任务繁重，加之工作人员水平所限，文图中错漏和谬误在所难免，恳请各位专家、学者、同仁予以指教。

主要参考文献

艾长兴,陈炳蔚.对西藏东部嘉玉桥群及吉塘群地质时代问题的讨论[J].西藏地质,1986(1):13-19.
长春地质学院.变质岩岩石学[M].北京:地质出版社,1989.
程裕琪.中国区域地质概论[M].北京:地质出版社,1994.
从柏林.岩浆岩活动与火成岩组合[M].北京:地质出版社,1979.
单文琅,等.构造变形分析的理论、方法和实践[M].武汉:中国地质大学出版社,1991.
地质矿产部青藏高原地质文集编委会.青藏高原地质文集(1—18册)[M].北京:地质出版社,1983.
地质矿产部区域地质矿产地质司.火山岩地区区域地质调查方法指南[M].北京:地质出版社,1987.
国家自然科学基金委员会.全球变化:中国面临的机遇和挑战[M].北京:高等教育出版社,1998.
韩同林,等.喜马拉雅岩石圈构造演化:西藏活动构造[M].北京:地质出版社,1987.
河南省地质矿产厅区域地质调查队.1:20万丁青县幅、洛隆县幅区域地质矿产调查报告[R].河南省地质矿产厅,1994.
李昌年.火成岩微量元素岩石学[M].武汉:中国地质大学出版社,1992.
李光明,雍永源.藏北那曲盆地中—上侏罗统拉贡塘组浊流沉积特征及微量元素地球化学[J].地球学报,2000,11(4):373-379.
李璞.西藏东部地区的初步认识[M].北京:科学出版社,1955.
林仕良,雍永源.藏东喜马拉雅期A型花岗岩岩石化学特征[J].四川地质学报,1999(3):210-214.
刘宝珺,曾允孚.岩相古地理基础和工作方法[M].北京:地质出版社,1984.
刘朝基.川西藏东板块构造体系及特提斯地质演化[J].地球学报(中国地质科学院院报),1995(2):121-134.
刘增乾,等.青藏高原大地构造与形成演化[M].北京:地质出版社,1990.
罗建宁,等.中华人民共和国地质矿产部地质专报3 岩石、矿物、地球化学(第17号):三江特提斯沉积地质与成矿[M].北京:地质出版社,1992.
马冠卿.西藏区域地质基本特征[J].中国区域地质,1998,17(1):16-25.
孟祥化,等.沉积盆地与建造层序[M].北京:地质出版社,1993.
莫宣学,等.三江特提斯火山作用与成矿[M].北京:地质出版社,1993.
潘桂棠,陈智樑,李兴振,等.东特提斯多弧-盆系统演化模式[J].岩相古地理,1996,16(2):52-65.
潘桂棠,等.东特提斯地质构造形成演化[M].北京:地质出版社,1997.
潘桂棠,等.青藏高原新生代构造演化[M].北京:地质出版社,1990.
潘桂棠,王立全,李兴振,等.青藏高原区域构造格局及其多岛弧盆系的空间配置[J].沉积与特提斯地质,2001(3):1-26.
潘桂棠,徐强,王立全.青藏高原多岛弧-盆系格局机制[J].矿物岩石,2001(3):186-189.
潘裕生,孙祥儒.青藏高原岩石圈结构演化和动力学[M].广州:广东科技出版社,1998.
秦大河,等.青藏高原的冰川与生态环境[M].北京:中国藏学出版社,1999.
饶荣标,等.青藏高原的三叠系[M].北京:地质出版社,1987.
施雅风,李吉均,李炳元.青藏高原晚新生代隆升与环境变化[M].广州:广东科技出版社,1998.
史晓颖,童金南.西藏东部的洛隆马里的海相侏罗系及动物群特征[J].地球科学,1985,10(3):175-186.
孙鸿烈,郑度.青藏高原形成演化与发展[M].广州:广东科技出版社,1998.
谭富文,王高明,惠兰,等.藏东地区新生代构造体系与成矿的关系[J].地球学报,2001(2):123-128.
王德滋,周新民.火山岩岩石学[M].北京:科学出版社,1982.
王根厚,等.西藏他念他翁山链构造变形及其演化[M].北京:地质出版社,1996.
王根厚,周详,曾庆高,等.西藏中部念青唐古拉山链中生代以来构造演化[J].现代地质,1997,11(3):39-45.
王仁民.变质岩原岩图解判别法[M].北京:地质出版社,1981.
武汉地质学院岩石教研室.岩浆岩岩石学[M].北京:地质出版社,1980.
西藏自治区测绘局.西藏自治区地图册[M].北京:中国地图出版社,1995.
西藏自治区地质矿产局.西藏自治区区域地质志[M].北京:地质出版社,1993.
西藏自治区地质矿产局.西藏自治区岩石地层[M].武汉:中国地质大学出版社,1997.

夏斌,王国庆,等.喜马拉雅及邻区蛇绿岩和地体构造图说明书1∶2 500 000[M].兰州:甘肃科学技术出版社,1993.
肖序常,李廷栋.青藏高原的构造演化与隆升机制[M].广州:广东科技出版社,2000.
肖序常,李廷栋.青藏高原岩石圈结构、隆升机制及对大陆变形影响[J].地质论评,1998(1):112.
徐宪,等.青藏高原区域地层简表[M].北京:地质出版社,1982.
徐钰林,等.西藏侏罗、白垩、第三纪生物地层[M].武汉:中国地质大学出版社,1989.
许志琴,等.中国主要大陆山链韧性剪切带及动力学[M].北京:地质出版社,1997.
杨华,等.青藏高原东部航磁特征及其与构造成矿带的关系[M].北京:地质出版社,1991.
于庆文,李长安,张克信,等.试论造山带成山运动与环境变化调查方法——以东昆仑1∶25万冬给措纳湖幅区调为例[J].中国区域地质,1999(1):92-96.
喻振兴,等.1∶100万拉萨幅区域地质矿产调查报告[R].西藏自治区地质局,1979.
张国伟.秦岭造山带与大陆动力学[M].北京:地质出版社,1998.
张克信,等.造山带混杂岩区地质填图理论、方法与实践——以东昆仑造山带为例[M].武汉:中国地质大学出版社,2001.
张旗,杨瑞英.西藏丁青蛇绿岩中玻镁安山岩类侵入岩的地球化学特征[J].岩石学报,1987(2):64-75.
张旗,周国庆.中国蛇绿岩[M].北京:科学出版社,2001.
张旗.蛇绿岩与地球动力学研究[M].北京:地质出版社,1996.
张守信.理论地层学 现代地层学概念[M].北京:科学出版社,1989.
赵政璋,等.青藏高原大地构造特征及盆地演化[M].北京:科学出版社,2001.
赵政璋.青藏高原地层[M].北京:科学出版社,2001.
中国地质调查局.青藏高原区域地质调查野外工作手册[M].武汉:中国地质大学出版社,2001.
中国地质科学院成都地质矿产研究所,四川省地质矿产局区域地质调查大队.中华人民共和国地质矿产部地质专报2 地层 古生物(第12号)怒江-澜沧江-金沙江区域地层[M].北京:地质出版社,1992.
中国科学院青藏高原综合科学考察队.西藏岩浆活动和变质作用[M].北京:科学出版社,1981.
中国科学院青藏高原综合科学考察队.西藏地貌[M].北京:科学出版社,1983.
中国科学院青藏高原综合科学考察队.西藏第四纪[M].北京:地质出版社,1983.
周详,曹佑功,朱明玉,等.西藏板块构造-建造图及说明书1∶1 500 000[M].北京:地质出版社,1989.
朱占祥,潘云唐.西藏洛隆、丁青地区拉贡塘组与多尼组时代的确定[J].成都地质学院学报,1986(4):71-80.
Coleman M,Hodges K. Evidence for Tibetan Plateau uplift before 14My ago from a new minimum age for east-west extension[J]. Nature,1995,374:49-52.
Gasse F,Fortes J C,et al. Holocene environmental changes in Bangong Co basin(West Tibet) [J]. Palaeogeography Palaeoclimatology Palaeoecology,1996,120(1-2):79-92.
Le Maitre R W.火成岩分类及术语辞典[M].王碧香,等,译.北京:科学出版社,1991.
Margaret E,Coleman Kip V,Hodges. Contrasting Oligocene and Miocene thermal histories from the hanging wall and footwall of the South Tibetan detachment in the central Himalaya from $^{40}Ar/^{39}Ar$ thermochronology ,Marsyandi Valley,central Nepal[J]. Tectonics,1998,17(5):726-740.

图版说明及图版

图版 Ⅰ

1. 丁青县干岩乡北西上三叠统波里拉组与前石炭系吉塘岩群角度不整合接触关系
2. 丁青县干岩乡北东上三叠统甲丕拉组底砾岩特征
3. 丁青县嘎塔乡上三叠统波里拉组地层结构
4. 丁青县尺牍镇上衣北中侏罗雀莫错组砾岩特征
5. 丁青县尺牍镇百会洞上三叠统巴贡组沙卷构造
6. 丁青县尺牍镇南中侏罗统希湖组一段变砂岩底面上的槽模
7. 丁青县沙贡乡晚白垩世八达组层序及其中白云岩特征
8. 丁青县八达蛇绿岩的纹层状硅质岩

图版 Ⅱ

1. 丁青县雪拉山吉塘岩群角闪石榴大理岩特征
2. 丁青县雪拉山吉塘岩群片岩与大理岩整合接触
3. 丁青县雪拉山南中侏罗统雀莫错组南倾灰色砂岩、土红色砾岩特征
4. 丁青县雪拉山中侏罗统雀莫错组砾岩中黑色硅岩、绿色硅岩砾石
5. 丁青县亚宗层状硅质岩与基性熔岩间互出现特征
6. 丁青县干岩吉塘岩群钩状、肠状、骨节状塑性流变特征
7. 丁青县干岩吉塘岩群剪切变形
8. 丁青县干岩吉塘岩群片岩肠状变形及多期次变形

图版 Ⅲ

1. 丁青县干岩乡前石炭系吉塘岩群石英片岩中 W 形塑变特征
2. 丁青县干岩乡前石炭系吉塘岩群石英片岩中钩状、肠状、无根褶皱
3. 丁青县干岩乡前石炭系吉塘岩群石英片岩中剪斑变形及塑性变形
4. 丁青县干岩乡前石炭系吉塘岩群石英片岩中拉长眼球或斑晶压剪特征
5. 丁青县干岩乡前石炭系吉塘岩群石英片岩中石英剪切变形及石香肠
6. 丁青县干岩乡前石炭系吉塘岩群石英片岩中石英透镜剪切变形
7. 丁青县干岩乡前石炭系吉塘岩群石英片岩中塑变背向形及剪斑
8. 丁青县干岩乡前石炭系吉塘岩群石英片岩中斜列石香肠

图版 Ⅳ

1. 丁青县雪拉山前石炭系吉塘岩群花岗片麻岩片麻理特征
2. 丁青县尺牍镇折级拉不同成分砾石特征
3. 丁青县色扎蛇绿岩之条带硅质砾岩特征
4. 索县八格蛇绿岩的硅质岩、玄武岩、超基性岩接触关系
5. 索县八格蛇绿岩的硅质岩与超基性岩整合接触

6 丁青县色扎蛇绿岩硅岩与含橄玄武岩整合接触关系
7 索县八格蛇绿岩的骨节状橄榄岩残体
8 索县八格蛇绿岩的壳幔混生带中的橄榄岩残体变形

图版 V

1 索县八格方辉橄榄岩(黑)与辉绿岩(浅绿)特征
2 索县八格蛇绿岩的基性侵入岩与基性熔岩混生特征
3 索县八格蛇绿岩的玄武岩与辉绿岩互混特征
4 丁青县八达蛇绿岩宏景及植被情况
5 丁青县尺牍镇折级拉蛇绿岩宏观特征
6 丁青县尺牍镇折级拉黑色橄榄岩与含生物蛇纹石化超基性岩屑砂岩
7 丁青县尺牍镇折级拉蛇绿岩的黑色角砾状橄榄岩
8 丁青县尺牍镇折级拉蛇绿岩含生物蛇纹石化超基性岩屑砂岩采迹

图版 VI

1 丁青县色扎蛇绿岩的超基性岩结晶分异条带特征
2 丁青县色扎蛇绿岩的黑灰色硅质泥岩夹紫红色硅质岩
3 丁青县色扎蛇绿岩硅岩与玄武岩整合接触并向南倒转特征
4 丁青县亚宗方辉橄榄岩中条块状长石、石英特征
5 丁青县日登卡岩丁青蛇绿岩墙群
6 丁青县日登卡丁青蛇绿岩的辉绿岩脉
7 丁青县日登卡丁青蛇绿岩中的变橄榄岩"橘络"网
8 丁青县日登卡丁青蛇绿岩中的变橄榄岩粗细交织状网

图版 VII

1 丁青县日登卡丁青蛇绿岩中的辉绿岩墙冷凝边
2 丁青县亚宗丁青蛇绿岩构造角闪片岩中平卧褶皱、剑鞘褶皱及变形
3 丁青县亚宗丁青蛇绿岩构造角闪片岩中不同期次、不同方向的强构造变形特征
4 丁青县亚宗丁青蛇绿岩构造角闪片岩中 W 型、M 型强褶流变特征
5 丁青县亚宗丁青蛇绿岩角闪片岩中不规则肠状塑性流变形特征
6 丁青县亚宗构造混杂带中两种颜色硅质岩磨砾组成的岩块
7 丁青县雪拉山构造混杂带中的灰岩岩块特征
8 丁青县嘎塔乡西布嘎雪山

图版 VIII

1 丁青县干岩,仙景
2 索县八格,绿色软玉
3 丁青县干岩前石炭系吉塘岩群中海绵礁
4 丁青县雪拉山南中侏罗统布曲组灰岩中双壳类化石
5 丁青县嘎塔上三叠统波里拉组泥灰岩中双壳类化石
6 丁青县色扎硅质泥岩中美丽的皮隆狄菊石化石
7 丁青县雪拉山九曲十八湾的盘山公路
8 丁青县干岩流瀑

图版 IX

1. 丁青县丁青镇多荣卡丁青蛇绿岩的玄武-安山质晶屑、岩屑凝灰岩（b0048-5a），具晶屑岩屑凝灰结构，单偏光下十分清楚，以安山岩岩屑为主，玄武岩次之，含少量晶屑
2. 丁青县丁青镇多荣卡丁青蛇绿岩的斜长角闪片岩（b0048-8），具细粒半自形柱粒结构，片状构造
3. 丁青县丁青镇多荣卡丁青蛇绿岩的辉长辉绿岩（b0049-1），以辉绿结构为主，局部为辉长辉绿结构，粒度为细—中粒
4. 丁青县色扎乡纯橄榄（b0083-2），强蛇纹石化、硅化，具变余网络（网环）结构，为超基性岩特有结构，含原生矿物——铬尖晶石（照片中央）
5. 丁青县尺牍镇雪拉山前石炭系吉塘岩群白云石英片岩（b0085），叶片粒状变晶结构，片状构造
6. 丁青县尺牍镇雪拉山中侏罗统雀莫错组蚀变杏仁状含橄榄石安山岩（$P_{14}b_{57}-2c$），角闪石沿粒边被黑云母（棕色）交代
7. 丁青县干岩乡前石炭系吉塘岩群含矽线石白云石英片岩（$P_{18}b_8-1b$），针状、发状的矽线石包于堇青石中
8. 丁青县干岩乡前石炭系吉塘岩群含矽线石堇青石白云石英片岩（$P_{18}b_9-1$），早期片理（对角线皱线白云母）被晚期劈理面斜切
9. 丁青县干岩乡前石炭系吉塘岩群含矽线石白云石英片岩（$P_{18}b_{27}-1$），粒状鳞片变晶结构，片状构造
10. 丁青县色扎东放射状葡萄石（b2374-2）

图版 X

1. 丁青县色扎辉石橄榄岩（正交）（b2369-2b），典型的网络（网环）结构，以橄榄石为主超基性岩的特有结构
2. 丁青县巴达乡波戈碎粒橄榄岩（b1473-7a），强硅化、碳酸盐化，粒状变晶结构，残留原岩原生矿物铬尖晶石，右中部为指纹状岩晶石
3. 丁青县尺牍镇折级拉角砾状橄榄岩（b1341-1c），全蛇纹石化，具角砾状构造，铬尖晶石呈自形粒状
4. 丁青县尺牍镇折级拉蛇纹石化超基性岩屑砂岩（b1341a），砂状结构，岩屑为主，中上部含有孔虫生物碎屑
5. 丁青县尺牍镇折级拉蛇纹石化超基性岩屑砂岩（正交）（b1341b），砂状结构，岩屑全蛇纹石化
6. 丁青县尺牍镇折级拉钙质细砂岩（b1341-7），细粒砂状结构，含灰岩岩屑，中部具次生加大边
7. 丁青县尺牍镇折级拉硅化碳酸盐化超基性岩（b1341-4），具交代假象结构，中上部具碳酸盐化辉石假象，左边部含铬尖晶石
8. 索县荣布镇八格糜棱岩化、硅化、碳酸盐化超基性岩（b1340-10），具糜棱构造，含残留铬尖晶石
9. 索县荣布镇八格片理化、碳酸盐化蛇纹岩（b1340-7a），具变余网络结构，片理构造
10. 索县荣布镇八格片理化、碳酸盐化蛇纹岩（正交）（b1340-7b）

图版 XI

1. 索县荣布镇八格蛇绿岩的片理化、碳酸盐化、蛇纹石化辉石橄榄岩（b1340-5a），变余网络结构，照片中上部铬尖晶石呈细小粒状，棕褐色，左上部为蚀变辉石
2. 丁青县尺牍镇雪拉山早白垩世黑云母花岗岩（b1420），花岗结构，由钾长石、石英、黑云母和斜长石等组成
3. 丁青县巴达乡波戈全硅化、碳酸盐化、糜棱岩化超基性岩（b1473），具糜棱构造，片理构造，左下含铬尖晶石
4. 丁青县尺牍镇雪拉山南中侏罗统雀莫错组中火山岩夹层的辉石安山岩（b1281-1），斑状结构，斑

晶橄榄石具自形粒状和铁质暗化边
5 丁青县折级拉蛇纹岩(b1341-5),网状结构
6 丁青县折级拉钙质蛇纹岩屑砂岩(b1341b),砾石具网状结构,胶结物为方解石
7 丁青县折级拉钙质细砂岩(b1341-7),灰岩屑具次生加大边
8 丁青县折级拉钙质蛇纹岩屑砂岩(b1341a),砾石具网状结构,黑色碎屑为铬尖晶石
9 索县荣布镇八格蛇绿岩的碳酸盐化片理化蛇纹岩(b1340-7)
10 索县荣布镇八格蛇绿岩的碳酸盐化片理化蛇纹岩(b1340-8),碳酸盐呈脉状—网脉状交代蛇纹岩

图版 I

图版 Ⅱ

图版 Ⅲ

图版 Ⅳ

图版 V

图版 VI

图版 Ⅶ

图版 VIII

图版 IX

图版 X

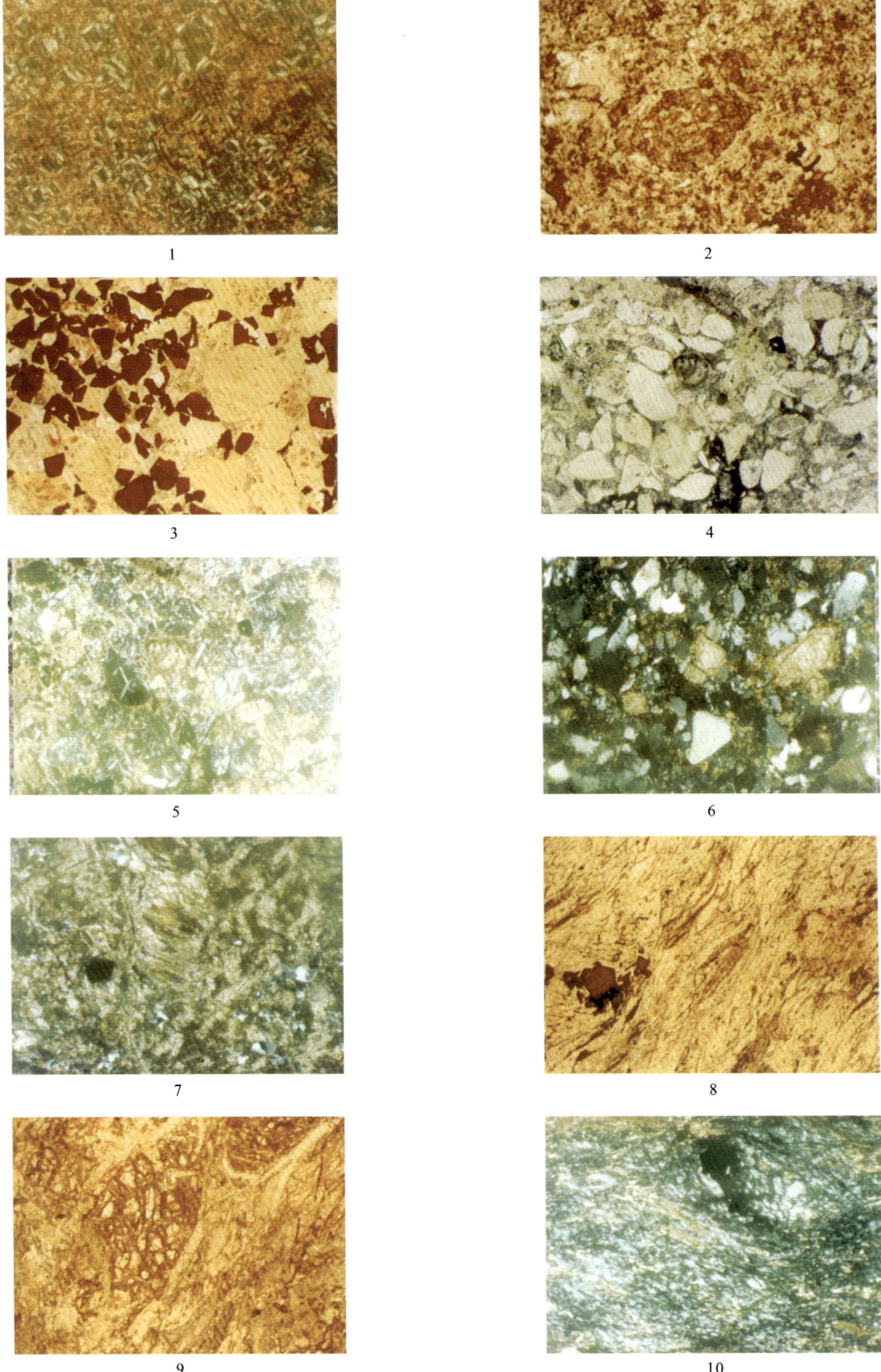

图版 XI